高 等 数 学

（上册）

刘桃凤　李燕丽　主编

中国农业大学出版社
·北京·

内 容 提 要

本书是在完成《山西省"1331 工程"立德树人"好老师"课程建设》项目的基础上编写而成的.全书分为上下两册,是面向应用型本科院校理工科及经济管理类各专业的高等数学教材.

本书注重展现数学知识的来龙去脉,舍弃了部分难度较大的定理证明;用不同方式显化隐藏在数学知识中的思想方法与哲学观点;增加了对重点概念、定理及方法的注解及每章学习指导;设计了思维导图,选配了多层次、多样性习题;通过对数学内容的辩证分析、数学思想方法简介、科学家故事的穿插与融合,渗透数学人文精神;教材内容符合学生的认知规律,适合应用型本科院校学生的阅读能力与知识水平,可读性强.

本书分上下两册,上册内容包括函数与极限、导数与微分、微分中值定理与导数的应用、不定积分、定积分及其应用、微分方程等内容.下册内容包括向量代数与空间解析几何、多元函数微分法及其应用、多元函数积分学、无穷级数等内容.

图书在版编目(CIP)数据

高等数学/刘桃凤,李燕丽主编.—北京:中国农业大学出版社,2020.8
ISBN 978-7-5655-2417-2

Ⅰ.①高… Ⅱ.①刘…②李… Ⅲ.①高等数学-高等学校-教材 Ⅳ.①O13

中国版本图书馆 CIP 数据核字(2020)第 155403 号

书　名	高等数学
作　者	刘桃凤　李燕丽　主编

策　划	李卫峰　赵　中	责任编辑	赵　中
封面设计	郑　川		
出版发行	中国农业大学出版社		
社　址	北京市海淀区圆明园西路 2 号	邮政编码	100193
电　话	发行部 010-62733489,1190	读者服务部	010-62732336
	编辑部 010-62732617,2618	出 版 部	010-62733440
网　址	http://www.caupress.cn	E-mail	cbsszs@cau.edu.cn
经　销	新华书店		
印　刷	涿州市星河印刷有限公司		
版　次	2020 年 8 月第 1 版　2020 年 8 月第 1 次印刷		
规　格	787×1 092　16 开本　29 印张　702 千字		
定　价	89.00 元(上、下册)		

图书如有质量问题本社发行部负责调换

编 者 名 单

主　编　刘桃凤　李燕丽

副主编　韩晓欣　王瑞兵　张计珍

参　编　王有文　杨云霞　岳霞霞　冀　庚

前　言

本书是在完成《山西省"1331工程"立德树人"好老师"课程建设》项目的基础上编写而成的.全书分为上、下两册,是面向应用型本科院校理工科及经济管理类各专业的高等数学教材.

习近平总书记强调,要把立德树人融入思想道德教育、文化知识教育、社会实践教育各环节,贯穿基础教育、职业教育、高等教育各领域,学科体系、教学体系、教材体系、管理体系要围绕这个目标来设计,教师要围绕这个目标来教,学生要围绕这个目标来学,凡是不利于实现这个目标的做法都要坚决改过来.

高等数学是本科院校的一门重要的基础理论课,数学的应用性与方法性价值的实现已经成为当前高校高等数学课程体系改革的方向.高等数学教学对培养和提高学生的爱国情怀、品德修养、数学精神、诚信品质、综合素质、哲学观念、逻辑思维能力、抽象思维能力、创新思维能力、继续学习能力等方面起着极其重要的作用,因此,以国家人才体系的培养目标为准则,对高等数学的教材内容、教学方法与考核方式进行改革刻不容缓.基于这样的要求和教学发展需要我们按照应用型本科院校的培养目标,针对应用型本科院校的学生实际情况,结合团队教师多年教书育人的经验,重新修订了《高等数学》的教学大纲及课程教学目标,并编写了这套高等数学教材.

本教材定位:

内容符合应用型本科院校人才培养目标和学生的实际水平,将数学知识与学习方法、数学思想方法、哲学观点、爱国情怀、人格品德相互融合,并且针对性、启发性、可读性较强的数学教材.

本教材特色:

一、教材内容中融合德育因素,培育立德树人土壤

充分挖掘数学知识内含的德育因素、数学思想方法与哲学观点,并将其纳入高等数学教材中,把育人材料与知识内容有机地渗透融合,实现高等数学"立德树人"的育人价值与功能.

1.每章引入数学名言,启迪心灵

根据每章知识内容引入富有哲理和启发性的名人名言,启发学生领悟人生哲理,启迪心灵.

2.将有关的数学史纳入教材,培养科学精神

教材从科学精神层面介绍我国著名数学家的故事,通过介绍相关的数学史知识,融入中国数学文化,立足小故事大道理,通俗易懂,引导学生崇尚科学精神,感知与体验科学家们严谨、奉献、担当、敬业的精神,对数学文化产生共鸣,增强民族自豪感.

3.显化数学思想方法,提高数学智慧

在教材编写中,力图把隐性的思想方法显化,把抽象的数学思想转变成具体的知识体验,以便学习理解和领会:(1)在每章学习指导中,增加了数学思想方法小结与专题.(2)在重点知识的注解中,言简意赅地揭示内含的数学思想方法.(3)教材增加数学史的介绍,揭示知识建立

的思想方法.(4)在学习指导栏目增加知识内容及思想方法框架结构图.(5)在教材中添加表达数学美的名言,通过对数学美的例子论述,揭示数学之简洁美、和谐美、奇异美及智慧美.

4. 数学知识哲学化,培养理性思维

数学家 B. Demollins 说:"没有数学,看不到哲学的深度;没有哲学,看不到数学的深度.而没有两者,人们就什么也看不透."由此可见,哲学能够更加激发人们对理论的兴趣,拓宽理论视野,撞击理论思维,提升理论境界.

教材通过对数学内容的辩证分析,应用专题、注解、图例等不同方式显化数学知识内含的哲学观点,将这种哲理蕴含的思维过程具体化、形象化、书面化,引导学生提升到哲学层面上去理解数学和运用数学知识.

二、每章增加概述,便于了解整体框架

每章前的概述,旨在概述本章知识的探究思路、思想方法、哲学观点、主体内容及章节之间的联系,有助于引导读者了解每章整体的知识框架与学习思路.

三、教材内容可读性强,适合学生的阅读水平

1. 教材内容组织难度适中,突出思想性和应用性

教材内容组织既考虑了应用型本科院校的大纲目标,也考虑了考研学生的需求:在内容上,舍弃了部分难度较大的定理证明,强调定理的应用价值与揭示知识的建立过程;在表达上,显化了隐藏其中的数学思想方法,增加了对定理内涵思想方法以及应用的注解且扩大了应用内容.

2. 教材内容表述严谨规范,强化启发性和可读性

教材中对重点概念、定理及方法做了大量注解,对重点的概念和定理添加了大量几何图形与形象描述,对重点和难点例题,标注了思路、依据、方法步骤及内涵的思想方法.在保持严谨、规范的前提下尽量做到通俗易懂,强化启发性和可读性,便于学生理解和掌握.

3. 考虑了教材与高中数学课程衔接问题

教材编写充分注意了中学新课标中数学教学内容的改革,力争在初等数学与高等数学教学内容的衔接部分做到查漏补缺,便于学生自然过渡.

4. 教材强调数形结合,调动直觉思维

编写教材时强调数形结合,尽可能用几何图形对概念与定理进行直观形象的描述与注释.设计了每章知识的思维导图,直观展示一章的知识结构及内在关系.把抽象知识具体化、形象化,调动直觉思维,降低学习难度,改变传统数学教材枯燥无味的形象.

5. 教材突出重点,突破难点

本教材对重点概念、性质、运算方法力图全方位多角度地阐述,对重点思想、重点方法、重点公式均加了标注(阴影或边框),使得重点内容更加醒目,便于引起学生重视.教材还对难点内容做了详细注解,便于学生理解突破.

四、每章增加学习指导栏目,提高学习能力

学习指导包括基本知识与思想方法框架结构图、思想方法指导、典型题思路方法指导以及总复习题四部分.在知识快速增长的时代,只有拥有好的学习方法和较强的学习能力,才能适应未来职场的需求,学习能力是综合能力中的重要能力.每章学习指导强调对学生学习方法的

指导,培养学生及时复习和总结的好习惯,提高学生的学习能力.

五、精心选配习题,体现层次性、多样性

教材例题和习题的选取由易到难,题型多样,代表性强,满足不同层次教学的需求;课后习题增加了思考题与探究题.每章学习指导中,精心选配了典型题思路方法指导,通过思路分析、难题巧解、繁题简解,引导学生举一反三,触类旁通.每章配备了总复习题,供学生在不同阶段练习.

六、设计框架结构图及关系图,形成知识网络

"基本知识与思想方法框架结构图"清晰地勾勒出知识建立的思维过程、知识结构及内在联系,并在图中显化重要思想方法.通过导图使学生从整体上把握本章的知识体系与思想体系,而不是孤立地接受和理解某个概念或某个定理,达到"由厚到薄"的提炼消化的效果.教材还设计了直观形象的关系图以揭示高等数学重要定理间的内在联系,便于学生掌握重点,突破难点,融会贯通,灵活运用.

本书由刘桃凤、李燕丽任主编,韩晓欣、王瑞兵、张计珍任副主编,其中李燕丽编写第一章,张计珍编写第二、三章,岳霞霞编写第四、五章,王有文、杨云霞编写第七章,冀庚编写第八章,王瑞兵编写第六、九章,韩晓欣编写第十章,刘桃凤编写第十一章.

本书由山西工程技术学院数学教授王玉清主审,提出了不少改进意见.山西工程技术学院哲学教授张素梅、哲学教授史美青和副教授赵素梅对思政融入教材进行了指导,山西工程技术学院教务处、科技处对于教材编写以及出版给予了大力支持.在此表示衷心的感谢!

本书内容虽经编者多次审阅、修改,但限于编者水平,如有不妥之处,诚恳希望广大同行和读者批评指正.

编　　者
二〇二〇年六月

高等数学第一课

一、为什么学高等数学

宇宙之大,粒子之微,火箭之速,化工之巧,地球之变,生物之谜,日用之繁,无处不用数学.

——华罗庚

一门科学,只有当它成功地运用数学时,才能达到真正完善的地步.

——马克思

数学是思维的体操.

——前苏联国家元首加里宁

最高的诗是数学

几年前有一位福建的文学评论家说过一句惊人之语,他说:"最高的诗是数学."很多人觉得言之莫名其妙.我却相信他说得极妙,我可以感觉他的论述,却无法充分解释它.我感觉,最高的数学和最高的诗一样,都充满了想象,充满了智慧,充满了创造,充满了章法,充满了和谐也充满了挑战.诗和数学又都充满灵感,充满激情,充满人类的精神力量.那些从诗中体验到数学的诗人是好诗人,那些从数学中体会到诗意的人是好数学家.所有的学问都是一种智慧,更是一种境界;是一种头脑,更是一种心胸;是一种本领,更是一种态度;是一种职业,更是一种使命;是一种日积月累,更是一种人性的升华.让自己的灵魂震响起学习与学问的交响乐的人是幸福的、高尚的与有价值的;而让自己的人生震响起探索性实践的交响乐的,才能学得通,学得明白,学得鲜活,叫做不但读书,而且明理.而把学问学死学呆,实在是不可饶恕的罪过.

——著名作家王蒙论数学

为什么学数学呢? 以上来自不同视角的对数学的各种评述,足以说明,数学无疑是对大学生进行素质教育的必修课程.由于当代数学及其应用的发展,使得数学的应用无处不在.比如华为这样的高新技术企业却要建立数学研究所并招聘大量数学博士.另外,高等数学除了是科学的基础和工具外,还是一种十分重要的思维方式与文化精神,更是培养思维能力和创造力的最佳方式,能够很好地培养人的理性思维,具有强大的育人功能,可以培养爱国主义精神、正直诚信的品质、正确的审美观、创新精神和继续学习的能力,提高学生综合素质.

著名的数学史家克莱因(M. Klein)曾以抒情的笔调写道:"音乐能激起或安抚人的心灵,绘画能愉悦人的视觉,诗歌能激发人的感情,哲学能使思想得到满足,程序技术能改善人的物质生活,而数学则能做到所有这一切."

北京大学张顺燕教授用诗一般的语言告诉你数学对你的意义:

给你一双数学家的眼睛,丰富你观察世界的方式;

给你一颗好奇的心,点燃你胸中的求知欲望;

给你一个睿智的头脑,帮助你进行理性思维;

给你一套研究方式,使它成为你探索世界奥秘的望远镜和显微镜;

给你提供新的机会,让你在交叉学科中寻求乐土,利用你的勤奋和智慧去发明和创造.

二、高等数学是什么

高等数学的核心内容是一元与多元微积分.以下框图是高等数学的知识系统的框架结构图.

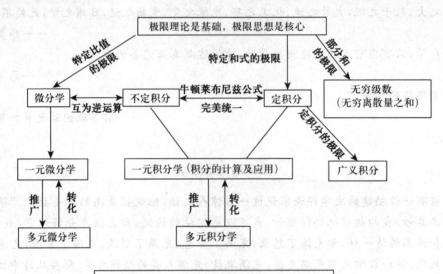

三、高等数学的课程特点是什么

高等数学相比初等数学,抽象性、逻辑性、理论性、应用性、思想性、精确性、方法性和技巧性更强.比如:导数概念建立的背景是什么?导数隐含的思想方法及哲学观点是什么?导数计算公式是如何推导的?用导数的符号判定函数的单调性与极值的理论依据是什么?高等数学可以回答以上所有的问题,由此可见高等数学知识更深入、更系统、应用更广泛,当然学习难度也更大.

四、高等数学学什么

1.学习后续专业课程必需的高等数学基础知识,达到大纲要求的知识目标

教育部对相关专业的大学数学课程专门制定了"大学数学相关课程教学大纲".高等数学所提供的数学思想、数学方法和数学知识既是后续专业课程学习的需要,也是从事科学研究的需要,还是未来职业发展的需要.随着人类迈向人工智能时代,以及人工智能的研发应用对于数学理论、方法与思想的高要求,高等数学重要地位更加凸显.因此大学生首先要学好后续专

业课程所需要的高等数学知识,达到大纲对高等数学提出的知识目标.

2.学习高等数学内含的思想方法,提高思维能力

高等数学内含的数学思想方法是数学教育重要的组成部分,学习高等数学不仅仅是学习一种知识与工具.真正优秀的数学教育,乃是一种对人的理性的思维品格和思辨能力的培育,是聪明智慧的启迪,是潜在的能动性与创造力的开发,其价值是远非一般的专业技术教育所能相提并论的.因此大学生不仅要掌握必需的数学知识,而且要领会数学的灵魂——数学思想方法,通过高等数学的学习,提高思维水平、数学素质及创新能力.

3.学习高等数学内含的哲学观点,从哲学层面上理解数学知识

"要树立正确的世界观、人生观、价值观,掌握了这把总钥匙,再来看看社会万象、人生历程,一切是非、正误、主次,一切真假、善恶、美丑,自然就洞若观火、清澈明了,自然就能做出正确判断、做出正确选择."

——2014年5月4日,习近平在北京大学师生座谈会上的讲话.

在高等数学中,充满了丰富的哲学思想,在高等数学学习中,要自觉地研究数学与哲学的内在联系,了解哲学思想在数学中的具体表现,并主动运用哲学思想去体验数学、感受数学、学习数学和理解数学,培养灵活运用辩证的思维去分析问题与解决问题的能力,提升自己在数学方面的基本素养,进而提升职业素养.

4.学习数学家的科学精神,提升个人品质

领先世界一千年——祖冲之,自学成才的数学大师——华罗庚,追求新几何的数学家——笛卡尔,慧眼独具的盲人数学家——欧拉,这些为数学的发展、为社会的进步做出突出贡献的数学家,他们身上淡薄名利奉献社会的高尚境界,从事艰苦卓绝科学探索的意志品质,心底无私的情怀无不感染着我们,他们创新、创造的能力,求真、向善、务实、创新之科学精神,善于观察、善于动手、善于思考的学习方法,无不给我们以启迪.

五、如何学好高等数学

1.端正学习态度,变"要我学"为"我要学"

大学阶段与高中阶段的管理方式、学习方式及生活方式相比发生了翻天覆地的变化.在大学阶段,自由支配时间多,课容量大,节奏快,知识重复度低.大学数学知识抽象、复杂,计算能力要求更高.理论性与思想性强,模仿度低,自主控制能力要求高.因此,高等数学的学习对刚入学的大一同学提出了挑战,必须端正学习态度,变"要我学"的被动学习状态为"我要学"的主动学习状态,不断提高自己的自主学习能力,尽快适应大容量、大班课堂、快节奏的教学方式,尽快适应新的教学管理,尽快适应独立自主的生活方式.否则就会使自己后续专业的学习非常困难甚至被淘汰出局.

2.明确学习目标,改变学习方式

大学数学课程的学习目标不仅仅是理解知识,学会做题,更重要的是体验数学思想方法和哲学观点,获得一种能运用数学的基本知识及数学思想方法来解决各种问题的能力,达到将来社会的职业要求.大学生不仅要明确学习目标,更重要的是要改变学习方式.最好的学习方式是自觉主动的学习方式,动脑思考、动手训练、手脑并用的学习方式.学数学不是听数学、看数学,而是"做数学",这里"做"指的就是主动"思考与练习",强调的还是动起脑来,更是动起手来,没有思考哪来领悟,没有实践哪来真知.数学学习是个长期思考与训练的积累过程,自主式

的思考与训练更是必需的.那种寄希望于通过短期培训与冲刺来达到学好数学的目的是不切实际的,那种寄希望于通过期末冲刺过关也是不现实的.

3. 改变你的学习方法,提高继续学习的能力

在这种知识快速增长的时代,人们不可能经过一次学习就掌握整个职业生涯所需要的知识,也很难满足现代人才不断变换工作岗位的现实需求,学习只有进行时,没有完成时.学习好这门课程需要做好以下几个方面:(1)做好课前预习,提高自学能力;(2)上课专心专注,提高课堂学习效率;(3)钻研、善思、多问、勤练,知其然知其所以然;(4)课后认真复习,培养及时复习和总结的习惯.华罗庚说:要打好数学基础有两个必经过程:先学习,接受"由薄到厚";再消化,提炼"由厚到薄".这种勤于思考、善于思考、从厚到薄的学习数学的方法,值得我们借鉴.

六、学习高等数学应该注意什么

1. 学会阅读理科教材

要学好高等数学,不只需要多做题,更重要的是学会阅读教材.

高等数学不能只通过做题来理解高等数学知识,纸质教材是获得数学知识的主要载体,这一点也是大学所有课程的基本特点.同学们不带书上课是极端错误的,课前预习必须阅读教材,上课必须带上教材,课后必须再阅读教材,只有反复阅读教材才能理解概念的建立背景、性质的证明过程、例题的每一步的依据,领会知识内含的数学思想方法.理科教材的阅读要求专注、耐心和实践,实践的意义就是动手.现在大部分学生的坏习惯是不动手,只动手机.阅读时要放下手机,动手演算和推理,只有实践才能变成真知.

2. 自觉及时完成作业

没有了老师和家长的监督,必须自觉及时完成作业.现在我们大学校园里有一种景象,有些同学只拿着手机去上课,这是极其错误的.可以做一下统计,凡是只拿手机上课的同学必然是挂科率最高的.高中还流传一种错误的说法,上了大学就好了,就轻松了.事实上,大学只是自由度高了,属于自己支配的时间多了,大学的知识深了、难了,与职业要求联系更密切了,需要的是更高的专注力和实践精神.

3. 静下心来勤于思考,认真学习

大学是人生最美好的也是最锻炼能力的时光,但当今的大学里两极分化的现象比较严重,一种是立志考研的同学,勤奋刻苦,积极向上.还有认为考上大学万事大吉,放松了对自己的要求,心浮气躁,静不下心,上课学习流于应付,知难而退,缺乏思考,不懂的问题积累得多了便失去了学习的动力与乐趣。所以,要静下心来勤于思考,才能学有所成.

4. 做手机的主人

现在的大学里有一种现象,部分大学生把手机作为高级的游戏机、娱乐及聊天工具,走着、坐着甚至上课也沉迷于手机,机不离手,手不离机,结果是让手机荒废了大学生活,甚至荒废了人生.因此大学生必须努力提高自己的自控能力,力求发挥手机的正能量,使得手机成为辅助学习的工具.比如手机可以作为管理学习的工具,手机可以随时进行学习交流和讨论,手机还可以随时查阅资料,下载或回放教师慕课,为了今后美好的人生,请你做手机的主人.

目　　录

第一章 函数与极限

新的数学方法和概念,常常比解决数学问题本身更重要.

——华罗庚

要辩证而又唯物地了解自然,就必须掌握数学.

——恩格斯

概述 初等数学研究的对象基本上是不变的量,而高等数学的研究对象则是变动的量.所谓函数关系就是变量之间的依赖关系,极限方法是研究变量的基本方法,极限思想是微积分的核心思想,贯穿了微积分中的全部知识,极限理论是微积分乃至现代数学的理论基础,是分析数学的灵魂.

极限的思想方法是由于求某些实际问题的精确解答而产生的.如我国古代数学家刘徽(公元 3 世纪)利用圆内接正多边形来推算圆面积的方法——割圆术,就是极限思想在几何学上的应用.又如,春秋战国时期的哲学家庄子(公元前 4 世纪)在《庄子·天下篇》一书中对"截丈问题"有一段名言:"一尺之棰,日取其半,万世不竭",其中也隐含了深刻的极限思想.高等数学中许多基本概念,例如连续、导数、定积分、无穷级数等都是建立在极限思想的基础上的.

本章将学习函数概念及性质,在探究极限描述性的定义(定性)的基础上步步深入建立极限的精确定义(定量),初步领会极限的思想方法,并在此基础上探讨函数连续性的概念及其性质,为以后的学习奠定必要的基础.极限概念与极限思想方法是学习的重点也是难点之一.本章采用数形结合的思想方法研究函数的各类问题,力求以几何图形、函数图像、几何意义直观地揭示函数各种概念的内涵,让抽象问题形象化、复杂问题简单化.

第一节 函 数

函数的概念　函数的特性　反函数　复合函数　基本初等函数　初等函数

一、函数的概念

1. 函数的概念

在同一自然现象或技术问题中,同时有几个变量在变化着,这些变量并不是孤立地在变化,而是按照一定的规律相互联系、相互依赖着.下面我们举几个实际的例子.

例 1 考虑圆的周长 l 与半径 r 之间的依赖关系,我们知道,它们之间的关系可由公式 $l = 2\pi r$ 表示.当半径 r 在区间 $(0, +\infty)$ 内任取一个数值时,由上式就可以确定圆周长 l 的相应数值.

例 2 物体自由下落的距离 s 与所用的时间 t 之间的依赖关系可由公式 $s=\dfrac{1}{2}gt^2$ 表示,其中 g 为重力加速度,假定物体着地的时刻为 T,那么当 t 在 $[0,T]$ 上任取一个数值时,由上式可以确定物体下落距离的相应数值.

上面两个例子虽然是不同范畴的问题,但具有共同的特性.即在每一个问题中都包含两个变量,它们之间相互依赖,且存在确定的对应规律.概括其共同特性,抽象出如下定义.

定义 设 x 和 y 是两个变量,D 是实数集 R 的某个非空子集.如果按照某个对应法则 f,使得对任意的 $x\in D$,变量 y 总有确定的数值与之对应,则称变量 y 是变量 x 的**函数**,记作 $y=f(x)$,其中 x 叫做**自变量**,y 叫做**因变量**,数集 D 称为函数 $y=f(x)$ 的**定义域**.

当 $x=x_0$ 时,与之对应的 y 叫做函数 $y=f(x)$ 在点 x_0 处的**函数值**,记作 $y=f(x_0)$.

当 x 取遍 D 内所有数值时,与之对应的 y 值的集合叫做函数 $y=f(x)$ 的**值域**,记作 R_f,即 $R_f=\{y\,|\,y=f(x),x\in D\}$.

函数的定义表明了函数模型的结构,定义域、对应法则是主导要素,值域是派生要素.

对于函数定义,应注意下面几点:

(1)此处给出的函数定义包含了单值函数与多值函数两种.如果对于自变量在定义域内任取一个数值时,对应的函数值只有一个,这种函数叫**单值函数**;否则称为**多值函数**.例如,由方程 $x^2+y^2=a^2$ 所确定的函数就是一个多值函数.以后如不特别说明,我们所讨论的函数都是单值函数.

> 许多年前,瑞士数学家欧拉、(Leonhard Euler,1707—1783)首创了用符号 $y=f(x)$ 表示"y 是 x 的函数"的方法.

(2)函数定义中有**两个要素**,定义域与对应法则.所谓函数的定义域是指自变量的允许取值范围,即函数的存在范围.只有自变量在定义域中取值时,函数才有意义.在实际问题中,函数的定义域是根据问题的实际意义确定的.如例 1 中,定义域 $D=(0,+\infty)$;在数学中,有时不考虑函数的实际意义,而抽象地用算式表达的函数,这时,通常约定:这种函数的定义域就是使得算式有意义的一切实数所组成的集合,这种定义域称为函数的**自然定义域**.例如 $y=\sqrt{1-x^2}$ 的定义域是闭区间 $[-1,1]$,函数 $y=\dfrac{1}{\sqrt{1-x^2}}$ 的定义域是开区间 $(-1,1)$.函数概念的第二个要素是自变量与因变量的**对应法则**,就是函数记号中的"f",它指明了如何由自变量的值去寻求因变量的对应值.

(3)**两个函数相同$\Leftrightarrow$两个函数的定义域相同,且对应法则也相同**.

(4)关于函数记号 $f(x)$,它是一种抽象的函数关系符号,可表示各种各样的具体函数,如 $f(x)=x^2-1,f(x)=\sin x,f(x)=\arctan\dfrac{1}{x^2}$ 等.

下面举几个关于函数概念的例子.

例 3(函数要素定义域) 求函数 $f(x)=\sqrt{4-x^2}+\lg\dfrac{1}{x-1}$ 的定义域.

解 要使函数有意义,自变量 x 必须同时满足以下条件
$$4-x^2\geqslant 0,\quad \frac{1}{x-1}>0,\quad x-1\neq 0.$$

解上述不等式得 $1 < x \leqslant 2$,所以函数的定义域为 $D = (1, 2]$.

例 4(函数要素对应法则)　设函数 $f(x) = 2x - 3$,求 $f(a^2)$,$f[f(a)]$,$[f(a)]^2$.

解　$f(a^2) = 2a^2 - 3$,

$$f[f(a)] = f(2a - 3) = 2(2a - 3) - 3 = 4a - 9,$$

$$[f(a)]^2 = (2a - 3)^2 = 4a^2 - 12a + 9.$$

例 5(函数相等)　判定函数 $f(x) = \lg x^2$ 与 $g(x) = 2\lg x$ 是否为同一函数.

解　因为函数 $f(x)$ 的定义域是 $(-\infty, 0) \cup (0, +\infty)$,而函数 $g(x)$ 的定义域是 $(0, +\infty)$,所以 $f(x) = \lg x^2$ 与 $g(x) = 2\lg x$ 不是同一函数.如果将 $f(x)$ 中自变量的取值范围限制在 $(0, +\infty)$ 内,则 $f(x)$ 与 $g(x)$ 为同一函数.

2.几个特殊函数

例 6(绝对值函数)　$y = |x| = \begin{cases} x & x \geqslant 0 \\ -x & x < 0 \end{cases}$ 的定义域

$D = (-\infty, +\infty)$,值域 $[0, +\infty)$,图形如图 1-1 所示.

> 记号"∞"(无穷)只是为了用起来方便,并不是意味着有一个数 ∞.

例 7(符号函数)　函数

$$y = \mathrm{sgn}\, x = \begin{cases} 1, & x > 0, \\ 0, & x = 0, \\ -1, & x < 0. \end{cases}$$

称为**符号函数**,它的定义域 $D = (-\infty, +\infty)$,值域 $\{-1, 0, 1\}$,如图 1-2 所示.

例 8(取整函数)　设 x 是任一实数,不超过 x 的最大整数称为 x 的整数部分,记作 $[x]$.例如 $[\sqrt{3}] = 1$,$\left[\dfrac{2}{3}\right] = 0$,$[-2.5] = -3$,$[-2] = -2$,函数 $y = [x]$ 的定义域 $D = (-\infty, +\infty)$,它的值域是整数集,如图 1-3 所示,在 x 为整数值处发生跳跃,跃度为 1,这函数称为**取整函数**.

常用不等式有 $x - 1 \leqslant [x] \leqslant x$.

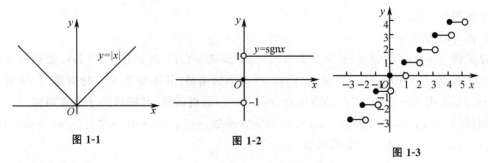

图 1-1　　　　图 1-2

图 1-3

3.函数的表示法

函数的表示法通常有下面三种:

(1)**解析法**　用运算符号将自变量与相关的常量联结成一个式子来表示函数的方法叫**解析法**,也叫公式法,如例 1 和例 2.对于有些函数的关系不能由一个式子来表示,而是在定义域的不同区间上由不同式子来表示,这样的函数叫**分段函数**,如例 7.解析法是表示函数的基本方法.

(2)**图像法**　利用图像这种特殊且形象的数学语言工具来表达各种现象的过程和规律,这种方法称为**图像法**.如图 1-1、图 1-2 所示.

(3)**表格法**　将自变量的值域对应的函数值通过表格的形式表示出来的方法叫**表格法**.如

对数表、三角函数表.

二、函数的几种特性

1. 函数的有界性

设函数 $y=f(x)$ 的定义域为 D，数集 $X\subset D$，若存在 $M>0$，使得对于任意的 $x\in X$，恒有 $|f(x)|\leqslant M$ 成立，则称函数 $y=f(x)$ 在数集 X 上**有界**，或称函数 $y=f(x)$ 是数集 X 上的**有界函数**；若这样的正数 M 不存在，则称函数 $y=f(x)$ 在数集 X 上**无界**，或称函数 $y=f(x)$ 是数集 X 上的**无界函数**.

> 函数有界性是相对于自变量某区间而言的.

例如，函数 $y=\cos x$ 在 $(-\infty,+\infty)$ 内有界，因为取 $M=1$，不论 x 取何值，总有 $|\cos x|\leqslant 1$ 成立. 又如，函数 $y=\dfrac{1}{x}$ 在区间 $(0,+\infty)$ 内是无界的，但该函数在区间 $(1,2)$ 内是有界的. 例如可取 $M=1$ 而使 $\left|\dfrac{1}{x}\right|\leqslant 1$ 对于一切 $x\in(1,2)$ 都成立.

由此可见，函数的有界性不但与函数本身有关，还要取决于自变量的取值范围.

2. 函数的单调性

设函数 $y=f(x)$ 的定义域为 D，区间 $I\subset D$. 如果对于任意的 $x_1,x_2\in I$，当 $x_1<x_2$ 时，恒有 $f(x_1)<f(x_2)$，则称函数 $y=f(x)$ 在区间 I 上是**单调增加**的；如果对于任意的 $x_1,x_2\in I$，当 $x_1<x_2$ 时，恒有 $f(x_1)>f(x_2)$，则称函数 $y=f(x)$ 在区间 I 上是**单调减少**的. 单调增加或单调减少的函数统称为**单调函数**，使函数保持单调增加或单调减少的区间称为函数 $y=f(x)$ 的**单调区间**.

> 函数单调性是相对于自变量某区间而言的.

例如，函数 $f(x)=x^3$ 在区间 $(-\infty,+\infty)$ 上是单调增加的；函数 $f(x)=x^2$ 在区间 $[0,+\infty)$ 上是单调增加的，在区间 $(-\infty,0]$ 上是单调减少的；在区间 $(-\infty,+\infty)$ 上函数 $f(x)=x^2$ 不是单调的. 这说明函数的单调性是相对于自变量的某个区间而言的.

3. 函数的奇偶性

设函数 $y=f(x)$ 的定义域 D 关于原点对称（即若 $x\in D$，则必有 $-x\in D$），如果对于任意的 $x\in D$，等式 $f(-x)=f(x)$ 恒成立，则称 $f(x)$ 为**偶函数**，其图像关于 y 轴对称. 如果对于任意的 $x\in D$，等式 $f(-x)=-f(x)$ 恒成立，则称 $f(x)$ 为**奇函数**，其图像关于原点对称.

例如，$y=x$，$y=\sin x$ 均为 $(-\infty,+\infty)$ 内的奇函数；$y=x^2$，$y=\cos x$ 均为 $(-\infty,+\infty)$ 内的偶函数；$y=\sin x+\cos x$ 为非奇非偶函数.

例 9 讨论函数 $f(x)=\ln(x+\sqrt{1+x^2})$ 的奇偶性.

解 因为 $f(x)+f(-x)=\ln(x+\sqrt{1+x^2})+\ln(-x+\sqrt{1+x^2})=\ln 1=0$，所以 $f(x)=-f(-x)$，即 $f(x)=\ln(x+\sqrt{1+x^2})$ 为奇函数.

例 10 证明定义在 $(-l,l)$ 上的任意函数 $f(x)$ 可表示为一个奇函数与一个偶函数的和.

证 对任意的 $x\in(-l,l)$，设 $G(x)=\dfrac{f(x)+f(-x)}{2}$，$F(x)=\dfrac{f(x)-f(-x)}{2}$，

因为 $\qquad G(-x)=\dfrac{f(-x)+f(x)}{2}=G(x)$ 为偶函数，

$$F(-x) = \frac{f(-x) - f(x)}{2} = -F(x) \text{ 为奇函数,}$$

$$G(x) + F(x) = \frac{f(x) + f(-x)}{2} + \frac{f(x) - f(-x)}{2} = f(x)$$

这个结论在后面定积分计算中会用到. 奇妙的是在线性代数矩阵理论中也有类似的结论.

4. 函数的周期性

设函数 $y = f(x)$ 的定义域为 D, 若存在正数 T, 使得对于任意的 $x \in D$, 有 $(x \pm T) \in D$, 且恒有 $f(x + T) = f(x)$, 则称 $y = f(x)$ 是以 T 为周期的**周期函数**. 显然, 若 T 是 $f(x)$ 的周期, 则 $kT (k = 1, 2, \cdots)$ 也是 $f(x)$ 的周期. 通常我们所说的周期函数的周期都是指**最小正周期**.

例如, 我们所熟知的三角函数 $y = \sin x, y = \cos x$ 都是以 2π 为周期的周期函数, $y = \tan x$, $y = \cot x$ 都是以 π 为周期的周期函数.

周期函数的图形呈周期性重复, 只要知道它在任一周期上的图形, 就可以得到函数的全部图形.

三、反函数　复合函数　初等函数

1. 反函数

设函数 $y = f(x)$ 的定义域为 D, 值域为 R_f. 若对每个 $y = R_f$, 都有唯一确定的 $x \in D$ 适合关系式 $f(x) = y$, 则这样确定的以 y 为自变量, x 为因变量的函数称为 $y = f(x)$ 的**反函数**, 记作 $x = f^{-1}(y)$. 这个函数的定义域为 R_f, 值域为 D. 相对于反函数 $x = f^{-1}(y)$ 来说, 原来的函数 $y = f(x)$ 称为**直接函数**.

在函数式 $x = f^{-1}(y)$ 中, y 表示自变量, x 表示因变量. 但习惯上一般用 x 表示自变量, 而用 y 表示因变量, 就常对调函数式 $x = f^{-1}(y)$ 中的 x, y, 把它改写成 $y = f^{-1}(x)$. 今后提到的反函数, 一般就是指这种改写后的反函数. 在同一坐标平面内, **函数 $y = f(x)$ 与其反函数 $y = f^{-1}(x)$ 的图像是关于直线 $y = x$ 对称的**.

例如, 函数 $y = -\sqrt{x-1} \, (x \geq 1)$ 的反函数是 $y = x^2 + 1 \, (x \leq 0)$.

反函数存在性的充分条件:

若函数 $y = f(x)$ 定义在某个区间 I 上, 并在该区间上单调增加(或减少), 则它的反函数必存在, 且此反函数在相应区间上也是单调增加(或减少)的.

事实上, 若设函数 $y = f(x) \, (x \in I)$ 的值域为 R_f, 则由 $f(x)$ 在 I 上的单调性可知, 对任一 $y \in R_f, I$ 内必定只有唯一的 x 值, 满足 $f(x) = y$, 从而推得 $y = f(x) \, (x \in I)$ 的反函数必存在.

2. 复合函数

我们先来看一个实际的例子. 自由落体运动的动能 E 是速度 v 的函数

$$E = \frac{1}{2} mv^2 \qquad\qquad (1-1)$$

而速度 v 又是时间 t 的函数

$$v = gt \qquad\qquad (1-2)$$

因此, 若要研究作自由落体运动的物体的动能 E 与时间 t 的关系, 就要把(1-2)式代入(1-1)式, 这样我们就得到了由函数(1-1)与(1-2)复合而成的函数 $E = \frac{1}{2} m (gt)^2$, 这个函数称为复合函数.下面给出它的一般定义：

> **定义** 若函数 $y=f(u)$ 的定义域为 D_1，函数 $u=g(x)$ 的值域为 D_2，且 $D_2\subseteq D_1$，则变量 y 通过变量 u 成为 x 的函数，这个函数称为由函数 $y=f(u)$ 和 $u=g(x)$ 构成的**复合函数**，记为
> $$y=f[g(x)],$$
> 其中 x 叫做**自变量**，u 叫做**中间变量**，f 叫做**外层函数**，g 叫做**内层函数**.

关于复合函数，我们应注意下面的两点：

(1)函数的复合是有条件的.

例如，函数 $y=\arccos u$ 的定义域为 $[-1,1]$，函数 $u=2+x^2$ 的定义域 $(-\infty,+\infty)$，$u=x^2+2\geqslant 2$，从而使得函数 $y=\arccos u$ 无意义，因此，形式上的复合函数 $y=\arccos(2+x^2)$ 是没有意义的.

事实上，**两个函数可以进行复合的条件是，内层函数的值域包含于外层函数的定义域中**.还要注意到，内层函数的定义域与复合函数的定义域是不一定相同的.例如，复合函数 $y=\sqrt{1-x^2}$，其定义域为 $[-1,1]$，而内层函数 $u=g(x)=1-x^2$ 的定义域为 $(-\infty,+\infty)$.

(2)函数的复合可以是多层复合.

例如，函数 $y=u^2,u=\cos v,v=2x$ 复合以后就构成复合函数 $y=\cos^2 2x$，这里 u 和 v 都是中间变量.与此同时，我们还应掌握复合函数的复合过程，这对于后面的学习是有帮助的，读者对此应予以重视.

例 11 指出下列函数的复合过程：

(1)$y=\sqrt{5+2x}$；

(2)$y=\lg\sin^2 x$.

解 (1)函数 $y=\sqrt{5+2x}$ 是由 $y=\sqrt{u}$，$u=5+2x$ 复合而成的.

(2)函数 $y=\lg\sin^2 x$ 是由 $y=\lg u$，$u=v^2$，$v=\sin x$ 复合而成的.

3.*初等函数*

初等数学中已经学过以下函数：

(1)**幂函数**

函数 $y=x^\alpha$ (α 为任意实数)叫做**幂函数**.

常见的幂函数有 $y=x,y=x^2,y=x^3,y=\sqrt{x},y=\dfrac{1}{x}$ 等，图 1-4 所示.

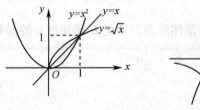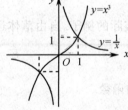

图 1-4

(2)**指数函数**

函数 $y=a^x$ (a 是常数，$a>0$ 且 $a\neq 1$)叫做**指数函数**.

指数函数的定义域为 $(-\infty,+\infty)$,其图像都经过点 $(0,1)$,且函数值恒大于零.当 $a>1$ 时,函数单调增加,当 $0<a<1$ 时,函数单调减少.如图 1-5 所示.

（3）**对数函数**

函数 $y=\log_a x$（a 是常数,$a>0$ 且 $a\neq1$）叫做**对数函数**.

对数函数与指数函数互为反函数,其定义域为 $(0,+\infty)$,图像都经过点 $(1,0)$.当 $a>1$ 时,函数单调增加,当 $0<a<1$ 时,函数单调减少.如图 1-6 所示.特别当 $a=e$ 时,将 $\log_e x$ 记为 $\ln x$（称为自然对数函数）.

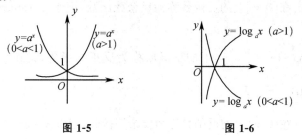

图 1-5　　　　　　　　图 1-6

（4）**三角函数**

常用三角函数的函数表达式及其图像与性质见表 1-1.

表 1-1

函数	定义域	值域	图像	主要性质		
				周期性	有界性	奇偶性
$y=\sin x$	$(-\infty,+\infty)$	$[-1,1]$		2π	有界	奇
$y=\cos x$	$(-\infty,+\infty)$	$[-1,1]$		2π	有界	偶
$y=\tan x$	$x\neq n\pi+\dfrac{\pi}{2}$ $n=0,\pm1,\pm2\dots$	$(-\infty,+\infty)$		π	无界	奇
$y=\cot x$	$x\neq n\pi$ $n=0,\pm1,\pm2\dots$	$(-\infty,+\infty)$		π	无界	奇

除了以上四个常见三角函数外,以后还会用到正割函数 $y=\sec x$ 与余割函数 $y=\csc x$.它们的定义分别为 $y=\sec x=\dfrac{1}{\cos x}$,$y=\csc x=\dfrac{1}{\sin x}$.

(5)反三角函数

三角函数的依赖关系非"一一对应"关系.为保证三角函数存在反函数,在三角函数的一个单值区间上,定义反三角函数如下:

正弦函数 $y=\sin x$ 在 $\left[-\dfrac{\pi}{2},\dfrac{\pi}{2}\right]$ 上的反函数称为反正弦函数,记作 $y=\arcsin x$,其定义域为 $[-1,1]$,值域为 $\left[-\dfrac{\pi}{2},\dfrac{\pi}{2}\right]$.

余弦函数 $y=\cos x$ 在 $[0,\pi]$ 上的反函数称为反余弦函数,记作 $y=\arccos x$,其定义域为 $[-1,1]$,值域为 $[0,\pi]$.

正切函数 $y=\tan x$ 在 $\left(-\dfrac{\pi}{2},\dfrac{\pi}{2}\right)$ 上的反函数称为反正切函数,记作 $y=\arctan x$,其定义域为 $(-\infty,+\infty)$,值域为 $\left(-\dfrac{\pi}{2},\dfrac{\pi}{2}\right)$.

余切函数 $y=\cot x$ 在 $(0,\pi)$ 上的反函数称为反余切函数,记作 $y=\text{arccot}\,x$,其定义域为 $(-\infty,+\infty)$,值域为 $(0,\pi)$.

根据互为反函数的两个函数图像间的关系,不难得到反三角函数的图像.下面把反三角函数的图像及主要性质列于表1-2.

表 1-2

函　数	$y=\arcsin x$	$y=\arccos x$	$y=\arctan x$	$y=\text{arccot}\,x$
图像				
主要性质	单调增加奇函数	单调减少	单调增加,奇函数,直线 $y=\pm\dfrac{\pi}{2}$ 为函数图形的水平渐近线	单调减少,直线 $y=0$ 及 $y=\pi$ 为函数图形的水平渐近线

以上幂函数、指数函数、对数函数、三角函数、反三角函数统称为**基本初等函数**.

熟练掌握基本初等函数的定义域、图像及其性质,对于学好高等数学极为有益.

> **定义**　由常数和基本初等函数经过**有限次**的四则运算和**有限次**的复合步骤所构成的并可以用一个式子来表示的函数,叫做初等函数.

例如 $y=\sqrt{1+x^2}$,$y=\sqrt{\cos\dfrac{x}{2}}$ 都是初等函数. 而 $y=\begin{cases} x^2, & x>0 \\ \sin x+2, & x\leqslant 0 \end{cases}$ 与 $y=1+x+x^2+\cdots+x^n+\cdots$ 不是初等函数.

四、建立函数关系举例——建模思想

利用数学方法解决实际问题时,通常需要我们找出该问题中存在的若干变量,科学准确地分析它们之间的相互关系,并根据实际需要,将这种关系用函数表示出来.

例 12 用三块宽度均为 a 的木板,做成一个横截面为等腰梯形的水槽(图 1-7),则水槽横截面的大小取决于角 θ 的选取,试建立水槽横截面积 S 与角 θ 间的函数关系.

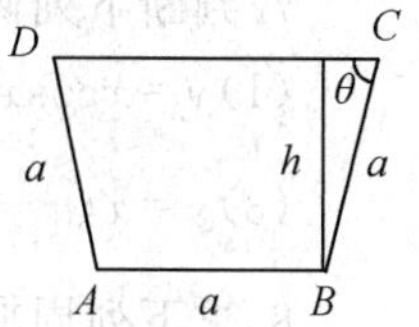

解 因为 $S=\frac{1}{2}(AB+CD)h$,由图 1-7 知,

$$AB=a,h=a\sin\theta,CD=a+2a\cos\theta,$$

故
$$S=a^2(1+\cos\theta)\sin\theta\left(0<\theta<\frac{\pi}{2}\right).$$

图 1-7

思考与探究

1. 如果 $y=f(u),u=\varphi(x)$,那么 y 是否一定是 x 的复合函数? 举例说明.

2. 试着用符号函数表示绝对值函数.

习题 1-1

1. 求下列函数的自然定义域:

(1) $y=\sqrt{x+2}+\dfrac{1}{\lg(1-x)}$;

(2) $y=\dfrac{1}{\sqrt{x^2-3}}$;

(3) $y=\sqrt{\dfrac{1+x}{1-x}}$;

(4) $y=\begin{cases}\sin x, & 0\leqslant x<\dfrac{\pi}{2} \\ x, & \dfrac{\pi}{2}\leqslant x<\pi.\end{cases}$

2. 设 $y=f(x)$ 的定义域为 $[0,1]$,求下列复合函数的定义域:

(1) $f(x^2)$;

(2) $f(x+a)+f(x-a)(a>0)$.

3. 求下列函数在指定点处的函数值:

(1) $f(x)=1+x^2,g(x)=\sin 3x$,求 $f(t^2-1),f[g(x)],g[f(x)]$;

(2) $f(x)=\begin{cases}2^x, & -1<x<0, \\ 2, & 0\leqslant x<1, \\ x-1, & 1\leqslant x\leqslant 3\end{cases}$ 求 $f(0),f(3),f\left\{f\left[f\left(-\dfrac{1}{2}\right)\right]\right\}$.

4. 已知 $f[\varphi(x)]=1+\cos x,\varphi(x)=\sin\dfrac{x}{2}$,求 $f(x)$.

5. 设

$$f(x)=\begin{cases}1, & |x|<1, \\ 0, & |x|=1, \\ -1, & |x|>1\end{cases}\quad g(x)=\mathrm{e}^x,$$

求 $f[g(x)]$ 与 $g[f(x)]$,并做出这两个函数的图形.

6. 判断下列各题中的 $f(x)$ 与 $g(x)$ 是否为同一函数:

(1) $f(x)=\dfrac{x}{x},g(x)=1$;

(2) $f(x)=x,g(x)=\sqrt{x^2}$;

(3) $f(x)=x,g(x)=(\sqrt{x})^2$;

(4) $f(x)=\sin x,g(x)=\sqrt{1-\cos^2 x}$.

7.判断下列函数的奇偶性：

(1)$y=x\cos x$；
(2)$y=\sin x+\cos x+1$；

(3)$y=x(x-1)(x+1)$；
(4)$y=\dfrac{\sin x}{x}$.

8.求下列周期函数的周期：

(1)$y=\sin^2 x$
(2)$y=|\sin x|$.

9.写出下列函数的复合过程：

(1)$y=\sin^3(8x+5)$；
(2)$y=\tan(\sqrt[3]{x^2+5})$；

(3)$y=\sqrt{\tan\dfrac{x}{2}}$；
(4)$y=\ln\cos^2(3x+1)$.

10.要建造一个容积为 V 的长方体水池,它的底为正方形.如果水池底面的单位面积造价为侧面的 3 倍,试建立总造价与底面边长之间的函数关系.

第二节 极 限

数列极限的概念　收敛数列的性质　自变量趋于无穷时函数的极限　自变量趋于有限值时函数的极限　极限的性质

为了深入研究函数,即研究因变量在自变量的某种确定的变化方式下的变化趋势,需要引进极限的概念.极限概念不仅是高等数学微分学与积分学的基石,而且也是微积分理论研究的基础.在本节中,我们首先介绍数列的极限,然后介绍函数极限及其极限的性质.

一、数列极限

1. 数列极限的概念

极限概念是在探求某些实际问题的精确解答过程中产生的.例如,公元 3 世纪,我国数学家刘徽利用圆内接正多边形的面积来推算圆面积的方法——**割圆术**,就是极限思想在几何学上的应用.

设有一圆,设圆的面积为 A,首先作内接正六边形,把它的面积记为 A_1;再作内接正十二边形,其面积记为 A_2;再作内接正二十四边形,其面积记为 A_3;循此下去,每次边数加倍,一般地把内接正 $6\times 2^{n-1}$ 边形的面积记为 $A_n(n=1,2,3,\cdots)$.这样,就得到一系列内接正多边形的面积：

$$A_1,A_2,A_3,\cdots A_n,\cdots$$

它们构成一列有顺序的数,称为数列 $\{A_n\}$.当 n 越大时,内接正多边形面积与圆的面积之差就越小,从而以 A_n 作为圆面积的近似值也越精确,即 $A\approx A_n$.但对固定的 n,不管 n 多大,$A\neq A_n$.当 n 无限增大(记作 $n\to\infty$,读作 n 趋于无穷大)时,内接正多边形的面积 A_n 将无限接近于圆的面积 A,在数学上把 A 叫做数列 $\{A_n\}$ 的极限,记作 $n\to\infty$ 时,$A_n\to A$.由此问题可看到,正是这个数列的极限才精确地表达了圆的面积.

在解决实际问题中逐渐形成的这种极限方法,正是高等数学的基本方法,因此有必要进一步阐明.

先说明**数列的概念**.按照自然顺序排列的无穷多个数

$$x_1, x_2, \cdots, x_n, \cdots$$

称为**数列**,记为数列$\{x_n\}$,其中每一个数叫数列的**项**,第 n 项 x_n 称为数列的**一般项或通项**.例如:

$$\frac{1}{2}, \frac{2}{3}, \frac{3}{4}, \cdots, \frac{n}{n+1}, \cdots$$

$$2, 4, 8, \cdots, 2^n, \cdots$$

$$1, -1, 1, \cdots, (-1)^{n+1}, \cdots$$

都是数列的例子,它们的一般项依次为

$$\frac{n}{n+1}, 2^n, (-1)^{n+1}.$$

在几何上,数列$\{x_n\}$可看作是数轴上的一个动点,它依次取数轴上的点 $x_1, x_2, \cdots x_n \cdots$.按函数定义,数列$\{x_n\}$可看作自变量为正整数 n 的函数:$x_n = f(n)$,它的定义域为正整数集,当自变量 n 依次取 $1, 2, 3, \cdots$ 等一切正整数时,对应的函数值就排成数列$\{x_n\}$.

对于数列$\{x_n\}$,若有 $x_1 \leqslant x_2 \leqslant \cdots \leqslant x_n \leqslant x_{n+1} \leqslant \cdots$ 则称该数列为**单调增加的数列**;反之,若有 $x_1 \geqslant x_2 \geqslant \cdots \geqslant x_n \geqslant x_{n+1} \geqslant \cdots$,则称该数列为**单调减少的数列**.单调增加和单调减少的数列,统称为**单调数列**.

若存在 $M > 0$,使得对一切 x_n,均有 $|x_n| \leqslant M$ 成立,则称数列$\{x_n\}$为**有界数列**.若这样的 M 不存在,则称数列$\{x_n\}$为**无界数列**.

研究数列,至关重要的问题是:当项数 n 无限增大时,数列对应项的变化趋势如何,即 x_n 能否无限接近于某个确定的数值? 如果能够的话,这个数值是多少?

我们对数列

$$2, \frac{3}{2}, \frac{4}{3}, \cdots, \frac{n+1}{n}, \cdots$$

进行分析.在这数列中

$$x_n = \frac{n+1}{n} = 1 + \frac{1}{n},$$

显然,当 n 越来越大时,$\frac{1}{n}$ 越来越小,从而 x_n 就越来越接近于常数 1.该数列的这种现象可叙述为:当 n 无限增大时,x_n 无限接近于常数 1.

再考察一个数列$\{x_n\} = \left\{\dfrac{1}{2^n}\right\}$,即 $\dfrac{1}{2}, \dfrac{1}{4}, \dfrac{1}{8}, \cdots, \dfrac{1}{2^n}, \cdots$ 容易看出,当 n 无限增大时,x_n 无限接近于常数 0.

综合上述两例的共性,抽象出数列极限的描述性定义:

定义 设 $\{x_n\}$ 是一个数列,a 是一个确定的常数.如果当 n 无限增大时,x_n 无限趋近于常数 a,则称常数 a 为**数列 $\{x_n\}$ 当 n 趋于无穷大时的极限**,或者称**数列 $\{x_n\}$ 收敛于 a**,记作

$$\lim_{n \to \infty} x_n = a, \text{ 或 } x_n \to a(n \to \infty).$$

如果不存在这样的常数 a,就说数列 $\{x_n\}$ 没有极限,或者说数列 $\{x_n\}$ 是**发散**的,习惯上也说 $\lim\limits_{n \to \infty} x_n$ 不存在.

由上述定义可知:

$$\lim_{n \to \infty} \frac{n+1}{n} = 1, \lim_{n \to \infty} \frac{1}{2^n} = 0.$$

我们知道,$|a-b|$ 的大小表示两个数的接近程度.极限定义中所说的"x_n 无限趋近于一个确定的常数 a" $\Leftrightarrow |x_n - a|$ 无限的小 $\Leftrightarrow |x_n - a|$ 小于任意小的正数 ε,而这个是在 n 无限增大($n \to \infty$) 的过程中来实现,即当对任意小的正数 ε,当 n 大到一定的程度时(某个 N 项以后),总能使 $|x_n - a| < \varepsilon$.

下面给出数列极限的精确定义(也称"$\varepsilon - N$"定义):

定义 对于任意给定的正数 ε(任意小),总存在正整数 N,使得当 $n > N$ 时,恒有

$$|x_n - a| < \varepsilon$$

成立,则称当 n 趋向于无穷大时,数列 $\{x_n\}$ 的极限为常数 a,记作

$$\lim_{n \to \infty} x_n = a, \text{ 或 } x_n \to a(n \to \infty).$$

为了表达方便,引入记号"$\forall$"表示"对任意给定的"(或对于每一个),记号"$\exists$"表示"存在",数列极限 $\lim\limits_{n \to \infty} x_n = a$ 的定义可表达为:

$$\lim_{n \to \infty} x_n = a \Leftrightarrow \forall \varepsilon > 0, \exists \text{ 正整数 } N, \text{ 当 } n > N \text{ 时,有 } |x_n - a| < \varepsilon.$$

这个表达式,用简洁的数学符号表示,简练严谨,内涵丰富,体现了数学逻辑结构的简洁美,也有利于后面进一步对函数极限的研究和应用.

例 1 证明数列 $1, \dfrac{1}{2}, \dfrac{1}{3}, \cdots, \dfrac{1}{n}, \cdots$ 极限为 0.

证 对任给 $\varepsilon > 0$,为了使 $|x_n - 0| = \left| \dfrac{1}{n} - 0 \right| = \dfrac{1}{n} < \varepsilon$,需 $n > \dfrac{1}{\varepsilon}$. 取 $N = \left[\dfrac{1}{\varepsilon} \right]$,则当 $n > N$ 时,就有 $\left| \dfrac{1}{n} - 0 \right| < \varepsilon$,

即

$$\lim_{n \to \infty} \frac{1}{n} = 0.$$

数列极限定义并未提供求极限的方法,以后要讲极限的求法,下面通过直觉观察来了解几个典型数列的极限.

常数列 $\{x_n\} = \{a\}$,即 $a, a, a, \cdots, a, \cdots$ 的极限为常数 a.这是因为 $|x_n - a| = |a - a| = 0$,因此,$\lim\limits_{n \to \infty} a = a$.

数列 $\{x_n\} = \left\{\dfrac{1}{n^k}\right\}$（$k > 0$ 为常数）的极限为常数 0. 这是因为 $|x_n - 0| = \left|\dfrac{1}{n^k} - 0\right| = \dfrac{1}{n^k}$，由此可知，当 n 无限增大时，由于 $k > 0$，故 $\dfrac{1}{n^k}$ 越来越小，可以小到任意的程度，因此，$\lim\limits_{n \to \infty} \dfrac{1}{n^k} = 0$. 例如，$\lim\limits_{n \to \infty} \dfrac{1}{n^2} = 0$；$\lim\limits_{n \to \infty} \dfrac{1}{\sqrt{n}} = 0$.

等比数列 $\{x_n\} = \{q^n\}$（$|q| < 1$，q 为常数）的极限为 0. 这是因为 $|x_n - 0| = |q^n|$，由于 $|q| < 1$，故当 n 无限增大时，$|q|^n$ 越来越小，可以小到任意的程度，因此 $\lim\limits_{n \to \infty} q^n = 0$（$|q| < 1$）. 例如，$\lim\limits_{n \to \infty} \left(\dfrac{1}{2}\right)^n = 0$；$\lim\limits_{n \to \infty} \left(-\dfrac{1}{2}\right)^n = 0$.

数列 $\{x_n\} = \{n(n+1)\}$ 是发散的. 因为这个数列当 $n \to \infty$ 时，x_n 的值也无限增大，不能趋近于一个确定的常数，所以数列 $\{x_n\} = \{n(n+1)\}$ 是发散的.

2. 收敛数列的性质

性质 1（极限唯一性） 如果数列 $\{x_n\}$ 收敛，那么它的极限唯一.

例 2 证明数列 $\{x_n\} = \{(-1)^{n+1}\}$ $n = 1, 2, \cdots$ 是发散的.

证（反证法） 设 $\lim\limits_{n \to \infty} x_n = a$，由定义，对于 $\varepsilon = \dfrac{1}{2}$，$\exists N > 0$，使得当 $n > N$ 时，恒有 $|x_n - a| < \dfrac{1}{2}$，即当 $n > N$ 时，x_n 都在开区间 $\left(a - \dfrac{1}{2}, a + \dfrac{1}{2}\right)$，区间长度为 1，但这是不可能的，因为 x_n 无休止地反复取 1，-1 两个数，不可能同时属于长度为 1 的区间. 因此该数列是发散的.

性质 2（收敛数列的有界性） 如果数列 $\{x_n\}$ 收敛，那么数列 $\{x_n\}$ 一定有界.

注 反之不成立，如 $\{x_n\} = \{(-1)^{n+1}\}$ 有界，但不收敛，所以有界数列不一定收敛.

性质 3（收敛数列的保号性） 如果 $\lim\limits_{n \to \infty} x_n = a$，且 $a > 0$（$a < 0$），那么存在正整数 $N > 0$，当 $n > N$ 时，都有 $x_n > 0$（或 $x_n < 0$）.

子序列的概念，在数列 $\{x_n\}$ 中任意抽取无限多项并保持这些项在原数列 $\{x_n\}$ 中的先后次序，这样得到的一个数列称为原数列 $\{x_n\}$ 的**子序列**.

性质 4（收敛数列与子序列的关系） 如果数列 $\{x_n\}$ 收敛于 a，那么它的任一子序列都收敛，且极限为 a.

由性质 4 知，如果有两个子序列收敛于不同的极限，原数列一定发散. 例 2 中，数列 $\{x_n\} = \{(-1)^{n+1}\}$（$n = 1, 2, \cdots$）的子序列 $\{x_{2n}\}$ 收敛于 -1，子数列 $\{x_{2n-1}\}$ 收敛于 1，所以原数列是发散的.

二、函数的极限

前面讨论了数列的极限，因为数列可看作自变量取正整数 n 的函数 $f(n)$，所以数列的极限是函数极限的一种特殊类型. 本段我们讨论一般函数 $y = f(x)$ 的极限. 主要研究以下两种情形：

(1) 自变量趋于无穷时，对应的函数值 $f(x)$ 的变化情形.

(2) 自变量 x 任意地接近于有限值 x_0 时，对应的函数值 $f(x)$ 的变化情形.

1. 自变量趋于无穷时函数的极限

符号表示 我们用符号 "$x \to +\infty$" 表示自变量 x 沿 x 轴正方向无限增大；"$x \to -\infty$" 表示自变量 x 沿 x 轴负方向绝对值无限增大；"$x \to \infty$" 表示自变量 x 的绝对值 $|x|$ 无限增大.

先看一个例子:函数 $y=\dfrac{1}{x}$(图 1-8),当自变量 $x\to\infty$ 时 $y=\dfrac{1}{x}$ 的值无

限地趋近于零,这时称当 $x\to\infty$ 时,$y=\dfrac{1}{x}$ 极限为 0,表示为 $x\to\infty$ 时,$\dfrac{1}{x}\to 0$.

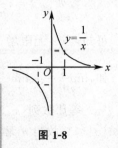

图 1-8

类似于数列极限的定义,可得下面函数极限的定义:

> **定义**　设函数 $f(x)$ 在 $|x|$ 大于某一正数时有定义,如果当 $|x|$ 无限增大时,对应的函数值 $f(x)$ 无限地趋近于常数 A,则称 A 为函数 $f(x)$ 当 x 趋于无穷大时的极限,记作
>
> $$\lim_{x\to\infty}f(x)=A \text{ 或 } f(x)\to A(x\to\infty).$$

类似地有,若 $x\to+\infty$ 时,对应的函数值 $f(x)$ 无限地趋近于某个常数 A,则称 A 为函数 $f(x)$ 当 x 趋于正无穷大时的极限,记作

$$\lim_{x\to+\infty}f(x)=A \text{ 或 } f(x)\to A(x\to+\infty);$$

若 $x\to-\infty$ 时,对应的函数值 $f(x)$ 无限地趋近于某个常数 A,则称 A 为函数 $f(x)$ 当 x 趋于负无穷大时的极限,记作

$$\lim_{x\to-\infty}f(x)=A \text{ 或 } f(x)\to A(x\to-\infty).$$

显然有

$$\lim_{x\to\infty}f(x)=A\Leftrightarrow \lim_{x\to-\infty}f(x)=\lim_{x\to+\infty}f(x)=A.$$

类似于数列极限,$\lim\limits_{x\to\infty}f(x)=A$ 可简洁地表达为:

$$\lim_{x\to\infty}f(x)=A\Leftrightarrow \forall\varepsilon>0,\exists X>0,\text{当 }|x|>X\text{ 时,有 }|f(x)-A|<\varepsilon.$$

根据上述定义,前面的例子可记为:$\lim\limits_{x\to-\infty}\dfrac{1}{x}=0$,$\lim\limits_{x\to+\infty}\dfrac{1}{x}=0$,$\lim\limits_{x\to\infty}\dfrac{1}{x}=0$.

例 3　讨论当 $x\to\infty$ 时下列函数的极限:

(1)x^2+1;　　　　(2)$\arctan x$;　　　　(3)$\dfrac{1}{x^2+1}$;　　　　(4)$\cos x$.

解　(1)因为 $x\to\infty$ 表示 $|x|$ 无限增大,而 $|x|$ 无限增大时,对应的函数值 x^2+1 也无限增大,不趋于某个确定的常数,所以 $\lim\limits_{x\to\infty}(x^2+1)$ 不存在.

(2)由 $y=\arctan x$ 的图像(见第一节表 1-2)可知,当 $x\to+\infty$ 时,对应的函数值 $\arctan x$ 无限趋近于 $\dfrac{\pi}{2}$;当 $x\to-\infty$ 时,对应的函数值 $\arctan x$ 无限趋近于 $-\dfrac{\pi}{2}$,即

$$\lim_{x\to+\infty}\arctan x=\frac{\pi}{2},\lim_{x\to-\infty}\arctan x=-\frac{\pi}{2},$$

$\lim\limits_{x\to+\infty}\arctan x$ 与 $\lim\limits_{x\to-\infty}\arctan x$ 虽然都存在,但不相等,所以 $\lim\limits_{x\to\infty}\arctan x$ 不存在.

(3)当 $x\to\infty$ 时,x^2+1 无限增大,相应地,$\dfrac{1}{x^2+1}$ 无限减小且趋近于 0,所以 $\lim\limits_{n\to\infty}\dfrac{1}{x^2+1}=0$.

(4)因为 $y=\cos x$ 为周期函数(如图 1-9 所示),当 $|x|$ 无限增大时,对应的函数值 $\cos x$ 总

是在-1与1之间来回振荡,不论$|x|$增大到什么程度,它仍然是这样振荡,因此在$|x|$无限增大时,对应的函数值$\cos x$不会趋向于某个确定的常数,因此$\lim\limits_{x\to\infty}\cos x$不存在.同理,$\lim\limits_{x\to\infty}\sin x$也不存在.

下面对$\lim\limits_{x\to\infty}f(x)=A$作一几何解释:

$\lim\limits_{x\to\infty}f(x)=A$表示随着$|x|$无限增大,曲线$y=f(x)$与直线$y=A$越来越接近,即当$x\to\infty$时,曲线$y=f(x)$上的点与直线$y=A$上的对应点间的距离$|f(x)-A|$无限趋近于0(如图1-10所示).

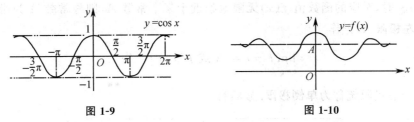

图 1-9　　　　　　　　　　　图 1-10

2.自变量趋于有限值时函数的极限

邻域　数轴上,点x_0的δ邻域记为$U(x_0,\delta)$(δ是某一正数),表示以x_0为**中心**,以δ为**半径**的开区间(图1-11),即

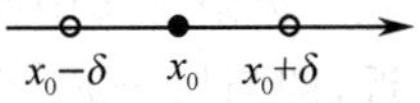

$$U(x_0,\delta)=\left\{x\mid x_0-\delta<x<x_0+\delta\right\}=\left\{x\mid |x-x_0|<\delta\right\}.$$

图 1-11

点x_0的去心δ邻域,记为$\overset{\circ}{U}(x_0,\delta)$,即

$$\overset{\circ}{U}(x_0,\delta)=\left\{x\mid 0<|x-x_0|<\delta\right\}.$$

符号表示　如图1-12所示,我们用符号"$x\to x_0^+$"表示自变量x沿x_0右侧附近无限接近于x_0;"$x\to x_0^-$"表示自变量x沿x_0左侧附近无限接近于x_0;"$x\to x_0$"表示自变量x沿x_0左右两侧附近无限接近于x_0.

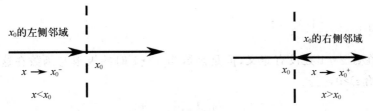

图 1-12

考察当$x\to1$时,函数$f(x)=\dfrac{x^2-1}{x-1}$(如图1-13所示)的变化趋势.当$x\neq1$时,$f(x)=x+1$.

虽然函数在$x=1$处无定义,但在$x=1$的附近有$f(x)=x+1$,无论x从1的左侧还是从1的右侧无限趋近于1时,相应的函数值$f(x)$都无限趋近于常数2.经抽象概括后得到如下函数极限的描述性定义:

定义　设$f(x)$在x_0的某**去心邻域**内有定义,A是一个确定的常数,如果当x无限趋向于x_0时,对应的函数值$f(x)$无限趋近于常数A,则称常数A为函数$f(x)$当x**趋向于x_0时的极限**,记作

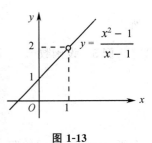

图 1-13

$$\lim_{x \to x_0} f(x) = A \text{ 或 } f(x) \to A(x \to x_0).$$

类似地有,若 $x \to x_0^+(x > x_0)$ 时,对应的函数值 $f(x)$ 无限地趋近于某个常数 A,则称常数 A 为函数 $f(x)$ 当 $x \to x_0$ 时的**右极限**,记作

$$\lim_{x \to x_0^+} f(x) = A \text{ 或 } f(x_0^+) = A;$$

若 $x \to x_0^-$ 时,对应的函数值 $f(x)$ 无限地趋近于某个常数 A,则称常数 A 为函数 $f(x)$ 当 $x \to x_0$ 时的**左极限** A,记作

$$\lim_{x \to x_0^-} f(x) = A \text{ 或 } f(x_0^-) = A;$$

左极限与右极限统称为**单侧极限**.显然有

$$\lim_{x \to x_0} f(x) = A \Leftrightarrow \lim_{x \to x_0^+} f(x) = \lim_{x \to x_0^-} f(x) = A.$$

极限定义中所说的"当 x 无限趋近于 x_0 时,$f(x)$ 无限趋近于 A"是指当 x 与 x_0 充分靠近,即当 $|x - x_0|$ 小到任意程度时,$f(x)$ 与 A 的差的绝对值 $|f(x) - A|$ 也可以小到任意的程度.所以 $\lim_{x \to x_0} f(x) = A$ 可表达为

$$\lim_{x \to x_0} f(x) = A \Leftrightarrow \forall \varepsilon > 0, \exists \delta > 0, \text{当 } 0 < |x - x_0| < \delta \text{ 时,有 } |f(x) - A| < \varepsilon.$$

同理

$$\lim_{x \to x_0^+} f(x) = A \Leftrightarrow \forall \varepsilon > 0, \exists \delta > 0, \text{当 } x_0 < x < x_0 + \delta \text{ 时,有 } |f(x) - A| < \varepsilon.$$
$$\lim_{x \to x_0^-} f(x) = A \Leftrightarrow \forall \varepsilon > 0, \exists \delta > 0, \text{当 } x_0 - \delta < x < x_0 \text{ 时,有 } |f(x) - A| < \varepsilon.$$

例 4 证明 $\lim_{x \to 1} \dfrac{x^2 - 1}{x - 1} = 2$.

证 函数在点 $x = 1$ 处没有定义,但是函数当 $x \to 1$ 时的极限与函数在这点有无定义无关.事实上,任给 $\varepsilon > 0$,

$$|f(x) - A| = \left| \frac{x^2 - 1}{x - 1} - 2 \right| = |x - 1|,$$

要使 $|f(x) - A| < \varepsilon$,只要取 $\delta = \varepsilon$,则当 $0 < |x - 1| < \delta$ 时,就有 $\left| \dfrac{x^2 - 1}{x - 1} - 2 \right| < \varepsilon$,

所以

$$\lim_{x \to 1} \frac{x^2 - 1}{x - 1} = 2.$$

例 5 设函数

$$f(x) = \begin{cases} x - 1, & x < 0, \\ 0, & x = 0, \\ x + 1, & x > 0. \end{cases}$$

求当 $x \to 0$ 时 $f(x)$ 的左、右极限,并讨论当 $x \to 0$ 时 $f(x)$ 是否存在极限.

解 作函数图像(如图 1-14 所示).由图容易看出:
$$\lim_{x\to0^-}f(x)=\lim_{x\to0^-}(x-1)=-1,$$
$$\lim_{x\to0^+}f(x)=\lim_{x\to0^+}(x+1)=1,$$

由于 $\lim\limits_{x\to0^-}f(x)\neq\lim\limits_{x\to0^+}f(x)$,所以当 $x\to0$ 时 $f(x)$ 的极限不存在.

函数 $f(x)$ 当 $x\to x_0$ 时的极限为 A 的几何解释如下:任意给定一正数 ε,作平行于 x 轴的两条直线 $y=A+\varepsilon$ 和 $y=A-\varepsilon$,界于这两条直线之间是一横条区域.根据定义,对于给定的 ε,存在着点 x_0 的一个 δ 邻域 $(x_0-\delta,x_0+\delta)$,当 $y=f(x)$ 的图形上的点的横坐标 x 在邻域 $(x_0-\delta,x_0+\delta)$ 内,但 $x\neq x_0$ 时,这些点的纵坐标 $f(x)$ 满足不等式 $|f(x)-A|<\varepsilon$,或 $A-\varepsilon<f(x)<A+\varepsilon$.亦即这些点落在上面所作的横条区域内(如图 1-15 所示).

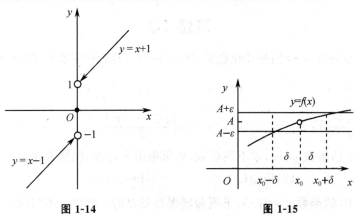

图 1-14   图 1-15

三、极限的性质

为了讨论方便,我们将 $\lim\limits_{x\to-\infty}f(x),\lim\limits_{x\to+\infty}f(x),\lim\limits_{x\to\infty}f(x),\lim\limits_{x\to x_0^-}f(x),\lim\limits_{x\to x_0^+}f(x),\lim\limits_{x\to x_0}f(x)$ 统记为 $\lim\limits_{p}f(x)$,其中 p 表示自变量的某种变化过程.

性质 1(局部有界性) 若 $\lim\limits_{p}f(x)=A$,则在自变量 x 变化到某一范围时,函数 $f(x)$ 必有界,即存在常数 $M>0$,使 $|f(x)|\leqslant M$ 成立.

注 根据定理可知,有极限的函数必定在自变量某局部范围内有界,但有界函数不一定有极限.如 $y=\cos x$ 在 $x\in(-\infty,+\infty)$ 有界,但当 $x\to\infty$ 时,$y=\cos x$ 无极限.

性质 2(局部保号性) 若 $\lim\limits_{p}f(x)=A$,且 $A>0$(或 $A<0$),则在自变量 x 变化到某一范围时,相应的函数值 $f(x)>0$(或 $f(x)<0$).

推论 若 $\lim\limits_{p}f(x)=A$,且 $f(x)\geqslant0$(或 $f(x)\leqslant0$),则 $A\geqslant0$(或 $A\leqslant0$).

思考与探究

1. 极限概念体现了什么辩证思想?

2. 已知 $\lim\limits_{x\to0}f(x)=1$,可否确定函数 $f(x)>0$? 说出理由.

3. 若 $f(x)>0$,且 $\lim\limits_{p}f(x)=A$.问:能否保证有 $A>0$ 的结论?试举例说明.

4. 观察以下函数图像(如图 1-16 所示),回答问题

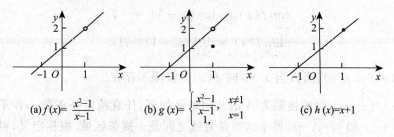

(a) $f(x)=\dfrac{x^2-1}{x-1}$

(b) $g(x)=\begin{cases} \dfrac{x^2-1}{x-1}, & x\neq 1 \\ 1, & x=1 \end{cases}$

(c) $h(x)=x+1$

图 1-16

(1)函数在 $x=1$ 点的极限是否存在?

(2)函数在 $x=1$ 点的极限与函数在 $x=1$ 处的定义有无关系?

习题 1-2

1. 观察下列数列当 $n\to\infty$ 时的变化趋势,指出哪些有极限,极限值是多少? 哪些没有极限?

(1) $\{x_n\}=\left\{\dfrac{1}{5^n}\right\}$;

(2) $\{x_n\}=\left\{(-1)^n\dfrac{1}{n+1}\right\}$;

(3) $\{x_n\}=\left\{\dfrac{n+1}{n-1}\right\}$;

(4) $\{x_n\}=\left\{\dfrac{1+(-1)^n}{2}\right\}$.

2. 对图 $1-17$ 的函数 $g(x)$,求下列极限,如果极限不存在,说明为什么?

(1) $\lim\limits_{x\to 1}g(x)$;

(2) $\lim\limits_{x\to 2}g(x)$;

(3) $\lim\limits_{x\to 3}g(x)$.

3. 关于图 1-18 的函数 $y=f(x)$,下列命题哪些是对的? 哪些是不对的?

(1) $\lim\limits_{x\to 0}f(x)$ 存在;

(2) $\lim\limits_{x\to 0}f(x)=0$;

(3) $\lim\limits_{x\to 0}f(x)=1$.

(4) $\lim\limits_{x\to 1}f(x)=1$;

(5) $\lim\limits_{x\to 1}f(x)=0$;

(6) 在 $(-1,1)$ 中每一点 x_0 处 $\lim\limits_{x\to x_0}f(x)$ 存在.

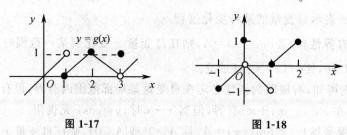

图 1-17

图 1-18

4. 求 $f(x)=\dfrac{x}{x}$,$\varphi(x)=\dfrac{|x|}{x}$ 当 $x\to 0$ 时的左、右极限,并说明它们当 $x\to 0$ 时的极限是否存在.

5. 设函数

$$f(x)=\begin{cases} -2-x, & x\leqslant 1, \\ x, & 1<x<2, \\ 2x-2, & x\geqslant 2. \end{cases}$$

求 $\lim\limits_{x\to 1}f(x)$;$\lim\limits_{x\to 2}f(x)$.

第三节 极限的运算

无穷小 无穷大 无穷小的运算 函数极限与无穷小的关系 无穷小与无穷大的关系 极限的运算法则 极限存在准则 两个重要极限 无穷小的比较

本节讨论极限的运算法则,并讨论极限存在的两个准则和求极限的一些方法.由于数列是一种特殊的函数,因此在下面极限运算的讨论中,以函数的极限为主.

一、无穷小与无穷大

1. 无穷小

定义 如果函数 $f(x)$ 当 $x \to x_0$(或 $x \to \infty$)时的极限为零,那么称函数 $f(x)$ 为当 $x \to x_0$ (或 $x \to \infty$)时的**无穷小**.

例如,$\lim\limits_{x \to \infty} \dfrac{1}{x} = 0$,故函数 $y = \dfrac{1}{x}$ 当 $x \to \infty$ 时为无穷小;$\lim\limits_{x \to 0} \sin x = 0$,所以函数 $y = \sin x$ 当 $x \to 0$ 时为无穷小,数列 $x_n = q^n (|q| < 1)$ 当 $n \to \infty$ 时为无穷小.

对于无穷小,必须**注意以下两点**:

(1)无穷小是相对于自变量的某个变化过程而言的,如函数 $y = \sin x$,当 $x \to 0$ 时它是无穷小;当 $x \to \dfrac{\pi}{2}$ 时,它就不是无穷小,因为 $\lim\limits_{x \to \frac{\pi}{2}} \sin x = 1$.

(2)不能把无穷小与很小的数混为一谈.因为无穷小是在自变量的某一变化过程中以零为极限的一个变量,而很小的数(不论它多么小)是一个常量,只要它不为零,其极限为其本身(不为零).如 10^{-100} 虽然很小,但其极限是 10^{-100}(不为零),因而不能说 10^{-100} 是无穷小.但数"0"是一个例外,数"0"是无穷小.

定理1 无穷小与函数极限的关系
在自变量的同一变化过程 $x \to x_0$(或 $x \to \infty$)中,函数 $f(x)$ 具有极限 A 的充分必要条件是 $f(x) = A + \alpha$,其中 α 是无穷小.

例如,$f(x) = \dfrac{1+x}{x} = 1 + \dfrac{1}{x}$,由于 $\lim\limits_{x \to \infty} \dfrac{1}{x} = 0$,即 $\dfrac{1}{x}$ 是当 $x \to \infty$ 时的无穷小,又 1 为常数,根据定理知 $\lim\limits_{x \to \infty} \dfrac{1+x}{x} = 1$.

2. 无穷小的运算

定理2 有限个无穷小的代数和为无穷小.
定理3 有限个无穷小的乘积为无穷小.
定理4 有界函数与无穷小的乘积为无穷小.

例 1(有界函数与无穷小的积) 求 $\lim\limits_{x \to 0} x \sin \dfrac{1}{x}$.

解　因为当 $x \to 0$ 时, x 是无穷小, 而 $\left| \sin \dfrac{1}{x} \right| \leqslant 1$, 即 $\sin \dfrac{1}{x}$ 为有界函数. 所以, 由定理 4 可知, $\lim\limits_{x \to 0} x \sin \dfrac{1}{x} = 0$.

例 2(无限个无穷小的和, 不一定是无穷小)(量变到质变)

$$\lim_{n \to \infty} \left(\frac{1}{n\sqrt{n}} + \frac{2}{n\sqrt{n}} + \cdots \frac{n}{n\sqrt{n}} \right) = \lim_{n \to \infty} \frac{1 + 2 + \cdots + n}{n\sqrt{n}} = \lim_{n \to \infty} \frac{n(n+1)}{2n\sqrt{n}}$$

$$= \lim_{n \to \infty} \frac{1}{2} \left(\frac{1}{\sqrt{n}} + \sqrt{n} \right) = +\infty.$$

> 勿以善小而不为,
> 勿以恶小而为之.

3. 无穷大

> **定义**　若当 $x \to x_0$(或 $x \to \infty$)时, 函数 $f(x)$ 的绝对值 $|f(x)|$ 无限增大, 则称函数 $f(x)$ 为当 $x \to x_0$(或 $x \to \infty$)时的**无穷大**.

当 $x \to x_0$(或 $x \to \infty$)时无穷大的函数 $f(x)$, 按函数极限定义来说, 其极限是不存在的. 但为了便于叙述函数的这一性态, 我们也说"函数的极限是无穷大", 并记作

$$\lim_{x \to x_0} f(x) = \infty (或 \lim_{x \to \infty} f(x) = \infty).$$

如果在自变量 x 的某种变化过程中, 函数值 $f(x)$ 恒保持正(负)值且绝对值无限增大, 我们就称函数 $f(x)$ 在此变化过程中为正(负)无穷大. 记为

$$\lim_{\substack{x \to x_0 \\ (x \to \infty)}} f(x) = +\infty (或 \lim_{\substack{x \to x_0 \\ (x \to \infty)}} f(x) = -\infty).$$

例如函数 $f(x) = \dfrac{1}{x}$, 当 $x \to 0$ 时, 由其图像可看出 $|f(x)| = \left| \dfrac{1}{x} \right|$ 无限增大, 故 $f(x) = \dfrac{1}{x}$ 当 $x \to 0$ 时为无穷大, 即 $\lim\limits_{x \to 0} \dfrac{1}{x} = \infty$. 进而还有 $\lim\limits_{x \to 0^+} \dfrac{1}{x} = +\infty$ 与 $\lim\limits_{x \to 0^-} \dfrac{1}{x} = -\infty$.

一般地, 如果 $\lim\limits_{x \to x_0} f(x) = \infty$, 称直线 $x = x_0$ 为函数 $y = f(x)$ 的铅直渐近线.

对于无穷大, 也必须注意两点:

(1)无穷大是相对于自变量的某个变化过程而言的.

(2)无穷大(∞)不是数, 不可与很大的数混为一谈. 它是绝对值无限增大的变量. 此外, 无穷大与无界函数是不一样的.

4. 无穷小与无穷大的关系

> **定理 5**　在自变量的同一变化过程中, 如果 $f(x)$ 为无穷大, 则 $\dfrac{1}{f(x)}$ 为无穷小; 反之, 如果 $f(x)$ 为无穷小, 且 $f(x) \neq 0$, 则 $\dfrac{1}{f(x)}$ 为无穷大.

例如, 当 $x \to 0$ 时, x 与 x^2 都是无穷小, 因而它们的倒数 $\dfrac{1}{x}$、$\dfrac{1}{x^2}$ 都是无穷大; 当 $x \to +\infty$ 时, 函数 e^x 是无穷大, 因而当 $x \to +\infty$ 时, e^{-x} 是无穷小.

二、极限的运算法则

定理6 设在自变量的同一变化过程中，$\lim f(x)=A$，$\lim g(x)=B$，则

(1)$\lim[f(x)\pm g(x)]=\lim f(x)\pm \lim g(x)=A\pm B$；

(2)$\lim[f(x)\cdot g(x)]=\lim f(x)\cdot \lim g(x)=A\cdot B$；

(3)$\lim \dfrac{f(x)}{g(x)}=\dfrac{\lim f(x)}{\lim g(x)}=\dfrac{A}{B}(B\neq 0)$.

注1 必须两个函数的极限都存在的前提条件下才能进行极限的四则运算（商的情形要求分母的极限不为零）. 如果两个函数中，有一个（或两个）函数的极限不存在，则不能使用该法则.

例如 $\lim\limits_{x\to 0}x\sin\dfrac{1}{x}\neq \lim\limits_{x\to 0}x\cdot \lim\limits_{x\to 0}\sin\dfrac{1}{x}$，因为$\lim\limits_{x\to 0}\sin\dfrac{1}{x}$不存在.

注2 定理中的结论(1)和(2)可以推广到有限个函数和、差、积的情形.

注3 函数极限四则运算法则同样适用于数列极限.

推论1 设$\lim f(x)$存在，c为常数，则$\lim[cf(x)]=c\lim f(x)$.

推论2 设$\lim f(x)$存在，n为正整数，则$\lim[f(x)]^n=[\lim f(x)]^n$.

例3 求$\lim\limits_{x\to 2}(2x^3-3x^2+2)$.

解
$$\lim\limits_{x\to 2}(2x^3-3x^2+2)=\lim\limits_{x\to 2}2x^3-\lim\limits_{x\to 2}3x^2+\lim\limits_{x\to 2}2$$
$$=2\lim\limits_{x\to 2}x^3-3\lim\limits_{x\to 2}x^2+2=2(\lim\limits_{x\to 2}x)^3-3(\lim\limits_{x\to 2}x)^2+2$$
$$=2\cdot 2^3-3\cdot 2^2+2=6.$$

例4 求$\lim\limits_{x\to 1}\dfrac{2x^2+1}{x^3-3}$.

解 因为分母的极限

$$\lim\limits_{x\to 1}(x^3-3)=\lim\limits_{x\to 1}x^3-\lim\limits_{x\to 1}3=(\lim\limits_{x\to 1}x)^3-3=1^3-3=-2\neq 0,$$

且分子的极限

$$\lim\limits_{x\to 1}(2x^2+1)=\lim\limits_{x\to 1}2x^2+\lim\limits_{x\to 1}1=2(\lim\limits_{x\to 1}x)^2+1=2\cdot 1^2+1=3,故$$

$$\lim\limits_{x\to 1}\dfrac{2x^2+1}{x^3-3}=\dfrac{\lim\limits_{x\to 1}(2x^2+1)}{\lim\limits_{x\to 1}(x^3-3)}=-\dfrac{3}{2}.$$

从上面两个例子中可以看出，求有理整函数（多项式函数）或有理分式函数当$x\to x_0$时的极限，当有理分式函数在x_0处分母的值不为零时，只要把x_0代替函数中的x就行了；但对于有理分式函数，这样代入后如果分母等于零，则没有意义.

事实上，设多项式函数

$$f(x)=a_0x^n+a_1x^{n-1}+a_2x^{n-2}+\cdots+a_n,$$

则

$$\lim\limits_{x\to x_0}f(x)=\lim\limits_{x\to x_0}(a_0x^n+a_1x^{n-1}+a_2x^{n-2}+\cdots+a_n)$$

$$= a_0 x_0^n + a_1 x_0^{n-1} + a_2 x_0^{n-2} + \cdots + a_n = f(x_0);$$

又设有理分式函数

$$F(x) = \frac{P(x)}{Q(x)},$$

其中 $P(x), Q(x)$ 都是多项式,于是

$$\lim_{x \to x_0} P(x) = P(x_0), \lim_{x \to x_0} Q(x) = Q(x_0);$$

如果 $Q(x_0) \neq 0$,则

$$\lim_{x \to x_0} F(x) = \lim_{x \to x_0} \frac{P(x)}{Q(x)} = \frac{\lim\limits_{x \to x_0} P(x)}{\lim\limits_{x \to x_0} Q(x)} = \frac{P(x_0)}{Q(x_0)} = F(x_0).$$

但必须注意:若 $Q(x_0)=0$,则关于商的极限运算法则不能应用,那就需要特别考虑. 下面我们举两个属于这种情形的例题.

例 5 求 $\lim\limits_{x \to -3} \dfrac{x^2 - 9}{x+3}$.

解 $x \to -3$,分子及分母的极限都是零,于是分子、分母不能分别取极限. 因分子和分母存在公因式 $(x+3)$,而 $x \to -3$ 时,$x \neq -3$,$x+3 \neq 0$,于是可约去这个不为零的公因子. 所以

$$\lim_{x \to -3} \frac{x^2 - 9}{x+3} = \lim_{x \to -3} \frac{(x+3)(x-3)}{x+3} = \lim_{x \to -3} (x-3) = -6.$$

注 分子及分母的极限都为零的一种"未定式"的极限,常用整体符号"$\dfrac{0}{0}$"来表示,读作"零比零型".

例 6 求 $\lim\limits_{x \to 1} \dfrac{2x-3}{x^2-5x+4}$.

解 因为分母的极限 $\lim\limits_{x \to 1}(x^2-5x+4)=1^2-5 \cdot 1+4=0$,不能应用商的极限运算法则. 但因

$$\lim_{x \to 1} \frac{x^2-5x+4}{2x-3} = \frac{1^2-5 \cdot 1+4}{2 \cdot 1-3} = 0,$$

根据无穷小与无穷大的关系得

$$\lim_{x \to 1} \frac{2x-3}{x^2-5x+4} = \infty.$$

例 7 求 $\lim\limits_{x \to 1} \left(\dfrac{1}{x-1} - \dfrac{2}{x^2-1} \right)$.

解 因为 $\lim\limits_{x \to 1} \dfrac{1}{x-1} = \infty$,且 $\lim\limits_{x \to 1} \dfrac{2}{x^2-1} = \infty$,所以极限是"$\infty - \infty$"的形式. 这也是一种"未定式"的极限,显然不能应用差的极限运算法则. 通常是将函数经过恒等变形. 由于

$$\frac{1}{x-1} - \frac{2}{x^2-1} = \frac{x-1}{x^2-1},$$

故

$$\lim_{x \to 1} \left(\frac{1}{x-1} - \frac{2}{x^2-1} \right) = \lim_{x \to 1} \frac{x-1}{x^2-1} = \lim_{x \to 1} \frac{1}{x+1} = \frac{1}{2}.$$

例 8　求 $\lim\limits_{x\to\infty}(2x^3-x+1)$.

解　$\lim\limits_{x\to\infty}(2x^3-x+1)=\lim\limits_{x\to\infty}x^3\left(2-\dfrac{1}{x^2}+\dfrac{1}{x^3}\right)=\infty$.

一般地　$\lim\limits_{x\to\infty}(a_nx^n+a_{n-1}x^{n-1}+\cdots+a_1x+a_0)=\infty$.

例 9　求 $\lim\limits_{x\to\infty}\dfrac{x^2+x}{2x^2+x-1}$.

解　因为 $\lim\limits_{x\to\infty}(x^2+x)=\infty$,且 $\lim\limits_{x\to\infty}(2x^2+x-1)=\infty$,所以极限是"$\dfrac{\infty}{\infty}$"的形式. 这也是一种"未定式"的极限,显然不能应用商的极限运算法则. 求这种极限的常用方法是:将分式变形,即将分子、分母同时除以 x 的最高次幂(也称"抓大头"),然后取极限

$$\lim_{x\to\infty}\frac{x^2+x}{2x^2+x-1}=\lim_{x\to\infty}\frac{1+\dfrac{1}{x}}{2+\dfrac{1}{x}-\dfrac{1}{x^2}}=\frac{\lim\limits_{x\to\infty}1+\lim\limits_{x\to\infty}\dfrac{1}{x}}{\lim\limits_{x\to\infty}2+\lim\limits_{x\to\infty}\dfrac{1}{x}-\lim\limits_{x\to\infty}\dfrac{1}{x^2}}=\frac{1+0}{2+0-0}=\frac{1}{2}.$$

例 10　求 $\lim\limits_{x\to\infty}\dfrac{3x^2-2x-1}{2x^3+x-1}$.

解　分子分母同除以 x^3,然后取极限,得

$$\lim_{x\to\infty}\frac{3x^2-2x-1}{2x^3+x-1}=\lim_{x\to\infty}\frac{\dfrac{3}{x}-\dfrac{2}{x^2}-\dfrac{1}{x^3}}{2+\dfrac{1}{x^2}-\dfrac{1}{x^3}}=\frac{0}{2}=0.$$

例 11　求 $\lim\limits_{x\to\infty}\dfrac{2x^3+x-1}{3x^2-2x-1}$.

解　由例 10 结论,并根据无穷小与无穷大的关系得

$$\lim_{x\to\infty}\frac{2x^3+x-1}{3x^2-2x-1}=\infty.$$

例 9、10、11 是下列一般情形的特例,即当 $a_0\neq0,b_0\neq0,m$ 和 n 为非负整数时,有

$$\lim_{x\to\infty}\frac{a_0x^m+a_1x^{m-1}+\cdots+a_m}{b_0x^n+b_1x^{n-1}+\cdots+b_n}=\begin{cases}\dfrac{a_0}{b_0}, & \text{当 } n=m,\\[2mm] 0, & \text{当 } n>m,\\[2mm] \infty, & \text{当 } n<m.\end{cases}$$

以上结论可以直接使用.

例 12　已知 $p(x)$ 是多项式,且 $\lim\limits_{x\to\infty}\dfrac{p(x)-2x^3}{x^2}=1,\lim\limits_{x\to0}\dfrac{p(x)}{3x}=1$,求 $p(x)$.

解　因为 $p(x)$ 是多项式且 $\lim\limits_{x\to\infty}\dfrac{p(x)-2x^3}{x^2}=1$,由以上结论可知,分子 $p(x)-2x^3$ 与分母 x^2 次数相等,且二次项系数比为 1,否则与极限为 1 矛盾,所以设 $p(x)-2x^3=x^2+ax+b$,又因为 $\lim\limits_{x\to0}\dfrac{p(x)}{3x}=1$,其中分母极限为 0,所以分子极限必须为 0,否则极限为 ∞. 所以由 $\lim\limits_{x\to0}p(x)=$

$\lim\limits_{x\to 0}(2x^3+x^2+ax+b)=0$，得 $b=0$，则 $p(x)=2x^3+x^2+ax$ 并代入 $\lim\limits_{x\to 0}\dfrac{p(x)}{3x}=1$ 得

$$\lim_{x\to 0}\frac{2x^3+x^2+ax}{3x}=1\to\lim_{x\to 0}\left(\frac{2x^2}{3}+\frac{x}{3}+\frac{a}{3}\right)=1\to a=3.$$

故 $p(x)=2x^3+x^2+3x.$（体现反证思想即逆向思维方法）

例 13　求 $\lim\limits_{n\to\infty}\dfrac{2^n-1}{4^n+1}$.

解　当 $n\to\infty$ 时，分子与分母都是无穷大，分子分母同除 4^n 得

$$\lim_{n\to\infty}\frac{2^n-1}{4^n+1}=\lim_{n\to\infty}\frac{\left(\frac{2}{4}\right)^n-\left(\frac{1}{4}\right)^n}{1+\left(\frac{1}{4}\right)^n}=\frac{\lim\limits_{n\to\infty}\left[\left(\frac{1}{2}\right)^n-\left(\frac{1}{4}\right)^n\right]}{\lim\limits_{n\to\infty}\left[1+\left(\frac{1}{4}\right)^n\right]}=\frac{0}{1}=0.$$

以上例 9，10，11，13 中，都是"$\dfrac{\infty}{\infty}$"型的"未定式"极限，使用的是同除一个无穷大量的方法，同除趋于无穷大量速度较大的项（"**抓大头**"），是求"$\dfrac{\infty}{\infty}$"型极限的一种常用的方法.

前面已经看到，对于有理函数（有理整函数或有理分式函数）$f(x)$，只要 $f(x)$ 在点 x_0 处有定义，那么，当 $x\to x_0$ 时 $f(x)$ 的极限必定存在且等于 $f(x)$ 在点 x_0 处的函数值.

我们不加证明地指出：一切基本初等函数在其定义域内的每一点处都具有这样的性质，这就是说，若 $f(x)$ 是基本初等函数，设其定义域为 D，而 $x_0\in D$，则有

$$\lim_{x\to x_0}f(x)=f(x_0).$$

例如，$f(x)=\sqrt{x}$ 是基本初等函数，它在点 $x=\dfrac{1}{6}$ 处有定义，所以

$$\lim_{x\to\frac{1}{6}}\sqrt{x}=\sqrt{\frac{1}{6}}=\frac{\sqrt{6}}{6}.$$

定理 7（复合函数求极限定理）　设函数 $u=g(x)$ 当 $x\to x_0$ 时的极限存在且等于 a，即 $\lim\limits_{x\to x_0}g(x)=a$，而函数 $y=f(u)$ 在点 $u=a$ 处有定义，且 $\lim\limits_{u\to a}f(u)=f(a)$，那么复合函数 $y=f[g(x)]$ 当 $x\to x_0$ 时的极限也存在且等于 $f(a)$，即 $\lim\limits_{x\to x_0}f[g(x)]=f(a)$.

因为 $\lim\limits_{x\to x_0}g(x)=a$，故式子 $\lim\limits_{x\to x_0}f[g(x)]=f(a)$ 也可写成

$$\lim_{x\to x_0}f[g(x)]=f\left[\lim_{x\to x_0}g(x)\right].$$

上式表明，在定理 7 的条件下，求复合函数 $f[g(x)]$ 的极限时，函数符号与极限符号可以交换次序.

例 14　求 $\lim\limits_{x\to 3}\sqrt{\dfrac{x^2-9}{x-3}}$.

解　由定理有

$$\lim_{x\to 3}\sqrt{\frac{x^2-9}{x-3}}=\sqrt{\lim_{x\to 3}\frac{x^2-9}{x-3}}=\sqrt{\lim_{x\to 3}(x+3)}=\sqrt{6}.$$

三、极限存在准则　两个重要极限

极限的运算法则是在极限存在的前提条件下,通过计算并求得结果.一个数列或函数的极限是否存在,除了直接根据定义判别外,还有一些便于使用的判别方法.下面介绍判别极限存在的两个准则,以及利用准则得到的两个重要极限.

1. 极限存在准则

准则 1(夹逼准则)

设函数 $f(x)$、$g(x)$、$h(x)$ 在点 x_0 的某个邻域内(x_0 可除外)满足下列条件:

(1) $g(x) \leqslant f(x) \leqslant h(x)$,

(2) $\lim\limits_{x\to x_0}g(x)=A,\lim\limits_{x\to x_0}h(x)=A,$

那么 $\lim\limits_{x\to x_0}f(x)$ 存在,且等于 A.

上述准则对 $x\to\infty$ 时也成立,对自变量的其他变化过程都成立,对数列同样适用.

准则 2(单调有界原理) 如果数列 $\{x_n\}$ 单调有界,则 $\lim\limits_{n\to\infty}x_n$ 一定存在.

例 15(利用夹逼准则)　证明 $\lim\limits_{x\to 0}\cos x=1$.

证　当 $0<|x|<\dfrac{\pi}{2}$ 时,下列不等式成立

$$0<1-\cos x=2\sin^2\frac{x}{2}<2\cdot\left(\frac{x}{2}\right)^2=\frac{x^2}{2},$$

因为 $\lim\limits_{x\to 0}0=0,\lim\limits_{x\to 0}\dfrac{x^2}{2}=0$,所以由夹逼准则有

$$\lim_{x\to 0}(1-\cos x)=0,即\lim_{x\to 0}\cos x=1.$$

例 16　求 $\lim\limits_{n\to\infty}\left(\dfrac{1}{\sqrt{n^2+1}}+\dfrac{1}{\sqrt{n^2+2}}+\cdots+\dfrac{1}{\sqrt{n^2+n}}\right).$

解　因为当 $n\to\infty$ 时,项数无限增大,所以不能用极限的运算法则去求.但由于

$$\frac{n}{\sqrt{n^2+n}}\leqslant\frac{1}{\sqrt{n^2+1}}+\frac{1}{\sqrt{n^2+2}}+\cdots+\frac{1}{\sqrt{n^2+n}}\leqslant\frac{n}{\sqrt{n^2+1}}$$

而

$$\lim_{n\to\infty}\frac{n}{\sqrt{n^2+n}}=\lim_{n\to\infty}\frac{1}{\sqrt{1+\dfrac{1}{n}}}=1,\lim_{n\to\infty}\frac{n}{\sqrt{n^2+1}}=\lim_{n\to\infty}\frac{1}{\sqrt{1+\dfrac{1}{n^2}}}=1,$$

所以由夹逼准则有

$$\lim_{n\to\infty}\left(\frac{1}{\sqrt{n^2+1}}+\frac{1}{\sqrt{n^2+2}}+\cdots+\frac{1}{\sqrt{n^2+n}}\right)=1.$$

2.两个重要极限

作为准则 1 的应用,下面证明**第一重要极限**:

$$\lim_{x \to 0} \frac{\sin x}{x} = 1$$

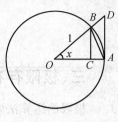

图 1-19

首先注意到,函数 $\frac{\sin x}{x}$ 对于一切 $x \neq 0$ 都有定义.在单位圆(图 1-19)

中,设圆心角 $\angle AOB = x$,$\left(0 < x < \frac{\pi}{2}\right)$,过点 A 作圆的切线交半径 OB 的

延长线于 D,过点 B 作 x 轴的垂线,并交 x 轴于点 C,则

$$\sin x = BC, x = \overset{\frown}{AB}, \tan x = AD.$$

因为 $\triangle AOB$ 的面积 $<$ 圆扇形 AOB 的面积 $<$ $\triangle AOD$ 的面积,

所以 $\frac{1}{2} \sin x < \frac{1}{2} x < \frac{1}{2} \tan x$,

即 $\sin x < x < \tan x$,

不等号各边都除以 $\sin x$,就有

$$1 < \frac{x}{\sin x} < \frac{1}{\cos x}, 即 \cos x < \frac{\sin x}{x} < 1.$$

因为当用 $-x$ 代替 x 时,$\cos x$ 与 $\frac{\sin x}{x}$ 都不变号,所以上面的不等式对于开区间 $\left(-\frac{\pi}{2}, 0\right)$ 内

的一切 x 也是成立的.

由例 15 知,$\lim\limits_{x \to 0} \cos x = 1$,又 $\lim\limits_{x \to 0} 1 = 1$,所以由夹逼准则有

$$\lim_{x \to 0} \frac{\sin x}{x} = 1.$$

例 17(利用第一重要极限) 求下列极限:

(1) $\lim\limits_{x \to 0} \frac{\tan x}{x}$;   (2) $\lim\limits_{x \to 0} \frac{\sin 2x}{\sin 3x}$;

(3) $\lim\limits_{x \to 0} \frac{\arcsin x}{x}$;   (4) $\lim\limits_{x \to 0} \frac{1 - \cos x}{x^2}$.

解 (1) $\lim\limits_{x \to 0} \frac{\tan x}{x} = \lim\limits_{x \to 0}\left(\frac{\sin x}{x} \cdot \frac{1}{\cos x}\right) = \lim\limits_{x \to 0} \frac{\sin x}{x} \cdot \lim\limits_{x \to 0} \frac{1}{\cos x} = 1.$

(2) $\lim\limits_{x \to 0} \frac{\sin 2x}{\sin 3x} = \lim\limits_{x \to 0}\left(\frac{\sin 2x}{2x} \cdot \frac{3x}{\sin 3x} \cdot \frac{2}{3}\right) = \frac{2}{3} \lim\limits_{x \to 0} \frac{\sin 2x}{2x} \cdot \lim\limits_{x \to 0} \frac{3x}{\sin 3x} = \frac{2}{3}.$

(3) 设 $t = \arcsin x$,则 $x = \sin t$,且当 $x \to 0$ 时,$t \to 0$. 于是有

$$\lim_{x \to 0} \frac{\arcsin x}{x} = \lim_{t \to 0} \frac{t}{\sin t} = 1.$$

(4) $\lim\limits_{x \to 0} \frac{1 - \cos x}{x^2} = \lim\limits_{x \to 0} \frac{2 \sin^2 \frac{x}{2}}{x^2} = \frac{1}{2} \lim\limits_{x \to 0}\left(\frac{\sin \frac{x}{2}}{\frac{x}{2}}\right)^2 = \frac{1}{2}\left(\lim\limits_{x \to 0} \frac{\sin \frac{x}{2}}{\frac{x}{2}}\right)^2 = \frac{1}{2} \cdot 1^2 = \frac{1}{2}.$

第一重要极限 $\lim\limits_{x\to0}\dfrac{\sin x}{x}=1$("$\dfrac{0}{0}$"型)可推广为下述极限形式：

$$\lim_{p}\frac{\sin\alpha(x)}{\alpha(x)}=1,\text{其中}\lim_{p}\alpha(x)=0,p\text{为自变量的某一变化过程}.$$

例 18(验证割圆术)　试利用极限知识证明半径为 r 的圆的面积 $A=\pi r^2$.

证　本章第二节提到圆面积 A 是它的内接正 n 边形的面积 S_n 当 $n\to\infty$ 时的极限. 利用中学数学知识, 容易算得半径为 r 的圆的内接正 n 边形的面积

$$S_n=\frac{nr^2}{2}\sin\frac{2\pi}{n}.$$

于是圆面积

$$A=\lim_{n\to\infty}S_n=\lim_{n\to\infty}\frac{nr^2}{2}\sin\frac{2\pi}{n}=\pi r^2\lim_{n\to\infty}\frac{\sin\dfrac{2\pi}{n}}{\dfrac{2\pi}{n}}=\pi r^2\cdot1=\pi r^2.$$

第二个重要极限　依据准则 2, 可以证明

$$\lim_{n\to\infty}\left(1+\frac{1}{n}\right)^n=\mathrm{e},$$

这个数 e 是无理数, 它的值是 2.718 281 828 459 045…, 在第一节中提到的指数函数 $y=\mathrm{e}^x$ 以及自然对数函数 $y=\ln x$ 中的底 e 就是这个常数.

可以证明, 将此重要极限中的正整数变量换为实数变量 x 结论仍成立, 即有

$$\lim_{x\to\infty}\left(1+\frac{1}{x}\right)^x=\mathrm{e}.$$

若作代换 $x=\dfrac{1}{t}$, 则可得这个重要极限的另一种形式：

$$\lim_{t\to0}(1+t)^{\frac{1}{t}}=\mathrm{e},\text{即}\quad\lim_{x\to0}(1+x)^{\frac{1}{x}}=\mathrm{e}.$$

注　第二重要极限 $\lim\limits_{x\to0}(1+x)^{\frac{1}{x}}=\mathrm{e}$ 是"1^∞"型极限,"1^∞"中的 1 是极限, 表示无限接近于 1, 与真正的数 1 是不同的。

例 19(利用第二重要极限)　求下列极限：

$(1)\lim\limits_{x\to\infty}\left(1+\dfrac{2}{x}\right)^{2x}$;　　　　$(2)\lim\limits_{x\to0}(1-2x)^{\frac{1}{x}}$;　　　　$(3)\lim\limits_{x\to\infty}\left(\dfrac{x+1}{x-1}\right)^x$.

解　$(1)\lim\limits_{x\to\infty}\left(1+\dfrac{2}{x}\right)^{2x}=\lim\limits_{x\to\infty}\left[\left(1+\dfrac{2}{x}\right)^{\frac{x}{2}}\right]^4=\left[\lim\limits_{x\to\infty}\left(1+\dfrac{2}{x}\right)^{\frac{x}{2}}\right]^4=\mathrm{e}^4$.

$(2)\lim\limits_{x\to0}(1-2x)^{\frac{1}{x}}=\lim\limits_{x\to0}\left\{\left[1+(-2x)\right]^{\frac{1}{-2x}}\right\}^{-2}=\mathrm{e}^{-2}$.

$(3)\lim\limits_{x\to\infty}\left(\dfrac{x+1}{x-1}\right)^x=\lim\limits_{x\to\infty}\dfrac{\left(1+\dfrac{1}{x}\right)^x}{\left(1-\dfrac{1}{x}\right)^x}=\lim\limits_{x\to\infty}\left(1+\dfrac{1}{x}\right)^x\cdot\lim\limits_{x\to\infty}\left(1-\dfrac{1}{x}\right)^{-x}=\mathrm{e}\cdot\mathrm{e}=\mathrm{e}^2$.

第二个重要极限("1^∞"型)可以推广为下述极限形式:

$$\lim_{p}\left[1+\frac{1}{\alpha(x)}\right]^{\alpha(x)}=e,\text{其中}\lim_{p}\alpha(x)=\infty$$

或 $\lim\limits_{p}[1+\beta(x)]^{\frac{1}{\beta(x)}}=e$,其中 $\lim\limits_{p}\beta(x)=0$,$p$ 为自变量的某一变化过程.

由例 19 可见,利用重要极限求函数的极限时,要注意极限的形式特征,其实质就是对函数实施某种变量代换,使原极限转化成为含新变量的重要极限,从而得解.(转化思想)

例 20 求 $\lim\limits_{x\to0}\dfrac{\ln(1+x)}{x}$.

解 由于 $\dfrac{\ln(1+x)}{x}=\ln(1+x)^{\frac{1}{x}}$,于是

$$\lim_{x\to0}\frac{\ln(1+x)}{x}=\lim_{x\to0}\ln(1+x)^{\frac{1}{x}}=\ln\left[\lim_{x\to0}(1+x)^{\frac{1}{x}}\right]=\ln e=1.$$

例 21 求 $\lim\limits_{x\to0}\dfrac{e^x-1}{x}$.

解 令 $t=e^x-1$,即 $x=\ln(1+t)$,则当 $x\to0$ 时,$t\to0$,于是

$$\lim_{x\to0}\frac{e^x-1}{x}=\lim_{t\to0}\frac{t}{\ln(1+t)},$$

换元转化思想方法

利用例 20 的结果,可知上述极限为 1,即

$$\lim_{x\to0}\frac{e^x-1}{x}=1.$$

在利用第二个重要极限计算函数极限时,常遇到形如 $[f(x)]^{g(x)}$ 的函数(通常称为**幂指函数**)的极限.如果 $\lim f(x)=A(A>0)$,$\lim g(x)=B$,那么可以证明

$$\lim[f(x)]^{g(x)}=A^B.$$

注 这里三个 lim 都表示在同一自变量变化过程中的极限.

例 22 求 $\lim\limits_{x\to0}(1+x)^{\frac{2}{\sin x}}$.

解 $\lim\limits_{x\to0}(1+x)^{\frac{2}{\sin x}}=\lim\limits_{x\to0}\left[(1+x)^{\frac{1}{x}}\right]^{\frac{2x}{\sin x}}$,

又由于 $\lim\limits_{x\to0}(1+x)^{\frac{1}{x}}=e,\lim\limits_{x\to0}\dfrac{2x}{\sin x}=2$,

故 $\lim\limits_{x\to0}(1+x)^{\frac{2}{\sin x}}=e^2$.

四、无穷小的比较

我们已经知道,两个无穷小的和、差及乘积仍旧是无穷小.但是关于两个无穷小的商,却会出现各种不同的情况.例如,当 $x\to0$ 时,$3x,x^2,\sin x$ 都是无穷小,而

$$\lim_{x\to0}\frac{x^2}{3x}=0,\lim_{x\to0}\frac{3x}{x^2}=\infty,\lim_{x\to0}\frac{\sin x}{x}=1.$$

两个无穷小之比的极限的各种不同情况,反映了不同的无穷小趋于零的"快慢"程度.就上

面几个例子来说,在 $x \to 0$ 的过程中,x^2 趋于零比 $3x$ 趋于零"快些",反过来,$3x$ 趋于零比 x^2 趋于零"慢些",而 $\sin x$ 趋于零与 x 趋于零"快慢"相仿.为反映出在自变量的同一变化过程中不同函数变化过程的差异,我们引入无穷小比较的概念.

定义 无穷小的比较

设 α 和 β 都是在自变量同一变化过程中的无穷小,即 $\lim \alpha = 0, \lim \beta = 0$.

(1)如果 $\lim \dfrac{\beta}{\alpha} = 0$,则称 β 是比 α 高阶的无穷小,记作 $\beta = o(\alpha)$;

(2)如果 $\lim \dfrac{\beta}{\alpha} = \infty$,则称 β 是比 α 低阶的无穷小;

(3)如果 $\lim \dfrac{\beta}{\alpha} = c$($c$ 为非零常数),则称 β 是与 α 同阶的无穷小;

(4)如果 $\lim \dfrac{\beta}{\alpha^k} = c \neq 0$,$(k > 0)$,则称 β 是关于 α 的 k 阶无穷小;

(5)如果 $\lim \dfrac{\beta}{\alpha} = 1$,则称 β 是与 α 等价的无穷小,记作 $\alpha \sim \beta$.

显然,等价无穷小是同阶无穷小的特殊情形,即 $c = 1$ 的情形.

例23 比较下列各组无穷小:

(1)当 $x \to 1$ 时,比较 $x - 1$ 与 $x^2 - 1$;   (2)当 $x \to 0$ 时,比较 $1 - \cos x$ 与 x^2.

解 (1)因为 $\lim\limits_{x \to 1} \dfrac{x-1}{x^2-1} = \lim\limits_{x \to 1} \dfrac{x-1}{(x+1)(x-1)} = \lim\limits_{x \to 1} \dfrac{1}{x+1} = \dfrac{1}{2}$,所以当 $x \to 1$ 时,$x - 1$ 与 $x^2 - 1$ 是同阶无穷小.

(2)因为 $\lim\limits_{x \to 0} \dfrac{1 - \cos x}{x^2} = \dfrac{1}{2}$(见本节例17(4)),所以当 $x \to 0$ 时,$1 - \cos x$ 与 x^2 是同阶无穷小,或称 $1 - \cos x$ 是关于 x 的 2 阶无穷小;或称 $1 - \cos x$ 与 $\dfrac{1}{2} x^2$ 是等价无穷小.

注 并非同一过程中的两个无穷小都可以进行比较.例如,当 $x \to 0$ 时,$x \sin \dfrac{1}{x}$ 和 x 都是无穷小,但是极限 $\lim\limits_{x \to 0} \dfrac{x \sin \dfrac{1}{x}}{x} = \lim\limits_{x \to 0} \sin \dfrac{1}{x}$ 不存在,所以这两个无穷小不可以进行比较.

下面再举一个常用的等价无穷小的例子.

例24 证明:当 $x \to 0$ 时,$\sqrt[n]{1+x} - 1 \sim \dfrac{x}{n}$.

证 设 $\sqrt[n]{1+x} = t$,$x = t^n - 1$ 且当 $x \to 0$ 时 $t \to 1$,

$$\lim_{x \to 0} \frac{\sqrt[n]{1+x} - 1}{\dfrac{1}{n} x} = \lim_{t \to 1} \frac{t-1}{\dfrac{1}{n}(t^n - 1)} = \lim_{t \to 1} \frac{n(t-1)}{(t-1)(t^{n-1} + t^{n-2} + \cdots t + 1)}$$

$$= \lim_{t \to 1} \frac{n}{(t^{n-1} + t^{n-2} + \cdots t + 1)} = 1,$$

换元转化思想

所以,当 $x \to 0$ 时,$\sqrt[n]{1+x} - 1 \sim \dfrac{x}{n}$.

关于等价无穷小,有下面两个定理:

定理 8 β 与 α 是等价无穷小的充分必要条件为 $\beta=\alpha+o(\alpha)$.

证 必要性 设 $\alpha\sim\beta$,则

$$\lim\frac{\beta-\alpha}{\alpha}=\lim\left(\frac{\beta}{\alpha}-1\right)=\lim\frac{\beta}{\alpha}-1=0,$$

因此 $\beta-\alpha=o(\alpha)$,即 $\beta=\alpha+o(\alpha)$.

充分性 设 $\beta=\alpha+o(\alpha)$,则

$$\lim\frac{\beta}{\alpha}=\lim\left(\frac{\alpha+o(\alpha)}{\alpha}\right)=\lim\left(1+\frac{o(\alpha)}{\alpha}\right)=1,$$

因此 $\alpha\sim\beta$.

例 25 因为当 $x\to0$ 时,$\sin x\sim x$,$\sqrt{1+x}-1\sim\frac{1}{2}x$(见本节例24),所以当 $x\to0$ 时

$$\sin x=x+o(x),\qquad\sqrt{1+x}-1=\frac{1}{2}x+o(x).$$

定理 9 等价无穷小代换

设 $\alpha\sim\alpha'$,$\beta\sim\beta'$,且 $\lim\dfrac{\beta'}{\alpha'}$ 存在,则 $\lim\dfrac{\beta}{\alpha}=\lim\dfrac{\beta'}{\alpha'}$.

证 $\lim\dfrac{\beta}{\alpha}=\lim\left(\dfrac{\beta}{\beta'}\cdot\dfrac{\alpha'}{\alpha}\cdot\dfrac{\beta'}{\alpha'}\right)=\lim\dfrac{\beta}{\beta'}\cdot\lim\dfrac{\alpha'}{\alpha}\cdot\lim\dfrac{\beta'}{\alpha'}=\lim\dfrac{\beta'}{\alpha'}$.

定理表明,求两个无穷小之比的极限时,分子及分母都可用等价无穷小代替.因此,如果用来代替的等价无穷小选得适当的话,就可以使计算大大简化.

下面我们列出了当 $x\to0$ 时的几个常见等价无穷小,以便于记忆和应用.

当 $x\to0$ 时,常见等价无穷小

(1) $\sin x\sim x$;

(2) $\tan x\sim x$;

(3) $1-\cos x\sim\dfrac{x^2}{2}$;

(4) $\mathrm{e}^x-1\sim x$;

(5) $\ln(1+x)\sim x$;

(6) $\sqrt[n]{1+x}-1\sim\dfrac{x}{n}$;

(7) $\arcsin x\sim x$;

(8) $\arctan x\sim x$.

例 26(利用等价无穷小替换) 求 $\lim\limits_{x\to0}\dfrac{\tan2x}{\sin5x}$.

解 因为当 $x\to0$ 时,$\tan2x\sim2x$,$\sin5x\sim5x$,所以

$$\lim_{x\to0}\frac{\tan2x}{\sin5x}=\lim_{x\to0}\frac{2x}{5x}=\frac{2}{5}.$$

例 27(利用等价无穷小替换) 求 $\lim\limits_{x\to0}\dfrac{\sin x}{x^3+2x}$.

解 因为当 $x\to0$ 时,$\sin x\sim x$,无穷小 x^3+2x 与它本身显然是等价的,所以

$$\lim_{x \to 0} \frac{\sin x}{x^3 + 2x} = \lim_{x \to 0} \frac{x}{x^3 + 2x} = \lim_{x \to 0} \frac{1}{x^2 + 2} = \frac{1}{2}.$$

例 28(利用等价无穷小替换) 求 $\lim\limits_{x \to 0} \dfrac{\tan x - \sin x}{x^3}$.

解 因为 $\tan x - \sin x = \tan x(1 - \cos x)$,又当 $x \to 0$ 时

$$\tan x \sim x, \quad (1 - \cos x) \sim \frac{x^2}{2},$$

所以

$$\lim_{x \to 0} \frac{\tan x - \sin x}{x^3} = \lim_{x \to 0} \frac{\tan x(1 - \cos x)}{x^3} = \lim_{x \to 0} \frac{x(\frac{x^2}{2})}{x^3} = \frac{1}{2}.$$

在例 28 中,如果一开始就由 $\tan x \sim x,\sin x \sim x$ 对原式作无穷小替换,即得

$$\lim_{x \to 0} \frac{\tan x - \sin x}{x^3} = \lim_{x \to 0} \frac{x - x}{x^3} = 0.$$

这是错误的,因为当 $x \to 0$ 时,$\tan x - \sin x$ 与 $x - x$ 并不等价.

注 作等价无穷小替换时,如分子或分母为和式,通常不能将和式中的某一项或若干项以其等价无穷小替换,而应将分子或分母整体加以替换;若分子或分母为几个因子之积时,则可将其中某个或某些因子以其等价无穷小替换.

思考与探究

1. 两个无穷小的商还是无穷小吗? 举例说明.

2. 如果 $\lim\limits_{x \to 0} f(x) = 1$,则一定有 $f(x) \geq 0$,对吗? 举例说明.

习题 1-3

1. 观察下列各题中,哪些是无穷小? 哪些是无穷大?

(1) $f(x) = \dfrac{1 + 2x}{x^2}$,当 $x \to 0$ 时;　　　　(2) $f(x) = x\cos x$,当 $x \to 0$ 时;

(3) $f(x) = \ln x$,当 $x \to 0^+$ 时;　　　　(4) $f(x) = 2^x$,当 $x \to -\infty$ 时;

(5) $x_n = \dfrac{1}{2^n}$,当 $n \to \infty$ 时;　　　　(6) $f(x) = e^{\frac{1}{x}}$,当 $x \to 0$ 时.

2. 下列函数在什么变化过程中是无穷小? 又在什么变化过程中是无穷大?

(1) $\dfrac{x+1}{x^2}$;　　　　(2) 2^{-x};　　　　(3) $\dfrac{x+1}{x-1}$.

3. 求下列极限:

(1) $\lim\limits_{x \to a} \dfrac{x^2 - (a+1)x + a}{x^3 - a^3}$;　　　　(2) $\lim\limits_{x \to 3} \dfrac{x-3}{x^2+1}$;

(3) $\lim\limits_{x \to 3} \dfrac{x^3 - 27}{x - 3}$;　　　　(4) $\lim\limits_{x \to 1}\left(\dfrac{1}{1-x} - \dfrac{3}{1-x^3}\right)$;

(5) $\lim\limits_{x \to 1} \dfrac{x}{1-x}$;　　　　(6) $\lim\limits_{h \to 0} \dfrac{(x+h)^2 - x^2}{h}$;

(7)$\lim\limits_{x \to 1}\dfrac{x^n-1}{x^m-1}$（$m$、$n$ 为正整数）；　　(8)$\lim\limits_{x \to 0}\dfrac{4x^3-2x^2+x}{3x^2+2x}$；

4.求下列极限：

(1)$\lim\limits_{x \to \infty}\dfrac{2x^2+3}{1-4x^2}$；　　(2)$\lim\limits_{x \to \infty}\dfrac{x^3+3x^2-1}{x^2+2}$；

(3)$\lim\limits_{x \to \infty}\dfrac{3x^2+1}{2-5x^3}$；　　(4)$\lim\limits_{x \to \infty}\dfrac{(2x-1)^{30} \cdot (3x+2)^{20}}{(5x+1)^{50}}$.

5.求下列极限：

(1)$\lim\limits_{n \to \infty}\left(\dfrac{1}{1 \cdot 2}+\dfrac{1}{2 \cdot 3}+\cdots+\dfrac{1}{n \cdot (n+1)}\right)$；　　(2)$\lim\limits_{n \to \infty}\left(1+\dfrac{1}{2}+\dfrac{1}{4}+\cdots+\dfrac{1}{2^n}\right)$.

6.求下列极限：

(1)$\lim\limits_{x \to \infty}\dfrac{\sin x}{x}$；　　(2)$\lim\limits_{x \to \infty}\dfrac{\arctan x}{x^2}$；　　(3)$\lim\limits_{x \to 0^+}x\sqrt{1-\cos\dfrac{2}{x}}$.

7.求下列极限：

(1)$\lim\limits_{x \to 0}\dfrac{\sin 5x}{2x}$；　　(2)$\lim\limits_{x \to 0}\dfrac{\tan ax}{\sin bx}$（$b \neq 0$）；

(3)$\lim\limits_{x \to \pi}\dfrac{\sin x}{\pi-x}$；　　(4)$\lim\limits_{x \to 0}\dfrac{\sin^2 ax}{x^2}$；

(5)$\lim\limits_{x \to 0}(1+3x)^{\frac{1}{x}}$；　　(6)$\lim\limits_{x \to \infty}\left(1+\dfrac{2}{x}\right)^{x+3}$；

(7)$\lim\limits_{n \to \infty}\left(\dfrac{2n+3}{2n+1}\right)^{n+1}$；　　(8)$\lim\limits_{x \to 1}(3-2x)^{\frac{3}{x-1}}$；

(9)$\lim\limits_{n \to \infty}2^n\sin\dfrac{x}{2^n}$（$x$ 为常数，$x \neq 0$）；　　(10)$\lim\limits_{x \to 0^-}\left(e^{\frac{1}{x}}\sin\dfrac{1}{x^2}+\dfrac{\arcsin x^2}{x}\right)$.

8.设 $\lim\limits_{x \to -1}\dfrac{x^3-ax^2-x+4}{x+1}=b$，求 a,b.

9.设 $f(x)=\lim\limits_{t \to \infty}\left(1+\dfrac{\pi}{t}\right)^x$，求 $f(\ln 2)$.

10.设$\lim\limits_{x \to \infty}\left(\dfrac{x+k}{x-2k}\right)^x=8$，求常数 k.

11.求下列极限：

(1)$\lim\limits_{x \to 0}\dfrac{\tan(2x^2)}{1-\cos x}$；　　(2)$\lim\limits_{x \to 0}\dfrac{\arctan 2x}{\sin 3x}$；

(3)$\lim\limits_{x \to 0}\dfrac{\sin x-\tan x}{\sin^3 x}$；　　(4)$\lim\limits_{x \to 0}\dfrac{\sqrt[3]{1+x}-1}{\sqrt{1+x}-1}$；

(5)$\lim\limits_{x \to 0}\dfrac{\ln(1+2x)}{e^x-1}$；　　(6)$\lim\limits_{x \to 0}\dfrac{\sin ax+x^2}{\tan bx}$（$b \neq 0$）；

(7)$\lim\limits_{x \to 0}\dfrac{\sin(x^n)}{(\sin x)^m}$（$n$、$m$ 为正整数）；　　(8)$\lim\limits_{x \to 0}\dfrac{1-\cos 2x}{x\sin x}$.

12.当 $x \to 1$ 时，无穷小 $1-x$ 和(1)$1-x^3$；　　(2)$\dfrac{1}{2}(1-x^2)$是否同阶？是否等价？

13.已知当 $x \to 0$ 时，$\sin 4x^2$ 与 $\sqrt{ax^2+1}-1$ 是等价无穷小，求 a 的值.

第四节　函数的连续性与间断点

增量　函数连续性概念　函数的间断点　间断点分类　初等函数的连续性　有界定理　介值定理　零点定理

自然界中的许多现象,如气温的变化、河水的流动、植物的生长等,都是连续变化的.这种现象反映到数学上就是函数的连续性.函数的连续性是与极限概念密切相关的另一重要概念,具有连续性的函数将是我们今后主要的研究对象.

一、函数的连续性

凡属连续变化的运动,在数量上它们有共同的特点.就气温的变化来说,当时间变化很微小时,气温的变化也很微小,这种特点就是所谓的连续性.下面我们先引入增量的概念,然后来描述连续性,并引入函数连续性概念.

> **注**　记号"Δ"是表示"**差**"的希腊字母 d 的大写,Δu 读"delta u",是个整体,不是 Δ 与变量 u 的乘积.

增量　设变量 u 从它的一个初值 u_1 变到终值 u_2,终值与初值的差 $u_2 - u_1$ 叫做变量 u 的**增量**,记作 Δu,即

$$\Delta u = u_2 - u_1.$$

当 $\Delta u > 0$ 时,变量 u 是增加的;当 $\Delta u < 0$ 时,变量 u 是减小的.

现在假定函数 $y = f(x)$ 在点 x_0 的某一邻域内有定义,当自变量 x 在这邻域内从 x_0 变到 $x_0 + \Delta x$ 时,函数 y 相应地从 $f(x_0)$ 变到 $f(x_0 + \Delta x)$,(如图 1-20 所示)函数 y 的对应增量为

$$\Delta y = f(x_0 + \Delta x) - f(x_0).$$

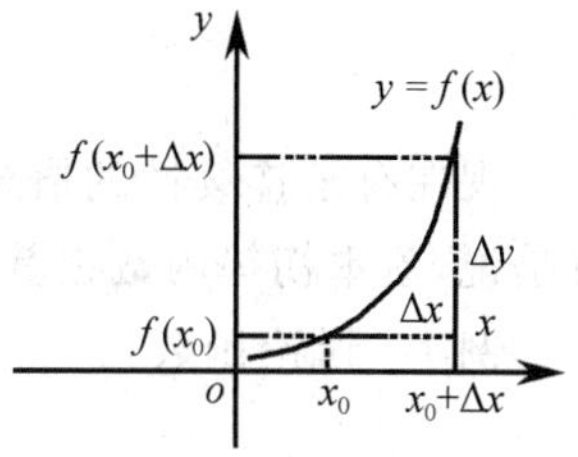

图 1-20

假如保持 x_0 不变而让自变量的增量 Δx 变动,一般说来,函数 y 的增量 Δy 也要随着变动.现在我们对连续性的概念作这样描述:如果当 Δx 趋于零时,函数 y 的增量 Δy 也趋于零,即

$$\lim_{\Delta x \to 0} \Delta y = 0,$$

或

$$\lim_{\Delta x \to 0} [f(x_0 + \Delta x) - f(x_0)] = 0,$$

那么就称函数 $y = f(x)$ 在点 x_0 处是连续的,即有下述定义:

> **定义**　设函数 $y = f(x)$ 在点 x_0 的某一邻域内有定义,如果当自变量 x 在点 x_0 处的增量 $\Delta x = x - x_0$ 趋于零时,对应函数值的增量
>
> $$\Delta y = f(x_0 + \Delta x) - f(x_0)$$
>
> 也趋于零,即 $\lim_{\Delta x \to 0} \Delta y = 0$,则称函数 $y = f(x)$ **在点 x_0 处连续**.

由于 $\Delta x = x - x_0$,从而 $x = x_0 + \Delta x$,$\Delta y = f(x_0 + \Delta x) - f(x_0) = f(x) - f(x_0)$,因此,$\Delta x \to 0$ 相当于 $x \to x_0$,$\Delta y \to 0$ 相当于 $f(x) \to f(x_0)$.由此可得,函数 $y = f(x)$ 在点 x_0 处连续的等价定义:

定义 设函数 $y=f(x)$ 在点 x_0 的某一邻域内有定义,如果函数 $y=f(x)$ 当 $x \to x_0$ 时的极限存在,且极限值等于它在点 x_0 处的函数值 $f(x_0)$,即

$$\lim_{x \to x_0} f(x) = f(x_0),$$

则称函数 $y=f(x)$ 在点 x_0 处连续.

如果 $\lim\limits_{x \to x_0^-} f(x) = f(x_0)$(或 $\lim\limits_{x \to x_0^+} f(x) = f(x_0)$),则称函数 $y=f(x)$ 在点 x_0 处**左(右)连续**.

根据函数 $y=f(x)$ 在一点连续和左、右连续的概念,以及极限存在的充分必要条件,立即可得下述结论:

函数 $y=f(x)$ 在点 x_0 处连续的充要条件是 $y=f(x)$ 在点 x_0 处既左连续又右连续.

如果函数 $f(x)$ 在 (a,b) 内每一点处都连续,则称 $f(x)$ 在**开区间 (a,b) 内连续**.

如果函数 $f(x)$ 在 $[a,b]$ 上满足:

(1) $f(x)$ 在 (a,b) 内每一点处都连续;

(2) $f(x)$ 在左端点 $x=a$ 右连续,在右端点 $x=b$ 左连续,则称 $f(x)$ 在**闭区间 $[a,b]$ 上连续**.

连续函数的图形是一条连续而不间断的曲线.

在本章第三节中,我们曾经指出:基本初等函数 $y=f(x)$ 在其定义域内的任一点 x_0 处都满足

$$\lim_{x \to x_0} f(x) = f(x_0).$$

现在有了连续性的概念,此结论表述为:基本初等函数在其定义域内的每点处均连续.也就是说,**基本初等函数在其定义域内是连续的**.

例1 讨论函数

$$f(x) = \begin{cases} x\sin \dfrac{1}{x}, & x \neq 0, \\ 0, & x = 0 \end{cases}$$

在 $x=0$ 处的连续性.

解 因为 $f(0)=0$,又

$$\lim_{x \to 0} f(x) = \lim_{x \to 0} x\sin \frac{1}{x} = 0 = f(0),$$

所以函数 $f(x)$ 在 $x=0$ 处是连续的.

例2 设函数

$$f(x) = \begin{cases} \mathrm{e}^x, & x < 0, \\ a+x, & x \geqslant 0, \end{cases}$$

问 a 取何值时,$f(x)$ 成为 $(-\infty,+\infty)$ 上的连续函数.

解 由基本初等函数的连续性知,$f(x)$ 在 $(-\infty,0)$ 及 $(0,+\infty)$ 内连续,所以要使 $f(x)$ 在 $(-\infty,+\infty)$ 内连续,只要 $f(x)$ 在 $x=0$ 处连续即可.

在 $x=0$ 处,

$$\lim_{x \to 0^-} f(x) = \lim_{x \to 0^-} e^x = 1,$$

$$\lim_{x \to 0^+} f(x) = \lim_{x \to 0^+} (a + x) = a,$$

$$f(0) = a,$$

在 $x=0$ 处,当 $a=1$ 时

$$\lim_{x \to 0^-} f(x) = \lim_{x \to 0^+} f(x) = \lim_{x \to 0} f(x) = f(0),$$

即 $f(x)$ 在 $x=0$ 处连续. 于是选择 $a=1$, $f(x)$ 就成为 $(-\infty, +\infty)$ 内的连续函数.

二、函数的间断点

由函数 $y=f(x)$ 在点 x_0 处连续的定义可知,函数 $y=f(x)$ 在点 x_0 处连续,必须同时满足下列三个条件:

(1)函数 $y=f(x)$ 在点 x_0 处有定义;

(2)极限 $\lim_{x \to x_0} f(x)$ 存在;

(3) $\lim_{x \to x_0} f(x) = f(x_0)$.

如果上述三个条件中至少有一个不满足,则称点 x_0 为函数 $y=f(x)$ 的**间断点(或称为不连续点)**,这时也称函数 $y=f(x)$ 在点 x_0 处间断.

下面举例来说明函数间断点的几种常见类型.

例 3 函数 $y=f(x)=\dfrac{x^2-4}{x-2}$ 在点 $x=2$ 处没有定义,所以点 $x=2$ 为函数 $y=f(x)$ 的间断点(如图 1-21 所示). 但这里

$$\lim_{x \to 2} f(x) = \lim_{x \to 2} \frac{x^2-4}{x-2} = \lim_{x \to 2} (x+2) = 4.$$

如果补充定义: $f(2)=4$,则所给函数在 $x=2$ 处成为连续,所以点 $x=2$ 称为该函数的**可去间断点**.

例 4 函数

$$y=f(x)=\begin{cases} x, & x \neq 1, \\ 2, & x=1 \end{cases}$$

在 $x=1$ 处有定义 $f(1)=2$,且 $\lim_{x \to 1} f(x) = \lim_{x \to 1} x = 1$,但由于 $\lim_{x \to 1} f(x) \neq f(1)$,因此,点 $x=1$ 为函数 $y=f(x)$ 的间断点(图 1-22).

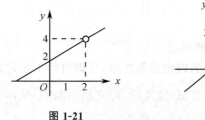

图 1-21　　　　　　　　图 1-22

如果改变函数 $y=f(x)$ 在 $x=1$ 处的定义:令 $f(1)=1$,则函数 $y=f(x)$ 在 $x=1$ 处成为连

续. 所以 $x=1$ 也称为该函数的**可去间断点**.

例 5 函数 $y=f(x)=\begin{cases} x-1, & x<0, \\ 0, & x=0, \\ x+1, & x>0. \end{cases}$

这里, 当 $x\to 0$ 时,

$$\lim_{x\to 0^-}f(x)=\lim_{x\to 0^-}(x-1)=-1,$$
$$\lim_{x\to 0^+}f(x)=\lim_{x\to 0^+}(x+1)=1.$$

左极限与右极限虽都存在, 但不相等, 故极限 $\lim\limits_{x\to 0}f(x)$ 不存在, 所以点 $x=0$ 为函数 $y=f(x)$ 的间断点 (如图 1-23 所示). 因 $y=f(x)$ 的图形在 $x=0$ 处产生跳跃现象, 我们称 $x=0$ 为函数 $y=f(x)$ 的**跳跃间断点**.

例 6 函数 $y=\tan x$ 在 $x=\dfrac{\pi}{2}$ 处没有定义, 所以点 $x=\dfrac{\pi}{2}$ 是函数 $y=\tan x$ 的间断点. 因 $\lim\limits_{x\to \frac{\pi}{2}}\tan x=\infty$, 所以我们称 $x=\dfrac{\pi}{2}$ 为函数 $y=\tan x$ 的**无穷间断点** (如图 1-24 所示).

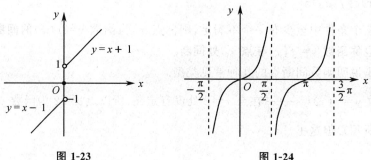

图 1-23   图 1-24

例 7 函数 $y=\sin\dfrac{1}{x}$ 在 $x=0$ 处没有定义, 所以点 $x=0$ 是函数的间断点. 又因为当 $x\to 0$ 时, 函数 $y=\sin\dfrac{1}{x}$ 的值总在 -1 与 1 之间来回振荡, 故 $\lim\limits_{x\to 0}\sin\dfrac{1}{x}$ 不存在, 所以我们称 $x=0$ 为函数 $y=\sin\dfrac{1}{x}$ 的**振荡间断点**.

通常我们把间断点分为两类: 第一类间断点及第二类间断点.

左、右极限都存在的间断点称为**第一类间断点**, 其中左、右极限相等者称为**可去间断点**, 左、右极限不相等者称为**跳跃间断点**. 不是第一类间断点的任何间断点, 都称为**第二类间断点**. 无穷间断点和振荡间断点显然都是第二类间断点.

三、初等函数的连续性

1. 连续函数的和、差、积、商的连续性

由函数在某点连续的定义和极限的四则运算法则, 立即可得下述定理.

定理 1 如果函数 $f(x)$、$g(x)$ 在点 x_0 处连续, 则它们的和差 $f(x)\pm g(x)$、积 $f(x)\cdot g(x)$ 及商 $\dfrac{f(x)}{g(x)}$ (当 $g(x_0)\neq 0$ 时) 都在点 x_0 处连续.

例8　函数 $f(x)=\dfrac{x+1}{\sqrt{x}-1}+x\sin x$ 的定义域 $D=[0,1)\bigcup(1,+\infty)$，而基本初等函数 x，$\sin x$ 和 $\sqrt{x}$ 在 D 内都是连续的，故由定理 1 知，函数 $f(x)$ 在它的定义域 D 内是连续的.

2. 反函数与复合函数的连续性

> **定理2**　如果函数 $y=f(x)$ 在某区间 I_x 上单调增加（或单调减少）且连续，那么它的反函数 $x=f^{-1}(y)$ 也在对应的区间 $I_y=\{y\mid y=f(x),x\in I_x\}$ 上单调增加（或单调减少）且连续.

例如，由于 $y=\tan x$ 在开区间 $\left(-\dfrac{\pi}{2},\dfrac{\pi}{2}\right)$ 上单调增加且连续，所以它的反函数 $y=\arctan x$ 在区间 $(-\infty,+\infty)$ 上也是单调增加且连续的.

在第三节的定理 7 中，令 $a=g(x_0)$，即假定 $g(x)$ 在点 x_0 处是连续的，便得

$$\lim_{x\to x_0}f[g(x)]=f[g(x_0)].$$

上式表明复合函数 $f[g(x)]$ 在点 x_0 处是连续的. 由此得复合函数连续性的定理.

> **定理3**　设函数 $u=g(x)$ 在点 x_0 处连续，且 $g(x_0)=u_0$，而函数 $y=f(u)$ 在点 $u=u_0$ 处连续，那么复合函数 $y=f[g(x)]$ 在点 $x=x_0$ 处也是连续的.

例9　讨论函数 $y=\sin\dfrac{1}{x}$ 的连续性.

解　函数 $y=\sin\dfrac{1}{x}$ 可看作由函数 $y=\sin u$ 及 $u=\dfrac{1}{x}$ 复合而成. $\sin u$ 当 $-\infty<u<+\infty$ 时是连续的，$u=\dfrac{1}{x}$ 当 $-\infty<x<0$ 和 $0<x<+\infty$ 时是连续的. 根据定理 3，函数 $y=\sin\dfrac{1}{x}$ 在区间 $(-\infty,0)$ 和 $(0,+\infty)$ 内是连续的.

3. 初等函数的连续性

前面我们已经指出：基本初等函数在其定义域内都是连续的. 根据初等函数的定义及基本初等函数的连续性，由定理 1、2、3 可得下列重要结论：**一切初等函数在其定义区间内都是连续的**. 所谓定义区间是指包含在定义域内的区间.

上述结论为我们提供了求初等函数极限的一个方法. 这就是：如果 $f(x)$ 是初等函数，且 x_0 是 $f(x)$ 的定义区间内的点，则 $\lim\limits_{x\to x_0}f(x)=f(x_0)$.

例如，点 $x=2$ 是初等函数 $\dfrac{x+2}{\sqrt{x^2+2x+2}}$ 的定义区间 $(-\infty,+\infty)$ 内的点，所以

$$\lim_{x\to 2}\frac{x+2}{\sqrt{x^2+2x+2}}=\frac{2+2}{\sqrt{2^2+2\cdot 2+2}}=\frac{2}{5}\sqrt{10}.$$

四、闭区间上连续函数的性质

闭区间上的连续函数有几个重要性质，今以定理的形式叙述它们，只从几何上说明它的意义，不加证明.

> **定理4　最大值与最小值定理（有界定理）**
> 设函数 $f(x)$ 在 $[a,b]$ 上连续，则函数 $f(x)$ 在闭区间 $[a,b]$ 上必有最大值和最小值.

定理 4 说明,如果 $f(x)$ 在 $[a,b]$ 上连续,则在 $[a,b]$ 上至少有一点 ξ_1 和一点 ξ_2,使对 $[a,b]$ 上的一切 x 均有

$$f(x) \leqslant f(\xi_1), f(x) \geqslant f(\xi_2) (a \leqslant x \leqslant b),$$

满足上述关系的函数值 $f(\xi_1)$、$f(\xi_2)$ 就分别是函数 $f(x)$ 在 $[a,b]$ 上的最大值和最小值. 取得最大值和最小值的点 ξ_1,ξ_2 也可能是闭区间的端点(如图 1-25 所示).

注 如果 $f(x)$ 在开区间内连续,或在闭区间上有间断点,那么函数在该区间上就不一定有最大值和最小值. 如函数 $y = \tan x$ 在开区间 $\left(-\dfrac{\pi}{2}, \dfrac{\pi}{2}\right)$ 内是连续的,但在 $\left(-\dfrac{\pi}{2}, \dfrac{\pi}{2}\right)$ 上这函数既无最大值也无最小值;又如,函数

$$y = f(x) = \begin{cases} -x+1, & 0 \leqslant x < 1, \\ 1, & x = 1, \\ -x+3, & 1 < x \leqslant 2. \end{cases}$$

在闭区间 $[0,2]$ 上有间断点 $x = 1$(如图 1-26 所示),$f(x)$ 既无最大值也无最小值.

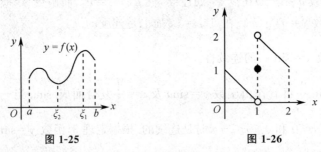

图 1-25　　　　　　　　图 1-26

定理 5(零点定理) 设函数 $f(x)$ 在 $[a,b]$ 上连续,且 $f(a)$ 与 $f(b)$ 异号(即 $f(a) \cdot f(b) < 0$),那么在开区间 (a,b) 内至少有函数 $f(x)$ 的一个零点(如果 x_0 使 $f(x_0) = 0$,则 x_0 称为函数 $f(x)$ 的零点),即至少存在一点 $\xi(a < \xi < b)$,使 $f(\xi) = 0$.

从几何上看,定理 5 表示:如果连续曲线弧 $y = f(x)$ 的两个端点位于 x 轴的不同侧,那么这段曲线弧与 x 轴至少有一个交点(图 1-27).

由定理 5 立即可得下列较一般性的定理.

定理 6(介值定理) 设函数 $f(x)$ 在 $[a,b]$ 上连续,且在这区间的端点取不同的函数值

$$f(a) = A \quad 及 \quad f(b) = B,$$

那么,对于 A 与 B 之间的任意数 C,至少有一点 $\xi \in (a,b)$,使得

$$f(\xi) = C.$$

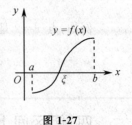

图 1-27

此定理的几何意义是:水平直线 $y = C(C$ 介于 A 与 B 之间)与连续曲线弧 $y = f(x)$ 至少相交于一点(如图 1-28 所示).

推论 在闭区间上连续的函数必取得介于最大值 M 和最小值 m 之间的任何值.

例 10 证明方程 $x^3 - 4x^2 + 1 = 0$ 在开区间 $(0,1)$ 内至少有一个根.

证 设函数 $f(x) = x^3 - 4x^2 + 1$，则 $f(x)$ 在 $[0,1]$ 上连续，又

$$f(0) = 1 > 0, \quad f(1) = -2 < 0,$$

根据零点定理，在开区间 $(0,1)$ 内至少有一点 ξ，使得 $f(\xi) = 0$，即

$$\xi^3 - 4\xi^2 + 1 = 0 \quad (0 < \xi < 1).$$

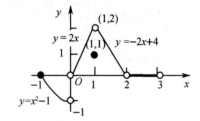

图 1-28

这等式说明方程 $x^3 - 4x^2 + 1 = 0$ 在开区间 $(0,1)$ 内至少有一个根是 ξ.

思考与探究

从图 1-29 探究函数 $f(x)$ 在 $x = x_0$ 点有定义、极限存在、连续三者之间的区别与联系.

$$函数 \ f(x) = \begin{cases} x^2 - 1, & -1 \leqslant x < 0, \\ 2x, & 0 < x < 1, \\ 1, & x = 1, \\ -2x + 4, & 1 < x < 2, \\ 0, & 2 < x < 3. \end{cases}$$

1. (1) $f(-1)$ 是否存在？

   (2) $\lim\limits_{x \to -1^+} f(x)$ 是否存在？

   (3) $f(x)$ 在 $x = -1$ 处的是否连续？

2. (1) $f(1)$ 是否存在？

   (2) $\lim\limits_{x \to 1} f(x)$ 是否存在？

   (3) $f(x)$ 在 $x = 1$ 处是否连续？

   (4) 如不连续，指出间断点类型.

   (5) 如何修改 $f(1)$ 的取值，使得 $f(x)$ 在 $x = 1$ 处连续

3. (1) $f(2)$ 是否存在？

   (2) $\lim\limits_{x \to 2} f(x)$ 是否存在？

   (3) $f(x)$ 在 $x = 2$ 处是否连续？

   (4) 如不连续，指出间断点类型.

   (5) 如何定义 $f(2)$ 使得新函数在 $x = 2$ 处连续.

习题 1-4

1. 已知 $f(x) = \dfrac{2x-3}{x^2-5x+6}$，求 $f(x)$ 的连续区间，并求 $\lim\limits_{x \to 0} f(x)$ 及 $\lim\limits_{x \to 2} f(x)$.

2. 讨论函数 $f(x) = \lim\limits_{n \to \infty} \dfrac{1-x^{2n}}{1+x^{2n}} x$ 的连续性，若有间断点，判别其类型.

3. 求下列函数的间断点，并判别其类型：

   (1) $f(x) = \dfrac{x}{(1+x)^2}$；

   (2) $f(x) = \dfrac{x}{\sin x}$；

$(3) f(x) = \sin x \cdot \cos \dfrac{1}{x};$

$(4) f(x) = \begin{cases} x-1, & x \leqslant 1, \\ 3-x, & x > 1. \end{cases}$

4. 研究下列函数的连续性：

$(1) f(x) = \begin{cases} \dfrac{\ln(1+x)}{x}, & x > 0, \\ 0, & x = 0, \\ \dfrac{\sqrt{1+x}-\sqrt{1-x}}{x}, & -1 \leqslant x < 0; \end{cases}$

$(2) f(x) = \begin{cases} \dfrac{2^{\frac{1}{x}}-1}{2^{\frac{1}{x}}+1}, & x \neq 0, \\ 1, & x = 0. \end{cases}$

5. 设函数

$$f(x) = \begin{cases} x \sin \dfrac{1}{x}, & x > 0, \\ a + x^2, & x \leqslant 0, \end{cases}$$

要使 $f(x)$ 在 $(-\infty, +\infty)$ 内连续，应当怎样选择数 a？

6. 求下列极限：

$(1) \lim\limits_{x \to 0} \arccos \dfrac{\sqrt{3x + \ln(x+1)}}{2}$

$(2) \lim\limits_{x \to 0} \ln \dfrac{\sin x}{x};$

$(3) \lim\limits_{x \to +\infty} x(\sqrt{x^2+1} - x)$

$(4) \lim\limits_{x \to 0} (\cos x)^{\frac{4}{x^2}}.$

7. 证明方程 $x \cdot 2^x = 1$ 至少有一个小于 1 的正根.

8. 设函数 $f(x)$ 在 $[a,b]$ 上连续，$f(a) < a, f(b) > b$，试证：在开区间 (a,b) 内至少有一点 ξ，使 $f(\xi) = \xi$.

9. 证明方程 $x = a\sin x + b$，其中 $a > 0, b > 0$，至少有一个正根，并且它不超过 $a+b$.

阅读与思考

割圆人间细，方盖宇宙精——刘徽

刘徽（约 225—295 年），汉族，山东滨州邹平县人，中国古典数学理论的奠基人之一，是中国数学史上伟大的数学家，他的杰作《九章算术注》和《海岛算经》，是中国最宝贵的数学遗产. 刘徽全面证明和论述了《九章算术》所记载的数学公式与算法，指出并纠正了其中的错误，对于中国古代的数学理论进行了整理，同时，又给这本古代数学书增加了许多开创性的数学理论与推算方法，这让《九章算术注》远远超越了同一时期的数学著作，达到了当时世界最先进的数学水平.

刘徽创造性地运用极限思想给出了计算圆周率的方法"割圆术"，刘徽形容他的"割圆术"

说："割之弥细,所失弥少,割之又割,以至于不可割,则与圆合体,而无所失矣."即通过圆内接正多边形细割圆,并使正多边形的周长无限接近圆的周长,进而来求得较为精确的圆周率.中国古代从先秦时期开始,一直是取"周三径一"的数值来进行有关圆的计算,往往误差很大.刘徽以极限思想为指导,提出用"割圆术"来求圆周率,既大胆创新,又严密论证,从而为圆周率的计算指出了一条科学的道路.按照这样的思路,刘徽把圆内接正多边形的面积一直算到了正3 072边形,并由此而求得了圆周率为3.141 5和3.141 6这两个近似数值.π=3 927/1 250=3.141 6,称为"徽率".这个结果是当时世界上圆周率计算的最精确的数据,奠定了中国上千年来在圆周率计算上的领先地位.刘徽对自己创造的这个"割圆术"新方法非常自信,把它推广到有关图形计算的各个方面,从而使汉代以来的数学发展大大向前推进了一步.刘徽创造性用无限思想解决问题,他的无限思想不仅促进了中国古代数学的发展,甚至在中国古代科技史上都占有重要地位.

刘徽还提出了求体积的方法——牟合方盖法,类似于微元法.创造了一个独特的立体几何图形,而希望用这个图形求出球体体积公式,称之为"牟合方盖"."牟合方盖"是指正方体的两个轴互相垂直的内切圆柱体的贯交部分.由于其采用的模型像一个牟合的方形盒子,故称为牟合方盖.刘徽在《九章算术阳马术》注中,用无限分割的方法解决锥体体积时,提出了关于多面体体积计算的刘徽原理.刘徽在开方不尽的问题中提出"求徽数"的思想,这方法与后来求无理根的近似值的方法一致,它不仅是圆周率精确计算的必要条件,而且促进了十进小数的产生;在线性方程组解法中,他创造了比直除法更简便的互乘相消法,与现今解法基本一致;并在中国数学史上第一次提出了"不定方程问题";他还建立了等差级数前 n 项和公式,提出并定义了许多数学概念:如幂(面积)、方程(线性方程组)、正负数等等.刘徽还提出了许多公认正确的判断作为证明的前提.他的大多数推理、证明都合乎逻辑,十分严谨,从而把《九章算术》及他自己提出的解法、公式建立在必然性的基础之上.

刘徽作为中国古代杰出的数学家,用一颗赤诚的心推动了中国古代的数学发展,甚至将自己对于数学理论的纯粹兴趣,上升到了"为数学而学"的阶段,为后人留下了宝贵的文化遗产与精神财富,这也让他成为了中国古代数学主义的先驱者.刘徽出身贫寒,地位低下,在三国乱世中艰难谋生,一生没有放弃对数学的追求.刘徽的一生是为数学刻苦探求的一生,他人格高尚、学而不厌、勇于探索、求实创新,他的求学精神与高尚情操值得我们永远学习与传承.

领先世界一千年——祖冲之

祖冲之(429—500 年),字文远,出生于建康(今南京),祖籍范阳郡道县(今河北涞水县),是中国南北朝时期伟大的科学家、数学家,他在数学、天文学和机械制造等方面取得的成就,在中国乃至世界科技史上占有极其重要的地位.祖冲之先后担任过从事史、县令、公府参军等职务,但祖冲之不贪图仕途的安乐,而是将自己的大部分精力放在了对数学、天文以及机械制造的研究上.祖冲之具有变革创新、锲而不舍的科学精神,对我国古代数学史、世界数学史的影响都极为重要、深远.祖冲之在数学中圆周率值π计算、球体积公式的推导、天文历法等的突出贡献,极大地推动了我国古代数学及其他学科发展的进程.崇尚科学的祖冲之,用自己一生的时间,造就了古代科学的发展.

祖冲之酷爱天文与数学,他一面深入地学习、钻研、探究、继承前人的算术、天文等论著,汲取科学经典之精华,一面又亲身观察实验,以实测数据和创新结论修改前人的不足与错误.他

"亲量奎尺，躬查仪漏，目尽毫厘，心穷筹策"，这种对待科学的刻苦精神、认真态度、实践作风以及不媚权贵、追求真理的精神，使他在天文、数学和机械等方面做出了伟大的贡献，他这种求真求实、钻研继承、探索创新、勤于实践的精神更是人类文明中最宝贵的精神财富．

在数学方面，祖冲之在圆周率 π 值计算上取得了历史性突破，他在前人已有经验与成就的基础之上，大胆创新、刻苦钻研，通过大量的反复实践与演算，终于将 π 值精确在 3.1415926 与 3.1415927 之间；其精度达到了很高的程度，此精确的 π 值直至一千年之后，才被西方数学家卡西及韦达算出；但祖冲之却未为之满足，又进一步得出了 π 分数形式的约率 22/7，以及密率 355/113. 祖冲之所得出的密率 335/113，直至 16 世纪才被德国人奥托发现. 密率的精确度也是很高的，比荷兰工程师安托尼兹（Anthonisz）的同一发现早一千多年. 国际数学界为纪念圆周率 π 的贡献者祖冲之，将密率称之为"祖率". 祖冲之的著作《缀术》与《九章算术》同列于算经十书之中. 祖冲之与其儿子祖暅之运用"幂势既同，则各不容异"原则，彻底解决了球体体积计算问题. 即"夹在两平行平面间的两个立体，被平行于两平面的任意平面所截，所截得的两个截面面积总相等，则两者的体积也相等". 该原理在一千多年后才被意大利数学家卡瓦列利提出，后被西方称之为卡瓦列利原理. 而为了纪念祖氏父子对这一重要原理的贡献，大家也将这一原理称之为"祖暅原理". 在机械发明、制造领域之中，祖冲之同样也具有极重要的影响力. 祖冲之改造了指南车，设计制造了以水为动力的水碓磨；还设计制造了千里船、欹器以及计时器等机械设备，推动了当时的科学技术发展与社会发展.

祖冲之兴趣广泛，才华横溢，在哲学、文学、音乐等方面均有很深的造诣，曾对《老子》、《庄子》等论著进行过深入学习与研究，注释《易经》《论语》等，还撰写小说《述异记》十卷. 祖冲之的杰出成就是世界科学史上的光辉篇章，他的伟大贡献备受世人敬仰. 巴黎科学博物馆墙壁上铭刻着祖冲之的画像和他的圆周率，莫斯科大学的走廊旁悬挂着祖冲之的雕像，月球上新发现的一座山脉被命名为"祖冲之山". 他探索创新、勤于实践、拼搏奋斗、无私奉献、勇于开拓的科学精神更是值得我们学习与继承.

思考

我国古代数学家祖冲之、刘徽的伟大事迹不仅激发了我们对中华优秀传统文化的历史自豪感与民族自豪感，增强了我们对祖国的文化自信，而且他们求实创新、勤于实践、拼搏奋斗、无私奉献的科学精神与高尚情操更是值得我们学习与继承，想一想你将如何把他们的科学精神落实在大学学习中？如何把他们的高尚情操体现在你的大学生活中？相信你的努力一定可以使你创造出最亮丽的青春年华．

本章学习指导

一、基本知识与思想方法框架结构图

1. 函数的知识内容及思想方法框架结构图

数形结合的思想方法研究函数 函数

概念——三要素
- 定义域
  - 自然定义域(使解析式有意义自变量的取值变量)
  - 实际定义域(根据实际背景自变量实际意义研究)
- 对应法则(对每个 $x \in D$,总有唯一确定的值 y 与之对应)
- 值域 $R_f = f(D) = \{y \mid y = f(x), x \in D\}$

表示方法:解析法、表格法、图形法

性质
- 有界性
  - $f(x)$ 在 $X \subset D$ 上有界 $\Leftrightarrow \exists M > 0, \forall x \in X$ 恒有 $|f(x)| \leqslant M$
  - $f(x)$ 在 X 上的图像夹在 $y = -M$ 与 $y = M$ 两平行线之间
- 单调性
  - $f(x)$ 在 $I \subset D$ 上单增 $\Leftrightarrow \forall x_1 < x_2 \Rightarrow f(x_1) < f(x_2)$ 图像上升
  - $f(x)$ 在 $I \subset D$ 上单减 $\Leftrightarrow \forall x_1 < x_2 \Rightarrow f(x_1) > f(x_2)$ 图像下降
- 奇偶性
  - 偶函数
    - 定义域 D 关于原点对称,$\forall x \in D, f(-x) = f(x)$
    - 函数图像关于 y 轴对称
  - 奇函数
    - 定义域 D 关于原点对称,$\forall x \in D, f(-x) = -f(x)$
    - 函数图像关于原点对称

  任意定义在 $(-l, l)$ 的函数都可以表示成偶函数与奇函数之和

- 周期性
  - $f(x)$ 以 $T > 0$ 为周期 $\Leftrightarrow \forall x \in D, (x \pm T) \in D$ 恒 $f(x+T) = f(x)$
  - 周期函数的图像呈周期性重复

运算
- 四则运算(其定义域是几个函数的定义域的交集)
- 复合函数运算(注 1. 内层函数的值域在外层函数的定义域中. 注 2. 复合函数是有次序的. 注 3. 复合函数可以多层复合)
- 反函数(单调函数存在反函数,且直接函数与反函数单调性相同)

函数类型
- 基本初等函数(幂函数、指数函数、对数函数、三角函数与反三角函数)
- 初等函数
- 非初等函数(分段函数、变积分上限函数、级数表示的函数等等)

函数类型
- 显函数
- 隐函数
- 参数函数表示的函数

函数类型
- 抽象函数
- 具体函数

不同分类标准
不同分类方法

2. 函数与极限知识内容及思想方法框架结构图

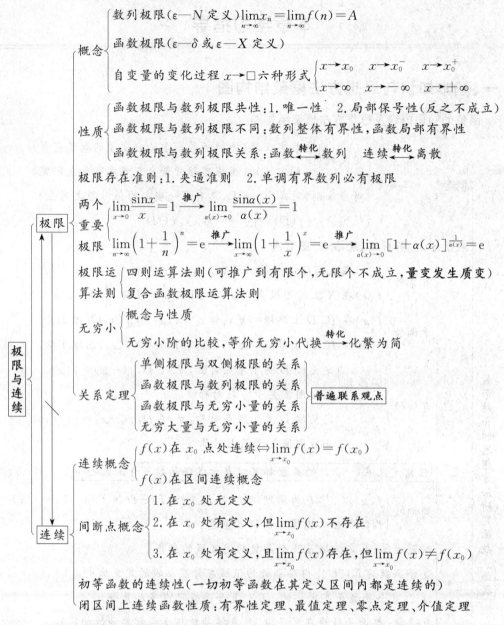

二、思想方法小结

1. 极限的思想方法

极限是运算的一种无限模式,是在有限的基础上进行的,指导人们用运动变化的观点看问题,"从有限中找到无限,从暂时中找到永久,并且使之确定起来",这个运动辩证的观点就是极限思想的内容. 极限的思想方法体现了过程与结果、近似与精确、有限与无限、量变与质变的对立统一的哲学观点.

2. 普遍联系的观点

单侧极限与双侧极限的关系、函数极限与数列极限的关系、函数极限与无穷小量的关系、无穷大量与无穷小量的关系,连续与极限的关系揭示了事物都是普遍联系的哲学观点.

我们要运用联系与发展的观点去学习数学知识,注意知识之间的联系与区别,深刻理解数学知识的本质,准确地应用数学知识去解决问题,训练自己思维的严密性与深刻性.

3. 转化的思想方法

幂指函数$[f(x)]^{g(x)}$的极限计算可以转化为复合函数或对数函数的极限.

$$(1)\underbrace{\lim_{p} u(x)^{v(x)}}_{\text{幂指函数}} \xrightarrow[\text{转化}]{} \underbrace{\lim_{p} e^{v(x)\ln u(x)}}_{\text{复合函数}} \qquad (2)\lim_{p} y \xrightarrow{\text{转化为}} \lim_{p} \ln y$$

在极限的计算中,有意识地把未知的转化为已知的,把复杂的转化为简单的,灵活运用转化思想方法,可以难题妙解,培养思维的灵活性.

4. 抓主要矛盾的哲学观点

教材中$\lim\limits_{x \to \infty}\dfrac{a_0 x^m + a_1 x^{m-1} + \cdots + a_m}{b_0 x^n + b_1 x^{n-1} + \cdots + a_n}$是一个"$\dfrac{\infty}{\infty}$"型极限,其计算方法是分子分母同除以$x$的最高次项,实质上就是分子分母同除以趋于无穷最快的量,也称为"抓大头"即抓主要矛盾,把问题转化为可以用极限运算法则计算的题型.

三、典型题型思路方法指导

例1 设函数$f(x) = x\sin\dfrac{1}{x}$,求当$x \to 0, x \to \dfrac{2}{\pi}$及$x \to \infty$时函数的极限,并说明理由.

解题思路:$(1)\lim\limits_{x \to 0} x\sin\dfrac{1}{x} = 0$(无穷小乘以有界函数);

$(2)\lim\limits_{x \to \frac{2}{\pi}} x\sin\dfrac{1}{x} = \dfrac{2}{\pi}\sin\dfrac{\pi}{2} = \dfrac{2}{\pi}$(应用函数的连续性定义);

$(3)\lim\limits_{x \to \infty} x\sin\dfrac{1}{x} = \lim\dfrac{\sin\dfrac{1}{x}}{\dfrac{1}{x}} = 1$(变形转化为第一个重要极限).

例2 求下列极限:

$(1) \lim\limits_{x \to +\infty} \sin(\sqrt{x+2} - \sqrt{x});$ \qquad $(2)\lim\limits_{x \to 0}\dfrac{\tan x^2}{\sin 2x};$ \qquad $(3) \lim\limits_{x \to +\infty} x\ln\left(\dfrac{x-1}{x+1}\right).$

解题思路:(1)对内层函数进行分子有理化运算,再应用复合函数极限法则求极限;

$(2)\dfrac{0}{0}$型,$x \to 0$时$\tan x^2 \sim x^2$,$x\sin 2x \sim 2x^2$,应用等价无穷小代换简化计算.

(3)利用对数恒等式转化为熟悉的问题,完全类似于第三节例19(3).

$$\lim_{x \to +\infty} x\ln\left(\dfrac{x-1}{x+1}\right) = \lim_{x \to +\infty} \ln\left(\dfrac{x-1}{x+1}\right)^x = \ln\lim_{x \to +\infty}\left(\dfrac{x-1}{x+1}\right)^x = \quad 2.$$

例3 设$\lim\limits_{x \to \infty}\left(\dfrac{x^2+1}{x+1} - ax - b\right) = 0$,求$a, b$.

解题思路:逆向思维问题(反证),$\infty - \infty$型$\xrightarrow[\text{转化}]{\text{通分}}\dfrac{\infty}{\infty}$型,$\dfrac{\infty}{\infty}$型"抓大头"思想.

解题步骤:因为

$$\lim_{x \to \infty}\left(\dfrac{x^2+1}{x+1} - ax - b\right) = \lim_{x \to \infty}\dfrac{(1-a)x^2 - (a+b)x - b + 1}{x+1} = 0,$$

如果 $1-a\neq 0$,则上述极限不存在(极限为 ∞),此结论与条件矛盾,这说明分子中不应该存在 x^2 项,故应有 $1-a=0$,于是得到 $a=1$. 所以

$$\lim_{x\to\infty}\left(\frac{x^2+1}{x+1}-ax-b\right)=\lim_{x\to\infty}\frac{-(1+b)x-b+1}{x+1}=0,$$

由此可推出 $1+b=0$,即 $b=-1$.

例 4 设函数 $f(x)=\begin{cases} \mathrm{e}^{-\frac{1}{x^2}}, & x\neq 0, \\ a, & x=0 \end{cases}$ 在点 $x=0$ 处连续,求 a 的值.

解题思路:应用函数在一点处连续的定义:$\lim_{x\to 0}f(x)=f(0)$,

$$\lim_{x\to 0}f(x)=\lim_{x\to 0}\mathrm{e}^{-\frac{1}{x^2}}=0=f(0)=a,\text{所以 }a=0.$$

例 5 求下列函数的间断点,并判断其类型. 若为可去间断点,试补充或修改定义后使其为连续点.

$$f(x)=\begin{cases} \dfrac{x^2+x}{|x|(x^2-1)}, & x\neq\pm 1,x\neq 0, \\ 0, & x=\pm 1. \end{cases}$$

解题思路:找间断点的思路就是先找出无定义的点以及分段点.

间断点
类型
$\begin{cases} \text{第一类} \\ \text{间断点} \end{cases}\begin{cases} \text{可去间断点 } \lim\limits_{x\to x_0^+}f(x)=\lim\limits_{x\to x_0^-}f(x)(\text{极限值}\neq\text{函数值或 }x_0\text{ 处无定义}) \\ \text{跳跃间断点 } \lim\limits_{x\to x_0^+}f(x)\neq\lim\limits_{x\to x_0^-}f(x) \end{cases}$

$\begin{cases} \text{第二类} \\ \text{间断点} \end{cases}\begin{cases} \text{无穷间断点(左右极限至少有一个是}\infty) \\ \text{振荡间断点(函数振荡极限不存在)} \end{cases}$

注 无定义的点一定是间断点,分段点有可能是间断点.

解 (1)$x=0$ 是 $f(x)$ 的无定义点,所以 $x=0$ 是 $f(x)$ 的间断点.

又因 $\lim\limits_{x\to 0^-}f(x)=\lim\limits_{x\to 0^-}\dfrac{x^2+x}{-x(x^2-1)}=1$; $\lim\limits_{x\to 0^+}f(x)=\lim\limits_{x\to 0^+}\dfrac{x^2+x}{x(x^2-1)}=-1$.

所以 $x=0$ 为 $f(x)$ 的第一类的跳跃间断点.

(2)$x=1$ 是 $f(x)$ 的分段点,讨论 $f(x)$ 在 $x=1$ 处的连续性

$f(1)=0$ 有定义,而 $\lim\limits_{x\to 1}\dfrac{x^2+x}{|x|(x^2-1)}=\infty$,所以 $x=1$ 为 $f(x)$ 的无穷间断点.

(3)$x=-1$ 是 $f(x)$ 的分段点,讨论 $f(x)$ 在 $x=-1$ 处的连续性

$f(-1)=0$ 有定义,$\lim\limits_{x\to -1}\dfrac{x^2+x}{|x|(x^2-1)}=\lim\limits_{x\to -1}\dfrac{x}{(-x)(x-1)}=\dfrac{1}{2}$ 极限存在,

但

$$\lim_{x\to -1}f(x)\neq f(-1),$$

故 $x=-1$ 为 $f(x)$ 的可去间断点,若令 $f(-1)=1/2$,则 $f(x)$ 在 $x=-1$ 处连续.

例 6 设函数 $f(x)$ 在区间 $[0,1]$ 上连续,且

$$f(0)=0,f(1)=1,$$

证明:存在 $\xi\in(0,1)$,使得 $f(\xi)=1-\xi$.

证明思路:构造函数 $F(x)=f(x)+x-1$,$F(x)$ 在 $[0,1]$ 上应用零点定理即可.

例 7　易错的极限：$\lim\limits_{x\to\infty}e^x$ 或 $\lim\limits_{x\to0}e^{\frac{1}{x}}$.

$\lim\limits_{x\to+\infty}e^x=+\infty$，$\lim\limits_{x\to-\infty}e^x=0$，由极限存在充要条件知 $\lim\limits_{x\to\infty}e^x$ 不存在.

易错为：$\lim\limits_{x\to\infty}e^x=\infty$. （$\lim\limits_{x\to0}e^{\frac{1}{x}}=\lim\limits_{x\to\infty}e^x$）.

总习题一

一、填空题

1. 若 $f(x)$ 的定义域是 $[0,1]$，则 $f(x^2-1)$ 的定义域是_____；

2. 若当 $x\to x_0$ 时，$\alpha(x)$ 与 $\gamma(x)$ 是等价无穷小，$\beta(x)$ 是比 $\alpha(x)$ 高阶的无穷小，则当 $x\to x_0$ 时，函数 $\dfrac{\alpha(x)-\beta(x)}{\gamma(x)-\beta(x)}$ 的极限是_____；

3. 设
$$f(x)=\begin{cases}e^x, & x\leqslant0,\\ ax+b, & x>0,\end{cases}$$
则 $f(0^-)=$_____，$f(0^+)=$_____，当 $b=$_____时，$\lim\limits_{x\to0}f(x)=1$.

4. $\lim\limits_{x\to\infty}\left(\dfrac{x+c}{x+2c}\right)^x=4$，则 $c=$_____；

5. $\lim\limits_{x\to0}\dfrac{x^2\sin\frac{1}{x}}{\sin x}=$_____；

6. 若 $f(x)=\begin{cases}e^x(\sin x+\cos x), & x>0\\ 2x+a, & x\leqslant0\end{cases}$ 在点 $x=0$ 处连续，则 $a=$_____；

7. 当 $x\to0$ 时，$\sin2x-2\sin x$ 是 x 的_____阶无穷小量；

8. $x=0$ 是函数 $f(x)=e^{x+\frac{1}{x}}$ 的第_____类_____间断点；

9. 函数 $y=\sqrt[3]{\ln\sin^2 x}$ 的复合过程是_____；

10. 当_____时，$f(x)=\dfrac{1}{(x-1)^2}$ 是无穷大量.

二、单项选择题

1. $\lim\limits_{x\to1}\dfrac{x-1}{|x-1|}$ 的值是（　　）.

(A)1　　　　(B)-1　　　　(C)0　　　　(D)不存在

2. 下列极限存在的是（　　）.

(A)$\lim\limits_{x\to\infty}\dfrac{x(x+1)}{x^2}$　(B)$\lim\limits_{x\to\infty}\arctan x$　(C)$\lim\limits_{x\to0}e^{\frac{1}{x}}$　(D)$\lim\limits_{x\to\infty}\cos x$

3. 下列极限值等于 1 的是（　　）.

(A)$\lim\limits_{x\to0}x\sin\dfrac{1}{x}$　(B)$\lim\limits_{x\to0}x\sin x$　(C)$\lim\limits_{x\to\infty}\dfrac{\sin x}{x}$　D.$\lim\limits_{x\to\infty}x\sin\dfrac{1}{x}$

4. 当 $x\to\infty$ 时，$f(x)$ 与 $\dfrac{1}{x}$ 是等价无穷小，则 $\lim\limits_{x\to\infty}2xf(x)=$（　　）.

(A)2　　　　(B)0　　　　(C)1　　　　(D)无极限

5.设函数 $f(x)=\dfrac{\sin x}{|x|}$,则 $x=0$ 是 $f(x)$ 的(　　).

(A)连续点　　　　(B)跳跃间断点　　　(C)可去间断点　　(D)第二类间断点

6.从 $\lim\limits_{x\to x_0}f(x)=1$ 不能推出(　　).

(A)$f(x_0^-)=1$　　　(B)$f(x_0^+)=1$

(C)$f(x_0)=1$　　　(D)$\lim\limits_{x\to x_0}[f(x)-1]=0$

7.当 $x\to0$ 时,x^k 与 $x+x^2+x^3$ 是等价无穷小,则 $k=($　　).

(A)0　　　　(B)1　　　　(C)2　　　　(D)3

8.$\lim\limits_{x\to0^+}\dfrac{x}{\sqrt{1-\cos x}}=($　　).

(A)2　　　(B)$\dfrac{1}{2}$　　　(C)4　　　(D)$\sqrt{2}$

9.若 $f(x)$ 在点 x_0 的某个邻域内有定义,且 $f(x_0^+)=f(x_0^-)$,则(　　).

(A)$f(x)$ 在点 x_0 处连续　　　　(B)$f(x)$ 在点 x_0 处有极限,但不一定连续

(C)$f(x)$ 在点 x_0 处有极限,但不连续　　(D)$f(x)$ 在点 x_0 处极限不存在

10.设 $\alpha=1-\cos x,\beta=2x^2$,则当 $x\to0$ 时(　　).

(A)α 与 β 是同阶无穷小,但不是等价无穷小

(B)α 与 β 是等价无穷小

(C)α 是比 β 高阶的无穷小

(D)β 是比 α 高阶的无穷小

三、计算题

1.计算下列极限:

(1)$\lim\limits_{x\to1}\dfrac{x^2-3x+2}{x^4-4x+3}$;

(2)$\lim\limits_{x\to2}\dfrac{\sqrt{2+x}-2}{\sqrt{3x+3}-3}$;

(3)$\lim\limits_{x\to+\infty}\dfrac{2x\sin x}{\sqrt{1+x^2}}\arctan\dfrac{1}{x}$;

(4)$\lim\limits_{x\to1}\dfrac{\arctan(x-1)}{x^2+x-2}$;

(5)$\lim\limits_{x\to\infty}\left(\dfrac{2x+3}{2x+1}\right)^{x-5}$;

(6)$\lim\limits_{n\to\infty}\left(1+\dfrac{1}{n}+\dfrac{1}{n^2}\right)^n$.

2.求常数 a,b,使 $f(x)$ 连续,其中

$$f(x)=\begin{cases}\dfrac{1}{x}\sin x, & x<0,\\ a, & x=0,\\ x\sin\dfrac{1}{x}+b, & x>0.\end{cases}$$

3.指出函数下列的间断点,并判断其类型.

(1)$f(x)=\dfrac{x^2-1}{x^2-x}$;

(2)$f(x)=\begin{cases}e^{\frac{1}{x-1}}, & x>0,\\ \ln(1+x), & -1<x\leqslant0,\end{cases}$.

4.求函数 $f(x)=\dfrac{x^3+3x^2-x-3}{x^2+x-6}$ 的连续区间,并指出间断点的类型.

四、证明题

1. 若函数 $f(x)$ 在 $[a,b]$ 上连续，$a<x_1<x_2<\cdots<x_n<b$，则在 (x_1,x_n) 内至少有一点 ξ，使得 $f(\xi)=\dfrac{f(x_1)+f(x_2)+\cdots+f(x_n)}{n}$．

2. 设函数 $f(x)$ 在 $[0,2a]$ 上连续，且 $f(0)=f(2a)$，证明：在 $[0,a]$ 上至少有一点 x，使得 $f(x)=f(x+a)$．

第二章　导数与微分

当直线和曲线的数学可以说已经山穷水尽的时候,一条新的几乎无穷无尽的道路,由那种把曲线视为直线(微分三角形)并把直线视为曲线(曲率无限小的一次曲线)的数学开拓出来了.

——恩格斯

微积分是近代数学中最伟大的成就,对它的重要性无论做怎样的估计都不会过分.

——冯.诺伊曼

概述　恩格斯曾指出:"在一切理论成就中,未必再有什么像17世纪下半叶微积分的发明那样被看作人类精神的最高胜利了."

微积分学是高等数学最基本、最重要的组成部分,是人类近代史上最杰出的科学成果之一,是几千年来人类智慧的结晶,微积分学是近代数学发展的里程碑,是现代科学技术无可取代的有力工具.微积分的发展历史曲折跌宕,撼人心灵,是培养人们正确世界观、科学方法论和进行文化熏陶的极好素材,积分的雏形可追溯到古希腊和我国魏晋时期,但微分概念直至16世纪才应运而生,微积分理论蕴涵了丰富的辩证法思想.通过微积分的学习,不但使学生获得微积分基本理论和基本技能,而且可以充分地认识辩证法思想,从而逐步培养高度抽象概括问题的能力和较强的逻辑推理能力,最终提高正确地分析问题、解决问题的能力.

高等数学中研究导数、微分及其应用的部分称为微分学.本章学习微分学的两个基本概念:导数和微分.导数反映的是一个函数相对于自变量变化而变化的快慢程度,即函数的变化率问题.微分则是函数自变量有微小改变量时,函数改变量的近似值的数学模型.

第一节　导数的概念

切线斜率　瞬时速度　导数定义　导数几何意义　单侧导数　可导与连续

一、导数概念的引入——变化率问题举例

1. 切线的斜率问题

什么是曲线的切线?

由图 2-1 可知,不可以通过与曲线的交点情形来定义切线,下面给出切线的准确定义.

定义切线　设有曲线 C 及 C 上的一点 M(如图 2-2 所示),任取曲线 C 上异于 M 的点 N,作割线 MN.当点 N 沿曲线移动而趋向于 M 点时,割线 MN 以 M 为支点逐渐移动而趋向于一个极限位置,即直线 MT.直线 MT 就叫做曲线 C 在点 M 处的**切线**.

根据切线的定义来求切线的斜率,设 $M(x_0,y_0)$ 是曲线 C 上的一个点(如图 2-3 所示),则

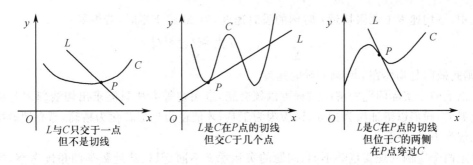

L与C只交于一点
但不是切线

L是C在P点的切线
但交于几个点

L是C在P点的切线
但位于C的两侧
在P点穿过C

图 2-1

$y_0 = f(x_0)$. 在点 M 附近,另取 C 上的一点 $N(x,y)$,则割线 MN 的斜率为

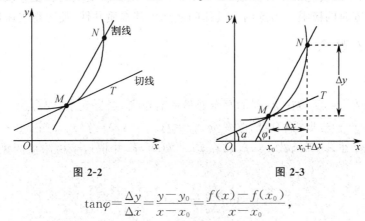

图 2-2　　　　图 2-3

$$\tan\varphi = \frac{\Delta y}{\Delta x} = \frac{y - y_0}{x - x_0} = \frac{f(x) - f(x_0)}{x - x_0},$$

其中 φ 为割线 MN 的倾斜角. 当 $x \to x_0$ 时,若极限

$$\lim_{x \to x_0} \frac{f(x) - f(x_0)}{x - x_0}$$

存在,则此极限是切线 MT 在点 x_0 处的斜率 $\tan\alpha$,其中 α 为切线 MT 的倾斜角.

2. 变速直线运动的瞬时速度问题

当物体做匀速直线运动时,它在任何时刻的速度都可以用公式 $v = \dfrac{s}{t}$ 来计算,其中 s 为物体经过的路程,t 为时间. 但物体做变速直线运动时,这个公式只能近似地反映物体在一小段时间内经过某段路程的平均速度,不能反映物体在某一时刻的**瞬时速度**. 现在我们计算变速直线运动的物体的瞬时速度.

设一个物体作非匀速直线运动,其路程与时间的关系为

$$s = s(t),$$

求该物体在 t 时刻的瞬时速度.

为此,我们考虑 t 附近的一段时间间隔,从 t 到 $t + \Delta t$ 这段时间内,物体走过的路程为

$$\Delta s = s(t + \Delta t) - s(t),$$

在 Δt 很小时,我们把非匀速运动近似地看成匀速的,因而这段时间间隔的**平均速度**

$$\bar{v} = \frac{\Delta s}{\Delta t} = \frac{s(t + \Delta t) - s(t)}{\Delta t},$$

由于运动是变速的,所以对任意的固定的 Δt,$\bar{v}$ 永远都只是一个近似值. 但是,在 Δt 无限变小

的过程中,平均速度 $\bar{v}$ 无限接近 t 时刻的瞬时速度,当 Δt 趋于零时,若极限

$$\lim_{\Delta t \to 0} \frac{\Delta s}{\Delta t} = \lim_{\Delta t \to 0} \frac{s(t + \Delta t) - s(t)}{\Delta t}$$

存在,则此极限是物体在 t 时刻的瞬时速度 v.

从以上两个实际问题的解决过程可以领会到,应用初等方法只能求出切线斜率与瞬时速度的近似值,我们以辩证法为指导,以极限为工具,才能使得近似转化为精确,漂亮地解决初等数学无能为力的问题.

以上两个实例的现实范畴不同,问题的实际意义不同,但是从纯数学的角度考察,所要解决的数学问题相同:求一个变量相对于另一个变量的变化快慢程度,即变化率问题;处理问题的思想方法相同:矛盾转化的辩证方法;数学结构相同:函数改变量与自变量改变量之比,当自变量改变量趋于零时的极限. 由这两个具体问题抽象其本质共性,便可得出函数的导数概念.

二、导数的概念

1. 导数的定义

定义 设函数 $y = f(x)$ 在点 x_0 的某个邻域内有定义,当自变量 x 在点 x_0 处取得改变量 Δx 时,函数 $y = f(x)$ 也取得相应的改变量 $\Delta y = f(x_0 + \Delta x) - f(x_0)$. 当 $\Delta x \to 0$ 时,若 Δy 与 Δx 之比的极限存在,则称函数 $y = f(x)$ 在点 x_0 处可导,并把这个极限值叫做函数 $f(x)$ 在点 x_0 处的导数,记作 $f'(x_0)$.

即
$$f'(x_0) = \lim_{\Delta x \to 0} \frac{\Delta y}{\Delta x} = \lim_{x \to x_0} \frac{f(x) - f(x_0)}{x - x_0}. \tag{1-1}$$

函数 $y = f(x)$ 在点 x_0 处的导数也可以记作 $y'|_{x = x_0}$,$\dfrac{dy}{dx}\Big|_{x = x_0}$ 或 $\dfrac{df}{dx}\Big|_{x = x_0}$. 函数 $y = f(x)$ 在点 x_0 处可导,也称作函数 $f(x)$ 在点 x_0 处具有导数或导数存在.

导数是概括了各种实际问题的变化率概念,而得到的一个更一般性、更抽象的概念. 它撇开了自变量和因变量所代表的几何或物理方面的特殊意义,单纯从数量方面来刻划变化率的本质. 函数增量与自变量增量之比 $\dfrac{\Delta y}{\Delta x}$,即函数 $y = f(x)$ 在以 x_0 与 $x_0 + \Delta x$ 为端点的**区间上的平均变化率**;而导数 $y'|_{x = x_0}$ 则是函数 $y = f(x)$ 在**点 x_0 处的变化率**. 它反映了点 x_0 处函数随自变量变化的快慢程度. 由于变化率是一个极其广泛的概念,因此导数有着广泛的应用.

导数的思想方法是在局部以"不变"代"变",获得近似值,利用极限思想使"近似"转化为"精确".

如果 (1-1) 式的极限不存在,就称函数 $y = f(x)$ 在点 x_0 处不可导.

如果不可导的原因是由于当 $\Delta x \to 0$ 时,$\dfrac{\Delta y}{\Delta x} \to \infty$,那么,为了方便起见,就说函数 $y = f(x)$ 在点 x_0 处的导数为无穷大.

定义 如果函数 $y = f(x)$ 在区间 (a, b) 内的每一点都可导,那么我们就说"函数 $y = f(x)$ 在区间 (a, b) 内可导". 这时,函数对于每一点 $x \in (a, b)$,都有一个确定的导数值与之对应,这就构成了 x 的一个新的函数,这个新的函数叫做函数 $y = f(x)$ 对 x 的**导函数**,记为 $f'(x)$,y',$\dfrac{dy}{dx}$ 或 $\dfrac{d}{dx} f(x)$.

显然,函数 $y=f(x)$ 在点 x_0 处的导数 $f'(x_0)$ 就是导函数 $f'(x)$ 在点 $x=x_0$ 处的函数值,即

$$f'(x_0) = f'(x)\big|_{x=x_0}.$$

2. 求导数举例

例 1　函数 $y=C(C$ 是常数$)$ 的导数.

解　$y' = \lim\limits_{\Delta x \to 0} \dfrac{\Delta y}{\Delta x} = \lim\limits_{\Delta x \to 0} \dfrac{f(x+\Delta x)-f(x)}{\Delta x} = \lim\limits_{\Delta x \to 0} \dfrac{C-C}{\Delta x} = 0$

即　　　　　　　　　　　　　　　$(C)' = 0,$

例 2　求函数 $y=x^2$ 导数.

解　$y' = \lim\limits_{\Delta x \to 0} \dfrac{f(x+\Delta x)-f(x)}{\Delta x} = \lim\limits_{\Delta x \to 0} \dfrac{(x+\Delta x)^2-x^2}{\Delta x} = \lim\limits_{\Delta x \to 0} \dfrac{2x\Delta x+(\Delta x)^2}{\Delta x} = 2x,$

即　　　　　　　　　　　　　　　$(x^2)' = 2x.$

可以证明幂函数 $y=x^\alpha$(α 是任意实数$)$ 的导数公式为

$$(x^\alpha)' = \alpha x^{\alpha-1}.$$

例 3　求函数 $f(x)=\sin x$ 的导数.

解　$y' = \lim\limits_{\Delta x \to 0} \dfrac{\Delta y}{\Delta x} = \lim\limits_{\Delta x \to 0} \dfrac{f(x+\Delta x)-f(x)}{\Delta x} = \lim\limits_{\Delta x \to 0} \dfrac{\sin(x+\Delta x)-\sin x}{\Delta x}$

$$= \lim\limits_{\Delta x \to 0} \dfrac{1}{\Delta x} 2\cos\left(x+\dfrac{\Delta x}{2}\right)\sin\dfrac{\Delta x}{2} = \cos x,$$

从而正弦函数的求导公式为

$$(\sin x)' = \cos x.$$

用类似的方法,可求得

$$(\cos x)' = -\sin x.$$

例 4　求函数 $y=\log_a x$ 的导数.

$$y' = \lim\limits_{\Delta x \to 0} \dfrac{\Delta y}{\Delta x} = \lim\limits_{\Delta x \to 0} \dfrac{f(x+\Delta x)-f(x)}{\Delta x} = \lim\limits_{\Delta x \to 0} \dfrac{\log_a(x+\Delta x)-\log_a x}{\Delta x}$$

$$= \lim\limits_{\Delta x \to 0} \dfrac{1}{\Delta x}\log_a\dfrac{x+\Delta x}{x} = \lim\limits_{\Delta x \to 0} \dfrac{1}{x}\dfrac{x}{\Delta x}\log_a\left(1+\dfrac{\Delta x}{x}\right) = \dfrac{1}{x\ln a},$$

所以对数函数的求导公式为

$$(\log_a x)' = \dfrac{1}{x\ln a}.$$

特别地,当 $a=e$ 时,因为 $\ln e=1$,所以有

$$(\ln x)' = \dfrac{1}{x}.$$

3. 单侧导数

根据函数 $f(x)$ 在点 x_0 处的导数 $f'(x_0)$ 的定义,导数

$$f'(x_0) = \lim_{h \to 0} \frac{f(x_0 + h) - f(x_0)}{h}$$

是一个极限,而极限存在的充分必要条件是左、右极限都存在且相等,因此 $f(x)$ 在点 x_0 处可导的充分必要条件是

$$\lim_{h \to 0^-} \frac{f(x_0 + h) - f(x_0)}{h} \text{ 和 } \lim_{h \to 0^+} \frac{f(x_0 + h) - f(x_0)}{h}$$

都存在且相等. 这两个极限分别称为 $f(x)$ 在点 x_0 处的**左导数**和**右导数**,记作 $f'_-(x_0)$ 和 $f'_+(x_0)$,即

$$f'_-(x_0) = \lim_{h \to 0^-} \frac{f(x_0 + h) - f(x_0)}{h}, f'_+(x_0) = \lim_{h \to 0^+} \frac{f(x_0 + h) - f(x_0)}{h}$$

因此,有

$y = f(x)$ **函数在** $x = x_0$ **点可导的充要条件是左导数** $f'_-(x_0) = f'_+(x_0)$ **右导数**.

左导数和右导数统称为**单侧导数**.

如果函数 $f(x)$ 在开区间 (a, b) 内可导,且 $f'_-(b)$ 和 $f'_+(a)$ 都存在,就说 $f(x)$ 在闭区间 $[a, b]$ 上可导.

例 5(利用导数定义) 讨论函数 $f(x) = \sqrt{x^2} = |x|$ 在 $x = 0$ 处的可导性

解 $f(x) = |x|$ 在点 $x = 0$ 的

$$\text{左导数 } f'_-(0) = \lim_{h \to 0^-} \frac{f(0 + h) - f(0)}{h} = \lim_{h \to 0^-} \frac{|h|}{h} = -1,$$

$$\text{右导数 } f'_+(0) = \lim_{h \to 0^+} \frac{f(0 + h) - f(0)}{h} = \lim_{h \to 0^+} \frac{|h|}{h} = 1,$$

$f'_-(0)$ 和 $f'_+(0)$ 都存在,但 $f'_-(0) \neq f'_+(0)$,所以,$f(x) = |x|$ 在 $x = 0$ 处不可导.

三、导数的几何意义

由本章第一节曲线的斜率问题可知:

(1)如果函数 $y = f(x)$ 在点 $x = x_0$ 点处可导,$f'(x_0)$ 的几何意义就是曲线 $y = f(x)$ 在点 $M_0(x_0, y_0)$ 处的切线的斜率 k,即 $k = f'(x_0) = \tan\alpha$,其中 α 是切线的倾斜角.

(2)如果 $y = f(x)$ 在点 $x = x_0$ 处的导数为无穷大(导数不存在),即 $\tan\alpha$ 不存在,那么,曲线 $y = f(x)$ 的割线以垂直于 x 轴的直线为极限位置,即曲线 $y = f(x)$ 在点 $M_0(x_0, y_0)$ 处具有垂直于 x 轴的切线.

(3)如果 $y = f(x)$ 在点 $x = x_0$ 处的导数不存在(也不是 ∞),曲线 $y = f(x)$ 在点 $M_0(x_0, y_0)$ 处无切线.

过切点 M_0 且与切线垂直的直线叫做曲线 $y = f(x)$ 在点 M_0 处的**法线**.

根据导数的几何意义,并应用直线的点斜式方程,以及切线斜率与法线斜率的关系,可以得到

> **曲线 $y = f(x)$ 在点 $M_0(x_0, y_0)$ 处**
>
> **切线方程**：$y - y_0 = f'(x_0)(x - x_0)$.
>
> **法线的方程**：$y - y_0 = -\dfrac{1}{f'(x_0)}(x - x_0)\ (f'(x_0) \neq 0)$.

例 6 求曲线 $y = \dfrac{1}{\sqrt{x}}$ 在点 $(1,1)$ 处的切线方程和法线方程.

解 $y' = \left(\dfrac{1}{\sqrt{x}}\right)' = (x^{-\frac{1}{2}})' = -\dfrac{1}{2} x^{-\frac{3}{2}}$，由导数的几何意义知，所求切线的斜率为

$$k_1 = y'\big|_{x=1} = -\frac{1}{2},$$

从而所求切线方程为

$$y - 1 = -\frac{1}{2}(x - 1)，即 \ x + 2y - 3 = 0.$$

法线的斜率为 $\qquad\qquad k_2 = -\dfrac{1}{k_1} = 2,$

所求法线方程为 $\qquad\quad y - 1 = 2(x - 1)，即 \ 2x - y - 1 = 0.$

例 7 曲线 $y = x^{\frac{3}{2}}$ 上哪一点处的切线与直线 $y = 3x - 1$ 平行？

解 设在 $x = x_0$ 点处的切线与直线 $y = 3x - 1$ 平行，由两条直线平行的条件知，$y = x^{\frac{3}{2}}$ 在 $x = x_0$ 点的导数为 3.

由于 $y' = \dfrac{3}{2}\sqrt{x}$，故 $\dfrac{3}{2}\sqrt{x_0} = 3$，解得 $x_0 = 4$，将 $x_0 = 4$ 代入所给曲线方程，得 $y_0 = 8$，所以曲线 $y = x^{\frac{3}{2}}$ 在点 $(4,8)$ 处的切线与直线 $y = 3x - 1$ 平行.

四、函数的连续性与可导性的关系

设函数 $y = f(x)$ 在点 x 处可导，即 $\lim\limits_{\Delta x \to 0} \dfrac{\Delta y}{\Delta x} = f'(x)$，由极限与无穷小的关系，有

$$\frac{\Delta y}{\Delta x} = f'(x) + \alpha,$$

其中 α 是当 $\Delta x \to 0$ 时的无穷小. 上式两边同时乘以 Δx，得

$$\Delta y = f'(x)\Delta x + \alpha \Delta x.$$

由此可见，当 $\Delta x \to 0$ 时，$\Delta y \to 0$. 这就是说，函数 $y = f(x)$ 在点 x 处是连续的.

所以，若函数 $y = f(x)$ 在点 x 处可导，则函数在该点必连续，但连续不一定可导.

例 8（连续，不可导） 讨论函数 $f(x) = \sqrt[3]{x}$ 在 $x = 0$ 点的连续性与可导性.

解 由初等函数的连续性知 $f(x) = \sqrt[3]{x}$ 在 $(-\infty, +\infty)$ 内连续，

但在点 $x = 0$ 处，因为

$$\lim_{x \to 0} \frac{f(x) - f(0)}{x} = \lim_{x \to 0} \frac{\sqrt[3]{x}}{x} = \lim_{x \to 0} \frac{1}{x^{\frac{2}{3}}} = \infty,$$

所以函数在点 $x = 0$ 处不可导. 其几何意义如图 2-4(d) 所示.

由上面的讨论可知连续是函数在该点可导的必要条件, 不是充分条件.

思考与探究

仔细观察图 2-4 中的 4 个图形, 探究以下问题:

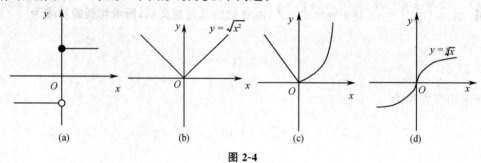

图 2-4

(1) 找出每个图形中的不可导点, 并说明理由.

(2) 试着描述你所找的不可导点在图形中具有什么特征.

(3) 在不可导点处一定不存在切线吗?

(4) 可导函数的图形有什么特征? 可导函数的图形与连续函数的图形有什么区别?

习题 2-1

1. 根据定义, 求下列函数的导数:

(1) $f(x) = x|x|$, 求 $f'(0)$;

(2) $f(x) = (e^x - 1)(e^x - 2) \cdots (e^x - 100)$, 求 $f'(0)$.

2. 求下列各函数的导数:

(1) $y = \sqrt[n]{x^m}$;　　　　　　　(2) $y = \dfrac{1}{x^2}$;

(3) $y = \dfrac{x^2 \sqrt[3]{x^2}}{\sqrt{x^5}}$;　　　　　　(4) $y = x^a \cdot x^b$.

3. 下列各题均假定 $f'(x_0)$ 存在, 按照导数定义观察下列极限, 指出 A 表示什么:

(1) $\lim\limits_{\Delta x \to 0} \dfrac{f(x_0 - \Delta x) - f(x_0)}{\Delta x} = A$;

(2) $\lim\limits_{x \to 0} \dfrac{f(x)}{x} = A$, 其中 $f(0) = 0$, 且 $f'(0)$ 存在.

4. 已知物体的运动规律为 $s = t^3 (\text{m})$, 求这物体在 $t = 2\text{s}$ 时的速度.

5. 求曲线 $y = x^3$ 在 $x = 2$ 的切线方程与法线方程.

6. 在抛物线 $y = x^2$ 上取横坐标为 $x_1 = 1$ 及 $x_2 = 3$ 的两点, 作过这两点的割线. 问该抛物线上哪一点的切线平行于这条割线?

7. 讨论下列函数在 $x = 0$ 处的连续性与可导性:

(1) $y = \begin{cases} x\sin\dfrac{1}{x}, & x \neq 0 \\ 0, & x = 0 \end{cases}$; (2) $y = \begin{cases} x^2\sin\dfrac{1}{x}, & x \neq 0 \\ 0, & x = 0 \end{cases}$.

8. 设函数 $f(x) = \begin{cases} x^2, & x \leqslant 1 \\ ax+b, & x > 1 \end{cases}$. 为了使函数 $f(x)$ 在 $x=1$ 处连续且可导, a、b 应取什么值?

9. 已知 $f(x) = \begin{cases} \sin x, & x < 0 \\ x, & x \geqslant 0 \end{cases}$, 求 $f'(x)$.

第二节　函数的求导法则

导数四则运算法则　反函数求导法则　复合函数求导法则　高阶导数

根据导数的定义,我们已经求出了一些简单函数的导数.本节我们将介绍导数的几个基本运算法则和基本初等函数的导数公式,以便能方便地计算常见函数的导数.

一、函数的和、差、积、商的求导法则

> **定理 1**　设函数 $u(x)$ 和 $v(x)$ 在点 x 处可导,则它们的和、差、积、商(除分母为零的点)在点 x 处也可导,且
> (1) $[u(x) \pm v(x)]' = u'(x) \pm v'(x)$
> (2) $[u(x) \cdot v(x)]' = u'(x)v(x) + u(x)v'(x)$
> (3) $\left[\dfrac{u(x)}{v(x)}\right]' = \dfrac{u'(x)v(x) - u(x)v'(x)}{v^2(x)}$

定理中法则(1)(2)对于有限个可导函数的情形也成立.例如

$$(u+v-w)' = u'+v'-w'. \quad (uvw)' = u'vw + uv'w + uvw'$$

法则(2)中,当 $v(x) = C$ (C 为常数)时 $[Cu(x)]' = Cu'(x)$

例 1　求函数 $y = 5x^2 - \dfrac{1}{x} + 4\sin x$ 的导数.

解　$y' = 5(2x) - (-x^{-2}) + 4(\cos x) = 10x + \dfrac{1}{x^2} + 4\cos x$.

例 2　求函数 $y = x^3\ln x$ 的导数.

解　$y' = (x^3)'\ln x + x^3(\ln x)' = 3x^2\ln x + x^2$.

例 3　已知 $f(x) = x^3 + 4\cos x + \sin\dfrac{\pi}{2}$,求 $f'(x)$ 及 $f'\left(\dfrac{\pi}{2}\right)$.

解　$f'(x) = 3x^2 - 4\sin x, f'\left(\dfrac{\pi}{2}\right) = \dfrac{3}{4}\pi^2 - 4$.

例 4　已知 $y = e^x(\sin x + \cos x)$,求 y'.

解　$y' = (e^x)'(\sin x + \cos x) + e^x(\sin x + \cos x)'$
$= e^x(\sin x + \cos x) + e^x(\cos x - \sin x) = 2e^x\cos x$.

例 5 求函数 $y=\tan x$ 的导数.

解 $y'=(\tan x)'=\left(\dfrac{\sin x}{\cos x}\right)'=\dfrac{\cos^2 x+\sin^2 x}{\cos^2 x}=\dfrac{1}{\cos^2 x}=\sec^2 x.$

正切函数的导数公式 $\qquad\qquad\qquad (\tan x)'=\sec^2 x.$

类似可求得余切函数的导数公式为

$$(\cot x)'=-\csc^2 x.$$

例 6 已知 $y=\sec x$,求 y'.

解 $y'=(\sec x)'=\left(\dfrac{1}{\cos x}\right)'=\dfrac{\sin x}{\cos^2 x}=\sec x\tan x,$

即 $\qquad\qquad\qquad\qquad (\sec x)'=\sec x\tan x.$

用类似的方法,还可求得余割的导数公式为

$$(\csc x)'=-\csc x\cot x.$$

二、反函数与复合函数的求导法则

1. 反函数的求导法则

定理 2 如果函数 $y=f(x)$ 在点 x 处有不等于零的导数,并且反函数 $x=\varphi(y)$ 在点 y 处连续,则 $\varphi'(y)$ 存在并且等于 $\dfrac{1}{f'(x)}$.

证 设函数 $y=f(x)$ 具有反函数 $x=\varphi(y)$,且在某一点 $x=\varphi(y)$ 处函数 $f(x)$ 的导数 $f'(x)$ 存在,并且不等于零.则由于 $\Delta y=f(x_0+\Delta x)-f(x_0)$,故当 $\Delta y\neq 0$ 时一定有 $\Delta x\neq 0$.因此,当 $\Delta y\neq 0$ 时,$\dfrac{\Delta x}{\Delta y}=\dfrac{1}{\dfrac{\Delta y}{\Delta x}}.$

现在假定 $\Delta y\rightarrow 0$.如果函数 $x=\varphi(y)$ 在点 y 连续,我们就有 $\Delta x\rightarrow 0$,从而

$$\lim_{\Delta x\rightarrow 0}\frac{\Delta y}{\Delta x}=f'(x)\neq 0,\text{即}\lim_{\Delta y\rightarrow 0}\frac{\Delta x}{\Delta y}=\frac{1}{f'(x)}.$$

也就是说,导数 $\varphi'(y)$ 存在并且等于 $\dfrac{1}{f'(x)}$.

例 7 设 $y=\arcsin x(-1<x<1)$,求 y'.

解 因为 $y=\arcsin x,x\in[-1,1]$ 的反函数是 $x=\sin y,y\in\left[-\dfrac{\pi}{2},\dfrac{\pi}{2}\right]$.所以,根据反函数的导数公式,有 $y'_x=\dfrac{1}{x'_y}=\dfrac{1}{\cos y}=\dfrac{1}{\sqrt{1-\sin^2 y}}=\dfrac{1}{\sqrt{1-x^2}},$

这里根式必须取正号,因为 $-\dfrac{\pi}{2}<y<\dfrac{\pi}{2}$ 时 $\cos y>0$.所以

$$(\arcsin x)'=\frac{1}{\sqrt{1-x^2}}\quad(-1<x<1),$$

用类似的方法,我们不难得到

$$(\arccos x)' = -\frac{1}{\sqrt{1-x^2}} \quad (-1 < x < 1),$$

$$(\arctan x)' = \frac{1}{1+x^2} \quad (-\infty < x < +\infty),$$

$$(\text{arccot} x)' = -\frac{1}{1+x^2} \quad (-\infty < x < +\infty).$$

2. 复合函数的求导法则

目前,对于 $\ln\tan x, \mathrm{e}^{x^2}, \sin x^2$ 这样的复合函数,我们还不知道它们是否可导,以及如何求出它们的导数.下面介绍复合函数导数运算的法则,从而使可以求得导数的函数的范围得到扩充.

定理3(链式法则) 若函数 $u = g(x)$ 在点 x 处可导,而 $y = f(u)$ 在点 $u = g(x)$ 处可导,则复合函数 $y = f[g(x)]$ 在点 x 处可导,且其导数为

$$\frac{\mathrm{d}y}{\mathrm{d}x} = f'(u) \cdot g'(x) = f'[g(x)] \cdot g'(x) \quad 或 \quad \frac{\mathrm{d}y}{\mathrm{d}x} = \frac{\mathrm{d}y}{\mathrm{d}u} \cdot \frac{\mathrm{d}u}{\mathrm{d}x}.$$

注 复合函数的求导法则可叙述为:**复合函数的导数,等于函数对中间变量的导数乘以中间变量对自变量的导数**,这一法则又称为**链式法则**.

例8(利用复合函数求导法则) 求下列函数的导数:

(1) $y = \ln\tan x$;   (2) $y = \mathrm{e}^{x^2}$.

解 (1) $y = \ln\tan x$ 可看作由 $y = \ln u, u = \tan x$ 复合而成,因此

$$\frac{\mathrm{d}y}{\mathrm{d}x} = \frac{\mathrm{d}y}{\mathrm{d}u} \cdot \frac{\mathrm{d}u}{\mathrm{d}x} = \frac{1}{u} \cdot \sec^2 x = \cot x \cdot \sec^2 x = \frac{1}{\sin x \cos x}.$$

(2) $y = \mathrm{e}^{x^2}$ 可看作由 $y = \mathrm{e}^u, u = x^2$ 复合而成,因此

$$\frac{\mathrm{d}y}{\mathrm{d}x} = \frac{\mathrm{d}y}{\mathrm{d}u} \cdot \frac{\mathrm{d}u}{\mathrm{d}x} = \mathrm{e}^u \cdot 2x = 2x\mathrm{e}^{x^2}.$$

复合函数的求导法则可以推广到多个复合过程的情形.例如,若函数 $v = \psi(x)$ 在 x 处可导,函数 $u = \varphi(v)$ 在对应的 v 处可导,函数 $y = f(u)$ 在对应的 u 处可导,则

$$\frac{\mathrm{d}y}{\mathrm{d}x} = \frac{\mathrm{d}y}{\mathrm{d}u} \cdot \frac{\mathrm{d}u}{\mathrm{d}x}, 且 \frac{\mathrm{d}u}{\mathrm{d}x} = \frac{\mathrm{d}u}{\mathrm{d}v} \cdot \frac{\mathrm{d}v}{\mathrm{d}x},$$

即复合函数 $y = f\{\varphi[\psi(x)]\}$ 可导为

$$\frac{\mathrm{d}y}{\mathrm{d}x} = \frac{\mathrm{d}y}{\mathrm{d}u} \cdot \frac{\mathrm{d}u}{\mathrm{d}v} \cdot \frac{\mathrm{d}v}{\mathrm{d}x}.$$

对复合函数的分解比较熟练以后,就不必再写出中间变量,只要把中间变量所代替的式子默记在心,直接由外往里,逐层求导即可.

例9 已知 $y = \sqrt[3]{2x^2 - 5}$,求 y'.

解 $y = (2x^2 - 5)^{\frac{1}{3}}, \quad y' = \frac{1}{3}(2x^2 - 5)^{-\frac{2}{3}} \cdot 4x.$

例 10 求函数 $y=e^{\sin^2(1-x)}$ 的导数.

解 $y'=e^{\sin^2(1-x)}\cdot 2\sin(1-x)\cdot\cos(1-x)\cdot(-1)=-\sin2(1-x)\cdot e^{\sin^2(1-x)}$.

例 11 $y=\ln\sin(e^x)$，求 y'.

解 $y'=\dfrac{1}{\sin e^x}\cdot[\cos e^x]\cdot e^x=e^x\cot e^x$.

例 12 设 $y=\sin[f(x^2)]$，其中 $f(u)$ 可导，求 $\dfrac{dy}{dx}$.

解 $\dfrac{dy}{dx}=\cos[f(x^2)]\cdot f'(x^2)\cdot 2x$.

三、基本求导法则与导数公式

基本初等函数的导数公式与本节中讨论的求导法则，在初等函数的求导运算中起着重要的作用，我们必须熟练地掌握它们. 为了便于查阅，把这些导数公式和求导法则归纳如下：

1. 常数和基本初等函数的导数公式

$(1)(c)'=0$， $\qquad\qquad$ $(2)(x^a)'=ax^{a-1}$，

$(3)(\sin x)'=\cos x$， $\qquad\qquad$ $(4)(\cos x)'=-\sin x$，

$(5)(\tan x)'=\sec^2 x$， $\qquad\qquad$ $(6)(\cot x)'=-\csc^2 x$，

$(7)(\sec x)'=\sec x\tan x$， $\qquad\qquad$ $(8)(\csc x)'=-\csc x\cot x$，

$(9)(a^x)'=a^x\ln a$，$(a>0,a\neq 1)$ $\qquad$ $(10)(e^x)'=e^x$，

$(11)(\log_a x)'=\dfrac{1}{x\ln a}$，$(a>0,a\neq 1)$ $\qquad$ $(12)(\ln x)'=\dfrac{1}{x}$，

$(13)(\arcsin x)'=\dfrac{1}{\sqrt{1-x^2}}$， $\qquad$ $(14)(\arccos x)'=-\dfrac{1}{\sqrt{1-x^2}}$，

$(15)(\arctan x)'=\dfrac{1}{1+x^2}$， $\qquad$ $(16)(\text{arccot}\,x)'=-\dfrac{1}{1+x^2}$.

2. 函数的和、差、积、商的求导法则

设 $u=u(x)$，$v=v(x)$ 都在 x 处可导，则

$(1)(u\pm v)'=u'\pm v'$， $\qquad\qquad$ $(2)(cu)'=cu'$（c 为常数），

$(3)(uv)'=u'v+uv'$， $\qquad\qquad$ $(4)\left(\dfrac{u}{v}\right)'=\dfrac{u'v-uv'}{v^2}$.

3. 复合函数的求导法则

设 $u=\varphi(x)$ 在 x 处可导，$y=f(u)$ 在 u 处可导，则复合函数 $y=f[\varphi(x)]$ 的导数为

$$\frac{dy}{dx}=\frac{dy}{du}\cdot\frac{du}{dx}\ \text{或}\ y'(x)=f'(u)\cdot\varphi'(x).$$

四、高阶导数

从第一节中我们知道，变速直线运动的瞬时速度 $v(t)$ 是位置函数 $s(t)$ 对时间 t 的导数，即

$$v=\frac{ds}{dt}\ \text{或}\ v=s'.$$

由物理学可知，加速度 a 又是速度 v 对时间 t 的导数

$$a = \frac{\mathrm{d}v}{\mathrm{d}t} = \frac{\mathrm{d}}{\mathrm{d}t}\left(\frac{\mathrm{d}s}{\mathrm{d}t}\right) 或 a = (s')'.$$

这种导数的导数 $\frac{\mathrm{d}}{\mathrm{d}t}\left(\frac{\mathrm{d}s}{\mathrm{d}t}\right)$ 或 $a=(s')'$ 叫做 s 对 t 的二阶导数,记作 $\frac{\mathrm{d}^2 s}{\mathrm{d}t^2}$ 或 $s''(t)$. 所以,直线运动的加速度就是位置函数 s 对时间 t 的二阶导数.

一般地,如果函数 $y=f(x)$ 的导数 $y'=f'(x)$ 仍是 x 的函数,且仍在 x 处可导,那么我们把函数 $y'=f'(x)$ 的导数叫做函数 $y=f(x)$ 的**二阶导数**,记作 y'' 或 $\frac{\mathrm{d}^2 y}{\mathrm{d}x^2}$,即

$$y'' = (y')' 或 \frac{\mathrm{d}^2 y}{\mathrm{d}x^2} = \frac{\mathrm{d}}{\mathrm{d}x}\left(\frac{\mathrm{d}y}{\mathrm{d}x}\right).$$

相应地,把 $y=f(x)$ 的导数 $y'=f'(x)$ 叫做函数 $y=f(x)$ 的一阶导数.

类似地,二阶导数的导数,叫做三阶导数,三阶导数的导数,叫做四阶导数,…,一般地,$(n-1)$ 阶导数的导数,叫做 n 阶导数,分别记作

$$y^{(3)}, y^{(4)}, \cdots y^{(n)} 或 \frac{\mathrm{d}^3 y}{\mathrm{d}x^3}, \frac{\mathrm{d}^4 y}{\mathrm{d}x^4}, \cdots, \frac{\mathrm{d}^n y}{\mathrm{d}x^n}.$$

函数 $y=f(x)$ 具有 n 阶导数,也常说成函数 $f(x)$ 为 n 阶可导. 二阶及二阶以上的导数统称为**高阶导数**.

例 13 求下列函数的二阶导数:

(1) $y=2x^3+3x^2-9$;　　　　　(2) $y=x\sin x$.

解 (1) $y'=6x^2+6x, y''=12x+6$;

(2) $y'=\sin x+x\cos x$, $y''=\cos x+\cos x-x\sin x=2\cos x-x\sin x$.

例 14 设 $f(x)=x^2\ln x$,求 $f''(2)$.

解 $f'(x)=2x\ln x+x, f''(x)=2\ln x+3, f''(2)=2\ln 2+3$.

例 15 设 $y=f(\ln x)$,其中 $f(u)$ 具有二阶导数,求 $\frac{\mathrm{d}y}{\mathrm{d}x}, \frac{\mathrm{d}^2 y}{\mathrm{d}x^2}$.

解 由复合函数求导法则得

$$\frac{\mathrm{d}y}{\mathrm{d}x} = f'(\ln x) \cdot \frac{1}{x},$$

$$\frac{\mathrm{d}^2 y}{\mathrm{d}x^2} = f''(\ln x) \cdot \frac{1}{x} \cdot \frac{1}{x} + f'(\ln x) \cdot \left(-\frac{1}{x^2}\right) = \frac{1}{x^2}[f''(\ln x)-f'(\ln x)].$$

例 16 求下列函数的 n 阶导数:

(1) $y=e^x$;　　　　(2) $y=\sin x$;　　　　(3) $y=\ln(1+x)$;　　　　(4) $y=x^\alpha (\alpha \in R)$

解 (1) $y=e^x$, $y'=e^x$, $y''=e^x$, $y'''=e^x$,

一般地,可得 $\qquad y^{(n)}=e^x$,即 $(e^x)^{(n)}=e^x$.

(2) $y=\sin x$,则 $y'=\cos x=\sin\left(x+\frac{\pi}{2}\right)$,

$$y''=\cos\left(x+\frac{\pi}{2}\right)=\sin\left(x+\frac{\pi}{2}+\frac{\pi}{2}\right)=\sin\left(x+2\cdot\frac{\pi}{2}\right),$$

$$y'''=\cos\left(x+2\cdot\frac{\pi}{2}\right)=\sin\left(x+3\cdot\frac{\pi}{2}\right),$$

$$y^{(4)} = \cos\left(x + 3 \cdot \frac{\pi}{2}\right) = \sin\left(x + 4 \cdot \frac{\pi}{2}\right),$$

一般地,可得
$$y^{(n)} = \sin\left(x + n \cdot \frac{\pi}{2}\right),$$

即
$$(\sin x)^{(n)} = \sin\left(x + n \cdot \frac{\pi}{2}\right).$$

用类似的方法,可得
$$(\cos x)^{(n)} = \cos\left(x + n \cdot \frac{\pi}{2}\right).$$

(3) $y = \ln(1+x)$,则 $\quad y' = (1+x)^{-1}, \quad y'' = (-1)(1+x)^{-2},$

$$y''' = (-1)(-2)(1+x)^{-3}, \quad y^{(4)} = (-1)(-2)(-3)(1+x)^{-4},$$

一般地,可得 $\quad y^{(n)} = (-1)(-2)\cdots(-n+1)(1+x)^{-n} = (-1)^{n-1}\dfrac{(n-1)!}{(1+x)^n}.$

(4) $y = x^a (a \in R)$, 则 $y' = ax^{a-1},$

$$y'' = (ax^{a-1})' = a(a-1)x^{a-2},$$

$$y''' = [a(a-1)x^{a-2}]' = a(a-1)(a-2)x^{a-3},$$

一般地可得 $\quad y^{(n)} = a(a-1)\cdots(a-n+1)x^{a-n} (n \geqslant 1),$

若 a 为自然数 n,则

$$y^{(n)} = (x^n)^{(n)} = n!, \quad y^{(n+1)} = (n!)' = 0.$$

例 17 已知 $y = \sin^2 \dfrac{x}{2}$,求 $y^{(100)}(0)$.

解 $y = \sin^2 \dfrac{x}{2} = \dfrac{1-\cos x}{2}, \quad y' = \dfrac{1}{2}\sin x$,利用高阶导数公式得

$$y^{(n)} = \frac{1}{2}\sin\left[x + (n-1) \cdot \frac{\pi}{2}\right],$$

故
$$y^{(100)} = \frac{1}{2}\sin\left(x + 50\pi - \frac{\pi}{2}\right) = \frac{1}{2}\sin\left(x - \frac{\pi}{2}\right) = -\frac{1}{2}\cos x,$$

$$y^{(100)}(0) = -\frac{1}{2}.$$

莱布尼茨公式

如果函数 $u = u(x)$ 及 $v = v(x)$ 都在点 x 处具有 n 阶导数,那么显然 $u(x) + v(x)$ 及 $u(x) - v(x)$ 也在点 x 处具有 n 阶导数,且 $(u \pm v)^{(n)} = u^{(n)} \pm v^{(n)}$,但乘积 $u(x) \cdot v(x)$ 的 n 阶导数并不简单. 由

$$(uv)' = u'v + uv'$$

$$(uv)'' = u''v + 2u'v' + uv''$$

$$(uv)''' = u'''v + 3u''v' + 3u'v'' + uv'''$$

用数学归纳法可以证明

$$(uv)^{(n)} = u^{(n)}v + nu^{(n-1)}v' + \frac{n(n-1)}{2!}u^{(n-2)}v'' + \cdots +$$

$$\frac{n(n-1)\cdots(n-k+1)}{k!}u^{(n-k)}v^{(k)} + \cdots + uv^{(n)}.$$

上式称为**莱布尼茨(Leibniz)公式**,这公式可以这样记忆:

$(u+v)^n$ 按二项式定理展开写成

$$(u+v)^n = u^n v^0 + nu^{n-1}v^1 + \frac{n(n-1)}{2!}u^{n-2}v^2 + \cdots + u^0 v^n,$$

即

$$(u+v)^n = \sum_{k=0}^{n} C_n^k u^{n-k} v^k,$$

把上式二项展开式的幂次换成导数的阶,左端的 $u+v$ 换成 uv(零阶导数理解为函数本身),这样就得到莱布尼茨公式

$$(uv)^{(n)} = \sum_{k=0}^{n} C_n^k u^{(n-k)} v^{(k)}$$

利用熟悉的二项式定理,记忆新知识,体现了数学的和谐美.

例 18(莱布尼茨公式应用) 设 $y = x^2 \mathrm{e}^{2x}$,求 $y^{(20)}$.

解 设 $u = \mathrm{e}^{2x}, v = x^2$,则由莱布尼茨公式知

$$y^{(20)} = (\mathrm{e}^{2x})^{(20)} \cdot x^2 + 20\,(\mathrm{e}^{2x})^{(19)} \cdot (x^2)' + \frac{20(20-1)}{2!}(\mathrm{e}^{2x})^{(18)} \cdot (x^2)'' + 0$$

$$= 2^{20}\mathrm{e}^{2x} \cdot x^2 + 20 \cdot 2^{19}\mathrm{e}^{2x} \cdot 2x + \frac{20 \cdot 19}{2!}2^{18}\mathrm{e}^{2x} \cdot 2$$

$$= 2^{20}\mathrm{e}^{2x}(x^2 + 20x + 95).$$

思考与探究

本节例 16,用归纳法求出了几个函数的 n 阶导数,归纳法是求 n 阶导数的一种常用方法. 设 $y = \dfrac{1}{x+3}$,试着用归纳法求 $y^{(n)}(0)$.

习题 2-2

1. 求下列函数的导数:

(1) $y = 3x^2 - \dfrac{2}{x^2} + 5$;

(2) $y = x^2(2 + \sqrt{x})$;

(3) $y = x^3 \cos x$;

(4) $y = \dfrac{\ln x}{\sin x}$;

(5) $y = 3\mathrm{e}^x \sin x$;

(6) $y = 2\tan x + \sec x - 1$;

(7) $y = a^x + 10^x + \mathrm{e}^x$;

(8) $y = (x-a)(x-b)(x-c)$(a、b、c 都是常数).

2. 求下列函数在给定点的导数:

(1) $f(t) = \dfrac{1-\sqrt{t}}{1+\sqrt{t}}$,求 $f'(4)$;

(2) $f(x) = x^2 + x\cos x - 1$,在 $x = -\pi$ 及 $x = \pi$.

3. 求下列函数的导数:

(1) $y = (2x+5)^4$;

(2) $y = \cos(4-3x)$;

(3) $y = \ln(1-x)$;

(4) $y = \sin^2 x$;

(5) $y = \log_a(x^2 + x + 1)$;

(6) $y = (\arcsin x)^2$;

(7) $y = \arctan(x^2)$;

(8) $y = \sqrt{a^2 - x^2}$;

(9)$y=\dfrac{1}{\cos^n x}$;　　　　　　(10)$y=3^{\cos\frac{1}{x^2}}$.

4.求下列函数的导数：

(1)$y=\sin^2 x\cos 2x$;　　　　　　(2)$y=\ln(x+\sqrt{x^2-a^2})$;

(3)$y=\ln\dfrac{1+\sqrt{x}}{1-\sqrt{x}}$;　　　　　　(4)$y=\dfrac{3x+1}{\sqrt{1-x^2}}$;

(5)$y=\sqrt{1+\ln^2 x}$;　　　　　　(6)$y=e^{-\frac{x}{2}}\cos 3x$;

(7)$y=\arcsin\sqrt{x}$;　　　　　　(8)$y=\ln(x+\sin^2 x)^4$;

(9)$y=\ln x^2+(\ln x)^2$;　　　　　　(10)$y=5^{x\ln x}$;

(11)$y=\ln\cos\dfrac{3}{x}$;　　　　　　(12)$y=x^2\sin\dfrac{1}{x}$;

(13)$y=\sin^2 x\cdot\sin(x^2)$;　　　　　　(14)$y=e^{-\sin^2\frac{1}{x}}$.

5.设 $f''(x)$ 存在,求下列函数的二阶导数：

(1)$y=f(x^2)$;　　　　　　(2)$y=\ln[f(x)]$.

6.求下列函数的高阶导数：

(1)$y=x^3\ln x$,求 $y^{(4)}$;　　　　　　(2)$y=xe^x$,求 $y^{(n)}$;

(3)$y=2^{3x}$,求 $y^{(n)}$;　　　　　　(4)$y=2x^2+\ln x$,求 $y^{(n)}$.

7.求下列函数指定阶的导数：

(1)$y=e^x\cos x$,求 $y^{(4)}$;　　　　　　(2)$y=x^2\sin 2x$,求 $y^{(50)}$.

第三节　隐函数及由参数方程所确定的函数的导数

隐函数求导　幂指函数求导　取对数求导　参数式函数求导　极坐标系下函数求导　相关变化率

一、隐函数的导数

由方程 $F(x,y)=0$ 所确定的函数 $y=f(x)$ 为**隐函数**,形如 $y=f(x)$ 的函数为**显函数**.由 $F(x,y)=0$ 解得 $y=f(x)$,称为**隐函数显化**.例如 $y-x-1=0$ 确定了 x 与 y 函数关系,是隐函数,可以显化为 $y=x+1$.

在实际问题中,有时需要计算隐函数的导数.所以我们要介绍一种方法,不管隐函数能否化成显函数,都能直接求出它的导数.下面举例说明.

例 1　求由方程 $2x^2-y^2=9$ 所确定的隐函数 $y=y(x)$ 的导数.

解　方程两边同时对 x 求导,注意 y 是 x 的函数,得到一个含有 y' 的方程

$$4x-2yy'=0,$$

解得

$$y'=\dfrac{2x}{y}.$$

例 2　求由方程 $e^y+xy-e=0$ 所确定的隐函数 $y=y(x)$ 的导数.

解 方程两边同时对 x 求导,注意 y 是 x 的函数,得到一个含有 y' 的方程

$$e^y \cdot y' + y + xy' = 0$$

解得

$$y' = -\frac{y}{x + e^y} \quad (x + e^y \neq 0).$$

从以上两例中可以看到,隐函数导数的表达式中,不只是有 x,一般也含有 y,这与显函数的导数的表达形式不同.

例 3 求曲线 $xy - e^x + e^y = 0$ 在 $x = 0$ 点处的切线方程.

解 当 $x = 0$ 时解得 $y = 0$.方程两边对 x 求导,注意 y 是 x 的函数,得

$$y + x\frac{dy}{dx} - e^x + e^y\frac{dy}{dx} = 0,$$

解得

$$\frac{dy}{dx} = \frac{e^x - y}{x + e^y},$$

所以

$$\frac{dy}{dx}\bigg|_{x=0} = \frac{e^x - y}{x + e^y}\bigg|_{\substack{x=0 \\ y=0}} = 1.$$

所求切线方程 $y = x$.

我们在求导时经常会遇到这样的情形,虽然给定的函数是显函数,但由于其函数解析式比较复杂,故直接求导数很困难或很麻烦.下面介绍**对数求导法**,就是先在 $y = f(x)$ 的两边取对数,然后利用隐函数求导法求出 y 的导数.有时利用对数求导法会使求导数变得简便些.下面通过例子来说明这种方法.

例 4 求 $y = \sqrt{\dfrac{(x-1)(x-2)}{(x-3)(x-4)}}\,(x > 4)$ 的导数.

解 函数为显函数,直接求导过程复杂,两边取对数,转化为显函数

$$\ln y = \frac{1}{2}[\ln(x-1) + \ln(x-2) - \ln(x-3) - \ln(x-4)],$$

上式两边对 x 求导,注意到 y 是 x 的函数,得

$$\frac{1}{y}y' = \frac{1}{2}\left(\frac{1}{x-1} + \frac{1}{x-2} - \frac{1}{x-3} - \frac{1}{x-4}\right),$$

于是

$$y' = \frac{1}{2}\sqrt{\frac{(x-1)(x-2)}{(x-3)(x-4)}}\left(\frac{1}{x-1} + \frac{1}{x-2} - \frac{1}{x-3} - \frac{1}{x-4}\right).$$

从例 4 知,一般地,如果函数是由多个关于 x 的式子的乘、除、乘方、开方构成的,直接求导过程复杂,通过取对数变形,将函数的乘、除、乘方、开方形式都转化为加、减、数乘形式,使得求导简单化,这种方法称为**对数求导法**.

例 5 求 $y = x^{\sin x}\,(x > 0)$ 的导数.

解 该函数为显函数,但它既不是幂函数也不是指数函数,我们称它为幂指函数.为了求这类函数的导数,可以先在两边取对数,得

$$\ln y = \sin x \cdot \ln x,$$

两边同时对 x 求导,注意到 y 是 x 的函数,得

对数求导法化难为易

$$\frac{1}{y}y' = \cos x \cdot \ln x + \frac{1}{x}\sin x,$$

$$y' = y(\cos x \cdot \ln x + \frac{1}{x}\sin x) = x^{\sin x}\left(\cos x \cdot \ln x + \frac{1}{x}\sin x\right).$$

幂指函数的一般形式为 $y = u(x)^{v(x)}(u(x) > 0)$,如果 $u(x)$,$v(x)$ 可导,则可像例 6 一样,利用**对数求导法**,求出幂指函数 $y = u(x)^{v(x)}$ 的导数.幂指函数的另一种求导方法是将幂指函数**转化为复合函数** $y = u(x)^{v(x)} = e^{v(x)\ln u(x)}$.

解例 5 转化为复合函数 $y = x^{\sin x} = e^{\sin x \ln x}$,利用复合函数求导得

$$y' = e^{\sin x \ln x} \cdot \left(\cos x \ln x + \frac{1}{x}\sin x\right) = x^{\sin x}\left(\cos x \ln x + \frac{1}{x}\sin x\right).$$

二、由参数方程所确定的函数的导数

我们知道,一般情况下参数方程

$$\begin{cases} x = \varphi(t) \\ y = \psi(t) \end{cases} \tag{3-1}$$

确定的函数叫**参数式函数**.

例如由参数方程 $\begin{cases} x = t \\ y = t^2 \end{cases}$ 所确定的函数,我们可以消去参数 t 得 $y = x^2$,从而 $y' = 2x$.

在实际问题中,计算由方程(3-1)所确定的函数的导数,消去参数会有困难,因此要寻求一种直接由参数方程来计算导数的方法.下面讨论由参数方程(3-1)所确定的函数的求导方法.

在(3-1)式中,如果函数 $x = \varphi(t)$ 具有单调连续反函数 $t = \varphi^{-1}(x)$,且此反函数能与函数 $y = \psi(t)$ 构成复合函数,那么由参数方程(3-1)所确定的函数可以看成是由函数 $y = \psi(t)$、$t = \varphi^{-1}(x)$ 复合而成的函数 $y = \psi[\varphi^{-1}(x)]$.现在,要计算这个复合函数的导数.为此再假定函数 $x = \varphi(t)$、$y = \psi(t)$ 都可导,而且 $\varphi'(t) \neq 0$.于是根据复合函数的求导法则与反函数的求导法则,就有

$$\frac{dy}{dx} = \frac{dy}{dt} \cdot \frac{dt}{dx} = \frac{dy}{dt} \cdot \frac{1}{\dfrac{dx}{dt}} = \frac{\psi'(t)}{\varphi'(t)}, \qquad \boxed{\text{实质是复合函数求导问题}}$$

即

$$\frac{dy}{dx} = \frac{\psi'(t)}{\varphi'(t)}. \tag{3-2}$$

上式也可写成

$$\frac{dy}{dx} = \frac{\dfrac{dy}{dt}}{\dfrac{dx}{dt}}. \tag{3-3}$$

这就是由参数方程(3-1)所确定的 x 的函数的导数公式.

如果 $x = \varphi(t)$、$y = \psi(t)$ 还是二阶可导,我们对 y' 应用公式(3-3)(y' 中用代换 y)

$$\frac{d^2y}{dx^2} = \frac{dy'}{dx} = \frac{\dfrac{dy'}{dt}}{\dfrac{dx}{dt}} \tag{3-4}$$

这是由参数方程所确定函数的二阶导数公式.

例 6　求由参数方程 $\begin{cases} x=1-t^2 \\ y=t-t^3 \end{cases}$ 所确定的函数的导数 $\dfrac{\mathrm{d}y}{\mathrm{d}x}$、$\dfrac{\mathrm{d}^2 y}{\mathrm{d}x^2}$.

解　$\dfrac{\mathrm{d}y}{\mathrm{d}x}=\dfrac{\dfrac{\mathrm{d}y}{\mathrm{d}t}}{\dfrac{\mathrm{d}x}{\mathrm{d}t}}=\dfrac{1-3t^2}{-2t}=\dfrac{3t^2-1}{2t}=\dfrac{1}{2}\left(3t-\dfrac{1}{t}\right),$

又　　　　　　　　　$\dfrac{\mathrm{d}y'}{\mathrm{d}t}=\dfrac{1}{2}\left(3+\dfrac{1}{t^2}\right)$　　　代入公式(3-4)

故　　　　$\dfrac{\mathrm{d}^2 y}{\mathrm{d}x^2}=\dfrac{\mathrm{d}y'}{\mathrm{d}x}=\dfrac{\dfrac{\mathrm{d}y'}{\mathrm{d}t}}{\dfrac{\mathrm{d}x}{\mathrm{d}t}}=\dfrac{\dfrac{1}{2}\left(3+\dfrac{1}{t^2}\right)}{-2t}=-\dfrac{1}{4}\dfrac{(3t^2+1)}{t^3}.$

例 7　已知椭圆的参数方程为

$$\begin{cases} x=a\cos t \\ y=b\sin t \end{cases},$$

求椭圆在 $t=\dfrac{\pi}{4}$ 处的切线方程.

解　当 $t=\dfrac{\pi}{4}$ 时,椭圆上的相应点 M_0 的坐标是 (x_0,y_0),则

$$x_0=a\cos\frac{\pi}{4}=\frac{\sqrt{2}}{2}a, y_0=b\sin\frac{\pi}{4}=\frac{\sqrt{2}}{2}b,$$

曲线在点 M_0 的切线斜率为

$$\frac{\mathrm{d}y}{\mathrm{d}x}\bigg|_{t=\frac{\pi}{4}}=\frac{\dfrac{\mathrm{d}y}{\mathrm{d}t}}{\dfrac{\mathrm{d}x}{\mathrm{d}t}}\bigg|_{t=\frac{\pi}{4}}=\frac{(b\sin t)'}{(a\cos t)'}\bigg|_{t=\frac{\pi}{4}}=\frac{b\cos t}{-a\sin t}\bigg|_{t=\frac{\pi}{4}}=-\frac{b}{a}.$$

代入点斜式方程,得椭圆在点 M_0 处的切线方程

$$y-\frac{b\sqrt{2}}{2}=-\frac{b}{a}\left(x-\frac{a\sqrt{2}}{2}\right),$$

即　　　　　　　　　$bx+ay-\sqrt{2}ab=0.$

三、极坐标表示的函数的导数

设曲线的极坐标方程为 $r=r(\theta)$,利用直角坐标与极坐标的关系 $x=r\cos\theta$,$y=r\sin\theta$,可写出其参数方程为

$$\begin{cases} x=r(\theta)\cos\theta \\ y=r(\theta)\sin\theta \end{cases},$$

$\boxed{\text{转化为参数方程求导问题}}$

其中参数为极角 θ. 按参数方程的求导法则,可得到曲线 $r=r(\theta)$ 的导数公式

$$y' = \frac{dy}{dx} = \frac{\dfrac{dy}{d\theta}}{\dfrac{dx}{d\theta}} = \frac{r'(\theta)\sin\theta + r(\theta)\cos\theta}{r'(\theta)\cos\theta - r(\theta)\sin\theta}.$$

例 8 求心形线 $r = a(1 - \cos\theta)$ 在 $\theta = \dfrac{\pi}{2}$ 处的切线方程.

解 将极坐标方程**转化**为参数方程,得

$$\begin{cases} x = r(\theta)\cos\theta = a(1 - \cos\theta)\cos\theta \\ y = r(\theta)\sin\theta = a(1 - \cos\theta)\sin\theta \end{cases}.$$

则

$$\frac{dx}{d\theta} = a\sin\theta\cos\theta + a(1 - \cos\theta)(-\sin\theta) = a(\sin2\theta - \sin\theta),$$

$$\frac{dy}{d\theta} = a\sin\theta\sin\theta + a(1 - \cos\theta)(\cos\theta) = a(\cos\theta - \cos2\theta),$$

于是

$$\frac{dy}{dx} = \frac{dy}{d\theta} \bigg/ \frac{dx}{d\theta} = \frac{\cos\theta - \cos2\theta}{-\sin\theta + \sin2\theta},$$

$$\frac{dy}{dx}\bigg|_{\theta = \frac{\pi}{2}} = -1.$$

又当 $\theta = \dfrac{\pi}{2}$ 时,$x = 0$,$y = a$,所以曲线上对应于参数 $\theta = \dfrac{\pi}{2}$ 的点处的切线方程为

$$y - a = -x, \text{即 } x + y = a.$$

四、相关变化率

设 $x = x(t)$ 及 $y = y(t)$ 都是可导函数,如果变量 x 与 y 之间存在某种关系,则它们的变化率 $\dfrac{dx}{dt}$ 与 $\dfrac{dy}{dt}$ 之间也存在一定关系,这样两个相互依赖的变化率称为**相关变化率**. 相关变化率问题就是研究这两个变化率之间的关系,以便从其中一个变化率求出另一个变化率.

例 9 一汽球从离开观察员 500 米处离地面沿直线上升,其速率为 140 米/秒,当气球高度为 500 米时,观察员视线的仰角增加率是多少?(图 2-5)

解 设气球上升 t 秒后,其高度为 h,观察员视线的仰角为 α,则

$$\tan\alpha = \frac{h}{500} \quad \text{其中 } \alpha, h \text{ 是 } t \text{ 的函数}$$

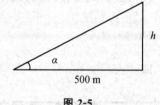

图 2-5

上式两边对 t 求导得 $\quad \sec^2\alpha \cdot \dfrac{d\alpha}{dt} = \dfrac{1}{500} \cdot \dfrac{dh}{dt}$

由已知 $\dfrac{dh}{dt} = 140$ 米/秒,又当 $h = 500$ 米时,$\tan\alpha = 1$,$\sec^2\alpha = 2$ 代入上式得 $\dfrac{d\alpha}{dt} = 0.14$(弧/分),

即观察员视线的仰角增加率是 0.14 弧度/分.

思考与探究

幂指函数如何求导,其中蕴含了什么思想方法?举例说明.

习题 2-3

1. 求下列隐函数的导数 $\dfrac{\mathrm{d}y}{\mathrm{d}x}$:

(1)$y=\ln(xy+\mathrm{e})$,点$(0,1)$;

(2)$\mathrm{e}^{x+y}-xy=1$,求$\dfrac{\mathrm{d}y}{\mathrm{d}x}\bigg|_{\substack{x=0\\y=0}}$;

(3)$x-\sin\dfrac{y}{x}+\tan x=0$;

(4)$x\mathrm{e}^y-10+y^2=0$;

(5)$\sqrt{x}+\sqrt{y}=\sqrt{a}$($a$ 为常数);

(6)$x^2-2xy+9=0$.

2. 用对数求导法求下列函数的导数:

(1)$y=\left(1+\dfrac{1}{x}\right)^x$;

(2)$y=\dfrac{\sqrt{x+2}(3-x)^4}{(x+1)^5}$;

(3)$y=(\sin x)^{\ln x}$;

(4)$y=x^{\frac{1}{x}}$.

3. 求由下列方程所确定的隐函数的二阶导数 $\dfrac{\mathrm{d}^2y}{\mathrm{d}x^2}$:

(1)$x^2-y^2=1$;

(2)$bx^2+ay^2=a^2b^2$;

(3)$y=\tan(x+y)$;

(4)$y=1+x\mathrm{e}^y$.

4. 求由下列参数方程所确定的函数的导数 $\dfrac{\mathrm{d}y}{\mathrm{d}x}$:

(1)$\begin{cases}x=at^2,\\y=bt^3;\end{cases}$

(2)$\begin{cases}x=\theta(1-\sin\theta),\\y=\theta\cos\theta.\end{cases}$

5. 求由下列参数方程所确定的函数的二阶导数 $\dfrac{\mathrm{d}^2y}{\mathrm{d}x^2}$:

(1)$\begin{cases}x=\dfrac{t^2}{2},\\y=1-t;\end{cases}$

(2)$\begin{cases}x=a\cos t,\\y=b\sin t;\end{cases}$

(3)$\begin{cases}x=3\mathrm{e}^{-t},\\y=2\mathrm{e}^t;\end{cases}$

(4)$\begin{cases}x=f'(t),\\y=tf'(t)-f(t);\end{cases}$ 设 $f''(t)$ 存在且不为零.

6. 求曲线 $x+x^2y^2-y=1$ 在点$(1,1)$的切线方程.

7. 写出曲线在 $\begin{cases}x=\sin t,\\y=\cos 2t,\end{cases}$ 在 $t=\dfrac{\pi}{4}$ 处的切线方程和法线方程.

8. 注水入深 8m 上顶直径 8m 的正圆锥形容器中,其速率为 $4\mathrm{m}^3/\min$. 当水深为 5m 时,其表面上升的速率为多少?

第四节 函数的微分

微分概念 微分运算法则 微分几何意义 微分形式不变性 近似计算

一、微分的定义

问题提出:在理论研究和实际应用中,常常会遇到这样的问题,当自变量 x 有微小变化

时,求函数 $y = f(x)$ 的微小改变量

$$\Delta y = f(x + \Delta x) - f(x)$$

这个问题初看起来似乎只要做减法运算就可以了,然而,对于较复杂的函数 $f(x)$,差值 $f(x + \Delta x) - f(x)$ 就是一个更复杂的表达式,不易求出其值,于是我们想要寻求当 Δx 很小时,能近似代替 Δy 的量,一个想法是:我们设法将 Δy 表示成 Δx 的线性函数,即**线性化**,从而把复杂问题简单化,找到能近似代替 Δy 的量,先分析一个具体问题.

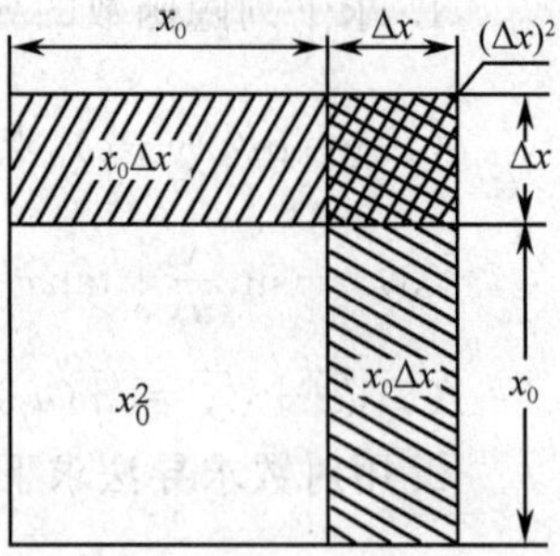

设一块正方形金属薄片受温度变化的影响,其边长由 x_0 变到 $x_0 + \Delta x$(如图 2-6 所示),问:此薄片的面积改变了多少?

图 2-6

设此薄片正方形的边长等于 x,则正方形的面积为 $S = x^2$,薄片受温度变化的影响对面积的改变量,可看成当自变量 x 从 x_0 变到 $x_0 + \Delta x$ 时,函数 S 相应的增量 ΔS,即

$$\Delta S = (x_0 + \Delta x)^2 - x_0^2 = 2x_0 \Delta x + (\Delta x)^2 = 2x_0 \Delta x + o(\Delta x).$$

从上式可以看出,ΔS 可分为两部分:

第一部分:$2x_0 \Delta x$ 为 Δx 的线性函数,是 ΔS 的主要部分,即图 2-6 中带有斜线的两个矩形面积之和,它是面积增量的主要部分;

第二部分:$(\Delta x)^2$ 当 $\Delta x \rightarrow 0$ 时是比 Δx 高阶的无穷小,即 $\Delta x \rightarrow 0$ 时,可忽略,它在图 2-6 中是带有交叉斜线的小正方形的面积.

由此可见,如果边长改变很小,即 $|\Delta x|$ 很小,面积的增量 ΔS 可近似地用第一部分 $2x_0 \Delta x$ 来代替,即 $\Delta S \approx 2x_0 \Delta x$.

一般地,如果函数 $y = f(x)$ 满足一定条件,则函数的增量 Δy 可表示为

$$\Delta y = A \Delta x + o(\Delta x).$$

其中 A 是不依赖于 Δx 的常数,因此,$A \Delta x$ 是 Δx 的线性函数,且 $\Delta y - A \Delta x = o(\Delta x)$ 是比 Δx 高阶的无穷小,所以,当 $A \neq 0$,且 $|\Delta x|$ 很小时,我们就可以近似地用 $A \Delta x$ 来代替 Δy.

> **定义** 设函数 $y = f(x)$ 在某区间内有定义,x_0 及 $x_0 + \Delta x$ 在这区间内,如果函数的增量 $\Delta y = f(x_0 + \Delta x) - f(x_0)$ 可表示为
>
> $$\Delta y = A \Delta x + o(\Delta x), \qquad (4-1)$$
>
> 其中 A 是与 Δx 无关的常数,则称函数 $y = f(x)$ 在点 x_0 **可微**,并且称 $A \Delta x$ 为函数 $y = f(x)$ 在点 x_0 处相应于自变量改变量 Δx 的**微分**,记作 $\mathrm{d}y$,即
>
> $$\mathrm{d}y = A \Delta x, \qquad (4-2)$$
>
> 微分 $\mathrm{d}y$ 叫做函数增量 Δy 的**线性主部**.

下面讨论可微的充要条件

若函数 $y = f(x)$ 在点 x_0 处可微,则 $\Delta y = A \Delta x + o(\Delta x)$,

两边除以 Δx 得到

$$\frac{\Delta y}{\Delta x} = A + \frac{o(\Delta x)}{\Delta x},$$

于是当 $\Delta x \to 0$ 时得到 $$A = \lim_{\Delta x \to 0} \frac{\Delta y}{\Delta x} = f'(x_0),$$

则函数 $y = f(x)$ 在点 x_0 处可导,且 $dy = f'(x_0)\Delta x$.

充分性 若给定函数 $y = f(x)$ 在点 x_0 处可导,即 $\lim_{\Delta x \to 0} \frac{\Delta y}{\Delta x} = f'(x_0)$,

则有 $$\frac{\Delta y}{\Delta x} = f'(x_0) + \alpha, (函数极限与无穷小的关系)$$

其中 α 是当 $\Delta x \to 0$ 时的无穷小量,上式可写作

$$\Delta y = f'(x_0)\Delta x + \alpha \Delta x.$$

所以,函数 $y = f(x)$ 在点 x_0 处可微.

可微的充要条件 函数 $y = f(x)$ 在点 x_0 处可微的充要条件是函数 $y = f(x)$ 在点 x_0 处可导,且 $$dy = f'(x_0)\Delta x.$$

例 1 求函数 $y = x^3$ 在 $x = 2$ 处的微分.

解 函数 $y = x^3$ 在 $x = 2$ 处的微分为

$$dy = (x^3)'\big|_{x=2}\Delta x = 3x^2\big|_{x=2}\Delta x = 12\Delta x.$$

例 2 求函数 $y = x^2$ 在 $x = 1, \Delta x = 0.01$ 时的改变量 Δy 及微分 dy.

解 $\Delta y = (1 + 0.01)^2 - 1^2 = 1.0201 - 1 = 0.0201$,

$dy = f'(1) \cdot \Delta x = 2 \times 1 \times 0.01 = 0.02$,

可见 $$\Delta y \approx dy.$$

函数 $y = f(x)$ 在任意点 x 处的微分,叫做**函数的微分**,记作 $dy = f'(x)\Delta x$.

通常把自变量 x 的增量 Δx 称为自变量的微分,记作 dx,即 $dx = \Delta x$. 于是函数 $y = f(x)$ 的微分记作 $dy = f'(x)dx$. 从而有

$$\frac{dy}{dx} = f'(x).$$

这就是说,函数的微分 dy 与自变量的微分 dx 之商等于该函数的导数. 因此,导数又叫做**微商**.

例 3 求函数 $y = \dfrac{\sin x}{x}$ 的微分.

解 因为 $y' = (\dfrac{\sin x}{x})' = \dfrac{x\cos x - \sin x}{x^2}$,

所以 $$dy = y'dx = \frac{x\cos x - \sin x}{x^2}dx.$$

二、微分的几何意义

在直角坐标系中,函数 $y = f(x)$ 的图形是一条曲线对于某一固定的 x_0 值,对应曲线上的点 $M(x_0, y_0)$,当自变量 x 有微小增量 Δx 时,对应曲线上另一点 $N(x_0 + \Delta x, y_0 + \Delta y)$(图 2-7).

$$MQ = \Delta x, QN = \Delta y.$$

过点 M 作曲线的切线 MP，它的倾角为 α，则

$$QP = MQ \cdot \tan\alpha = \Delta x f'(x_0),$$

即 $dy = QP$. 由图（2-7）易见，当 Δx 很小时，

$$\Delta y = NQ \approx dy = PQ.$$

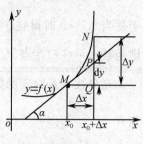

图 2-7

这就是说，微分的本质就是函数增量的线性主部，"曲线" $y = f(x)$ 的改变量 Δy，可以用"直线"（切线）的改变量来近似代替，换言之，就是局部上的"以直代曲"，这在数学上称为非线性函数的局部线性化，这就是微分学的基本思想方法之一，这种思想方法在自然科学和工程问题的研究中是经常采用的.

三、微分公式与微分运算法则

从函数微分的表达式 $dy = f'(x)dx$ 可以看出，计算函数的微分，只需先计算函数的导数，然后再乘以自变量的微分. 由此得到微分公式和微分运算法则.

1. 基本初等函数的微分公式

基本初等函数的导数公式与微分公式对照列表如下（表 2-1）：

表 2-1

导数公式	微分公式
$(x^a)' = ax^{a-1}$	$d(x^a) = ax^{a-1}dx$
$(\sin x)' = \cos x$	$d(\sin x) = \cos x dx$
$(\cos x)' = -\sin x$	$d(\cos x) = -\sin x dx$
$(\tan x)' = \sec^2 x$	$d(\tan x) = \sec^2 x dx$
$(\cot x)' = -\csc^2 x$	$d(\cot x) = -\csc^2 x dx$
$(\sec x)' = \sec x \tan x$	$d(\sec x) = \sec x \tan x dx$
$(\csc x)' = -\csc x \cot x$	$d(\csc x) = -\csc x \cot x dx$
$(a^x)' = a^x \ln a \quad (a > 0, a \neq 1)$	$d(a^x) = a^x \ln a dx$
$(e^x)' = e^x$	$d(e^x) = e^x dx$
$(\log_a x)' = \dfrac{1}{x \ln a} \quad (a > 0, a \neq 1)$	$d(\log_a x) = \dfrac{1}{x \ln a} dx$
$(\ln x)' = \dfrac{1}{x}$	$d(\ln x) = \dfrac{1}{x} dx$
$(\arcsin x)' = \dfrac{1}{\sqrt{1-x^2}}$	$d(\arcsin x) = \dfrac{1}{\sqrt{1-x^2}} dx$
$(\arccos x) = -\dfrac{1}{\sqrt{1-x^2}}$	$d(\arccos x) = -\dfrac{1}{\sqrt{1-x^2}} dx$
$(\arctan x)' = \dfrac{1}{1+x^2}$	$d(\arctan x) = \dfrac{1}{1+x^2} dx$
$(\text{arccot} x)' = -\dfrac{1}{1+x^2}$	$d(\text{arccot} x) = -\dfrac{1}{1+x^2} dx$

2. 函数的和、差、积、商的微分法则

由函数的和、差、积、商的求导法则，可推得相应的微分法则，为了便于对照，列表如下（表 2-2），表中 $u=u(x),v=v(x)$ 为可导函数.

表 2-2

函数的和、差、积、商的求导法则	函数的和、差、积、商的微分法则
$(u\pm v)'=u'\pm v'$	$\mathrm{d}(u\pm v)=\mathrm{d}u\pm \mathrm{d}v$
$(cu)'=cu'$	$\mathrm{d}(cu)=c\mathrm{d}u$
$(uv)'=u'v+uv'$	$\mathrm{d}(uv)=v\mathrm{d}u+u\mathrm{d}v$
$\left(\dfrac{u}{v}\right)'=\dfrac{u'v-uv'}{v^2}$	$\mathrm{d}\left(\dfrac{u}{v}\right)=\dfrac{v\mathrm{d}u-u\mathrm{d}v}{v^2}$

3. 微分形式不变性

我们知道，如果函数 $y=f(u)$ 是 u 的函数，那么函数的微分为 $\mathrm{d}y=f'(u)\mathrm{d}u$，若 u 不是自变量，而是 x 的可导函数 $u=\varphi(x)$ 时，u 对 x 的微分为 $\mathrm{d}u=\varphi'(x)\mathrm{d}x$，因此，以 u 为中间变量的复合函数 $y=f[\varphi(x)]$ 的微分

$$\mathrm{d}y=y'\mathrm{d}x=f'(u)\varphi'(x)\mathrm{d}x=f'(u)[\varphi'(x)\mathrm{d}x]=f'(u)\mathrm{d}u \qquad (4-3)$$

这说明，在函数的微分表达式 $(4-3)$ 中，u 既可以是自变量，也可以是中间变量. 这就是"微分形式不变性".

例 4(利用微分形式不变性) 求 $y=\cos(2x^2+1)$ 的微分.

解 $\mathrm{d}y=\mathrm{d}[\cos(2x^2+1)]=-\sin(2x^2+1)\mathrm{d}(2x^2+1)=-4x\sin(2x^2+1)\mathrm{d}x$

例 5(利用微分形式不变性) 求由 $\mathrm{e}^{xy}=2x+y^3$ 所确定的隐函数 $y=f(x)$ 的微分 $\mathrm{d}y$.

解 对方程两边求微分，得 $\mathrm{d}(\mathrm{e}^{xy})=\mathrm{d}(2x+y^3)$，

$$\mathrm{e}^{xy}\mathrm{d}(xy)=\mathrm{d}(2x)+\mathrm{d}(y^3),$$

$$\mathrm{e}^{xy}(y\mathrm{d}x+x\mathrm{d}y)=2\mathrm{d}x+3y^2\mathrm{d}y,$$

于是

$$\mathrm{d}y=\frac{2-y\mathrm{e}^{xy}}{x\,\mathrm{e}^{xy}-3y^2}\mathrm{d}x.$$

例 6 在下列等式的括号中填入适当的函数，使等式成立.

$(1)\mathrm{d}(\ \ )=\cos\omega t\mathrm{d}t;$ $\qquad$ $(2)\mathrm{d}(\sin x^2)=(\ \ )\mathrm{d}(\sqrt{x}).$

解 (1) 因为 $\mathrm{d}(\sin\omega t)=\omega\cos\omega t\mathrm{d}t$，所以 $\cos\omega t\mathrm{d}t=\dfrac{1}{\omega}\mathrm{d}(\sin\omega t)=\mathrm{d}\left(\dfrac{1}{\omega}\sin\omega t\right);$

一般地，有 $\mathrm{d}\left(\dfrac{1}{\omega}\sin\omega t+C\right)=\cos\omega t\mathrm{d}t.$

(2) $\qquad \dfrac{\mathrm{d}(\sin x^2)}{\mathrm{d}(\sqrt{x})}=\dfrac{2x\cos x^2\mathrm{d}x}{\dfrac{1}{2\sqrt{x}}\mathrm{d}x}=4x\,\sqrt{x}\,\cos x^2,$

所以 $\qquad \mathrm{d}(\sin x^2)=(4x\,\sqrt{x}\,\cos x^2)\mathrm{d}(\sqrt{x}).$

*四、微分在近似计算中的应用

在实际问题中，经常利用微分把一些复杂的计算公式，用简单的近似公式来代替. 由微分

定义,如果 $y = f(x)$ 在点 x_0 处的导数 $f'(x_0) \neq 0$,那么,当 $|\Delta x|$ 很小时,有近似公式

$$\Delta y \approx \mathrm{d}y = f'(x_0)\Delta x \tag{4-4}$$

又因为 $\qquad\qquad \Delta y = f(x_0 + \Delta x) - f(x_0) \approx f'(x_0)\Delta x,$

于是有 $\qquad\qquad f(x_0 + \Delta x) \approx f(x_0) + f'(x_0)\Delta x, \tag{4-5}$

在(4-5)式中,令 $x = x_0 + \Delta x$,即 $\Delta x = x - x_0$,则(4-5)式可改写为

$$f(x) \approx f(x_0) + f'(x_0)(x - x_0) \tag{4-6}$$

如果 $f(x_0)$ 与 $f'(x_0)$ 都容易计算,那么可以利用(4-4)式来近似的计算 Δy,利用(4-5)式来近似地计算 $f(x_0 + \Delta x)$,利用(4-6)式来近似地计算 $f(x)$.

例7 利用微分计算 $\sin 30°30'$.

解 把 $30°30'$ 化为弧度,则 $30°30' = \dfrac{\pi}{6} + \dfrac{\pi}{360}$.

由于所求的是正弦函数值,故设 $f(x) = \sin x$,则 $f'(x) = \cos x$,取 $x_0 = \dfrac{\pi}{6}$,则 $f\left(\dfrac{\pi}{6}\right) = \sin\dfrac{\pi}{6} = \dfrac{1}{2}$,$f'\left(\dfrac{\pi}{6}\right) = \cos\dfrac{\pi}{6} = \dfrac{\sqrt{3}}{2}$,并且 $\Delta x = \dfrac{\pi}{360}$ 比较小. 应用(4-5)式得

$$\sin 30°30' = \sin\left(\dfrac{\pi}{6} + \dfrac{\pi}{360}\right) \approx \sin\dfrac{\pi}{6} + \cos\dfrac{\pi}{6} \cdot \dfrac{\pi}{360}$$

$$= \dfrac{1}{2} + \dfrac{\sqrt{3}}{2} \cdot \dfrac{\pi}{360} \approx 0.507\,6.$$

下面我们来推导一些常用的近似公式,在(4-6)式中取 $x_0 = 0$,于是当 $|x|$ 很小时有

$$f(x) \approx f(0) + f'(0)x. \tag{4-7}$$

利用(4-7)式可以推得以下几个工程上常用的近似公式($|x|$ 是比较小的值):

（Ⅰ）$\sqrt[n]{1+x} \approx 1 + \dfrac{1}{n}x$;

（Ⅱ）$\sin x \approx x$（x 用弧度作单位来表达）;

（Ⅲ）$\tan x \approx x$（x 用弧度作单位来表达）;

（Ⅳ）$\mathrm{e}^x \approx 1 + x$;

（Ⅴ）$\ln(1+x) \approx x$.

证 （Ⅰ）设 $f(x) = \sqrt[n]{1+x}$,那么 $f(0) = 1$,$f'(0) = \dfrac{1}{n}(1+x)^{\frac{1}{n}-1}\big|_{x=0} = \dfrac{1}{n}$,代入(4-7)式得

$$\sqrt[n]{1+x} \approx 1 + \dfrac{1}{n}x.$$

其他几个近似公式可用类似方法证明,证明过程由读者自己完成.

思考与探究

几何图上的 Δy 及 $\mathrm{d}y$:设函数 $y = f(x)$ 的图形如图 2-8(a)、(b),图中分别找出在点 x_0 的 $\mathrm{d}y$、Δy 及 $\Delta y - \mathrm{d}y$,并说明其正负,思考微分概念蕴含什么数学思想?

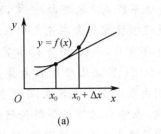
(a)

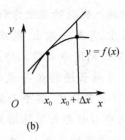
(b)

图 2-8

习题 2-4

1.已知 $y=x^3-x$,计算在 $x=2$ 处当 Δx 分别等于 1,0.1,0.01 时的 Δy 及 dy 并比较随着 Δx 越来越小,Δy 与 dy 的接近程度的变化趋势.

2.将适合的函数填入下列括号,使等号成立:

(1)d( )$=3dx$;

(2)d( )$=\cos at dt$;

(3)d( )$=\dfrac{1}{1+x}dx$;

(4)d( )$=\dfrac{1}{\sqrt{x}}dx$;

(5)d( )$=e^{x^2}d(x^2)$;

(6)d( )$=e^{-2x}dx$;

(7)$d(\sin^2 x)=($)$d(\sin x)$;

(8)$d[\ln(2x+4)]=($)$d(2x+4)$.

3.求下列函数的微分:

(1)$y=\sin\dfrac{x}{3}\cdot e^{2x}$;

(2)$y=\dfrac{\cos x}{1-x^2}$;

(3)$y=\sqrt{2-5x^2}$;

(4)$y=\ln\sqrt{1-x^3}$;

(5)$y=\arccos\sqrt{x}$;

(6)$y=\tan^2(1+2x^2)$;

(7)$y=5^{\ln\tan x}$;

(8)$y=e^{\cot x}$.

* 4.利用微分求近似值.

(1)$e^{0.02}$;

(2)$\ln 1.01$.

阅读与思考

中华民族的骄傲——华罗庚

华罗庚,江苏省金坛县人,1985 年 6 月 12 日下午 5 时 15 分,在东京大学学术报告厅的讲台上,以身殉职.华罗庚是中国科学院院士,国际著名的中国数学大师,中国近现代数学的奠基人和开拓者,他的名字在美国施密斯松尼博物馆与芝加哥科技博物馆等著名博物馆中,与少数经典数学家列在 起,被列为"芝加哥科学技术博物馆中当今世界 88 位数学伟人之一".他在解析数论,矩阵几何学,典型群,高维数值积分等广泛的数学领域中,都做出了卓越的贡献,发表专著与学术论文近 300 篇.在国际数学领域,以华氏命名的科研理论成果所带来的影响极大,如"华氏定理""普劳威尔-加当华定理""华氏不等式""华-王方法""怀依-华不等式""华氏算子"等.正是因为这个璀璨的姓氏,中国近现代数学才在国际数学科学界占有一席之地;

1910 年 11 月 12 日,华罗庚出生于江苏常州,因家境贫困,未读完高中就辍学回乡,在他父亲开设的小杂货铺帮忙.华罗庚凭着对数学浓厚的兴趣,开始了顽强的自学生涯.左腿留下了残疾. 他写的《苏家驹之代数的五次方程式解法不能成立之理由》一文,发表在1930年12月出版的《科学》杂志第15卷第2期上. 熊庆来教授很赞赏作者在论文中表现的智慧、探究精神和勇气,决定接纳华罗庚到清华大学工作. 1931年8月,年仅20岁的华罗庚担任了助理员,凭着惊人的勤奋取得了日渐长进的优异成绩,年仅24岁就已经成长为蜚声国际的青年学者. 1934年,华罗庚发表了8篇论文. 其中两篇在国内数学杂志上发表,6篇在国外数学杂志上发表. 1936年,华罗庚到中心剑桥大学作访问学者,在哈代名下从事数论研究,两年内发表论文10余篇,一个只有初中文凭的青年人,通过自学而登上了数学的殿堂,很快在世界数学舞台上崭露头角.

1938年,华罗庚舍弃了留在英国继续做研究工作与教书的机会,回到了抗日战争的大后方云南昆明. 西南联合大学破格聘任华罗庚为教授. 至此,这位从金坛走出的仅有初中文凭的不到30岁的年轻人,成为全国最高学府西南联大的教授. 西南联大办学条件差,生活条件差,而且还面临不断受到日军空袭的危险. 华罗庚没有向生活的艰难困苦低头,他在生活极度艰难、与国外学术界隔绝、没法得到数学刊物的情况下,写了20多篇论文,在1941年,终于完成了他的第一部数学名著《堆垒素数论》. 该书经维诺格拉多夫介绍首先在苏联科学院用俄文出版(1947),后被译成中文、德文、匈牙利文、英文和日文,给华罗庚带来了世界声誉.

1946年秋天,华罗庚到美国普林斯顿高等研究院做研究工作,并在普林斯顿大学数学系教授数论课. 1948年春,华罗庚被美国伊利诺依大学之聘任为终身教授. 美国数学家们对于他的天才和成就赞叹不已.

1949年,中华人民共和国成立后不久,华罗庚毅然放弃在美国的优厚待遇,奔向祖国的怀抱,投身于新中国数学发展的伟大事业. 1950年3月11日,新华社向全世界播发了华罗庚致留美中国学生公开信. 他在信中说:朋友们!"梁园虽好,非久居之乡",归去来兮! 信中最后呼吁:总之,为了抉择真理,我们应当回去;为了国家民族,我们应当回去;为了为人民服务,我们也应当回去. 朋友们:今年在我们首都北京见面吧! 回国后华罗庚领导着中国数学研究、教学与科普工作,他拼搏奉献,攀登创新,为中国数学发展做出了巨大的贡献,被誉为"中国现代数学之父""中国数学之神""人民数学家".

华罗庚是中国计算机科学事业的开创者,在他的努力下,计算数学、计算机发展列入了1956年国家制定的《十二年科学技术发展规划》,这是影响后世的历史性举措. 华罗庚还是一位数学教育家,求贤若渴,奖掖后学,惜才爱才,不遗余力、不拘一格地发现和培养人才. 他所培养的王元、陆启铿、万哲先、龚升、许孔时、吴方、魏道政、严士健、潘承洞等,都成为蜚声中外的数学家,可以说"中国好几代数学家都曾得益于他的教诲".

华罗庚先生博学多才,1953年,中国科学院组织出国考察团,由科学家钱三强任团长,团员有华罗庚、张钰哲、赵九章、朱冼等. 途中闲暇,华罗庚出上联一则:"三强韩、赵、魏,"求对下联. 这里的"三强"说明是战国时期韩、赵、魏三个战国,却又隐语着代表团团长钱三强同志的名字,这就不仅要解决数字联的传统困难,而且要求在下联中嵌入另一位科学家的名字. 隔了一会儿,华罗庚见大家还无下联,便将自己的下联揭出:"九章勾、股、弦.《九章》是我国古代著名的数学著作. 可是,这里的"九章"又恰好是代表团另一位成员、大气物理学家赵九章的名字. 华罗庚的妙对使满座为之倾倒.

美国著名数学史家贝特曼称:"华罗庚是中国的爱因斯坦,足够成为全世界所有著名科学院的院士".

劳埃尔·熊飞儿德说:"他的研究范围之广,堪称世界上名列前茅的数学家之一.受到他直接影响的人也许比受历史上任何数学家直接影响的人都多","华罗庚的存在堪比任何一位大数学家的价值".

哈贝斯坦:"华罗庚是他这个时代的国际领袖数学家之一."

克拉达:"华罗庚形成中国数学."

华罗庚先生作为当代自学成长的科学巨匠和誉满中外的著名数学家,一生致力于数学研究和发展,并以科学家的博大胸怀提携后辈和培养人才,以高度的历史责任感投身科普和应用数学推广,为数学科学事业的发展做出了巨大贡献,为祖国现代化建设付出了毕生精力.

华罗庚的格言是"天才在于积累,聪明在于勤奋".他不断拼搏,不断奋斗的精神,贯穿了他的一身.他写的诗:"埋头苦干是第一,熟练生出百巧来,勤能补拙是良训,一份辛苦一分才."就是他治学经验和自学成才经验的结晶.华罗庚是一位热爱祖国、品德高尚的典范,他毅然放弃国外优厚待遇,为国家奉献了自己一切.他是数学大师,更是数学教育家,桃李满天下.华罗庚的奋斗人生、精神品格传递着一种担当、一种大爱、一种责任、一种智慧、一种开拓进取的科学精神,他对国家的责任与担当精神,他对工作的巨大热情,他对教学研究的严谨认真,他在科学的艰苦探索中的坚强意志,他对学生的无私关爱,以及他高尚的爱国情操与个人修养永远是后人学习的榜样.

思考

初中文凭,独步中华的华罗庚,他的奋斗人生、精神品格传递着一种担当、一种大爱、一种责任、一种智慧、一种开拓进取的科学精神.习近平总书记指出:"时代呼唤担当,民族振兴是青年的责任。""新时代中国青年要珍惜这个时代,担负时代使命,在担当中历练,在尽责中成长,让青春在新时代改革开放的广阔天地中绽放,让人生在实现中国梦的奋进追逐中展现出勇敢奔跑的英姿,努力成为德智体美劳全面发展的社会主义建设者和接班人!"请思考作为新时代的大学生你的担当与责任是什么?

本章学习指导

一、基本知识与思想方法框架结构图

一元微分学

斜率速度

实例
- 平均速度 $\bar{v}=\dfrac{\Delta s}{\Delta t}$ $\xrightarrow{\text{取极限}}$ 瞬时速度 $v(t_0)=\lim\limits_{\Delta t\to 0}\dfrac{\Delta s}{\Delta t}$
- 割线斜率 $k_{PM}=\dfrac{\Delta y}{\Delta x}$ $\xrightarrow{\text{取极限}}$ 切线斜率 $k_{PT}=\lim\limits_{\Delta x\to 0}\dfrac{\Delta y}{\Delta x}$

导数

概念
- 定义 $y'\big|_{x=x_0}=f'(x_0)=\lim\limits_{\Delta x\to 0}\dfrac{\Delta y}{\Delta x}=\lim\limits_{\Delta x\to 0}\dfrac{f(x_0+\Delta x)-f(x_0)}{\Delta x}$ $\xleftarrow{\text{抽象其本质}}$
- 几何意义：$f'(x_0)$ 表示曲线 $y=f(x)$ 在点 x_0 处切线的斜率
- 物理意义：表示变速直线运动在某时刻的瞬时速度
- $y=f(x)$ 在点 x_0 处可导 $\Leftrightarrow f'_-(x_0)$ 与 $f'_+(x_0)$ 存在且相等

计算
- 四则运算求导法则（导数实质上是比值的极限，应用极限理论论证）
- 反函数求导法则（应用导数定义极限理论论证）
- 复合函数求导法则（链式法制）（应用导数定义极限理论论证）
- 隐函数求导方法：方程两边对 x 求导转化为解 y' 方程（方程思想）
- 幂指函数求导方法 $y=u(x)^{v(x)}\ (u(x)>0)$
  - 变形转化为复合函数 $y=e^{v(x)\ln u(x)}$
  - 对数求导法 $\xrightarrow{\text{转化}}$ 隐函数求导问题

关系：可导 $\Rightarrow$ 连续 $\Rightarrow$ 极限存在 $\Rightarrow$ 局部有界（反之不成立）

应用：1. 几何应用　2. 物理应用

近似估值

微分

概念（以直代曲）
- 实例（计算正方形面积增量近似值）
- 定义（非线性函数的局部线性化的思想方法）
- 几何意义（切线的改变量）
- 可导可微关系　可微 $\Leftrightarrow$ 可导 $\mathrm{d}y=f'(x)\mathrm{d}x$

计算
- 微分计算法则（由相应导数法则推出）
- 一阶微分形式不变性
- （无论 u 是自变量还是中间变量，微分形式 $\mathrm{d}y=f'(u)\mathrm{d}u$ 保持不变）

应用
- 近似计算（局部把非线性的计算近似转化为线性函数的计算）
- 误差估计

抓主要矛盾的辩证思想

二、思想方法小结

1. 导数的概念是高度抽象的结果

数学抽象方法是数学研究中的一种基本方法. 数学抽象方法是抽象方法在数学中的具体运用. 它是从考虑的问题出发，通过对各种经验事实的观察、分析、综合和比较，在人们的思维中撇开事物现象的、外部的、偶然的东西，抽出事物本质的、内在的、必然的东西，从空间形式和数量关系上揭示客观对象的本质和规律,或者在已有数学知识的基础上,抽出其某一种属性作为新的数学对象,以此达到认识事物本质和规律目的的一种数学研究方法.例如:几何中的"点"的概念是从现实世界中的水点、雨点、起点、终点等具体事物中抽象出来的,它舍弃了事物的各种物理、化学等性质,不考虑其大小,仅仅表示纯数学的本质.最简单的例子:小学从三个苹果、三棵树、三间房子……这些在数量上具有共同特征的事物中抽象出"自然数 3"这一概念.导数的概念也是高度抽象的结果.求曲线上一点处的切线与求变速运动的瞬时速度问题最终都归结为一个求函数值增量与自变量增量的比值的极限问题,刻划的是一个函数相对于自变量变化而变化的快慢程度,即函数的变化率问题.抛开问题的几何、物理的实际意义,抽出其本质的、内在的、必然的共性的东西,就得到了导数的概念.

2. 导数概念是极限思想的具体运用,体现了矛盾双方对立统一的辩证观点

导数的本质就是函数值增量与自变量增量的比值的极限.在局部某点,割线的斜率只能是切线斜率的近似值,近似程度是当 $\Delta x \to 0$ 时越来越高,在 Δx 无限趋于 0 的过程中,割线斜率无限接近于切线斜率,但永不是切线斜率,只有极限值才是切线斜率.类似地,变速运动在局部的速度以"不变"代"变",以匀速运动代变速运动,即以局部的平均速度作为瞬时速度的近似值,近似程度是当 $\Delta t \to 0$ 时越来越高,在 Δt 无限趋于 0 过程中,局部平均速度无限接近瞬时速度,但永不是瞬时速度,只有极限值才是瞬时速度.由此可以体会到只有极限思想方法的运用才使得近似与精确、有限与无限、量变与质变、过程与结果这些矛盾的双方达到了互相转化.从导数的学习中可以领会到,事物自身都包含着既对立又统一的矛盾关系,矛盾的双方既互相排斥,又互相依存,并依据一定的条件相互转化.

由于导数的理论建立在极限理论基础之上的,因此导数的所有计算法则及计算公式都是应用极限的性质进行推导与证明的.

3. 微分的思想是局部"以直代曲",蕴含了抓主要矛盾的辩证思想

微分的思想方法是"以直代曲",在几何上就是局部以切线段近似代替曲线段,用微分代替增量,这在数学上称为非线性函数的局部线性化,这是微分学的基本思想方法之一.近似计算就是在局部用线性函数近似代替非线性函数,把非线性函数的计算转化为线性函数的计算,化繁为简.微分思想是后面的积分思想及积分应用中的"微元分析法"的基础.这种思想方法在自然科学和工程问题的研究中是经常采用的,

由微分定义可知:微分 $\mathrm{d}y$ 就是函数增量 Δy 的线性主部(当 $\Delta x \to 0$ 时,$\Delta y - \mathrm{d}y = o(\Delta x)$),微分的概念蕴含了抓主要矛盾的辩证思想.

由于当 $\Delta x \to 0$ 时,Δy 与 $\mathrm{d}y$ 是等价无穷小,因此微分 $\mathrm{d}y$ 称为函数增量 Δy 的线性主部,这就是函数局部线性化的依据.

近似计算实际上是抓主要矛盾思想的具体体现.由此体会到看问题办事情要抓住重点,统筹兼顾,善于把握重点和主流,坚持两点论和重点论的统一.

4. 求导方法体现了方程思想、转化思想

隐函数求导方法就是方程两边对自变量求导,转化为以函数的导数为未知量的方程.

由参数方程所确定的函数的导数,其求导问题实质上就是把参数看成中间变量转化为复合函数的求导问题.

幂指函数 $y = u(x)^{v(x)}$ 的求导问题体现了化归与转化的思想方法.

5.数学的统一性与和谐美

高中阶段大家都学过杨辉三角形、二项式定理及二项分布.

杨辉,字谦光,南宋时期杭州人,是我国南宋末年的一位杰出的数学家.在他所著的《详解九章算法》一书中,画了一张表示二项式展开后的系数构成的三角图形或数表,简称为"杨辉三角",它是世界的一大重要研究成果.与杨辉三角联系最紧密的是二项式乘方展开式的系数规律,即二项式定理.因此,二项式定理与杨辉三角形是一对天然的数形趣遇,它把数形结合带进了计算数学.求二项式展开式系数的问题,实际上是一种组合数的计算问题.用系数通项公式来计算,称为"式算";用杨辉三角形来计算,称作"图算".

二项式定理与杨辉三角形,二项分布,莱布尼茨公式的中的系数都是 C_n^k,可以联系进行记忆,不同领域的数学知识在某方面和谐统一,充分表现出数学的统一性与和谐美.

三、典型题型思路方法指导

例 1 $f(x)=\begin{cases}x^2+1, & 0\leqslant x<1,\\ 3x-1, & x\geqslant 1\end{cases}$ 在 $x=1$ 处是否连续？是否可导？

解题思路:分段函数在分段点处的连续性与可导性,应用定义判断.

解题步骤:连续性(1) $f(1)=2$;(2)计算左右极限;(3)用定义判定分段点 $x=1$ 的连续性.可导性(1)计算分段点 $x=1$ 处的左、右导数;(2)用定义判定 $x=1$ 可导性.

例 2 设函数 $f(x)=\begin{cases}x, & x\geqslant 0,\\ \cos x, & x<0\end{cases}$ 求 $f'(x)$.

解题思路:(1)求分段区间 $x<0$ 及 $x>0$ 上函数的导数;

(2)利用函数在一点的导数定义判断分段点 $x=0$ 处的可导性(或者由函数在该点不连续,所以不可导);

(3)写出导数 $f'(x)=\begin{cases}1, & x>0,\\ -\sin x, & x<0,\\ \text{不可导}, & x=0.\end{cases}$

例 3 求 $y=(\tan x)^x$ 的导数.

解题思路 1:(对数求导法)两边取对数法**转化**为隐函数 $\ln y=x\ln\tan x$ 求导数问题.

解题思路 2:恒等变形**转化**为复合函数 $y=e^{x\ln\tan x}$ 求导数问题.

例 4 求由方程 $x-y+\dfrac{1}{2}\cos y=0$ 所确定的隐函数 y 的二阶导数 y''.

解题思路:(1)方程两边对 x 求导,**转化**为以 y' 为未知量的方程,解出 y'(**方程思想**)

(2)应用求导法则对 y' 再求导出 $y''=\dfrac{-4\cos y}{(2+\sin y)^3}$(注意 y 与 y' 均为 x 的函数)

例 5 设 $x^4-xy+y^4=1$,求 y'' 在点 $(0,1)$ 处的值.

解题思路:(1)方程两边对 x 求导得 y' 的隐函数方程

$$4x^3-y-xy'+4y^3y'=0,$$

将 $x=0,y=1$ 代入上式得 $y'\Big|_{\substack{x=0\\y=1}}=\dfrac{1}{4}$;

(2)将 y' 的隐函数方程两边再对 x 求导得 y'' 的隐函数方程.

$$12x^2 - 2y' - xy'' + 12y^2 (y')^2 + 4y^3 y'' = 0,$$

将 $x=0, y=1, y'\big|_{\substack{x=0\\y=1}} = \dfrac{1}{4}$ 代入(2)得 $y''\big|_{\substack{x=0\\y=1}} = -\dfrac{1}{16}$.

总习题二

一、填空题

1. 设 $f(e^x) = e^{2x} + 5e^x$,则 $f'(x) = $ _____;

2. 函数 $f(x) = x\cos x\cos 2x\cos 3x\cdots\cos nx$ 则 $f'(0) = $ _____;

3. 函数 $y = x^3$ 在 $x=1$ 的线性主部为 _____;

4. 设 $f(x)$ 为可导函数,且满足 $\lim\limits_{x\to 1}\dfrac{f(1)-f(1-2x)}{x} = -1$,则曲线 $y=f(x)$ 在点 $(1, f(1))$ 处的切线斜率为 _____;

5. 设 $y = x\ln x + \dfrac{1}{\sqrt{x}}$,则 $\dfrac{dy}{dx}\big|_{x=1} = $ _____;

6. 设 $y = e^{\sqrt{\sin 2x}}$,则 $dy = $ _____ $d(\sin 2x)$;

7. 设 $\begin{cases} y = \ln t, \\ x = \dfrac{1}{1+t}, \end{cases}$ 则 $\dfrac{d^2 y}{dx^2} = $ _____;

8. 曲线 $y = x^2 - 2x + 4$ 上点 $M_0(0,4)$ 处的切线方程为 _____;

9. 设 $y = y(x)$ 由 $2^{xy} = x + y$ 决定,则 $dy\big|_{x=0} = $ _____;

10. 曲线 $\begin{cases} x = 1 + t^2 \\ y = t^2 \end{cases}$,在 $t=2$ 处得切线方程为 _____.

二、单项选择题

1. 过曲线 $y = x^3 - 3x$ 上一点的切线平行 x 轴的点为( ).

(A)$(0,0)$ (B)$(-1,2)$ (C)$(1,-2)$ (D)$(-1,2)$和$(1,-2)$

2. 设 $f(x) = \begin{cases} \dfrac{2}{3}x^3, & x\leqslant 1, \\ x^2, & x>1 \end{cases}$ 则 $f(x)$ 在 $x=1$ 处( ).

(A)左、右导数都存在   (B) 左导数存在,但右导数不存在

(C)左导数不存在,但右导数存在   (D) 左、右导数都不存在

3. $f(x)$ 在点 $x=a$ 处可导,则 $\lim\limits_{x\to 0}\dfrac{f(a+x)-f(a-x)}{x}$ 等于( ).

(A)$f'(a)$ (B)$2f'(a)$ (C)0 (D)$f'(2a)$

4. 若 $f(u)$ 可导,且 $y = f(e^x)$,则有( ).

(A)$dy = f'(e^x)dx$ (B)$dy = f'(e^x)de^x$

(C)$dy = [f(e^x)]'de^x$ (D)$dy = [f(e^x)]'e^x de^x$

5. 若 $\dfrac{d}{dx}f\left(\dfrac{1}{x^2}\right) = \dfrac{1}{x}$,则 $f'\left(\dfrac{1}{2}\right) = ($).

(A)-1 (B)$\dfrac{1}{\sqrt{2}}$ (C)2 (D)-4

6. 设 $f(x)=\begin{cases} x, & x<0, \\ \ln(1+x), & x\geqslant 0 \end{cases}$ $f(x)$ 在 $x=0$ 处( ).

(A)可导　　　(B)连续但不可导　　(C)不连续　　　(D)无意义

7. 已知 $y=x\ln x$,则 $y^{(10)}$( ).

(A)$-\dfrac{1}{x^9}$　　(B)$\dfrac{1}{x^9}$　　(C)$\dfrac{8!}{x^9}$　　(D)$-\dfrac{8!}{x^9}$

8. $d(\sin e^x)=$( ).

(A)$\cos e^x dx$；　(B)$\cos e^x de^x$；　(C)$-\cos e^x de^x$；　(D)$-\sin e^x dx$.

9. 函数 $f(x)=(1-x)(2-x)(3-x)\cdots(100-x)$,则 $f'(3)=$( ).

(A)$-(97)!$　　(B)$97!$　　(C)$-2\times(97)!$　　(D)$2\times(97)!$

10. 设函数 $f(x)$ 在 x_0 处不连续,则函数 $f(x)$ 在点 x_0 处( ).

(A)无定义　　　　　　　　(B)左、右极限不相等

(C)不可微　　　　　　　　(D)不一定可导

三、计算题

1. 求下列函数的导数 $\dfrac{dy}{dx}$:

(1)$y=2^x(x\sin x+\cos x)$；　　　　　(2)$y=\arcsin x^3$；

(3)$y=(1+\cos x)^{\frac{1}{x}}$；　　　　　(4)$y=e^{\sqrt[3]{1+x}}+\cos\pi$.

2. 设 $f(x)=\arctan 2x$,求 $f''(1)$.

3. 已知 $x^2+2xy-y^2=2x$,求 $dy\big|_{\substack{x=2\\y=0}}$.

4. 求参数方程 $\begin{cases} x=\ln(1+t^2), \\ y=t-\arctan t \end{cases}$ 所确定的导数 $\dfrac{dy}{dx}$ 与 $\dfrac{d^2y}{dx^2}$.

5. 设函数 $f(x)=\begin{cases} ax+b, & x\leqslant 1, \\ \ln x, & x>1 \end{cases}$ 在 $x=1$ 处可导,求 a、b.

6. 求函数 $y=3^{\ln\cos x}$ 的微分.

四、证明题

1. 证明:曲线上 $xy=1$ 任一点处的切线与 x 轴和 y 轴构成的三角形面积为常数.

2. 证明:函数 $f(x)=\begin{cases} \dfrac{\sqrt{1+x}-1}{\sqrt{x}}, & x>0, \\ 0, & x\leqslant 0 \end{cases}$ 在点 $x=0$ 处连续,但不可导.

第三章 微分中值定理与导数的应用

数学受到高度尊崇的另一个原因在于:恰恰是数学,给精密的自然科学提供了无可置疑的可靠保证,没有数学,它们无法达到这样的可靠程度.

——爱因斯坦

算术符号是文字化的图形,而几何图形则是图像化的公式;没有一个数学家能缺少这些图像化的公式.

——希尔伯特

概述 应用是理论学习的目的,数学知识来源于实际生活,同时数学理论又服务于现实生活,一直以来,导数在研究函数变化的性态中有着十分重要的意义,在自然科学、工程技术以及社会科学等领域中得到广泛的应用.

本章将介绍微分学中值定理,并以微分中值定理为基础,进一步在理论上深入研究函数的性态,例如函数的单调性、凹凸性、极值、最大(小)值的判断方法,并应用得到的结论探讨函数作图的方法以及解决最值问题的方法,在研究时注重应用数形结合的方法,"以形助数""以数解形".

第一节 微分中值定理

罗尔定理 拉格朗日中值定理 柯西中值定理

一、罗尔定理

罗尔定理 如果函数 $f(x)$ 满足:(1)闭区间 $[a,b]$ 上连续,(2)在开区间 (a,b) 内可导,(3) $f(a)=f(b)$,那么在 (a,b) 内至少有一点 $\xi(a<\xi<b)$,使得 $f'(\xi)=0$.

证 因为 $y=f(x)$ 在 $[a,b]$ 上连续,由闭区间上连续函数的性质知,$f(x)$ 在 $[a,b]$ 上必有最大值 M 和最小值 m.于是,有两种可能的情况:

(1) $M=m$,此时 $f(x)$ 在 $[a,b]$ 上恒为常数,则 $f(x)=M$.由此有 $f'(x)=0$,因此可以取 (a,b) 内任意一点作为 ξ 即有 $f'(\xi)=0$.

(2) $M>m$,因为 $f(a)=f(b)$,所以 M 和 m 这两个数中至少有一个不等于端点的函数值,不妨假定 $M\neq f(a)$(如果设 $m\neq f(a)$(如果设 $m\neq f(a)$,证法完全类似)那么必定在开区间 (a,b) 内有一点 ξ 使 $f(\xi)=M$.下面我们证明 $f'(\xi)=0$.

因为 $f(\xi)=M$ 是函数 $f(x)$ 在 $[a,b]$ 上的最大值,所以,对于 $\xi+\Delta x\in[a,b]$ 总有 $f(\xi+\Delta x)\leqslant f(\xi)$

即
$$f(\xi + \Delta x) - f(\xi) \leqslant 0,$$

当 $\Delta x > 0$ 时,有
$$\frac{f(\xi + \Delta x) - f(\xi)}{\Delta x} \leqslant 0,$$

又由 $f(x)$ 在点 ξ 处可导及极限保号性,有
$$f'(\xi) = f'_+(\xi) = \lim_{\Delta x \to 0^+} \frac{f(\xi + \Delta x) - f(\xi)}{\Delta x} \leqslant 0.$$

同理,当 $\Delta x < 0$ 时,有

$$\frac{f(\xi + \Delta x) - f(\xi)}{\Delta x} \geqslant 0,$$

$$f'(\xi) = f'_-(\xi) = \lim_{\Delta x \to 0^-} \frac{f(\xi + \Delta x) - f(\xi)}{\Delta x} \geqslant 0,$$

所以
$$f'(\xi) = 0.$$

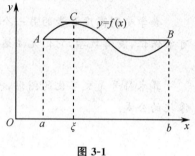

图 3-1

其几何意义如图 3-1 所示,在区间 (a,b) 内可导的函数 $y = f(x)$ 是一条光滑曲线,曲线端点 A、B 的纵坐标 $f(a) = f(b)$,曲线在 (a,b) 内总可以找到平行于两端点连线的切线(水平切线).

罗尔定理中,$f(a) = f(b)$ 这个条件特殊,它使罗尔定理的应用受到限制,如果把 $f(a) = f(b)$ 这个条件取消,保留其余两个条件,推广得到微分学中十分重要的拉格朗日中值定理.

二、拉格朗日中值定理

拉格朗日(Lagrange)中值定理 如果函数 $f(x)$ 满足:(1)在闭区间 $[a,b]$ 上连续,(2)在开区间 (a,b) 内可导,那么在 (a,b) 内至少有一点 $\xi(a < \xi < b)$,使等式

$$f(b) - f(a) = f'(\xi)(b-a) \text{成立} . \tag{1-1}$$

可以把(1-1)式改写成

$$f'(\xi) = \frac{f(b) - f(a)}{b - a},$$

先从几何上直观的分析,由图(3-2)可看出,定理中的 $f'(\xi)$ 恰好是弦 AB 的斜率 $\dfrac{f(b) - f(a)}{b - a}$,即曲线上至少有一点,使曲线在该点处的切线平行于弦 AB.

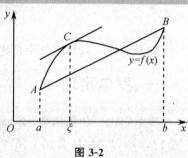

图 3-2

证 当 $f(a) = f(b)$ 时,由罗尔定理知结论成立.

当 $f(a) \neq f(b)$ 时,设 AB 的直线方程为 $g(x)$,则

$$g'(x) = \frac{f(b) - f(a)}{b - a}.$$

构造函数
$$h(x) = f(x) - g(x),$$

由已知条件知,$h(x)$ 在闭区间 $[a,b]$ 上连续,在开区间 (a,b) 内可导,且

$$h(a) = f(a) - g(a) = 0, h(b) = f(b) - g(b) = 0,$$

所以 $h(x)$ 在 $[a,b]$ 上满足罗尔定理,至少存在一点 $\xi(a < \xi < b)$ 使 $h'(\xi) = 0$,即

$$f'(\xi) - g'(\xi) = 0, f'(\xi) = g'(\xi) = \frac{f(b) - f(a)}{b - a}.$$

当 $f(a) = f(b)$ 时,拉格朗日中值定理就是罗尔中值定理.

注 拉格朗日中值公式 $f'(\xi) = \frac{f(b) - f(a)}{b - a}$ 中,$\frac{f(b) - f(a)}{b - a}$ 表示函数在 $[a,b]$ 上整体平均变化率,左端 $f'(\xi)$ 表示 (a,b) 内某点 ξ 处函数的局部变化率,该公式反映了可导函数在 $[a,b]$ 上整体平均变化率与 (a,b) 内某点 ξ 处函数的局部变化率的关系. 因此,拉格朗日中值定理是联结局部与整体的纽带.

推论 如果函数 $y = f(x)$ 在区间 (a,b) 内任一点 ξ 的导数 $f'(\xi)$ 都等于零,则在 (a,b) 内 $f(x)$ 是一个常数.

证 在 (a,b) 内任取两点 x_1、x_2,不妨设 $x_1 < x_2$,则 $f(x)$ 在闭区间 $[x_1, x_2]$ 上满足拉格朗日中值定理,因此必有 $a < x_1 < \xi < x_2 < b$,使得

$$f(x_2) - f(x_1) = f'(\xi)(x_2 - x_1),$$

因为在 (a,b) 内恒有 $f'(x) = 0$,故 $f'(\xi) = 0$,所以有 $f(x_1) = f(x_2)$,由于 x_1、x_2 是 (a,b) 内任意两点,因此在 (a,b) 内 $f(x)$ 的函数值处处相等,即在 (a,b) 内 $f(x)$ 是一个常数.

例 1 证明 $\arcsin x + \arccos x = \frac{\pi}{2} (-1 < x < 1)$.

证 设 $f(x) = \arcsin x + \arccos x, x \in (-1, 1)$,

$$f'(x) = \frac{1}{\sqrt{1 - x^2}} + \left(-\frac{1}{\sqrt{1 - x^2}} \right) = 0, \text{由推论得 } f(x) \equiv C, x \in (-1, 1).$$

又 $f(0) = \arcsin 0 + \arccos 0 = 0 + \frac{\pi}{2} = \frac{\pi}{2}$,即 $C = \frac{\pi}{2}$.

$$\arcsin x + \arccos x = \frac{\pi}{2}.$$

例 2(利用拉格朗日中值定理) 证明当 $x > 0$ 时,$\frac{x}{1 + x} < \ln(1 + x) < x$.

证 设 $f(x) = \ln(1 + x)$,则 $f(x)$ 在 $[0, x]$ 上满足拉格朗日定理的条件,根据定理,应有

$$f(x) - f(0) = f'(\xi)(x - 0) \quad (0 < \xi < x),$$

由于 $f(0) = 0, f'(x) = \frac{1}{1 + x}$,因此上式为

$$\ln(1 + x) = \frac{x}{1 + \xi} \quad (0 < \xi < x),$$

又由 $0 < \xi < x$,得 $1 < 1 + \xi < 1 + x \Rightarrow \frac{1}{1 + x} < \frac{1}{1 + \xi} < 1$,

两边同乘 x 得

$$\frac{x}{1 + x} < \frac{x}{1 + \xi} < x,$$

即

$$\frac{x}{1 + x} < \ln(1 + x) < x \quad (x > 0)$$

三、柯西中值定理

柯西中值定理 设 $f(x)$、$g(x)$ 在闭区间 $[a,b]$ 上连续,在开区间 (a,b) 内可导,在 (a,b) 内每一点处 $g'(x) \neq 0$,则在 (a,b) 内至少存在一点 $\xi(a < \xi < b)$,使得

$$\frac{f(a) - f(b)}{g(a) - g(b)} = \frac{f'(\xi)}{g'(\xi)}.$$

证 由拉格朗日中值定理以及定理条件 $g'(x) \neq 0$ 得

$$g(b) - g(a) = g'(\xi)(b-a) \neq 0, (a < \xi < b),$$

所以
$$g(b) \neq g(a).$$

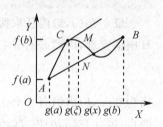

图 3-3

如图 3-3 设曲线的参数式方程为

$$\begin{cases} X = g(x) \\ Y = f(x) \end{cases}, (a < x < b) 则曲线的导数 \frac{\mathrm{d}Y}{\mathrm{d}X} = \frac{f'(x)}{g'(x)}.$$

直线 AB 的斜率为 $\dfrac{f(b) - f(a)}{g(b) - g(a)}$,

由拉格朗日中值定理,曲线上存在点 $\xi(a < \xi < b)$,使得该点的斜率与直线 AB 的斜率相等,即

$$\frac{f(a) - f(b)}{g(a) - g(b)} = \frac{f'(\xi)}{g'(\xi)}, (a < \xi < b).$$

显然,若取 $g(x) = x$,则 $g(b) - g(a) = b - a$,$g'(x) = 1$,因而柯西中值定理就变成拉格朗日中值定理,所以柯西中值定理又称为**广义中值定理**.

思考与探究

罗尔定理、拉格朗日中值定理、柯西中值定理之间有什么联系?

习题 3-1

1. 下列函数在给定区间上是否满足罗尔定理条件? 如果满足就求出定理中的 ξ:

(1) $f(x) = 2x^2 - x - 3, [-1, 1.5]$;   (2) $f(x) = \dfrac{1}{1 + x^2}, [-2, 2]$.

2. 下列函数在给定区间上是否满足拉格朗日定理条件? 如果满足就求出定理中的 ξ:

(1) $f(x) = x^3, [-1, 2]$;   (2) $f(x) = \ln x, [1, e]$.

3. 证明 $\arccos x + \arccos(-x) = \pi (-1 \leqslant x \leqslant 1)$.

4. 不求导数,判断函数 $f(x) = (x-1)(x-2)(x-3)$ 的导数有几个零点及零点所在的范围.

5. 若方程 $a_0 x^n + a_1 x^{n-1} + \cdots + a_{n-1} x = 0$ 有一个正根 $x = x_0$,证明方程

$$a_0 n x^{n-1} + a_1 (n-1) x^{n-2} + \cdots + a_{n-1} = 0$$

必有一个小于 x_0 的正根.

6. 设 $a > b > 0, n > 1$,证明:

$$nb^{n-1}(a - b) < a^n - b^n < na^{n-1}(a - b).$$

7. 设 $a>b>0$,证明:

$$\frac{a-b}{a} < \ln\frac{a}{b} < \frac{a-b}{b}.$$

8. 证明下列不等式:

(1) $|\arctan a - \arctan b| \leqslant |a-b|$;　　　　　　(2) 当 $x>1$ 时, $e^x>ex$.

第二节　洛必达法则

洛必达法则　未定式 "$\frac{0}{0}$"、"$\frac{\infty}{\infty}$"、"$0 \cdot \infty$"、"$\infty-\infty$"、"0^0"、"1^∞"、"∞^0"

在第一章中,我们曾计算过两个无穷小之比以及两个无穷大之比的未定式的极限,本节将用导数作为工具,给出计算未定式极限的一种简便而重要的方法,即**洛必达法则**.

下面我们讨论 $x \to a$ 时的未定式 "$\frac{0}{0}$"、"$\frac{\infty}{\infty}$" 的极限.

> **定理 1**　设函数 $f(x)$、$g(x)$满足
>
> (1) $\lim\limits_{x \to a} f(x)=0, \lim\limits_{x \to a} g(x)=0$(或 $\lim\limits_{x \to a} f(x)=\infty; \lim\limits_{x \to a} g(x)=\infty$)
>
> (2) 在点 a 的某邻域内(点 a 本身可以除外), $f'(x)$ 及 $g'(x)$ 都存在且 $g'(x) \neq 0$;
>
> (3) $\lim\limits_{x \to a} \dfrac{f'(x)}{g'(x)} = A$ (A 为常数或为无穷大);
>
> 则有
>
> $$\lim_{x \to a} \frac{f(x)}{g(x)} = \lim_{x \to a} \frac{f'(x)}{g'(x)} = A.$$

注　定理 1 对自变量的其他变化过程依然适合.

例 1　求 $\lim\limits_{x \to 0} \dfrac{\sin ax}{\sin bx} (b \neq 0)$.

解　这是 "$\frac{0}{0}$" 型未定式, $\lim\limits_{x \to 0} \dfrac{\sin ax}{\sin bx} = \lim\limits_{x \to 0} \dfrac{a\cos ax}{b\cos bx} = \dfrac{a}{b}$.

例 2　求 $\lim\limits_{x \to 1} \dfrac{x^3-3x+2}{x^3-x^2-x+1}$.

解　这是 "$\frac{0}{0}$" 型未定式

$$\lim_{x \to 1} \frac{x^3-3x+2}{x^3-x^2-x+1} = \lim_{x \to 1} \frac{3x^2-3}{3x^2-2x-1} = \lim_{x \to 1} \frac{6x}{6x-2} = \frac{3}{2}.$$

注: 上式中, $\lim\limits_{x \to 1} \dfrac{6x}{6x-2}$ 已不是未定式,不能再对它应用洛必达法则.

例 3　求 $\lim\limits_{x \to +\infty} \dfrac{\dfrac{\pi}{2} - \arctan x}{\dfrac{1}{x}}$.

解 这是"$\dfrac{0}{0}$"型未定式. $\lim\limits_{x\to+\infty}\dfrac{\dfrac{\pi}{2}-\arctan x}{\dfrac{1}{x}}=\lim\limits_{x\to+\infty}\dfrac{-\dfrac{1}{1+x^2}}{-\dfrac{1}{x^2}}=\lim\limits_{x\to+\infty}\dfrac{x^2}{1+x^2}=1.$

例 4 求 $\lim\limits_{x\to+\infty}\dfrac{\ln x}{x^n}(n>0)$.

解 这是"$\dfrac{\infty}{\infty}$"型未定式, $\lim\limits_{x\to+\infty}\dfrac{\ln x}{x^n}=\lim\limits_{x\to+\infty}\dfrac{\dfrac{1}{x}}{nx^{n-1}}=\lim\limits_{x\to+\infty}\dfrac{1}{nx^n}=0.$

例 5 求 $\lim\limits_{x\to+\infty}\dfrac{x^n}{\mathrm{e}^{\lambda x}}$. ($n$ 为正整数,$\lambda>0$)

解 这是"$\dfrac{\infty}{\infty}$"型未定式,反复应用洛必达法则 n 次,得

$$\lim\limits_{x\to+\infty}\dfrac{x^n}{\mathrm{e}^{\lambda x}}=\lim\limits_{x\to+\infty}\dfrac{nx^{n-1}}{\lambda\mathrm{e}^{\lambda x}}=\lim\limits_{x\to+\infty}\dfrac{n(n-1)x^{n-1}}{\lambda^2\mathrm{e}^{\lambda x}}=\cdots=\lim\limits_{x\to+\infty}\dfrac{n!}{\lambda^n\mathrm{e}^{\lambda x}}=0.$$

除"$\dfrac{0}{0}$"型和"$\dfrac{\infty}{\infty}$"型两个未定式外,还有一些未定式,如"$0\cdot\infty$"型、"$\infty-\infty$"型、"0^0"型、"1^∞"型、"∞^0"型的未定式,其计算方法是通过适当的变形,把它们转化为"$\dfrac{0}{0}$"型和"$\dfrac{\infty}{\infty}$"型的未定式来进行计算,下面通过例题来说明.

例 6 求 $\lim\limits_{x\to0^+}x^n\ln x(n>0)$.

解 这是"$0\cdot\infty$"型未定式,因为

$$x^n\ln x=\dfrac{\ln x}{\dfrac{1}{x^n}},$$

当 $x\to0^+$ 时,上式右端是未定式"$\dfrac{\infty}{\infty}$",应用洛必达法则,得

$$\lim\limits_{x\to0^+}x^n\ln x=\lim\limits_{x\to0^+}\dfrac{\ln x}{x^{-n}}=\lim\limits_{x\to0^+}\dfrac{\dfrac{1}{x}}{-nx^{-n-1}}=\lim\limits_{x\to0^+}\dfrac{x^n}{-n}=0.$$

例 7 求 $\lim\limits_{x\to\frac{\pi}{2}}(\sec x-\tan x)$.

解 这是"$\infty-\infty$"型未定式,因为

$$\sec x-\tan x=\dfrac{1-\sin x}{\cos x},$$

当 $x\to\dfrac{\pi}{2}$ 时,上式右端是未定式"$\dfrac{0}{0}$",应用洛比达法则,得

$$\lim\limits_{x\to\frac{\pi}{2}}(\sec x-\tan x)=\lim\limits_{x\to\frac{\pi}{2}}\dfrac{1-\sin x}{\cos x}=\lim\limits_{x\to\frac{\pi}{2}}\dfrac{-\cos x}{-\sin x}=0.$$

例 8 求 $\lim\limits_{x\to0^+}x^x$.

解　这是"0^0"型未定式,设 $y=x^x$,则由对数恒等式有 $y=\mathrm{e}^{x\ln x}$,

因
$$\lim_{x\to 0^+}y=\lim_{x\to 0^+}\mathrm{e}^{x\ln x},$$

应用例 6 的结果(此时 $n=1$),得

$$\lim_{x\to 0^+}(x\ln x)=0,$$

故
$$\lim_{x\to 0^+}x^x=\mathrm{e}^0=1.$$

洛必达法则是求未定式的一种有效方法,但若能与其它求极限的方法结合使用,如恒等变形化简、等价无穷小替换、重要极限等,这样会使运算更简捷.

例 9　求 $\lim\limits_{x\to 0}\dfrac{\tan x-x}{x^2\tan x}$.

解　这是"$\dfrac{0}{0}$"型未定式,如果直接用洛必达法则,分母的导数比较复杂.注意到 $x\to 0$ 时,$\tan x\sim x$,则 $x^2\tan x\sim x^3$,先分母等价无穷小替换,再用洛必达法则.

$$\lim_{x\to 0}\frac{\tan x-x}{x^2\tan x}=\lim_{x\to 0}\frac{\tan x-x}{x^3}$$
$$=\lim_{x\to 0}\frac{\sec^2 x-1}{3x^2}=\lim_{x\to 0}\frac{\tan^2 x}{3x^2}=\frac{1}{3}.$$

例 10　求 $\lim\limits_{x\to 0}\dfrac{x^2\sin\dfrac{1}{x}}{\sin x}$.

解　这是"$\dfrac{0}{0}$"型未定式,但分子分母分别求导后,将化为 $\lim\limits_{x\to 0}\dfrac{2x\sin\dfrac{1}{x}-\cos\dfrac{1}{x}}{\cos x}$,此式分子振荡无极限,故洛必达法则失效,但原极限是存在的,可用下面方法求得:

$$\lim_{x\to 0}\frac{x^2\sin\dfrac{1}{x}}{\sin x}=\lim_{x\to 0}\frac{x^2\sin\dfrac{1}{x}}{x}=\lim_{x\to 0}x\sin\frac{1}{x}=0.$$

例 11　求 $\lim\limits_{x\to+\infty}\dfrac{3\mathrm{e}^x-\mathrm{e}^{-x}}{\mathrm{e}^x+2\mathrm{e}^{-x}}$.

解　这是"$\dfrac{\infty}{\infty}$"型未定式,若用洛必达法则,求导以后会化为 $\lim\limits_{x\to+\infty}\dfrac{3\mathrm{e}^x+\mathrm{e}^{-x}}{\mathrm{e}^x-2\mathrm{e}^{-x}}$,仍是"$\dfrac{\infty}{\infty}$"型,再用一次洛必达法则,就又回到原题,如此不能用洛必达法则求出极限,可用以下方法求得

$$\lim_{x\to+\infty}\frac{3\mathrm{e}^x-\mathrm{e}^{-x}}{\mathrm{e}^x+2\mathrm{e}^{-x}}=\lim_{x\to+\infty}\frac{3-\mathrm{e}^{-2x}}{1+2\mathrm{e}^{-2x}}=3\,(\text{原式分子分母同除 }\mathrm{e}^x)$$

从上面的例子可以看出,洛必达法则虽然是求未定式极限的一种有效的方法,但它不是万能的,有时会失效,不能使用洛必达法则的函数极限不一定不存在.所以求"$\dfrac{0}{0}$","$\dfrac{\infty}{\infty}$"型的极限时,洛必达法则、等价无穷小替换、恒等变形、先求非零值极限因子等方法结合使用,效果更佳.下面再看一个例子

例 12(2009 数学二考研真题)　求 $\lim\limits_{x\to 0}\dfrac{(1-\cos x)\left[x-\ln(1+\tan x)\right]}{\sin x^4}$.

解　这是一个 "$\dfrac{0}{0}$" 型极限

$$
\begin{aligned}
原式 &= \lim_{x\to 0}\frac{\dfrac{x^2}{2}\left[x-\ln(1+\tan x)\right]}{x^4}=\lim_{x\to 0}\frac{\left[x-\ln(1+\tan x)\right]}{2x^2}（先等价无穷小替换）\\
&= \lim_{x\to 0}\frac{\left[1-\dfrac{\sec^2 x}{(1+\tan x)}\right]}{4x}（洛必达法则）\\
&= \lim_{x\to 0}\frac{(1+\tan x-\sec^2 x)}{4x(1+\tan x)}=\lim_{x\to 0}\frac{(\tan x-\tan^2 x)}{4x}=\lim_{x\to 0}\frac{\tan x(1-\tan x)}{4x}=\frac{1}{4}.
\end{aligned}
$$

思考与探究

设函数 $f(x)$ 可导,满足 $\lim\limits_{x\to a}f(x)=0$,则下列计算过程是否正确?为什么?

$$
\lim_{x\to a}\frac{f(x)}{x-a}=\lim_{x\to a}\frac{f'(x)}{(x-a)'}=\lim_{x\to a}f'(x)=f'(a).
$$

习题 3-2

求下列极限:

1. $\lim\limits_{x\to 0}\dfrac{\mathrm{e}^x-\mathrm{e}^{-x}}{x}$.

2. $\lim\limits_{x\to 1}\dfrac{\ln x}{x-1}$.

3. $\lim\limits_{x\to 1}\dfrac{x^3-3x^2+2}{x^3-x^2-x+1}$.

4. $\lim\limits_{x\to \pi}\dfrac{\sin 3x}{\tan 5x}$.

5. $\lim\limits_{x\to 1}\left(\dfrac{x}{x-1}-\dfrac{1}{\ln x}\right)$.

6. $\lim\limits_{x\to 0}\left(\dfrac{1}{x}-\dfrac{1}{\mathrm{e}^x-1}\right)$.

7. $\lim\limits_{x\to +\infty}\dfrac{x+\ln x}{x\ln x}$.

8. $\lim\limits_{x\to 0}x^2\mathrm{e}^{\frac{1}{x^2}}$.

9. $\lim\limits_{x\to 0^+}\dfrac{\ln\tan 7x}{\ln\tan 2x}$.

10. $\lim\limits_{x\to 0^+}x^2\ln\sqrt{x}$.

11. $\lim\limits_{x\to +\infty}\dfrac{\sqrt{x^2+1}}{x}$.

12. $\lim\limits_{x\to +\infty}\dfrac{2x+\sin x}{x-\cos 2x}$.

第三节　泰勒公式

泰勒中值定理　　拉格朗日型余项　皮亚诺余弦

　　对于一些比较复杂的函数,为了便于研究,往往希望用一些简单的函数来近似表达,多项式函数是最为简单的一类函数,它只要对自变量进行有限次的加、减、乘三种算术运算,就能求出其函数值.因此,多项式函数经常被用于近似地表达函数,这种近似表达在数学上常称为逼近.由微分应用知：$e^x \approx 1+x$，$\ln(1+x) \approx x$.这些都是一次多项式来近似表达函数的例子.但是这种近似表达式的精确度不高,它所产生的误差仅是关于 x 的高阶无穷小,为了提高精确度,自然想到用更高次的多项式来逼近函数.于是,提出如下问题：

设函数 $f(x)$ 在含有 x_0 的开区间 (a,b) 内具有直到 $n+1$ 阶导数,问是否存在一个 n 次多项式函数

$$p_n(x) = a_0 + a_1(x-x_0) + a_2(x-x_0)^2 + \cdots + a_n(x-x_0)^n \qquad (3-1)$$

使得
$$f(x) \approx P_n(x),$$

误差 $R_n(x) = f(x) - p_n(x)$ 是比 $(x-x_0)^n$ 高阶的无穷小,并给出误差估计的具体表达式.

下面我们来讨论这个问题　假设 $p_n(x)$ 在 x_0 处的函数值及它的直到 n 阶导数在 x_0 处的值依次与 $f(x_0)$，$f'(x_0)$，$\cdots$，$f^{(n)}(x_0)$ 相等,即满足

$$p_n(x_0) = f(x_0), \quad p_n'(x_0) = f'(x_0),$$
$$p_n''(x_0) = f''(x_0), \cdots, p_n^{(n)}(x_0) = f^{(n)}(x_0),$$

按这些等式来确定多项式(3-1)的系数 $a_0, a_1, a_2, \cdots, a_n$，为此,对(3-1)式求各阶导数,然后分别代入以上等式,得

$$a_0 = f(x_0), 1 \cdot a_1 = f'(x_0),$$
$$2! a_2 = f''(x_0), \cdots, n! a_n = f^{(n)}(x_0),$$

即得
$$a_0 = f(x_0), \quad a_1 = f'(x_0), \quad a_2 = \frac{f''(x_0)}{2!}, \cdots, a_n = \frac{f^{(n)}(x_0)}{n!}$$

将求得的系数 $a_0, a_1, a_2, \cdots, a_n$ 代入(3-1)式,有

$$p_n(x) = f(x_0) + f'(x_0)(x-x_0) + \frac{f''(x_0)}{2!}(x-x_0)^2 + \cdots + \frac{f^{(n)}(x_0)}{n!}(x-x_0)^n$$
$$(3-2)$$

下面的定理表明,多项式(3-2)就是所要找的 n 次多项式.

泰勒(Taylor)中值定理　如果函数 $f(x)$ 在含有 x_0 的某个开区间 (a,b) 内具有直到 $n+1$ 阶导数,则对任一 $x \in (a,b)$ 有

$$f(x) = f(x_0) + f'(x_0)(x-x_0) + \frac{f''(x_0)}{2!}(x-x_0)^2 + \cdots + \frac{f^{(n)}(x_0)}{n!}(x-x_0)^n + R_n(x)$$
$$(3-3)$$

其中
$$R_n(x) = \frac{f^{(n+1)}(\xi)}{(n+1)!}(x-x_0)^{n+1} \quad (\xi \text{ 介于 } x_0 \text{ 与 } x \text{ 之间}). \qquad (3-4)$$

公式(3-3)称为 $f(x)$ 按 $(x-x_0)$ 的幂展开的带有拉格朗日型余项的 n 阶**泰勒公式**,而 $R_n(x)$ 的表达式(3-4)称为**拉格朗日型余项**.

当 $n=0$ 时,泰勒公式变成为拉格朗日中值定理：

$$f(x) = f(x_0) + f'(\xi)(x-x_0) \quad (\xi \text{ 在 } x_0 \text{ 与 } x \text{ 之间}).$$

因此,泰勒中值定理是拉格朗日中值定理的推广.

由泰勒中值定理可知,以多项式 $p_n(x)$ 近似表达函数 $f(x)$ 时,其误差为 $|R_n(x)|$,如果对于某个固定 n,当 $x \in (a,b)$ 时,$|f^{(n+1)}(x)| \leqslant M$,则有估计式

$$|R_n(x)| = \left| \frac{f^{(1+n)}(\xi)}{(n+1)!}(x-x_0)^{n+1} \right| \leqslant \frac{M}{(n+1)!}|x-x_0|^{n+1} \qquad (3-5)$$

即

$$\lim_{x \to x_0} \frac{R(x)}{(x-x_0)^n} = 0$$

由此可知,当 $x \to x_0$ 时,误差 $|R_n(x)|$ 是比 $(x-x_0)^n$ 高阶的无穷小,即

$$R_n(x) = o[(x-x_0)^n], \qquad (3-6)$$

(3−6)式称为**佩亚诺型余项**.

这样,我们提出的问题完满地得到解决.

在不需要余项的精确表达式时,n 阶泰勒公式也可以写成

$$f(x) = f(x_0) + f'(x_0)(x-x_0) + \frac{f''(x_0)}{2!}(x-x_0)^2 +$$

$$\cdots + \frac{f^{(n)}(x_0)}{n!}(x-x_0)^n + o[(x-x_0)^n]. \qquad (3-7)$$

(3−7)式称为 $f(x)$ 按 $(x-x_0)$ 的幂展开的带有**佩亚诺型余项**的 n **阶泰勒公式**.

在泰勒公式(3−3)中取 $x_0 = 0$,则

$$f(x) = f(0) + f'(0)x + \frac{f''(0)}{2!}x^2 + \cdots + \frac{f^{(n)}(0)}{n!}x^n + R_n(x), \qquad (3-8)$$

其中

$$R_n(x) = \frac{f^{(n+1)}(\xi)}{(n+1)!}x^{n+1} \qquad (\xi \text{ 是 } 0 \text{ 与 } x \text{ 之间的某个值}),$$

(3−8)式称为 $f(x)$ 的带有**拉格朗日型余项**的 n **阶麦克劳林公式**.

在泰勒公式(3−7)中取 $x_0 = 0$,则

$$f(x) = f(0) + f'(0)x + \frac{f''(0)}{2!}x^2 + \cdots + \frac{f^{(n)}(0)}{n!}x^n + o(x^n), \qquad (3-9)$$

(3−9)式称为 $f(x)$ 的带有**佩亚诺余项**的 n **阶麦克劳林公式**.

例 1(直接展开) 求 $f(x) = e^x$ 的 n 阶麦克劳林公式.

解 因为 $f'(x) = f''(x) = \cdots = f^{(n)}(x) = e^x$,所以 $f^{(n)}(0) = 1, f(0) = 1$,

注意到 $f^{(n+1)}(\xi) = e^\xi$ 代入泰勒公式,得

$$e^x = 1 + x + \frac{x^2}{2!} + \cdots + \frac{x^n}{n!} + \frac{e^\xi}{(n+1)!}x^{n+1} \qquad (\xi \text{ 在 } 0 \text{ 与 } x \text{ 之间}).$$

由公式可知 $e^x \approx 1 + x + \frac{x^2}{2!} + \cdots + \frac{x^n}{n!}$,

其误差 $\quad |R_n(x)| = \left| \frac{e^\xi}{(n+1)!}x^{n+1} \right| < \frac{e^{|x|}}{(n+1)!}|x|^{n+1} \qquad (\xi \text{ 在 } 0 \text{ 与 } x \text{ 之间}).$

故

$$e^x = 1 + x + \frac{x^2}{2!} + \cdots + \frac{x^n}{n!} + o(x^n).$$

类似地可得到以下常用初等函数的麦克劳林公式:

$$\sin x = x - \frac{x^3}{3!} + \frac{x^5}{5!} - \cdots + (-1)^n \frac{x^{2n+1}}{(2n+1)!} + o(x^{2n+2}),$$

$$\cos x = 1 - \frac{x^2}{2!} + \frac{x^4}{4!} - \frac{x^6}{6!} + \cdots + (-1)^n \frac{x^{2n}}{(2n)!} + o(x^{2n}),$$

$$\ln(1+x) = x - \frac{x^2}{2} + \frac{x^3}{3} - \cdots + (-1)^n \frac{x^{n+1}}{n+1} + o(x^{n+1}),$$

$$(1+x)^m = 1 + mx + \frac{m(m-1)}{2!}x^2 + \cdots + \frac{m(m-1)\cdots(m-n+1)}{n!}x^n + o(x^n).$$

在实际应用中,上述已知初等函数的麦克劳林公式常用于间接地展开一些更复杂的函数的麦克劳林公式,以及求某些函数的极限等.

例 2(间接展开)　求 $y = 2^x$ 的 n 阶麦克劳林公式.

解　$y = 2^x = e^{x\ln 2}$,将 $e^x = 1 + x + \frac{x^2}{2!} + \cdots + \frac{x^n}{n!} + o(x^n)$ 中的 x 换成 $x\ln 2$ 即得

$$y = 2^x = e^{x\ln 2} = 1 + x\ln 2 + \frac{(x\ln 2)^2}{2!} + \cdots + \frac{(x\ln 2)^n}{n!} + o(x^n)$$

$$= 1 + x\ln 2 + \frac{(\ln 2)^2}{2!}x^2 + \cdots + \frac{(\ln 2)^n}{n!}x^n + o(x^n).$$

例 3(间接展开)　求函数 $f(x) = xe^x$ 的带佩亚诺余项的 n 阶麦克劳林公式.

解　利用 e^x 的 $n-1$ 阶麦克劳林公式,可间接得到函数 xe^x 的 n 阶麦克劳林公式

$$xe^x = x\left[1 + x + \frac{x^2}{2!} + \cdots + \frac{x^{n-1}}{(n-1)!} + o(x^{n-1})\right]$$

$$= x + x^2 + \frac{x^3}{2!} + \cdots + \frac{x^n}{(n-1)!} + o(x^n).$$

利用泰勒公式求极限,就是把指数函数、对数函数、三角函数、反三角函数四种基本初等函数用幂函数表示,这样可以把所求的各种函数的极限转化为多项式或有理分式的极限,下面举例说明

例 4(利用带佩亚诺余项的麦克劳林公式)　计算 $\lim\limits_{x\to 0} \dfrac{e^{x^2} + 2\cos x - 3}{x^4}$.

解　这是一个"$\dfrac{0}{0}$"型未定式

因为　　　　$e^{x^2} = 1 + x^2 + \frac{1}{2!}x^4 + o(x^4)$,　$\cos x = 1 - \frac{x^2}{2!} + \frac{x^4}{4!} + o(x^4)$,

所以　　　　$e^{x^2} + 2\cos x - 3 = \left(\frac{1}{2!} + 2\cdot\frac{1}{4!}\right)x^4 + o(x^4) = \frac{7}{12}x^4 + o(x^4)$,

从而　　　　$\lim\limits_{x\to 0} \dfrac{e^{x^2} + 2\cos x - 3}{x^4} = \lim\limits_{x\to 0} \dfrac{\frac{7}{12}x^4 + o(x^4)}{x^4} = \frac{7}{12}$.

一般地,对于"$\dfrac{0}{0}$"型的极限,若不能等价无穷小替换,分子分母求导也很复杂时,考虑使用麦克劳林公式求极限.

思考与探究

泰勒中值定理与拉格朗日中值定理是什么关系?

习题 3-3

1. 求函数 $f(x)=\sqrt{x}$ 按 $(x-4)$ 的幂展开的带有拉格朗日型余项的 3 阶泰勒公式.

2. 求函数 $f(x)=\ln x$ 按 $(x-2)$ 的幂展开的带有佩亚诺余项的 n 阶泰勒公式.

3. 求函数 $f(x)=\dfrac{1}{x}$ 按 $(x+1)$ 的幂展开的带有拉格朗日型余项的 n 阶泰勒公式.

4. 应用麦克劳林公式,按 x 的幂展开多项式 $f(x)=(x^2-3x+1)^3$.

5. 求函数 $f(x)=\tan x$ 的带有拉格朗日型余项的 3 阶麦克劳林公式.

6. 利用带佩亚诺余项的麦克劳林公式计算下列极限:

(1) $\lim\limits_{x\to 0}\dfrac{\cos x-\mathrm{e}^{-\frac{x^2}{2}}}{x^2[x+\ln(1-x)]}$;

(2) $\lim\limits_{x\to 0}\dfrac{1+\dfrac{1}{2}x^2-\sqrt{1+x^2}}{(\cos x-\mathrm{e}^{x^2})\sin x^2}$.

第四节　函数及其图形性态的研究

函数单调性的判定法　函数极值　函数最值　函数图形的凹凸性与拐点　函数图形的描绘　水平渐近线　铅直渐近线

一、函数单调性的判定法

第一章中曾介绍过函数单调性的定义.下面介绍利用导数判定函数单调性的方法.

由导数的几何意义,容易看出(如图 3-4 所示),若在区间 (a,b) 内恒有 $f'(x)>0$,那么函数 $y=f(x)$ 的曲线在 x 处切线的斜率 $\tan\beta>0$,这时曲线显然是上升的;同样,$f'(x)<0$ 表示曲线在 x 处切线的斜率 $\tan\beta<0$,这时曲线是下降的.

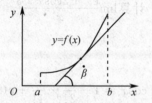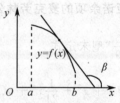

图 3-4

> **定理 1**　设函数 $y=f(x)$ 在 $[a,b]$ 上连续,在 (a,b) 内可导.
> (1)如果在 (a,b) 内 $f'(x)>0$,那么函数 $y=f(x)$ 在 $[a,b]$ 上单调增加;
> (2)如果在 (a,b) 内 $f'(x)<0$,那么函数 $y=f(x)$ 在 $[a,b]$ 上单调减少.

证　设函数 $f(x)$ 在 $[a,b]$ 上连续,在 (a,b) 内可导.在 $[a,b]$ 上任取两点 x_1、$x_2(x_1<x_2)$,应用拉格朗日中值定理,得到

$$f(x_2)-f(x_1)=f'(\xi)(x_2-x_1)\quad(x_1<\xi<x_2).$$

若 $f'(x)>0$，那么也有 $f'(\xi)>0$. 于是

$$f(x_2)-f(x_1)=f'(\xi)(x_2-x_1)>0,$$

即 $f(x_2)>f(x_1)$. 就是说，函数 $y=f(x)$ 在 $[a,b]$ 上单调增加.

同理可证，如果在 (a,b) 内 $f'(x)<0$，那么函数 $y=f(x)$ 在 $[a,b]$ 上单调减少.

例 1　判定 $y=x-\sin x$ 在区间 $[0,2\pi]$ 上的单调性.

解　因为在区间 $[0,2\pi]$，$y'=1-\cos x>0$，所以函数在 $[0,2\pi]$ 上是单调增函数.

例 2　讨论函数 $y=e^x-x-1$ 的单调性.

解　函数 $y=e^x-x-1$ 的定义域为 $(-\infty,+\infty)$.

由于 $y'=e^x-1$，故在 $(-\infty,0)$ 内 $y'<0$，所以函数 $y=e^x-x-1$ 在 $(-\infty,0]$ 上单调减少；在 $(0,+\infty)$ 内 $y'>0$，所以函数 $y=e^x-x-1$ 在 $[0,+\infty)$ 上单调增加.

例 3　讨论函数 $y=\sqrt[3]{x^2}$ 的单调区间.

解　函数定义域为 $(-\infty,+\infty)$. 当 $x\neq0$ 时 $y'=\dfrac{2}{3\sqrt[3]{x}}$；当 $x=0$ 时，导数不存在，

在 $(-\infty,0)$ 内 $y'<0$，$y=\sqrt[3]{x^2}$ 在 $(-\infty,0]$ 上单调减少；在 $(0,+\infty)$ 内 $y'>0$，$y=\sqrt[3]{x^2}$ 在 $[0,+\infty)$ 上单调增加；

我们称 $f'(x)=0$ 的点叫函数 $f(x)$ 的**驻点**.

注意到例 2 中，单调减少区间 $(-\infty,0)$ 和单调增加区间 $(0,+\infty)$ 的分界点 $x=0$ 是一个驻点. 例 3 中 $x=0$ 是单调减少区间 $(-\infty,0)$ 和单调增加区间 $(0,+\infty)$ 的分界点，在该点处导数不存在.

如果函数在定义区间上连续，除去有限个导数不存在的点外导数存在且连续，那么只要用方程 $f'(x)=0$ 的根及 $f'(x)$ 不存在的点来划分函数 $f(x)$ 的定义区间，就能保证 $f'(x)$ 在各个部分区间内保持固定符号，从而函数 $f(x)$ 在每个部分区间上单调.

综合以上讨论得

求函数单调区间的步骤

第一步　确定函数 $f(x)$ 的定义域 D，并求其导数 $f'(x)$；

第二步　解方程 $f'(x)=0$ 求出 $f(x)$ 的全部驻点与 $f'(x)$ 不存在点 $x_i(x_i\in D)$；

第三步　用 x_i 划分定义区间 D 为一些小区间，在每个小区间上确定 $f'(x)$ 的符号，根据定理 1 确定 $f(x)$ 在每个小区间上的单调性.

例 4　确定函数 $f(x)=36x^5+15x^4-40x^3-7$ 的单调区间.

解　函数 $f(x)$ 的定义域为 $(-\infty,+\infty)$，求导数得

$$f'(x)=180x^4+60x^3-120x^2=60x^2(x+1)(3x-2).$$

令 $f'(x)=0$，得 $x_1=-1$，$x_2=0$，$x_3=\dfrac{2}{3}$. 它们把 $(-\infty,+\infty)$ 分为四个区间：$(-\infty,-1]$，$[-1,0]$，$[0,\dfrac{2}{3}]$，$[\dfrac{2}{3},+\infty)$.

在 $(-\infty,-1)$ 及 $(\dfrac{2}{3},+\infty)$ 内，$f'(x)>0$，所以 $f(x)$ 在 $(-\infty,-1]$ 及 $[\dfrac{2}{3},+\infty)$ 上单调增

加.在 $(-1,0)$ 及 $(0,\frac{2}{3})$ 内,$f'(x)<0$,所以 $f(x)$ 在 $[-1,\frac{2}{3}]$ 上单调减少.

例 5(利用单调性证明不等式)　证明:当 $x>1$ 时,$2\sqrt{x}>3-\frac{1}{x}$.

证　设 $f(x)=2\sqrt{x}-(3-\frac{1}{x})$,$(x>1)$ 则

$$f'(x)=\frac{1}{\sqrt{x}}-\frac{1}{x^2}=\frac{1}{x^2}(x\sqrt{x}-1).$$

当 $x>1$ 时,$f'(x)>0$,因此 $f(x)$ 在 $[1,+\infty)$ 上单调增加,从而当 $x>1$ 时,$f(x)>f(1)$,又 $f(1)=0$,故 $f(x)>f(1)=0$,即

$$2\sqrt{x}-(3-\frac{1}{x})>0, \quad 从而 \quad 2\sqrt{x}>3-\frac{1}{x} \quad (x>1).$$

二、函数的极值和最大值、最小值

1. 函数的极值

定义　设函数 $y=f(x)$ 在 x_0 的某个邻域 $U(x_0)$ 内有定义,如果对于去心邻域 $\overset{\circ}{U}(x_0)$ 内的任一点 x,有

$$f(x)<f(x_0)(或 f(x)>f(x_0))$$

那么,称 $f(x_0)$ 是函数 $f(x)$ 的一个**极大值(极小值)**.

函数的极大值和极小值统称为函数的**极值**,使函数取得极值的点叫**极值点**.

函数的哪些点可能是极值点,取得极值点有点附近函数有什么特征,下面我们通过图 3-5 来认识极值点和极值.

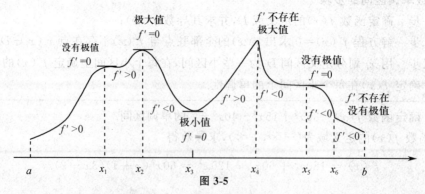

图 3-5

图中 $f(x)$ 在 $[a,b]$ 连续,注意到,图 3-5 中,由极值的定义,函数的导数大于零或导数小于零的点处不是极值点,在 $f'(x)=0$ 与 $f'(x)$ 不存在点 $x=x_i(i=1,2,\cdots,6)$ 中,图像在 $x=x_2$,$x=x_3$,$x=x_4$,这三个点两侧附近导数符号相反,取得局部上的极值;而在 $x=x_1$,$x=x_5$,$x=x_6$ 这三个点两侧附近导数符号一致,函数没有取得极值,由此可知,函数的 $f'(x)=0$ 与 $f'(x)$ 不存在点是可能取得极值的点,图像在这些点两侧的导数符号与确定这些点是否为极值点有关.

定理 2(必要条件) 设函数 $f(x)$ 在点 x_0 具有导数,且在 x_0 处取得极值,那么函数在 x_0 处的导数 $f'(x_0)=0$.

也就是说,可导函数 $f(x)$ 的极值点必定是它的驻点.但反过来,函数的驻点却不一定是极值点,如图 3-5 中 $x=x_1,x=x_5$ 处.值得注意的是,定理 2 的条件之一是函数在 x_0 点可导,而导数不存在(但连续)的点也有可能取得极值,如图 3-5 中 $x=x_4$ 点处.

下面的定理 3 给出了判别驻点及导数不存在点是否为极值点的判别法.

定理 3 第一充分条件(一阶导判别法)

设函数 $f(x)$ 在点 x_0 的邻域内连续且可导($f'(x_0)$ 可以不存在),当 x 由小增大经过 x_0 点时,若(1)$f'(x)$ 由正变负,则 x_0 是极大值点;

(2)$f'(x)$ 由负变正,则 x_0 是极小值点;

(3)$f'(x)$ 不改变符号,则 x_0 不是极值点.

把必要条件和充分条件结合起来得到求函数极值的步骤

求函数 $f(x)$ 的极值点和极值的步骤:

第一步 确定函数 $f(x)$ 的定义域,并求其导数 $f'(x)$;

第二步 求出 $f(x)$ 在定义域内的 $f'(x)=0$ 的点与不可导点;

第三步 讨论 $f'(x)$ 在驻点和不可导点左、右两侧邻近符号变化的情况,根据第一充分条件确定函数的极值点;

第四步 求出各极值点的函数值,得到函数 $f(x)$ 的全部极值.

例 6 求出函数 $f(x)=x^3-3x^2-9x+5$ 的极值.

解 (1)函数 $f(x)$ 在 $(-\infty,+\infty)$ 内连续,$f'(x)=3x^2-6x-9=3(x+1)(x-3)$,

(2)令 $f'(x)=0$ 得驻点 $x_1=-1,x_2=3$.

(3)在 $(-\infty,-1)$ 内 $f'(x)>0$,在 $(-1,3)$ 内 $f'(x)<0$,故在 $x=-1$ 是一个极大值点;又在 $(3,+\infty)$ 内 $f'(x)>0$,故 $x=3$ 为极小值点.

(4)极大值 $f(-1)=10$,极小值 $f(3)=-22$.

例 7 求函数 $f(x)=(x-4)\sqrt[3]{(x+1)^2}$ 的极值.

解 (1)函数 $f(x)$ 在 $(-\infty,+\infty)$ 内连续,除 $x=-1$ 外处处可导,

且

$$f'(x)=\frac{5(x-1)}{3\sqrt[3]{x+1}};$$

(2)令 $f'(x)=0$ 得驻点 $x=1$;$x=-1$ 为 $f(x)$ 的不可导点;

(3)在 $(-\infty,-1)$ 内 $f'(x)>0$,在 $(-1,1)$ 内 $f'(x)<0$,故在 $x=-1$ 是一个极大值点;又在 $(1,+\infty)$ 内 $f'(x)>0$,故 $x=1$ 为极小值点;

(4)极大值为 $f(-1)=0$,极小值为 $f(1)=-3\sqrt[3]{4}$.

定理 4 第二充分条件(二阶导判别法)

设函数 $f(x)$ 在点 x_0 处有二阶导数,且 $f'(x_0)=0$.

（1）若 $f''(x_0)<0$，则函数 $f(x)$ 在点 x_0 处取得极大值；

（2）若 $f''(x_0)>0$，则函数 $f(x)$ 在点 x_0 处取得极小值；

（3）若 $f''(x_0)=0$，则不能判断 $f(x)$ 在点 x_0 是否取得极值.（证明略）

例 8 当 a 为何值时，函数 $f(x)=a\sin x+\dfrac{1}{3}\sin 3x$ 在 $x=\dfrac{\pi}{3}$ 处取得极值？它是极大值还是极小值？并求此极值.

解 由 $f(x)=a\sin x+\dfrac{1}{3}\sin 3x$，得 $f'(x)=a\cos x+\cos 3x$.

由必要条件得

$$f'\left(\frac{\pi}{3}\right)=a\cos\frac{\pi}{3}+\cos\pi=\frac{1}{2}a-1=0,$$

所以

$$a=2.$$

> **注** 若在驻点 $x=\dfrac{\pi}{3}$ 两侧的导数符号不易确定，使用第二充分条件方便.

由 $f'(x)=2\cos x+\cos 3x$ 得

$$f''(x)=-2\sin x-3\sin 3x,$$

从而 $f''\left(\dfrac{\pi}{3}\right)=-2\sin\dfrac{\pi}{3}-3\sin\pi=-\sqrt{3}<0$，由第二充分条件得函数 $f(x)$ 在 $x=\dfrac{\pi}{3}$ 处取得极大值 $f\left(\dfrac{\pi}{3}\right)=\sqrt{3}$.

注 极值第二充分条件只对驻点处 $f''(x_0)\neq 0$ 有效，$f''(x_0)=0$ 的点以及函数的不可导点不能用第二充分条件.

2.最大值与最小值

在工农业生产、工程技术及科学技术分析中，往往会遇到，在一定条件下，怎样提高生产效率，降低成本，节约原材料等问题，这类问题在数学上有时可归结为求某一函数（通常称为**目标函数**）的最大值或最小值问题，统称为**最值问题**.

下面，我们就函数的不同情况，分别研究函数最值的求法.

（1）闭区间$[a,b]$上的连续函数

由连续函数的性质知，若 $f(x)$ 在闭区间上连续，则一定存在最大值和最小值. 显然，最值如果在区间内部取得，它一定是极值点的函数值；如果不在区间内部取得，它一定是端点的函数值. 因此，只要求出函数 $f(x)$ 的所有极值点和端点的函数值，进行比较即可得到 $f(x)$ 在闭区间上的最大值域最小值.

> 求在$[a,b]$上连续函数 $f(x)$ 的最大（小）值的步骤如下：
>
> 第一步 求 $f(x)$ 的导数 $f'(x)$；
>
> 第二步 求出 $f(x)$ 的全部驻点以及所有导数不存在的点 x_i，并计算函数值 $f(x_i)$ 及 $f(a),f(b)$；
>
> 第三步 最大值 $M=\max_i\{f(x_i),f(a),f(b)\}$，最小值 $m=\min_i\{f(x_i),f(a),f(b)\}$.

特别地，若 $f(x)$ 在$[a,b]$上连续，且 $f'(x)>0(f'(x)<0)$，则 $f(a)$ 为最小值，$f(b)$ 为最大

值（$f(a)$为最大值，$f(b)$为最小值）

例 9　求函数 $f(x)=x^4-2x^2+3$ 在$[-2,2]$上的最大值和最小值.

解　$f'(x)=4x^3-4x=4x(x+1)(x-1)$，令 $f'(x)=0$，解得 $x_1=-1,x_2=0,x_3=1$. 计算出 $f(0)=3,f(\pm1)=2$，以及端点函数值 $f(\pm2)=11$，

比较大小知，$f(x)$在$[-2,2]$上的最大值为 $f(\pm2)=11$，最小值为 $f(\pm1)=2$.

（2）实际问题中的最值

实际问题中，往往根据问题的性质就可以断定可导函数 $f(x)$确有最大值或最小值，而且一定在定义区间内部取得，这时如果函数在定义区间内部只有一个驻点 x_0，那么，不用讨论就可断定 $f(x_0)$是所求的最大值或最小值.

例 10　欲用长 $6\ \mathrm{m}$ 的铝合金料加工一"日"字形窗框（图 3-6），问它的长和宽分别为多少时，才能使窗户面积最大，最大面积是多少？

解　设窗框的宽为 $x\ \mathrm{m}$，则长为 $\dfrac{1}{2}(6-3x)\mathrm{m}$，则窗户的面积为

$$y=x\cdot\frac{1}{2}(6-3x)=3x-\frac{3}{2}x^2,\ (0<x<6),$$

求导得 $y'=3-3x$. 令 $y'=0$，求得驻点 $x=1$，当 $x=1$ 时，$y=\dfrac{3}{2}(\mathrm{m})$.

由于函数在定义区间内只有唯一的驻点，而由实际问题知道面积的最大值存在，因此驻点就是最大值点，即窗户的宽为 $1\ \mathrm{m}$，长为 $\dfrac{3}{2}\ \mathrm{m}$ 时，窗户的面积最大，最大的面积为 $y(1)=\dfrac{3}{2}\ \mathrm{m}^2$.

图 3-6

三、函数图形的凹凸性与拐点

我们知道曲线 $y=x^3$ 在定义域上是单调递增的，但是在 y 轴两侧它们单调递增的弯曲方式有所不同，在 $x>0$ 时曲线向下弯曲，是凹弧，在 $x<0$ 时曲线向上弯曲，是凸弧. 这说明：仅用单调性来描述曲线的形态是不够的，需要进一步考察曲线的弯曲方向，即函数曲线的凹凸性.

凹凸弧的描述性定义　曲线上任意两点连线的弦总在所相应弧的上方，此时称曲线是**凹的**，曲线上任意两点连线的弦总在相应弧的下方，此时称曲线是**凸的**（如图 3-7 所示），于是我们利用弦与弧的位置关系得到了如下定义.

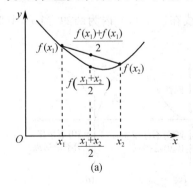

(a)　　**图 3-7**　　(b)

定义 设 $f(x)$ 在区间 I 上连续,如果对 I 上的任意两点 x_1,x_2,恒有

(1) $f\left(\dfrac{x_1+x_2}{2}\right)\leqslant\dfrac{f(x_1)+f(x_2)}{2}$,那么称 $f(x)$ 在 I 上的图形是(向上)**凹的**;

(2) $f\left(\dfrac{x_1+x_2}{2}\right)\geqslant\dfrac{f(x_1)+f(x_2)}{2}$,那么称 $f(x)$ 在 I 上的图形是(向上)**凸的**.

有了该定义,我们便可以通过曲线上任意两点中点的函数值与这两点函数值的平均值的大小来判别凹凸性了,然而,在实际利用定义法去判别凹凸性时,对于一些表达式比较复杂的函数来说,在计算过程中往往会出现困难,下面我们来考察曲线的切线.

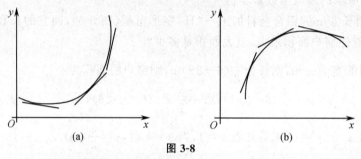

图 3-8

容易从图 3-8 上看出,曲线 $f(x)$ 是凹弧时,其实质是它的切线的斜率就随着 x 的增加而增加,即在该区间 $f'(x)$ 是增函数,因而 $f''(x)>0$;曲线 $f(x)$ 是凸弧的,其实质是它的切线的斜率就随着 x 的增加而减少,即在该区间 $f'(x)$ 是减函数,因而 $f''(x)<0$.

这样我们就可以由函数 $f(x)$ 的二阶导数的符号来判断曲线的凹凸性:

定理 4 曲线凹凸弧的判别法

设 $f(x)$ 在 $[a,b]$ 上连续,在 (a,b) 内具有一阶和二阶导数,那么

若 $f''(x)>0$,$x\in(a,b)$,则曲线 $y=f(x)$ 在 $[a,b]$ 上是凹的;$\left(\underset{+}{\smile}\right)$

若 $f''(x)<0$,$x\in(a,b)$,则曲线 $y=f(x)$ 在 $[a,b]$ 上是凸的. $\left(\overset{\frown}{-}\right)$

例 11 判断曲线 $y=x^3$ 的凹凸性.

解 $y=x^3$ 的定义域为 $(-\infty,+\infty)$,

因 $y'=3x^2$,$y''=6x$,当 $x<0$ 时,$y''<0$,所以曲线在 $(-\infty,0]$ 内为凸的;当 $x>0$ 时,$y''>0$,所以曲线在 $[0,+\infty)$ 内为凹的(如图 3-9(b)所示)

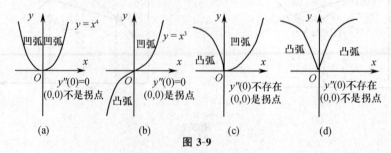

图 3-9

若函数 $y=f(x)$ 在点 x_0 的左右两侧,曲线的凹凸性不一样,我们就把曲线上的点 $(x_0,f(x_0))$ 叫做函数 $f(x)$ 的图像的**拐点**.也就是说,拐点是凹弧与凸弧的分界点.

函数图形上的哪些点可能是拐点呢? 我们通过图(3-9)来认识拐点.

图 3-9(b)与(c)中,$f''(x)=0$ 的点与 $f''(x)$ 不存在的$(0,0)$点是拐点;图(a)与图(d)中 $f''(x)=0$ 的点与 $f''(x)$ 不存在的点$(0,0)$不是拐点,也就是 $f''(x)=0$ 的点与 $f''(x)$ 不存在的点是拐点的可能点.

> **求函数 $f(x)$ 的拐点步骤:**
> 第一步　确定函数 $f(x)$ 的定义域,并求其导数 $f'(x)$ 及 $f''(x)$;
> 第二步　求出定义域内的 $f''(x)=0$ 与 $f''(x)$ 不存在的点 x_i;
> 第三步　观察 x_i 的左、右两侧的二阶导数的符号,如果两侧的 $f''(x)$ 异号,则$(x_i,f(x_i))$ 为该曲线的拐点;如果同号则该点不是曲线的拐点.

例 12　求曲线 $y=3x^4-4x^3+1$ 的拐点及凹、凸区间.

解　函数 $y=3x^4-4x^3+1$ 的定义域为$(-\infty,+\infty)$,

$$y'=12x^3-12x^2, y''=36x^2-24x=36x\left(x-\frac{2}{3}\right).$$

解方程 $y''=0$,得 $x_1=0, x_2=\dfrac{2}{3}$.

在$(-\infty,0)$内,$y''>0$,因此在$(-\infty,0]$上曲线是凹的.$\left(0,\dfrac{2}{3}\right)$内,$y''<0$,因此在$\left[0,\dfrac{2}{3}\right]$上曲线是凸的.在$\left(\dfrac{2}{3},+\infty\right)$内,$y''>0$,因此在$\left[\dfrac{2}{3},+\infty\right)$上曲线是凹的.

点$(0,1)$和点$\left(\dfrac{2}{3},\dfrac{11}{27}\right)$分别是曲线的两个拐点.

例 13　求曲线 $y=\sqrt[3]{x}$ 的拐点.

解　函数在$(-\infty,+\infty)$内连续,当 $x\neq0$ 时,

$$y'=\frac{1}{3\sqrt[3]{x^2}}, y''=-\frac{2}{9x\sqrt[3]{x^2}},$$

当 $x=0$ 时,y'、y'' 都不存在.

在$(-\infty,0)$内,$y''>0$,因此在$(-\infty,0]$上曲线是凹的.在$(0,+\infty)$内,$y''<0$,因此在$[0,+\infty)$上曲线是凸的.点$(0,0)$是曲线的一个拐点.

我们知道,双曲线 $y=\dfrac{1}{x}$ 上的点,沿双曲线远离原点时,会无限逼近 x 轴或 y 轴,x 轴或 y 轴就是双曲线 $y=\dfrac{1}{x}$ 的两条渐近线.

> **定义**　如果曲线 C 上的一点 M 沿着曲线无限远离原点或无限逼近某间断点时,点 M 到一条直线 L 的距离无限趋于零,那么这条直线 L 称为曲线 C 的**渐近线**.

渐近线分为**水平渐近线**、**铅直渐近线**和**斜渐近线**三种.下面介绍前两种渐近线的求法.

(1)水平渐近线

设曲线 $y=f(x)$,当 $x\to\infty$(或 $x\to+\infty$、$x\to-\infty$)时,有 $\lim\limits_{x\to\infty}f(x)=C$,那么直线 $y=C$ 叫做曲线 $y=f(x)$ 的**水平渐近线**.

(2)铅直渐近线

设曲线 $y=f(x)$,当 $x \to x_0$(或 $x \to x_0^+$、$x \to x_0^-$)时,有 $\lim\limits_{x \to x_0} f(x)=\infty$,那么直线 $x=x_0$ 叫做曲线 $y=f(x)$ 的**铅直渐近线**.

> **提示** 求铅直渐近线,可先找无穷间断点.

例 14 求下列曲线的水平渐近线或铅直渐近线:

$(1)y=\dfrac{1}{x-4}$; $\qquad$ $(2)y=\dfrac{3x^2+2}{1-x^2}$.

解 (1)因为 $\lim\limits_{x \to \infty}\dfrac{1}{x-4}=0$,所以 $y=0$ 是曲线的水平渐近线,

又因为 $x=4$ 是 $y=\dfrac{1}{x-4}$ 的间断点,且 $\lim\limits_{x \to 4}\dfrac{1}{x-4}=\infty$,所以 $x=4$ 是曲线的铅直渐近线.

(2)因为 $\lim\limits_{x \to \infty}\dfrac{3x^2+2}{1-x^2}=-3$,所以 $y=-3$ 是曲线的水平渐近线.

又因为 $x=1,x=-1$ 是 $y=\dfrac{3x^2+2}{1-x^2}$ 的间断点,且

$$\lim_{x \to 1}\frac{3x^2+2}{1-x^2}=\infty, \quad \lim_{x \to -1}\frac{3x^2+2}{1-x^2}=\infty,$$

所以 $x=1$ 和 $x=-1$ 是曲线的铅直渐近线.

四、函数图形的描绘

函数的图形有助于直观了解函数的性质,所以研究函数图形的描绘方法很有必要.我们已经掌握了求函数的单调区间、极值点、凹凸区间、拐点及渐近线的方法,综合使用这些方法,结合周期性、对称性就能较准确地做出函数的图像.

描绘函数图像的一般步骤:

第一步 确定函数 $y=f(x)$ 的定义域,并求出 $f'(x)$ 和 $f''(x)$;确定奇偶性及周期性;

第二步 求出定义域内方程 $f'(x)=0$ 和 $f''(x)=0$ 以及导数不存在点,用这些把函数的定义域划分成几个部分区间;

第三步 确定在各部分区间内 $f'(x)$ 和 $f''(x)$ 的符号,并由此确定函数图形的单调性和凹凸性,极值点和拐点;

第四步 确定函数图像是否有水平或铅直渐近线;

第五步 描绘出极值点、拐点、渐近线,为了把图形描得准确些,有时还需要补充一些点;描点画出图形.

例 15 试作函数 $f(x)=\dfrac{x}{(1-x^2)^2}$ 的图像.

解 函数的定义域为 $(-\infty,1)\bigcup(-1,1)\bigcup(1,+\infty)$.

因 $\qquad$ $f'(x)=\dfrac{(1-x^2)^2+4x^2(1-x^2)}{(1-x^2)^4}=\dfrac{1+3x^2}{(1-x^2)^3}$,

$$f''(x)=\frac{6x(1-x^2)^3-(-6x)(1+3x^2)(1-x^2)^2}{(1-x^2)^6}=\frac{12x(1+x^2)}{(1-x^2)^4}.$$

没有使 $f'(x)=0$ 的点,$f''(x)=0$,得到 $x=0$,列表如下:

x	$(-\infty,-1)$	$(-1,0)$	0	$(0,1)$	$(1,+\infty)$
y'	$-$	$+$		$+$	$-$
y''	$-$	$-$	0	$+$	$+$
y	$\cap$ $\searrow$	$\cap$ $\nearrow$	拐点 $(0,0)$	$\cup$ $\nearrow$	$\cup$ $\searrow$

注:"$\cap$"与"$\cup$"分别表示凸弧与凹弧,"$\searrow$"与"$\nearrow$"分别表示单减与单增.

因为$\lim\limits_{x\to\infty}\dfrac{x}{(1-x^2)^2}=0$,所以$y=0$是该函数图像的水平渐近线.

又因为$x=\pm1$是函数的间断点,且$\lim\limits_{x\to\pm1}\dfrac{x}{(1-x^2)^2}=\infty$,

所以$x=1,x=-1$是其铅直渐近线.

根据以上讨论,描绘出函数的图像(如图 3-10 所示).

本题也可做出右半平面图.再利用奇函数做出左半平面图像.

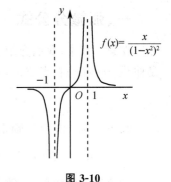

图 3-10

思考与探究

1. 驻点与极值点的关系? 导数不存在点与极值点的关系?

习题 3-4

1. 求下列函数的单调区间:

(1)$y=x-\ln(1+x)$;

(2)$y=2x^3-9x^2+12x-3$;

(3)$y=x^2\mathrm{e}^{-x}$;

(4)$y=\arctan x-x$;

(5)$y=2x+\dfrac{8}{x}(x>0)$;

(6)$y=\dfrac{x^2}{1+x}$.

2. 证明不等式:

(1)当 $x>0$ 时,$1+\dfrac{1}{2}x>\sqrt{1+x}$;

(2)当 $x>4$ 时,$2^x>x^2$.

3. 求下列函数的极值点和极值:

(1)$y=x^2\ln x$;

(2)$y=\sqrt{2+x-x^2}$.

4. 求下列函数的最大值、最小值:

(1)$y=x+\sqrt{1-x}$,$[-5,1]$;

(2)$y=\dfrac{x}{x^2+1}$,$(0,+\infty]$.

5. 某车间靠墙壁要盖一间长方形小屋,现有存砖只够砌 20 m 长的墙壁,问应围成怎样的长方形才能使这间小屋的面积最大?

6. 求下列函数图形的凹凸区间和拐点:

(1)$y=x^3-5x^2+3x+5$;

(2)$y=x\mathrm{e}^{-x}$;

(3)$y=(x+1)^4+\mathrm{e}^x$;

(4)$y=\ln(x^2+1)$.

7. 问 a 及 b 为何值时,点$(1,3)$为曲线 $y=ax^3+bx^2$ 的拐点?

8. 做出下列函数的图像:

(1) $y = (x+1)(x-2)^2$；   (2) $y = 1 + \dfrac{36x}{(x+3)^2}$；

第五节　曲　率

弧微分公式　曲率及其计算公式　曲率圆　曲率半径

一、弧微分公式

在第二章中，我们介绍了函数 $f(x)$ 在点 x 处的导数 $f'(x)$ 是曲线 $y = f(x)$ 在点 $P(x, f(x))$ 处的切线斜率，即

$$f'(x) = \tan\alpha,$$

其中 α 为切线与 x 轴正向的夹角由图 3-11 可见

$$dy = f'(x)dx = |PN|\tan\alpha = |NT|,$$

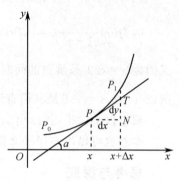

图 3-11

微分的几何意义：函数 $f(x)$ 在点 x 处的微分 dy 表示当自变量有增量 Δx 时，曲线 $y = f(x)$ 在对应点 $P(x, f(x))$ 处的切线纵坐标的增量.

图 3-11 中直角三角形 PNT 的两直角边分别表示 dx 和 dy，斜边就是 $\sqrt{(dx)^2 + (dy)^2}$ 它有什么意义呢？可以证明，曲线 $y = f(x)$ 上小弧段 $\overset{\frown}{PP_1}$ 的长 Δs 与相应的切线段 PT 的长度之差是比 Δx 高阶的无穷小，根据微分的定义知，曲线 $y = f(x)$ 的弧长 $s = s(x)$ 的微分（即弧微分）为 $ds = PT$ 即

$$ds = \sqrt{(dx)^2 + (dy)^2}. \tag{5-1}$$

公式(5-1)称为弧微分公式，图 3-11 中的直角三角形 PNT 称为微分三角形.

若曲线由参数方程 $\begin{cases} x = \varphi(t), \\ y = \psi(t) \end{cases}$ $(\alpha \leqslant t \leqslant \beta)$ 表示，则 $dx = \varphi'(t)dt$ 　$dy = \psi'(t)dt$

从而弧微分公式为 $ds = \sqrt{\varphi'^2(t) + \psi'^2(t)}\, dt.$ $\hspace{2cm}$ (5-2)

二、曲率及其计算公式

我们直觉地认识到直线不弯曲，半径较小的圆比半径较大的圆弯曲的厉害些，曲线的不同部分有不同的弯曲程度，如抛物线 $y = x^2$ 在顶点附近比远离顶点的部分弯曲的厉害些.

在工程技术中，有时需要研究曲线的弯曲程度，例如，船体结构中的钢梁、机床的转轴等，它们在荷载作用下要产生弯曲变形，在设计时对它们的弯曲必须有一定的限制，这就要定量地研究它们的弯曲程度，为此，首先要讨论如何用数量来描述曲线的弯曲程度.

在图 3-12 中可以看出，曲线弧 $\overset{\frown}{M_1M_2}$ 比较平直，当动点沿这段弧从点 M_1 移动到点 M_2 时，切线转过的角度 φ_1 不大，而曲线弧 $\overset{\frown}{M_2M_3}$ 弯曲得比较厉害，切线转过的角 φ_2 就比较大. 但是，切线转过的角度的大小还不能完全反映曲线的弯曲程度例如，从图 3-13 中可以看出，两段

弧 $\overset{\frown}{M_1 M_2}$ 及 $\overset{\frown}{N_1 N_2}$ 尽管切线转过的角度都是 φ,然而弯曲程度并不相同,短弧比长弧弯曲得厉害些由此可见,弯曲程度还与曲线弧的长度有关.

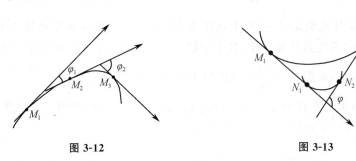

图 3-12   图 3-13

由以上分析,我们引入描述曲线弯曲程度的曲率概念:

设曲线 C 是光滑的,在曲线 C 上选定一点 M_0 作为度量弧长 s 的基点,设曲线 C 上点 M 对应于弧长 s,在点 M 处切线的倾角为 α,该曲线上另外一点 M' 对应于弧长 $s+\Delta s$,在点 M' 处切线的倾角为 $\alpha+\Delta\alpha$(如图 3-14 所示),那么曲线弧 $\overset{\frown}{MM'}$ 的长度为 $|\Delta s|$,当动点从点 M 移动到点 M' 时,切线转过的角度为 $|\Delta\alpha|$. 我们用比值 $\left|\dfrac{\Delta\alpha}{\Delta s}\right|$ 表达曲线弧 $\overset{\frown}{MM'}$ 的平均弯曲程度,把这比值叫做曲线弧 $\overset{\frown}{MM'}$ 的平均曲率,并记作 $\overline{K}$,即 $\overline{K}=\left|\dfrac{\Delta\alpha}{\Delta s}\right|$.

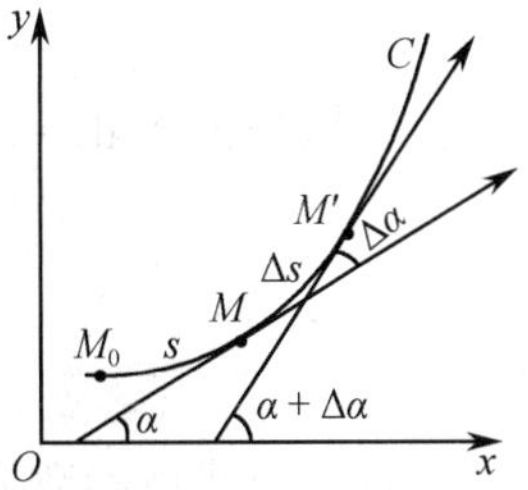

类似于从平均速度引进瞬时速度的方法,当 $\Delta s\to 0$ 时(即 $M'\to M$ 时),上述平均曲率的极限叫做曲线 C 在点 M 处的曲率,记作 K,即

$$K = \lim_{\Delta s\to 0}\left|\frac{\Delta\alpha}{\Delta s}\right|,$$

图 3-14

在极限 $\lim\limits_{\Delta s\to 0}\left|\dfrac{\Delta\alpha}{\Delta s}\right|=\left|\dfrac{\mathrm{d}\alpha}{\mathrm{d}s}\right|$ 存在的条件下,K 也可以表示为 $K=\left|\dfrac{\mathrm{d}\alpha}{\mathrm{d}s}\right|$.

对于直线来说,切线与直线本身重合,当点沿直线移动时,切线的倾角 α 不变(如图 3-15 所示),所以 $\Delta\alpha=0$ 从而 $K=\left|\dfrac{\mathrm{d}\alpha}{\mathrm{d}s}\right|=0$ 这就是说,直线上任意点处的曲率都等于零,这与我们直觉认识到的"直线不弯曲"一致.

设一圆的半径为 a,由图 3-16 可见,该圆在两点 M,M' 处的切线所夹的角 $\Delta\alpha$ 等于圆心角 $\angle MDM'$ 但 $\angle MDM'=\dfrac{\Delta s}{a}$,于是

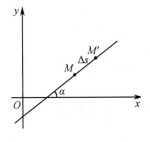

图 3-15

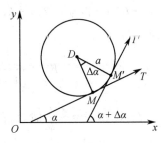

图 3-16

$$\left|\frac{\Delta\alpha}{\Delta s}\right| = \frac{\frac{\Delta s}{a}}{\Delta s} = \frac{1}{a}, \quad K = \left|\frac{\mathrm{d}\alpha}{\mathrm{d}s}\right| = \frac{1}{a}.$$

因为点 M 是圆上任意取定的一点,上述结论表示圆上各点处的曲率都等于半径 a 的倒数这就是说,圆的弯曲程度到处都一样,且半径越小曲率越大,即圆弯曲得越厉害.

在一般情况下,我们根据 $K = \left|\dfrac{\mathrm{d}\alpha}{\mathrm{d}s}\right|$ 导出便于实际计算曲率的公式.

设一曲线的直角坐标方程是 $y = f(x)$,且 $f(x)$ 具有二阶导数(这时 $f'(x)$ 连续,从而该曲线是光滑的)因为 $\tan\alpha = y'$,所以

$$\sec^2\alpha\,\frac{\mathrm{d}\alpha}{\mathrm{d}x} = y'', \quad \frac{\mathrm{d}\alpha}{\mathrm{d}x} = \frac{y''}{1 + \tan^2\alpha} = \frac{y''}{1 + y'^2},$$

于是
$$\mathrm{d}\alpha = \frac{y''}{1 + y'^2}\mathrm{d}x.$$

又由弧微分公式 $\mathrm{d}s = \sqrt{1 + y'^2}\,\mathrm{d}x$,得到曲率 K 的表达式

$$K = \frac{|y''|}{(1 + y'^2)^{\frac{3}{2}}}. \tag{5-3}$$

设一曲线由参数方程 $\begin{cases} x = \varphi(t), \\ y = \psi(t) \end{cases}$ $(\alpha \leqslant t \leqslant \beta)$ 给出,则可利用由参数方程所确定的函数的求导法则,求出 $\dfrac{\mathrm{d}y}{\mathrm{d}x}$ 及 $\dfrac{\mathrm{d}^2 y}{\mathrm{d}x^2}$,代入公式可得

$$K = \frac{|\varphi'(t)\psi''(t) - \varphi''(t)\psi'(t)|}{[\varphi'^2(t) + \psi'^2(t)]^{3/2}}.$$

例 1 计算等边双曲线 $xy = 1$ 在 $(1,1)$ 处的曲率.

解 由 $y = \dfrac{1}{x}$ 得 $y' = -\dfrac{1}{x^2}$,$y'' = \dfrac{2}{x^3}$,因此 $y'|_{x=1} = -1$,$y''|_{x=1} = 2$.

代入公式(5-3)得双曲线 $xy = 1$ 在 $(1,1)$ 处的曲率为

$$K = \frac{2}{[1 + (-1)^2]^{\frac{3}{2}}} = \frac{\sqrt{2}}{2}.$$

例 2 抛物线 $y = ax^2 + bx + c$ 上哪一点的曲率最大?

解 由 $y = ax^2 + bx + c$ 得 $y' = 2ax + b$,$y'' = 2a$,

代入公式(5-3)得

$$K = \frac{|2a|}{[1 + (2ax + b)^2]^{\frac{3}{2}}}.$$

显然,当 $2ax + b = 0$,即 $x = -\dfrac{b}{2a}$ 时,K 的分母最小,K 有最大值 $|2a|$.

又因为 $\left(-\dfrac{b}{2a}, -\dfrac{b^2 - 4ac}{4a}\right)$ 为抛物线的顶点,故抛物线在顶点处的曲率最大.

三、曲率圆与曲率半径

设曲线 C 在点 $M(x,y)$ 处的曲率为 $K(K\neq0)$，过点 M 作曲线 C 的法线，在曲线 C 凹的一侧法线上取一点 D，使 $|DM|=\dfrac{1}{K}=\rho$，以 D 为圆心，ρ 为半径作圆（如图 3-17 所示）这个圆叫做曲线 C 在点 M 处的**曲率圆**，曲率圆的圆心 D 叫做曲线 C 在点 M 处的**曲率中心**，曲率圆的半径 ρ 叫做曲线 C 在点 M 处**曲率半径**.

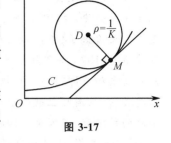

图 3-17

显然，曲率圆与曲线 C 在点 M 处有相同的切线和曲率，且在点 M 邻近有相同的凹向，因此，在实际问题中，常常用曲率圆在点 M 邻近的一段圆弧来近似代替曲线弧，以便简化问题.

曲线 C 在点 M 处的曲率 $K(K\neq0)$ 与曲率半径 ρ 有如下关系：

$$\rho=\frac{1}{K},\quad K=\frac{1}{\rho}.$$

这就是说，曲线上一点处的曲率半径与曲线在该点处的曲率互为倒数.

例 3　设曲线 $y=f(x)$ 在点 $(1,1)$ 处的曲率圆为 $x^2+y^2=2$，求 $y=f(x)$ 在该点处的曲率以及切线方程.

解　$y=f(x)$ 在该点处的曲率是曲率圆半径的倒数，所以曲率 $K=\dfrac{\sqrt{2}}{2}$.

由曲率圆的定义知，曲线 $y=f(x)$ 在点 $(1,1)$ 处与曲率圆有相同的切线，把 $x^2+y^2=2$ 两边同时对 x 求导，得 $\qquad 2x+2yy'=0$，所以 $y'\Big|_{\substack{x=1\\y=1}}=-1$

所求切线方程为 $\qquad y-1=-(x-1)$，即 $x+y=2$.

习题 3-5

1. 求椭圆 $4x^2+y^2=4$ 在点 $(0,2)$ 处的曲率.
2. 求曲线 $y=\ln\sec x$ 在点 (x,y) 处的曲率及曲率半径.
3. 求抛物线 $y=x^2-4x+3$ 在其顶点处的曲率及曲率半径.
4. 求曲线 $x=a\cos^3 t,y=a\sin^3 t$ 在 $t=t_0$ 相应的点处的曲率.
5. 对数曲线 $y=\ln x$ 上哪一点处的曲率半径最小？求出该点处的曲率半径.

阅读与思考

最美奋斗者——陈景润

陈景润（1933 年 5 月 22 日—1996 年 3 月 19 日），福建福州人，当代著名数学家.1933 年 5 月 22 日，出生于福建省闽侯县.1949 年—1953 年就读于厦门大学数学系，1953 年 9 月分配到北京四中任教.1955 年 2 月回母校厦门大学数学系任助教.1957 年 10 月，由于华罗庚教授的赏识，陈景润被调到中国科学院数学研究所.1973 年发表了 $(1+2)$ 的详细证明，被公认为是对哥德巴赫猜想的重大贡献.1981 年 3 月当选为中国科学院学部委员（院士）.曾任国家科委数学学科组成员，中国科学院原数学研究所研究员.1992 年任《数学学报》主编.1996 年 3 月

19 日下午 1 点 10 分,陈景润在北京医院去世,年仅 63 岁.2018 年 12 月 18 日,党中央、国务院授予陈景润同志改革先锋称号,颁授改革先锋奖章,并获评激励青年勇攀科学高峰的典范.2019 年 9 月 25 日,入选"最美奋斗者"个人名单.

陈景润在逆境中对数学潜心学习,忘我钻研,取得多项重大成果.他的论文《典型域上的多元复变函数论》于 1957 年 1 月获国家发明一等奖;1957 年出版《数论导引》;1959 年莱比锡首先用德文出版了《指数和的估计及其在数论中的应用》;1963 年出版《典型群》一书.经过 10 多年的推算,1973 年 3 月 2 日,他发表了著名论文《大偶数表为一个素数及一个不超过二个素数的乘积之和》(即"1+2"),把几百年来人们未曾解决的哥德巴赫猜想的证明大大推进了一步,引起轰动,在国际上被命名为"陈氏定理".这曾是一个举世震惊的奇迹:一位屈居于 6 平方米小屋的数学家,不顾自己的病痛,食不知味,夜不能眠,潜心钻研,借一盏昏暗的煤油灯,伏在床板上,用一支笔,光是计算的草纸就足足装了几麻袋,攻克了世界著名数学难题"哥德巴赫猜想"中的"1+2",创造了距摘取这颗数论皇冠上的明珠"1+1"只是一步之遥的辉煌.他研究哥德巴赫猜想和其他数论问题的成就,至今仍然在世界上遥遥领先,被称为哥德巴赫猜想第一人.他的事迹曾经家喻户晓,他走路撞了树,会认真地说:"对不起!"他去理发,为了利用等待时间跑去图书馆,专心看书又忘记了理发的事情.陈景润这个世界数学领域的精英,在日常生活中不知商品分类,被称为"痴人"和"怪人".这都源于他时刻专注于数学研究.他有着超人的勤奋和顽强的毅力,多年来孜孜不倦地致力于数学研究,废寝忘食,每天工作 12 个小时以上.在遭受疾病折磨时,他都没有停止过自己的追求,为数学事业的发展做出了重大贡献.他的事迹和拼搏献身的精神在全国各地广为传颂,成为一代又一代青少年心目中传奇式的人物和学习楷模.世界级的数学大师、美国学者安德烈·韦伊(André Weil)曾这样称赞他:"陈景润先生做的每一项工作,都好像是在喜马拉雅山山巅上行走,危险,但是一旦成功,必定影响世人."邓小平同志说:"中国要是有一千个陈景润就了不得".中华网评价说:"陈景润是在挑战解析数论领域 250 年来全世界智力极限的总和."陈景润夫人由昆说:"他像孩子一样纯真,无论作为学者,还是丈夫和父亲,他都是称职而优秀的."

陈景润还是一个非常谦虚、正直的人,陈景润是国际知名的大数学家,深受人们的敬重.但他并没有产生骄傲自满情绪,而是把功劳都归于祖国和人民.他说:"在科学的道路上我只是翻过了一个小山包,真正的高峰还没有攀登上去,还要继续努力."陈景润热爱国家为了维护祖国的利益,他不惜牺牲个人的名利的精神更是值得称道.1977 年的一天,陈景润收到国际数学家联合会主席邀请他出席国际数学家大会的来信.这次大会有 3000 人参加,参加的都是世界上著名的数学家.大会共指定了 10 位数学家作学术报告,陈景润就是其中之一.这对一位数学家而言,是极大的荣誉,对提高陈景润在国际上的知名度大有好处.但当时中国在国际数学家联合会的席位,一直被台湾占据着.陈景润为了维护祖国的利益,毅然放弃了这次难得的机会.他在答复国际数学家联合会主席的信中写到:"第一,我们国家历来是重视跟世界各国发展学术交流与友好关系的,我个人非常感谢国际数学家联合会主席的邀请.第二,世界上只有一个中国,唯一能代表中国广大人民利益的是中华人民共和国,台湾是中华人民共和国不可分割的一部分.因为目前台湾占据着国际数学家联合会我国的席位,所以我不能出席.第三,如果中国只有一个代表的话,我是可以考虑参加这次会议的."1979 年,陈景润去美国普林斯顿高级研究所作短期的研究访问工作.普林斯顿研究所的条件非常好,陈景润为了充分利用这样好的条件,挤出一切可以节省的时间,拼命工作,连中午饭也不回住处去吃.有时候外出参加会议,旅馆里比较嘈杂,他便躲进卫生间里,继续进行研究工作.正因为他的刻苦努力,在美国短短的五个月里,除了开会、讲学之外,他完成了论文《算术级数中的最小素数》,一下子把最小素数从原来的80推进到16.这一研究成果,也是当时世界上最先进的.在美国这样物质比较发达的国度,陈景润依旧保持着在国内时的节俭作风.他每个月从研究所可获得 2 000 美金的报酬,可以说是比较丰厚的了.每天中午,他从不去研究所的餐厅就餐,都是吃自己带去的干粮和水果.他是如此的节俭,以至于在美国生活5个月,除去房租、水电花去 1 800 美元外,伙食费等仅花了 700 美元.等他回时,共节余了 7 500 美元.这笔钱在当时不是个小数目,他没有买回一件高档家电,而是把这笔钱全部上交给国家.用他自己的话说:"我们的国家还不富裕,我不能只想着自己享乐."

　　陈景润谦逊真诚,尊师重教.1985 年 6 月 12 日,华罗庚在东京大学的讲坛上猝然倒地,结束了他为祖国数学事业贡献不止的一生.消息传来,举国悲哀,抱病的陈景润听到消息更是万分悲痛,泣不成声.1985 年 6 月 21 日,在八宝山革命公墓举行了华罗庚骨灰安放仪式.此时,陈景润已是久病缠身,既不能自主行走又不能站立.在他的坚持下,由别人把他背下楼去,陈景润坚持要和大家一样站在礼堂里,由三个人一左一右驾着胳臂,后边一个人支撑着.就是这样,陈景润一直坚持到华罗庚骨灰安放仪式结束.华罗庚对陈景润有知遇之恩,陈景润视华罗庚更是"一日为师,终生为父".师生之间的浓情厚谊在数学界传为美谈.

　　陈景润对数学做出了突出贡献,但他那种淡泊名利,为了维护祖国尊严,不惜牺牲个人利益的爱国情怀;他那种为了数学研究争分夺秒,拼搏奋斗到生命最后时刻的奉献精神;他那种持之以恒、勇于攻关的科学精神和高尚品格,更是值得我们永远学习与传承.

思考

　　陈景润家国天下的爱国情怀、勇攀高峰的坚强意志、不求回报的献身精神,尊师重教的谦逊美德深深地感染着我们.陈景润的事迹传递了社会主义的核心价值观"爱国、敬业、诚信、友善".想一想我们应该学习数学家陈景润的什么精神? 如何树立自己正确的人生价值观? 当面对高等数学学习中的困难时应该如何对待?

本章学习指导

一、基本知识及思想方法框架结构图

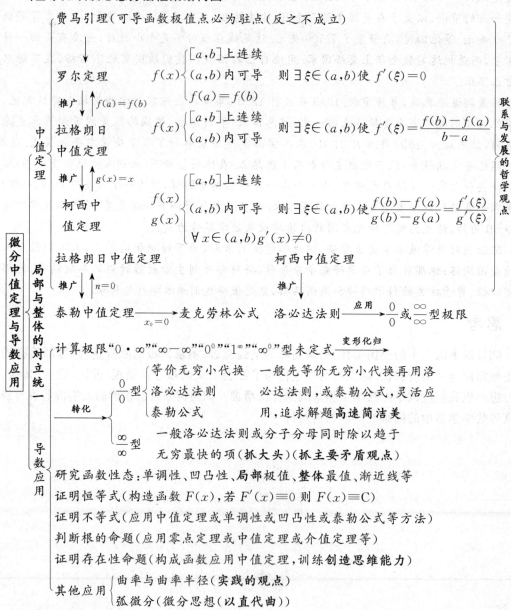

二、思想方法小结

1. 数形结合的思想方法

微分中值定理在高等数学课程中具有重要的地位,是本章学习的重点与难点.罗尔定理、拉格朗日中值定理、柯西中值定理都比较抽象,不好理解.因此,有意识应用数形结合的方法进行探究和学习,努力明确每个定理的几何解释,把抽象的数学语言、数量关系与直观的几何图形、位置关系结合起来,通过抽象思维与形象思维的结合,联系图形与数式,从而识图顿悟.

2.本章蕴含了类比思想,体现了一般与特殊的辩证关系、联系与发展及抓主要矛盾的哲学观点

通过罗尔定理、拉格朗日中值定理、柯西中值定理、泰勒($Taylor$)中值定理的类比,找到它们的内在联系与不同之处,在对比中进行精确理解和记忆,以便灵活运用.从框图中也可以看出他们之间的联系与区别,揭示了一般与特殊的辩证关系及联系与发展的哲学观点.

3.转化的思想方法

(1)洛必达法则本身就体现了极限与导数的转化的思想方法.

(2)未定式的极限计算充分体现了化归与转化的思想方法,只有灵活运用转化的思想方法,才能计算得心应手,高效解题.

(3)极限计算方法灵活多变,方法得当速度如“**高速**”或“**动车**”,方法不当速度如“**绿皮火车甚至自行车**”.因此做题力求简解和巧解,体会数学思维方法的灵活应用,数学使你更聪明更智慧.例如本章第三节例4,体验“**高速**”与“**低速**”.

4.局部与整体的对立统一

我们知道,导数是刻画函数在一点处的瞬时变化率,它反映的是函数在一点处的局部变化性态,但最值、单调性等需要把握函数在某区间上的整体变化性态,微分中值定理就揭示了函数在某区间的整体性质与该区间内部某一点的导数之间的关系,给导数的应用提供了可靠的理论依据,微分中值定理最本质的东西是联系局部与整体之间的桥梁,揭示了局部与整体对立统一的哲学观点.

5.构造函数的思想方法

所谓构造函数思想方法,就是利用已知条件和数学知识,根据待解决的问题,通过一定的手段,设计并构造一个与待解决问题相关的函数,借助此函数本身的性质或利用此函数的运算结果解决原问题的思想方法.构造函数与平面几何中作辅助线一样重要.构造函数思想方法应用广泛,没有万能的方法,它是一种创造性的思维过程,具有较大的灵活性,需要技巧.但是只要深入剖析、潜心 领会、类比构想,就能逐步学会并掌握这种思想方法.拉格朗日($Lagrange$)中值定理的证明就是应用构造辅助函数的思想方法,通过构造函数,我们在罗尔定理和拉格朗日中值定理之间架起了一座桥梁,找到了证明的途径.

6.举反例,应用逆向思维的方法加深对定理的理解

使用反例不仅有助于培养我们的科学概括、深入钻研、自觉纠错的思维品质,而且也是培养数学思维能力的一种重要手段.数学学科的发展是经历了一个又一个复杂的肯定和否定的过程,它是在不断地提出新问题、研究新问题和解决新问题的过程中逐步发展的.而数学理论的研究和解决问题主要有两个手段,一是对给出的问题做出证明,证明它是正确的;二是对给出问题举出反例,说明它是不正确的.可以尝试对微分学中三个中值定理举出反例,说明定理的条件缺一不可.

7.实践的观点

辩证唯物主义认识论认为:实践决定认识,实践是认识的基础.微分学也体现了这种实践的观点.第一,实践是数学认识的来源.“求最大值和最小值”应用问题提出了研究函数性态问题,中值定理为微分学应用提供了理论依据;第二,实践是数学发展的动力.实践的需要推动数学的产生和发展.例如在求曲线的切线、变速直线运动的速度、近似计算等实际问题的过程中

产生了微分学;第三,实践是数学认识的目的.微积分的产生和发展是为了解决生活和生产中的实际问题,例如,求最大利润、求材料最省等问题.

三、典型题型思路方法指导

例 1 求 $\lim\limits_{x\to 0^+}\dfrac{\ln\cot x}{\ln x}$. ("$\dfrac{\infty}{\infty}$"型未定式).

解题思路: $\lim\limits_{x\to 0^+}\dfrac{\ln\cot x}{\ln x}\xlongequal{洛必达法则}\lim\limits_{x\to 0^+}\dfrac{x}{\sin x\cos x}=1.$

例 2 求 $\lim\limits_{x\to 0^+}\dfrac{e^{-\frac{1}{x}}}{x}$ ("$\dfrac{0}{0}$"型极限).

解题思路 1: $\lim\limits_{x\to 0^+}\dfrac{e^{-\frac{1}{x}}}{x}\xlongequal{先变形再法则}\lim\limits_{x\to 0^+}\dfrac{\frac{1}{x}}{e^{\frac{1}{x}}}=\lim\limits_{x\to 0^+}\dfrac{-\frac{1}{x^2}}{e^{\frac{1}{x}}\cdot\left(-\frac{1}{x^2}\right)}=\lim\limits_{x\to 0^+}\dfrac{1}{e^{\frac{1}{x}}}=0.$

解题思路 2:(换元法) $\lim\limits_{x\to 0^+}\dfrac{e^{-\frac{1}{x}}}{x}\xlongequal{\frac{1}{x}=t}\lim\limits_{t\to+\infty}\dfrac{e^{-t}}{\frac{1}{t}}=\underbrace{\lim\limits_{t\to+\infty}te^{-t}}_{"0\cdot\infty"}=\underbrace{\lim\limits_{t\to+\infty}\dfrac{t}{e^t}}_{"\frac{\infty}{\infty}"}\xlongequal{洛必达法则}0.$

例 3 求 $\lim\limits_{x\to 0}\dfrac{\sqrt{1+\tan x}-\sqrt{1+\sin x}}{x\ln(1+x)-x^2}$. ("$\dfrac{0}{0}$"型)

解题思路:

$$原式=\lim\limits_{x\to 0}\dfrac{(\sqrt{1+\tan x}-\sqrt{1+\sin x})(\sqrt{1+\tan x}+\sqrt{1+\sin x})}{[x\ln(1+x)-x^2](\sqrt{1+\tan x}+\sqrt{1+\sin x})}（根式有理化）$$

$$=\lim\limits_{x\to 0}\dfrac{\tan x-\sin x}{[x\ln(1+x)-x^2]\underbrace{(\sqrt{1+\tan x}+\sqrt{1+\sin x})}_{极限非零因式}}（极限非零的因式可先求极限）$$

$$=\lim\limits_{x\to 0}\dfrac{\tan x-\sin x}{2[x\ln(1+x)-x^2]}=\lim\limits_{x\to 0}\dfrac{\tan x(1-\cos x)}{2[x\ln(1+x)-x^2]}（等价无穷小替换）$$

$$=\lim\limits_{x\to 0}\dfrac{x^2}{4[\ln(1+x)-x]}=\lim\limits_{x\to 0}\dfrac{1}{4}\dfrac{2x}{\frac{1}{1+x}-1}=\lim\limits_{x\to 0}\dfrac{1}{4}\dfrac{2x(1+x)}{-x}=-\dfrac{1}{2}.$$

例 4 求 $\lim\limits_{x\to 0}\dfrac{e^x-e^{\sin x}}{x^3}$ ("$\dfrac{0}{0}$"型).

解题思路 1:用拉格朗日中值定理求极限. e^u 在 $[\sin x,x]$ 使用拉格朗日中值定理得

$$e^x-e^{\sin x}=e^{\xi}(x-\sin x),(\xi 在 \sin x 与 x 之间)$$

$$\lim\limits_{x\to 0}\dfrac{e^x-e^{\sin x}}{x^3}=\lim\limits_{x\to 0}\dfrac{e^{\xi}(x-\sin x)}{x^3}(\xi 在 \sin x 与 x 之间,x\to 0,e^{\xi}\to 1)$$

$$=\lim\limits_{x\to 0}\dfrac{(x-\sin x)}{x^3}=\lim\limits_{x\to 0}\dfrac{(1-\cos x)}{3x^2}=\lim\limits_{x\to 0}\dfrac{\frac{1}{2}x^2}{3x^2}=\dfrac{1}{6}.$$

解题思路 2: $\lim\limits_{x\to 0}\dfrac{e^x-e^{\sin x}}{x^3}=\lim\limits_{x\to 0}\dfrac{e^x(1-e^{\sin x-x})}{x^3}\xlongequal{等价替换}\lim\limits_{x\to 0}\dfrac{e^x(x-\sin x)}{x^3}$

$$=\lim_{x\to0}\frac{(x-\sin x)}{x^3}\xrightarrow{\text{同法1}}\frac{1}{6}.$$

解题思路3:用洛必达法则直接计算(读者完成).

例5　试证明:当 $x>0$ 时,$\ln(1+x)>x-\frac{1}{2}x^2$.

解题思路:构造函数 $f(x)=\ln(1+x)-x+\frac{1}{2}x^2$,应用单调性证明.

例6　证明方程 $x^5+x+1=0$ 在区间 $(-1,0)$ 内有且只有一个实根.

解题思路　(1) $f(x)$ 在闭区间 $[-1,0]$ 利用零点定理确定根的存在性;
(2)利用 $f(x)$ 在 $(-\infty,+\infty)$ 内单调性证明根的唯一性.

总习题三

一、填空题

1. $f'(x_0)=0$ 是可导函数 $f(x)$ 在 $x=x_0$ 点处有极值的____条件;

2.曲线 $f(x)=xe^x$ 在区间____内是凸的,在区间____内是凹的,拐点的坐标为____;

3.如果函数 $f(x)$ 在 $[a,b]$ 上可导,则在 (a,b) 内至少存在一点 ξ,使 $f'(\xi)=$____;

4. $\lim\limits_{x\to+\infty}\dfrac{x^2+\ln x}{x\ln x}=$ _____;

5.函数 $f(x)=e^{x^2-2x}$ 在 $[0,2]$ 上的最大值为_____;最小值为_____.

6.函数 $y=\sqrt{2x-x^2}$ 的单调递减区间为_____;

二、单项选择题

1.在区间 $[-1,1]$ 上满足罗尔定理条件的函数为(　　).

(A) $y=x^{\frac{2}{3}}$ (B) $y=(x+1)^2$

(C) $y=x^2+1$ (D) $y=\dfrac{\sin x}{x}$

2.极限 $\lim\limits_{x\to0^+}\dfrac{e^{-\frac{1}{x}}}{x}=$(　　).

(A)1 (B)0

(C)∞ (D)不存在,但不是∞

3.若在 (a,b) 内 $f'(x)>0,f''(x)<0$ 则函数 $f(x)$ 在 (a,b) 此区间内(　　).

(A)单调减少,曲线是凹的 (B)单调减少,曲线是凸的

(C)单调增加,曲线是凹的 (D)单调增加,曲线是凸的

4.设 $f(x)=\dfrac{\ln x}{x}$,则使得 $\dfrac{\ln a}{a}>\dfrac{\ln b}{b}$ 成立的条件是(　　).

(A)$0<a<b$ (B)$0<b<a$

(C)$e<a<b$ (D)$e<b<a$

5.以下结论正确的是(　　).

(A)对于任意的 $x\in(a,b)$,都有 $f'(x)=0$,则在 (a,b) 内,$f(x)$ 恒为常数

(B)若 $f''(x_0)=0$,则点 x_0 处为函数 $f(x)$ 的极值点

(C)若 x_0 为 $f(x)$ 的极值点,则必有 $f'(x_0)=0$

(D)函数 $f(x)$ 在 (a,b) 内的极大值必定大于极小值

6.曲线 $y=e^{-\frac{1}{x}}$ 的渐近线情况是（　　）.

(A)$x=0$　　　　　　　　　　(B)$x=1$

(C)$y=0$　　　　　　　　　　(D)$y=1$

7.函数 $y=e^x+\arctan x$ 在区间 $[-1,1]$ 上（　　）.

(A)单调减少　　　　　　　　(B)单调增加

(C)无最大值　　　　　　　　(D)无最小值

8.下列条件不能使函数 $f(x)$ 在区间 $[a,b]$ 上应用拉格朗中值定理的是（　　）.

(A)在 $[a,b]$ 上连续,在 (a,b) 上可导

(B)在 (a,b) 内有连续导数

(C)在 (a,b) 内可导,且在 a 点右连续,b 点左连续

(D)在 $[a,b]$ 上可导

三、计算题

1.求下列函数的单调区间和极值：

(1)$f(x)=x^3-3x^2+7$;　　　　(2)$y=\dfrac{x^2}{1+x^2}$.

2.求下列极限：

(1)$\lim\limits_{x\to 0}\dfrac{e^x\sin x-x(1+x)}{x^3}$;　　　　(2)$\lim\limits_{x\to\pi}(x-\pi)\tan\dfrac{x}{2}$;

(3)$\lim\limits_{x\to 0}\left(\dfrac{1}{x\sin x}-\dfrac{1}{x^2}\right)$;　　　　(4)$\lim\limits_{x\to 0}\dfrac{e^x-\sin x-1}{(\arcsin x)^2}$.

3.求曲线 $y=x^4(12\ln x-7)$ 的凹凸区间及拐点.

4.试作函数 $y=\dfrac{x}{(x+1)(x-1)}$ 的图像.

5.求曲线 $\begin{cases}x=3t^2,\\ y=3t-t^3.\end{cases}$ 在 $t=1$ 处的曲率.

四、设函数 $f(x)$ 在 $[a,b]$ 上连续,在 (a,b) 内可导,且 $f(a)\cdot f(b)>0$,若存在常数 $c\in(a,b)$ 使得 $f(a)\cdot f(c)<0$,试证至少存在一点 $\xi\in(a,b)$,使得 $f'(\xi)=0$.

五、在半径为 R 的半圆内作一内接梯形,使其底为直径,其他三边为圆的弦,问怎样作梯形的面积最大？

第四章 不 定 积 分

要发明,就要挑选恰当的符号,要做到这一点,就要用含义简明的少量符号来表达和比较忠实地描绘事物的内在本质,从而最大限度地减少人的思维活动.

——F·莱布尼茨

数学是一种理性的精神,使人类的思维得以运用到最完善的程度.

——克莱因

概述 整个数学的发展史就是矛盾斗争的历史.数学内部的矛盾是推动数学长河滚滚向前的主要力量之一.数学就是在解决各种互逆运算的矛盾中不断发展的.

上一章我们介绍了一元函数微分学,讨论了如何从已知函数求出其导函数或微分的问题.本章将研究它的逆向问题,即求一个函数,使其导函数恰好是某一个已知函数.这种由已知导数(或微分)求原来函数的逆运算称为不定积分.本章将重点探讨和解决不定积分的计算问题.不定积分是积分学的第一个基本问题.

第一节 不定积分的定义和性质

原函数与不定积分的概念 不定积分的性质 基本积分表 不定积分的几何意义

一、原函数与不定积分的概念

1.问题提出

例 1 已知物体作变速直线运动,其运动方程为 $s=s(t)$,在任意时刻 t 的瞬时速度为 $v(t)=at$(a 为常数),且当 $t=0$ 时,$s=0$.求物体的运动方程 $s(t)$.

解 由导数的物理意义可知 $v(t)=s'(t)=at$.

由于
$$\left(\frac{1}{2}at^2+C\right)'=at(C \text{ 为常数}),$$

显然 $s=\frac{1}{2}at^2+C$ 满足上述等式,又因为当 $t=0$ 时,$s=0$,

故
$$C=0.$$

因此,物体的运动方程为
$$s(t)=\frac{1}{2}at^2.$$

例 2 设曲线上任意一点 $M(x,y)$ 处切线的斜率为 $k=2x$,若该曲线经过坐标原点,求该曲线的方程.

解 设所求曲线方程为 $y=f(x)$,由导数的几何意义可知,

$$y' = f'(x) = 2x,$$

显然,$y = x^2 + C$ 满足上述等式,又因为当 $x = 0$ 时,$y = 0$,得 $C = 0$,

因此,所求曲线方程为 $\qquad\qquad y = x^2.$

以上两问题,如果去掉问题的物理意义和几何意义,单纯从数学的角度来讨论,可以归纳为同一个问题,就是已知某个函数 $f(x)$ 的导数 $f'(x)$,求该函数 $f(x)$ 的问题.

2. 原函数与不定积分概念

定义 设 $F(x)$ 与 $f(x)$ 是定义在某一区间 I 上的函数. 如果对于该区间内的任意一点 x 都有 $F'(x) = f(x)$(或 $\mathrm{d}F(x) = f(x)\mathrm{d}x$)成立,那么函数 $F(x)$ 叫做 $f(x)$ 在该区间上的一个原函数.

显然,在 $(-\infty, +\infty)$ 上 $s = \dfrac{1}{2}at^2$ 是 $v = at$ 的一个原函数;$f(x) = x^2$ 是 $2x$ 在 $(-\infty, +\infty)$ 上的一个原函数. 并且我们发现 $f(x) = x^2 + C$(C 为常数),也是 $2x$ 的原函数. 由此可见,一个函数的原函数如果存在,就不止一个.

定理 1(原函数存在定理) 如果函数 $f(x)$ 有原函数,那么它就有无穷多个原函数,并且任意两个原函数之间仅相差一个常数.

证 设 $F(x)$ 和 $G(x)$ 是 $f(x)$ 的任意两个原函数,则 $F'(x) = f(x)$,$G'(x) = f(x)$
所以 $[F(x) + C]' = f(x)$,$F(x) + C$ 是 $f(x)$ 的原函数,其中 C 为任意常数,
由 C 的任意性可知,$f(x)$ 有无穷多个原函数.
又 $\qquad\qquad [F(x) - G(x)]' = F'(x) - G'(x) = f(x) - f(x) = 0$
由拉格朗日中值定理的推论有 $\quad F(x) - G(x) = C.$
但是,是不是每一个函数都有原函数呢? 我们有如下定理.

定理 2(原函数存在定理) 如果函数 $f(x)$ 在某一区间 I 上连续,则函数 $f(x)$ 在该区间上的原函数一定存在(证明见第五章第二节定理 2).

定义 函数 $f(x)$ 的全部原函数 $F(x) + C$ 叫做 $f(x)$ 的**不定积分**. 记为 $\displaystyle\int f(x)\mathrm{d}x$,其中 $\displaystyle\int$ 叫做积分号,$f(x)$ 叫做被积函数,$f(x)\mathrm{d}x$ 叫做被积表达式,x 叫做积分变量,C 叫做积分常数. 即 $\qquad\qquad \displaystyle\int f(x)\mathrm{d}x = F(x) + C.$

在 $\displaystyle\int f(x)\mathrm{d}x$ 中,积分号 $\displaystyle\int$ 表示对函数 $f(x)$ 实行求原函数的运算,故求不定积分的运算实质就是求导运算的逆运算.

例 3 求 $\displaystyle\int \cos x\mathrm{d}x$.

解 因为 $(\sin x)' = \cos x$,所以 $\qquad \displaystyle\int \cos x\mathrm{d}x = \sin x + C.$

例 4 求 $\displaystyle\int \mathrm{e}^x\mathrm{d}x$.

解　因为 $(e^x)' = e^x$，所以　$\displaystyle\int e^x \mathrm{d}x = e^x + C$.

3. 不定积分的几何意义

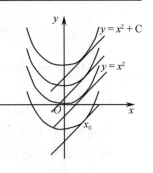

图 4-1

由 $y = \displaystyle\int 2x \mathrm{d}x = x^2 + C$ 知，当 C 每取一个确定的值，就得到 $2x$ 的一个原函数，每一个原函数都对应一条曲线，该曲线叫做**积分曲线**，显然函数 $y = 2x$ 的不定积分 $y = x^2 + C$ 表示了无穷多条积分曲线，构成了一个曲线的集合，叫做**积分曲线族**（如图 4-1 所示）. 在点 $x = x_0$ 处，各条积分曲线对应的纵坐标 y_0 之间总是相差一个常数；同时，在点 $x = x_0$ 处的切线也相互平行. 即曲线族中任一曲线都可由另一曲线沿 y 轴方向通过平移而得到.

二、不定积分的性质

由不定积分的概念，可以得到如下性质.

性质 1　　　$\displaystyle\int [f(x) \pm g(x)] \mathrm{d}x = \int f(x) \mathrm{d}x \pm \int g(x) \mathrm{d}x$.

性质 1 可以推广到有限多个函数代数和的情况，即

$$\int [f_1(x) \pm f_2(x) \pm \cdots \pm f_n(x)] \mathrm{d}x = \int f_1(x) \mathrm{d}x \pm \int f_2(x) \mathrm{d}x \pm \cdots \pm \int f_n(x) \mathrm{d}x.$$

性质 2　　　$\displaystyle\int k f(x) \mathrm{d}x = k \int f(x) \mathrm{d}x \, (k \text{ 为非零常数})$.

注：当 $k = 0$ 时，$\displaystyle\int k f(x) \mathrm{d}x = \int 0 \mathrm{d}x = C$，而 $k \displaystyle\int f(x) \mathrm{d}x = 0$.

故此时，性质 2 不成立.

由不定积分的定义知，微分运算与求不定积分运算是互逆的，所以有

$$\int f'(x) \mathrm{d}x = f(x) + C, \qquad\qquad \left[\int f(x) \mathrm{d}x\right]' = f(x),$$

$$\mathrm{d}\left[\int f(x) \mathrm{d}x\right] = f(x) \mathrm{d}x, \qquad\qquad \int \mathrm{d}f(x) = f(x) + C.$$

三、基本积分表

由于积分是微分的逆运算，所以由基本初等函数的导数公式，可以相应的得到不定积分的公式.（德·摩根说积分就是"回忆导数"或"回忆微分"）

(1) $\displaystyle\int k \mathrm{d}x = kx + C \,(k \text{ 为常数})$；

(2) $\displaystyle\int x^\alpha \mathrm{d}x = \frac{x^{\alpha+1}}{\alpha+1} + C \,(\alpha \neq -1)$；

(3) $\displaystyle\int \frac{1}{x} \mathrm{d}x = \ln|x| + C$；

(4) $\displaystyle\int \frac{1}{1+x^2} \mathrm{d}x = \arctan x + C$；

(5) $\displaystyle\int \frac{1}{\sqrt{1-x^2}} \mathrm{d}x = \arcsin x + C$；

(6) $\displaystyle\int \cos x \mathrm{d}x = \sin x + C$；

(7) $\displaystyle\int \sin x \mathrm{d}x = -\cos x + C$；

(8) $\displaystyle\int \sec^2 x \mathrm{d}x = \tan x + C$；

(9) $\int \csc^2 x \, dx = -\cot x + C$; $\qquad$ (10) $\int \sec x \tan x \, dx = \sec x + C$;

(11) $\int \csc x \cot x \, dx = -\csc x + C$; $\qquad$ (12) $\int e^x \, dx = e^x + C$;

(13) $\int a^x \, dx = \dfrac{a^x}{\ln a} + C \, (a > 0, a \neq 1)$.

上述基本积分公式是计算不定积分的基础,必须熟记.

利用不定积分的性质和基本积分公式求原函数的积分方法叫做**直接积分法**.

例 5 求 $\int (e^x + 3\sin x + \sqrt{x}) \, dx$.

解
$$\int (e^x + 3\sin x + \sqrt{x}) \, dx = \int e^x \, dx + 3 \int \sin x \, dx + \int x^{\frac{1}{2}} \, dx$$
$$= e^x - 3\cos x + \frac{1}{\frac{1}{2}+1} x^{\frac{1}{2}+1} + C$$
$$= e^x - 3\cos x + \frac{2}{3} x^{\frac{3}{2}} + C.$$

注 要检查积分结果是否正确,只需求导验证. 如本例中,因为

$\left(e^x - 3\cos x + \dfrac{2}{3} x^{\frac{3}{2}} + C\right)' = e^x + 3\sin x + \sqrt{x}$,所以积分结果是正确的.

例 6 求 $\int \dfrac{x^2 - 1}{x + 1} \, dx$.

解 $\int \dfrac{x^2 - 1}{x + 1} \, dx = \int (x - 1) \, dx = \int x \, dx - \int dx = \dfrac{1}{2} x^2 - x + C.$

该题中,对被积函数所进行的恒等变形是十分重要的. 这种方法经常用到.

例 7 求 $\int \dfrac{x^4}{1 + x^2} \, dx$.

解 $\int \dfrac{x^4}{1 + x^2} \, dx = \int \dfrac{x^4 - 1 + 1}{x^2 + 1} \, dx = \int \left(x^2 - 1 + \dfrac{1}{1 + x^2}\right) dx.$
$$= \int x^2 \, dx - \int dx + \int \dfrac{1}{1 + x^2} \, dx = \dfrac{x^3}{3} - x + \arctan x + C.$$

本例中,分子使用"加一项减一项"的方法,这种小技巧需要多积累.

例 8 求 $\int \dfrac{2x^2 + 1}{x^2 (x^2 + 1)} \, dx$.

解 $\int \dfrac{2x^2 + 1}{x^2 (x^2 + 1)} \, dx = \int \dfrac{x^2 + (x^2 + 1)}{x^2 (x^2 + 1)} \, dx = \int \left(\dfrac{1}{x^2 + 1} + \dfrac{1}{x^2}\right) dx.$
$$= \int \dfrac{1}{x^2 + 1} \, dx + \int \dfrac{1}{x^2} \, dx = \arctan x - \dfrac{1}{x} + C.$$

本例中,利用 $\dfrac{b + c}{a} = \dfrac{b}{a} + \dfrac{c}{a}$ 的拆项小技巧把被积函数转化为简单分式之和.

例 9 求 $\int \tan^2 x \, dx$.

解 $\int \tan^2 x \, dx = \int (\sec^2 x - 1) \, dx = \int \sec^2 x \, dx - \int 1 \, dx = \tan x - x + C.$

例 10 求 $\int \dfrac{1}{\sin^2 x \cos^2 x} \mathrm{d}x$.

解 $\int \dfrac{1}{\sin^2 x \cos^2 x} \mathrm{d}x = \int \dfrac{\sin^2 x + \cos^2 x}{\sin^2 x \cos^2 x} \mathrm{d}x = \int \left(\dfrac{1}{\cos^2 x} + \dfrac{1}{\sin^2 x} \right) \mathrm{d}x.$

$$= \int \dfrac{1}{\cos^2 x} \mathrm{d}x + \int \dfrac{1}{\sin^2 x} \mathrm{d}x = \tan x - \cot x + C.$$

例 9、例 10 使用**三角恒等变换**,把被积函数转化为基本积分公式的形式.

思考与探究

1.德·摩根说:积分就是"回忆微分",你能默想导数或微分公式,并写出相应的基本积分公式吗?

2.$\dfrac{\mathrm{d}}{\mathrm{d}x}\left(\int f(x)\mathrm{d}x \right)$ 与 $\int f'(x)\mathrm{d}x$ 是否相等?为什么?

习题 4-1

1.验证下列等式是否成立(C 为常数):

(1)$\int \dfrac{x}{\sqrt{1+x^2}} \mathrm{d}x = \sqrt{1+x^2} + C$;

(2)$\int \cos 2x \mathrm{d}x = \dfrac{1}{2}\sin 2x + C$;

(3)$\int \dfrac{1}{\sqrt{a^2+x^2}} \mathrm{d}x = \ln(x + \sqrt{a^2+x^2}) + C\ (a > 0,$常数$)$.

2.求下列不定积分:

(1)$\int (x^3 - \sqrt[3]{x})\mathrm{d}x$;

(2)$\int (x^4 + 3x + 2)\mathrm{d}x$;

(3)$\int (1 + \sqrt{x})^2 \mathrm{d}x$;

(4)$\int \dfrac{1-x}{x\sqrt{x}} \mathrm{d}x$;

(5)$\int \left(2^x + \dfrac{3}{\sqrt{1-x^2}} \right) \mathrm{d}x$;

(6)$\int (\sqrt{x}+1)(x^2-1)\mathrm{d}x$;

(7)$\int \dfrac{3 \cdot 4^x - 3^x}{4^x} \mathrm{d}x$;

(8)$\int \dfrac{\sqrt{x^4 + x^{-4} + 2}}{x^3} \mathrm{d}x$;

(9)$\int \dfrac{2 + x^2 + x^4}{1 + x^2} \mathrm{d}x$;

(10)$\int \dfrac{\mathrm{d}x}{1 + \cos 2x}$;

(11)$\int \dfrac{2 - \sin^2 x}{\cos^2 x} \mathrm{d}x$;

(12)$\int \dfrac{\cos 2x}{\cos x - \sin x} \mathrm{d}x$;

(13)$\int 3^x \left(1 - \dfrac{3^{-x}}{\sqrt{x}} \right) \mathrm{d}x$;

(14)$\int \mathrm{e}^{x-4} \mathrm{d}x$;

(15)$\int 2\cos^2 \dfrac{x}{2} \mathrm{d}x$;

(16)$\int \dfrac{1}{\cos^2 x \sin^2 x} \mathrm{d}x$;

(17)$\int \sec x(\sec x + \tan x)\mathrm{d}x$;

(18)$\int \cot^2 x \mathrm{d}x$.

3.在下列等式中填入适当的系数:

(1)$x\mathrm{d}x = \underline{\quad\quad}\mathrm{d}(x^2+1)$;

(2)$\mathrm{d}x = \underline{\quad\quad}\mathrm{d}\left(\dfrac{x}{4}+3 \right)$;

$(3)x^2\mathrm{d}x=\underline{\quad}\mathrm{d}(1-x^3)$;

$(4)\mathrm{e}^{-\frac{1}{2}x}\mathrm{d}x=\underline{\quad}\mathrm{d}(\mathrm{e}^{-\frac{1}{2}x})$;

$(5)x\mathrm{e}^{x^2}\mathrm{d}x=\underline{\quad}\mathrm{d}(\mathrm{e}^{x^2}+2)$;

$(6)\dfrac{1}{x}\mathrm{d}x=\underline{\quad}\mathrm{d}(-\ln x)$;

$(7)\cos2x\mathrm{d}x=\underline{\quad}\mathrm{d}(-\sin2x)$;

$(8)\sin x\mathrm{d}x=\underline{\quad}\mathrm{d}(2+\cos x)$;

$(9)3^{-x}\mathrm{d}x=\underline{\quad}\mathrm{d}(1+3^{-x})$;

$(10)\sec^2(2x)\mathrm{d}x=\underline{\quad}\mathrm{d}[\tan(2x)]$;

$(11)\dfrac{1}{1-2x}\mathrm{d}x=\underline{\quad}\mathrm{d}[\ln(1-2x)]$;

$(12)\dfrac{1}{(x-1)^2}\mathrm{d}x=\underline{\quad}\mathrm{d}\left(\dfrac{1}{x-1}\right)$;

$(13)\dfrac{1}{\sqrt{1-4x^2}}\mathrm{d}x=\underline{\quad}\mathrm{d}(\arcsin2x)$;

$(14)\dfrac{x}{9+x^2}\mathrm{d}x=\underline{\quad}\mathrm{d}[\ln(9+x^2)]$.

第二节　换元积分法

第一类换元积分法　第二类换元积分法

一、第一类换元积分法

能利用直接积分法计算的积分是很有限的,如$\displaystyle\int\sin2x\mathrm{d}x$就不能用直接积分法.为了解决上述问题,下面我们就来介绍积分的另一种常用方法——**换元积分法**.

由复合函数的求导公式,我们引出如下换元积分法.

> **定理1(凑微分法)** 设$u=\varphi(x)$在$[a,b]$上可导,$\alpha\leqslant\varphi(x)\leqslant\beta$,$f(u)$在$[\alpha,\beta]$上有定义,并有原函数$F(u)$,则
> $$\int f[\varphi(x)]\varphi'(x)\mathrm{d}x=\int f[\varphi(x)]\mathrm{d}[\varphi(x)]\xlongequal{u=\varphi(x)}\int f(u)\mathrm{d}u=F(u)+C$$
> $$\xlongequal{u=\varphi(x)}F[\varphi(x)]+C.$$

证 利用复合函数的求导法则,来验证上述结论.

由于$\dfrac{\mathrm{d}}{\mathrm{d}x}(F[\varphi(x)])=F'(u)\varphi'(x)=f(u)\varphi'(x)=f[\varphi(x)]\varphi'(x)$(其中$u=\varphi(x)$)

故　　　　　　　　　$\displaystyle\int f[\varphi(x)]\varphi'(x)\mathrm{d}x=F[\varphi(x)]+C.$

例1 求$\displaystyle\int\sin2x\mathrm{d}x$.

解 令$u=2x$,则$\mathrm{d}u=2\mathrm{d}x$,即$\mathrm{d}x=\dfrac{1}{2}\mathrm{d}u$,

于是　$\displaystyle\int\sin2x\mathrm{d}x=\dfrac{1}{2}\int\sin u\mathrm{d}u=-\dfrac{1}{2}\cos u+C=-\dfrac{1}{2}\cos2x+C.$

作$u=2x$换元,为的是将$\displaystyle\int\sin2x\mathrm{d}x$转换为$\displaystyle\int\sin u\mathrm{d}u$,所以可以直接凑$\displaystyle\int\sin u\mathrm{d}u$,

$$\underbrace{\int\sin2x\mathrm{d}x=\dfrac{1}{2}\int\sin2x\mathrm{d}(2x)}_{\text{凑}\int\sin u\mathrm{d}u\text{的形式}}=-\dfrac{1}{2}\cos2x+C$$

这种不显示新换元变量的第一类换元积分法,也称为**凑微分法**.

例 2 求 $\int (3x-1)^4 \mathrm{d}x$.

解 直接凑微分 $\int (3x-1)^4 \mathrm{d}x = \frac{1}{3}\int (3x-1)^4 \mathrm{d}(3x-1) = \frac{1}{15}(3x-1)^5 + C$.

对照例 1、例 2 中,引入变量换元与直接凑微分的步骤过程,加深理解换元的思想,熟练掌握凑微分法.

例 3 求 $\int \dfrac{\mathrm{d}x}{a^2+x^2}$. ($a$ 为非零常数)

解 $\int \dfrac{\mathrm{d}x}{a^2+x^2} = \dfrac{1}{a^2}\int \dfrac{1}{1+\left(\frac{x}{a}\right)^2}\mathrm{d}x = \dfrac{1}{a}\int \dfrac{1}{1+\left(\frac{x}{a}\right)^2}\mathrm{d}\left(\dfrac{x}{a}\right) = \dfrac{1}{a}\arctan\dfrac{x}{a} + C$.

类似地,可得到 $\int \dfrac{\mathrm{d}x}{\sqrt{a^2-x^2}} = \arcsin\dfrac{x}{a} + C$ ($a>0$ 为常数).

例 4 求 $\int \dfrac{1}{x^2-a^2}\mathrm{d}x$. ($a$ 为非零常数)

解 $\int \dfrac{1}{x^2-a^2}\mathrm{d}x = \dfrac{1}{2a}\int \left(\dfrac{1}{x-a} - \dfrac{1}{x+a}\right)\mathrm{d}x$

$= \dfrac{1}{2a}\left[\int \dfrac{1}{x-a}\mathrm{d}(x-a) - \int \dfrac{1}{x+a}\mathrm{d}(x+a)\right] = \dfrac{1}{2a}\left[\ln|x-a| - \ln|x+a|\right] + C$

$= \dfrac{1}{2a}\ln\left|\dfrac{x-a}{x+a}\right| + C$.

一般地,若被积函数为 $f(ax+b)$ ($a\neq0, a,b$ 均为常数),则可以作代换 $u=ax+b$,则

$\int f(ax+b)\mathrm{d}x = \dfrac{1}{a}\int f(ax+b)\mathrm{d}(ax+b) = \dfrac{1}{a}\int f(u)\mathrm{d}u$.

例 5 求 $\int \cos3x\cos2x\,\mathrm{d}x$.

解 本题应先利用积化和差公式进行恒等变形,然后再积分.

$$\int \cos3x\cos2x\,\mathrm{d}x = \int \dfrac{1}{2}(\cos x + \cos5x)\mathrm{d}x = \dfrac{1}{2}\int \cos x\,\mathrm{d}x + \dfrac{1}{10}\int \cos5x\,\mathrm{d}(5x)$$
$$= \dfrac{1}{2}\sin x + \dfrac{1}{10}\sin5x + C.$$

例 6 求 $\int \cos^2 x\,\mathrm{d}x$.

解 $\int \cos^2 x\,\mathrm{d}x = \int \dfrac{1+\cos2x}{2}\mathrm{d}x = \dfrac{1}{2}\left(\int \mathrm{d}x + \int \cos2x\,\mathrm{d}x\right)$

$= \dfrac{1}{2}\left[\int \mathrm{d}x + \dfrac{1}{2}\int \cos2x\,\mathrm{d}(2x)\right] = \dfrac{1}{2}x + \dfrac{1}{4}\sin2x + C$.

例 7 求 $\int x\mathrm{e}^{x^2}\mathrm{d}x$.

解 $\int x\mathrm{e}^{x^2}\mathrm{d}x = \dfrac{1}{2}\int \mathrm{e}^{x^2}\mathrm{d}(x^2) = \dfrac{1}{2}\mathrm{e}^{x^2} + C$.

一般地,若被积函数为 $f(x^n)x^{n-1}$ ($n\neq1$),则总可以作换元 $u=x^n$,使得

$$\int f(x^n)x^{n-1}\mathrm{d}x = \frac{1}{n}\int f(x^n)\mathrm{d}(x^n) = \frac{1}{n}\int f(u)\mathrm{d}u.$$

例 8 求 $\int \sin^3 x\cos x\mathrm{d}x$.

解 $\int \sin^3 x\cos x\mathrm{d}x = \int \sin^3 x\mathrm{d}(\sin x) = \frac{1}{4}\sin^4 x + C.$

例 9 求 $\int \tan x\mathrm{d}x$.

解 $\int \tan x\mathrm{d}x = \int \frac{\sin x}{\cos x}\mathrm{d}x = -\int \frac{1}{\cos x}\mathrm{d}(\cos x) = -\ln|\cos x| + C.$

$$\int \tan x\mathrm{d}x == -\ln|\cos x| + C.$$

类似地可求得 $\qquad \int \cot x\mathrm{d}x = \ln|\sin x| + C.$

例 10 求 $\int \sec x\mathrm{d}x$.

解 $\int \sec x\mathrm{d}x = \int \frac{\sec x(\sec x + \tan x)}{\sec x + \tan x}\mathrm{d}x = \int \frac{\sec^2 x + \sec x\tan x}{\sec x + \tan x}\mathrm{d}x$

$$= \int \frac{1}{\sec x + \tan x}\mathrm{d}(\sec x + \tan x) = \ln|\sec x + \tan x| + C.$$

$$\int \sec x\mathrm{d}x = \ln|\sec x + \tan x| + C.$$

类似地可以得到

$$\int \csc x\mathrm{d}x = \ln|\csc x - \cot x| + C.$$

例 11 求 $\int \tan x\sec^3 x\mathrm{d}x$.

解 $\int \tan x\sec^3 x\mathrm{d}x = \int \sec^2 x\mathrm{d}(\sec x) = \frac{1}{3}\sec^3 x + C.$

例 12 求 $\int \sec^4 x\mathrm{d}x$.

解 $\int \sec^4 x\mathrm{d}x = \int \sec^2 x\sec^2 x\mathrm{d}x = \int (1 + \tan^2 x)\mathrm{d}(\tan x)$

$$= \tan x + \frac{1}{3}\tan^3 x + C.$$

例 13 求 $\int \frac{\ln x}{x}\mathrm{d}x$.

解 $\int \frac{\ln x}{x}\mathrm{d}x = \int \ln x\mathrm{d}\ln x = \frac{1}{2}(\ln x)^2 + C.$

一般地, 若被积函数为 $f(\ln x)\cdot\frac{1}{x}$ 则可作换元 $u = \ln x$, 使

$$\int f(\ln x)\frac{1}{x}\mathrm{d}x = \int f(\ln x)\mathrm{d}\ln x = \int f(u)\mathrm{d}u.$$

例 14 求 $\int \frac{\mathrm{e}^x}{1 + \mathrm{e}^x}\mathrm{d}x$.

解 $\displaystyle\int \frac{e^x}{1+e^x}dx = \int \frac{1}{1+e^x}d(1+e^x) = \ln(1+e^x) + C.$

一般地,若被积函数为 $f(e^x)e^x$,则可作换元 $u = e^x$,使

$$\int f(e^x)e^x dx = \int f(e^x)de^x = \int f(u)du.$$

例 15 求 $\displaystyle\int \frac{10^{\arcsin x}}{\sqrt{1-x^2}}dx.$

解 $\displaystyle\int \frac{10^{\arcsin x}}{\sqrt{1-x^2}}dx = \int 10^{\arcsin x} d\arcsin x = \frac{10^{\arcsin x}}{\ln 10} + C.$

从上面几个例子可以看出,

使用第一类换元积分法(凑微分法)的关键是

(1) 知道在什么情形下用凑微分?(2) 如何凑微分?

由第一换元公式

$$\int f[\varphi(x)]\varphi'(x)dx = \int f[\varphi(x)]d\varphi(x) = \int f(u)du = F(u) + C$$

知,如被积函数中同时存在 $\varphi(x)$ 与 $\varphi'(x)$(可以缺常数因子)的特征,考虑使用凑微分,将 $\varphi'(x)dx$ 凑成 $d\varphi(x)$,另一部分为 $f[\varphi(x)]$ 即可.

二、第二类换元积分法

第一类换元法是通过选择新积分变量 u,用 $u = \varphi(x)$ 进行换元,从而使得原积分转化为较容易积出的不定积分. 但是,对于有些积分,如 $\displaystyle\int \frac{1}{\sqrt{x}-1}dx, \int \sqrt{a^2-x^2}dx(a>0)$ 等,需要做相反方式的换元,才能比较顺利地进行计算. 先看下面的例子.

例 16 求 $\displaystyle\int \frac{1}{\sqrt{x}-1}dx.$

解 为了去掉根号,设 $\sqrt{x} = t$,则 $x = t^2 (t>0), dx = 2tdt$,代入原式

$$\int \frac{1}{\sqrt{x}-1}dx = \int \frac{2t}{t-1}dt = 2\int \frac{t-1+1}{t-1}dt = 2\left(\int dt + \int \frac{1}{t-1}dt\right)$$

$$= 2(t + \ln|t-1|) + C = 2(\sqrt{x} + \ln|\sqrt{x}-1|) + C.$$

归纳概括例题的方法,得出下面定理:

定理 2 (第二类换元积分法) 设函数 $x = \varphi(t)$ 单调、可导,且 $\varphi'(t) \neq 0$,又设 $f[\varphi(t)]\varphi'(t)$ 有原函数 $F(t)$,则有

$$\int f(x)dx \xrightarrow{x=\varphi(t)} \int f[\varphi(t)]\varphi'(t)dt = F(t) + C \xrightarrow{x=\varphi(t)} F[\varphi^{-1}(x)] + C.$$

注 在第一类换元积分法中,可以不写出换元新变量,所以不需代回还原变量,第二类换元积分法一般要写出换元过程,出现新积分变量,所以必须代回还原变量.

例 17 求 $\displaystyle\int \sqrt{a^2 - x^2}\, \mathrm{d}x (a > 0)$.

解 为了去掉根号，利用三角代换，设 $x = a\sin t\left(-\dfrac{\pi}{2} < t < \dfrac{\pi}{2}\right)$，则

$$\sqrt{a^2 - x^2} = \sqrt{a^2 - a^2\sin^2 t} = a\cos t, \text{且 } \mathrm{d}x = a\cos t\,\mathrm{d}t.$$

于是

$$\int \sqrt{a^2 - x^2}\, \mathrm{d}x = a^2 \int \cos^2 t\,\mathrm{d}t$$

$$= a^2 \int \frac{1 + \cos 2t}{2}\mathrm{d}t = \frac{a^2}{2}\left(t + \frac{1}{2}\sin 2t\right) + C$$

$$= \frac{a^2}{2}(t + \sin t\cos t) + C.$$

因为 $x = a\sin t$，所以 $t = \arcsin\dfrac{x}{a}$，故有

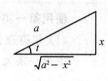

图 4-2

$$\int \sqrt{a^2 - x^2}\, \mathrm{d}x = \frac{a^2}{2}\left(\arcsin\frac{x}{a} + \frac{x}{a}\cdot\frac{\sqrt{a^2 - x^2}}{a}\right) + C.$$

$$= \frac{a^2}{2}\arcsin\frac{x}{a} + \frac{x}{2}\sqrt{a^2 - x^2} + C.$$

这里 $\cos t = \dfrac{\sqrt{a^2 - x^2}}{a}$ 是借助图 4-2 中的辅助三角形求出的.

例 18 $\displaystyle\int \frac{\mathrm{d}x}{\sqrt{x^2 + a^2}}(a > 0)$.

解 设 $x = a\tan t\left(-\dfrac{\pi}{2} < t < \dfrac{\pi}{2}\right)$，则 $\mathrm{d}x = a\sec^2 t\,\mathrm{d}t$. 则

$$\int \frac{\mathrm{d}x}{\sqrt{x^2 + a^2}} = \int \frac{a\sec^2 t}{a\sec t}\mathrm{d}t = \int \sec t\,\mathrm{d}t = \ln|\sec t + \tan t| + C,$$

因为 $x = a\tan t$，所以 $\tan t = \dfrac{x}{a}$，借助图 4-3 中的辅助三角形求出 $\sec t = \dfrac{\sqrt{a^2 + x^2}}{a}$，故有

$$\int \frac{\mathrm{d}x}{\sqrt{x^2 + a^2}} = \ln|\sec t + \tan t| + C_1 = \ln\left|\frac{\sqrt{x^2 + a^2}}{a} + \frac{x}{a}\right| + C_1$$

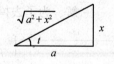

$$= \ln\left|x + \sqrt{x^2 + a^2}\right| + C (C = C_1 - \ln a).$$

图 4-3

例 19 $\displaystyle\int \frac{\mathrm{d}x}{\sqrt{x^2 - a^2}}(a > 0)$.

解 当 $x > a$ 时，令 $x = a\sec t$，$\left(0 < t < \dfrac{\pi}{2}\right)$，

则

$$\mathrm{d}x = a\sec t\tan t\,\mathrm{d}t, \sqrt{x^2 - a^2} = \sqrt{a^2\sec^2 t - a^2} = a\tan t,$$

故

$$\int \frac{\mathrm{d}x}{\sqrt{x^2 - a^2}} = \int \frac{\sec t\tan t}{\tan t}\mathrm{d}t = \int \sec t\,\mathrm{d}t = \ln|\sec t + \tan t| + C_1.$$

由(图 4-4) 得 $\tan t = \dfrac{\sqrt{x^2-a^2}}{a}$

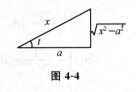

图 4-4

故有 $\displaystyle\int \frac{\mathrm{d}x}{\sqrt{x^2-a^2}} = \ln\left|\frac{x}{a} + \frac{\sqrt{x^2-a^2}}{a}\right| + C_1$

$$= \ln\left|x + \sqrt{x^2-a^2}\right| + C \quad (C = C_1 - \ln a).$$

类似地,当 $x < -a$ 时,以上结论也成立.

以上几例使用三角代换,化去根式,一般地:

若被积函数中含有 $\sqrt{a^2-x^2}$ $(a>0,$ 常数) 时,作三角换元 $x = a\sin t$;

若被积函数中含有 $\sqrt{a^2+x^2}$ $(a>0,$ 常数) 时,作三角换元 $x = a\tan t$;

若被积函数中含有 $\sqrt{x^2-a^2}$ $(a>0,$ 常数) 时,作三角换元 $x = a\sec t$.

例 20 求 $\displaystyle\int \frac{\mathrm{d}x}{\sqrt{x} + \sqrt[3]{x}}$.

解 为了去掉被积函数中的根式,取 2 与 3 的最小公倍数 6,令 $\sqrt[6]{x} = t$,则 $\sqrt[3]{x} = t^2$,$\sqrt{x} = t^3$,$x = t^6$,$\mathrm{d}x = 6t^5\mathrm{d}t$,于是

$$\int \frac{\mathrm{d}x}{\sqrt{x} + \sqrt[3]{x}} = \int \frac{6t^5}{t^3 + t^2}\mathrm{d}t = 6\int \frac{t^3}{t+1}\mathrm{d}t$$

$$= \int \frac{t^3+1-1}{t+1}\mathrm{d}t = 6\int\left(t^2 - t + 1 - \frac{1}{t+1}\right)\mathrm{d}t$$

$$= 2t^3 - 3t^2 + 6t - 6\ln|t+1| + C$$

$$= 2\sqrt{x} - 3\sqrt[3]{x} + 6\sqrt[6]{x} - 6\ln\left|\sqrt[6]{x} + 1\right| + C.$$

例 21 求 $\displaystyle\int \frac{1}{\sqrt{1+\mathrm{e}^x}}\mathrm{d}x$.

解 令 $t = \sqrt{1+\mathrm{e}^x} \Rightarrow \mathrm{e}^x = t^2 - 1$,则 $x = \ln(t^2-1)$,$\mathrm{d}x = \dfrac{2t\mathrm{d}t}{t^2-1}$,

$$\int \frac{1}{\sqrt{1+\mathrm{e}^x}}\mathrm{d}x = \int \frac{2}{t^2-1}\mathrm{d}t = \int\left(\frac{1}{t-1} - \frac{1}{t+1}\right)\mathrm{d}t$$

$$= \ln\left|\frac{t-1}{t+1}\right| + C = 2\ln\left(\sqrt{1+\mathrm{e}^x} - 1\right) - x + C.$$

由上述例题中得到一些经常用到的积分公式,可以加在基本积分表中.

$(14)\displaystyle\int \tan x\,\mathrm{d}x = -\ln|\cos x| + C = \ln|\sec x| + C$;

$(15)\displaystyle\int \cot x\,\mathrm{d}x = \ln|\sin x| + C = -\ln|\csc x| + C$;

$(16)\displaystyle\int \sec x\,\mathrm{d}x = \ln|\sec x + \tan x| + C$;

$(17)\displaystyle\int \csc x\,\mathrm{d}x = \ln|\csc x - \cot x| + C$;

$(18)\displaystyle\int \frac{1}{x^2-a^2}\mathrm{d}x = \frac{1}{2a}\ln\left|\frac{x-a}{x+a}\right| + C$;

(19) $\int \dfrac{1}{a^2 + x^2} dx = \dfrac{1}{a} \arctan \dfrac{x}{a} + C$;

(20) $\int \dfrac{1}{\sqrt{a^2 - x^2}} dx = \arcsin \dfrac{x}{a} + C$;

(21) $\int \dfrac{1}{\sqrt{x^2 \pm a^2}} dx = \ln \left| x + \sqrt{x^2 \pm a^2} \right| + C$.

思考与探究

尝试用不同方法计算 $\int \dfrac{x}{\sqrt{1 - x^2}} dx$,并思考所用的积分法体现了什么数学思想?

习题 4-2

1.求下列不定积分:

(1) $\int \dfrac{dx}{\sqrt{1 - 2x}}$;

(2) $\int \dfrac{dx}{\sqrt{1 - 2x^2}}$;

(3) $\int \dfrac{dx}{(2x - 5)^5}$;

(4) $\int \dfrac{dx}{x^2 + x + 1}$;

(5) $\int \dfrac{2^x \cdot 3^x}{9^x - 4^x} dx$;

(6) $\int \dfrac{\sin x}{\sqrt{\cos^3 x}} dx$;

(7) $\int \sin 3x \sin 5x dx$;

(8) $\int \sin^3 x dx$;

(9) $\int \dfrac{dx}{1 + \cos x}$;

(10) $\int \dfrac{dx}{\sqrt{x}(1 + x)}$;

(11) $\int \dfrac{1}{\sqrt{x}} e^{\sqrt{x}} dx$;

(12) $\int \dfrac{dx}{e^x + e^{-x}}$;

(13) $\int \dfrac{2x + 3}{(x - 2)(x + 5)} dx$;

(14) $\int \dfrac{1}{x^2 + 6x + 10} dx$;

(15) $\int \dfrac{e^{3x} + 1}{e^x + 1} dx$;

(16) $\int \sin^2 x \cos^3 x dx$;

(17) $\int \tan^4 x dx$;

(18) $\int \dfrac{dx}{\sqrt{3 + 2x - x^2}}$;

(19) $\int \dfrac{dx}{x \ln x \ln(\ln x)}$;

(20) $\int x^3 \sqrt{1 + x^2} dx$;

(21) $\int e^{e^x + x} dx$;

(22) $\int \dfrac{\ln x dx}{x \sqrt{1 + \ln x}}$.

2.求下列不定积分:

(1) $\int \dfrac{1}{\sqrt{4x^2 + 9}} dx$;

(2) $\int \dfrac{dx}{x^2 \sqrt{1 - x^2}}$;

(3) $\int \dfrac{dx}{x \sqrt{x^2 - 4}}$;

(4) $\int \dfrac{\sqrt{x^2 - 9}}{x} dx$;

(5) $\int \dfrac{dx}{\sqrt{(x^2 + 1)^3}}$;

(6) $\int \dfrac{dx}{1 + \sqrt{1 - x^2}}$;

$(7) \displaystyle\int \frac{\mathrm{d}x}{1+\sqrt{x+1}}$;

$(8) \displaystyle\int x^2 \sqrt[3]{1-x}\,\mathrm{d}x$;

$(9) \displaystyle\int \frac{\sqrt{x}}{\sqrt[4]{x^3}+1}\,\mathrm{d}x$;

$(10) \displaystyle\int \frac{1}{\sqrt{2x-1}+1}\,\mathrm{d}x$;

$(11) \displaystyle\int \frac{x^2}{\sqrt{x-2}}\,\mathrm{d}x$;

$(12) \displaystyle\int \sqrt{\frac{1+x}{x}}\,\frac{\mathrm{d}x}{x}$;

$(13) \displaystyle\int \frac{\sqrt{a^2-x^2}}{x^4}\,\mathrm{d}x\,(a>0)$;

$(14) \displaystyle\int \frac{\sin x \cos^3 x}{1+\cos^2 x}\,\mathrm{d}x$.

第三节 分部积分法

我们在复合函数微分法的基础上,得到了换元积分法,从而通过适当的变量代换或凑微分,把一些不定积分转化成容易计算的不定积分.下面,利用两个函数乘积的微分法来推导一种新的求积分的方法 —— **分部积分法**.

> **定理 3** (**分部积分法**) 若函数 $u=u(x)$,$v=v(x)$ 可导,则
> $$\int uv'\,\mathrm{d}x = uv - \int u'v\,\mathrm{d}x \quad \text{或} \int u\,\mathrm{d}v = uv - \int v\,\mathrm{d}u.$$

证 由函数乘积的微分公式知 $uv' = (uv)' - u'v$,

两边积分得 $\displaystyle\int uv'\,\mathrm{d}x = uv - \int u'v\,\mathrm{d}x$,

即 $\displaystyle\int u\,\mathrm{d}v = uv - \int v\,\mathrm{d}u$.

使用分部积分法的关键在于适当选取被积表达式中的 u 和 $\mathrm{d}v$,使等式右边的不定积分容易计算,若选取不当,反而使运算更加复杂.

选取 u 和 $\mathrm{d}v$ 的两个原则:(1)$\mathrm{d}v$ 易凑;(2)$\displaystyle\int v\,\mathrm{d}u$ 要比 $\displaystyle\int u\,\mathrm{d}v$ 容易积出.

例 1 求 $\displaystyle\int x\cos x\,\mathrm{d}x$.

解 令 $u=x$,$\mathrm{d}v=\cos x\,\mathrm{d}x$,利用公式 $\displaystyle\int u\,\mathrm{d}v = uv - \int v\,\mathrm{d}u$

$$\int x \underbrace{\cos x\,\mathrm{d}x}_{\mathrm{d}v} = \int x\,\underbrace{\mathrm{d}\sin x}_{\mathrm{d}v} = x\sin x - \int \sin x\,\mathrm{d}x = x\sin x + \cos x + C$$

注 如果令 $u=\cos x$,$x\,\mathrm{d}x = \mathrm{d}\left(\dfrac{x^2}{2}\right) = \mathrm{d}v$,则

$$\int (\cos x) \underbrace{x\,\mathrm{d}x}_{\mathrm{d}v} = \int \cos x\,\underbrace{\mathrm{d}\left(\frac{x^2}{2}\right)}_{\mathrm{d}v} = \frac{x^2}{2}\cos x - \underbrace{\int \frac{x^2}{2}\sin x\,\mathrm{d}x}_{\text{比原积分更复杂,分部失效}},$$

显然,u 和 $\mathrm{d}v$ 选择不当,积分更难进行.熟练之后,令 u 与 $\mathrm{d}v$ 的过程可以不必写出.

例 2 求 $\displaystyle\int x\mathrm{e}^x\,\mathrm{d}x$

解 $\int x\mathrm{e}^x\mathrm{d}x = \int x\mathrm{d}\mathrm{e}^x = x\mathrm{e}^x - \int \mathrm{e}^x\mathrm{d}x = x\mathrm{e}^x - \mathrm{e}^x + C.$

注 如果 $\int x\mathrm{e}^x\mathrm{d}x = \int \mathrm{e}^x\mathrm{d}\dfrac{x^2}{2} = \dfrac{x^2}{2}\mathrm{e}^x - \underbrace{\int \dfrac{x^2}{2}\mathrm{e}^x\mathrm{d}x}_{\text{比原积分更复杂,分部失效}}.$

例 3 求 $\int x^2\mathrm{e}^x\mathrm{d}x.$

解 $\begin{aligned}\int x^2\mathrm{e}^x\mathrm{d}x &= \int x^2\mathrm{d}\mathrm{e}^x = x^2\mathrm{e}^x - \int \mathrm{e}^x\mathrm{d}x^2 = x^2\mathrm{e}^x - \int 2x\mathrm{e}^x\mathrm{d}x\\ &= x^2\mathrm{e}^x - 2\int x\mathrm{d}\mathrm{e}^x = x^2\mathrm{e}^x - 2\left(x\mathrm{e}^x - \int \mathrm{e}^x\mathrm{d}x\right)\\ &= x^2\mathrm{e}^x - 2x\mathrm{e}^x + 2\mathrm{e}^x + C.\end{aligned}$

本例连续使用两次分部积分法.

由例 1、例 2 可知,一般地,若被积函数为幂函数与指数函数乘积或幂函数与三角函数的乘积时,应选幂函数为 u.

下面例题是多项式函数与对数函数乘积的积分,注意 u 的选取.

例 4 求 $\int x^3\ln x\mathrm{d}x.$

解 $\begin{aligned}\int x^3\ln x\mathrm{d}x &= \int \ln x\mathrm{d}\left(\dfrac{x^4}{4}\right)\\ &= \dfrac{x^4}{4}\ln x - \int \dfrac{x^4}{4}(\ln x)'\mathrm{d}x = \dfrac{x^4}{4}\ln x - \dfrac{1}{4}\int x^3\mathrm{d}x = \dfrac{x^4}{4}\ln x - \dfrac{1}{16}x^4 + C.\end{aligned}$

下面例题是多项式函数与反三角函数乘积的积分,注意 u 的选取.

例 5 求 $\int \arctan x\mathrm{d}x.$

解 $\begin{aligned}\int \arctan x\mathrm{d}x &= x\arctan x - \int x\mathrm{d}\arctan x = x\arctan x - \int \dfrac{x}{1+x^2}\mathrm{d}x\\ &= x\arctan x - \dfrac{1}{2}\int \dfrac{1}{1+x^2}\mathrm{d}(1+x^2) = x\arctan x - \dfrac{1}{2}\ln(1+x^2) + C.\end{aligned}$

一般地,若被积函数 $f(x)$ 为幂函数 $x^a(a\neq-1)$ 与对数函数或反三角函数的乘积时,应选取对数函数或反三角函数为 u.

例 6 求 $\int \mathrm{e}^x\cos x\mathrm{d}x.$

解 $\boxed{\int \mathrm{e}^x\cos x\mathrm{d}x} = \int \cos x\mathrm{d}(\mathrm{e}^x) = \mathrm{e}^x\cos x + \int \mathrm{e}^x\sin x\mathrm{d}x$（第一次分部积分）

$\qquad = \mathrm{e}^x\cos x + \int \sin x\mathrm{d}(\mathrm{e}^x)$（第二次分部积分）

$\qquad = \mathrm{e}^x\cos x + \mathrm{e}^x\sin x - \boxed{\int \mathrm{e}^x\cos x\mathrm{d}x},$

移项化简得 $\qquad 2\int \mathrm{e}^x\cos x\mathrm{d}x = \mathrm{e}^x(\cos x + \sin x) + C_1,$

即 $\qquad \int \mathrm{e}^x\cos x\mathrm{d}x = \dfrac{1}{2}\mathrm{e}^x(\cos x + \sin x) + C \qquad \left(C = \dfrac{1}{2}C_1\right).$

一般地,若被积函数 $f(x)$ 为指数函数与正(余)弦三角函数的乘积时,设哪一个为 u 均可,但当运用两次分部积分时,要注意前后两次 u 的选取保持一致.

分部积分法实质上就是求两函数乘积的导数(或微分)的逆运算. 一般地,下列类型的被积函数常考虑应用分部积分法(其中 m,n 都是正整数).

$$x^n \sin mx \qquad\qquad x^n \cos mx$$
$$\mathrm{e}^{nx} \sin mx \qquad\qquad \mathrm{e}^{nx} \cos mx$$
$$x^n \mathrm{e}^{mx} \qquad\qquad x^n (\ln x)$$
$$x^n \arcsin mx \qquad x^n \arccos mx \qquad x^n \arctan mx \text{ 等.}$$

在某些函数的积分过程中,换元积分法和分部积分法都要用到,如:

例 7 求 $\int \mathrm{e}^{\sqrt[3]{x}} \mathrm{d}x$.

解 令 $t = \sqrt[3]{x}$,则 $x = t^3$,$\mathrm{d}x = 3t^2 \mathrm{d}t$,于是

$$\int \mathrm{e}^{\sqrt[3]{x}} \mathrm{d}x = 3\int t^2 \mathrm{e}^t \mathrm{d}t = 3(t^2 - 2t + 2)\mathrm{e}^t + C(\text{利用例 3 的结果})$$
$$= 3(\sqrt[3]{x^2} - 2\sqrt[3]{x} + 2)\mathrm{e}^{\sqrt[3]{x}} + C.$$

思考与探究

分部积分法的基本原则是什么?分部积分法体现了什么数学思想方法?分部积分法的关键步骤是如何分部,认真阅读教材例题,归纳分部积分法的几种常见题型及分部方法.

习题 4-3

求下列不定积分:

1. $\int \ln x \mathrm{d}x$;

2. $\int x\mathrm{e}^{2x} \mathrm{d}x$;

3. $\int x\sin 2x \mathrm{d}x$;

4. $\int x\ln(1+x^2) \mathrm{d}x$;

5. $\int \arcsin x \mathrm{d}x$;

6. $\int x\arctan x \mathrm{d}x$;

7. $\int \mathrm{e}^x \sin x \mathrm{d}x$;

8. $\int \mathrm{e}^{\sqrt{x}} \mathrm{d}x$;

9. $\int (\ln x)^2 \mathrm{d}x$;

10. $\int x\tan^2 x \mathrm{d}x$;

11. $\int \mathrm{e}^x \sin x \mathrm{d}x$;

12. $\int (\arcsin x)^2 \mathrm{d}x$.

第四节 有理函数的积分

有理函数的积分　　最简分式的积分　　有理式的分解　　可化为有理函数的积分

前面已经介绍了求不定积分的两个基本方法 —— 换元积分法和分部积分法,本节我们还要介绍一些比较简单的特殊类型函数的不定积分,包括有理函数的积分以及可化为有理函数的积分,如三角函数有理式、简单无理函数的积分等.

一、有理函数的积分

两个多项式的商 $\dfrac{P(x)}{Q(x)}$ 称为**有理函数**，又称**有理分式**．我们总假定分子多项式 $P(x)$ 与分母多项式 $Q(x)$ 之间没有公因式．当分子多项式 $P(x)$ 的次数小于分母多项式 $Q(x)$ 的次数时，称这有理函数为**真分式**，否则称为**假分式**．

利用多项式的除法，总可以将一个假分式化成一个多项式与一个真分式之和的形式，例如

$$\frac{2x^4 + x^2 + 3}{x^2 + 1} = 2x^2 - 1 + \frac{4}{x^2 + 1}.$$

对于真分式 $\dfrac{P(x)}{Q(x)}$，如果分母可分解为两个多项式的乘积 $Q(x) = Q_1(x)Q_2(x)$，且 $Q_1(x)$ 与 $Q_2(x)$ 没有公因式，那么它可分拆成两个真分式之和

$$\frac{P(x)}{Q(x)} = \frac{P_1(x)}{Q_1(x)} + \frac{P_2(x)}{Q_2(x)},$$

上述步骤称为把**真分式化成部分分式之和**．如果 $Q_1(x)$ 或 $Q_2(x)$ 还能再分解成两个没有公因式的多项式的乘积，那么就可再分拆成一些最简单分式之和．最后，有理函数的分解式中只出现多项式、$\dfrac{P_1(x)}{(x-a)^k}$、$\dfrac{P_2(x)}{(x^2+px+q)^l}$ 等三类函数（这里 $p^2 - 4q < 0$，$P_1(x)$ 为小于 k 次的多项式，$P_2(x)$ 为小于 $2l$ 次的多项式），有理函数的积分可转化为多项式与真分式的积分和．

1. 最简分式的积分

下列四类分式称为最简分式，其中 n 为大于等于 2 的正整数，A、M、N、a、p、q 均为常数，且 $p^2 - 4q < 0$．

(1) $\dfrac{A}{x-a}$; $\qquad\qquad\qquad\qquad$ (2) $\dfrac{A}{(x-a)^n}$;

(3) $\dfrac{Mx+N}{x^2+px+q}$; $\qquad\qquad\qquad$ (4) $\dfrac{Mx+N}{(x^2+px+q)^n}$.

通过举例来看四类最简分式的积分

例1 求 $\displaystyle\int \frac{1}{(x-1)^3}\mathrm{d}x$.

解 $\displaystyle\int \frac{1}{(x-1)^3}\mathrm{d}x = \int \frac{1}{(x-1)^3}\mathrm{d}(x-1) = -\frac{1}{2}\frac{1}{(x-1)^2} + C.$

例2 求 $\displaystyle\int \frac{1}{x^2-2x+5}\mathrm{d}x$.

解 $\displaystyle\int \frac{1}{x^2-2x+5}\mathrm{d}x = \int \frac{1}{(x-1)^2+4}\mathrm{d}x = \frac{1}{2}\arctan\frac{x-1}{2} + C$[积分公式(19)].

例3 求 $\displaystyle\int \frac{x+1}{x^2-2x+5}\mathrm{d}x$.

解 $\displaystyle\int \frac{x+1}{x^2-2x+5}\mathrm{d}x = \int \frac{\dfrac{1}{2}(x^2-2x+5)' + 2}{x^2-2x+5}\mathrm{d}x$（凑分母的导数或微分）

$$= \frac{1}{2} \int \frac{1}{x^2 - 2x + 5} d(x^2 - 2x + 5) + 2 \int \frac{dx}{x^2 - 2x + 5} (拆项,第二项同例2)$$

$$= \frac{1}{2} \ln(x^2 - 2x + 5) + 2 \int \frac{dx}{x^2 - 2x + 5} = \frac{1}{2} \ln(x^2 - 2x + 5) + \arctan \frac{x-1}{2} + C.$$

例 4 求 $\int \frac{1}{(x^2 - 2x + 5)^2} dx$.

解 $\int \frac{1}{(x^2 - 2x + 5)^2} dx = \int \frac{1}{[(x-1)^2 + 4]^2} dx$

设 $x - 1 = 2\tan t, dx = 2\sec^2 t dt$,代入上式得

$$\int \frac{1}{(x^2 - 2x + 5)^2} dx = \frac{1}{8} \int \cos^2 t dt = \frac{1}{16} (t + \frac{1}{2} \sin 2t) + C$$

$$= \frac{1}{16} \left[\arctan \frac{x-1}{4} + \frac{4(x-1)}{x^2 - 2x + 5} \right] + C.$$

例 5 求 $\int \frac{2x-1}{(x^2 - 2x + 5)^2} dx$.

解 $\int \frac{2x-1}{(x^2 - 2x + 5)^2} dx = \int \frac{(x^2 - 2x + 5)' + 1}{(x^2 - 2x + 5)^2} dx$

$$= \int \frac{d(x^2 - 2x + 5)}{(x^2 - 2x + 5)^2} + \int \frac{1}{(x^2 - 2x + 5)^2} dx (凑分母的导数或微分,第二部分同例4)$$

$$= -\frac{1}{x^2 - 2x + 5} + \frac{1}{16} \left[\arctan \frac{x-1}{4} + \frac{4(x-1)}{x^2 - 2x + 5} \right] + C.$$

以上举例说明了最简分式的积分方法,对于一般有理分式,只需通过有理分式分解为部分分式之和,使得有理分式的积分转化为最简分式的积分.

2.有理式的分解举例

例 6 分解有理分式 $\frac{x+3}{x^2 - 5x + 6}$.

解 因为 $\frac{x+3}{x^2 - 5x + 6} = \frac{x+3}{(x-2)(x-3)}$, 所以设 $\frac{x+3}{x^2 - 5x + 6} = \frac{A}{x-2} + \frac{B}{x-3}$

上式通分,分子相等得 $\qquad x + 3 = A(x-3) + B(x-2)$, $\boxed{待定系数法}$

对应系数相等得 $\qquad \begin{cases} A + B = 1 \\ -(3A + 2B) = 3 \end{cases} \Rightarrow \begin{cases} A = -5 \\ B = 6 \end{cases}$,

所以 $\qquad \frac{x+3}{x^2 - 5x + 6} = \frac{-5}{x-2} + \frac{6}{x-3}$.

例 7 分解有理分式 $\frac{1}{x(x-1)^2}$.

解 设 $\frac{1}{x(x-1)^2} = \frac{A}{x} + \frac{B}{(x-1)^2} + \frac{C}{x-1}$,通分后两边分子相等得

$A(x-1)^2 + Bx + Cx(x-1) = 1$,

对应系数相等得 $\begin{cases} A + C = 0 \\ -2A + B - C = 0 \\ A = 1 \end{cases}$ 解得 $A = 1, B = 1, C = -1$,

所以
$$\frac{1}{x(x-1)^2} = \frac{1}{x} + \frac{1}{(x-1)^2} - \frac{1}{x-1}.$$

3.有理分式积分举例

例 8 求 $\int \frac{x+3}{x^2-5x+6} dx.$

解 由例 6 结论 $\frac{x+3}{x^2-5x+6} = \frac{-5}{x-2} + \frac{6}{x-3},$

$$\int \frac{x+3}{x^2-5x+6} dx = \int \frac{-5}{x-2} + \frac{6}{x-3} dx = -5\ln|x-2| + 6\ln|x-3| + C.$$

例 9 求 $\int \frac{1}{x(x-1)^2} dx.$

解 根据例 7 的结果 $\frac{1}{x(x-1)^2} = \frac{1}{x} + \frac{1}{(x-1)^2} - \frac{1}{x-1},$

$$\int \frac{1}{x(x-1)^2} dx = \int \left[\frac{1}{x} + \frac{1}{(x-1)^2} - \frac{1}{x-1} \right] dx = \int \frac{1}{x} dx + \int \frac{1}{(x-1)^2} dx - \int \frac{1}{x-1} dx$$

$$= \ln|x| - \frac{1}{x-1} - \ln|x-1| + C.$$

二、可化为有理函数的积分举例

例 10 求 $\int \frac{\sin x}{1+\sin x+\cos x} dx.$

解 由三角函数知道，$\sin x$ 与 $\cos x$ 都可以用 $\tan\frac{x}{2}$ 的有理式表示，即

$$\sin x = \frac{2\tan\frac{x}{2}}{1+\tan^2\frac{x}{2}} \quad , \quad \cos x = \frac{1-\tan^2\frac{x}{2}}{1+\tan^2\frac{x}{2}}.$$

设 $\tan\frac{x}{2} = u$，则 $\sin x = \frac{2u}{1+u^2}$，$\cos x = \frac{1-u^2}{1+u^2}$，$dx = \frac{2}{1+u^2} du$，

$$原式 = \int \frac{2u}{(1+u)(1+u^2)} du = \int \frac{1+u}{1+u^2} du - \int \frac{1}{1+u} du$$

$$= \int \frac{1}{1+u^2} du + \int \frac{u}{1+u^2} du - \int \frac{1}{1+u} du$$

$$= \arctan u + \frac{1}{2}\ln(1+u^2) - \ln|1+u| + C(代回 u = \tan\frac{x}{2})$$

$$= \frac{x}{2} + \ln\left|\sec\frac{x}{2}\right| - \ln\left|1+\tan\frac{x}{2}\right| + C.$$

本题所用的变量代换 $u = \tan\frac{x}{2}$，对三角函数有理式的积分都可以应用，可把三角函数有理式的积分转化为有理函数的积分，但此代换仅是基本方法，不一定是最佳方法，例如

例 11 求 $\int \frac{\cot x}{1+\sin x} dx.$

解 $\int \frac{\cot x}{1+\sin x} dx = \int \frac{\cos x}{\sin x(1+\sin x)} dx = \int \frac{d\sin x}{\sin x(1+\sin x)} = \ln\left|\frac{\sin x}{1+\sin x}\right| + C.$

例 12 求 $\int \dfrac{1}{1+\sin x}\mathrm{d}x.$

$$\int \frac{1}{1+\sin x}\mathrm{d}x = \int \frac{1-\sin x}{(1+\sin x)(1-\sin x)}\mathrm{d}x \quad (\text{分子分母同乘 } 1-\sin x \text{ 使分母单项化})$$

$$= \int \frac{1-\sin x}{\cos^2 x}\mathrm{d}x = \int \frac{1}{\cos^2 x}\mathrm{d}x - \int \frac{\sin x}{\cos^2 x}\mathrm{d}x$$

$$= \tan x - \sec x + C.$$

关于三角函数的积分很灵活,需通过多做题来积累.

至此,我们已经学过了计算不定积分的几种基本方法,可以计算一些函数的积分,并用初等函数把这计算结果表示出来.必须说明,不是所有的初等函数的积分都可求出来,例如不定积分 $\int e^{x^2}\mathrm{d}x, \int \dfrac{1}{\ln x}\mathrm{d}x, \int \sqrt{1-k^2\sin^2 x}\,\mathrm{d}x, \int \dfrac{\sin x}{x}\mathrm{d}x$ 等虽然存在,但由于它们不能用初等函数来表示,所以我们无法计算这些积分.由此可知,初等函数的导数是初等函数,但初等函数的不定积分却不一定是初等函数.

同时我们还应了解,求函数的不定积分与求函数的导数的区别,求一个函数的导数总可以循着一定的规则和方法去做,而求一个函数的不定积分并无统一的规则可循,需要具体问题具体分析,灵活应用各类积分方法和技巧.

思考与探究

研究本章第四节例 8 关于 $\int \dfrac{x+3}{x^2-5x+6}\mathrm{d}x$ 的积分过程,试归纳本题的解法应用了哪些数学思想方法?自选同类型练习题进行积分,体会你所总结的数学思想方法.

习题 4-4

求下列不定积分:

1. $\displaystyle\int \frac{x^3}{x+3}\mathrm{d}x.$

2. $\displaystyle\int \frac{2x+3}{x^2+3x-10}\mathrm{d}x.$

3. $\displaystyle\int \frac{\mathrm{d}x}{x(x^2+1)}.$

4. $\displaystyle\int \frac{3}{x^3+1}\mathrm{d}x.$

5. $\displaystyle\int \frac{x^2+1}{(x+1)^2(x-1)}\mathrm{d}x.$

6. $\displaystyle\int \frac{x\,\mathrm{d}x}{(x+1)(x+2)(x+3)}.$

7. $\displaystyle\int \frac{x^5+x^4-8}{x^3-x}\mathrm{d}x.$

8. $\displaystyle\int \frac{-x^2-2}{(x^2+x+1)^2}\mathrm{d}x.$

9. $\displaystyle\int \frac{\mathrm{d}x}{3+\sin^2 x}.$

10. $\displaystyle\int \frac{\mathrm{d}x}{3+\cos x}.$

11. $\displaystyle\int \frac{\mathrm{d}x}{1+\sin x+\cos x}.$

12. $\displaystyle\int \frac{\mathrm{d}x}{1+\sqrt[3]{x+1}}.$

13. $\displaystyle\int \frac{(\sqrt{x})^3-1}{\sqrt{x}+1}\mathrm{d}x.$

14. $\displaystyle\int \frac{\mathrm{d}x}{\sqrt{x}+\sqrt[4]{x}}.$

阅读与思考

中国近代科学的先驱者 —— 李善兰

李善兰(1811—1882年)是我国近代早期杰出的数学家,天文学家、翻译家和教育家.原名心兰,字壬叔,号秋纫,浙江海宁人.他曾任苏州府幕僚,1868年被清政府谕招到北京任同文馆执教13年.同文馆原是培养外语翻译的高等学校,1862年初办,学英、法、俄文,1866年增设算学、天文,学生八年毕业.教习(Professor,旧译称教习)相当于教授,李善兰可以称得上是我国数学史上第一位数学教授,他十三年如一日,辛勤耕耘,培养了很多弟子,有许多人后来成为有成就的专家.李善兰是中国传统数学研究的最后一位大师,一位传统科学研究的集大成者,同时,他也是中国近代科学研究的开创者,开创性地翻译了西方经典科学著作,将近代西方科学首次系统地引入我国,是近代西方自然科学理论传播和开展中西科学研究的奠基人.除了传统科学研究和传播近代科学之外,他还把时间放在了科学教育与研究上,他的科学教育与研究是在吸收和运用西方近代科学理论,在中国传统科学和西方近代科学相结合的基础上进行的崭新教育与研究,不仅为落后的中国培养了一大批科技人才,而且在科学研究和科学教育领域做出了历史性的贡献,是当今中国数学界和中国数学史领域公认的中国数学教育的鼻祖.

李善兰在数学研究方面的成就,主要有尖锥术、垛积术和素数论三项.他创造的"尖锥求积术".相当于幂函数的定积分公式和逐项积分法则.他用"分离元数法"独立地得出了二项平方根的幂级数展开式,结合"尖锥求积术",得到了 π 的无穷级数表达式及各种三角函数和反三角函数的展开式,以及对数函数的展开式.在使用微积分方法处理数学问题方面取得了创造性的成就.李善兰的微积分理论,是中国传统数学中无限分割与极限求和的最高成就,得出了几个微积分公式,其思想与西方微积分思想殊途同归.李善兰和伟烈亚力共同翻译《代微分拾级》后,对自己的一些结论做出了修改.李善兰把《代微分拾级》作为同文馆的数学类教材,让学生学习西方系统的微积分理论.垛积术理论主要见于《垛积比类》,写于 1859—1867 年间,这是有关高阶等差级数的著作.李善兰从研究中国传统的垛积问题入手,获得了一些相当于现代组合数学中的成果.他对有关二项式定理的系数的恒等式进行了深入研究,曾取各家数论之长,归纳出驰名中外的"李善兰恒等式".自 20 世纪 30 年代以来,受到国际数学界的普遍关注和赞赏,可以认为《垛积比类》是早期组合论的杰作.素数论主要见于《考数根法》,发表于 1872 年,这是中国素数论方面最早的著作.在判别一个自然数是否为素数时,李善兰证明了著名的费马素数定理,并指出了它的逆定理不真.

李善兰不仅在数学研究上有很深造诣,而且在代数学、微积分学的传播上做出了不朽的贡献,是我国最早翻译介绍西方近代数学的第一人.李善兰之所以选择翻译西方科学书籍,其思想在于当时清朝受到西方列强凌辱,国家危急,特别在鸦片战争中,英军攻陷江防要镇乍浦,李善兰耳闻目睹英军烧杀淫掠罪行,激起李善兰忧国忧民和科学救国思想.因此他希望通过翻译西方科学书籍以期国家重视科学技术,从而达到国家振兴的目的.他在《重学》序言中说:"呜呼!今欧罗巴各国日益强盛,为中国边患,推原其故,制器精也;推原制器之算学明也",他又说:"异日人人习算,制器日精,以威海外各国".1852年—1859年,李善兰与英国传教士、汉学家伟烈亚力合作翻译出版了三部著作《几何原本》后9卷,英国数学家德摩根《代微分拾级》18卷,《代数学》、天文学著作《谈天》18卷.他在短短几年时间里,翻译了横跨多学科的西方近代科学著作,把力学、天文学和植物学等学科引入到我国来.其中大部分译著《代数学》、《代微拾级》

等都是中国出版的第一部代数学、解析几何学、微积分学著作.李善兰不懂英语,由伟烈亚力口译,李善兰笔述.李善兰并非只是翻译抄录整理,而是基于对微积分学的深入理解以及对中国传统数学的传承进行创造加工,特别是创设了一些名词,例如:变量、微分、积分、代数学、数学、数轴、曲率、曲线、极大、极小、无穷、根、方程式、级数、植物、细胞等,匠心独运,切贴恰当,不仅在中国流传,而且东渡日本,沿用至今.

李善兰为近代科学在中国的传播和发展做出了开创性的贡献.他已经出版的书和一些留传的抄本书给后世留下了一份极其珍贵的科学遗产.1982年12月9日,李善兰的百年祭辰,中国科学院科学技术史学会为他举行了学术讨论会,纪念这位中国近代科学杰出的先驱者、卓越的数学家.李善兰的家乡海宁县建立了陈列馆,人民将永远怀念李善兰为科学献身的精神及其伟大的数学业绩.李善兰的一生,是执着于中国传统数学研究与创新而勤劳的一生,是为科学研究和科学教育而拼搏的一生,是为传播西方现代科技知识而克难攻关的一生,是为振兴中国科技,实现科技强国而奉献的一生,李善兰为民族复兴无私献身的科学精神及其崇高的风范,值得我们永远学习.

思考

微积分在中国的最早传播人 —— 李善兰,他为振兴中国科技,实现民族复兴而拼搏创新无私奉献的科学精神及崇高风范值得我们永远学习.习近平总书记强调,中国要强盛、要复兴,就一定要大力发展科学发展技术,努力成为世界主要科学中心和创新高地.青年是祖国的前途、民族的希望、创新的未来.思考并写写你最深刻的体会与收获.

本章学习指导

一、基本知识及思想方法框架结构图

微分法

概念

原函数

若 $F'(x) = f(x)$ 则 $F(x)$ 称为 $f(x)$ 的原函数

连续函数一定存在原函数,且若存在,原函数有无穷个

原函数结构:任意两个原函数只差一个常数

不定积分

$f(x)$ 的原函数的全体称为 $f(x)$ 的不定积分,记作 $\int f(x)\mathrm{d}x$

若 $F'(x) = f(x)$ 则 $\int f(x)\mathrm{d}x = F(x) + C$ （C 为任意常数）

互为逆运算　逆向思维

不定积分

性质由"求不定积分"与"求导数"互为逆运算得到（**逆向思维方法**）

几何意义:表示由一个原函数对应的曲线沿 y 轴上下平移得一簇积分曲线

基本积分表（德·摩根说积分就是"**回忆导数**".积分公式由导数公式得到）

不定积分运算法则

与极限运算、导数运算的线性性质类似（**数学统一性**）

注:两个可推广到有限个,但不能推广到无限个,量变到质变

化未知为已知　积分方法

转化思想方法

积分方法

直接积分法:直接利用或变形后应用基本公式（基本公式是**根基**）

换元法

第一类换元法

$\int\int f[\varphi(x)]\varphi'(x)\mathrm{d}x = \int f[\varphi(x)]\underbrace{\mathrm{d}\varphi(x)}_{\text{凑微分}}$

也称凑微分法,关键"**凑**".凑内层函数 $\varphi(x)$ 的微分

第二类换元法

$\int f(x)\mathrm{d}x \xrightarrow[\text{换元}]{x=\varphi(t)} \int f[\varphi(t)]\varphi'(t)\mathrm{d}t = F(t) + C$

$\underline{\qquad\qquad\text{求关于新变量}t\text{的积分}\qquad\qquad}$

关键选择适当的代换 $x = \varphi(t)$ 换元后的积分容易计算

第二类换元方法常见的变量代换

三角代换:正弦、正切及正割代换

根式代换、倒代换

分部积分法

$\int uv'\mathrm{d}x = uv - \int u'v\mathrm{d}x$ 或 $\int u\mathrm{d}v = uv - \int v\mathrm{d}u$

关键"**分部**"1.dv 易凑.2.右边的 $\int v\mathrm{d}u$ 比原来 $\int u\mathrm{d}v$ 易积分

其他积分

有理函数积分 $\xrightarrow[\text{转化}]{\text{裂项}}$ 化为部分分式积分和（**待定系数法**）

三角有理函数的积分 $\xrightarrow[\text{转化}]{\text{万能三角代换或者三角恒等变形}}$

化归为有理函数的积分或者容易积分的三角函数的积分

二、思想方法小结

1.矛盾是数学发展的动力

唯物辩证法认为,矛盾是事物发展的动力.在整个数学的发展史上,伴随着许多大大小小的矛盾,而矛盾的解决往往给数学带来新的内容、新的进展,甚至革命性的变革.微积分的发展

过程中也充满着矛盾,有限与无限、微分与积分等等.其中,比较突出的矛盾是贝克莱悖论,它引起了数学界的混乱,从而引发了第二次数学危机.而数学家们为了解决贝克莱悖论(数学史上把贝克莱的问题称之为"贝克莱悖论".笼统地说,贝克莱悖论可以表述为"无穷小量究竟是否为0"的问题:就无穷小量在当时实际应用而言,它必须既是0,又不是0.但从形式逻辑而言,这无疑是一个矛盾.)做的种种努力则促成了数学分析庞大体系的建立,并确立了一种崭新的"分析方法",极限理论、实数理论和集合论也应运而生.数学发展过程中充满了矛盾,而正是这些矛盾推动了数学的发展.整个数学发展史就是矛盾斗争的历史,而矛盾解决的结果是数学领域的发展.

不定积分是微分法的逆向问题,其理论系统及计算方法就是在解决微分与积分的互逆运算的矛盾中建立的.

2.研究逆运算的方法 —— 逆向思维的方法

研究逆运算都是围绕着两个问题展开的:问题Ⅰ 逆运算是否存在?问题Ⅱ 如果逆运算存在的话,结果有几个?如何计算?这是研究逆运算的一般方法.

(1) 不定积分是微分法的逆运算

已知导函数,求原函数.问题Ⅰ:什么条件下,一个函数存在原函数?问题Ⅱ:如果一个函数存在原函数,那么原函数有多少个?其结构或者关系是什么?如何求出所有原函数?本章就是围绕这两个问题来探讨和解决不定积分的运算问题的.

(2) 不定积分是"回忆导数"

由于求导数(或微分)与求不定积分互为逆运算,因此可由导数性质得到不定积分的性质,也可以由导数公式得出基本积分公式表.正如德·摩根所说,积分变成了"回忆微分",求不定积分是"回忆导数".

(3)"凑微分法":就是复合函数求导运算的逆运算,应用复合函数的求导法则可以证明"凑微分法".

3.转化的思想方法

计算不定积分的的核心思想方法是**转化**的思想方法.也就是通过适当变形、换元等手段化繁为简,化难为易,灵活简解.换元法是以 x 为积分变量的积分转化为关于新变量 t 的不定积分,分部积分法把不易计算的定积分转化为易于计算的另一个不定积分,有理函数的积分是应用待定系数法裂项化归为求简单的部分分式的积分的和,三角有理函数的积分是应用万能代换或三角恒等变形化归为有理函数的积分或者容易积分的三角函数的积分.

三、典型题型思路方法指导

例 1　已知 $x\ln x$ 是 $f(x)$ 的一个原函数,则 $\int xf'(x)\mathrm{d}x = ($　　$)$.

解题思路:(1) 由原函数概念得 $f(x) = (x\ln x)' = 1 + x\ln x$

(2) 应用分部积分法计算(**思考**为什么不计算出 $f'(x)$ 后代入积分式子中积分?)

$$\int xf'(x)\mathrm{d}x = \int x\mathrm{d}f(x) = xf(x) - \int f(x)\mathrm{d}x = xf(x) - x\ln x + C.$$

例 2　求 $\int \dfrac{1-x^2}{1+x^2}\mathrm{d}x.$(答案 $2\arctan x - x + C$)

解题思路:分子可以凑为 $1-x^2=2-(1+x^2)$,将有理假分式化为整式与真分式的和.

例 3 求 $\displaystyle\int \frac{1+\ln x}{(x\ln x)^2}\mathrm{d}x$.(答案 $-\dfrac{1}{x\ln x}+C$)

解题思路:注意到 $(x\ln x)'=1+\ln x$,凑微分法 $(1+\ln x)\mathrm{d}x=\mathrm{d}(x\ln x)$.

例 4 求不定积分 $\displaystyle\int x^3\sqrt{4-x^2}\mathrm{d}x$.(答案 $-\dfrac{4}{3}(\sqrt{4-x^2})^3+\dfrac{1}{5}(\sqrt{4-x^2})^5+C.$)

解题思路 1:被积函数含 $\sqrt{4-x^2}$,做三角换元 $x=2\sin t$ 转化为下面的三角函数的积分.

$$\int 32\sin^3 t\cos^2 t\mathrm{d}t \xrightarrow{\text{变形}} \int \sin t(1-\cos^2 t)\cos^2 t \xrightarrow{\text{凑微分}} 32\int(\cos^2 t-\cos^4 t)\mathrm{d}(\cos t)$$

解题思路 2:作根式换元 $\sqrt{4-x^2}=t$,转化为有理式的积分 $\displaystyle\int(t^4-4t^2)\mathrm{d}t$.

例 5 求 $\displaystyle\int \arctan\sqrt{x}\,\mathrm{d}x$.(答案 $x\arctan\sqrt{x}-\sqrt{x}+\arctan\sqrt{x}+C$)

解题思路:先作根式换元 $\displaystyle\int \arctan\sqrt{x}\,\mathrm{d}x \xrightarrow{\sqrt{x}=t} 2\int t\arctan t\mathrm{d}t$ 再分部积分.

例 6 $\displaystyle\int \sec^3 x\mathrm{d}x$(答案 $\dfrac{1}{2}\big[\sec x\tan x+\ln|\sec x+\tan x|\big]+C$)

解题思路:$\displaystyle\int \sec^3 x\mathrm{d}x=\int \sec x\sec^2 x\mathrm{d}x=\int \sec x\mathrm{d}\tan x$,分部积分之后再恒等变形,右边出现

积分 $\displaystyle\int \sec^3 x\mathrm{d}x$,利用类似于第三节例 6 的方法解出 $\displaystyle\int \sec^3 x\mathrm{d}x$.

例 7 求 $\displaystyle\int(1+2x^2)\mathrm{e}^{x^2}\mathrm{d}x$.

解题思路:$\displaystyle\int(2x^2+1)\mathrm{e}^{x^2}\mathrm{d}x=\underbrace{\int \mathrm{e}^{x^2}\mathrm{d}x}_{\text{分部积分}}+\underbrace{\int 2x^2\mathrm{e}^{x^2}\mathrm{d}x}_{\text{这部分积分不动}}$(拆项转化为两个积分)

$$=x\mathrm{e}^{x^2}-\underbrace{\int 2x^2\mathrm{e}^{x^2}\mathrm{d}x+\int 2x^2\mathrm{e}^{x^2}\mathrm{d}x}_{\text{抵消}}=x\mathrm{e}^{x^2}+C.$$

本题出现了不能积分的 $\displaystyle\int \mathrm{e}^{x^2}\mathrm{d}x$,最后通过抵消解决,体现了数学的奇妙.

总习题四

一、填空题

1. $\displaystyle\int x^2\mathrm{e}^{2x^3}\mathrm{d}x=$ _____;

2. $\displaystyle\int \frac{x^2+3}{x^2+1}\mathrm{d}x=$ _____;

3. $\mathrm{d}\displaystyle\int \mathrm{e}^{x^2}\mathrm{d}x=$ _____;

4. $\dfrac{\mathrm{d}}{\mathrm{d}x}\displaystyle\int \frac{\sin x}{x}\mathrm{d}x=$ _____;

5. $\displaystyle\int xf(x^2)f'(x^2)\mathrm{d}x=$ _____;

6. 设 $f'(e^x) = 1 + x$，则 $f(x) = $ _____；

7. 设 $f(x) = e^{-x}$，则 $\int \dfrac{f'(\ln x)}{x} dx = $ _____；

8. 函数 $f(x) = x^2$ 的积分曲线过点 $(-1, 2)$，则这条积分曲线是 _____；

9. 若函数 $f(x)$ 有一个原函数 $\arctan x$，则 $\int e^x f(e^x) dx = $ _____；

10. 若 $\int f(x) dx = x^2 e^{2x} + C$，则 $f(x) = $ _____；

二、选择题

1. 设在 (a, b) 内 $f'(x) = g'(x)$，则下列各式中一定成立的是（　　）.

(A) $f(x) = g(x)$ 　　　　　　　(B) $f(x) = g(x) + 1$

(C) $\left[\int f(x) dx\right]' = \left[\int g(x) dx\right]'$ 　　(D) $\int f'(x) dx = \int g'(x) dx$

2. 设 $F(x)$ 是 $f(x)$ 的一个原函数，则 $\int e^{-x} f(e^{-x}) dx = $（　　）.

(A) $F(e^{-x}) + C$ 　　　　　　(B) $-F(e^{-x}) + C$

(C) $F(e^x) + C$ 　　　　　　　(D) $-F(e^x) + C$

3. 下列函数对中是同一函数的原函数的是（　　）.

(A) $\ln x^2$ 与 $\ln 2x$ 　　　　　(B) $\sin^2 x$ 与 $\sin 2x$

(C) $2\cos^2 x$ 与 $\cos 2x$ 　　　(D) $\arcsin x$ 与 $\arccos x$

4. $\int \ln(2x) dx = $（　　）.

(A) $2x\ln 2x - 2x + C$ 　　　　(B) $2x\ln 2 + \ln x + C$

(C) $x\ln 2x - x + C$ 　　　　　(D) $\dfrac{1}{2}(x - 1)\ln x + C$

5. 设 $\int f'(x^3) dx = x^3 + C$，则 $f(x) = $（　　）.

(A) $\dfrac{1}{2}x^2 + C$ 　　　　　(B) $\dfrac{9}{5}x^{\frac{5}{3}} + C$

(C) $\dfrac{5}{9}x^{\frac{5}{9}} + C$ 　　　　　(D) $\dfrac{3}{5}x^{\frac{5}{3}} + C$

6. 已知 $y = f(x)$ 的一个原函数为 $\cos x$，则微分 $dy = $（　　）.

(A) $-\cos x dx$ 　　　　　　　(B) $-\sin x dx$

(C) $\sin x dx$ 　　　　　　　　(D) $\cos x dx$

7. $f(x)$ 是连续的奇函数，$\int f(x) dx$ 是（　　）.

(A) 奇函数 　　　　　　　　　(B) 偶函数

(C) 非奇非偶函数 　　　　　　(D) 无法确定

8. 已知 $x\ln x$ 是 $f(x)$ 的一个原函数，则 $\int xf'(x) dx = $（　　）.

(A) $x\ln x + C$ 　　　　　　　(B) $xf(x) + C$

(C) $-x\ln x + C$ 　　　　　　(D) $xf(x) - x\ln x + C$

9.若函数 $f(x)$ 的导函数为 $\sin x$,则函数 $f(x)$ 的一个原函数是(　　).

(A)$1+\sin x$ 　　　　　　　　　　(B)$1-\sin x$

(C)$1+\cos x$ 　　　　　　　　　　(D)$1-\cos x$

10.若 $f(x)=\mathrm{e}^{-2x}$,则 $\displaystyle\int\frac{f'(\ln x)}{x}\mathrm{d}x=$ (　　).

(A)$\dfrac{1}{x^2}+C$ 　　　　　　　　　　(B)$\dfrac{1}{x^3}+C$

(C)$-\ln x+C$ 　　　　　　　　　　(D)$\ln x+C$

三、计算题

1.$\displaystyle\int\left(1-\frac{1}{x^2}\right)\sqrt{x\sqrt{x}}\,\mathrm{d}x$. 　　　　2.$\displaystyle\int\left(\sin\frac{x}{2}+\cos\frac{x}{2}\right)^2\mathrm{d}x$.

3.$\displaystyle\int\frac{1}{1+\mathrm{e}^{2x}}\mathrm{d}x$. 　　　　4.$\displaystyle\int\sin 2x\cos 4x\,\mathrm{d}x$.

5.$\displaystyle\int\sin\sqrt{x}\,\mathrm{d}x$. 　　　　6.$\displaystyle\int\frac{\mathrm{d}x}{\mathrm{e}^x-\mathrm{e}^{-x}}$.

7.已知函数 $f(x)=\dfrac{1}{x}\mathrm{e}^x$,求 $\displaystyle\int xf''(x)\mathrm{d}x$.

8.设 $f(\ln x)=\dfrac{\ln(1+x)}{x}$,计算 $\displaystyle\int f(x)\mathrm{d}x$.

第五章 定 积 分

数学方法渗透并支配着一切自然科学的理论分支,它愈来愈成为衡量科学成就的主要标志了.

——冯纽曼

没有哪门学科能比数学更为清晰的阐明自然界的和谐性.

——卡洛斯

概述 由求运动速度、曲线的切线和极值等问题产生了导数和微分,构成了微积分学的微分学部分;在上一章中,作为求导数的逆运算,引进了不定积分. 它是积分学的第一个基本问题. 本章要讨论的定积分,是积分学的第二个基本问题. 不定积分和定积分,构成了微积分学的积分学部分. 微分学与积分学统称为微积分.

本章将从几何学曲边梯形面积和物理学的变速直线运动的路程问题出发,应用"分割"、"近似"、"求和"、"取极限"的积分思想方法,并应用"以直代曲"与"极限"的思想方法,把面积与路程问题都归结为一个特定和式的极限问题,抽象其本质的、内在的、必然东西,建立定积分的概念. 定积分是微分的无限积累. 定积分的概念是数学抽象方法的结果,隐含了对立统一的哲学观点,为下册多元积分提供了知识基础与思想方法. 本章重点是掌握定积分与微分的桥梁——牛顿莱布尼茨公式(即微积分基本定理)以及定积分的计算方法,尤其是转化思想的灵活运用.

第一节 定积分的概念与性质

曲边梯形面积 变速直线运动路程 定积分概念 定积分几何意义 定积分性质

一、定积分问题举例

1. 求曲边梯形的面积

曲边梯形 A 是由连续曲线 $y=f(x)(f(x)>0)$ 与直线 $x=a,x=b(a<b)$ 及 x 轴所围成的平面图形(如图 5-1 所示),如何求曲边梯形的面积呢?

我们曾讨论过求圆的面积的问题,那是用一系列边数无限增加的圆内接正多边形来逼近圆,从而圆的面积就是这一系列内接正多边形面积的极限,现在也用这种方法来求曲边梯形的面积.

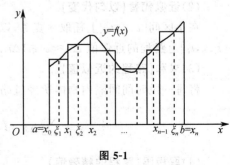

图 5-1

(1)**分割**(化整为零)

在区间 $[a,b]$ 内任取 $n-1$ 个点,$a=x_0<x_1<x_2<\cdots<x_{i-1}<x_i<\cdots<x_{n-1}<x_n=b$,把区

间$[a,b]$分割成 n 个小区间 $[x_{i-1},x_i](i=1,2,\cdots,n)$,小区间 $[x_{i-1},x_i]$ 的长度记为

$$\Delta x_i = x_i - x_{i-1}(i=1,2,\cdots,n),$$

同时用直线 $x-x_i(i-1,2,\cdots,n-1)$ 把曲边梯形 A(同时也代表 A 的面积)分割成 n 个小曲边梯形 $\Delta A_1,\Delta A_2,\cdots,\Delta A_n$(同时它们也代表这 n 个小曲边梯形的面积).

(2)近似代替(以直代曲)

在小区间 $[x_{i-1},x_i]$ 上任取一点 ξ_i,用以 $f(\xi_i)$ 为高,Δx_i 为底的小矩形面积近似代替小曲边梯形 ΔA_i 的面积,即 $\Delta A_i \approx f(\xi_i)\Delta x_i(i=1,2,\cdots,n)$.

(3)求和(面积的近似值)

用各小矩形面积的和近似代替曲边梯形面积,得

$$A = \sum_{i=1}^{n}\Delta A_i \approx \sum_{i=1}^{n}f(\xi_i)\Delta x_i.$$

(4)取极限(面积的精确值)

当上述分割越来越细,即分点无限地增多,同时最大的小区间长度趋于零时,即 $\|\Delta x_i\| \to 0$ ($\|\Delta x_i\|$ 表示最大小区间长度),和式 $\sum_{i=1}^{n}f(\xi_i)\Delta x_i$ 的极限就是曲边梯形的面积,即

$$A = \lim_{\|\Delta x_i\| \to 0}\sum_{i=1}^{n}f(\xi_i)\Delta x_i.$$

2. 求变速直线运动的路程

设某物体沿直线运动,已知速度 $v=v(t)$ 是时间 t 的连续函数,且 $v(t) \geqslant 0$,求物体在 $t \in [a,b]$ 时刻内所经过的路程.

对匀速直线运动有 $s=vt$,但现在速度 v 不是常量,而是时间 t 的函数,不能直接使用该公式,我们仍用上面的方法来进行分析.

(1)分割(化整为零)

在区间 $[a,b]$ 内任取 $n-1$ 个分点:

$$a=t_0<t_1<t_2<\cdots<t_{i-1}<t_i<\cdots<t_{n-1}<t_n=b,$$

把时间区间 $[a,b]$ 分割成 n 个小区间 $[t_{i-1},t_i](i=1,2,\cdots,n)$,小区间 $[t_{i-1},t_i]$ 的长度记为

$$\Delta t_i = t_i - t_{i-1}(i=1,2,\cdots,n).$$

(2)近似代替(以匀代变)

在小区间 $[t_{i-1},t_i]$ 上任取一点 ξ_i,以 $v(\xi_i)$ 来近似代替变化的速度 $v(t)$,从而得到物体在 $[t_{i-1},t_i]$ 上路程的近似值 $\Delta s_i \approx v(\xi_i)\Delta t_i$.

(3)求和(路程的近似值)

将每一段时间间隔内物体所经过路程的近似值相加,得到在时间 $[a,b]$ 上路程的近似值

$$s = \sum_{i=1}^{n}\Delta s_i \approx \sum_{i=1}^{n}v(\xi_i)\Delta t_i(i=1,2,\cdots,n).$$

(4)取极限(路程的精确值)

当最大的小区间长度趋于零时,即 $\|\Delta t_i\| \to 0$ 时,和式 $\sum_{i=1}^{n}v(\xi_i)\Delta t_i$ 的极限就是路程 s 的

精确值,即 $s = \lim\limits_{\|\Delta t_i\| \to 0} \sum\limits_{i=1}^{n} v(\xi_i)\Delta t_i$.

从两个实际问题的解决过程可以领会到,应用初等方法只能求出曲边梯形的面积与变速直线运动路程的近似值,我们以辩证法为指导,以极限为工具,才能使得近似转化为精确,完美地解决初等数学无能为力的问题。

上面两个具体问题的范畴不同,但从纯数学的角度观察,所要解决的数学问题相同:求与某个变化范围内的变量有关的总量问题;数学结构相同:一个特定的和式的极限;方法步骤相同:分割、近似、求和、取极限;处理问题的思想方法相同:矛盾转化的辩证方法,类似于导数概念,由此可抽象出定积分的概念.

二、定积分的定义

1. 定积分的定义

定义 设函数 $y = f(x)$ 在区间 $[a,b]$ 上有界,在区间 $[a,b]$ 内任取若干分点
$$a = x_0 < x_1 < x_2 < \cdots < x_{i-1} < x_i < \cdots < x_{n-1} < x_n = b,$$
将区间 $[a,b]$ 分成 n 个小区间 $[x_{i-1}, x_i](i=1,2,\cdots,n)$,其长度为
$$\Delta x_i = x_i - x_{i-1}(i=1,2,\cdots,n),$$
在区间 $[x_{i-1}, x_i]$ 上任取一点 ξ_i,作乘积 $f(\xi_i)\Delta x_i(i=1,2,\cdots,n)$ 及和式 $\sum\limits_{i=1}^{n} f(\xi_i)\Delta x_i$. 如果不论 ξ_i 如何选取及对区间 $[a,b]$ 采用怎样的分法,当最大的小区间长度 $\lambda = \max\{\Delta x_i\}$ 趋于零时,即 $\|\Delta x_i\| \to 0$ 时,和式 $\sum\limits_{i=1}^{n} f(\xi_i)\Delta x_i$ 的极限存在,那么该极限值就叫做函数 $f(x)$ 在区间 $[a,b]$ 上的定积分. 记作 $\int_a^b f(x)\mathrm{d}x$. 即

$$\int_a^b f(x)\mathrm{d}x = \lim\limits_{\lambda \to 0} \sum\limits_{i=1}^{n} f(\xi_i)\Delta x_i.$$

其中 $\int$ 叫做积分号,$f(x)$ 叫做被积函数,$f(x)\mathrm{d}x$ 叫做被积表达式,x 叫做积分变量,b 叫做积分上限,a 叫做积分下限,$[a,b]$ 叫做积分区间.

因此,上述两个问题写成定积分的形式分别为:

(1)曲边梯形面积 A 等于其曲边函数 $y = f(x)$ 在区间 $[a,b]$ 上的定积分 $A = \int_a^b f(x)\mathrm{d}x$.

(2)变速直线运动物体所经过的路程 s 等于其速度 $v = v(t)$ 在时间间隔 $[a,b]$ 上的定积分 $s = \int_a^b v(t)\mathrm{d}t$.

2. 定积分的存在条件

定理 1 如果函数 $f(x)$ 在 $[a,b]$ 上有界,并且至多只有有限个间断点,则函数 $f(x)$ 在 $[a,b]$ 上的定积分存在.

推论 如果函数 $f(x)$ 在 $[a,b]$ 上连续,则函数 $f(x)$ 在 $[a,b]$ 上可积.

对于定积分的概念还要注意:

定积分的值只与被积函数和积分区间有关,而与积分变量用什么字母表示无关,如

$$\int_a^b f(x)\mathrm{d}x = \int_a^b f(t)\mathrm{d}t = \int_a^b f(u)\mathrm{d}u.$$

同时规定:

(1) 定积分上下限互换时,定积分的符号改变,即 $\int_a^b f(x)\mathrm{d}x = -\int_b^a f(x)\mathrm{d}x.$

(2) $\int_a^a f(x)\mathrm{d}x = 0.$

3.定积分的几何意义

由以上讨论我们已经知道,如果函数 $f(x)$ 在 $[a,b]$ 上连续,且 $f(x) \geqslant 0$,那么定积分 $\int_a^b f(x)\mathrm{d}x$ 就表示以 $y = f(x)$ 为曲边的曲边梯形的面积,即 $A = \int_a^b f(x)\mathrm{d}x.$

如果 $f(x) \leqslant 0$,定积分 $\int_a^b f(x)\mathrm{d}x \leqslant 0$,则曲边梯形的面积 $A = -\int_a^b f(x)\mathrm{d}x.$

如果 $f(x)$ 在 $[a,b]$ 上有正有负时,那么定积分 $\int_a^b f(x)\mathrm{d}x$ 表示 $f(x)$ 在 x 轴上方面积减去 x 轴下方面积所得之差,即 $\int_a^b f(x)\mathrm{d}x = A_1 - A_2 + A_3$(如下图表),这就是定积分的几何意义.

列表如下:

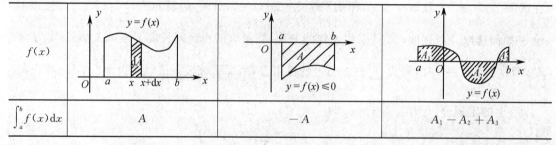

$f(x)$			
$\int_a^b f(x)\mathrm{d}x$	A	$-A$	$A_1 - A_2 + A_3$

三、定积分的性质

设函数 $f(x)$ 和 $g(x)$ 在所给区间上可积,有以下性质(证明从略).

性质 1 函数代数和的定积分等于它们定积分的代数和,即

$$\int_a^b [f(x) \pm g(x)]\mathrm{d}x = \int_a^b f(x)\mathrm{d}x \pm \int_a^b g(x)\mathrm{d}x.$$

该性质可推广到有限个函数的代数和的情形.

性质 2 被积函数中的常数因子可以移到积分号外面,即

$$\int_a^b k f(x)\mathrm{d}x = k\int_a^b f(x)\mathrm{d}x(k \text{ 为常数}).$$

性质 3 如果被积函数 $f(x) = 1$,那么

$$\int_a^b \mathrm{d}x = b - a.$$

这个性质的几何意义是非常明显的(如图 5-2 所示),$f(x) = 1$ 与 $x = a, x = b$ 及 x 轴所围

图形为一矩形,它的面积 $A=1\times(b-a)=b-a$.

性质 4 $\displaystyle\int_a^b f(x)\mathrm{d}x=\int_a^c f(x)\mathrm{d}x+\int_c^b f(x)\mathrm{d}x$.

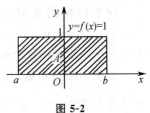

图 5-2

该性质叫做积分区间的可加性,可通过图形加深理解.

(1) 当 $a<c<b$ 时,由图 5-3 可知 $A=A_1+A_2$.

而 $$A=\int_c^b f(x)\mathrm{d}x,$$

$$A_1=\int_a^c f(x)\mathrm{d}x, A_2=\int_c^b f(x)\mathrm{d}x,$$

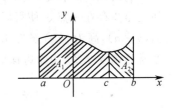

图 5-3

所以 $\displaystyle\int_a^b f(x)\mathrm{d}x=\int_a^c f(x)\mathrm{d}x+\int_c^b f(x)\mathrm{d}x$,性质 4 成立.

(2) 当 $a<b<c$ 时,由图 5-4 可知

$$\int_a^c f(x)\mathrm{d}x=\int_a^b f(x)\mathrm{d}x+\int_b^c f(x)\mathrm{d}x$$

所以 $\displaystyle\int_a^b f(x)\mathrm{d}x=\int_a^c f(x)\mathrm{d}x+\int_c^b f(x)\mathrm{d}x$.性质 4 也成立.

例 1 已知 $\displaystyle\int_0^2 f(x)\mathrm{d}x=\frac{8}{3}$, $\displaystyle\int_0^3 f(x)\mathrm{d}x=9$,求 $\displaystyle\int_2^3 f(x)\mathrm{d}x$.

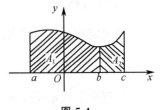

图 5-4

解 由 $\displaystyle\int_0^3 f(x)\mathrm{d}x=\int_0^2 f(x)\mathrm{d}x+\int_2^3 f(x)\mathrm{d}x$,

所以 $\displaystyle\int_2^3 f(x)\mathrm{d}x=\int_0^3 f(x)\mathrm{d}x-\int_0^2 f(x)\mathrm{d}x=9-\frac{8}{3}=\frac{19}{3}$.

性质 5(不等式性质) 如果在区间 $[a,b]$ 上有 $f(x)\leqslant g(x)$,那么

$$\int_a^b f(x)\mathrm{d}x\leqslant\int_a^b g(x)\mathrm{d}x.$$

推论 1 若函数 $f(x)$ 在区间 $[a,b]$ 内有 $f(x)\geqslant 0$,则 $\displaystyle\int_a^b f(x)\mathrm{d}x\geqslant 0$.

推论 2 $\displaystyle\left|\int_a^b f(x)\mathrm{d}x\right|\leqslant\int_a^b|f(x)|\mathrm{d}x$.

这个性质也称为定积分的不等式性质.

例 2 比较下列各对积分值的大小:

(1) $\displaystyle\int_0^1\sqrt{x}\,\mathrm{d}x$ 与 $\displaystyle\int_0^1 x\,\mathrm{d}x$; (2) $\displaystyle\int_0^{\frac{\pi}{2}}\sin x\mathrm{d}x$ 与 $\displaystyle\int_\pi^{\frac{3\pi}{2}}\sin x\mathrm{d}x$.

解 (1) 当 $x\in[0,1]$ 时,有 $\sqrt{x}\geqslant x$,由性质 5 有 $\displaystyle\int_0^1\sqrt{x}\,\mathrm{d}x\geqslant\int_0^1 x\,\mathrm{d}x$.

(2) 当 $x\in\left[0,\dfrac{\pi}{2}\right]$ 时,$\sin x\geqslant 0$,有 $\displaystyle\int_0^{\frac{\pi}{2}}\sin x\mathrm{d}x\geqslant 0$;当 $x\in\left[\pi,\dfrac{3\pi}{2}\right]$ 时,$\sin x\leqslant 0$,

有 $\displaystyle\int_\pi^{\frac{3\pi}{2}}\sin x\mathrm{d}x\leqslant 0$;所以 $\displaystyle\int_0^{\frac{\pi}{2}}\sin x\mathrm{d}x\geqslant\int_\pi^{\frac{3\pi}{2}}\sin x\mathrm{d}x$.

性质 6(积分估值定理) 设函数 $f(x)$ 在区间 $[a,b]$ 上的最大值为 M,最小值为 m,则

$$m(b-a)\leqslant\int_a^b f(x)\mathrm{d}x\leqslant M(b-a).$$

这个性质的几何意义也很明显(如图 5-5 所示). 由 $y = f(x)(f(x) \geqslant 0), x = a, x = b$ 及 x 轴所围成的平面图形的面积总介于两个矩形的面积之间.

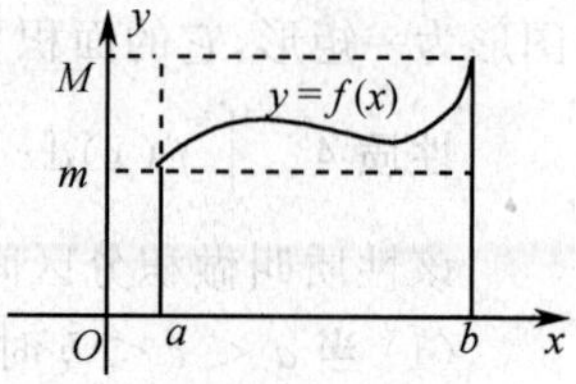

性质 7(积分中值定理) 设函数 $f(x)$ 在区间 $[a,b]$ 上连续,则在此区间上至少存在一点 ξ,使 $\int_a^b f(x)\mathrm{d}x = f(\xi)(b-a)(a \leqslant \xi \leqslant b)$.

图 5-5

它的几何解释是,设函数 $f(x)$ 在区间 $[a,b]$ 上连续,则在此区间上至少存在一点 ξ,使得以 $f(x)$ 为曲边的曲边梯形面积等于底为 $(b-a)$,高为 $f(\xi)$ 的矩形面积(如图 5-6 所示). 由于这一缘故,通常称高度 $f(\xi)$ 为曲边梯形的"平均高度".

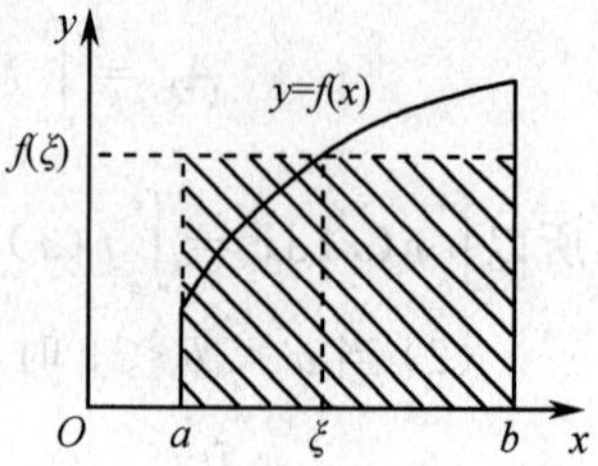

$$f(\xi) = \frac{1}{b-a}\int_a^b f(x)\mathrm{d}x$$

称它为 $f(x)$ 在区间 $[a,b]$ 上的平均值.

图 5-6

思考与探究

研究定积分概念建立的四个步骤,你体验到了什么数学思想方法与哲学观点?

习题 5-1

1.说明下列定积分的几何意义:

(1) $\int_{-\pi}^{\pi} \sin x\mathrm{d}x = 0$;

(2) $\int_{-\frac{\pi}{2}}^{\frac{\pi}{2}} \cos x\mathrm{d}x = 2\int_0^{\frac{\pi}{2}} \cos x\mathrm{d}x$.

2.利用定积分的几何意义,求下列定积分:

(1) $\int_{-2}^{2} \sqrt{4-x^2}\mathrm{d}x$;

(2) $\int_a^b x\mathrm{d}x$.

3.比较下列各组积分值的大小:

(1) $\int_0^1 x\mathrm{d}x$ 与 $\int_0^1 \sqrt[3]{x}\mathrm{d}x$;

(2) $\int_0^1 x\mathrm{d}x$ 与 $\int_0^1 \sin x\mathrm{d}x$;

(3) $\int_1^2 \ln x\mathrm{d}x$ 与 $\int_1^2 (\ln x)^2\mathrm{d}x$;

(4) $\int_1^e x\mathrm{d}x$ 与 $\int_1^e \ln(1+x)\mathrm{d}x$.

4.将下列极限写成定积分的形式:

(1) $\lim\limits_{n\to\infty}\left(\dfrac{1}{n^2} + \dfrac{2}{n^2} + \cdots + \dfrac{n-1}{n^2}\right)$;

(2) $\lim\limits_{n\to\infty}\dfrac{1}{n}\left(\sin\dfrac{\pi}{n} + \sin\dfrac{2\pi}{n} + \cdots + \sin\dfrac{(n-1)\pi}{n}\right)$.

5.证明下列积分不等式:

(1) $1 < \int_0^1 \mathrm{e}^{x^2}\mathrm{d}x < \mathrm{e}$;

(2) $2\mathrm{e}^{-\frac{1}{4}} < \int_0^2 \mathrm{e}^{x^2-x}\mathrm{d}x < 2\mathrm{e}^2$.

6.证明: $\lim\limits_{n\to\infty}\int_0^{\frac{1}{2}} \dfrac{x^n}{1+x^n}\mathrm{d}x = 0$.

第二节 微积分基本公式

积分上限函数 微积分基本定理 牛顿莱布尼茨公式

第一节建立了定积分的定义,但直接应用定义来计算定积分是很困难的事.我们必须寻求计算定积分的新方法.下面先从实际问题中寻求解决问题的线索.为此,我们对变速直线运动中遇到的位置函数 $s(t)$ 与速度函数 $v(t)$ 的联系作进一步的研究.

一、变速直线运动中位置函数与速度函数之间的联系

有一物体在一直线上运动.在这直线上取定原点、正方向及长度单位,使它成一数轴.设时刻 t 时物体所在的位置为 $s(t)$,速度为 $v(t)$(为了讨论方便起见,可以设 $v(t) \geqslant 0$).

从第一节知道:物体在时间间隔 $[T_1, T_2]$ 内经过的路程可以用速度函数 $v(t)$ 在 $[T_1, T_2]$ 上的定积分

$$\int_{T_1}^{T_2} v(t)\mathrm{d}t$$

来表达;另一方面,这段路程又可以通过位置函数 $s(t)$ 在区间 $[T_1, T_2]$ 上的增量

$$s(T_2) - s(T_1)$$

来表达.有此可见,位置函数 $s(t)$ 与速度函数 $v(t)$ 之间有如下关系:

$$\int_{T_1}^{T_2} v(t)\mathrm{d}t = s(T_2) - s(T_1) \qquad (2-1)$$

因为 $s'(t) = v(t)$,即位置函数 $s(t)$ 是速度函数 $v(t)$ 的原函数,所以关系式(2-1)表示,速度函数 $v(t)$ 在区间 $[T_1, T_2]$ 的定积分等于 $v(t)$ 的原函数 $s(t)$ 在 $[T_1, T_2]$ 区间上的增量

$$s(T_2) - s(T_1).$$

上述从变速直线的路程这个特殊问题中得出来的关系,在一定条件下具有普遍性.事实上,我们将在第三节中证明,如果函数 $f(x)$ 在 $[a, b]$ 上连续,且 $F(x)$ 是 $f(x)$ 在 $[a, b]$ 上的一个原函数,那么 $f(x)$ 在 $[a, b]$ 上的定积分就等于 $f(x)$ 的原函数 $F(x)$ 在区间 $[a, b]$ 上的增量

$$F(b) - F(a).$$

定义(积分上限函数) 设函数 $f(t)$ 在区间 $[a, b]$ 上可积,$x \in [a, b]$,则变动上限的积分 $\int_a^x f(t)\mathrm{d}t$ 是 x 的函数,叫做积分上限函数.记作 $\Phi(x)$,即

$$\Phi(x) = \int_a^x f(t)\mathrm{d}t.$$

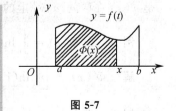

图 5-7

如图 5-7 所示,曲边梯形面积是变积分上限 x 的函数.

该函数具有如下性质:

定理 1　微积分基本定理

设函数 $f(t)$ 在区间 $[a,b]$ 上连续,则积分上限函数

$$\Phi(x) = \int_a^x f(t)\,dt \tag{2-2}$$

在 $[a,b]$ 上可导,且

$$\Phi'(x) = \left[\int_a^x f(t)\,dt\right]' = f(x). \tag{2-3}$$

证　给上限 x 以增量 Δx,则 $\Phi(x + \Delta x) = \int_a^{x+\Delta x} f(t)\,dt$.

$$\Delta\Phi = \Phi(x + \Delta x) - \Phi(x) = \int_a^{x+\Delta x} f(t)\,dt - \int_a^x f(t)\,dt = \int_x^{x+\Delta x} f(t)\,dt,$$

由积分中值定理得到

$$\Delta\Phi = f(\xi)\Delta x\,(\xi\text{ 介于 } x \text{ 与 } x + \Delta x \text{ 之间}),$$

$$\frac{\Delta\Phi}{\Delta x} = f(\xi),$$

当 $\Delta x \to 0$ 时,$\xi \to x$,又由 $f(t)$ 在 $[a,b]$ 上连续,有 $\lim\limits_{\xi \to x} f(\xi) = f(x)$,于是

$$\lim_{\Delta x \to 0} \frac{\Delta\Phi}{\Delta x} = \Phi'(x) = f(x).$$

定理 1 证明了:(1) 变上限积分函数 $\Phi(x) = \int_a^x f(t)\,dt$ 对上限 x 的导数等于被积函数 $f(t)$ 在上限处的函数值 $f(x)$.即在区间 $[a,b]$ 上连续函数 $f(x)$ 是 $\Phi(x) = \int_a^x f(t)\,dt$ 的导数;反过来 $\Phi(x) = \int_a^x f(t)\,dt$ 是 $f(x)$ 的一个原函数;(2) 定理说明积分与微分是互逆的,揭示了积分学中定积分与原函数之间潜在的联系,从而使原本独立的微分学和积分学成为一门影响深远的微积分学.

定理同时也证明了第四章第一节定理 2 中的原函数存在定理.

定理 2(原函数存在定理)　如果函数 $f(x)$ 在区间 $[a,b]$ 上连续,则函数

$$\Phi(x) = \int_a^x f(t)\,dt$$

是 $f(x)$ 在区间 $[a,b]$ 上的一个原函数.

例 1　设 $\Phi(x) = \int_0^x \ln(1 + t^3)\,dt$,求 $\Phi'(x)$.

解　$\Phi'(x) = \left[\int_0^x \ln(1 + t^3)\,dt\right]' = \ln(1 + x^3)$.

例 2　求 $\dfrac{d}{dx}\displaystyle\int_0^{x^2} e^{t^2}\,dt$.

解　复合函数求导,设 $u = x^2$,则

$$\frac{d}{dx}\int_0^{x^2} e^{t^2}\,dt = \frac{d}{du}\left(\int_0^u e^{t^2}\,dt\right) \cdot \frac{du}{dx} = e^{u^2} \cdot 2x = e^{x^4} \cdot 2x = 2xe^{x^4}.$$

一般地,设 $G(x) = \int_a^{g(x)} f(t)\mathrm{d}t$,则 $G'(x) = f[g(x)]g'(x)$.

例 3 求 $\lim\limits_{x \to 0} \dfrac{\int_0^x \sin t^2 \mathrm{d}t}{x^3}$.

解 这是"$\dfrac{0}{0}$"未定式,由洛必达法则得

$$\lim_{x \to 0} \frac{\int_0^x \sin t^2 \mathrm{d}t}{x^3} = \lim_{x \to 0} \frac{\left[\int_0^x \sin t^2 \mathrm{d}t\right]'}{(x^3)'} = \lim_{x \to 0} \frac{\sin x^2}{3x^2} = \frac{1}{3}\lim_{x \to 0} \frac{\sin x^2}{x^2} = \frac{1}{3}.$$

二、牛顿 — 莱布尼茨公式

定理 3 微积分基本公式

如果函数 $f(x)$ 在 $[a,b]$ 上连续,且 $F(x)$ 是 $f(x)$ 在 $[a,b]$ 上的一个原函数,那么

$$\int_a^b f(x)\mathrm{d}x = F(b) - F(a). \tag{2-4}$$

证 由定理 2 知,$\Phi(x) = \int_a^x f(t)\mathrm{d}t$ 是 $f(x)$ 的一个原函数,而由题设知 $F(x)$ 也是 $f(x)$ 的一个原函数,因此 $\Phi(x) = F(x) + C$(C 为某个常数).

于是 $\int_a^x f(t)\mathrm{d}t = F(x) + C (a \leqslant x \leqslant b)$.

当 $x = a$ 时,$0 = F(a) + C \Rightarrow C = -F(a)$,

当 $x = b$ 时,$\int_a^b f(t)\mathrm{d}t = F(b) + C = F(b) - F(a)$,

所以 $\int_a^b f(x)\mathrm{d}x = F(b) - F(a)$.

为方便起见,$F(b) - F(a)$ 常记作 $F(x)\big|_a^b$ 或 $[F(x)]_a^b$.

公式(2-4)叫做**牛顿 — 莱布尼茨公式**,也叫微积分基本公式.这个公式揭示了定积分与被积函数的原函数或不定积分之间的内在联系.此公式巧妙地把连续函数在积分区间 $[a,b]$ 上的定积分计算问题转化为它的任意一个原函数在区间 $[a,b]$ 上的增量问题.这就给定积分提供了一个有效而简便的计算方法,极大地简化了定积分的计算.

例 4 求 $\int_{-1}^1 \dfrac{\mathrm{d}x}{1+x^2}$.

解 由于 $\arctan x$ 是 $\dfrac{1}{1+x^2}$ 的一个原函数,由公式(2-3)有

$$\int_{-1}^1 \frac{\mathrm{d}x}{1+x^2} = [\arctan x]_{-1}^1 = \arctan 1 - \arctan(-1) = \frac{\pi}{4} - \left(-\frac{\pi}{4}\right) = \frac{\pi}{2}.$$

例 5 求 $\int_0^5 |x-3|\mathrm{d}x$. 分段函数分段积分

解 当 $0 \leqslant x \leqslant 3$ 时,$|x-3| = 3-x$;当 $3 \leqslant x \leqslant 5$ 时,$|x-3| = x-3$.

由积分区间的可加性,得

$$\int_0^5 |x-3|\,\mathrm{d}x = \int_0^3 (3-x)\,\mathrm{d}x + \int_3^5 (x-3)\,\mathrm{d}x = \left[3x - \frac{1}{2}x^2\right]_0^3 + \left[\frac{1}{2}x^2 - 3x\right]_3^5 = \frac{13}{2}.$$

例 6 设函数 $f(x)$ 在闭区间 $[a,b]$ 上连续，证明在开区间 (a,b) 内至少存在一点 ξ，使 $\int_a^b f(x)\,\mathrm{d}x = f(\xi)(b-a)\,(a < \xi < b)$.

证 因 $f(x)$ 连续，故它的原函数存在，设为 $F(x)$，即设在 $[a,b]$ 上 $F'(x) = f(x)$.

根据牛顿－莱布尼茨公式，有

$$\int_a^b f(x)\,\mathrm{d}x = F(b) - F(a).$$

显然函数 $F(x)$ 在区间 $[a,b]$ 上满足微分中值定理的条件，因此按微分中值定理，在开区间 (a,b) 内至少存在一点 ξ 使

$$F(b) - F(a) = F'(\xi)(b-a) \quad \xi \in (a,b),$$

故

$$\int_a^b f(x)\,\mathrm{d}x = f(\xi)(b-a) \quad \xi \in (a,b).$$

注 本例的结论是对积分中值定理的改进. 从其证明中不难看出积分中值定理与微分中值定理的内在联系.

思考与探究

1. 设 $f(x)$ 在 $[a,b]$ 上连续，则 $\int_a^x f(t)\,\mathrm{d}t$ 与 $\int_x^b f(u)\,\mathrm{d}u$ 是 x 的函数还是 t 与 u 的函数？它们的导数存在吗？如果存在等于什么？

2. 不定积分与定积分的区别是什么？两者的联系是什么？解决下面问题

设 $f(x) = \dfrac{1}{1+x^2} + x^3 \int_0^1 f(x)\,\mathrm{d}x$，求 $\int_0^1 f(x)\,\mathrm{d}x$.

习题 5-2

1. 计算下列各函数的导数：

(1) $\Phi(x) = \displaystyle\int_0^x \frac{1}{1+t^2}\,\mathrm{d}t$;

(2) $\Phi(x) = \displaystyle\int_x^{-2} \mathrm{e}^{-2t}\sin t\,\mathrm{d}t$;

(3) $\Phi(x) = \displaystyle\int_{\frac{\pi}{4}}^x \sin(t^2)\,\mathrm{d}t$;

(4) $\Phi(x) = \displaystyle\int_2^{x^2} \mathrm{e}^{2t}\,\mathrm{d}t$.

2. 求下列极限：

(1) $\displaystyle\lim_{x\to 0} \frac{\displaystyle\int_0^x \frac{\sin^2 t}{t}\,\mathrm{d}t}{x^2}$;

(2) $\displaystyle\lim_{x\to 0} \frac{\displaystyle\int_0^x \mathrm{e}^t \sin t^2\,\mathrm{d}t}{x^3}$;

(3) $\displaystyle\lim_{x\to 0} \frac{\displaystyle\int_0^x t(t+\sin t)\,\mathrm{d}t}{\displaystyle\int_x^0 t^2\,\mathrm{d}t}$;

(4) $\displaystyle\lim_{x\to 0} \frac{\displaystyle\int_0^{x^2} \arctan\sqrt{t}\,\mathrm{d}t}{x^2}$.

3.计算下列定积分:

$(1) \int_0^1 \sqrt[3]{x}(1+\sqrt{x})\mathrm{d}x$;

$(2) \int_1^e (x+\dfrac{1}{x})\mathrm{d}x$;

$(3) \int_0^1 \dfrac{x^2}{1+x^2}\mathrm{d}x$;

$(4) \int_0^{\frac{\pi}{4}} \tan^2 x\mathrm{d}x$;

$(5) \int_0^{\frac{\pi}{2}} \sin x\cos x\mathrm{d}x$;

$(6) \int_{-2}^0 \left(\dfrac{1}{x^2+2x+2}\right)\mathrm{d}x$;

$(7) \int_{\frac{1}{2}}^{\frac{2}{3}} \dfrac{1}{\sqrt{x(1-x)}}\mathrm{d}x$;

$(8) \int_0^2 f(x)\mathrm{d}x$,其中 $f(x)=\begin{cases}3x, 0\leqslant x\leqslant 1,\\ 2, 1< x\leqslant 2;\end{cases}$

$(9) \int_0^{\frac{\pi}{2}} |\sin x-\cos x|\mathrm{d}x$;

$(10) \int_0^{\pi} \sqrt{1-\cos 2x}\mathrm{d}x$.

第三节　定积分的换元积分法与分部积分法

定积分换元法　定积分分部积分法　对称区间上的定积分　周期函数的定积分性质

一、定积分的换元积分法

定理　　如果(1) 函数 $f(x)$ 在 $[a,b]$ 上连续;

(2) 函数 $x=\varphi(t)$ 在区间 $[\alpha,\beta]$ 上是单值函数且具有连续导数;

(3) 当 t 在区间 $[\alpha,\beta]$ 上变化时,$x=\varphi(t)$ 的值在 $[a,b]$ 上变化,且 $\varphi(\alpha)=a,\varphi(\beta)=b$.那么有定积分的换元公式:

$$\int_a^b f(x)\mathrm{d}x=\int_\alpha^\beta f[\varphi(t)]\varphi'(t)\mathrm{d}t.$$

这就是定积分的换元公式,我们省略证明.下面举例说明

例1　求 $\int_1^4 \dfrac{\mathrm{d}x}{x+\sqrt{x}}$.

解(根式换元)　设 $\sqrt{x}=t$,则 $x=t^2,\mathrm{d}x=2t\mathrm{d}t$,(换元)
当 $x=1$ 时 $t=1$;当 $x=4$ 时 $t=2$.(换限)

$$\int_1^4 \dfrac{\mathrm{d}x}{x+\sqrt{x}}=\int_1^2 \dfrac{2t\mathrm{d}t}{t^2+t}=\int_1^2 \dfrac{2}{t+1}\mathrm{d}t=2\int_1^2 \dfrac{1}{t+1}\mathrm{d}(t+1)=2\Big[\ln(t+1)\Big]_1^2$$

$$=2(\ln 3-\ln 2)=2\ln\dfrac{3}{2}.$$

例2　求 $\int_0^2 \sqrt{4-x^2}\mathrm{d}x$.

解1(三角换元)　设 $x=2\sin t\left(-\dfrac{\pi}{2}\leqslant t\leqslant \dfrac{\pi}{2}\right)$,则 $\mathrm{d}x=2\cos t\mathrm{d}t$,(换元)

且当 $x=0$ 时 $t=0$;当 $x=2$ 时 $t=\dfrac{\pi}{2}$.(换限)于是

$$\int_0^2 \sqrt{4-x^2}\,\mathrm{d}x = \int_0^{\frac{\pi}{2}} 2\cos t \cdot 2\cos t\,\mathrm{d}t = 4\int_0^{\frac{\pi}{2}} \cos^2 t\,\mathrm{d}t = 2\int_0^{\frac{\pi}{2}} (1+\cos 2t)\,\mathrm{d}t$$

$$= 2\left[t+\frac{1}{2}\sin 2t\right]_0^{\frac{\pi}{2}} = 2 \cdot \frac{\pi}{2} = \pi.$$

解 2(用面积求积分) $\int_0^2 \sqrt{4-x^2}\,\mathrm{d}x$ 几何上表示 $x^2+y^2=4$ 的第一象限部分面积,所以

$$\int_0^2 \sqrt{4-x^2}\,\mathrm{d}x = \frac{1}{4}\pi \cdot 4 = \pi$$

由例 1、例 2 知,应用换元公式时需注意:

(1)**(换元必换限)** 用 $x=\varphi(t)$ 把原来变量 x 换成新变量 t 时,积分上、下限也要换成相应于新变量 t 的积分上、下限;

(2) 求出 $f[\varphi(t)]\varphi'(t)$ 的一个原函数 $F(t)$ 后,不必像计算不定积分那样把 $F(t)$ 变换成原来的变量 x 的函数,而只要把变量 t 的上、下限分别代入 $F(t)$ 中计算就可以了.

例 3 求 $\int_0^{\frac{\pi}{2}} 3\cos^2 x\sin x\,\mathrm{d}x$.

解法 1(第一类换元法 — 凑微分)

$$\int_0^{\frac{\pi}{2}} 3\cos^2 x\sin x\,\mathrm{d}x = -\int_0^{\frac{\pi}{2}} 3\cos^2 x\,\mathrm{d}(\cos x) = -\cos^3 x \Big|_0^{\frac{\pi}{2}} = 1.$$

解法 2(第二类换元法) 设 $u=\cos x$,则 $\mathrm{d}u=-\sin x\,\mathrm{d}x$,且当 $x=0$ 时,$u=1$;$x=\frac{\pi}{2}$ 时,$u=0$. 于是

$$\int_0^{\frac{\pi}{2}} 3\cos^2 x\sin x\,\mathrm{d}x = -\int_1^0 3u^2\,\mathrm{d}u = -u^3 \Big|_1^0 = 1.$$

注 解法 1 用凑微分,不写出新变量,那么积分的上下限不需换. 与解法 2 相比,解法 1 凑微分更简洁.

例 4(定积分的对称性) 设函数 $f(x)$ 在区间 $[-a,a]$ 上连续,

(1) $f(x)$ 为奇函数时,$\int_{-a}^a f(x)\,\mathrm{d}x = 0$;

(2) $f(x)$ 为偶函数时,$\int_{-a}^a f(x)\,\mathrm{d}x = 2\int_0^a f(x)\,\mathrm{d}x$.

证 因 $\int_{-a}^a f(x)\,\mathrm{d}x = \int_{-a}^0 f(x)\,\mathrm{d}x + \int_0^a f(x)\,\mathrm{d}x$,

对 $\int_{-a}^0 f(x)\,\mathrm{d}x$,令 $x=-t$,则 $\mathrm{d}x=-\mathrm{d}t$,且当 $x=-a$ 时,$t=a$;当 $x=0$ 时,$t=0$.

于是 $\int_{-a}^0 f(x)\,\mathrm{d}x = -\int_a^0 f(-t)\,\mathrm{d}t = \int_0^a f(-t)\,\mathrm{d}t = \int_0^a f(-x)\,\mathrm{d}x$,

所以

$$\int_{-a}^a f(x)\,\mathrm{d}x = \int_0^a f(-x)\,\mathrm{d}x + \int_0^a f(x)\,\mathrm{d}x = \int_0^a [f(-x)+f(x)]\,\mathrm{d}x.$$

(1) $f(x)$ 为奇函数时,$f(-x)=-f(x)$,有 $\int_{-a}^a f(x)\,\mathrm{d}x = 0$;

(2)$f(x)$ 为偶函数时，$f(-x) = f(x)$，有 $\int_{-a}^{a} f(x)\mathrm{d}x = 2\int_{0}^{a} f(x)\mathrm{d}x$.

利用以上两个公式，可以简化奇（偶）函数在对称区间上的定积分的计算.例如

例 5（利用定积分的对称性质）　求 $\int_{-3}^{3} \dfrac{x^2 \sin x}{1 + x^4} \mathrm{d}x$.

解　由于 $\dfrac{x^2 \sin x}{1 + x^4}$ 是 $[-3,3]$ 上的奇函数，所以 $\int_{-3}^{3} \dfrac{x^2 \sin x}{1 + x^4} \mathrm{d}x = 0$.

例 6（利用定积分的对称性质）　求 $\int_{-2}^{2} (3x^2 + 5x^4)\mathrm{d}x$.

解　$\int_{-2}^{2} (3x^2 + 5x^4)\mathrm{d}x = 2\int_{0}^{2} (3x^2 + 5x^4)\mathrm{d}x = 2\left[x^3 + x^5\right]_{0}^{2} = 80$.

例 7（被积函数含绝对值的定积分）　求 $\int_{0}^{\pi} \sqrt{\sin x - \sin^3 x}\, \mathrm{d}x$.

解　被积函数 $\sqrt{\sin x - \sin^3 x} = \sqrt{\sin x(1 - \sin^2 x)} = \sqrt{\sin x}\,|\cos x|$，

由于在 $\left[0, \dfrac{\pi}{2}\right]$ 上，$|\cos x| = \cos x$；在 $\left[\dfrac{\pi}{2}, \pi\right]$ 上，$|\cos x| = -\cos x$，

所以

$$\int_{0}^{\pi} \sqrt{\sin x - \sin^3 x}\, \mathrm{d}x = \int_{0}^{\frac{\pi}{2}} \sqrt{\sin x}\,\cos x\, \mathrm{d}x + \int_{\frac{\pi}{2}}^{\pi} \sqrt{\sin x}\,(-\cos x)\, \mathrm{d}x$$

$$= \frac{2}{3}\sin^{\frac{3}{2}}x\,\bigg|_{0}^{\frac{\pi}{2}} - \frac{2}{3}\sin^{\frac{3}{2}}x\,\bigg|_{\frac{\pi}{2}}^{\pi} = \frac{2}{3}(1-0) - \frac{2}{3}(0-1) = \frac{4}{3}.$$

注　如果忽略 $\cos x$ 在 $\left[\dfrac{\pi}{2}, \pi\right]$ 上非正，而按 $\sqrt{\sin x - \sin^3 x} = \sqrt{\sin x}\cdot\cos x$ 计算，将导致错误.在定积分的计算中，被积函数中出现根式或绝对值时，一定注意被积函数在积分区间上的符号，避免出错.

例 8（利用换元积分法证明）　若 $f(x)$ 在 $[0,1]$ 上连续，则

(1) $\int_{0}^{\frac{\pi}{2}} f(\sin x)\mathrm{d}x = \int_{0}^{\frac{\pi}{2}} f(\cos x)\mathrm{d}x$；

(2) $\int_{0}^{\pi} x f(\sin x)\mathrm{d}x = \dfrac{\pi}{2} \int_{0}^{\pi} f(\sin x)\mathrm{d}x$.

证　(1) 设 $x = \dfrac{\pi}{2} - t \Rightarrow \mathrm{d}x = -\mathrm{d}t$，当 $x = 0$ 时，$t = \dfrac{\pi}{2}$；当 $x = \dfrac{\pi}{2}$ 时，$t = 0$.

$$\int_{0}^{\frac{\pi}{2}} f(\sin x)\mathrm{d}x = -\int_{\frac{\pi}{2}}^{0} f\left[\sin\left(\frac{\pi}{2} - t\right)\right]\mathrm{d}t = \int_{0}^{\frac{\pi}{2}} f(\cos t)\mathrm{d}t = \int_{0}^{\frac{\pi}{2}} f(\cos x)\mathrm{d}x;$$

(2) 设 $x = \pi - t \Rightarrow \mathrm{d}x = -\mathrm{d}t$，当 $x = 0$ 时，$t = \pi$；当 $x = \pi$ 时，$t = 0$.

$$I = \int_{0}^{\pi} x f(\sin x)\mathrm{d}x = -\int_{\pi}^{0} (\pi - t) f[\sin(\pi - t)]\mathrm{d}t = \int_{0}^{\pi} (\pi - t) f(\sin t)\mathrm{d}t,$$

$$= \pi \int_{0}^{\pi} f(\sin t)\mathrm{d}t - \int_{0}^{\pi} t f(\sin t)\mathrm{d}t = \pi \int_{0}^{\pi} f(\sin x)\mathrm{d}x - \int_{0}^{\pi} x f(\sin x)\mathrm{d}x,$$

$$= \pi \int_{0}^{\pi} f(\sin x)\mathrm{d}x - I,$$

移项解得
$$\int_0^\pi x f(\sin x)\mathrm{d}x = \frac{\pi}{2}\int_0^\pi f(\sin x)\mathrm{d}x.$$

例 9(利用例 8 结论(2)) 计算 $\displaystyle\int_0^\pi \frac{x\sin x}{1+\cos^2 x}\mathrm{d}x$.

解
$$\int_0^\pi \frac{x\sin x}{1+\cos^2 x}\mathrm{d}x = \frac{\pi}{2}\int_0^\pi \frac{\sin x}{1+\cos^2 x}\mathrm{d}x = -\frac{\pi}{2}\int_0^\pi \frac{1}{1+\cos^2 x}\mathrm{d}(\cos x)$$
$$= -\frac{\pi}{2}\Big[\arctan(\cos x)\Big]_0^\pi = -\frac{\pi}{2}\Big(-\frac{\pi}{4}-\frac{\pi}{4}\Big) = \frac{\pi^2}{4}.$$

例 10(周期函数的定积分性质) 设 $f(x)$ 是连续的周期函数,周期为 T,证明:

(1) $\displaystyle\int_a^{a+T} f(x)\mathrm{d}x = \int_0^T f(x)\mathrm{d}x$;

(2) $\displaystyle\int_a^{a+nT} f(x)\mathrm{d}x = n\int_0^T f(x)\mathrm{d}x (n\in N)$.

证 (1) 记 $\Phi(a) = \displaystyle\int_a^{a+T} f(x)\mathrm{d}x$,则

$$\Phi'(a) = \Big[\int_0^{a+T} f(x)\mathrm{d}x - \int_0^a f(x)\mathrm{d}x\Big]' = f(a+T) - f(a) = 0$$

知 $\Phi(a)$ 与 a 无关,因此 $\Phi(a) = \Phi(0)$,即

$$\int_a^{a+T} f(x)\mathrm{d}x = \int_0^T f(x)\mathrm{d}x.$$

(2) $\displaystyle\int_a^{a+nT} f(x)\mathrm{d}x = \sum_{k=0}^{n-1}\int_{a+kT}^{a+kT+T} f(x)\mathrm{d}x$,由(1) 知

$$\int_{a+kT}^{a+kT+T} f(x)\mathrm{d}x = \int_0^T f(x)\mathrm{d}x,$$

因此

$$\int_a^{a+nT} f(x)\mathrm{d}x = n\int_0^T f(x)\mathrm{d}x.$$

例 11(利用周期函数的定积分性质) 计算 $\displaystyle\int_{\frac{\pi}{4}}^{\frac{5\pi}{4}} \sin^2 x\mathrm{d}x$.

解 由于 $\sin^2 x$ 是以 π 为周期的周期函数,利用例 10 结论,有
$$\int_{\frac{\pi}{4}}^{\frac{5\pi}{4}} \sin^2 x\mathrm{d}x = \int_0^\pi \sin^2 x\mathrm{d}x = \int_0^\pi \frac{1-\cos 2x}{2}\mathrm{d}x = \frac{\pi}{2}.$$

例 12(利用周期函数的定积分性质) 计算 $\displaystyle\int_a^{a+n\pi} \sqrt{1+\sin 2x}\mathrm{d}x$.

解 由于 $\sqrt{1+\sin 2x}$ 是以 π 为周期的周期函数,利用上述结论,有
$$\int_a^{a+n\pi} \sqrt{1+\sin 2x}\mathrm{d}x = n\int_0^\pi \sqrt{1+\sin 2x}\mathrm{d}x = n\int_0^\pi |\sin x + \cos x|\mathrm{d}x$$
$$= \sqrt{2}n\int_0^\pi \Big|\sin\Big(x+\frac{\pi}{4}\Big)\Big|\mathrm{d}x \xrightarrow[\mathrm{d}x=\mathrm{d}t]{x+\frac{\pi}{4}=t} \sqrt{2}n\int_{\frac{\pi}{4}}^{\frac{5\pi}{4}} |\sin t|\mathrm{d}t$$
$$\xrightarrow[\text{周期函数积分性质}]{|\sin x|\ \text{周期为}\ \pi} \sqrt{2}n\int_0^\pi |\sin t|\mathrm{d}t = \sqrt{2}n\int_0^\pi \sin t\mathrm{d}t = 2\sqrt{2}n.$$

例 13 设函数 $f(x) = \begin{cases} x\mathrm{e}^{-x^2}, & x \geqslant 0 \\ \dfrac{1}{1+\cos x}, & -1 < x < 0 \end{cases}$,计算 $\displaystyle\int_1^4 f(x-2)\mathrm{d}x$.

解 令 $x - 2 = t$,则 $\mathrm{d}x = \mathrm{d}t$,且当 $x = 1$ 时,$t = -1$;当 $x = 4$ 时,$t = 2$. 于是

$$\int_1^4 f(x-2)\mathrm{d}x \xlongequal{\ t \ } \int_{-1}^2 f(t)\mathrm{d}t \xlongequal{\text{可加性}} \int_{-1}^0 \frac{1}{1+\cos t}\mathrm{d}t + \int_0^2 t\mathrm{e}^{-t^2}\mathrm{d}t$$

$$= \int_{-1}^0 \sec^2 \frac{t}{2}\mathrm{d}\left(\frac{t}{2}\right) - \frac{1}{2}\int_0^2 \mathrm{e}^{-t^2}\mathrm{d}(-t^2)$$

$$= \left[\tan \frac{t}{2}\right]_{-1}^0 - \left[\frac{1}{2}\mathrm{e}^{-t^2}\right]_0^2 = \tan \frac{1}{2} - \frac{1}{2}\mathrm{e}^{-4} + \frac{1}{2}.$$

二、定积分的分部积分法

定理 2 设函数 $u = u(x), v = v(x)$ 在 $[a,b]$ 上具有连续导数,则

$$\int_a^b u\,\mathrm{d}v = uv\Big|_a^b - \int_a^b v\,\mathrm{d}u, \text{或} \int_a^b uv'\mathrm{d}x = uv\Big|_a^b - \int_a^b u'v\,\mathrm{d}x.$$

这就是定积分的分部积分公式. 我们可以看到,此公式与不定积分的分部积分公式类似,因此公式中 u 和 $\mathrm{d}v$ 的选取,与不定积分的分部积分法选取方法相同.

例 14 求 $\displaystyle\int_0^\pi x\cos x\,\mathrm{d}x$.

解 $\displaystyle\int_0^\pi x\cos x\,\mathrm{d}x = \int_0^\pi x\mathrm{d}(\sin x) = \left[x\sin x\right]_0^\pi - \int_0^\pi \sin x\,\mathrm{d}x = 0 - \left[-\cos x\right]_0^\pi = -2.$

例 15 求 $\displaystyle\int_0^1 x\mathrm{e}^{-x}\mathrm{d}x$.

解 $\displaystyle\int_0^1 x\mathrm{e}^{-x}\mathrm{d}x = -\int_0^1 x\mathrm{d}(\mathrm{e}^{-x}) = \left[-x\mathrm{e}^{-x}\right]_0^1 + \int_0^1 \mathrm{e}^{-x}\mathrm{d}x = -\mathrm{e}^{-1} - \left[\mathrm{e}^{-x}\right]_0^1 = 1 - \frac{2}{\mathrm{e}}.$

例 16 求 $\displaystyle\int_1^\mathrm{e} \ln^2 x\,\mathrm{d}x$.

解 $\displaystyle\int_1^\mathrm{e} \ln^2 x\,\mathrm{d}x = \left[x\ln^2 x\right]_1^\mathrm{e} - \int_1^\mathrm{e} 2\ln x\,\mathrm{d}x = \mathrm{e} - 2\left(\left[x\ln x\right]_1^\mathrm{e} - \int_1^\mathrm{e}\mathrm{d}x\right)$

$$= \mathrm{e} - 2(\mathrm{e} - \mathrm{e} + 1) = \mathrm{e} - 2.$$

例 17(华里士公式) 导出 $I_n = \displaystyle\int_0^{\pi/2} \sin^n x\,\mathrm{d}x$($n$ 为非负整数)的递推公式.

解 易见 $I_0 = \displaystyle\int_0^{\frac{\pi}{2}} \mathrm{d}x = \frac{\pi}{2}, I_1 = \int_0^{\frac{\pi}{2}} \sin x\,\mathrm{d}x = 1,$

当 $n \geqslant 2$ 时,$I_n = \displaystyle\int_0^{\frac{\pi}{2}} \sin^n x\,\mathrm{d}x = \int_0^{\frac{\pi}{2}} \sin^{n-1} x\sin x\,\mathrm{d}x = -\int_0^{\frac{\pi}{2}} \sin^{n-1} x\mathrm{d}(\cos x)$

$$\xlongequal{\text{分部积分}} \left[-\sin^{n-1} x\cos x\right]_0^{\frac{\pi}{2}} + (n-1)\int_0^{\frac{\pi}{2}} \sin^{n-2} x\cos^2 x\,\mathrm{d}x$$

$$= (n-1)\int_0^{\frac{\pi}{2}} \sin^{n-2} x(1 - \sin^2 x)\mathrm{d}x$$

$$= (n-1)\int_0^{\frac{\pi}{2}} \sin^{n-2}x\,\mathrm{d}x - (n-1)\int_0^{\frac{\pi}{2}} \sin^n x\,\mathrm{d}x = (n-1)I_{n-2} - (n-1)I_n$$

从而得到递推公式

$$I_n = \frac{n-1}{n}I_{n-2},$$

由递推公式可得

$$I_n = \frac{n-1}{n}I_{n-2} = \frac{n-1}{n}\frac{n-3}{n-2}I_{n-4} = \frac{n-1}{n}\frac{n-3}{n-2}\frac{n-5}{n-4}I_{n-6} = \cdots$$

所以

$$I_n = \begin{cases} \dfrac{2m-1}{2m} \cdot \dfrac{2m-3}{2m-2} \cdots \dfrac{5}{6} \cdot \dfrac{3}{4} \cdot \dfrac{1}{2} \cdot \dfrac{\pi}{2}, n = 2m, \\[3mm] \dfrac{2m}{2m+1} \cdot \dfrac{2m-2}{2m-1} \cdots \dfrac{6}{7} \cdot \dfrac{4}{5} \cdot \dfrac{2}{3} \cdot 1, n = 2m+1. \end{cases}$$

其中 m 为自然数.(也称为华里士公式)

注:根据例 8 的结果,有 $\int_0^{\frac{\pi}{2}} \sin^n x\,\mathrm{d}x = \int_0^{\frac{\pi}{2}} \cos^n x\,\mathrm{d}x$.

例 18(利用华里士公式) 计算下列定积分:

(1) $\int_0^{\frac{\pi}{2}} \sin^6 x\,\mathrm{d}x$.   (2) $\int_0^{\pi} \cos^5 \dfrac{x}{2}\,\mathrm{d}x$.

解 (1) $\int_0^{\frac{\pi}{2}} \sin^6 x\,\mathrm{d}x = \dfrac{5}{6} \cdot \dfrac{3}{4} \cdot \dfrac{1}{2} \cdot \dfrac{\pi}{2} = \dfrac{5}{32}\pi$;

(2) 令 $\dfrac{x}{2} = t$ 则 $\mathrm{d}x = 2\mathrm{d}t$ 于是

$$\int_0^{\pi} \cos^5 \frac{x}{2}\,\mathrm{d}x = 2\int_0^{\frac{\pi}{2}} \cos^5 t\,\mathrm{d}t = 2 \cdot \frac{4}{5} \cdot \frac{2}{3} \cdot 1 = \frac{16}{15}.$$

思考与探究

1.试类比定积分与不定积分的换元法,归纳两者的联系与区别.

2.计算下列定积分,并写出你的解题体会.

(1) $\int_{-2}^2 \dfrac{x^2 \sin 3x}{\sqrt{x^2+2}}\,\mathrm{d}x$;   (2) $\int_{-2}^2 \sqrt{4-x^2}\,\mathrm{d}x$.

习题 5-3

计算下列定积分:

1. $\int_1^4 \dfrac{\sin \sqrt{x}}{\sqrt{x}}\,\mathrm{d}x$;   2. $\int_0^{\frac{\pi}{2}} \sin^5 x \cos x\,\mathrm{d}x$;

3. $\int_0^1 \dfrac{\arctan x}{1+x^2}\,\mathrm{d}x$;   4. $\int_1^{e^2} \dfrac{\mathrm{d}x}{x\sqrt{1+\ln x}}$;

5. $\int_1^e \dfrac{\ln x}{x}\,\mathrm{d}x$;   6. $\int_{-2}^1 \dfrac{1}{(11+5x)^3}\,\mathrm{d}x$;

7. $\int_0^\pi (1 - \sin^3 t)\,\mathrm{d}t$;

8. $\int_{\frac{\pi}{6}}^{\frac{\pi}{2}} \cos^2\theta\,\mathrm{d}\theta$.

9. $\int_0^a x^2\,\sqrt{a^2 - x^2}\,\mathrm{d}x$;

10. $\int_{\frac{1}{\sqrt{2}}}^1 \frac{\sqrt{1 - x^2}}{x^2}\,\mathrm{d}x$;

11. $\int_1^{\sqrt{3}} \frac{1}{x^2\,\sqrt{1 + x^2}}\,\mathrm{d}x$;

12. $\int_1^4 \frac{\mathrm{d}x}{1 + \sqrt{x}}$;

13. $\int_{-1}^1 \frac{x}{\sqrt{5 - 4x}}\,\mathrm{d}x$;

14. $\int_{\frac{1}{2}}^1 \mathrm{e}^{\sqrt{2x-1}}\,\mathrm{d}x$;

15. $\int_0^1 x\mathrm{e}^{-x}\,\mathrm{d}x$;

16. $\int_1^4 \frac{\ln x}{\sqrt{x}}\,\mathrm{d}x$;

17. $\int_1^e x\ln x\,\mathrm{d}x$;

18. $\int_{\frac{1}{e}}^e |\ln x|\,\mathrm{d}x$;

19. $\int_{\frac{\pi}{4}}^{\frac{\pi}{3}} \frac{x}{\sin^2 x}\,\mathrm{d}x$;

20. $\int_0^{\frac{\pi}{2}} x^2\sin x\,\mathrm{d}x$;

21. $\int_0^1 x\arctan x\,\mathrm{d}x$;

22. $\int_0^{\frac{\pi}{2}} \mathrm{e}^{2x}\cos x\,\mathrm{d}x$;

23. $\int_{-1}^1 (|x| + \sin x)x^2\,\mathrm{d}x$;

24. $\int_{-1}^1 \frac{x\sin^2 x}{1 + x^2}\,\mathrm{d}x$;

25. $\int_{-\frac{1}{2}}^{\frac{1}{2}} \frac{(\arcsin x)^2}{\sqrt{1 - x^2}}\,\mathrm{d}x$;

26. $\int_{-\frac{\pi}{2}}^{\frac{\pi}{2}} \cos^4 x\,\mathrm{d}x$.

第四节　广义积分

　　我们前面讨论的定积分有两个条件:一是积分区间是有限的,二是被积函数是有界的.但在一些实际问题中,常会遇到积分区间为无限的,被积函数是无界的积分问题.一般把前者称为普通积分,后者称为广义积分.本节我们将讨论两类广义积分,一是无限区间上的广义积分;二是无界函数的广义积分.

一、无限区间上的广义积分

　　先看一个有趣的例子:

　　如图 5-8 所示,由曲线 $y = \dfrac{1}{x}$ 和 $y = \dfrac{1}{x^2}$ 分别与直线 $x = 1, x = a(a > 1)$ 以及 x 轴所围的两个曲边梯形的面积 S_1, S_2. 如图显然随着 a 越来越大,两个面积会越来越大,直觉上会认为当 $a \to +\infty$,时,两个面积的变化趋势不会有太大差别,是这样吗?

　　事实上

$$S_1 = \int_1^a \frac{1}{x}\,\mathrm{d}x = \ln x\,\big|_1^a = \ln a,$$

$$S_2 = \int_1^a \frac{1}{x^2}\,\mathrm{d}x = -\frac{1}{x}\,\bigg|_1^a = 1 - \frac{1}{a}.$$

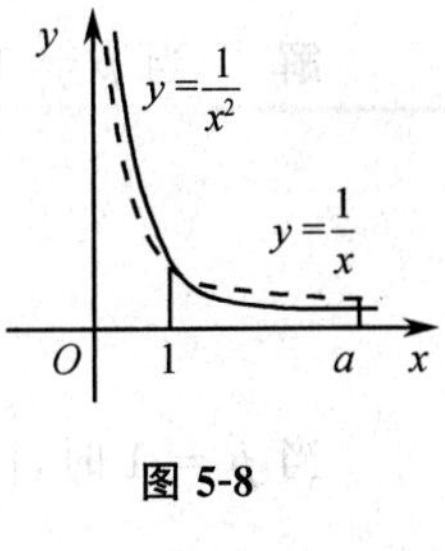

图 5-8

当 a 越来越大时,面积 S_1,S_2 越来越大,但是当 $a \to +\infty$ 时,$S_1 \to \infty$,$S_2 \to 1$.用严密的数学分析,两个面积有着天壤之别!结果出乎直观想象.同时我们看到,无限区间上的面积问题可以应用有限区间上的面积的极限解决.

> **定义**　设函数 $f(x)$ 在区间 $[a,+\infty)$ 上连续,如果 $\lim\limits_{b \to +\infty} \int_a^b f(x)\mathrm{d}x (a < b)$ 存在,则此极限叫做函数 $f(x)$ 在区间 $[a,+\infty)$ 上的广义积分,记作 $\int_a^{+\infty} f(x)\mathrm{d}x$. 即
>
> $$\int_a^{+\infty} f(x)\mathrm{d}x = \lim_{b \to +\infty} \int_a^b f(x)\mathrm{d}x,$$
>
> 这时称广义积分 $\int_a^{+\infty} f(x)\mathrm{d}x$ **收敛**;若上述极限不存在,称广义积分 $\int_a^{+\infty} f(x)\mathrm{d}x$ **发散**.

类似地,可以定义函数 $f(x)$ 在 $(-\infty,b]$ 和 $(-\infty,+\infty)$ 的广义积分:

$$\int_{-\infty}^b f(x)\mathrm{d}x = \lim_{a \to -\infty} \int_a^b f(x)\mathrm{d}x. \quad (a < b);$$

$$\int_{-\infty}^{+\infty} f(x)\mathrm{d}x = \int_{-\infty}^c f(x)\mathrm{d}x + \int_c^{+\infty} f(x)\mathrm{d}x (c \text{ 为任意实数}).$$

对于广义积分 $\int_{-\infty}^{+\infty} f(x)\mathrm{d}x$,其收敛的充要条件是 $\int_{-\infty}^c f(x)\mathrm{d}x$ 与 $\int_c^{+\infty} f(x)\mathrm{d}x$ 都收敛.

设 $F(x)$ 是 $f(x)$ 在 $[a+\infty)$ 的一个原函数,记 $\lim\limits_{x \to +\infty} F(x) = F(+\infty)$,则

$$\int_a^{+\infty} f(x)\mathrm{d}x = \lim_{x \to +\infty} F(x) - F(a) = \Big[F(x) \Big]_a^{+\infty}$$

例1　计算广义积分 $\int_{-\infty}^{+\infty} \dfrac{\mathrm{d}x}{1+x^2}$.

解　$\int_{-\infty}^{+\infty} \dfrac{\mathrm{d}x}{1+x^2} = \Big[\arctan x \Big]_{-\infty}^{+\infty}$

$= \lim\limits_{x \to +\infty} \arctan x - \lim\limits_{x \to -\infty} \arctan x = \dfrac{\pi}{2} - \left(-\dfrac{\pi}{2} \right) = \pi.$

例2　求 $\int_0^{+\infty} x\mathrm{e}^{-x}\mathrm{d}x$.

解　$\int_0^{+\infty} x\mathrm{e}^{-x}\mathrm{d}x = \Big[-x\mathrm{e}^{-x} \Big]_0^{+\infty} + \int_0^{+\infty} \mathrm{e}^{-x}\mathrm{d}x$

$= \lim\limits_{x \to +\infty} \dfrac{x}{\mathrm{e}^x} - \mathrm{e}^{-x} \big|_0^{+\infty} = -\lim\limits_{x \to +\infty} \dfrac{1}{\mathrm{e}^x} - (\lim\limits_{x \to +\infty} \mathrm{e}^{-x} - 1) = 0 + 1 = 1.$

例3　讨论 $\int_a^{+\infty} \dfrac{1}{x^p}\mathrm{d}x (p > 0, a > 0)$ 的敛散性.

解　当 $p \neq 1$ 时,

$$\int_a^{+\infty} \frac{1}{x^p}\mathrm{d}x = \left[\frac{x^{1-p}}{1-p} \right]_a^{+\infty} = \begin{cases} +\infty, & p < 1, \\ \dfrac{a^{1-p}}{p-1}, & p > 1. \end{cases}$$

当 $p = 1$ 时,$\int_a^{+\infty} \dfrac{1}{x}\mathrm{d}x = \ln x \Big|_a^{+\infty} = +\infty.$　　所以

反常积分 $\int_a^{+\infty} \dfrac{1}{x^p} \mathrm{d}x \, (p>0, a>0)$，当 $p>1$ 时收敛，当 $p \leqslant 1$ 时发散.

二、无界函数的广义积分

考察积分 $\int_{-1}^1 \dfrac{1}{x^2} \mathrm{d}x$，积分区间为有界区间，但是区间内点 $x=0$ 是被积函数 $\dfrac{1}{x^2}$ 的无穷间断点，所以 $\dfrac{1}{x^2}$ 是 $[-1,1]$ 的无界函数，在 $[-1,1]$ 上不连续，不满足牛顿莱布尼茨公式条件，这就需要研究无界函数的积分.

定义 设函数 $f(x)$ 在区间 $(a,b]$ 上连续，且 $\lim\limits_{x \to a^+} f(x) = \infty$，如果 $\lim\limits_{\varepsilon \to 0^+} \int_{a+\varepsilon}^b f(x) \mathrm{d}x$ 存在，则此极限叫做函数 $f(x)$ 在区间 $(a,b]$ 上的广义积分，记作 $\int_a^b f(x) \mathrm{d}x$. 即

$$\int_a^b f(x) \mathrm{d}x = \lim_{\varepsilon \to 0^+} \int_{a+\varepsilon}^b f(x) \mathrm{d}x,$$

这时，称广义积分 $\int_a^b f(x) \mathrm{d}x$ 收敛；否则称广义积分 $\int_a^b f(x) \mathrm{d}x$ 发散.

如果函数 $f(x)$ 在 a 的任一邻域内都无界，那么点 a 称为函数 $f(x)$ 的瑕点或称奇点或称无界间断点，所以无界函数的广义积分也称为瑕积分.

类似地，设函数 $f(x)$ 在区间 $[a,b)$ 上连续，且 $\lim\limits_{x \to b^-} f(x) = \infty$，则函数 $f(x)$ 在区间 $[a,b)$ 上的广义积分为

$$\int_a^b f(x) \mathrm{d}x = \lim_{\varepsilon \to 0^-} \int_a^{b+\varepsilon} f(x) \mathrm{d}x.$$

设函数 $f(x)$ 在 $[a,b]$ 上除点 $c (c \in [a,b])$ 外连续，且 $\lim\limits_{x \to c} f(x) = \infty$，则函数 $f(x)$ 在区间 $[a,b]$ 上的广义积分为

$$\int_a^b f(x) \mathrm{d}x = \int_a^c f(x) \mathrm{d}x + \int_c^b f(x) \mathrm{d}x.$$

其收敛的充要条件是：$\int_a^c f(x) \mathrm{d}x$ 与 $\int_c^b f(x) \mathrm{d}x$ 都收敛.

设 $x=a$ 为函数 $f(x)$ 的瑕点，$F(x)$ 是 $f(x)$ 在 $[a,b]$ 的一个原函数，记 $\lim\limits_{x \to a^+} F(x) - F(a^+)$，则 $\int_a^b f(x) \mathrm{d}x = F(b) \quad \lim\limits_{x \to a^+} F(x) - F(b) \quad F(a^+) - \left[F(x) \right]_a^b$，如果 $\lim\limits_{x \to a^+} F(x) = F(a^+)$ 存在，$\int_a^b f(x) \mathrm{d}x$ 收敛，若不存在，则 $\int_a^b f(x) \mathrm{d}x$ 发散.

例 4 计算 $\int_{-1}^1 \dfrac{1}{x^2} \mathrm{d}x$.

解 由于 $\int_{-1}^0 \dfrac{1}{x^2} \mathrm{d}x = -\dfrac{1}{x} \Big|_{-1}^0 = -\left[\lim\limits_{x \to 0} \dfrac{1}{x} + 1 \right] = \infty$，所以 $\int_0^1 \dfrac{1}{x^2} \mathrm{d}x$ 发散.

因此,积分 $\int_{-1}^{1}\dfrac{1}{x^2}\mathrm{d}x$ 是发散。

注意,这类积分容易忽略 $x=0$ 是无穷间断点,犯如下错误

$$\int_{-1}^{1}\frac{1}{x^2}\mathrm{d}x=-\left.\frac{1}{x}\right|_{-1}^{1}=-2.$$

例 5   讨论广义积分 $\int_{0}^{1}\dfrac{1}{x^q}\mathrm{d}x$ 的敛散性.

解   (1) $q=1,\int_{0}^{1}\dfrac{1}{x^q}\mathrm{d}x=\int_{0}^{1}\dfrac{1}{x}\mathrm{d}x=\ln x\Big|_{0}^{1}=+\infty,$

(2) $q\neq 1,\int_{0}^{1}\dfrac{1}{x^q}\mathrm{d}x=\dfrac{x^{1-q}}{1-q}\Big|_{0}^{1}=\begin{cases}+\infty,q>1\\[2mm]\dfrac{1}{1-q},q<1\end{cases}.$

> 广义积分 $\int_{0}^{1}\dfrac{1}{x^q}\mathrm{d}x$,当 $q<1$ 时收敛,其值为 $\dfrac{1}{1-q}$;当 $q\geqslant 1$ 时发散.

思考与探究

1.广义积分的定义体现了什么思想方法?

2. $\int_{-1}^{1}\dfrac{1}{x^2}\mathrm{d}x=\left[-\dfrac{1}{x}\right]\Big|_{-1}^{1}=-1-1=-2,$

思考以上解法是否正确?如果正确,说明理由,如果不正确,给出正确的解法.

习题 5-4

判定下列反常积分的收敛性,如果收敛,计算反常积分值:

1. $\int_{1}^{+\infty} x^{\frac{4}{3}}\mathrm{d}x.$

2. $\int_{0}^{+\infty}\dfrac{2x}{1+x^2}\mathrm{d}x.$

3. $\int_{2}^{+\infty}\dfrac{\mathrm{d}x}{x^2+x-2}.$

4. $\int_{e}^{+\infty}\dfrac{1}{x\ln x}\mathrm{d}x.$

5. $\int_{2}^{+\infty}\dfrac{\mathrm{d}x}{x(\ln x)^k}(k\geqslant 2).$

6. $\int_{0}^{1}\dfrac{x\mathrm{d}x}{\sqrt{1-x^2}}.$

7. $\int_{0}^{1}\dfrac{\mathrm{d}x}{\sqrt{1-x^2}}.$

8. $\int_{0}^{2}\dfrac{\mathrm{d}x}{x^2-4x+3}.$

阅读与思考

科学巨擘——牛顿

艾萨克·牛顿(Isaac Newton),1642 年 12 月 25 日生于英格兰乌尔斯托帕的一个普通农民家庭.1727 年 3 月 29 日,卒于英国伦敦,死后安葬在威斯敏斯特大教堂内,与英国的英雄们安息在一起.墓志铭的最后一句是:"他是人类的真正骄傲."牛顿是世界著名的物理学家、数学家和天文学家,是自然科学界崇拜的偶像.单就数学方面的成就,就使他与古希腊的阿基米德、德国的"数学王子"高斯一起,被称为世界三大数学家.牛顿将毕生的精力献身于科学事业,为人类做出了卓越贡献,赢得了崇高的地位和荣誉.

微积分的创立是牛顿最卓越的数学成就.牛顿超越了前人,他站在了更高的角度,对以往分散的结论加以综合,将自古希腊以来求解无限小问题的各种技巧统一为两类普通的算法——微分和积分,牛顿总结了已经由许多人发展了的思想,建立起系统和成熟的方法,其最重要的工作是建立了微积分基本定理,指出微分与积分互为逆运算.从而沟通了前述几个主要科学问题之间的内在联系,至此,才算真正建立了微积分这门学科,为近代科学发展提供了最有效的工具,开辟了数学上的一个新纪元.他的数学工作还涉及数值分析、概率论和初等数论等众多领域.莱布尼茨说:"在从世界开始到牛顿生活的年代的全部数学中,牛顿的工作超过一半."1687 年,牛顿出版了代表作《自然哲学的数学原理》.在光学方面,牛顿也取得了巨大成果,他在几乎每个他所涉足的科学领域都做出了重要的成绩.

牛顿发现万有引力定律是他在自然科学中最辉煌的成就,那是在假期里,牛顿常常来到母亲的家中,在花园里小坐片刻.有一次,像以往屡次发生的那样,一个苹果从树上掉了下来,一个苹果的偶然落地,却是人类思想史的一个转折点,它使那个坐在花园里的人的头脑开了窍,引起他的沉思:究竟是什么原因使一切物体都受到差不多总是朝向地心的吸引呢?牛顿思索着.终于,他发现了对人类具有划时代意义的万有引力.这正如著名数学家华罗庚所说:"科学的灵感,决不是坐等可以等来的.如果说,科学上的发展有什么偶然的机遇的话,那么这种'偶然的机遇'只能给那些学有素养的人,给那些善于独立思考的人,给那些具有锲而不舍的精神的人,而不会给懒汉".

牛顿进行科学实验和研究如痴如醉地地步,废寝忘食,夜以继日,他常常不分昼夜地工作,好几个星期一直在实验室里渡过.比如有一次煮鸡蛋,捞出的却是怀表.1685 年写传世之作《自然哲学的数学原理》的那些日子,很少深夜两三点以前睡觉,一天只睡五六个小时,有时梦醒后,披上衣服就伏案疾书.牛顿并不只是苦行僧的刻苦,更重要的是具有敏锐的悟性,深邃的思考,创造性的才能以及"一切不凭臆想"、反复进行实验的务实精神.他曾说:"我的成功当归于精心的思考","没有大胆的猜想就做不出伟大的发现."牛顿一身功绩卓著,成绩斐然,但他总是不满足自己的成就,是个非常谦虚的人.他说:"我不知道,世人会怎样看我;不过,我自己觉得,我只像一个在海滨玩耍的孩子,一会儿拣起块比较光滑的卵石,一会儿找到个美丽的贝壳;而在我面前,真理的大海还完全没有发现."

牛顿惊人的毅力、超凡的献身精神,实事求是的科学态度,殚精竭虑地缜密思考以及谦逊的美德等优秀品质,是他成功的决定性因素.他对人类做出卓绝贡献的科学巨擘,得到世人的尊敬和仰慕.他的科学精神更是值得世人学习.

思考

牛顿卓越成绩让人敬仰,但牛顿惊人的毅力、超凡的献身精神、求实的科学态度、诚实谦逊的美德更是值得我们学习与传承.反思你的学习生活,找找你自己在学习与做人中需要改进的方面?

本章学习指导

一、基本知识与思想方法框架结构图

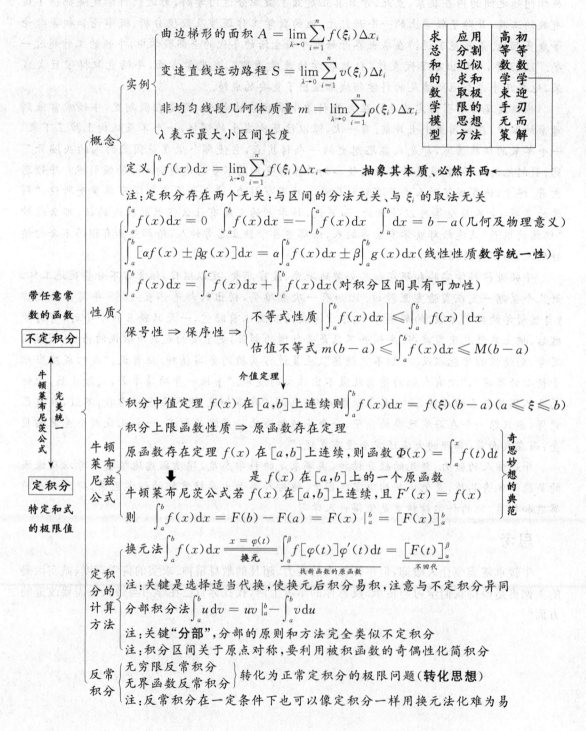

曲边梯形的面积 $A = \lim\limits_{\lambda \to 0} \sum\limits_{i=1}^{n} f(\xi_i) \Delta x_i$

变速直线运动路程 $S = \lim\limits_{\lambda \to 0} \sum\limits_{i=1}^{n} v(\xi_i) \Delta t_i$

非均匀线段几何体质量 $m = \lim\limits_{\lambda \to 0} \sum\limits_{i=1}^{n} \rho(\xi_i) \Delta x_i$

λ 表示最大小区间长度

求总和的数学模型 / 应用分割近似和取极限的思想方法 / 高等数学束手无策 / 初等数学迎刃而解

实例

概念

定义 $\int_a^b f(x)\mathrm{d}x = \lim\limits_{\lambda \to 0} \sum\limits_{i=1}^{n} f(\xi_i) \Delta x_i$ ← 抽象其本质、必然东西 ←

注：定积分存在两个无关：与区间的分法无关、与 ξ_i 的取法无关

$\int_a^a f(x)\mathrm{d}x = 0 \quad \int_a^b f(x)\mathrm{d}x = -\int_b^a f(x)\mathrm{d}x \quad \int_a^b \mathrm{d}x = b - a$（几何及物理意义）

$\int_a^b [\alpha f(x) \pm \beta g(x)]\mathrm{d}x = \alpha \int_a^b f(x)\mathrm{d}x \pm \beta \int_a^b g(x)\mathrm{d}x$（线性性质数学统一性）

$\int_a^b f(x)\mathrm{d}x = \int_a^c f(x)\mathrm{d}x + \int_c^b f(x)\mathrm{d}x$（对积分区间具有可加性）

性质

保号性 $\Rightarrow$ 保序性

不等式性质 $\left| \int_a^b f(x)\mathrm{d}x \right| \leqslant \int_a^b |f(x)|\mathrm{d}x$

估值不等式 $m(b-a) \leqslant \int_a^b f(x)\mathrm{d}x \leqslant M(b-a)$

介值定理

积分中值定理 $f(x)$ 在 $[a,b]$ 上连续则 $\int_a^b f(x)\mathrm{d}x = f(\xi)(b-a)\,(a \leqslant \xi \leqslant b)$

牛顿莱布尼兹公式

积分上限函数性质 $\Rightarrow$ 原函数存在定理

原函数存在定理 $f(x)$ 在 $[a,b]$ 上连续,则函数 $\Phi(x) = \int_a^x f(t)\mathrm{d}t$

是 $f(x)$ 在 $[a,b]$ 上的一个原函数

牛顿莱布尼兹公式若 $f(x)$ 在 $[a,b]$ 上连续,且 $F'(x) = f(x)$

则 $\int_a^b f(x)\mathrm{d}x = F(b) - F(a) = F(x)\Big|_a^b = [F(x)]_a^b$

奇思妙想的典范

定积分的计算方法

换元法 $\int_a^b f(x)\mathrm{d}x \xrightarrow[\text{换元}]{x=\varphi(t)} \int_\alpha^\beta f[\varphi(t)]\varphi'(t)\mathrm{d}t = \underset{\text{不回代}}{[F(t)]_\alpha^\beta}$

找新函数的原函数

注：关键是选择适当代换,使换元后积分易积,注意与不定积分异同

分部积分法 $\int_a^b u\mathrm{d}v = uv\Big|_a^b - \int_a^b v\mathrm{d}u$

注：关键"分部",分部的原则和方法完全类似不定积分

注：积分区间关于原点对称,要利用被积函数的奇偶性化简积分

反常积分

无穷限反常积分 / 无界函数反常积分 转化为正常定积分的极限问题（**转化思想**）

注：反常积分在一定条件下也可以像定积分一样用换元法化难为易

概念 / 性质 / 牛顿莱布尼兹公式 / 定积分的计算方法 / 反常积分

带任意常数的函数 【不定积分】

牛顿莱布尼茨公式 完美统一

【定积分】 特定和式的极限值

二、思想方法小结

1. 定积分概念是数学抽象的结果

曲边梯形的面积、变速直线运动路程及非均匀线段几何体质量等实际问题都是应用"分割、近似、求和、取极限"的思想方法归结为一个特定和式的极限问题,实际上都是一个求总和的数学模型问题,不考虑具体的实际意义,抽象出其数学本质的内在的共性,建立了定积分的概念.定积分概念的建立过程体现了数学的抽象方法,与导数概念的建立方法类似.

2. 定积分的核心思想是局部线性化

定积分概念的建立过程完整体现了"分割、近似、求和、取极限"的积分思想,即"微小局部求近似,利用极限得精确",其结果是求一个和式的极限.定积分思想的核心是局部以直代曲,即局部线性化,就是微分的思想,定积分就是微分的无限积累,或者定积分就是无限个无穷小量之和.符号 $\sum$ 是希腊字母,相当于"和"(Summa)的首字母 S,莱布尼茨将 S 拉长,并附之以上限 a 与下限 b,用于表示对微分 $f(x)\mathrm{d}x$ 在区间 $[a,b]$ 上的无限累加.

3. 初等数学束手无策,高等数学迎刃而解

无论是求曲边梯形面积,还是非均匀线段几何体质量问题,分割得到的积分和只是所求量的一个近似值,无论分割多么细也依然是近似值,只有取极限才使得有限与无限、近似与精确、局部与整体、量变与质变、过程与结果矛盾的双方互相转化.正是取极限这一异于常量数学的方法,才使得初等数学无法解决的问题柳暗花明,别开洞天!此处再次体会到极限思想深刻地揭示了对立统一的辩证思想,同时也体现了否定之否定的辩证思想.正是由于求积分过程中包含着丰富的辩证思想,才使得微积分巧妙地、有效地解决了初等数学所不能解决的问题.恩格斯指出:初等数学,即常数的数学,是在形式逻辑的范围内活动,至少总的来说是这样;而变量数学 —— 其中最重要的部分是微积分 —— 本质上不外是辩证法在数学方面的运用".

另一方面由于定积分就是一个和式的极限,因此定积分的性质可以由极限的性质顺理成章得到.

4. 牛顿 — 莱布尼茨公式是奇思妙想的典范,把意义完全不同的不定积分与定积分完美统一

定积分是一个特定和式的极限,用定义计算,即使被积函数比较简单也是很困难,而牛顿-莱布尼茨公式把定积分的计算巧妙地转化为求原函数在积分区间上的增量问题,牛顿-莱布尼茨公式是奇思妙想的典范.不定积分表示一个带有任意常数的函数.而定积分表示一个特定和式的极限,是一个数值.一个是求导运算的逆运算问题,一个是非均匀变化量的求积问题,两者有本质的区别,是牛顿-莱布尼茨公式把这两个貌似不相关的问题完美达到统一,从而使原本各自独立的微分学与积分学成为一门影响深远的微积分学,牛顿-莱布尼茨公式在数学史上具有划时代的意义.此公式不仅简单实用,而且公式的结构、形式极其优美.充分体现了数学的智慧、数学的魅力,充分展示了数学的简洁美、奇异美及和谐美.

5. 现象与本质的辩证思想

定积分和不定积分,虽然都是积分,但是定积分表示一个和式的极限,本质是一个数,而不定积分是原函数的全体,本质是函数,两者既有区别又有联系,牛顿和莱布尼茨把两者统一起来,因此要透过现象看本质,才能更深刻地理解数学概念.

6. 化归转化思想

化归就是转化和归结的意思,数学中的化归就是把待解决或未解决的问题,通过转化过程,归结到一类已经解决或者比较容易解决的问题中去,最终获得原问题之解答.在科学探索中,化归的价值被许多科学家称道,如著名匈牙利数学家路莎·彼得(RozsaPeter)曾指出"数学家们往往不是对问题进行正面的攻击,而是不断地将它变形,直至把它转变成已经能够解决的问题".在《高等数学》课程中,蕴藏着很多化归思想和方法,尤其是积分的计算中,注意领会并掌握化归思想和方法,培养化归意识和能力,不仅可以提高解题效率,激发学习数学的兴趣,而且可以提高思维水平.

特别注意不定积分与定积分在计算方法和技巧的类比,既有相似的共性的地方,又有不同的个性的地方.比如第一类换元法、分部积分法、第二类换元法中"代换"的选择方法、有理函数的裂项方法等,其思路都是类似的.但不定积分的换元法,最终要变量"回代".而定积分的换元法,转化为新的变量的定积分,同时要把上下限也要代换,最终变量不需要"回代".

三、典型题型思路方法指导

关于变上限积分函数及其求导说明:

1. 变上限的积分函数 $\int_a^x f(t)\mathrm{d}t$、不定积分 $\int f(x)\mathrm{d}x$、定积分 $\int_a^b f(x)\mathrm{d}x$

$\dfrac{\mathrm{d}}{\mathrm{d}x}\int_a^x f(t)\mathrm{d}t = f(x)$, $\quad \int_a^x f(t)\mathrm{d}t$ 是 $f(x)$ 的一个原函数;

$\dfrac{\mathrm{d}}{\mathrm{d}x}\int f(x)\mathrm{d}x = f(x)$, $\quad \int f(x)\mathrm{d}x$ 是 $f(x)$ 的全部原函数;

两者之间满足 $\int f(x)\mathrm{d}x = \int_a^x f(t)\mathrm{d}t + C$.

$\int_a^b f(x)\mathrm{d}x$ 是一个数, $\dfrac{\mathrm{d}}{\mathrm{d}x}\int_a^b f(x)\mathrm{d}x = 0$.

$$\boxed{\text{定积分}} \xleftarrow[\text{转化}]{\text{牛顿莱布尼茨公式}} \boxed{\text{不定积分、原函数端点函数值之差}}$$

2. 变上限的积分 $\int_a^x f(t)\mathrm{d}t$ 表示函数,当 $f(x)$ 为连续函数时, $\int_a^x f(t)\mathrm{d}t$ 为可导函数,求导公式 $\varPhi'(x) = \dfrac{\mathrm{d}}{\mathrm{d}x}\int_a^x f(t)\mathrm{d}t = f(x)$,在使用该求导公式时要注意:

该公式中被积函数只是 t 的函数,不含变上限的变元 x,如果被积函数中出现含变上限的变元 x,不能直接利用变上限函数的求导公式.需要让 x 从被积函数中消失,通常的做法是进行恒等变形,或换元将 x 分离出来.如

$\int_0^x (x^2 - t)f(t)\mathrm{d}t = x^2\int_0^x f(t)\mathrm{d}t - \int_0^x tf(t)\mathrm{d}t$.再用公式求导.

$\int_0^x f(t-x)\mathrm{d}t \xrightarrow{x-t=u} -\int_x^0 f(u)\mathrm{d}u = \int_0^x f(u)\mathrm{d}u$ 再用公式求导.

例 1 设 $f(x)$ 是连续 函数,试求以下函数的导数.

$(1)F(x) = \int_{\cos x}^{\sin x} \mathrm{e}^{f(t)}\mathrm{d}t$; $\qquad (2)F(x) = \int_0^x xf(t)\mathrm{d}t$; $\qquad (3)F(x) = \int_0^x f(x-t)\mathrm{d}t$.

解题思路:(1) 应用积分上限函数求导公式, $F'(x) = \mathrm{e}^{f(\sin x)}\cos x + \mathrm{e}^{f(\cos x)}\sin x$;

(2) 被积函数 $F(x) = x\int_0^x f(t)\mathrm{d}t$ 中含 x,先提出 x,再求导 $= xf(x) + \int_0^x f(t)\mathrm{d}t$;

(3) 被积函数中含 x,先换元分离出 x,再求导

$$F(x) = \int_0^x f(x-t)\mathrm{d}t \xrightarrow{u=x-t} -\int_x^0 f(u)\mathrm{d}u = \int_0^x f(u)\mathrm{d}u,\text{所以},F'(x)=f(x).$$

例 2 计算 $\displaystyle\int_{-1}^1 \frac{2x^2+x\cos x}{1+\sqrt{1-x^2}}\mathrm{d}x$

解题思路:积分区间关于原点对称,应用被积函数(或部分函数的)奇偶性简化积分

解 $\displaystyle\int_{-1}^1 \frac{2x^2+x\cos x}{1+\sqrt{1-x^2}}\mathrm{d}x \xrightarrow{\text{对称区间}} \int_{-1}^1 \underbrace{\frac{2x^2}{1+\sqrt{1-x^2}}}_{\text{偶函数}}\mathrm{d}x + \int_{-1}^1 \underbrace{\frac{x\cos x}{1+\sqrt{1-x^2}}}_{\text{奇函数}}\mathrm{d}x$

$$= 4\int_0^1 \frac{x^2}{1+\sqrt{1-x^2}}\mathrm{d}x \xrightarrow{\text{分母有理化}} 4\int_0^1 \frac{x^2(1-\sqrt{1-x^2})}{1-(1-x^2)}\mathrm{d}x$$

$$= 4\int_0^1 (1-\sqrt{1-x^2})\mathrm{d}x = 4 - 4\underbrace{\int_0^1 \sqrt{1-x^2}\,\mathrm{d}x}_{\text{利用单位圆面积计算}} = 4-\pi.$$

例 3 已知 $f(x)$ 满足方程 $f(x)=3x^2-\sqrt{1-x^2}\int_{-1}^1 f(x)\mathrm{d}x$,求 $f(x)$.

解题思路:定积分表示一个数值,设 $\int_{-1}^1 f(x)\mathrm{d}x=A$,两边在$[-1,1]$上积分求解.

解 设 $\int_{-1}^1 f(x)\mathrm{d}x=A$,则 $f(x)=3x^2-A\sqrt{1-x^2}$.两边积分有

$$\int_{-1}^1 3x^2\mathrm{d}x - \underbrace{\int_{-1}^1 A\sqrt{1-x^2}\mathrm{d}x}_{\text{利用几何意义}} = A,$$

积分得 $$2-\frac{1}{2}\pi A = A \text{ 解得 } A=\frac{4}{2+\pi}$$

例 4(特殊函数) 求 $\displaystyle\int_{-2}^2 \max\{x,x^2\}\mathrm{d}x$.

解题思路:$f(x)=\max\{x,x^2\}=\begin{cases} x^2, -2\leqslant x\leqslant 0 \\ x, 0\leqslant x\leqslant 1, \\ x^2, 1\leqslant x\leqslant 2 \end{cases}$

$$\int_{-2}^2 \max\{x,x^2\}\mathrm{d}x = \int_{-2}^0 x^2\mathrm{d}x + \int_0^1 x\mathrm{d}x + \int_1^2 x^2\mathrm{d}x = \frac{11}{2}.$$

例 5 求积分 $\displaystyle\int_{\frac{\pi}{4}}^{\frac{5\pi}{4}} \sin^2 x\mathrm{d}x$

解题思路:应用定积分的周期性质、定积分的对称性、华里士公式简化积分计算.

$$\underbrace{\int_{\frac{\pi}{4}}^{\frac{5\pi}{4}} \sin^6 x\mathrm{d}x = \int_{-\frac{\pi}{2}}^{\frac{\pi}{2}} \sin^6 x\mathrm{d}x}_{\sin^2 x\text{周期为}\pi,\text{积分区间长为}\pi,\text{利用周期性}} = 2\int_0^{\frac{\pi}{2}} \sin^6 x\mathrm{d}x = 2\cdot\frac{5}{6}\cdot\frac{3}{4}\cdot\frac{1}{2}\cdot\frac{\pi}{2} = \frac{5\pi}{16}.$$

总习题五

一、填空题

1. $\displaystyle\int_{-\pi}^{\pi} \frac{\sin x}{1+\sin^2 x}\mathrm{d}x = $ _____ ; 2. $\displaystyle\frac{\mathrm{d}}{\mathrm{d}x}\int_a^b f(x)\mathrm{d}x = $ _____ ;

3. $\dfrac{d}{dx}\displaystyle\int_0^x \tan t\, dt =$ _____ ;   4. 若 $\displaystyle\int_1^b \ln x\, dx = 1$，则 $b =$ _____ ;

5. $\displaystyle\int_{-1}^1 \left(x + \sqrt{1-x^2}\right)^2 dx =$ _____ ;   6. $\displaystyle\lim_{x\to 0}\dfrac{\displaystyle\int_0^x \ln(1+2t)\, dt}{x\sin x} =$ _____ ;

7. 由定积分的几何意义，$\displaystyle\int_0^1 \sqrt{1-x^2}\, dx =$ _____ ;

8. 设函数 $f(x)$ 在 $[0, +\infty)$ 上连续，且 $\displaystyle\int_0^x f(t)\, dt = x(1+\cos x)$，则 $f\left(\dfrac{\pi}{2}\right) =$ _____ ;

9. 如果 $f(5) = 2$，$\displaystyle\int_0^5 f(x)\, dx = 3$，则 $\displaystyle\int_0^5 xf'(x)\, dx =$ _____ ;

10. 设函数 $f(x) = \displaystyle\int_0^x (t^2 + 3\sin t)\, dt$，则 $\displaystyle\lim_{x\to 0}\dfrac{f(x)}{3x^2} =$ _____ .

二、选择题

1. 下列式子正确的是（ ）.

(A) $\displaystyle\int_0^1 e^x dx < \displaystyle\int_0^1 e^{x^2} dx$ (B) $\displaystyle\int_0^1 e^x dx > \displaystyle\int_0^1 e^{x^2} dx$

(C) $\displaystyle\int_0^1 e^x dx = \displaystyle\int_0^1 e^{x^2} dx$ (D) 以上都不对

2. 设 $f(x)$ 为连续函数，则积分上限函数 $\displaystyle\int_a^x f(t)\, dt$ 是（ ）.

(A) $f'(x)$ 的一个原函数   (B) $f'(x)$ 的所有原函数
(C) $f(x)$ 的一个原函数   (D) $f(x)$ 的所有原函数

3. 设函数 $f(x)$ 在 $[0,1]$ 上连续，令 $t = 2x$，则 $\displaystyle\int_0^1 f(2x)\, dx = ($ $)$.

(A) $\displaystyle\int_0^2 f(t)\, dt$ (B) $\dfrac{1}{2}\displaystyle\int_0^1 f(t)\, dt$

(C) $2\displaystyle\int_0^2 f(t)\, dt$ (D) $\dfrac{1}{2}\displaystyle\int_0^2 f(t)\, dt$

4. $\dfrac{d}{dx}\displaystyle\int_a^b \arcsin x\, dx = ($ $)$.

(A) $\arcsin x$ (B) $\dfrac{1}{\sqrt{1-x^2}}$ (C) $\arcsin b - \arcsin a$ (D) 0

5. 下列广义积分中收敛的是（ ）.

(A) $\displaystyle\int_e^{+\infty}\dfrac{\ln x}{x}\, dx$ (B) $\displaystyle\int_e^{+\infty}\dfrac{1}{x\ln x}\, dx$

(C) $\displaystyle\int_e^{+\infty}\dfrac{(\ln x)^2}{x}\, dx$ (D) $\displaystyle\int_e^{+\infty}\dfrac{1}{x(\ln x)^2}\, dx$

6. 若 $f\left(\dfrac{1}{x}\right) = \dfrac{x}{x+1}$，则 $\displaystyle\int_0^1 f(x)\, dx = ($ $)$.

(A) $\dfrac{1}{2}$ (B) $1 - \ln 2$ (C) 1 (D) $\ln 2$

7. 已知 $f(0) = 2$，$f(2) = 4$，$f'(2) = 6$，则 $\displaystyle\int_0^2 xf''(x)\, dx = ($ $)$.

(A)10 (B)8 (C)6 (D)4

8.设 $f(x)$ 在区间 $[0,4]$ 上连续,且 $\int_1^{2x-2} f(t)\mathrm{d}t = x - \sqrt{3}$,则 $f(2) = ($).

(A)2 (B) -2 (C) $\dfrac{1}{2}$ (D) $-\dfrac{1}{4}$

9.下列各题中,选取 u 和 $\mathrm{d}v$ 不合理的是( ).

(A) $\int_1^2 x\ln x\mathrm{d}x$,取 $u = \ln x, \mathrm{d}v = x\mathrm{d}x$

(B) $\int_0^\pi x^2\sin x\mathrm{d}x$,取 $u = \sin x, \mathrm{d}v = x^2\mathrm{d}x$

(C) $\int_0^1 x\arctan x\mathrm{d}x$,取 $u = \arctan x, \mathrm{d}v = x\mathrm{d}x$

(D) $\int_0^1 \mathrm{e}^{ax}\cos nx\mathrm{d}x$,取 $u = \mathrm{e}^{ax}, \mathrm{d}v = \cos nx\mathrm{d}x$

10.下列积分中,使用变换正确的是( ).

(A) $\int_0^p \dfrac{\mathrm{d}x}{1 + \sin^3 x}$,令 $x = \arctan t$ (B) $\int_0^3 x \sqrt[3]{1 - x^2}\mathrm{d}x$,令 $x = \sin t$

(C) $\int_{-1}^2 \dfrac{x\ln(1 + x^2)}{1 + x^2}\mathrm{d}x$,令 $1 + x^2 = u$ (D) $\int_{-1}^1 \sqrt{1 - x^2}\mathrm{d}x$,令 $x = t^{\frac{1}{3}}$

三、计算题

1. $\int_{\frac{1}{e}}^{e} |\ln x|\mathrm{d}x$.

2. $\int_2^{+\infty} \dfrac{1}{1 - x^2}\mathrm{d}x$.

3. $\int_0^{2\pi} |\sin(x + 1)|\mathrm{d}x$.

4. $\int_2^4 \dfrac{\mathrm{d}x}{x\sqrt{x - 1}}$.

5. $\lim_{x \to 0} \dfrac{x^3}{\int_0^x (\mathrm{e}^{t^2} - 1)\mathrm{d}t}$.

6. 已知 $\int_x^{2\ln 2} \dfrac{\mathrm{d}t}{\sqrt{\mathrm{e}^t - 1}} = \dfrac{\pi}{6}$,求 x.

7. 设函数 $f(x) = x^2 - x\int_0^2 f(x)\mathrm{d}x + 2\int_0^1 f(x)\mathrm{d}x$,求 $f(x)$.

8. 设函数 $y = f(x)$ 由方程 $\int_0^{y^2} \mathrm{e}^{t^2}\mathrm{d}t + \int_x^0 \sin t\mathrm{d}t = 0$ 所确定. 求 $\dfrac{\mathrm{d}y}{\mathrm{d}x}$.

9. 求函数 $f(x) = \int_0^x (t - 1)(t - 2)^2\mathrm{d}t$ 的极值.

10. 设 $f(x)$ 在 $[-a, a]$ 上连续,证明

$\int_{-a}^a f(x)\mathrm{d}x = \int_0^a [f(-x) + f(x)]\mathrm{d}x$,并计算积分 $\int_{-\pi}^\pi \dfrac{\sin^2 x}{1 + \mathrm{e}^x}\mathrm{d}x$.

第六章　定积分的应用

数学是打开科学大门的钥匙.

——培根

数学是知识的工具,也是其他知识工具的泉源. 所有研究顺序和度量的科学均和数学有关.

——笛卡尔

概述　上一章我们应用"分割""近似""求和""取极限"的定积分思想,把某种总量的问题用定积分表示出来,本章应用前面学过的定积分理论来分析和解决几何学、物理学等方面的应用问题,概括归纳出比四步法更实用简单的求总量的"微元法". 因此,在学习过程中,我们不仅要掌握计算某些实际问题的公式,更重要的还要深刻领会用定积分解决实际问题的基本思想和方法——**微元法**.

第一节　定积分的微元法

在定积分的应用中,经常采用所谓微元法. 为了说明这种方法,我们先回顾一下第五章中讨论过的曲边梯形的面积问题.

设 $f(x)$ 在区间 $[a,b]$ 上连续且 $f(x) \geqslant 0$,求以曲线 $y = f(x)$ 为曲边、底为 $[a,b]$ 的曲边梯形的面积 A. 把这个面积 A 表示为定积分

$$A = \int_a^b f(x) \mathrm{d}x$$

的步骤是:

(1)用任意一组分点把区间 $[a,b]$ 分成长度为 $\Delta x_i (i=1,2,\cdots,n)$ 的 n 个小区间,相应地把曲边梯形分成 n 个窄曲边梯形,第 i 个窄曲边梯形的面积设为 ΔA_i,于是

$$A = \sum_{i=1}^n \Delta A_i;$$

(2)计算 ΔA_i 的近似值　　$\Delta A_i \approx f(\xi_i)\Delta x_i (x_{i-1} \leqslant \xi_i \leqslant x_i);$

(3)求和,得 A 近似值　　$A \approx \sum_{i=1}^n f(\xi_i)\Delta x_i;$

(4)求极限,记 $\lambda = \max\{\Delta x_1, \Delta x_2, \cdots, \Delta x_n\}$,得

$$A = \lim_{\lambda \to 0} \sum_{i=1}^n f(\xi_i)\Delta x_1 = \int_a^b f(x)\mathrm{d}x.$$

在上述问题中我们注意到,所求总量(即面积 A)与区间 $[a,b]$ 有关.如果把区间 $[a,b]$ 分成许多部分区间,那么所求量相应地分成许多部分量(即 ΔA_i),而所求总量等于所有部分量之和(即 $A = \sum\limits_{i=1}^{n} \Delta A_i$),这一性质称为所求量对于区间 $[a,b]$ 具有**可加性**.此外,以 $f(\xi_i)\Delta x_i$ 近似代替部分量 ΔA_i 时,要求它们相差一个比 Δx_i 高阶的无穷小,以使和式 $\sum\limits_{i=1}^{n} f(\xi_i)\Delta x_i$ 的极限是 A 的精确值,从而 A 可以表示为定积分

$$A = \int_a^b f(x)\mathrm{d}x.$$

在引出 A 的积分表达式的四个步骤中,主要的是第二步,这一步是要确定 ΔA_i 的近似值 $f(\xi_i)\Delta x_i$,使得 $A = \lim\limits_{\lambda \to 0} \sum\limits_{i=1}^{n} f(\xi_i)\Delta x_i = \int_a^b f(x)\mathrm{d}x$.

为了简便起见,省略下标 i,用 ΔA 表示任一小区间 $[x, x+\Delta x]$ 上的窄曲边梯形的面积,则

$$A = \sum \Delta A.$$

取 $[x, x+\Delta x]$ 的左端点 x 为 ξ,以点 x 处的函数值 $f(x)$ 为高、$\mathrm{d}x$ 为底的矩形的面积 $f(x)\mathrm{d}x$ 为 ΔA 的近似值(如图 6-1 阴影部分所示),即

$$\Delta A \approx f(x)\mathrm{d}x.$$

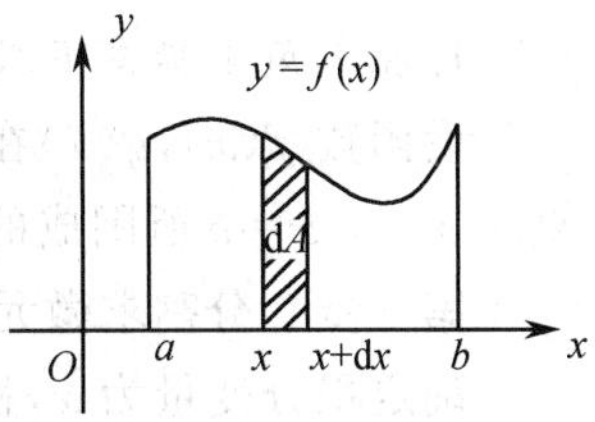

图 6-1

上式右端 $f(x)\mathrm{d}x$ 叫做**面积元素**,记为

$$\mathrm{d}A = f(x)\mathrm{d}x.$$

于是

$$A \approx \sum f(x)\mathrm{d}x,$$

因此

$$A = \lim \sum f(x)\mathrm{d}x = \int_a^b f(x)\mathrm{d}x.$$

一般地,如果某一实际问题中的所求量 U 符合下列条件:

(1) U 是与一个变量 x 的变化区间 $[a,b]$ 有关的量;

(2) U 对于区间 $[a,b]$ 具有可加性,就是说,如果把区间 $[a,b]$ 分成许多部分区间,则 U 相应地分成许多部分量,而 U 等于所有部分量之和;

(3) 部分量 ΔU_i 的近似值可表示为 $f(\xi_i)\Delta x_i$,那么就可考虑用定积分来表达这个量 U.

通常写出这个总量 U 的积分表达式的步骤是:

第一步 (无限细分求微元) 根据问题的具体情况,选取一个变量,例如 x 为积分变量,并确定它的变化区间 $[a,b]$;任取 $[a,b]$ 的一个区间微元 $[x, x+\mathrm{d}x]$,求出相应于这个区间微元上部分量 ΔU 的近似值,即求出所求总量 U 的**微元**

$$\mathrm{d}U = f(x)\mathrm{d}x;$$

第二步 (无限积累得总量) 以所求量 U 的元素 $f(x)\mathrm{d}x$ 为被积表达式,在区间 $[a,b]$ 上作定积分,得

$$U = \int_a^b f(x)\mathrm{d}x.$$

这就是所求量 U 的积分表达式.

这个方法通常叫做**微元法**. 下面两节中我们将应用这个方法来讨论几何、物理中的一些问题.

思考与探究

1. 定积分是求何种数量的数学模型? 对照并叙述定积分定义的四步法与定积分应用的微元法.

2. 探究微元分析法(微元法或元素法)的核心思想是什么? 从中体验到了什么哲学观点?

第二节　定积分在几何学上的应用

平面图形面积　　旋转体体积　平行截面面积已知立体体积　平面曲线弧长

一、平面图形的面积

1. 在直角坐标系下求平面图形的面积

设函数 $f(x),g(x)$ 在区间 $[a,b]$ 上连续,现利用微元法计算由曲线 $y=f(x),y=g(x)$ 及直线 $x=a,x=b$ 所围成的平面图形的面积(如图 6-2 所示).

第一步　分割求微元

确定积分变量为 x,积分区间为 $[a,b]$,任取 $[a,b]$ 的一个区间微元 $[x,x+\mathrm{d}x]$,在区间 $[x,x+\mathrm{d}x]$ 上面积近似值,$\Delta s\approx|f(x)-g(x)|\Delta x$,于是面积元素 $\mathrm{d}A$ 为

$$\mathrm{d}A=|f(x)-g(x)|\mathrm{d}x,$$

第二步　面积元素 $\mathrm{d}A$ 在 $[a,b]$ 积分就是所求面积

$$A=\int_a^b|f(x)-g(x)|\mathrm{d}x \qquad (2-1)$$

若平面图形 A 由曲线 $x=\psi(y),x=\varphi(y)(\varphi(y)>\psi(y))$ 及直线 $y=c,y=d(c<d)$ 围成(图 6-3). 设函数 $x=\psi(y),x=\varphi(y)$ 在区间 $[c,d]$ 上连续,现利用微元法计算 A 的面积.

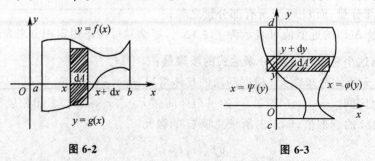

图 6-2　　　　　　　　图 6-3

第一步　确定积分变量为 y,积分区间为 $[c,d]$ 分割,在区间 $[c,d]$ 上任取微小区间 $[y,y+\mathrm{d}y]$,在 $[y,y+\mathrm{d}y]$ 上面积近似值为 $\Delta A\approx|\varphi(y)-\psi(y)|\Delta y$,于是面积元素 $\mathrm{d}A$

$$\mathrm{d}A=|\varphi(y)-\psi(y)|\mathrm{d}y,$$

第二步　面积元素 dA 在 $[c,d]$ 上积分就是所求面积,这样

$$A = \int_c^d |\varphi(y) - \psi(y)| \, dy. \tag{2-2}$$

在(2-1)式中,我们以 x 作为积分变量,而在(2-2)式中,我们则以 y 作为积分变量. 在直角坐标系下计算平面图形面积时,根据具体图形选择合适的积分变量.

例 1　计算由抛物线 $y = x^2$ 及 $y^2 = x$ 所围图形的面积.

解　由 $\begin{cases} y = x^2 \\ y^2 = x \end{cases}$ 得交点 $(0,0)$,$(1,1)$(如图 6-4 所示).

确定 x 为积分变量,则积分区间为 $[0,1]$. 在区间 $[0,1]$ 上任取一小区间 $[x, x+dx]$,则面积元素 $dA = (\sqrt{x} - x^2)\,dx$.

则
$$A = \int_0^1 (\sqrt{x} - x^2)\,dx = \left[\frac{2}{3}x^{\frac{3}{2}} - \frac{1}{3}x^3 \right]_0^1 = \frac{1}{3}.$$

例 2　计算由抛物线 $y^2 = 2x$ 与直线 $x - y = 4$ 所围图形的面积.

解　解方程组 $\begin{cases} y^2 = 2x \\ x - y = 4 \end{cases}$ 得交点 $(2, -2)$,$(8, 4)$(如图 6-5 所示).

确定 y 为积分变量,则积分区间为 $[-2, 4]$. 在区间 $[-2, 4]$ 上任取一小区间 $[y, y+dy]$,则面积元素

$$dA = \left[(y+4) - \frac{1}{2}y^2 \right] dy,$$

故
$$A = \int_{-2}^4 \left[(y+4) - \frac{1}{2}y^2 \right] dy = \left[\frac{y^2}{2} + 4y - \frac{1}{6}y^3 \right]_{-2}^4 = 18.$$

例 3　求椭圆 $\begin{cases} x = a\cos\theta \\ y = b\sin\theta \end{cases}$ 的面积.

解　由椭圆的对称性,$A = 4A_1$(如图 6-6 所示).

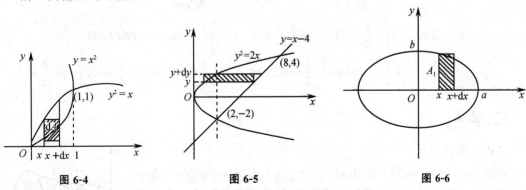

图 6-4　　　　　　　图 6-5　　　　　　　图 6-6

确定 x 为积分变量,积分区间为 $[0, a]$,则面积元素 $dA_1 = y\,dx$,

故
$$A = 4\int_0^a y\,dx = 4\int_{\frac{\pi}{2}}^0 b\sin\theta\,d(a\cos\theta) = 4ab\int_0^{\frac{\pi}{2}} \sin^2\theta\,d\theta = 2ab \cdot \frac{\pi}{2} = \pi ab.$$

当 $a = b$ 时,就是我们熟悉的圆面积公式.

2.在极坐标系下求平面图形面积

我们利用微元法求由 $r=r(\theta)$,射线 $\theta=\alpha,\theta=\beta(\alpha<\beta)$ 所围成的曲边扇形(图 6-7)的面积.设 $r=r(\theta)$ 在 $[\alpha,\beta]$ 上连续.我们已知圆扇形面积 $s=\dfrac{1}{2}r^2\theta$(用于求面积近似值即面积元素).

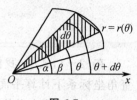

图 6-7

第一步 确定积分变量为 θ,θ 所在区间为 $[\alpha,\beta]$,任取微小区间 $[\theta,\theta+\mathrm{d}\theta]\subset[\alpha,\beta]$,当 $\mathrm{d}\theta$ 很小时,$[\theta,\theta+\mathrm{d}\theta]$ 上的微小曲边扇形面积 ΔA 可由小圆扇形面积替代,即,$\Delta A\approx\dfrac{1}{2}r^2(\theta)\mathrm{d}\theta$,即面积元素 $\mathrm{d}A=\dfrac{1}{2}r^2(\theta)\mathrm{d}\theta$,

第二步 面积微元 $\mathrm{d}A$ 在 $[\theta,\theta+\mathrm{d}\theta]$ 上积分就是所求面积

$$A=\int_\alpha^\beta\frac{1}{2}r^2(\theta)\mathrm{d}\theta=\frac{1}{2}\int_\alpha^\beta r^2(\theta)\mathrm{d}\theta. \qquad (2-3)$$

例 4 求阿基米德螺线 $r=a\theta(a>0)$ 最初一圈与极轴所围成图形的面积.

解 如图 6-8 所示,螺线最初一圈中 θ 对应于 0 到 2π,由上面的公式(2-3)知,

$$A=\int_0^{2\pi}\frac{1}{2}r^2(\theta)\mathrm{d}\theta=\frac{1}{2}\int_0^{2\pi}(a\theta)^2\mathrm{d}\theta=\frac{a^2}{2}\cdot\frac{\theta^3}{3}\Big|_0^{2\pi}=\frac{4a^2\pi^3}{3}.$$

例 5 计算心形线 $r=a(1+\cos\theta)$ 所围成的图形面积($a>0$,且为常数).

解 心形线如图 6-9 所示,由于图形关于极轴对称,故我们只需计算 A_1,此时 A_1 中 θ 的变化区间是 $[0,\pi]$,于是按公式(2-3)得

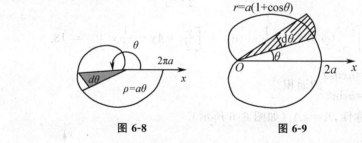

图 6-8   图 6-9

$$A=2A_1=2\int_0^\pi\frac{1}{2}[a(1+\cos\theta)]^2\mathrm{d}\theta=a^2\int_0^\pi(1+2\cos\theta+\cos^2\theta)\mathrm{d}\theta$$

$$=a^2\int_0^\pi\left(\frac{3}{2}+2\cos\theta+\frac{1}{2}\cos2\theta\right)\mathrm{d}\theta=a^2\left[\frac{3}{2}\theta+2\sin\theta+\frac{1}{4}\sin2\theta\right]_0^\pi=\frac{3}{2}\pi a^2.$$

二、体积

1.旋转体的体积

如图 6-10 所示,旋转体是由曲线 $y=f(x)$,直线 $x=a,x=b$ 及 x 轴所围成的平面图形绕 x 轴旋转一周而成的,下面用元素法来求它的体积.

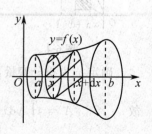

图 6-10

第一步 确定积分变量 x,积分区间 $[a,b]$,在区间 $[a,b]$ 上任取 $[x,x+\mathrm{d}x]$,$[x,x+\mathrm{d}x]$ 上的平面图形绕 x 轴旋转一周所得小旋转体的体积近似于以 $f(x)$ 为底半径,$\mathrm{d}x$ 为高的小圆柱体体积,从而得到

体积元素 $\mathrm{d}V = \pi[f(x)]^2\mathrm{d}x$.

第二步 体积元素 $\mathrm{d}V$ 在$[a,b]$上积分,则旋转体的体积为

$$V = \pi\int_a^b [f(x)]^2\mathrm{d}x. \tag{2-4}$$

如果旋转体是由曲线 $x=\varphi(y)$,直线 $y=c,y=d(c<d)$ 及 y 轴所围成的平图形绕 y 轴旋转一周而成的(图 6-11).类似地,我们可以得到此旋转体的体积为

$$V = \pi\int_c^d [\varphi(y)]^2\mathrm{d}y. \tag{2-5}$$

例6 求由曲线 $y^2=2x$ 及 $x=2$ 所围平面图形绕 x 轴旋转所成的几何体体积.

解 取 x 为积分变量,积分区间为$[0,2]$,(图 6-12),在$[0,2]$上的体积元素为 $\mathrm{d}V = \pi[f(x)]^2\mathrm{d}x = 2\pi x\mathrm{d}x$,故体积为 $V = \pi\int_0^2 2x\mathrm{d}x = \pi[x^2]_0^2 = 4\pi$.

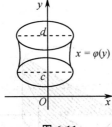

图 6-11

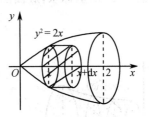

图 6-12

例7 求椭圆$\dfrac{x^2}{a^2}+\dfrac{y^2}{b^2}=1$ 绕 y 轴旋转所成的旋转体体积.

解 取 y 为积分变量,积分区间为$[-b,b]$(图 6-13).体积元素

$$\mathrm{d}V = \pi x^2\mathrm{d}y = \pi\frac{a^2}{b^2}(b^2-y^2)\mathrm{d}y,$$

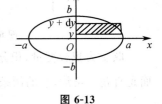

图 6-13

体积为

$$V = \pi\int_{-b}^b \frac{a^2}{b^2}(b^2-y^2)\mathrm{d}y = 2\pi\int_0^b \frac{a^2}{b^2}(b^2-y^2)\mathrm{d}y = 2\pi\frac{a^2}{b^2}\Big[b^2 y - \frac{1}{3}y^3\Big]_0^b = \frac{4}{3}\pi a^2 b.$$

利用球的体积公式类比记忆椭球体积公式			
曲线	旋转坐标轴	旋转曲面方程	曲面所围立体体积
$\dfrac{x^2}{a^2}+\dfrac{y^2}{a^2}=1$(圆)	x(或 y)	球面$\dfrac{x^2}{a^2}+\dfrac{y^2}{a^2}+\dfrac{z^2}{a^2}=1$	$\dfrac{4}{3}\pi\cdot a\cdot a\cdot a=\dfrac{4}{3}\pi a^3$
$\dfrac{x^2}{a^2}+\dfrac{y^2}{b^2}=1$(椭圆)	x	椭球面$\dfrac{x^2}{a^2}+\dfrac{y^2}{b^2}+\dfrac{z^2}{b^2}=1$	$\dfrac{4}{3}\pi\cdot b\cdot b=\dfrac{4}{3}\pi ab^2$
$\dfrac{x^2}{a^2}+\dfrac{y^2}{b^2}=1$(椭圆)	y	椭球面$\dfrac{x^2}{a^2}+\dfrac{y^2}{b^2}+\dfrac{z^2}{a^2}=1$	$\dfrac{4}{3}\pi\cdot b\cdot a=\dfrac{4}{3}\pi a^2 b$

一般椭球面$\dfrac{x^2}{a^2}+\dfrac{y^2}{b^2}+\dfrac{z^2}{c^2}=1$ 所围椭球体积为 $\dfrac{4}{3}\pi abc$

2. 平行截面面积为已知的立体体积

设立体在垂直于 x 轴的两个平面 $x=a$，$x=b(a<b)$ 之间，并设垂直于 x 轴的平面与该立体相交的截面面积 $A(x)$ 是 x 的已知函数（图 6-14）. 现用元素法计算它的体积.

取 x 为积分变量，积分区间为 $[a,b]$，在 $[a,b]$ 上任取小区间 $[x,x+\mathrm{d}x]$，相应薄片的体积近似于底面积为 $A(x)$，高为 $\mathrm{d}x$ 的柱体体积，即体积元素为

$$\mathrm{d}V=A(x)\mathrm{d}x.$$

从而，所求立体的体积

$$V=\int_a^b A(x)\mathrm{d}x. \qquad (2-6)$$

例 8 一平面经过半径为 R 的圆柱体的底面圆的中心，并与底面夹角为 α，截得一楔形立体，求这楔形立体的体积.

解 建立如图 6-15 的坐标系，底面圆的方程为

$$x^2+y^2=R^2,$$

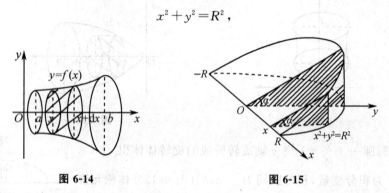

图 6-14　　　　　　图 6-15

取 x 为积分变量，积分区间为 $[-R,R]$，这立体在 $[-R,R]$ 的任一点 x 处垂直于 x 轴的截面是直角三角形，它的两条直角边为 $\sqrt{R^2-x^2}$，$\sqrt{R^2-x^2}\tan\alpha$，因此截面面积为

$$A(x)=\frac{1}{2}(R^2-x^2)\tan\alpha,$$

则所求立体体积

$$V=\int_{-R}^{R}\frac{1}{2}(R^2-x^2)\tan\alpha\mathrm{d}x=\frac{1}{2}\tan\alpha\left[R^2x-\frac{x^3}{3}\right]_{-R}^{R}=\frac{2}{3}R^3\tan\alpha.$$

三、平面曲线的弧长

设曲线弧由直角坐标方程

$$y=f(x)(a\leqslant x\leqslant b)$$

给出，其中 $f(x)$ 在 $[a,b]$ 上具有一阶连续导数，下面用元素法求这曲线弧的弧长.

如图 6-16 所示，选择 x 作积分变量，则 x 的变化区间为 $[a,b]$，在区间 $[a,b]$ 上任取 $[x,x+\mathrm{d}x]$，$[x,x+\mathrm{d}x]$ 上相应的弦的长度 Δs 近似为

$$\sqrt{(\mathrm{d}x)^2+(\mathrm{d}y)^2}=\sqrt{1+y'^2}\mathrm{d}x,$$

于是弧长元素 ds 为

$$ds = \sqrt{1+y'^2}\,dx,$$

所以所求弧长为

$$s = \int_a^b \sqrt{1+y'^2}\,dx. \tag{2-7}$$

例9 计算曲线 $y = \dfrac{2}{3}x^{\frac{3}{2}}$ 上相应于 x 从 a 到 b 的弧段(图 6-17)的长度.

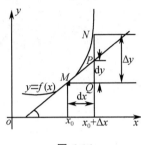

图 6-16 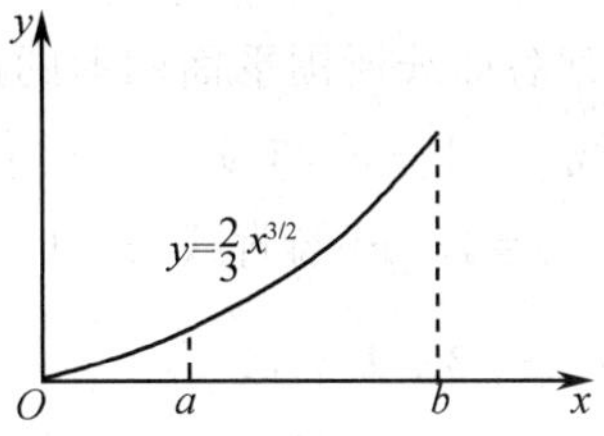   图 6-17

解 $y' = x^{\frac{1}{2}}$,从而弧长元素

$$ds = \sqrt{1+(x^{\frac{1}{2}})^2}\,dx = \sqrt{1+x}\,dx,$$

因此所求弧长为

$$s = \int_a^b \sqrt{1+x}\,dx = \left[\frac{2}{3}(1+x)^{\frac{3}{2}}\right]_a^b$$

$$= \frac{2}{3}\left[(1+b)^{\frac{3}{2}} - (1+a)^{\frac{3}{2}}\right].$$

用定积分的元素法还可以证明:若曲线弧的参数方程为

$$\begin{cases} x = x(t) \\ y = y(t) \end{cases} (\alpha \leqslant t \leqslant \beta)$$

则曲线弧的弧长为

$$s = \int_\alpha^\beta \sqrt{[x'(t)]^2 + [y'(t)]^2}\,dt.$$

若曲线弧的极坐标方程为

$$r = r(\theta) \quad (\alpha \leqslant \theta \leqslant \beta),$$

则曲线弧的弧长为

$$s = \int_\alpha^\beta \sqrt{r^2(\theta) + [r'(\theta)]^2}\,d\theta.$$

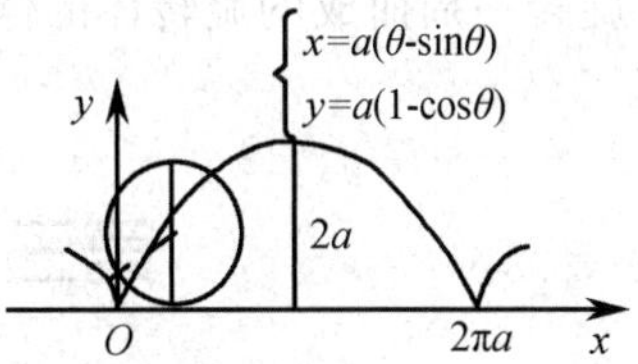

例10 计算摆线 $\begin{cases} x = a(\theta - \sin\theta) \\ y = a(1-\cos\theta) \end{cases}(0 \leqslant \theta \leqslant 2\pi)$ 的一拱的长度(如图 6-18 所示).

图 6-18

解 弧长元素

$$ds = \sqrt{[x'(\theta)]^2 + [y'(\theta)]^2}\, d\theta = \sqrt{a^2(1-\cos\theta)^2 + a^2\sin^2\theta}\, d\theta = 2a\sin\frac{\theta}{2}\, d\theta,$$

则曲线弧的弧长为

$$s = \int_0^{2\pi} 2a\sin\frac{\theta}{2}\, d\theta = 2a\left[-2\cos\frac{\theta}{2}\right]_0^{2\pi} = 8a.$$

习题 6-2

1.计算下列各曲线所围平面图形的面积：

(1) 抛物线 $y=1-x^2$ 与 $y=x^2-1$；

(2)抛物线 $y=4-x^2$ 与直线 $x=4,x=0,y=0$ 在 $[0,4]$ 上；

(3)抛物线 $y^2=2x$ 与直线 $y=\frac{3}{2}-x$；

(4)曲线 $y=x^2-2x+3$ 与直线 $y=x+3$；

(5)曲线 $y=\frac{1}{x}$ 与直线 $y=x,x=2$；

(6)抛物线 $y=\frac{1}{2}x^2$ 分割圆 $x^2+y^2\leqslant 8$ 成的两部分图形的面积；

(7)计算心形线 $r=a(1-\cos\theta)(a>0$ 为常数)所围成的图形的面积；

(8)$r=1$ 被 $r=1+\cos\theta$ 所分割成的两部分图形的面积.

2.求下列曲线所围平面图形,按指定的轴旋转所产生的旋转体的体积：

(1)椭圆 $\frac{x^2}{a^2}+\frac{y^2}{b^2}=1$ 绕 x 轴旋转；

(2)曲线 $y=x^2$ 与 $x=2,y=0$ 所围图形绕 x 轴和 y 轴；

(3)曲线 $y=\ln x$ 与 $x=e,y=0$ 所围图形绕 y 轴；

(4)曲线 $y=x^2$ 与 $x=y^2$ 所围图形绕 x 轴.

3.计算曲线段 $y=\ln x,\sqrt{3}\leqslant x\leqslant\sqrt{8}$ 的弧长.

4.计算平面曲线 $\begin{cases} x=e^t\sin t \\ y=e^t\cos t \end{cases}(0\leqslant t\leqslant 1)$ 的弧长.

5.计算心形线 $r=a(1+\cos\theta)(a>0$ 为常数)的周长.

6.用元素法证明:由曲线 $y=f(x)\geqslant 0$,直线 $x=a,x=b$ 及 x 轴所围成的平面图形绕 y 轴旋转一周而成的旋转体的体积 $V=\int_a^b 2\pi x f(x)\, dx.$

第三节 定积分在物理学上的应用

变力沿直线做功　液体静压力

一、变力沿直线所做的功

从物理学知道,如果一物体在常力 F 作用下沿做直线移动了距离 s,且这力的方向与物体运动的方向一致,那么力 F 对该物体所做的功

$$W = F \cdot s.$$

设物体在变力 $F(x)$ 作用下,沿直线从 $x=a$ 移动到 $x=b$(如图 6-19 所示).由于遇到了力变与不变的矛盾,我们用微元法来计算.

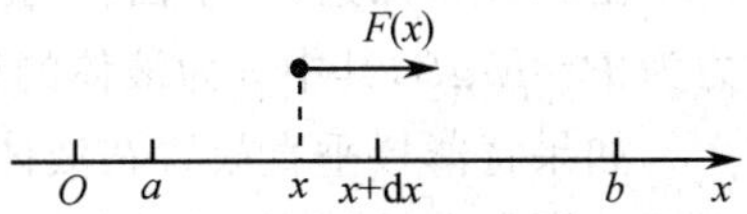

图 6-19

第一步　分割求微元.确定积分变量为 x,积分区间为 $[a,b]$,任取 $[a,b]$ 的一个区间微元 $[x,x+\mathrm{d}x]$,在区间 $[x,x+\mathrm{d}x]$ 上力 F 近似看着常力,得到对应区间 $[x,x+\mathrm{d}x]$ 上功 W 的近似值为 $\Delta W \approx F(x)\mathrm{d}x$,于是功元素 $\mathrm{d}W$ 为

$$\mathrm{d}W = F(x)\mathrm{d}x.$$

第二步　功元素 $\mathrm{d}W$ 在 $[a,b]$ 积分就是所求功

$$W = \int_a^b F(x)\mathrm{d}x. \tag{3-1}$$

例 1　已知弹簧每拉长 1 cm,需 5N 的力,求把弹簧拉长 6 cm 力 F 所做的功(如图 6-20 所示).

解　由虎克定律知,力 F 的大小与弹簧的伸长量 x 成正比,即 $F=kx$.
由题意 $x=0.01$ m 时,$F=5$N,所以 $k=500$.变力 $F=500x$.

取 x 为积分变量,积分区间为 $[0,0.06]$,在 $[0,0.06]$ 上任取一小区间 $[x,x+\mathrm{d}x]$,即功元素 $\mathrm{d}W=500x\mathrm{d}x$.于是

$$W = \int_0^{0.06} 500x\mathrm{d}x = \frac{500}{2}x^2 \Big|_0^{0.06} = 0.9(\mathrm{J}).$$

例 2　一个圆柱形水池高 5 m,底圆半径为 3 m,池内盛满水,计算把池内的水全部吸出所作的功.

解　如图 6-21 建立坐标系,取 x 为积分变量,积分区间为 $[0,5]$,相应于 $[0,5]$ 上任一小区间 $[x,x+\mathrm{d}x]$ 的薄层水的高度为 $\mathrm{d}x$(x 单位为 m),这一薄层水的重力为 $9.8 \cdot \pi \cdot 3^2 \mathrm{d}x$ kN,把这薄层水吸出池外需做的功的近似值即功元素为

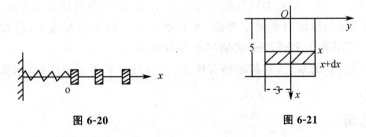

图 6-20　　　　图 6-21

$$\mathrm{d}W = 88.2\pi \cdot x \cdot \mathrm{d}x$$

于是所求的功为

$$W=\int_0^5 88.2\pi x\mathrm{d}x=88.2\pi \cdot \frac{25}{2}\approx 3\ 462(\text{kJ}).$$

二、液体静压力

由物理学知道,一个面积为 S 的薄板,水平放在深为 h 处的液体中,则薄板一侧所受的压力为 $P=\rho ghS$,其中 ρ 为液体的密度,g 为重力加速度($g=9.8\text{m/s}^2$).

如果将薄板垂直放置在液体中,求一侧所受压力,就不能直接利用上述公式,因为薄板上水深不同的点处压强也不同.可以用元素法来解决这类问题.

例3 有一矩形闸门直立水中,已知水的密度为 $\rho=1\ 000\ \text{kg/m}^3$,闸门高 3 m,宽 2 m,水面超过门顶 2 m,求闸门一侧所受的水压力.

解 建立如图 6-22 所示的坐标系,取 x 为积分变量,积分区间为 $[2,5]$,在 $[2,5]$ 上任取一小区间 $[x,x+\mathrm{d}x]$,小矩形所受的压强看成是不变的,压力元素

$$\mathrm{d}P=2\rho gx\mathrm{d}x=19\ 600x\mathrm{d}x.$$

故
$$P=19\ 600\int_2^5 x\mathrm{d}x=19\ 600\left[\frac{x^2}{2}\right]_2^5=205\ 800(\text{N}).$$

一般地,当薄板为曲边梯形时(如图 6-23 所示),垂直放置在液体中,一侧所受压力为

$$P=\int_a^b \rho gxf(x)\mathrm{d}x.$$

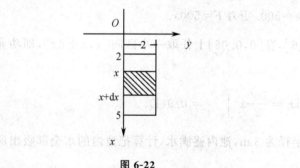

图 6-22

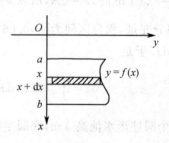

图 6-23

习题 6-3

1. 质点在力 $F=2x+x^2$ 作用下,沿直线 $x=1$ 移动到 $x=2$,求力 F 所做的功.
2. 设有一个弹簧,用 5 N 的力可以把它拉长 0.01 m,求把弹簧拉长 0.1 m 力所做的功.
3. 修建一座大桥的桥墩时先要下围图,并且抽尽其中的水以便施工,已知围图的直径为 20 m,水深 27 m,围图高出水面 3 m,求抽尽水所做的功.
4. 设一个水平放置的水管,其断面是直径为 6 m 的圆,求当水半满时,水管一端的竖立闸门上所受的压力.

阅读与思考

符号大师——莱布尼茨

莱布尼茨(Friedrich , Leibniz,1597—1652)是德国著名数学家、物理学家和哲学家.1646

年 7 月 1 日出生于德国莱比锡的书香门第，是一位博学多才的学者．他的学识涉及哲学、历史、语言、数学、生物、地质、物理、机械、神学、法学、外交等领域．并在每个领域中都有杰出的成就．然而，由于他在微积分创建中，精心设计了巧妙而简洁的微积分符号，从而使他以伟大数学家的称号闻名于世．莱布尼茨对微积分的研究始于 31 岁，那时他在巴黎任外交官，有幸结识数学家、物理学家惠更斯等．在名师指导下系统研究了数学著作，1673 年他在伦敦结识了巴罗和牛顿等名流．从此，他以非凡的理解力和创造力进入了数学前沿阵地．

莱布尼茨是数字史上最伟大的符号学者之一，堪称符号大师．他曾说："要发明，就要挑选恰当的符号，要做到这一点，就要用含义简明的少量符号来表达和比较忠实地描绘事物的内在本质，从而最大限度地减少人的思维劳动"．正象印度——阿拉伯数学促进算术和代数发展一样，莱布尼茨所创造的这些数学符号对微积分的发展起了很大的促进作用．欧洲大陆的数学得以迅速发展，莱布尼茨的巧妙符号功不可灭．除积分、微分符号外，他创设的符号还有商"a/b"，比"$a:b$，相似"$\backsim$"，全等"$\cong$"，并"$\cup$"，交"$\cap$"以及函数和行列式符号等．

牛顿和莱布尼茨对微积分都做出了巨大贡献，但两人的方法和途径是不同的．牛顿是在力学研究的基础上，运用几何方法研究微积分的；莱布尼茨主要是在研究曲线的切线和面积的问题上，运用分析学方法引进微积分的．牛顿在微积分的应用上更多地结合了运动学，造诣精深；但莱布尼茨的表达形式简洁准确，胜过牛顿．在对微积分具体内容的研究上，牛顿先有导数概念，后有积分概念；莱布尼茨则先有求积概念，后有导数概念．除此之外，牛顿与莱布尼茨的学风也迥然不同．作为科学家的牛顿，治学严谨．他迟迟不发表微积分著作《流数术》的原因，很可能是因为他没有找到合理的逻辑基础，也可能是"害怕别人反对的心理"所致．但作为哲学家的莱布尼茨比较大胆，富于想象，勇于推广，结果造成创作年代上牛顿先于莱布尼茨 10 年，而在发表的时间上，莱布尼茨却早于牛顿三年．虽然牛顿和莱布尼茨研究微积分的方法各异，但殊途同归．他与同时代的牛顿在不同的国家，各自独立地完成了创建微积分学，阐明了求导数和积分是互逆的两种运算，发明了至今仍在沿用的比牛顿的符号优越的微积分符号，奠定了微积分学的基础，为变量数学的兴起契合发展做出了奠基性、开创性贡献，与牛顿一起，被学术界誉为微积分学的奠基人，显赫地载入数学史册．

莱布尼茨还是数理逻辑的鼻祖．他认为"普遍数学就好比是想象的逻辑"，于是将代数方法应用到逻辑推理上，用代数符号表示概念，用代数运算表示推理，发明了一套逻辑符号．莱布尼茨还致力于把代数运算机械化、自动化，1672 年（26 岁）把帕斯卡（Pascal，法，1623—1662）能做加减运算的计算机改进为能作加减乘除和开平方运算的新型手摇计算机．次年他携机到伦敦表演，被吸收为英国皇家学会会员．莱布尼茨是最早接触中华文化的欧洲人之一，曾经从一些曾经前往中国传教的教士那里接触到中国文化，之前应该从马可·波罗引起的东方热留下的影响中也了解过中国文化．法国汉学大师若阿基姆·布韦（Joachim Bouvet，汉名白晋，1662—1732）向莱布尼茨介绍了《周易》和八卦的系统．在莱布尼茨眼中，"阴"与"阳"基本上就是他的二进制的中国版．他曾断言："二进制乃是具有世界普遍性的、最完美的逻辑语言"．今天在德国图林根，著名的郭塔王宫图书馆内仍保存一份莱氏的手稿，标题写着"1 与0，一切数字的神奇渊源．"他受中国《周易》的影响，提出了二进位制，为 20 世纪电子计算机的发明奠定了基础．他为了表示对《周易》的推崇，特复制了一台机械计算机，赠献给中国康熙皇帝．莱布尼茨的符号逻辑思想不但存在于过去，并且存在于现在，更存在于未来，在逻辑发展史上，莱布尼茨的符号逻辑具有关键转折的地位，对于逻辑学的发展以及现代人工智能的影响都是显而易见的.莱布尼茨符号逻辑思想背后所隐藏的认知计算思想对后世具有重要的先驱价值.

思考

作为哲学家的莱布尼茨酷爱数学,他用哲学观点研究数学,他善于思考、肯于钻研、富于想象、勇于创新,他创造的微积分符号与微积分基本定理充分展示了数学的简洁美、奇异美、和谐美,深刻地揭示了数学蕴含的哲学观点与辩证思想,让我们感悟到了数学特有的魅力与智慧.习近平总书记讲道:"科技是国家强盛之基,创新是民族之魂."可见,创新是现代科技发展的动力,创新是富国民强的必由之路.那么你作为新时代大学生将如何培养自己的创新意识,提高自己的创新能力?

本章学习指导

一、基本知识与思想方法框架结构图

定积分应用

- 思想：分割、近似、求和、取极限（**化曲为直，以直代曲的思想**）
- 哲学观点：**“局部与整体”“有限与无限”“近似与精确”、“直与曲”的辩证统一，矛盾双方相互转化的思想**
- 求总量问题（面积、体积、弧长、质量、力、功、水压力等）为 U
  - 元素或微元分析法方法步骤：
    - 第一步　选取积分变量 x 并确定它的变化区间 $[a,b]$
    - 第二步　分割区间，任取一小区间，求对应部分量 ΔU 的近似值 $\mathrm{d}U=f(x)\mathrm{d}x$**【无限细分求微元（以直代曲）】**
    - 第三步　写出所求总量的积分表达式 $U=\int_a^b f(x)\mathrm{d}x$ **【无限积累得总量（局部转化整体，近似转化精确）】**
  - 主要矛盾：第二步　局部以直代曲，无限细分求微分（即微分或元素）$\mathrm{d}U$
- 几何应用
  - 面积
    - 1. 直角坐标系（由曲线与直线围成图形，微元形状为条状）
      比如选 x 为积分变量，则图形投影在 x 轴上，用垂直于 x 轴的直线分割，求出窄条面积元素 $\mathrm{d}A$
    - 2. 极坐标系（与圆有关图形，微元形状为扇或环状）
      图形由 $\rho=\rho(\theta)$，$\theta=\alpha$，$\theta=\beta$ 所围成，面积元素与面积为
      $\mathrm{d}A=\frac{1}{2}[\rho(\theta)]^2\mathrm{d}\theta \quad A=\int_\alpha^\beta \frac{1}{2}[\rho(\theta)]^2\mathrm{d}\theta$
    - 注：1. 适当选择坐标系或积分变量可以简化计算
    - 注：2. 复杂图形分割为简单图形
  - 体积
    - 旋转体体积，比如绕 x 轴旋转体体积 $V_x=\int_a^b \pi[f(x)]^2\mathrm{d}x$
    - 平行截面 $A(x)$ 为已知的立体体积 $V=\int_a^b A(x)\mathrm{d}x$
  - 弧长（**均转化成参数**）
    - 参数形式 $\begin{cases}x=\varphi(t)\\ y=\psi(t)\end{cases}$ $(\alpha\leqslant t\leqslant\beta)$ 弧微分 $\mathrm{d}s=\sqrt{\varphi'^2(t)+\psi'^2(t)}\,\mathrm{d}t$
    - 直角坐标 $\begin{cases}x=x\\ y=f(x)\end{cases}$ $(a\leqslant x\leqslant b)$ 弧微分 $\mathrm{d}s=\sqrt{1+f'^2(x)}\,\mathrm{d}x$
    - 极坐标 $\rho=\rho(\theta)(\alpha\leqslant\theta\leqslant\beta)$ 弧微分 $\mathrm{d}s=\sqrt{\rho^2(\theta)+\rho'^2(\theta)}\,\mathrm{d}\theta$
  - 物理应用：质量（**质量元素**）变力做功（**功元素**）水压力（**压力元素**）等
  - 经济学应用（**总量元素**）

左侧标注：**无限细分求微元**　**无限积累得总量**　**元素法**　核心思想：直曲转化　**求总和的数学模型**

二、思想方法小结

1.实践的观点

定积分概念来源于几何学、物理学等实际问题的解决过程,反过来又应用定积分理论解决更广泛的实际问题,比如求总长度、总面积、总体积、总压力、总功、总引力等.可见定积分就是求某种总量的数学模型.也正是这些广泛的应用,推动着积分学的不断发展和完善.

2.微元分析法(微元法或元素法)的核心思想是以直代曲,直曲转化

从上一章我们应用"分割""近似""求和""取极限"的定积分思想,在局部用"以直代曲"的思想方法求出总量的近似值,再运用极限方法达到直与曲,近似与精确的转化,把总量表示成一个和式的极限,把某种总量的的问题用定积分表示出来,然后再计算定积分的值.本章运用抽象方法,抽出事物本质的、内在的、必然的东西,应用"以直代曲"的思想方法,概括归纳出比四步法更实用简单的求总量的"微元法".抓住主要矛盾,把"微元法"概括为两个步骤:

第一步:无限细分求微分

> 适当选取积分变量 x,并确定它的变化区间 $[a,b]$;分割 $[a,b]$,任取一个微小区间 $[x,x+\mathrm{d}x]$,求出相应于这个区间上部分量 ΔU 的近似值,即求出所求总量 U 的**微元** $\mathrm{d}U$;(局部以直代曲、以均匀代非均匀、以不变代变).

第二步:无限积累得总量

> 写出所求总量 U 积分表达式 $U = \int_a^b \mathrm{d}U.$(局部转化整体,近似转化精确)

关键是求元素(微元),即求出弧长元素、面积元素、体积元素、功元素、压力元素等积分元素,把实际问题转化为定积分的计算问题.

3.化归转化的思想方法

应用元素(微元法)解决求曲边梯形的面积 U,求小曲边梯形的面积 ΔU 的问题,在局部"以直代曲",转化为一个求矩形的初等问题,类似的求旋转体体积问题,把求部分量 ΔU 问题转化为一个圆柱体积问题,求变力做功问题,就把求部分量 ΔU 问题转化为一个常力做功问题.从而得到所求总量 U 的微元 $d U$,再对 $d U$ 无限求积就是计算积分 $U = \int_a^b \mathrm{d}U$ 问题,从而求出某变化总量.

转化的思想方法是数学重要的思想方法,要有意识运用数学思想去解决问题,提升数学素质.

三、典型题型思路方法指导

解题思路:1.画出草图,选取积分变量,确定积分变量的变化范围.

2.应用微元法,写出所求量的积分表达式.

注意:1.要结合几何图形的对称性求几何量.

2.求旋转体的体积时,注意旋转过程中的重叠部分,不能重复计算.

例 1　平面图形 G 由曲线 $y = \mathrm{e}^x$,$y = \mathrm{e}^{-x}$ 与直线 $x = 1$ 所围.求

(1)平面图形 G 的面积 A，

(2)平面图形 G 绕 x 轴旋转一周所成立体的体积 V_x，

(3)平面图形 G 绕 y 轴旋转一周所成立体的体积 V_y.

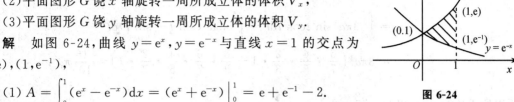

图 6-24

解 如图 6-24，曲线 $y=\mathrm{e}^x$，$y=\mathrm{e}^{-x}$ 与直线 $x=1$ 的交点为 $(1,\mathrm{e})$，$(1,\mathrm{e}^{-1})$，

(1) $A=\int_0^1(\mathrm{e}^x-\mathrm{e}^{-x})\mathrm{d}x=(\mathrm{e}^x+\mathrm{e}^{-x})\Big|_0^1=\mathrm{e}+\mathrm{e}^{-1}-2.$

(2)平面图形 G 绕 x 轴旋转一周所成立体的体积 V_x 为以 $y=\mathrm{e}^x$ 为曲边的大的曲边梯形旋转体积减去以 $y=\mathrm{e}^{-x}$ 为曲边的小的曲边梯形旋转体积.

$$V_x=\int_0^1\pi(\mathrm{e}^x)^2\mathrm{d}x-\int_0^1\pi(\mathrm{e}^{-x})^2\mathrm{d}x$$

$$=\int_0^1\pi\mathrm{e}^{2x}\mathrm{d}x-\int_0^1\pi\mathrm{e}^{-2x}\mathrm{d}x=\frac{1}{2}(\mathrm{e}^2+\mathrm{e}^{-2}-2).$$

(3)**(利用习题 6-2，第 6 题结论)** $V_y=\int_0^1 2\pi x(\mathrm{e}^x-\mathrm{e}^{-x})\mathrm{d}x=4\pi\mathrm{e}^{-1}.$

例 2 已知星形线 $x^{\frac{2}{3}}+y^{\frac{2}{3}}=a^{\frac{2}{3}}(a>0)$（如图 6-25 所示）

(1)求星形线所围平面图形 G 的面积 S；

(2)求 G 绕 x 轴旋转一周所成立体的体积 V_x；

(3)求星形线弧长 s.

解 先把方程化为 $\left(\dfrac{x}{a}\right)^{\frac{2}{3}}+\left(\dfrac{y}{a}\right)^{\frac{2}{3}}=1(a>0)$，设 $\left(\dfrac{x}{a}\right)^{\frac{1}{3}}=\cos t$，$\left(\dfrac{y}{a}\right)^{\frac{1}{3}}=\sin t$，则星形线的参数方程为

$$\begin{cases}x=a\cos^3 t,\\ y=a\sin^3 t.\end{cases}$$

并求得 $\qquad \dfrac{\mathrm{d}x}{\mathrm{d}t}=-3a\cos^2 t\sin t,\qquad \dfrac{\mathrm{d}y}{\mathrm{d}t}=3a\sin^2 t\cos t,$

(1)由于星形线关于两个坐标轴都对称，因此先计算它在第一象限内 $(0<t<\dfrac{\pi}{2})$ 的面积 S_1. 总面积 $S=4S_1$

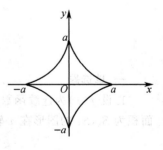

图 6-25

$$S_1=\int_0^a y\mathrm{d}x=\int_{\frac{\pi}{2}}^0 a\sin^3 t(-3a\cos^2 t\sin t)\mathrm{d}t$$

$$=\int_0^{\frac{\pi}{2}}3a^2\sin^4 t\cos^2 t\mathrm{d}t=\int_0^{\frac{\pi}{2}}3a^2\sin^4 t(1-\sin^2 t)\mathrm{d}t$$

$$=\int_0^{\frac{\pi}{2}}3a^2(\sin^4 t-\sin^6 t)\mathrm{d}t$$

$$=3a^2\left(\frac{3}{4}\cdot\frac{1}{2}\cdot\frac{\pi}{2}-\frac{5}{6}\cdot\frac{3}{4}\cdot\frac{1}{2}\cdot\frac{\pi}{2}\right)=\frac{3}{32}\pi a^2.$$

所求面积为 $S=4S_1=\dfrac{3}{8}\pi a^2.$

(2)由对称性，G 绕 x 轴旋转一周所成立体的体积 V_x 是第一象限部分绕 x 轴旋转所得体积 V_1 的 2 倍，即 $V_x=2V_1$（注意，这里是 2 倍，不是 4 倍，图形上下对称，旋转以后上下重叠）.

$$V_1 = \int_0^a \pi y^2 \, dx = \int_{\frac{\pi}{2}}^0 \pi a^2 \sin^6 t(-3a\cos^2 t \sin t) \, dt$$

$$= \int_0^{\frac{\pi}{2}} 3\pi a^3 \sin^7 t \cos^2 t \, dt = \int_0^{\frac{\pi}{2}} \pi 3 a^3 (\sin^7 t - \sin^9 t) \, dt$$

$$= 3\pi a^3 \left(\frac{6}{7} \cdot \frac{4}{5} \cdot \frac{2}{3} \cdot 1 - \frac{8}{9} \cdot \frac{6}{7} \cdot \frac{4}{5} \cdot \frac{2}{3} \cdot 1 \right) = \frac{16}{105} \pi a^3.$$

所以所求体积 $V_x = 2V_1 = \frac{32}{105} \pi a^3$.

(3)由于星形线关于两个坐标轴都对称,因此先计算它在第一象限内$(0 < t < \frac{\pi}{2})$的弧长 s_1,则 $s = 4s_1$,参数式弧微分为

$$ds = \sqrt{\left(\frac{dx}{dt}\right)^2 + \left(\frac{dy}{dt}\right)^2} \, dt = 3a \sin t \cos t \, dt;$$

$$s_1 = \int_0^{\frac{\pi}{2}} 3a \sin t \cos t \, dt = \int_0^{\frac{\pi}{2}} 3a \sin t \, d\sin t = \frac{3}{2} a \cdot (\sin^2 t) \Big|_0^{\frac{\pi}{2}} = \frac{3}{2} a.$$

用对称性得所求弧长为 $s = 4s_1 = 6a$.

例3 计算心形线 $r = a(1+\cos\theta)$ 所围成的图形弧长$(a > 0$,且为常数$)$.

解 由于图形(如图 6-9 所示)关于极轴对称,故我们只需计算极轴上方曲线弧长 s_1,此时 s_1 中 θ 的变化区间是 $[0, \pi]$,计算弧微分得

$$ds = \sqrt{r^2(\theta) + [r'(\theta)]^2} \, d\theta = \sqrt{a^2(1+\cos\theta)^2 + a^2\sin^2\theta} \, d\theta = a\sqrt{2(1+\cos\theta)} \, d\theta$$

于是得弧长

$$s = 2s_1 = 2a \int_0^\pi \sqrt{2(1+\cos\theta)} \, d\theta$$

$$= 2a \int_0^\pi \sqrt{4\left(\cos\frac{\theta}{2}\right)^2} \, d\theta = 4a \int_0^\pi \cos\frac{\theta}{2} \, d\theta = 8a.$$

总习题六

一、单选题

1.设 $f(x)$ 为连续函数,曲线 $y = f(x)$ 与 x 轴围成三块图形的面积分别为 S_1, S_2, S_3,其中面积为 S_1, S_3 的图形在 x 轴的下方,面积为 S_2 的图形在 x 轴的上方,已知

$$S_1 - 2S_2 = -q, \quad S_2 + S_3 = p, \quad (p \neq q, p, q > 0),$$

则 $\int_a^b f(x) \, dx = (\qquad)$.

(A)$p + q$ (B)$p - q$ (C)$q - p$ (D)$-p - q$

2.由曲线 $y = f(x), y = g(x)(f(x) \leqslant g(x)), a \leqslant x \leqslant b)$ 及直线 $x = a, x = b$ 所围图形绕 x 轴旋转而成的立体的体积是(   ).

(A)$\int_a^b \pi[g^2(x) - f^2(x)] \, dx$ (B)$\int_a^b \pi[g(x) - f(x)]^2 \, dx$

(C)$\int_a^b \pi g^2(x) \, dx$ (D)$\int_a^b [g(x) - f(x)] \, dx$

3. 曲边梯形 $0 \leqslant x \leqslant f(y), 0 \leqslant a \leqslant y \leqslant b$, 绕 y 轴旋转的体积为(　　).

(A) $\pi \int_a^b f^2(y) \mathrm{d}y$ 　　　　　　　(B) $\pi \int_a^b f(y) \mathrm{d}y$

(C) $\pi \int_a^b y f(y) \mathrm{d}y$ 　　　　　　(D) $2\pi \int_a^b y f(y) \mathrm{d}y$

4. 用极坐标计算曲线 $r = 4\cos\theta$ 所围图形面积时, 积分区间是(　　).

(A) $\left[-\dfrac{\pi}{3}, \dfrac{\pi}{3}\right]$ 　　　　　　　(B) $\left[-\dfrac{\pi}{2}, \dfrac{\pi}{2}\right]$

(C) $[0, 2\pi]$ 　　　　　　　　　(D) $[0, \pi]$

5. 平面曲线 $y = \displaystyle\int_{-\frac{\pi}{2}}^{x} \sqrt{\cos t}\,\mathrm{d}t, -\dfrac{\pi}{2} \leqslant x \leqslant \dfrac{\pi}{2}$ 的弧长为(　　).

(A) $\displaystyle\int_0^{\frac{\pi}{2}} \sqrt{1 + \cos x}\,\mathrm{d}x$ 　　　　　(B) $\displaystyle\int_{-\frac{\pi}{2}}^{\frac{\pi}{2}} \sqrt{1 + \cos x}\,\mathrm{d}x$

(C) $\displaystyle\int_0^{\frac{\pi}{2}} \sqrt{1 + \sqrt{\cos x}}\,\mathrm{d}x$ 　　　(D) $\displaystyle\int_{-\frac{\pi}{2}}^{\frac{\pi}{2}} \sqrt{1 + \sqrt{\cos x}}\,\mathrm{d}x$

二、计算题

1. 曲线 $y = \cos x$ 与直线 $y = 1, x = \dfrac{\pi}{2}$ 在 $\left[0, \dfrac{\pi}{2}\right]$ 上所围成的平面图形的面积.

2. 过坐标原点作曲线 $y = \ln x$ 的切线, 该切线与曲线 $y = \ln x$ 及 x 轴围成平面图形 D.

(1) 求平面图形 D 的面积 A;

(2) 求平面图形 D 绕直线 $x = e$ 旋转一周所得旋转体的体积 V.

3. 设 D 是由 $y = \sin x + 1$ 与 $x = 0, x = \pi$ 以及 x 轴围成的平面图形, 求 D 绕 x 轴旋转一周所围立体的体积.

4. 设抛物线 $y = ax^2 + bx + c$ 通过点 $(0, 0)$, 且当 $x \in [0, 1]$ 时, $y \geqslant 0$, 试确定 a, b, c 的值, 使得抛物线 $y = ax^2 + bx + c$ 与直线 $x = 1, y = 0$ 所围图形的面积为 $\dfrac{4}{9}$, 且使该图形绕 x 轴旋转而成地旋转体的体积最小.

5. 设 D 是由 $y = x^{\frac{1}{3}}$ 与 $x = a(a > 0), x = \pi$ 以及 x 轴围成的平面图形, V_x, V_y 分别是 D 绕 x 轴与 y 轴旋转所得旋转体体积, 且满足 $10V_x = V_y$, 求 a.

6. 当 $0 \leqslant \theta \leqslant \pi$ 时, 求 $r = e^\theta$ 的弧长.

第七章 微分方程

数学科学最近的进步帮助我们提高预测气象的能力,估计环境危险的影响的能力,研究宇宙起源的能力,以及筹划选举结果的能力.数学方法对于我们这个技术社会真正发生效能已经变得不可缺少了.

——哈尔莫斯

对自然界的深刻研究是数学最富饶的源泉.

——傅里叶

概述 微积分研究的对象就是函数,函数是客观事物的内部联系及变化规律在数量方面的反映,利用函数关系又可以对客观事物的规律性进行研究.因此,如何寻求函数关系,在实际中具有重要意义.但在实际问题中,常常很难直接写出反映相应变化规律的函数,却比较容易建立起这些变量与它们的导数或微分之间的联系,从而得到一个关于未知函数的导数或微分的方程,即微分方程.微分方程是在微积分的基础上发展起来的,它是从微观入手,通过变量与变化率的关系研究客观世界物质运动的数学模型,是从局部出发窥知全局的有效工具.因此,微分方程是数学联系实际,并应用于实际的重要途径和桥梁.

如果说"数学是一门理性思维的科学,是研究、了解和知晓现实世界的工具",那么微分方程就是显示数学的这种威力和价值的一种体现.微分方程广泛应用于物理、信息、生物、医学、军事、天文等各个科技领域中,现实世界中的许多实际问题都可以抽象为微分方程问题,这时微分方程也称为所研究问题的数学模型,体现了建模思想.

微分方程是一门独立的数学学科,有完整的理论体系.只有一个变量的微分方程即为常微分方程,简称为微分方程.本章我们主要介绍微分方程的一些基本概念,几种常用的微分方程的求解方法及线性微分方程解的理论.

第一节 微分方程的基本概念

微分方程 微分方程的阶 微分方程的解 微分方程的通解 微分方程的初始条件

一、实例

例1(几何模型) 求过点$(1,3)$且在曲线上任一点$M(x,y)$处的切线斜率为$2x$的曲线方程.

解 设曲线方程是$y=f(x)$,由导数的几何意义得

$$\begin{cases} \dfrac{\mathrm{d}y}{\mathrm{d}x}=2x, \\ f(1)=3 \end{cases}$$

由 $\dfrac{\mathrm{d}y}{\mathrm{d}x}=2x$ 得 $y=x^2+c$,

又由 $f(1)=3$,得 $c=2$. 因此,$y=x^2+2$ 就是所求曲线方程.

例 2(自由落体运动的数学模型) 一个物体以初速度 v_0 垂直上抛,设物体的运动只受重力影响. 试确定该物体运动的路程 s 与时间 t 函数关系.

解 因为物体运动的加速度是路程 s 对时间 t 的二阶导数,故由牛顿第二定律有

$$ms''(t)=-mg,\ \text{即}\ s''(t)=-g$$

两边积分得

$$v(t)=s'(t)=-gt+c_1,\ \text{即}\ \frac{\mathrm{d}s}{\mathrm{d}t}=-gt+c_1.$$

再一次积分得

$$s=-\frac{1}{2}gt^2+c_1t+c_2\text{(其中 }c_1,c_2\text{ 为任意常数)}.$$

这是一族曲线. 如果物体开始上抛时的路程为 s_0,则依题意有 $v(0)=v_0$,$s(0)=s_0$,代入上式得 $c_1=v_0$,$c_2=s_0$. 故 $s=-\dfrac{1}{2}gt^2+v_0t+s_0$ 为所求函数关系.

从以上两个例子可以看出,许多实际问题的解决首先要在局部范围内找出含导数的等式,然后通过积分找出变量间的关系,为了便于讨论这类问题,引入微分方程的概念.

二、微分方程的概念

含有未知函数的导数(或微分)的方程叫做**微分方程**. 未知函数为一元函数的微分方程叫做**常微分方程**. 本章只讨论常微分方程,简称**微分方程**. 如

$$\frac{\mathrm{d}y}{\mathrm{d}x}=2x;\qquad\qquad y'+2xy=\sin x;$$

$$\frac{\mathrm{d}^2y}{\mathrm{d}x^2}+3x\frac{\mathrm{d}y}{\mathrm{d}x}=x+1;\qquad x\mathrm{d}y+y\mathrm{d}x=0.$$

都是微分方程.

微分方程中出现的未知函数的最高阶导数的阶数叫做微分方程的**阶**. 在上述四个方程中,$\dfrac{\mathrm{d}^2y}{\mathrm{d}x^2}+3x\dfrac{\mathrm{d}y}{\mathrm{d}x}=x+1$ 是二阶微分方程,其余三个均是一阶微分方程.

如果将一个函数代入微分方程,使得方程成为恒等式,那么这个函数就叫做该微分方程的**解**. 如果微分方程的解中所含有的独立的任意常数的个数等于微分方程的阶数,那么,此解就叫做该微分方程的**通解**. 独立的任意常数是指这些常数不能进行合并.

在通解中,利用给定的条件,确定了任意常数的解叫做微分方程的**特解**,相应的条件叫做**初始条件**.

如例 1 中,$f(1)=3$ 是初始条件,函数 $y=x^2+C$ 是一阶微分方程 $\dfrac{\mathrm{d}y}{\mathrm{d}x}=2x$ 的通解,$y=x^2+2$ 是满足初始条件 $f(1)=3$ 的特解.

一阶微分方程的初始条件一般记做 $y|_{x=x_0}=y_0$ 的形式,如 $y|_{x=1}=3$. 二阶微分方程的初始条件一般记做 $y|_{x=x_0}=a$,$y'|_{x=x_0}=b$ 的形式.

例 3 (1)验证函数 $y=C_1\cos x+C_2\sin x$ 是微分方程 $y''+y=0$ 的通解.

(2)求(1)中满足初始条件 $y|_{x=0}=2$,$y'|_{x=0}=3$ 的特解.

解 (1)验证是通解,需验证两条.第一,函数代入满足方程;第二,二阶微分方程通解中有两个独立任意常数.

$$y' = -C_1\sin x + C_2\cos x, \quad y'' = -C_1\cos x - C_2\sin x,$$

将 y' 和 y'' 代入微分方程左端得

$$-C_1\cos x - C_2\sin x + (C_1\cos x + C_2\sin x) = 0.$$

所以 $y = C_1\cos x + C_2\sin x$ 为方程的解,又 $y'' + y = 0$ 是二阶微分方程,同时 $y = C_1\cos x + C_2\sin x$ 中常数 C_1 和 C_2 不能合并,是两个相互独立的常数,所以是通解.

(2)求特解,需将初始条件代入特解,将任意常数确定.

将初始条件 $y|_{x=0} = 2$ 代入通解中得 $C_1 = 2$,

将 $y'|_{x=0} = 3$ 代入 $y' = -C_1\sin x + C_2\cos x$ 中得 $C_2 = 3$.所以,满足初始条件的微分方程的特解是

$$y = 2\cos x + 3\sin x.$$

思考与探究

什么叫微分方程的通解?函数 $y = C_1\ln x + C_2\ln x^2$ 是二阶微分方程 $x^2 y'' + xy' = 0$ 的通解吗?

习题 7-1

1. 试写出下列各微分方程的阶数:

(1) $x^2\mathrm{d}x + y\mathrm{d}y = 0$;　　　　　　　(2) $x(y')^2 - 2yy' + x = 0$;

(3) $x^2 y'' - xy' + y = 0$;　　　　　　　(4) $xy''' - y' + x = 0$;

(5) $(7x - 6y)\mathrm{d}x + (x + y)\mathrm{d}y = 0$;　　　(6) $L\dfrac{\mathrm{d}^2 Q}{\mathrm{d}t^2} + R\dfrac{\mathrm{d}Q}{\mathrm{d}t} + \dfrac{Q}{t} = 0$.

2. 验证下列各题中所给函数或隐函数是否为所给微分方程的解.若是指出是通解还是特解?其中 C_1, C_2 为任意常数.

(1) $y = \mathrm{e}^{-3x} + \dfrac{1}{3}, \dfrac{\mathrm{d}y}{\mathrm{d}x} + 3y = 1$;　　　　　(2) $y = x^2\mathrm{e}^x, y'' - 2y' + y = 0$;

(3) $y = C_1\mathrm{e}^{-x} + C_2\mathrm{e}^{-2x} - \left(\dfrac{1}{2}x^2 + x\right)\mathrm{e}^{-2x}, y'' + 3y' + 2y = x\mathrm{e}^{-2x}$.

3. 验证函数 $y = C\mathrm{e}^{-x} + x - 1$ 是微分方程 $y' + y = x$ 的通解.并求满足初始条件 $y|_{x=0} = 2$ 的特解.

4. 验证 $\mathrm{e}^y + C_1 = (x + C_2)^2$ 是微分方程 $y'' + (y')^2 = 2\mathrm{e}^{-y}$ 的通解.并求满足初始条件 $y|_{x=0} = 0, y'|_{x=0} = \dfrac{1}{2}$ 的特解.

5. 写出由下列条件确定的曲线满足的微分方程.

(1)曲线在点 (x, y) 处的切线斜率等于该点横坐标的平方;

(2)曲线上点 $P(x, y)$ 处的法线与 x 轴的交点为 Q,且线段 PQ 被 y 轴平分.

第二节　一阶微分方程

可分离变量微分方程　分离变量法　齐次方程　一阶线性微分方程　常数变易法　伯努利微分方程

微分方程的类型是多种多样的,它们的解法也各不相同.从本节开始我们将根据微分方程的不同类型,给出相应的解法.本节介绍几种常见的一阶微分方程及其解法.

一、可分离变量的一阶微分方程

设有一阶微分方程

$$\frac{\mathrm{d}y}{\mathrm{d}x}=F(x,y),\tag{2-1}$$

如果其右端函数能分解成 $F(x,y)=f(x)g(y)$,即有

$$\frac{\mathrm{d}y}{\mathrm{d}x}=f(x)g(y).\tag{2-2}$$

则称方程(2-1)为**可分离变量的微分方程**,其中 $f(x),g(y)$ 都是连续函数.

根据这种方程的特点,将含不同变量的函数及其微分分别置于方程的两端,即**分离变量**:

$$\frac{1}{g(y)}\mathrm{d}y=f(x)\mathrm{d}x$$

将上式两边分别对 x,y 积分

$$\int\frac{1}{g(y)}\mathrm{d}y=\int f(x)\mathrm{d}x+C$$

即可得微分方程的通解 $G(y)=F(x)+C$,其中 C 为任意常数,$G(y)$ 和 $F(x)$ 分别是 $g(y)$ 和 $f(x)$ 的一个原函数.解这类方程的方法就是**分离变量法**.

例 1　求微分方程 $\frac{\mathrm{d}y}{\mathrm{d}x}=2xy$ 的通解.

解　这是一个可分离变量的微分方程,分离变量法求解

当 $y\neq0$ 时,方程分离变量得

$$\frac{\mathrm{d}y}{y}=2x\mathrm{d}x,$$

两端积分

$$\int\frac{\mathrm{d}y}{y}=\int2x\mathrm{d}x,\text{得}\ \ln|y|=x^2+C_1,(C_1\text{ 为任意常数})$$

从而

$$y=\pm\,\mathrm{e}^{x^2+C_1}=\pm\,\mathrm{e}^{C_1}\cdot\mathrm{e}^{x^2},(\pm\,\mathrm{e}^{C_1}\text{ 是不为零的任意常数})$$

显然 $y=0$ 也是方程的解,则得到题设方程的通解 $y=C\mathrm{e}^{x^2}$(C 为任意常数)

例 2　解微分方程 $\frac{\mathrm{d}y}{\mathrm{d}x}=-\frac{y}{x}$.

解　这是一个可分离变量的微分方程,分离变量法求解

当 $y\neq0$ 时,方程分离变量得　$\frac{\mathrm{d}y}{y}=\frac{-\mathrm{d}x}{x},$

两边积分得 $\qquad \ln|y| = -\ln|x| + C_1.$ （C_1 为任意常数）

即 $\qquad \ln|y| + \ln|x| = C_1 \Rightarrow \ln|xy| = C_1 \Rightarrow xy = \pm e^{C_1}.$

显然 $y = 0$ 也是方程的解,则得到题设方程的通解 $y = \dfrac{C}{x}$ （C 为任意常数）.

微分方程的通解也可以表示为隐函数的形式. 例 2 的通解也可以写作 $xy = C$.

例 3 求微分方程 $(1 + e^x)yy' = e^x$ 满足初始条件 $y|_{x=0} = 1$ 的特解.

解 整理方程为 $\dfrac{\mathrm{d}y}{\mathrm{d}x} = \dfrac{e^x}{1 + e^x} \cdot \dfrac{1}{y}$,可知是可分离变量的微分方程.

分离变量得

$$y\mathrm{d}y = \frac{e^x}{1 + e^x}\mathrm{d}x,$$

两边积分得

$$\frac{1}{2}y^2 = \ln(1 + e^x) + C,$$

由初始条件 $y|_{x=0} = 1$,得

$$C = \frac{1}{2} - \ln 2.$$

所求微分方程满足初始条件的特解为

$$\frac{1}{2}y^2 = \ln(1 + e^x) + \frac{1}{2} - \ln 2.$$

即

$$y^2 = 2\ln(1 + e^x) + 1 - \ln 4.$$

二、齐次方程—可化为可分离变量的微分方程

如果一阶微分方程可化为形如

$$\frac{\mathrm{d}y}{\mathrm{d}x} = f\left(\frac{y}{x}\right) \tag{2-3}$$

的微分方程,则该一阶微分方程叫做**齐次微分方程**.

例如,$\dfrac{\mathrm{d}y}{\mathrm{d}x} = \dfrac{y^2}{xy - x^2}$ 可化为 $\dfrac{\mathrm{d}y}{\mathrm{d}x} = \dfrac{\left(\dfrac{y}{x}\right)^2}{\dfrac{y}{x} - 1}$. 方程右边是关于 $\dfrac{y}{x}$ 的函数;

$$xy' = y(1 + \ln y - \ln x) \quad \text{可化为} \quad y' = \frac{y}{x}\left(1 + \ln\frac{y}{x}\right);$$

$(xy - y^2)\mathrm{d}x - (x^2 - 2xy)\mathrm{d}y = 0$ 可化为 $\dfrac{\mathrm{d}y}{\mathrm{d}x} = \dfrac{xy - y^2}{x^2 - 2xy} = \dfrac{\dfrac{y}{x} - \left(\dfrac{y}{x}\right)^2}{1 - 2\left(\dfrac{y}{x}\right)}.$

所以上面的三个方程都是齐次方程.

齐次方程的**解法**:通过换元转化为可分离变量的微分方程. 具体解法如下:

对齐次微分方程 $\dfrac{\mathrm{d}y}{\mathrm{d}x} = f\left(\dfrac{y}{x}\right)$,设 $u = \dfrac{y}{x}$,则 $y = ux$,其中 u 是 x 的函数,于是

$$\frac{\mathrm{d}y}{\mathrm{d}x}=u+x\,\frac{\mathrm{d}u}{\mathrm{d}x},$$

代入方程得

$$u+x\,\frac{\mathrm{d}u}{\mathrm{d}x}=f(u)\Rightarrow\frac{\mathrm{d}u}{\mathrm{d}x}=\frac{[f(u)-u]}{x},（可分离变量微分方程）$$

分离变量法求得该方程通解,并将 $u=\dfrac{y}{x}$ 代回即得原方程通解.

　　齐次方程求解思路表示如下:

$$\underbrace{\frac{\mathrm{d}y}{\mathrm{d}x}=f\left(\frac{y}{x}\right)}_{\text{齐次方程}}\xrightarrow[\text{换元}]{\frac{y}{x}=u,\,y=ux}\underbrace{\frac{\mathrm{d}u}{\mathrm{d}x}=\frac{f(u)-u}{x}}_{\text{可分离变量的微分方程}}$$

　　例 4　解微分方程 $\dfrac{\mathrm{d}y}{\mathrm{d}x}=\dfrac{y^2}{xy-x^2}$.

　　解　将方程化为 $\dfrac{\mathrm{d}y}{\mathrm{d}x}=\dfrac{\left(\dfrac{y}{x}\right)^2}{\dfrac{y}{x}-1}$,可知是齐次方程,换元转化为可分离变量的微分方程

令

$$u=\frac{y}{x},\,y=ux\ 则\ \frac{\mathrm{d}y}{\mathrm{d}x}=u+x\,\frac{\mathrm{d}u}{\mathrm{d}x}.$$

于是有

$$u+x\,\frac{\mathrm{d}u}{\mathrm{d}x}=\frac{u^2}{u-1}\ 即\ x\,\frac{\mathrm{d}u}{\mathrm{d}x}=\frac{u}{u-1},（可分离方程）$$

分离变量得

$$\left(1-\frac{1}{u}\right)\mathrm{d}u=\frac{\mathrm{d}x}{x},$$

两边积分得

$$u-\ln|u|=\ln|x|+C_1,\ 即\ \ln|xu|=u-C_1,\,xu=\pm\mathrm{e}^u\mathrm{e}^{-C_1}.$$

将 $u=\dfrac{y}{x}$ 代入得通解

$$y=C\mathrm{e}^{\frac{y}{x}}（C\ 为任意常数）.$$

　　换元法是一种重要的数学思想方法,对一些陌生的问题,使用换元会使你眼前一亮,例如

　　例 5(可化为分离变量的微分方程)　解微分方程　$y'=(x-y)^2+1$.

　　解　该方程形式上不是可分离变量的微分方程,也不是齐次方程.

　　作变换 $u=x-y$,则 $\dfrac{\mathrm{d}u}{\mathrm{d}x}=1-\dfrac{\mathrm{d}y}{\mathrm{d}x}$. 所以 $\dfrac{\mathrm{d}y}{\mathrm{d}x}=1-\dfrac{\mathrm{d}u}{\mathrm{d}x}$

代入原方程得

$$\frac{\mathrm{d}u}{\mathrm{d}x}=-u^2,\ 这是一个可分离变量的方程.$$

分离变量得

$$-\frac{1}{u^2}\mathrm{d}u=\mathrm{d}x,$$

两边积分得

$$\frac{1}{u} = x + C(C \text{ 为任意常数}),$$

将 $u = x - y$ 代入上式可得 $y = x - \dfrac{1}{x+C}$ 为所给微分方程的通解.

三、一阶线性微分方程

形如

$$\frac{\mathrm{d}y}{\mathrm{d}x} + P(x)y = Q(x) \tag{2-4}$$

的方程叫做**一阶线性微分方程**. 其中 $P(x), Q(x)$ 已知函数,$Q(x)$ 叫做方程的**自由项**.

如果 $Q(x) = 0$,方程(2-4)变为

$$\frac{\mathrm{d}y}{\mathrm{d}x} + P(x)y = 0 \tag{2-5}$$

方程(2-5)叫做对应于方程(2-4)的**一阶线性齐次微分方程**,当 $Q(x) \neq 0$,方程(2-4)叫做**一阶线性非齐次微分方程**.

一阶线性齐次微分方程 $\dfrac{\mathrm{d}y}{\mathrm{d}x} + P(x)y = 0$ 是一个可以分离变量的微分方程.

分离变量得

$$\frac{\mathrm{d}y}{y} = -P(x)\mathrm{d}x,$$

两边积分得

$$\ln y = -\int P(x)\mathrm{d}x + \ln C,$$

所以

$$y = Ce^{-\int P(x)\mathrm{d}x} \tag{2-6}$$

这就是**一阶线性齐次微分方程(2-5)的通解**.

下面研究一阶线性非齐次微分方程(2-4)的解法.

如果 $y = y(x)(y \neq 0)$ 是方程(2-4)的解,则

$$\frac{\mathrm{d}y}{y} = -P(x)\mathrm{d}x + \frac{Q(x)}{y}\mathrm{d}x$$

因为 y 是 x 的函数,所以 $\dfrac{Q(x)}{y}$ 也是 x 的函数. 两边积分得

$$\ln y = -\int P(x)\mathrm{d}x + \int \frac{Q(x)}{y}\mathrm{d}x + \ln C,$$

故

$$y = Ce^{-\int P(x)\mathrm{d}x} \cdot e^{\int \frac{Q(x)}{y}\mathrm{d}x} = Ce^{\int \frac{Q(x)}{y}\mathrm{d}x} \cdot e^{-\int P(x)\mathrm{d}x}$$

记

$$C(x) = Ce^{\int \frac{Q(x)}{y}\mathrm{d}x}, \text{则} \quad y = C(x)e^{-\int P(x)\mathrm{d}x} \tag{2-7}$$

可见,(2-7)式是非齐次方程(2-4)的通解形式.

比较一阶线性非齐次微分方程(2-4)与它所对应的一阶线性齐次微分方程(2-5)的通解：

$$\frac{\mathrm{d}y}{\mathrm{d}x} + P(x)y = 0 \qquad y = Ce^{-\int P(x)\mathrm{d}x}$$

$$\frac{\mathrm{d}y}{\mathrm{d}x} + P(x)y = Q(x) \qquad y = C(x)e^{-\int P(x)\mathrm{d}x}$$

它们具有相同的表示形式，根本上的不同是齐次方程的解中 C 为常数，非齐次方程解 $C(x)$ 为函数．同时注意到求解的过程中，求齐次方程的解要比求方程(2-4)的解容易得多，所以从简单入手，先求出齐次解，因为有相同形式，将 C 变为 $C(x)$，得到非齐次的解的形式，然后待定系数法求解．

因此我们有如下求解一阶线性非齐次微分方程(2-4)的方法．

求一阶非齐次线性微分方程

$$\frac{\mathrm{d}y}{\mathrm{d}x} + P(x)y = Q(x)$$

的通解．

第一步　首先求出它所对应的一阶线性齐次微分方程 $\frac{\mathrm{d}y}{\mathrm{d}x} + P(x)y = 0$ 的通解为

$$y = Ce^{-\int P(x)\mathrm{d}x}.$$

第二步　设 $y = C(x)e^{-\int P(x)\mathrm{d}x}$ 是(2-4)的解，其中 $C(x)$ 是 x 的函数．则

$$y' = C'(x)e^{-\int P(x)\mathrm{d}x} - C(x)P(x)e^{-\int P(x)\mathrm{d}x},$$

于是有

$$C'(x)e^{-\int P(x)\mathrm{d}x} \underbrace{- P(x)C(x)e^{-\int P(x)\mathrm{d}x} + P(x)C(x)e^{-\int P(x)\mathrm{d}x}}_{\text{注意两项相加为0}} = Q(x),$$

即

$$C'(x) = Q(x)e^{\int P(x)\mathrm{d}x}, （可作为求 C'(x) 结论来用，可以省去上面两步）$$

两边积分得

$$C(x) = \int Q(x)e^{\int P(x)\mathrm{d}x}\,\mathrm{d}x + C,$$

所以

$$y = e^{-\int P(x)\mathrm{d}x}\left[\int Q(x)e^{\int P(x)\mathrm{d}x}\,\mathrm{d}x + C\right].$$

因此，一阶非齐次线性微分方程 $\frac{\mathrm{d}y}{\mathrm{d}x} + P(x)y = Q(x)$ 的通解为

$$y = e^{-\int P(x)\mathrm{d}x}\left[\int Q(x)e^{\int P(x)\mathrm{d}x}\,\mathrm{d}x + C\right]. \tag{2-8}$$

以上这种解微分方程的方法，是一种特殊的变换思想，叫做**常数变易法**．

(2-8)式可以作为公式使用．我们解一阶非齐次线性微分方程时，可以应用常数变易法；也可以应用公式法，直接利用公式(2-8)时，需要注意，首先要把方程化成标准形式

$$\frac{\mathrm{d}y}{\mathrm{d}x}+P(x)y=Q(x).$$

例 6 解微分方程 $\dfrac{\mathrm{d}y}{\mathrm{d}x}-\dfrac{2}{x+1}y=(x+1)^{\frac{5}{2}}$.

解法 1(常数变易法) 方程对应的齐次方程是 $\dfrac{\mathrm{d}y}{\mathrm{d}x}-\dfrac{2}{x+1}y=0$,其通解为

$$y=C(x+1)^2.$$

设函数 $y=C(x)(x+1)^2$ 是所给非齐次微分方程的通解,代入原方程得

$$C'(x)=(x+1)^{\frac{1}{2}},$$

积分得

$$C(x)=\frac{2}{3}(x+1)^{\frac{3}{2}}+C,$$

所以所给微分方程的通解为 $\quad y=(x+1)^2\left[\dfrac{2}{3}(x+1)^{\frac{3}{2}}+C\right].$

解法 2(公式法) 这里 $P(x)=-\dfrac{2}{x+1}$, $Q(x)=(x+1)^{\frac{5}{2}}$. 因为

$$\int P(x)\mathrm{d}x=-\int\frac{2}{x+1}\mathrm{d}x=-2\ln(x+1),$$

$$\int Q(x)\mathrm{e}^{\int P(x)\mathrm{d}x}\mathrm{d}x=\int(x+1)^{\frac{5}{2}}\cdot(x+1)^{-2}\mathrm{d}x,$$

$$=\int(x+1)^{\frac{1}{2}}\mathrm{d}x=\frac{2}{3}(x+1)^{\frac{3}{2}},$$

所以原方程的通解是

$$y=\mathrm{e}^{-\int P(x)\mathrm{d}x}\left[\int Q(x)\mathrm{e}^{\int P(x)\mathrm{d}x}\mathrm{d}x+C\right]=(x+1)^2\left[\frac{2}{3}(x+1)^{\frac{3}{2}}+C\right].$$

例 7 解微分方程 $y\mathrm{d}x+(x-y^3)\mathrm{d}y=0\quad(y>0)$.

解 这个一阶微分方程不能分离变量,如果 $y=y(x)$ 为未知函数,此方程不是线性方程,将原方程变形为

$$\frac{\mathrm{d}x}{\mathrm{d}y}+\frac{1}{y}x=y^2,$$

这样就是以 y 为自变量, x 是 y 的函数的一阶线性微分方程.

公式法 这里 $P(y)=\dfrac{1}{y}$, $Q(y)=y^2$ 代入公式得通解

$$x=\mathrm{e}^{-\int p(y)\mathrm{d}y}\left[\int Q(y)\mathrm{e}^{\int p(y)\mathrm{d}y}\mathrm{d}y+C\right]$$

$$=\mathrm{e}^{-\int\frac{1}{y}\mathrm{d}y}\left[\int y^2\mathrm{e}^{\int\frac{1}{y}\mathrm{d}y}\mathrm{d}y+C\right]=\frac{1}{y}\left[\int y^3\mathrm{d}y+C\right]=\frac{1}{4}y^3+\frac{C}{y}.$$

*四、伯努利(Bernoulli)方程——可化为一阶线性微分方程

有些微分方程,虽不是一阶线性微分方程,但通过适当的变量代换后,可以化为一阶线性

微分方程. 例如,形如

$$\frac{\mathrm{d}y}{\mathrm{d}x}+P(x)y=Q(x)y^n \quad (n\neq 0,1) \tag{2-9}$$

的方程叫**伯努利(Bernoulli)方程**. 当 $n=0$ 或 $n=1$ 时,这方程是线性微分方程,当 $n\neq 0,n\neq 1$ 时,这方程不是线性微分方程,但是通过变量代换后,可把它化为线性的. 事实上,以 y^n 除方程(2-9)的两端,得

$$y^{-n}\frac{\mathrm{d}y}{\mathrm{d}x}+P(x)y^{1-n}=Q(x),$$

或

$$\frac{1}{1-n}\frac{\mathrm{d}y^{1-n}}{\mathrm{d}x}+P(x)y^{1-n}=Q(x),$$

只需作变量代换 $z=y^{1-n}$,就可把它化为一阶线性微分方程

$$\frac{\mathrm{d}z}{\mathrm{d}x}+(1-n)P(x)z=(1-n)Q(x), \tag{2-10}$$

求出方程(2-10)的通解后,以 y^{1-n} 代 z,便得到方程(2-9)的通解

$$y^{1-n}=\mathrm{e}^{-\int(1-n)P(x)\mathrm{d}x}\left(\int Q(x)(1-n)\mathrm{e}^{\int(1-n)P(x)\mathrm{d}x}\mathrm{d}x+C\right) \tag{2-11}$$

例 8　求方程 $\dfrac{\mathrm{d}y}{\mathrm{d}x}-\dfrac{4}{x}y=x\sqrt{y}$ 的通解.

解　这是一个伯努利方程,换元转化为一阶线性微分方程.

设 $z=\sqrt{y}$　可将原方程化为

$$\frac{\mathrm{d}z}{\mathrm{d}x}-\frac{2}{x}z=\frac{x}{2}(\text{一阶线性微分方程})$$

利用通解公式(2-8)求得其通解为

$$z=\mathrm{e}^{\int\frac{2}{x}\mathrm{d}x}\left(\int\frac{x}{2}\cdot\mathrm{e}^{-\int\frac{2}{x}\mathrm{d}x}\mathrm{d}x+C\right)=x^2\left(\int\frac{x}{2}\cdot\frac{\mathrm{d}x}{x^2}+C\right)=x^2\left(\frac{\ln x}{2}+C\right).$$

以 $\sqrt{y}=z$ 代入上式,则所求方程的通解为

$$y=x^4\left(\frac{\ln x}{2}+C\right)^2.$$

小结一阶微分方程类型及解法

类型及标准形式	通解的求法
可分离变量微分方程 $$\frac{\mathrm{d}y}{\mathrm{d}x}=f(x)g(y)$$	分离变量法 $$\frac{1}{g(y)}\mathrm{d}y=f(x)\mathrm{d}x\Rightarrow\int\frac{1}{g(y)}\mathrm{d}y=\int f(x)\mathrm{d}x+C$$
齐次方程 $$\frac{\mathrm{d}y}{\mathrm{d}x}=f\left(\frac{y}{x}\right)$$	$$\underbrace{\frac{\mathrm{d}y}{\mathrm{d}x}=f\left(\frac{y}{x}\right)}_{\text{齐次方程}}\xrightarrow[\text{变量代换}]{u=\frac{y}{x}}\underbrace{\frac{\mathrm{d}u}{\mathrm{d}x}=\frac{[f(u)-u]}{x}}_{\text{可分离变量}}$$

一阶线性微分方程 $$\frac{dy}{dx}+P(x)y=Q(x) \quad (1)$$ 对应的齐次方程 $$\frac{dy}{dx}+P(x)y=0 \quad (2)$$	常数变易法 先求(2)通解 $y=Ce^{-\int P(x)dx}$ 设(1)解形式 $y=C(x)e^{-\int P(x)dx}$ 代回(1)得 $C'(x)=Q(x)e^{\int p(x)dx}$ 解出 $C(x)$ 得以下的公式(3) 公式法 $$y=e^{-\int p(x)dx}\left[\int Q(x)e^{\int p(x)dx}dx+C\right] \quad (3)$$
伯努利方程 $$\frac{dy}{dx}+P(x)y=Q(x)y^n$$ $(n\neq 0,1)$	$\frac{dy}{dx}+P(x)y=Q(x)y^n$ 伯努利方程 $\Downarrow z=y^{1-n}$ 变量换元 $\frac{dz}{dx}+(1-n)P(x)z=(1-n)Q(x)$ 一阶线性方程

思考与探究

认真阅读教材,归纳一阶微分方程的几种常见题型及求解的思路? 从齐次方程与伯努利方程的解法中学到了什么数学思想方法?

习题 7-2

1. 解下列微分方程:

(1) $(1+x^2)y'=\arctan x$;

(2) $y\ln x dx + x\ln y dy=0$;

(3) $yy'-e^{y^2+3x}=0$;

(4) $(xy^2+x)dx+(y-x^2y)dy=0$;

(5) $xy dx + \sqrt{1-x^2}dy=0$;

(6) $(1+2y)x dx+(1+x^2)dy=0$.

2. 求下列微分方程满足给定初始条件的特解:

(1) $\sec^2 x\tan y dx+\sec^2 y\tan x dy=0, y\big|_{x=\frac{\pi}{4}}=\frac{\pi}{4}$;

(2) $\frac{x}{1+y}dx-\frac{y}{1+x}dy=0, y\big|_{x=0}=1$;

(3) $y dx=(x-1)dy, y\big|_{x=2}=1$;

(4) $y'\sin x=y\ln y, y\big|_{x=\frac{\pi}{2}}=e$.

3. 求解下列微分方程:

(1) $x\frac{dy}{dx}=y\ln\frac{y}{x}$;

(2) $(x^2+y^2)dx-xy dy=0$.

4. 求下列微分方程满足给定初始条件的特解:

(1) $y'=\frac{x}{y}+\frac{y}{x}, y\big|_{x=1}=2$;

(2) $(y^2-3x^2)dy+2xy dx=0, y\big|_{x=0}=1$.

5. 求解下列微分方程:

(1) $y'-2xy=e^{x^2}\cos x$;

(2) $y'=\tan x \cdot y+\cos x$;

(3) $\frac{dy}{dx}-\frac{2y}{x+1}=(x+1)^3$;

(4) $(x^2+1)\frac{dy}{dx}+2xy=4x^2$;

(5) $(x^2-1)y'+2xy-\cos x=0$;

(6) $(x+y^3)dy=y dx$.

6. 求下列微分方程满足给定初始条件的特解：

(1) $2y'+y=3, y\big|_{x=0}=10$；

(2) $\cos x\,\dfrac{\mathrm{d}y}{\mathrm{d}x}+y\sin x=\cos^2 x, y\big|_{x=\pi}=1$；

(3) $x\,\dfrac{\mathrm{d}y}{\mathrm{d}x}-2y=x^3\mathrm{e}^x, y\big|_{x=1}=0$；

(4) $y'-y\tan x=\dfrac{1}{\cos x}, y\big|_{x=0}=0$.

* 7. 求下列方程的通解：

(1) $y'+2xy=2x^3y^3$；

(2) $y'+\dfrac{2}{x}y=3x^2y^{\frac{4}{3}}$.

第三节　高阶微分方程

可降阶的高阶微分方程　降阶法　二阶线性微分方程解的结构　二阶常系数微分方程
特征方程

前面我们介绍了一阶微分方程的解法，本节我们讨论二阶及二阶以上的微分方程，即高阶微分方程的解法．解高阶微分方程是比较困难的，而且没有一般通用的解法．我们这里只介绍几种常见的解法．

一、可降阶的高阶微分方程

1. $y^{(n)}=f(x)$ 型

方程 $y^{(n)}=f(x)$ 的左端是函数对自变量 x 的 n 阶导数，右端是仅含自变量 x 的一元函数，容易看出，我们只需对方程两边连续 n 次积分就可求出其通解．

例1　解微分方程 $y''=x\mathrm{e}^x$.

解　对方程两边连续二次积分得

$$y'=\int x\mathrm{e}^x\mathrm{d}x+C_1=(x-1)\mathrm{e}^x+C_1.$$

$$y=\int(x-1)\mathrm{e}^x\mathrm{d}x+C_1x+C_2=(x-2)\mathrm{e}^x+C_1x+C_2.\ (C_1,C_2\text{ 为任意常数}).$$

例2　解微分方程 $y'''=\sin x+x$.

解　对方程两边连续三次积分得

$$y''=-\cos x+\frac{1}{2}x^2+C_1,\ y'=-\sin x+\frac{1}{6}x^3+C_1x+C_2,$$

$$y=\cos x+\frac{1}{24}x^4+\frac{1}{2}Cx^2+C_2x+C_3$$

$$=\cos x+\frac{1}{24}x^4+C_1x^2+C_2x+C_3.\ (\text{其中 }C_1=\frac{1}{2}C,C_1,C_2,C_3\text{ 为任意常数})$$

2. $y''=f(x,y')$ 型

方程 $y''=f(x,y')$ 的特点是右端不显含未知函数 y. 求解的方法是**降阶法**.

设 $y'=p(x)$ 则 $y''=p'(x)=\dfrac{\mathrm{d}p}{\mathrm{d}x}$. 于是有

$$\frac{\mathrm{d}p}{\mathrm{d}x} = f(x,p).$$

这是一个以 $p(x)$ 为未知函数的一阶方程.

$$p' = f(x,p).$$

设其通解为 $p = \varphi(x,C_1)$ 然后再根据关系式 $y' = p$,又得到一个一阶微分方程

$$\frac{\mathrm{d}y}{\mathrm{d}x} = \varphi(x,C_1).$$

对它进行积分,即可得到原方程的通解

$$y = \int \varphi(x,C_1)\mathrm{d}x + C_2$$

例 3 求方程 $(1+x^2)y'' = 2xy'$ 满足初始条件 $y|_{x=0} = 1$,$y'|_{x=0} = 3$ 的特解.

解 方程特征不显含 y. 降阶法求解

设 $y' = p(x)$,则 $y'' = p'(x)$,于是有

$$(1+x^2)\frac{\mathrm{d}p}{\mathrm{d}x} = 2xp,(一阶微分方程)$$

分离变量得

$$\frac{\mathrm{d}p}{p} = \frac{2x}{1+x^2}\mathrm{d}x,$$

两边积分得

$$\ln p = \ln(1+x^2) + \ln C_1,即 \ p = C_1(1+x^2).$$

所以 $y' = C_1(1+x^2)$,因为 $y'|_{x=0} = 3$,所以 $C_1 = 3$.

故

$$y' = 3(1+x^2),(一阶微分方程)$$

两边积分得

$$y = 3\left(x + \frac{1}{3}x^3\right) + C_2.$$

又由 $y|_{x=0} = 1$ 得 $C_2 = 1$. 所以 $y = x^3 + 3x + 1$ 是原方程满足初始条件的特解.

3. $y'' = f(y,y')$ 型

方程 $y'' = f(y,y')$ 的特征是右端不显含自变量 x,求解的方法是**降阶法**.

设 $y' = p(y)$,则 $y'' = \frac{\mathrm{d}p}{\mathrm{d}y} \cdot \frac{\mathrm{d}y}{\mathrm{d}x} = p\frac{\mathrm{d}p}{\mathrm{d}y}$,于是有

$$p\frac{\mathrm{d}p}{\mathrm{d}y} = f(y,p),$$

这是一个以 p 为未知函数、形式上以 y 为自变量的一阶微分方程.

设其通解为 $p = \varphi(y,C_1)$,即 $\frac{\mathrm{d}y}{\mathrm{d}x} = \varphi(y,C_1)$,分离变量得 $\frac{\mathrm{d}y}{\varphi(y,C_1)} = \mathrm{d}x$,两边积分得原方程的通解为

$$\int \frac{\mathrm{d}y}{\varphi(y,C_1)} = x + C_2.$$

例 4 解微分方程 $yy'' - (y')^2 = 0$.

解　方程特征是不显含 x. 降阶法求解.

设 $y'=p(y)$,则 $y''=p\dfrac{\mathrm{d}p}{\mathrm{d}y}$,代入方程得

$$yp\frac{\mathrm{d}p}{\mathrm{d}y}-p^2=0,$$

当 $y\neq0$,$p\neq0$ 时,约去 p 并分离变量得

$$\frac{\mathrm{d}p}{p}=\frac{\mathrm{d}y}{y},（一阶微分方程）$$

两边积分整理得　　　　　$p=C_1y$,即 $\dfrac{\mathrm{d}y}{\mathrm{d}x}=C_1y$,（一阶微分方程）

分离变量有 $\dfrac{\mathrm{d}y}{y}=C_1\mathrm{d}x$,两边积分得 $\ln y=C_1x+\ln C_2$.

所以　　　　　　　　　　$y=C_2\mathrm{e}^{C_1x}$,（C_1,C_2 为任意常数）

由于当 $p=0$ 时,$y'=0$,$y=C$ 为 $y=C_2\mathrm{e}^{C_1x}$ 当 $x=0$ 时的情形. 所以 $y=C_2\mathrm{e}^{C_1x}$ 是原方程的通解.

二、二阶常系数线性微分方程

二阶线性微分方程的一般形式为

$$y''+P(x)y'+Q(x)y=f(x) \tag{3-1}$$

其中 $P(x)$,$Q(x)$,$f(x)$ 是 x 的已知函数.

如果 $f(x)\equiv0$　则方程(3-1)可以写成

$$y''+P(x)y'+Q(x)y=0 \tag{3-2}$$

方程(3-2)叫做**二阶齐次线性微分方程**.

如果 $f(x)\neq0$,则方程(1)叫做**二阶非齐次线性微分方程**. 并且把(3-2)叫做对应于二阶非齐次线性微分方程(3-1)的**齐次线性微分方程**.

1. 二阶线性微分方程解的结构

(1)二阶齐次线性微分方程解的结构

定理 1　设 y_1,y_2 是方程 $y''+P(x)y'+Q(x)y=0$ 的两个解,则 $y=C_1y_1+C_2y_2$ 仍是该方程的解,其中 C_1,C_2 是两个任意常数.

定理 1 的结论很容易得到验证. 下面判定 $y=C_1y_1+C_2y_2$ 是否是所给方程的通解.

如果 $\dfrac{y_1}{y_2}\equiv k$(k 是常数),则 $y_1=ky_2$,于是 $y=C_1y_1+C_2y_2$ 可写成

$$y=C_1ky_2+C_2y_2=(C_1k+C_2)y_2,$$

令 $C_1k+C_2=C$,则 $y=Cy_2$,即 $y=C_1y_1+C_2y_2$ 中只含有一个独立的任意常数,因此,$y=C_1y_1+C_2y_2$ 不是所给方程的通解. 此时称 y_1 与 y_2 两个函数是**线性相关**的.

如果 $\dfrac{y_1}{y_2}\neq k$(k 是常数),设 $\dfrac{y_1}{y_2}=u(x)$,则 $y_1=u(x)y_2$. $y=C_1y_1+C_2y_2$ 式可写成 $y=C_1u(x)y_2+C_2y_2=[C_1u(x)+C_2]y_2$,而 $C_1u(x)+C_2$ 不是常数. 这说明 C_1,C_2 是两个相互独立的常数,此时称 y_1 与 y_2 是**线性无关**的,$y=C_1y_1+C_2y_2$ 是所给方程的通解.

定理 2 设 y_1, y_2 是二阶齐次线性方程 $y'' + P(x)y' + Q(x)y = 0$ 的两个线性无关的特解,则 $y = C_1 y_1 + C_2 y_2$ 是该方程的通解,其中 C_1, C_2 是任意常数.

例 5 验证 $y_1 = e^{2x}$, $y_2 = e^{-x}$ 是方程 $y'' - y' - 2y = 0$ 的两个解,并求出该方程的通解.

解 容易验证 $y_1 = e^{2x}$, $y_2 = e^{-x}$ 满足方程. 由 $\dfrac{e^{2x}}{e^{-x}} = e^{3x} \neq$ 常数,所以 $y_1 = e^{2x}$, $y_2 = e^{-x}$ 是方程的两个线性无关的解,故方程通解为

$$y = C_1 e^{2x} + C_2 e^{-x} (C_1, C_2 \text{ 是任意常数})$$

(2)二阶非齐次线性微分方程解的结构.

定理 3 设 y^* 是 $y'' + P(x)y' + Q(x)y = f(x)$ 的特解,Y 是该方程对应齐次方程的通解,则 $y = Y + y^*$ 方程的通解.

一阶线性微分方程与二阶线性微分方程有一样的解的结构.

定理 4 如果 y_1^* 与 y_2^* 为 $y'' + P(x)y' + Q(x)y = f(x)$ 的两个解,则它们的差 $y_1^* - y_2^*$ 为 $y'' + P(x)y' + Q(x)y = 0$ 的解.

例 6 已知 $y_1 = e^{3x} - xe^{2x}$, $y_2 = e^x - xe^{2x}$, $y_3 = -xe^{2x}$ 是某系数为常数的二阶线性微分方程的三个特解,求该方程的通解.

解 由定理 4,$y_1 - y_3 = e^{3x}$,$y_2 - y_3 = e^x$,且 $\dfrac{e^{3x}}{e^x} = e^{2x} \neq$ 常数,所以 e^{3x}, e^x 为对应齐次微分方程的两个线性无关的解,由定理 2,对应齐次方程的通解为

$$\bar{y} = C_1 e^{3x} + C_2 e^x$$

由定理 3 知,该方程的通解为 $y = C_1 e^{3x} + C_2 e^x - xe^{2x} (C_1, C_2 \text{ 为任意常数})$.

定理 5 （非齐次线性微分方程解的叠加原理）

如果 y_1^* 与 y_2^* 分别为 $y'' + p(x)y' + q(x)y = f_1(x)$ 与 $y'' + p(x)y' + q(x)y = f_2(x)$ 的解,则 $y^* = y_1^* + y_2^*$ 为 $y'' + p(x)y' + q(x)y = f_1(x) + f_2(x)$ 的解.

2. 二阶常系数齐次线性微分方程的解

如果二阶线性非齐次微分方程 $y'' + p(x)y' + q(x)y = f(x)$ 中的 $p(x)$, $q(x)$ 是常数,即

$$y'' + py' + qy = f(x) \qquad (3-3)$$
$$y'' + py' + qy = 0 \qquad (3-4)$$

方程(3-3)叫做**二阶常系数非齐次线性方程**;方程(3-4)叫做**二阶常系数齐次线性方程**.

在实际应用中,特别是在电学、力学及工程学中,很多实际应用问题的数学模型都是二阶常系数线性微分方程. 这里我们讨论常见的二阶常系数线性微分方程的解法.

由前面的定理 2 可以知道,寻求二阶常系数齐次线性微分方程

$$y'' + py' + qy = 0 (p, q \text{ 均为常数})$$

的通解,只需要找出该方程的两个线性无关的特解 y_1 和 y_2. 即可得它的通解

$$y = C_1 y_1 + C_2 y_2.$$

考虑到指数函数 $y = e^{rx}$ 的各阶导数之间只相差一个常数,且当 $r_1 \neq r_2$ 时,$y_1 = e^{r_1 x}$ 与 $y_2 =$

$e^{r_2 x}$ 线性无关(其他函数不同时具备上述两点),因此,我们用指数函数 $y=e^{rx}$ 来**试解**.

设 $y=e^{rx}(r$ 是常数)是方程 $y''+py'+qy=0$ 的解,将 $y'=re^{rx}$,$y''=r^2e^{rx}$,代入得

$$e^{rx}(r^2+pr+q)=0,$$

于是有

$$r^2+pr+q=0 \qquad\qquad (3-5)$$

如果 r 是方程(3-5)的根,那么函数 $y=e^{rx}$ 就是方程 $y''+py'+qy=0$ 的解.因此,方程 $r^2+pr+q=0$ 叫做微分方程 $y''+py'+qy=0$ 的**特征方程**.特征方程的根叫做**特征根**.于是求方程(3-4)的特解问题就转化为求特征方程(3-5)的根的问题.

特征根有下面三种情况:

(1)当特征方程有两个不相等的实根 r_1,r_2($p^2-4q>0$)时,$y_1=e^{r_1 x}$ 和 $y_2=e^{r_2 x}$ 是方程(3-4)的两个特解,并且,$\dfrac{y_1}{y_2}=e^{(r_1-r_2)x}\neq$ 常数,即 y_1 与 y_2 线性无关.由定理 2 可以得到

$$y=C_1y_1+C_2y_2=C_1e^{r_1 x}+C_2e^{r_2 x}$$

是方程 $y''+py'+qy=0$ 的通解.

(2)当特征方程有两个相等的实根 $r(p^2-4q=0)$ 时,$y_1=e^{rx}$ 是方程 $y''+py'+qy=0$ 的一个特解,还需寻求一个与 y_1 线性无关的特解.

设 y_2 是所求方程的另一个特解,且 $\dfrac{y_2}{y_1}=u(x)$,$u(x)$ 是 x 的一元待定函数(不是常数).则 $y_2=u(x)\cdot y_1=u(x)e^{rx}$,$y'_2=e^{rx}[u'(x)+ru(x)]$,

$$y''_2=e^{rx}[u''(x)+2ru'(x)+r^2u(x)]$$

于是有

$$e^{rx}[u''+(2r+p)u'+(r^2+pr+q)]=0. \qquad (3-6)$$

因为 r 是 $r^2+pr+q=0$ 的重根,所以,$2r+p=0$,$r^2+pr+q=0$,代入(3-6)得

$$u''=0\Rightarrow u'=k\Rightarrow u=kx+C$$

取其中最简单的一个函数,不妨取 $C=0$,$k=1$ 即 $u=x$.从而 $y_2=xe^{rx}$ 是方程 $y''+py'+qy=0$ 的一个特解,并且 $\dfrac{y_2}{y_1}=x$,y_1 与 y_2 线性无关.所以,

$$y=C_1y_1+C_2y_2=C_1e^{rx}+C_2xe^{rx}=(C_1+C_2x)e^{rx}$$

是方程 $y''+py'+qy=0$ 的通解.

(3)当特征方程有一对共轭复根 $r_1=\alpha+i\beta$,$r_2=\alpha-i\beta(p^2-4q<0)$ 时,可以验证 $y_1=e^{r_1 x}$ 和 $y_2=e^{r_2 x}$ 是方程 $y''+py'+qy=0$ 的两个特解,由于我们是在实数范围内讨论问题,由欧拉(Euler)公式 $e^{ix}=\cos x+i\sin x$,有

$$y_1=e^{r_1 x}=e^{(\alpha+\beta i)x}=e^{\alpha x}(\cos\beta x+i\sin\beta x),$$
$$y_2=e^{r_2 x}=e^{(\alpha-\beta i)x}=e^{\alpha x}(\cos\beta x-i\sin\beta x),$$

两式相加得 $\dfrac{1}{2}(y_1+y_2)=e^{\alpha x}\cos\beta x$,两式相减得 $\dfrac{1}{2i}(y_1-y_2)=e^{\alpha x}\sin\beta x$,由定理 1 知 $e^{\alpha x}\cos\beta x$ 和

$e^{\alpha x}\sin\beta x$ 是方程 $y''+py'+qy=0$ 的两个线性无关的特解. 因此,

$$y=e^{\alpha x}(C_1\cos\beta x+C_2\sin\beta x)(C_1,C_2\ \text{为任意常数}).$$

是方程 $y''+py'+qy=0$ 的通解.

综上所述得

解二阶常系数齐次线性微分方程 $y''+py'+qy=0$(其中 p,q 均为常数)的步骤如下:

第一步 写出特征方程 $r^2+pr+q=0$;

第二步 求出特征方程的两个根 r_1,r_2;

第三步 根据不同情况(下表)写出方程的通解.

特征方程 $r^2+pr+q=0$ 的两个根 r_1,r_2	方程 $y''+py'+qy=0$ 的通解
$r_1\neq r_2(p^2-4q>0)$	$y=C_1e^{r_1x}+C_2e^{r_2x}$
$r_1=r_2=r(p^2-4q=0)$	$y=C_1e^{rx}+C_2xe^{rx}=(C_1+C_2x)e^{rx}$
$r_{1,2}=\alpha\pm\beta i(p^2-4q<0)$	$y=e^{\alpha x}(C_1\cos\beta x+C_2\sin\beta x)$

例 7 解微分方程 $y''+5y'+6y=0$.

解 特征方程为 $r^2+5r+6=0$,解得特征根为 $r_1=-2,r_2=-3$. 故方程通解为

$$y=C_1e^{-2x}+C_2e^{-3x}(C_1,C_2\ \text{为任意常数})$$

例 8 求微分方程 $y''+2y'+y=0$ 满足初始条件 $y|_{x=0}=0,y'|_{x=0}=1$ 的特解.

解 特征方程为 $r^2+2r+1=0$,解得特征根为 $r_1=r_2=-1$. 故方程通解为

$$y=(C_1+C_2x)e^{-x}.$$

由 $y|_{x=0}=0$ 得 $C_1=0$,由 $y'|_{x=0}=1$ 得 $C_2=1$. 所以,方程满足初始条件的特解为

$$y=xe^{-x}.$$

例 9 解微分方程 $y''-4y'+13y=0$.

解 特征方程为 $r^2-4r+13=0$,解得特征根为 $r_1=2+3i,r_2=2-3i$. 故方程通解是

$$y=e^{2x}(C_1\cos3x+C_2\sin3x).(C_1,C_2\ \text{为任意常数})$$

3. 二阶常系数非齐次线性微分方程的解

由非齐次方程解的结构得知,二阶常系数非齐次线性微分方程 $y''+py'+qy=f(x)(p,q$ 均为常数)的通解是由该方程的一个特解 y^* 与对应齐次方程 $y''+py'+qy=0$ 的通解 Y 的和构成的. 下面我们分情况讨论非齐次方程的一个特解 y^* 的求法.

(1)$f(x)=P_m(x)e^{\lambda x}$ **的情形**

$$y''+py'+qy=P_m(x)e^{\lambda x} \qquad\qquad (3-7)$$

其中 $P_m(x)$ 是 x 的 m 次多项式,λ 是常数.

下面我们利用**待定系数法**求方程的一个特解 y^*.

因为方程(3-7)右端是一个 x 的 m 次多项式与指数函数 $e^{\lambda x}$ 的积,由于多项式与指数函数的积的导数仍为多项式与指数函数的积,所以方程的左端也应具备这种形式,故特解也具备

这种形式. 不妨设 $y^* = Q(x)e^{\lambda x}$(其中 $Q(x)$ 是 x 的多项式)是方程(3-7)的解. 则

$$y^{*\prime} = e^{\lambda x}[Q'(x) + \lambda Q(x)], y^{*\prime\prime} = e^{\lambda x}[Q''(x) + 2\lambda Q'(x) + \lambda^2 Q(x)].$$

代入方程(3-7)得

$$e^{\lambda x}[Q''(x) + (2\lambda + p)Q'(x) + (\lambda^2 + px + q)Q(x)] = P_m(x)e^{\lambda x},$$

方程两边约去 $e^{\lambda x}$ 得

$$Q''(x) + (2\lambda + p)Q'(x) + (\lambda^2 + p\lambda + q)Q(x) = P_m(x). \tag{3-8}$$

（ⅰ）如果 λ 不是特征方程的根,那么,$2\lambda + p \neq 0, \lambda^2 + p\lambda + q \neq 0$. 此时可取 $Q(x)$ 为另一个 m 次多项式 $Q_m(x)$,即设特解 $y^* = Q_m(x)e^{\lambda x}$.

（ⅱ）如果 λ 是特征方程的单根,那么,$2\lambda + p \neq 0, \lambda^2 + p\lambda + q = 0$,此时可取 $Q'(x)$ 是 x 的 m 次多项式,$Q(x)$ 是 x 的 $m+1$ 次多项式,即设特解 $y^* = xQ_m(x)e^{\lambda x}$.

（ⅲ）如果 λ 是特征方程的重根,那么,$2\lambda + p = 0, \lambda^2 + p\lambda + q = 0$,此时可取 $Q''(x)$ 是 x 的 m 次多项式,$Q(x)$ 是 x 的 $m+2$ 次多项式,即设特解 $y^* = x^2 Q_m(x)e^{\lambda x}$.

综合上面三种情况,方程(3-7)的特解 y^* 的一般形式为 $y^* = x^k Q_m(x)e^{\lambda x}$. 当 λ 不是特征方程的根时,$k=0$;当 λ 是特征方程的单根时,$k=1$;当 λ 是特征方程的重根时,$k=2$.

综上所述得微分方程 $y'' + py' + qy = P_m(x)e^{\lambda x}$ 的特解的求法——**待定系数法**

求 $y'' + py' + qy = P_m(x)e^{\lambda x}$ 的特解步骤

第一步 设出特解 y^* 的形式:

$$y^* = \begin{cases} Q_m(x)e^{\lambda x}, & \lambda \text{ 不是特征根}, \\ xQ_m(x)e^{\lambda x}, & \lambda \text{ 是单特征根}, \\ x^2 Q_m(x)e^{\lambda x}, & \lambda \text{ 是重特征根}. \end{cases}$$

其中 $Q_m(x)$ 表示 m 次多项式,

第二步 将 y^* 代入原方程确定 $Q_m(x)$ 中的系数.

例 10 解微分方程 $y'' - 2y' - 3y = 3x + 1$.

解 先求对应的齐次方程为 $y'' - 2y' - 3y = 0$ 的通解.

方程的特征方程为 $r^2 - 2r - 3 = 0$,解得特征根为 $r_1 = -1, r_2 = 3$. 所以 $y'' - 2y' - 3y = 0$ 的通解为 $Y = C_1 e^{-x} + C_2 e^{3x}$.

又由 $f(x) = P_m(x)e^{\lambda x} = 3x + 1$,即 $P_m(x) = 3x + 1$ 是一次多项式,且 $\lambda = 0$ 不是特征根,故设 $y^* = b_0 x + b_1$. 代入原方程得

$$-3b_0 x - 2b_0 - 3b_1 = 3x + 1.$$

比较等式两边同次项的系数解得

$$b_0 = -1, b_1 = \frac{1}{3},$$

因此所求方程的一个特解为 $\quad y^* = -x + \dfrac{1}{3}$,

从而所求方程的通解为 $y = C_1 e^{-x} + C_2 e^{3x} - x + \dfrac{1}{3} (C_1, C_2$ 为任意常数).

例 11　解微分方程 $y''-5y'+6y=x\mathrm{e}^{2x}$.

解　方程对应的齐次方程为 $y''-5y'+6y=0$,其特征方程为 $r^2-5r+6=0$. 解得特征根为 $r_1=2,r_2=3$. 所以,齐次方程的通解为 $Y=C_1\mathrm{e}^{2x}+C_2\mathrm{e}^{3x}$.

$f(x)=x\mathrm{e}^{2x}$,即 $P_m(x)=x$ 是一次多项式,$\lambda=2$ 是特征单根,故设特解

$$y^*=x(b_0x+b_1)\mathrm{e}^{2x},$$

将 y^* 代入原方程得 $\qquad -2b_0x+2b_0-b_1=x.$

比较等式两边同次项的系数解得

$$b_0=-\frac{1}{2},b_1=-1.$$

于是 $y^*=-x\left(\dfrac{1}{2}x+1\right)\mathrm{e}^{2x}$. 所以,原方程的通解为

$$y=Y+y^*=\left(C_1-\frac{1}{2}x^2-x\right)\mathrm{e}^{2x}+C_2\mathrm{e}^{3x}(C_1,C_2\text{ 为任意常数}).$$

例 12　求微分方程 $y''+y=2x^2-3$ 满足初始条件 $y|_{x=0}=1,y'|_{x=0}=2$ 的特解.

解　对应的齐次方程为 $y''+y=0$,其特征方程为 $r^2+1=0$. 解得特征根为 $r=\pm i$,故齐次方程的通解为 $Y=C_1\cos x+C_2\sin x$.

$f(x)=2x^2-3$,即 $P_m(x)=2x^2-3$ 是二次多项式,$\lambda=0$. 由于 $\lambda=0$ 不是特征根. 故设特解为 $y^*=b_0x^2+b_1x+b_2$,将 y^* 代入原方程得

$$b_0x^2+b_1x+(2b_0+b_2)=2x^2-3,$$

比较两边的同次项系数解得

$$b_0=2,b_1=0,b_2=-7,$$

于是 $y^*=2x^2-7$. 所以,原方程的通解为

$$y=Y+y^*=C_1\cos x+C_2\sin x+2x^2-7.$$

由初始条件 $y|_{x=0}=1,y'|_{x=0}=2$ 得 $C_1=8,C_2=2$,所以,原方程满足初始条件的特解是

$$y=8\cos x+2\sin x+2x^2-7.$$

(2) $f(x)=\mathrm{e}^{\lambda x}[P_l(x)\cos\omega x+P_n(x)\sin\omega x]$**情形**,其中 λ,ω 是常数,$P_l(x),P_n(x)$ 分别是 x 的 l,n 次多项式.

可以证明,此时方程 $y''+p(x)y'+q(x)y=f(x)$ 有形如

$$y^*=x^k\mathrm{e}^{\lambda x}[A_m(x)\cos\omega x+B_m(x)\sin\omega x] \qquad (3-9)$$

的特解,其中 $A_m(x),B_m(x)$ 是 m 次多项式,$m=\max\{l,n\}$,而 k 按 $\lambda+\omega i$(或 $\lambda-\omega i$)不是特征方程的根或是特征方程的单根依次取 0 或 1.

例 13　求方程 $y''-y=x\cos x$ 的一个特解.

解　$\lambda=0,\omega=1,\lambda+\omega i=i$ 不是特征根,$\lambda_{1,2}=\pm1,m=1$

所以可设方程 $y''-y=x\cos x$ 的特解形式为

$$y^*=(a+bx)\cos x+(c+dx)\sin x,$$

将 y^* 代入原方程得：$2(d-a-bx)\cos x-2(b+c+dx)\sin x=x\cos x$，
比较 $\cos x,x\cos x,\sin x,x\sin x$ 的系数得

$$2(d-a)=0,-2b=1,-2(b+c)=-2d=0,$$

解得
$$a=0,b=-\frac{1}{2},c=\frac{1}{2},d=0,$$

所以原方程的一个特解为

$$y^*=-\frac{1}{2}x\cos x+\frac{1}{2}\sin x.$$

思考与探究

1. 设 y_1,y_2 是方程 $y''+p(x)y'+q(x)y=0$ 的两个解，则 (1) $y=C_1y_1+C_2y_2$ 是方程的解吗？(2) $y=C_1y_1+C_2y_2$ 是方程的通解吗？为什么？

2. 设 y_1,y_2 是方程 $y''+p(x)y'+q(x)y=f(x)$ 的两个不同解，则 (1) $y=C_1y_1+C_2y_2$ 是方程的解吗？(2) C_1,C_2 满足什么条件可使 $y=C_1y_1+C_2y_2$ 是方程的解？(3) C_1,C_2 满足何条件可使 $y=C_1y_1+C_2y_2$ 是方程 $y''+p(x)y'+q(x)y=0$ 的解？

习题 7-3

1. 求解下列微分方程：

(1) $y''=e^{2x}$；

(2) $y'''=xe^x$；

(3) $y''=y'+x$；

(4) $xy''+y'=0$；

2. 求下列各微分方程满足所给初始条件的特解：

(1) $y^3y''+1=0,y|_{x=1}=1,y'|_{x=1}=0$；

(2) $y''=e^{2y},y|_{x=0}=y'|_{x=0}=0$；

(3) $xy''=y',y|_{x=0}=y'|_{x=0}=0$；

(4) $y''+(y')^2=1,y|_{x=0}=y'|_{x=0}=0.$

3. 解下列微分方程：

(1) $y''+y'-2y=0$；

(2) $y''-4y'+5y=0$；

(3) $y''-9y=0$；

(4) $4\dfrac{\mathrm{d}^2x}{\mathrm{d}t^2}-20\dfrac{\mathrm{d}x}{\mathrm{d}t}+25x=0$；

4. 求解下列微分方程：

(1) $2y''+y'-y=2e^x$；

(2) $2y''+5y'=5x^2-2x-1$；

(3) $y''+3y'+2y=3xe^{-x}$；

(4) $y''+4y=x\cos x$；

5. 求下列微分方程满足初始条件的特解：

(1) $y''-4y'+3y=0,y|_{x=0}=6,y'|_{x=0}=10$；

(2) $4y''+4y'+y=0,y|_{x=0}=2,y'|_{x=0}=0$；

(3) $y''-y=4xe^x,y|_{x=0}=0,y'|_{x=0}=1$；

(4) $y''-4y'=5,y|_{x=0}=1,y'|_{x=0}=0.$

阅读与思考

数学之神——阿基米德

阿基米德是古希腊大数学家、大物理学家，公元前 287 年生于西西里岛的叙拉，公元前 121 年被罗马入侵者杀害．

提起阿基米德(Archimedes,希,公元前287—前212),我们脑子里都会涌现出初中学习浮力定理时物理老师讲述的故事场景:阿基米德去澡堂洗澡突然悟到了浮力原理,不顾一切从澡堂里跳出来,赤身裸体跑回家中去做浮力实验.

阿基米德从小热爱学习,善于思考,喜欢辩论,通古博今,他把数学研究和力学、机械学紧紧地联在一起,终身致力于数学研究和科学的实际应用.阿基米德在数学上有着极为光辉灿烂的成就,特别是在几何学方面.他善于继承和创造.他运用穷竭法解决了几何图形的面积、体积、曲线长等大量计算问题,其方法是微积分的先导,其结果也与微积分相一致.阿基米德还采用不断分割法求椭球体、旋转抛物体等的体积,这种方法已具有积分计算的雏形.阿基米德的数学思想中蕴涵微积分,阿基米德的《方法论》中已经"十分接近现代微积分",这里有对数学上"无穷"的超前研究,贯穿全篇的则是如何将数学模型进行物理上的应用.他所缺的是没有极限概念,但其思想实质却伸展到17世纪趋于成熟的无穷小分析领域里去,预告了微积分的诞生.阿基米德将欧几里德提出的趋近观念作了有效的运用.他利用"逼近法"算出球面积、球体积、抛物线、椭圆面积,后世的数学家依据这样的"逼近法"思想加以发展成近代的"微积分".阿基米德还利用割圆法求得π的值介于3.141 63和3.142 86之间.另外他算出球的表面积是其内接最大圆面积的4倍,又导出圆柱内切球体的体积是圆柱体积的三分之二,这个定理就刻在他的墓碑上.阿基米德研究出螺旋形曲线的性质,现今的"阿基米德螺线"曲线,就是因为纪念他而命名.阿基米德的几何著作是希腊数学的顶峰.他把欧几里得严格的推理方法与柏拉图鲜艳的丰富想象和谐地结合在一起,达到了至善至美的境界,从而"使得往后由开普勒、卡瓦列利、费马、牛顿、莱布尼茨等继续培育起来的微积分日趋完美".阿基米德在数学上的成就在当时达到了登峰造极的地步,对后世影响的深远程度也是任何一位数学家无与伦比的.他是数学史上首屈一指的大数学家.

阿基米德很崇尚数学的应用,因而也是一位为伟大的物理学家.最引人入胜,也使阿基米德最为人称道的是阿基米德从智破金冠案中发现了浮力原理.这条原理后人以阿基米德的名字命名.一直到现代,人们还在利用这个原理测定船舶载重量等.在亚历山大里亚求学期间,他发明了一种利用螺旋作用在水管里旋转而把水吸上来的工具,后世的人叫它做"阿基米德螺旋提水器".埃及一直到二千年后的现代,还有人使用这种器械.这个工具成了后来螺旋推进器的先祖.

阿基米德在他的著作《论杠杆》(可惜失传)中详细地论述了杠杆的原理.有一次叙拉古国王对杠杆的威力表示怀疑,他要求阿基米德移动载满生物和乘客的高大游船到水里.阿基米德利用杠杆原理,设计、制造了一套巧妙的机械滑车,在群众欢呼雀跃中把那艘大船慢慢移动起来,顺利地滑下了水里,国王和大臣们看到这样的奇迹,好像看耍魔术一样,惊奇不已!阿基米德曾说过:"给我一个支点,我就能撬动地球!"假如给阿基米德一个支点,他真能撬动地球吗?也许能.不过,根据科学家计算,如果真有相应的条件,阿基米德使用的械杆必须要有88×1021英里长才行!当然这在目前是做不到的.

阿基米德还是一位运用科学知识抗击外敌入侵的爱国主义者.在第二次布匿战争时期,为了抵御罗马帝国的入侵,阿基米德制造了一批特殊机械,能向敌人投射滚滚巨石;设计了一种起重机,能将敌舰掀翻;架设了大型抛物面铜镜,利用抛物镜面的聚光作用,把集中的阳光照射到入侵叙拉古的罗马船上,让战船自己焚烧.保护叙拉古战役的机械巨手和投石机等就是最生动的例子,有力地证明了"知识就是力量"的真理.敌军统帅马塞拉斯惊呼"我们在同数学家打仗,他比神话中的'百手巨人'还厉害"! 后来马塞拉斯采取了外围内间的策略,3 年以后,叙拉古陷落了. 马塞拉斯十分敬佩阿基米德的聪明智慧,下令不许伤害他,还派一名士兵去请他,此时阿基米德不知城门已破,还在凝视着木板上的几何图形沉思呢. 当士兵的利剑指向他时,他却用身子护住木板,大叫:"不要动我的图形!"他要求把原理证明完再走,但激怒了那个鲁莽无知的士兵,他竟用利剑刺死了 75 岁的老科学家. 马塞拉斯勃然大怒,他处死了那个士兵,为他开了追悼会并建了陵墓,按阿基米德遗愿将死者最引以为自豪的数学发现的象征图形——圆柱内切球刻在了墓碑上. 阿基米德被后世的数学家尊称为"数学之神",在人类有史以来最重要的三位数学家中,阿基米德占首位,另两位是牛顿和高斯.

　　阿基米德对数学和物理的发展做出了巨大的贡献,为社会进步和人类发展做出了不可磨灭的影响,即使牛顿和爱因斯坦也都曾从他身上汲取过智慧和灵感,他是"理论天才与实验天才合于一人的理想化身",文艺复兴时期的达芬奇和伽利略等都拿他来做自己的楷模. 其实,阿基米德并不是什么"神",他只是一个爱思考、爱学习的凡人. 他之所以能够取得如此丰硕的成果,完全是源于他对事业的热爱. 没有热爱,便没有追求;没有追求,便没有果实. 这位伟人在生命结束之时都在研究和计算,这种执着科学的精神直到今天都是值得我们学习的.

思考

　　阿基米德热爱祖国、勇于追求、善于思考、执着钻研、崇尚应用、甘于奉献,他是"理论天才与实验天才合于一人的理想化身",阿基米德运用数学知识,战胜入侵强敌,充分地显示了数学知识的巨大威力,你从阿基米德的事迹中体验到了什么精神? 你得到了什么启示? 如何落实到平时的学习中?

本章学习指导

一、基本知识与思想方法框架结构图

概念：准确理解(常微分方程的**阶、解、通解、特解、初始条件**等概念)

一阶微分方程

化归转化

可分离变量的微分方程
$$\frac{dy}{dx}=f(x)g(y) \xrightarrow{\text{分离变量}} \frac{1}{g(y)}dy=f(x)dx$$
$$\xrightarrow{\text{两边积分}} \int \frac{1}{g(y)}dy=\int f(x)dx+C \xrightarrow{\text{整理化简}} \text{通解}$$

齐次微分方程
$$\frac{dy}{dx}=f\left(\frac{y}{x}\right) \xrightarrow[\text{换元转化为可分离变量的方程}]{u=\frac{y}{x} \quad \frac{dy}{dx}=u+x\frac{du}{dx}} u+x\frac{du}{dx}=f(u)$$
$$\xrightarrow[\text{代回整理}]{\text{分离变量}} \frac{du}{f(u)-u}=\frac{dx}{x} \xrightarrow{\text{两边积分}} \text{通解}$$

一阶线性微分方程

齐次线性方程 $\frac{dy}{dx}+P(x)y=0$ $\xrightarrow[\text{两边积分}]{\text{分离变量}}$ 通解 $y=Ce^{-\int P(x)dx}$

非齐次方程线性 $\frac{dy}{dx}+P(x)y=Q(x)$ $\xrightarrow[\text{代入原方程求出待定函数}C(x)]{\text{常数变易}y=C(x)e^{-\int p(x)dx}}$

通解 $y=e^{-\int P(x)dx}\left[\int Q(x)e^{\int P(x)dx}dx+C\right]$ (**公式解**)

从特殊到一般

伯努利方程 $\frac{dy}{dx}+P(x)y=Q(x)y^n(n\neq 0,1)$ $\xrightarrow{\text{方程的两端同除以 }y^n}$

$y^{-n}\frac{dy}{dx}+P(x)y^{1-n}=Q(x)$ $\xrightarrow[\text{转化为线性方程}]{\text{换元 }z=y^{1-n}}$ $\frac{dz}{dx}+(1-n)P(x)z$
$=(1-n)Q(x)$

化归转化思想方法

可降阶的高阶方程

可直接积分的微分方程 $y^{(n)}=f(x)$ $\xrightarrow{\text{连续积分 }n\text{ 次}}$ 通解

特殊二阶方程
$$y''=f(x,y') \xrightarrow[\text{换元化为一阶方程}]{y'=p \quad y''=p'} p'=f(x,p)$$
$$y''=f(y,y') \xrightarrow[\text{换元化为一阶方程}]{y'=p \quad y''=p\frac{dp}{dy}} p\frac{dp}{dy}=f(y,p)$$

化未知为已知 化难为易

微分方程

线性方程解的结构

齐次线性方程
$y''+p(x)y'+q(x)y=0$ 通解为 $y=C_1y_1+C_2y_2$
(其中 y_2 与 y_1 是两个线性无关的特解)

非齐次线性方程的通解 = 对应齐次方程的通解 + 自身一个特解

线性方程解的结构统一

二阶常系数齐次线性方程通解的解法(特征值法) $\xrightarrow{\text{转化}}$ 代数方程的解

二阶常系数非齐次此线方程 $y''+py'+qy=f(x)$ 特解解法(**待定系数法**)

$f(x)$ 的形式 → $f(x)=P_m(x)e^{\lambda x}$ $\quad f(x)=e^{\lambda x}[P_l(x)\cos\omega x+P_n(x)\sin\omega x]$

方程特解形式 → $y^*=x^kQ_m(x)e^{\lambda x}$ $\quad y^*=x^ke^{\lambda x}[A_m(x)\cos\omega x+B_m(x)\sin\omega x]$

k 是特征方程含根 λ 的重数 $\quad k$ 是特征方程含根 $\lambda+\omega i$(或 $\lambda-\omega i$)的重数

其中 $m=\max\{l,n\}$

猜想解的形式 代入 验证 概括 特解形式

二、思想方法小结

(一)转化的思想方法

求解微分方程的核心思想是**转化**的思想,都是应用适当的变形或者换元把一般类型的微分方程转化为特殊类型的微分方程、把高阶微分方程阶转化为低阶微分方程等. 学习中重点掌握基本方程(可分离变量方程、一阶线性微分方程及二阶常系数线性微分方程)的解法,灵活利用转化的思想方法,把其余类型的方程转化为基本方程类型.

(二)数学的统一性及和谐美

二阶齐次线性方程解的性质、解的结构可以直接推广到任意 n 阶的线性微分方程的情形,奇妙的是在后续所学的《线性代数》课程中,n 元线性方程组解的性质与解的结构与 n 阶线性微分方程解的性质与解的结构完全类似. 由此可以体会到数学的统一性及和谐美.

(三)待定系数法

待定系数法是一种重要的数学方法,它是在知道问题解的形式的前提下,通过引入一些待定的系数,转化为方程或方程组来解决问题. 一阶线性微分方程的常数变易法、二阶常系数线性非齐次方程的特解求法都是待定系数法的运用. 第四章中,有理函数的积分问题中,就是用待定系数法把有理函数真分式化为简单的部分分式之和.

(四)体验数学猜想的思想方法

数学猜想是数学发展的动力,科学发现的先导. 著名物理学家牛顿说过:"没有大胆的猜想,就做不出伟大的发现."数学猜想是依据题设中给出的已知条件、图形,以及推证的结果,运用联想、类比等多种思维方法,结合所学数学知识,对未知量、图形及相互关系所做出的一种推断或预测. 其流程如下图:

$$观察实验 \xrightarrow[\text{直观 联想 类比}]{\text{不完全归纳}} 猜想 \xrightarrow[\text{验证}]{\text{演绎推理}} 科学结论$$

本章中一阶线性微分方程常数变易法、二阶常系数线性非齐次方程 $y'' + py' + qy = f(x)$ 的特解、二阶常系数齐次线性方程 $y'' + py' + qy = 0$ 的通解的求法就是数学猜想的思想方法.

第五章定积分一章中,根据定积分的物理意义得到位置函数 $s(t)$ 与速度函数 $v(t)$ 之间的关系:$\int_{T_1}^{T_2} v(t)\mathrm{d}t = s(T_2) - s(T_1)$,由这个从实际问题得出来的关系式子大胆猜想:在一定条件下是否具有普遍性,从而猜想得到牛顿莱布尼茨公式,然后再探讨其科学的论证.

罗尔定理中,满足罗尔定理条件的函数 $f(x)$ 的图形形如右图,从图形直观猜想和感悟得出结论:曲线上存在平行于区间端点连线的切线,即在 (a,b) 内至少有一点 ξ 使得

$$f'(\xi) = 0 \quad (a < \xi < b)$$

乔治·波利亚在数学名著《数学与猜想》中指出"在证明一个数学问题之前,你先得猜测这个问题的内容,在你完全做出详细证明之前,你先得推测证明的思路 …… 只要数学的学习过程还能反映数学的发明过程的话,那么就应当让猜测、合情推理占有适当的位置."因此我们在数学学习中,大胆猜想,善于验证,加强这方面能力的培养,创新思维可以得

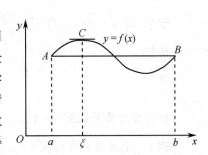

到训练,创造能力会得到提高.

三、典型题型思路方法指导

解微分方程的基本思路是"对号入座"和"对症下药"."对号入座"是指要分清所给的微分方程的类型.这就要求对所学过的微分方程的类型要心中有数,并且掌握常用的转化手段."对症下药"是指要掌握每种类型方程的解法,根据方程的类型,采用相应的方法.

例 1 解微分方程 $3e^x \tan y dx + (2 - e^x) \sec^2 y dy = 0$. [答案 $\tan y - C(2 - e^x)^3 = 0$]

解题思路:整理为 $\dfrac{\sec^2 y dy}{\tan y} = -\dfrac{3e^x dx}{2 - e^x}$,这是一个一阶可分离变量的微分方程,

解法:分离变量法.

例 2 解微分方程 $xy' = \sqrt{x^2 - y^2} + y$. [答案 $y = x \sin(\ln|x| + C)$]

解题思路:整理为 $\dfrac{dy}{dx} = \sqrt{1 - \left(\dfrac{y}{x}\right)^2} + \dfrac{y}{x}$,这是一个一阶齐次方程,

解法:设 $u = \dfrac{y}{x}$ 换元转化可分离变量微分方程.

例 3 解微分方程 $(y^2 - 6x)\dfrac{dy}{dx} + 2y = 0$.

解题思路:整理为 $\dfrac{dx}{dy} - \dfrac{3}{y}x = -\dfrac{y}{2}$,这是一个把 x 看作 y 的函数的一阶线性微分方程.

解法:公式法得通解 $x = \dfrac{1}{2}y^2 + Cy^3$($C$ 为任意常数).

例 4 解微分方程 $x dy + y dx = xy^3 dx$. $\left[答案 \ y^2 = \dfrac{1}{2x(1 + Cx)}\right]$

解题思路:方程类型 原方程变形为 $\dfrac{dy}{dx} + \dfrac{y}{x} = y^3$ 是伯努利微分方程.

解法:设 $z = y^{-2}$ 换元转化为一阶线性微分方程 $\dfrac{dz}{dx} - \dfrac{2}{x}z = -2$.

利用公式法解得 $z = e^{-\int \frac{-2}{x}dx}\left[\int(-2)e^{\int \frac{-2}{x}dx}dx + C\right] = x^2\left(\dfrac{2}{x} + C\right) = 2x + Cx^2$,

将 $z = y^{-2}$ 代入上式得:$y^2 = \dfrac{1}{2x(1 + Cx)}$($C$ 为任意常数).

例 5 解微分方程 $y'' = \dfrac{1}{x}y' + xe^x$.(不显含 y 的二阶微分方程)

解题思路:方程 $y'' = \dfrac{1}{x}y' + xe^x$ 特点是不显含 y.可降解微分方程.

解法:设 $y' = p(x)$,则 $y'' = \dfrac{dp}{dx}$,转化为一阶 $\dfrac{dp}{dx} - \dfrac{1}{x}p = xe^x$ 求解

解得 $$p(x) = x(e^x + C_1),$$

即 $$\dfrac{dy}{dx} = p(x) = x(e^x + C_1),$$

解得原方程的通解 $y = (x - 1)e^x + \dfrac{C_1}{2}x^2 + C_2 = (x - 1)e^x + C_1 x^2 + C_2$.

例 6 求解微分方程 $y'' + 6y' + 13y = 0$.(答案 $y = e^{-3x}(C_1 \cos 2x + C_2 \sin 2x)$)

解题思路:这是一个二阶常系数齐次微分方程,特征根法转化为代数方程的解的问题.

例7 解微分方程 $y''-y=-\dfrac{1}{2}\cos 2x$. $\left[\text{答案 } y=C_1 e^x+C_2 e^{-x}+\dfrac{1}{10}\cos 2x\right]$

解题思路:这是一个二阶常系数非齐次微分方程,通解为对应齐次方程通解+非齐次方程的特解,

解题步骤:1. 特征根法求对应齐次通解 $Y=C_1 e^x+C_2 e^{-x}$.

2. 待定系数法求非齐次方程的特解.

(1)设出非齐次方程的特解形式 $y^*=A\cos 2x+B\sin 2x$,

(2)把 y^*、$(y^*)'$、$(y^*)''$代入原方程,比较方程两边系数或赋值法列出关于 A、B 的代数方程组,解出 A、B,

(3)写出原方程的通解 $y=C_1 e^x+C_2 e^{-x}+\dfrac{1}{10}\cos 2x$.

例8 已知连续函数满足 $f(x)=\displaystyle\int_0^{3x} f\left(\dfrac{t}{3}\right)\mathrm{d}t+e^{2x}$,求 $f(x)$.$\left[\text{答案 } f(x)=3e^{3x}-2e^{2x}\right]$

解题思路:这是一个含积分的方程,两边求导转化为微分方程问题.

解题步骤:(1)两边求导得 $f'(x)=3f(x)+2e^{2x}$(一阶线性微分方程),

(2)应用常数变易法或公式法求得此方程通解为

$$f(x)=(-2e^{-x}+C)e^{3x}=Ce^{3x}-2e^{2x},$$

(3)由 $x=0$,代入原方程得 $f(0)=1$. 并代入通解解得 $C=3$.

注意:本题易错的地方是,漏掉方程隐函的初始条件 $f(0)=1$,只求出通解.

总习题七

一、填空题

1. 曲线族 $y=\sin(x+C)$ 所满足的一阶微分方程是 _____;

2. 微分方程 $e^{y'}=x$ 的通解为 _____;

3. 已知 $y'+p(x)y=Q(x)$ 有两个解 $y_1=-\dfrac{1}{4}x^2$,$y_2=-\dfrac{1}{4}x^2-\dfrac{4}{x^2}$,则 $p(x)=$ _____;

$Q(x)=$ _____;其通解 $y=$ _____;

4. 微分方程 $xy'-y\ln y=0$ 的通解是 _____;

5. 若连续函数 $f(x)$ 满足关系式 $f(x)=\displaystyle\int_0^{2x} f\left(\dfrac{t}{2}\right)\mathrm{d}t+\ln 2$,则 $f(x)=$ _____;

6. 微分方程 $yy''+y'^2=0$ 满足初始条件 $y|_{x=0}=1$,$y'|_{x=0}=\dfrac{1}{2}$ 的特解是 _____;

7. 微分方程 $y''+y'+y=0$ 的通解为 _____;

8. 设 $y=(C_1+x)e^x+C_2 e^{-x}$ 是微分方程 $y''+ay'+by=de^{cx}$ 的通解,则 $(a,b,c,d)=$ _____;

9. 方程 $y''-y=e^x+1$ 的一个特解应具有形式为 _____;

10. $\begin{cases} y''+p(x)y'=0 \\ y|_{x=0}=1, y|_{x=1}=1 \end{cases}$ 的一个解 $y=$ _____.

二、选择题

1. 微分方程 $(y')^2+y'(y'')^3+xy^4=0$ 的阶数是( ).

(A)4　　　　　　(B)3　　　　　　(C)2　　　　　　(D)0

2. 设 y_1 是微分方程 $y'-p(x)y=Q(x)$ 的解,则该方程的通解为(　　　).

(A)$y_1+Ce^{-\int p(x)dx}$　　　　　　(B)$y_1+Ce^{\int p(x)dx}$

(C)$Cy_1+Ce^{\int p(x)dx}$　　　　　　(D)$Cy_1+Ce^{-\int p(x)dx}$

3. 已知微分方程 $y'+p(x)y=x\sin x$ 有一特解为 $y=-x\cos x$,则此方程的通解为(　　　).

(A)$y=Cx\cos x$　　　　　　(B)$y=C-x\cos x$

(C)$y=Cx-x\cos x$　　　　　　(D)$y=-x\cos Cx$

4. 微分方程 $(x-2xy-y^2)dy-y^2dx=0$ 是(　　　).

(A)可分离变量的方程　　　　　　(B)线性方程

(C)伯努利方程　　　　　　(D)齐次微分方程

5. 如果当 $\Delta x\to0$ 时,函数 $y=f(x)$ 在任意点 x 的增量 Δx 与 $\dfrac{y}{1+x^2}\Delta x$ 之差是 Δx 的高阶无穷小,则当 $y(0)=\pi$ 时,$y(1)$ 等于(　　　).

(A)$4\pi e^{\pi}$　　　　(B)$\pi e^{\frac{\pi}{4}}$　　　　(C)$\dfrac{\pi}{4}e^{\pi}$　　　　(D)$\dfrac{1}{\pi}e^{4\pi}$

6. 设 $f(x)\neq0$,又 y_1,y_2,y_3 是微分方程 $y''+p(x)y'+Q(x)y=f(x)$ 的三个不等的解,则该方程必定有解(　　　).

(A)$y_1+y_2+y_3$　　　　　　(B)$y_1+y_2-y_3$

(C)$y_1-y_2-y_3$　　　　　　(D)$-y_1-y_2-y_3$

7. 设 $f_1(x),f_2(x)$ 为二阶常系数线性微分方程 $y''+py'+qy=0$ 的两个特解,则 $C_1f_1(x)+C_2f_2(x)$(C_1,C_2 为任意常数)是该方程通解的充分条件是(　　　).

(A)$f_1(x)f'_2(x)+f_2(x)f'_1(x)=0$　　　　(B)$f_1(x)f'_2(x)-f_2(x)f'_1(x)=0$

(C)$f_1(x)f'_2(x)+f_2(x)f'_1(x)\neq0$　　　　(D)$f_1(x)f'_2(x)-f_2(x)f'_1(x)\neq0$

8. 设 $y=y(x)$ 是微分方程 $y''+py'+qy=e^{3x}$ 满足初始条件 $y(0)=y'(0)=0$ 的特解,则当 $x\to0$ 时,函数 $\dfrac{\ln(1+x^2)}{y(x)}$ 的极限(　　　).

(A)不存在　　　　(B)等于1　　　　(C)等于2　　　　(D)等于3

9. 微分方程 $y''+y=x^2+1+\sin x$ 的特解形式为(　　　).

(A)$ax^2+bx+C+x(A\sin x+B\cos x)$　　　　(B)$x(ax^2+bx+C+A\sin x+B\cos x)$

(C)$ax^2+bx+C+A\sin x$　　　　(D)$ax^2+bx+C+A\cos x$

10. 已知曲线 $y=y(x)$ 上点 $M(0,4)$ 处的切线垂直于直线 $x-2y+5=0$,且 $y(x)$ 满足方程 $y''+2y'+y=0$,则次曲线的方程为(　　　).

(A)$2(2+x)e^{-x}$　　　　　　(B)$\left(4+\dfrac{9}{2}x\right)e^{-x}$

(C)$(C_1+C_2x)e^{-x}$　　　　　　(D)$\dfrac{9}{2}xe^{-x}$

三、计算与证明题

1. 求微分方程 $y'\sin x=y\ln y,y\big|_{\frac{\pi}{2}}=e$ 的通解.

2. 求微分方程 $y'+y\cos x=e^{-\sin x}$ 通解.

3. 求微分方程 $(x^3+y^3)dx-3xy^2dy=0$ 的通解.

4. 试求 $y'' = x$ 的经过点 $M(0,1)$ 且在此点与直线 $y = \dfrac{x}{2} + 1$ 相切的积分曲线.

5. 设函数 $f(x)$ 满足 $2f(x) + \mathrm{e}^{-x^2} + 4\displaystyle\int_0^x tf(t)\mathrm{d}t = 0$,求 $f(x)$.

6. 求微分方程 $x\mathrm{d}y + (x - 2y)\mathrm{d}x = 0$ 的一个解 $y = y(x)$,使得由曲线 $y = y(x)$ 与直线 $x = 1, x = 2$ 以及 x 轴围成的平面图形绕 x 轴旋转一周所得的旋转体的体积最小.

7. 设 $f(x)$ 为连续函数,且 $f(x) = \mathrm{e}^x - \displaystyle\int_0^x (x - t)f(t)\mathrm{d}t$,求 $f(x)$.

8. 设 $y_1 = x, y_2 = x + \mathrm{e}^{2x}, y_3 = x(1 + \mathrm{e}^{2x})$ 是二阶常系数线性非齐次微分方程的特解,求该微分方程的通解.

9. 设二阶常系数线性方程 $y'' + ay' + by = c\mathrm{e}^x$ 的一个特解为 $y = \mathrm{e}^{2x} + (x + 1)\mathrm{e}^x$,试确定常数 a, b, c,并求该微分方程的通解.

10. 如果可微函数 $f(x)$ 满足关系式 $f(x) = \displaystyle\int_0^x f(t)\mathrm{d}t$,证明 $f(x) \equiv 0$.

附 录

I. 三角函数

1. 和差公式

$$\sin(\alpha \pm \beta) = \sin\alpha\cos\beta \pm \cos\alpha\sin\beta, \qquad \cos(\alpha \pm \beta) = \cos\alpha\cos\beta \mp \sin\alpha\sin\beta,$$

$$\tan(\alpha \pm \beta) = \frac{\tan\alpha \pm \tan\beta}{1 \pm \tan\alpha\tan\beta}, \qquad \cot(\alpha \pm \beta) = \frac{\cot\alpha\cot\beta \pm 1}{\cot\beta \pm \cot\alpha},$$

$$\sin\alpha + \sin\beta = 2\sin\frac{\alpha+\beta}{2}\cos\frac{\alpha-\beta}{2},$$

$$\sin\alpha - \sin\beta = 2\cos\frac{\alpha+\beta}{2}\sin\frac{\alpha-\beta}{2},$$

$$\cos\alpha + \cos\beta = 2\cos\frac{\alpha+\beta}{2}\cos\frac{\alpha-\beta}{2},$$

$$\cos\alpha - \cos\beta = -2\sin\frac{\alpha+\beta}{2}\sin\frac{\alpha-\beta}{2},$$

$$\cos\alpha\cos\beta = \frac{1}{2}[\cos(\alpha-\beta) + \cos(\alpha+\beta)],$$

$$\sin\alpha\sin\beta = \frac{1}{2}[\cos(\alpha-\beta) - \cos(\alpha+\beta)],$$

$$\sin\alpha\cos\beta = \frac{1}{2}[\sin(\alpha-\beta) + \sin(\alpha+\beta)].$$

2. 倍角公式

$$\sin2\alpha = 2\sin\alpha\cos\alpha = \frac{2\tan\alpha}{1+\tan^2\alpha},$$

$$\cos2\alpha = \cos^2\alpha - \sin^2\alpha = 2\cos^2\alpha - 1 = 1 - 2\sin^2\alpha = \frac{1-\tan^2\alpha}{1+\tan^2\alpha},$$

$$\tan2\alpha = \frac{2\tan\alpha}{1-\tan^2\alpha}, \qquad \cot2\alpha = \frac{\cot^2\alpha-1}{2\cot\alpha}.$$

II. 常用积分公式

1. $\int \dfrac{\mathrm{d}x}{ax+b} = \dfrac{1}{a}\ln|ax+b| + C.$

2. $\int (ax+b)^{\mu}\mathrm{d}x = \dfrac{1}{a(\mu+1)}(ax+b)^{\mu+1} + C(\mu \neq -1).$

3. $\int \dfrac{x}{ax+b}\mathrm{d}x = \dfrac{1}{a^2}(ax+b-b\ln|ax+b|) + C.$

4. $\int \dfrac{\mathrm{d}x}{x(ax+b)} = -\dfrac{1}{b}\ln\left|\dfrac{ax+b}{x}\right| + C.$ 5. $\int \sqrt{ax+b}\,\mathrm{d}x = \dfrac{2}{3a}\sqrt{(ax+b)^3} + C.$

6. $\int \dfrac{\mathrm{d}x}{x^2+a^2} = \dfrac{1}{a}\arctan\dfrac{x}{a}+C.$

7. $\int \dfrac{\mathrm{d}x}{x^2-a^2} = \dfrac{1}{2a}\ln\left|\dfrac{x-a}{x+a}\right|+C.$

8. $\int \dfrac{x}{ax^2+b}\mathrm{d}x = \dfrac{1}{2a}\ln|ax^2+b|+C.$

9. $\int \dfrac{\mathrm{d}x}{\sqrt{x^2+a^2}} = \ln(x+\sqrt{x^2+a^2})+C.$

10. $\int \dfrac{x}{\sqrt{x^2+a^2}}\mathrm{d}x = \sqrt{x^2+a^2}+C.$

11. $\int \dfrac{\mathrm{d}x}{\sqrt{x^2-a^2}} = \ln|x+\sqrt{x^2-a^2}|+C.$

12. $\int \dfrac{x}{\sqrt{x^2-a^2}}\mathrm{d}x = \sqrt{x^2-a^2}+C.$

13. $\int \dfrac{\mathrm{d}x}{x\sqrt{x^2-a^2}} = \dfrac{1}{a}\arccos\dfrac{a}{|x|}+C.$

14. $\int \sqrt{x^2-a^2}\,\mathrm{d}x = \dfrac{x}{2}\sqrt{x^2-a^2}-\dfrac{a^2}{2}\ln|x+\sqrt{x^2-a^2}|+C.$

15. $\int \dfrac{\mathrm{d}x}{\sqrt{a^2-x^2}} = \arcsin\dfrac{x}{a}+C.$

16. $\int \dfrac{x}{\sqrt{a^2-x^2}}\mathrm{d}x = -\sqrt{a^2-x^2}+C.$

17. $\int \sin x\mathrm{d}x = -\cos x+C.$

18. $\int \cos x\mathrm{d}x = \sin x+C.$

19. $\int \tan x\mathrm{d}x = -\ln|\cos x|+C.$

20. $\int \cot x\mathrm{d}x = \ln|\sin x|+C.$

21. $\int \sec x\mathrm{d}x = \ln\left|\tan\left(\dfrac{\pi}{4}+\dfrac{x}{2}\right)\right|+C = \ln|\sec x+\tan x|+C.$

22. $\int \csc x\mathrm{d}x = \ln\left|\tan\dfrac{x}{2}\right|+C = \ln|\csc x-\cot x|+C.$

23. $\int \sec^2 x\mathrm{d}x = \tan x+C.$

24. $\int \csc^2 x\mathrm{d}x = -\cot x+C.$

25. $\int \sec x\tan x\mathrm{d}x = \sec x+C.$

26. $\int \csc x\cot x\mathrm{d}x = -\csc x+C.$

27. $\int a^x\mathrm{d}x = \dfrac{1}{\ln a}a^x+C.$

28. $\int \mathrm{e}^{ax}\mathrm{d}x = \dfrac{1}{a}\mathrm{e}^{ax}+C.$

29. $\int \mathrm{e}^{ax}\sin bx\,\mathrm{d}x = \dfrac{1}{a^2+b^2}\mathrm{e}^{ax}(a\sin bx-b\cos bx)+C.$

30. $\int \mathrm{e}^{ax}\cos bx\,\mathrm{d}x = \dfrac{1}{a^2+b^2}\mathrm{e}^{ax}(b\sin bx+a\cos bx)+C.$

31. $\int \ln x\mathrm{d}x = x\ln x-x+C.$

32. $\int \dfrac{\mathrm{d}x}{x\ln x} = \ln|\ln x|+C.$

33. $\int x^n\ln x\mathrm{d}x = \dfrac{1}{n+1}x^{n+1}\left(\ln x-\dfrac{1}{n+1}\right)+C.$

习题答案与提示

第一章

习题 1-1

1. (1) $[-2,0) \bigcup (0,1)$；　　　　　　　(2) $(-\infty,-\sqrt{3}) \bigcup (\sqrt{3},+\infty)$；

　　(3) $[-1,1)$；　　　　　　　　　　　(4) $[0,\pi)$.

2. (1) $[-1,1]$；　(2) 若 $0<a\leqslant\dfrac{1}{2}$，定义域为 $[a,1-a]$；若 $a>\dfrac{1}{2}$，定义域为 $\varPhi$；

3. (1) $t^4-2t^2+2,1+\sin^2 3x,\sin 3(1+x^2)$；　(2) $2,2,1$.

4. $2(1-x^2)$.

5. $f[g(x)]=\begin{cases}1,x<0,\\0,x=0,\\-1,x>0;\end{cases}$　　　　　　　$g[f(x)]=\begin{cases}\mathrm{e},|x|<1,\\1,|x|=1,\\\mathrm{e}^{-1},|x|>1.\end{cases}$

6. (1) 不是同一函数；　　　　　　　(2) 不是同一函数；

　　(3) 不是同一函数；　　　　　　　(4) 不是同一函数；

7. (1) 奇函数；　(2) 既不是奇函数也不是偶函数；　(3) 奇函数；　(4) 偶函数．

8. (1) π；　　(2) π.

9. (1) $y=u^3,u=\sin v,v=8x+5$；　　　(2) $y=\tan u,u=\sqrt[3]{v},v=x^2+5$；

　　(3) $y=\sqrt{u},u=\tan v,v=\dfrac{x}{2}$；　　　(4) $y=\ln u,u=v^2,v=\cos t,t=3x+1$.

10. $y=3ax^2+a\cdot\dfrac{4V}{x},(0<x<+\infty,a$ 为水池侧面单位面积造价$)$.

习题 1-2

1. (1) 0；　(2) 0；　(3) 1；　(4) 无极限(发散).

2. (1) 不存在；　(2) 1；　(3) 0.

3. (1) $\sqrt{}$；　(2) $\sqrt{}$；　(3) $\times$；　(4) $\times$；　(5) $\times$；　(6) $\sqrt{}$.

4. $\lim\limits_{x\to 0^-}f(x)=\lim\limits_{x\to 0^+}f(x)=1,\lim\limits_{x\to 0}f(x)=1$；

　　$\lim\limits_{x\to 0^-}\varphi(x)=-1,\lim\limits_{x\to 0^+}\varphi(x)=1,\lim\limits_{x\to 0}\varphi(x)$ 不存在．

5. $\lim\limits_{x\to 1}f(x)$ 不存在；$\lim\limits_{x\to 2}f(x)=2$.

习题 1-3

1. (1) 无穷大；　(2) 无穷小；　(3) 负无穷大；　(4) 无穷小；　(5) 无穷小；

　　(6) 当 $x\to 0^+$ 时，$\mathrm{e}^{\frac{1}{x}}$ 为正无穷大；当 $x\to 0^-$ 时，$\mathrm{e}^{\frac{1}{x}}$ 为无穷小．

2. (1) 当 $x \to \infty$ 或 $x \to -1$ 时, $\dfrac{x+1}{x^2}$ 为无穷小, 当 $x \to 0$ 时, $\dfrac{x+1}{x^2}$ 为无穷大;

   (2) 当 $x \to +\infty$ 时, 2^{-x} 为无穷小, 当 $x \to -\infty$ 时, 2^{-x} 为无穷大;

   (3) 当 $x \to -1$ 时, $\dfrac{x+1}{x-1}$ 为无穷小, 当 $x \to 1$ 时, $\dfrac{x+1}{x-1}$ 为无穷大.

3. (1) $\dfrac{a-1}{3a^2}$; (2)0; (3)27; (4)-1; (5)∞; (6)$2x$; (7)$\dfrac{n}{m}$; (8)$\dfrac{1}{2}$.

4. (1) $-\dfrac{1}{2}$; (2)∞; (3)0; (4)$\dfrac{2^{30} \cdot 3^{20}}{5^{50}}$.

5. (1)1; (2)2;

6. (1)0; (2)0; (3)0.

7. (1) $\dfrac{5}{2}$; (2)$\dfrac{a}{b}$; (3)1; (4)a^2; (5)e^3; (6)e^2;(7)e; (8)e^{-6}; (9)x; (10)0.

8. $a=4, b=10$.   9. 2^π.   10. $\ln 2$.

11. (1)4; (2)$\dfrac{2}{3}$; (3)$-\dfrac{1}{2}$; (4)$\dfrac{2}{3}$; (5)2; (6)$\dfrac{a}{b}$;

   (7) 当 $m < n$ 时为 0, 当 $m=n$ 时为 1, 当 $m > n$ 时为 ∞.   (8)2.

12. (1) 同阶, 不等价; (2) 等价无穷小.

13. 8.

习题 1-4

1. $(-\infty, 2) \bigcup (2,3) \bigcup (3, +\infty), \lim\limits_{x \to 0} f(x) = -\dfrac{1}{2}, \lim\limits_{x \to 2} f(x) = \infty$.

2. $f(x) = \begin{cases} x, & |x| < 1, \\ 0, & |x| = 1, \\ -x, & |x| > 1. \end{cases}$ $x=1$ 和 $x=-1$ 均为第一类跳跃间断点.

3. (1) $x=-1$ 为第二类无穷间断点;

   (2) $x=0$ 为第一类可去间断点, $x=k\pi(k=\pm1, \pm2, \cdots)$ 为第二类无穷间断点;

   (3) $x=0$ 为第一类可去间断点;

   (4) $x=1$ 为第一类跳跃间断点.

4. (1) $f(x)$ 在 $(-\infty, 0) \bigcup (0, +\infty)$ 内连续, $x=0$ 为第一类跳跃间断点.

   (2) $f(x)$ 在 $(-\infty, 0) \bigcup (0, +\infty)$ 内连续, $x=0$ 为第一类跳跃间断点.

5. $a=0$.

6. (1) $\dfrac{\pi}{2}$; (2)0; (3)$\dfrac{1}{2}$; (4)e^{-2}.

7. 略.   8. 提示: 令 $F(x) = f(x) - x$.   9. 略.

总习题一

一、填空题

1. $[-\sqrt{2}, -1] \bigcup [1, \sqrt{2}]$;   2.1;   3. $1, b, 1$;   4. $-2\ln 2$;   5.0;   6.1;

   7.3;   8. 二, 无穷;

9. $y = \sqrt[3]{u}, u = \ln v, v = t^2, t = \sin x$;   10. $x \to 1$.

二、单项选择题

1.(D); 2.(A); 3.(D); 4.(A); 5.(B);

6.(C); 7.(B); 8.(D); 9.(B); 10.(A).

三、计算题

1.(1)∞; (2)$\frac{1}{2}$; (3)0; (4)$\frac{1}{3}$; (5)e; (6)e.

2.$a = b = 1$.

3.(1)$x = 0$ 为第二类无穷间断点;$x = 1$ 为第一类可去间断点.

　(2)$x = 1$ 是第二类无穷间断点,$x = 0$ 是第一类跳跃间断点.

4.$(-\infty,-3) \bigcup (-3,2) \bigcup (2,+\infty)$;$x = -3$ 为第一类可去间断点,$x = 2$ 为第二类无穷间断点.

四、

1. 提示:$m \leqslant \dfrac{f(x_1) + f(x_2) + \cdots + f(x_n)}{n} \leqslant M$,其中 m、M 分别为 $f(x)$ 在$[x_1,x_n]$上的最小值与最大值.

2. 提示:令 $F(x) = f(x) - f(x+a),x \in [0,a]$,对 $F(x)$ 在$[0,a]$上应用零点定理.

第二章

习题 2-1

1.(1)0; (2)$(-1)^{n-1}(n-1)!$.

2.(1)$4x^3$; (2)$0.6x - 0.4$; (3)$\frac{m}{n}x^{\frac{m}{n}-1}$; (4)$-2x^{-3}$; (5)$\frac{1}{6}x^{-\frac{5}{6}}$; (6)$(a+b)x^{a+b-1}$.

3.(1)$-f'(x_0)$; (2)$f'(0)$.

4.12.

5. 切线方程:$12x - y - 16 = 0$;法线方程:$x + 12y - 98 = 0$.

6.$(2,4)$.

7.(1) 连续,但不可导; (2) 连续且可导.

8.$a = 2,b = -1$.

9.$f'(x) = \begin{cases} \cos x, x < 0 \\ 1, x \geqslant 0 \end{cases}$.

习题 2-2

1.(1)$y' = 6x + \dfrac{4}{x^3}$; (2)$4x + \dfrac{5}{2}x^{\frac{3}{2}}$;

(3)$3x^2\cos x - x^3\sin x$; (4)$\dfrac{\sin x - x\ln x\cos x}{x\sin^2 x}$;

(5)$3e^x\sin x + 3e^x\cos x$; (6)$2\sec^2 x + \sec x \cdot \tan x$;

(7)$a^x\ln a + 10^x\ln 10 + e^x$;

(8)$(x-b)(x-c) + (x-a)(x-c) + (x-a)(x-b)$;

2.(1)$f'(4) = -\dfrac{1}{18}$; (2)$y'\big|_{x=-\pi} = -2\pi - 1,y'\big|_{x=\pi} = 2\pi - 1$.

3. $(1)8(2x+5)^3$；　$(2)3\sin(4-3x)$；　$(3)\dfrac{1}{x-1}$；　$(4)\sin2x$；

$(5)\dfrac{2x+1}{(x^2+x+1)\ln a}$；　$(6)2\arcsin\dfrac{1}{\sqrt{1-x^2}}$；　$(7)\dfrac{2x}{1+x^4}$；

$(8)\dfrac{-x}{\sqrt{a^2-x^2}}$；　$(9)\dfrac{n\sin x}{\cos^{n+1}x}$；　$(10)\dfrac{2\cdot3^{\cos\frac{1}{x}}\cdot\ln3\cdot\sin\dfrac{1}{x^2}}{x^3}$.

4. $(1)\sin2x(1-4\sin^2x)$；　$(2)\dfrac{1}{\sqrt{x^2-a^2}}$；　$(3)\dfrac{1}{\sqrt{x}(1-x)}$；

$(4)\dfrac{3+x}{1-x^{2\frac{3}{2}}}$；　$(5)\dfrac{\ln x}{x\sqrt{1+\ln^2x}}$；　$(6)-e^{-\frac{x}{2}}\left(\dfrac{1}{2}\cos3x+3\sin3x\right)$；

$(7)\dfrac{1}{2\sqrt{x}\sqrt{1-x}}$；　$(8)4(x+\sin^2x)^{-1}(1+\sin2x)$；　$(9)\dfrac{2}{x}(1+\ln x)$；

$(10)5^{x\ln x}\ln5(\ln x+1)$；　$(11)\dfrac{3}{x^2}\tan\dfrac{3}{x}$；　$(12)2x\sin\dfrac{1}{x}-\cos\dfrac{1}{x}$；

$(13)\sin2x\sin(x^2)+2x\sin^2x\cos(x^2)$；　$(14)e^{-\sin^2\frac{1}{x}}\cdot\left(\sin\dfrac{2}{x}\right)\cdot\dfrac{1}{x^2}$.

5. $(1)2f'(x^2)+4x^2f''(x^2)$；　$(2)\dfrac{f''(x)f(x)-[f'(x)]^2}{[f(x)]^2}$.

6. $(1)\dfrac{6}{x}$；　$(2)e^x(x+n)$；　$(3)(3\ln2)^n\cdot2^{3x}$；

$(4)y'=4x+\dfrac{1}{x},y''=4-\dfrac{1}{x^2},y^{(n)}=(-1)^{n-1}\dfrac{(n-1)!}{x^n}(n\geqslant3)$.

7. $(1)-4e^x\cos x$；　$(2)2^{50}\left(-x^2\sin2x+50x\cos2x+\dfrac{1225}{2}\sin2x\right)$.

习题 2-3

1. $(1)\dfrac{1}{e}$；　$(2)-1$；　$(3)\dfrac{x^2(1+\sec^2x)+y\cos\dfrac{y}{x}}{x\cos\dfrac{y}{x}}$；

$(4)\dfrac{-e^y}{x\cdot e^y+2y}$；　$(5)-\sqrt{\dfrac{y}{x}}$；　$(6)1-\dfrac{y}{x}$.

2. $(1)\left(1+\dfrac{1}{x}\right)^x\left[\ln\left(1+\dfrac{1}{x}\right)-\dfrac{1}{1+x}\right]$；

$(2)\dfrac{\sqrt{x+2}(3-x)^4}{(x+1)^5}\cdot\left[\dfrac{1}{2(x+2)}+\dfrac{4}{x-3}-\dfrac{5}{x+1}\right]$；

$(3)(\sin x)^{\ln x}\left(\dfrac{1}{x}\ln\sin x+\cot x\cdot\ln x\right)$；　$(4)x^{\frac{1}{x}}\cdot\left(\dfrac{1-\ln x}{x^2}\right)$.

3. $(1)y''=-\dfrac{1}{y^3}$；　　　　　　　　$(2)y''=-\dfrac{b^4}{a^2y^3}$；

$(3)y''=-2\csc^2(x+y)\cot^3(x+y)$；　　$(4)y''=\dfrac{e^{2y}(2-xe^y)}{(1-xe^y)^3}$.

4. $(1)\dfrac{dy}{dx}=\dfrac{3b}{2a}t$；　　　　　　　$(2)\dfrac{dy}{dx}=\dfrac{\cos\theta-\theta\sin\theta}{1-\sin\theta-\theta\cos\theta}$.

5. (1) $\dfrac{d^2 y}{dx^2} = \dfrac{1}{t^3}$; (2) $\dfrac{d^2 y}{dx^2} = \dfrac{-b}{a^2 \sin^3 t}$;

(3) $\dfrac{d^2 y}{dx^2} = \dfrac{4}{9} e^{3t}$; (4) $\dfrac{d^2 y}{dx^2} = \dfrac{1}{f''(t)}$;

6. 切线方程为 $3x + y - 4 = 0$

7. 切线方程：$2\sqrt{2}\,x + y - 2 = 0.$；法线方程：$\sqrt{2}\,x - 4y - 1 = 0.$

8. $\dfrac{16}{25\pi}$ (m/min).

习题 2-4

1. $\Delta y\big|_{\substack{x=2 \\ \Delta x=1}} = 18, dy\big|_{\substack{x=2 \\ \Delta x=1}} = 11$; $\Delta y\big|_{\substack{x=2 \\ \Delta x=0.1}} = 1.161, dy\big|_{\substack{x=2 \\ \Delta x=0.1}} = 1.1$

$\Delta y\big|_{\substack{x=2 \\ \Delta x=0.1}} = 0.110601, dy\big|_{\substack{x=2 \\ \Delta x=0.1}} = 0.11$

2. (1) $3x + c$; (2) $\dfrac{\sin at}{a} + c$; (3) $\ln(1+x) + c$;

(4) $2\sqrt{x} + c$; (5) $e^{x^2} + c$; (6) $-\dfrac{1}{2} e^{-2x} + c$;

(7) $2\sin x$; (8) $\dfrac{1}{2x+4}$.

3. (1) $e^{2x} \left(2\sin \dfrac{x}{3} + \dfrac{1}{3} \cos \dfrac{x}{3} \right) dx$; (2) $\dfrac{2x\cos x - \sin x(1-x^2)}{(1-x^2)^2} dx$;

(3) $\dfrac{-5x}{\sqrt{2-5x^2}} dx$; (4) $\dfrac{-3x^2}{2(1-x^3)} dx$;

(5) $\dfrac{-1}{2\sqrt{x(1-x)}} dx$; (6) $8x \cdot \tan(1+2x^2) \cdot \sec^2(1+2x^2) dx$;

(7) $\dfrac{5^{\ln \tan x} \ln 5}{\sin x - \cos x} dx$; (8) $-e^{\cot x} \cdot \dfrac{1}{\sin^2 x} dx$.

4. (1) 1.02; (2) 0.01.

总习题二

一、填空题

1. $2x + 5$; 2. 1; 3. $3dx$; 4. $-\dfrac{1}{2}$;

5. $\dfrac{1}{2}$; 6. $\dfrac{1}{2\sqrt{\sin 2x}} e^{\sqrt{\sin 2x}}$; 7. $\dfrac{(t-1)(t+1)^3}{t^2}$; 8. $y = -2x + 4$

9. $dy\big|_{x=0} = (\ln 2 - 1) dx$; 10. $y = x - 1$.

二、单项选择题

1. (D); 2. (B); 3. (B); 4. (B); 5. (A);

6. (A); 7. (C); 8. (B); 9. (C); 10. (C).

三、计算题

1. (1) $2^x (\ln 2 \cdot x \sin x + \ln 2 \cdot \cos x + x \cos x)$; (2) $\dfrac{3x^2}{\sqrt{1-x^6}}$;

(3) $-(1+\cos x)^{\frac{1}{x}} \left[\dfrac{\ln(1+\cos x)}{x^2} + \dfrac{\sin x}{x(1+\cos x)} \right]$; (4) $\dfrac{1}{3} e^{\sqrt[3]{x+1}} \cdot (x+1)^{-\frac{2}{3}}$;

2. $-\dfrac{16}{25}$　　3. $-\dfrac{1}{2}\mathrm{d}x$.　　4. $\dfrac{\mathrm{d}y}{\mathrm{d}x}=\dfrac{t}{2},\dfrac{\mathrm{d}^2y}{\mathrm{d}x^2}=\dfrac{1+t^2}{4t}$

5. $a=1,b=-1$.　　6. $-\ln3\cdot\tan x\cdot3^{\ln\cos x}\mathrm{d}x$.

四、证明(略)

第三章

习题 3-1

1.(1)0.25；　(2)0.　　2.(1)1；　(2)$e-1$.

3 略．　　4. 两个根,分别在$(1,2)$$(2,3)$.　　5~8　略.

习题 3-2

1.2；　　2.1；　　3.∞；　　4.$-\dfrac{3}{5}$；　　5.$\dfrac{1}{2}$；　　6.$\dfrac{1}{2}$；

7.0；　　8.∞；　　9.1；　　10.0.　　11.1；　　12.2.

习题 3-3

1. $\sqrt{x}=2+\dfrac{1}{4}(x-4)-\dfrac{1}{64}(x-4)^2+\dfrac{1}{512}(x-4)^3-\dfrac{15(x-4)^4}{4!16[\xi]^{\frac{7}{2}}}$.　　($\xi$ 在 4 与 x 之间)

2. $\ln x=\ln2+\dfrac{1}{2}(x-2)-\dfrac{1}{2^3}(x-2)^2+\dfrac{1}{3\cdot2^3}(x-2)^3-\cdots+$

$\quad(-1)^{n-1}\dfrac{1}{n\cdot2^n}(x-2)^n+o[(x-2)^n]$.

3. $\dfrac{1}{x}=-[1+(x+1)+(x+1)^2+\cdots+(x+1)^n]+(-1)^{n+1}\dfrac{(x+1)^{n+1}}{\xi^{n+2}}\xi$(在 -1 与 x 之间).

4. $f(x)=x^6-9x^5+30x^4-45x^3+30x^2-9x+1$.

5. $\tan x=x+\dfrac{1}{3}x^3+\dfrac{\sin\xi[\sin^2\xi+2]}{3\cos^5\xi}x^4$($\xi$ 在 0 与 x 之间).

6. (1) $\dfrac{1}{6}$；　(2)$-\dfrac{1}{12}$.

习题 3-4

1. (1)$[0,+\infty)$ 单增,$(-1,0]$ 单减；　(2)$(-\infty,1]$ 和$[2,+\infty)$ 单增,$[1,2]$ 单减；

　(3)$(-\infty,0]$ 和$[2,+\infty)$ 单减,$[0,2]$ 单增；　(4)$(-\infty,+\infty)$ 单减；

　(5)$(0,2]$ 单减,$[2,+\infty)$ 单增；

　(6)$(-\infty,-2]$ 和$[0,+\infty)$ 单增,$[-2,-1)$ 和$(-1,0]$ 单减．

2. 略．

3. (1) 极小值 $y(e^{-\frac{1}{2}})=-\dfrac{1}{2e}$；　(2) 极大值 $y\left(\dfrac{1}{2}\right)=\dfrac{3}{2}$.

4. (1) 当 $x=\dfrac{3}{4}$ 时,函数有最大值$\dfrac{5}{4}$,当 $x=-5$ 时,函数有最小值$-5+\sqrt{6}$；

　(2)$x=1$ 时,函数有最大值$\dfrac{1}{2}$,$x=0$ 时,函数有最小值0.

5. 围成长 10 m,宽 5 m 的长方形,才能使小屋的面积最大．

6. (1) 拐点 $\left(\dfrac{5}{3},\dfrac{20}{27}\right)$,$\left(-\infty,\dfrac{5}{3}\right)$ 是凸的,$\left(\dfrac{5}{3},+\infty\right)$ 是凹的；

(2) 拐点 $(2,2e^{-2})$，$(-\infty,2)$ 是凸的，$(2,+\infty)$ 是凹的；

(3) $(-\infty,+\infty)$ 为凹区间，无拐点；

(4) 拐点 $(1,\ln2)$、$(-1,\ln2)$，$(-1,1)$ 是凹的，$(-\infty,-1)$、$(1,+\infty)$ 是凸的.

7. $a=-\dfrac{3}{2}$，$b=\dfrac{9}{2}$.

习题 3-5

1. $K=2$.   2. $K=|\cos x|$，$\rho=|\sec x|$.

3. $K=2$，$\rho=\dfrac{1}{2}$.   4. $|K|=\left|\dfrac{2}{3a\sin2t_0}\right|$.

5. $\left(\dfrac{\sqrt{2}}{2},-\dfrac{\ln2}{2}\right)$，$\dfrac{3\sqrt{3}}{2}$.

总习题三

一、填空题

1. 必要   2. $(-\infty,-2)$，$(-2,+\infty)$，$(-2,-2e^{-2})$；

3. $\dfrac{f(b)-f(a)}{b-a}$；   4. ∞；   5. 最大值 1，最小值 $\dfrac{1}{e}$；   6. $[1,2]$.

二、单项选择题

1. (C)；   2. (B)；   3. (D)；   4. (C)；   5. (A)；   6. (D)；   7. (B)；   8. (B)；

三、计算题

1. (1) $(-\infty,0]$、$[2,+\infty)$ 单增，$[0,2]$ 单减，极大值 $f(0)=7$，极小值 $f(2)=3$；

(2) $[0,+\infty)$ 单增，$(-\infty,0]$ 单减，极小值 $f(0)=0$.

2. (1) $\dfrac{1}{3}$；   (2) 2；   (3) $\dfrac{1}{6}$；   (4) $\dfrac{1}{2}$.

3. $(0,1)$ 是凸区间，$(1,+\infty)$ 是凹区间，拐点 $(1,-7)$.

4. 略.   5. $\dfrac{1}{6}$.

四、证明（略）

五、所做的梯形当其上底长为 R 时，面积最大.

第四章

习题 4-1

1. (1) 是；   (2) 是；   (3) 是；

2. (1) $\dfrac{1}{4}x^4-\dfrac{3}{4}x^{\frac{4}{3}}+C$；   (2) $\dfrac{1}{5}x^5+\dfrac{3}{2}x^2+2x+C$；

(3) $x+\dfrac{4}{3}x\sqrt{x}+\dfrac{x^2}{2}+C$；   (4) $-\dfrac{2}{\sqrt{x}}-2\sqrt{x}+C$；

(5) $\dfrac{2^x}{\ln2}+3\arcsin x+C$；   (6) $\dfrac{2}{7}x^3\sqrt{x}+\dfrac{1}{3}x^3-\dfrac{2}{3}x\sqrt{x}-x+C$；

(7) $3x-\dfrac{3^x}{4^x\ln\dfrac{3}{4}}+C$；   (8) $\ln|x|-\dfrac{1}{4}x^{-4}+C$；

(9)$2\arctan x + \dfrac{1}{3}x^3 + C$;　　　(10)$\dfrac{1}{2}\tan x + C$;　　　　(11)$\tan x + x + C$;

(12)$\sin x - \cos x + C$;　　　(13)$\dfrac{3^x}{\ln 3} - 2\sqrt{x} + C$;　　(14)$e^{x-4} + C$;

(15)$x + \sin x + C$;　　　　(16)$\tan x - \cot x + C$;　　(17)$\tan x + \sec x + C$;

(18)$-\cot x - x + C$.

3. (1)$\dfrac{1}{2}$;　(2)4;　(3)$-\dfrac{1}{3}$　(4)-2;　(5)$\dfrac{1}{2}$　(6)-1;　(7)$-\dfrac{1}{2}$;

(8)-1;　(9)$-\dfrac{1}{\ln 3}$;　(10)$\dfrac{1}{2}$;　(11)$-\dfrac{1}{2}$;(12)-1;　(13)$\dfrac{1}{2}$　(14)$\dfrac{1}{2}$.

习题 4-2

1. (1)$-(1-2x)^{\frac{1}{2}} + C$;　　　　(2)$\dfrac{1}{\sqrt{2}}\arcsin(\sqrt{2}\,x) + C$;

(3)$-\dfrac{1}{8}(2x-5)^{-4} + C$;　　　(4)$\dfrac{2}{\sqrt{3}}\arctan\dfrac{2x+1}{\sqrt{3}} + C$;

(5)$\dfrac{1}{2(\ln 3 - \ln 2)}\ln\left|\dfrac{3^x - 2^x}{3^x + 2^x}\right| + C$;　　(6)$2(\cos x)^{-\frac{1}{2}} + C$

(7)$\dfrac{1}{4}\left(\sin 2x - \dfrac{1}{4}\sin 8x\right) + C$　　(8)$-\cos x + \dfrac{1}{3}\cos^3 x + C$;

(9)$\tan\dfrac{x}{2} + C$;　　　　　(10)$2\arctan\sqrt{x} + C$;

(11)$2e^{\sqrt{x}} + C$;　　　　　　(12)$\arctan e^x + C$;

(13)$\ln|(x-2)(x+5)| + C$;　　　(14)$\arctan(x+3) + C$;

(15)$\dfrac{1}{2}e^{2x} - e^x + x + C$;　　　(16)$\dfrac{1}{3}\sin^3 x - \dfrac{1}{5}\sin^5 x + C$;

(17)$\dfrac{1}{3}\tan^3 x - \tan x + x + C$;　　(18)$\arcsin\dfrac{x-1}{2} + C$;

(19)$\ln\ln\ln x + C$;　　　　　(20)$\dfrac{1}{5}(1+x^2)^{\frac{5}{2}} - \dfrac{1}{3}(1+x^2)^{\frac{3}{2}} + C$;

(21)$e^{e^x} + C$;　　　　　　　(22)$\dfrac{2}{3}(1+\ln x)^{\frac{3}{2}} - 2(1+\ln x)^{\frac{1}{2}+C}$.

2. (1)$\dfrac{1}{2}\ln|2x + \sqrt{4x^2+9}| + C$;　　(2)$-\dfrac{\sqrt{1-x^2}}{x} + C$;

(3)$\dfrac{1}{2}\arccos\dfrac{2}{|x|} + C$;　　　(4)$\sqrt{x^2-9} - 3\arccos\dfrac{3}{|x|} + C$;

(5)$\dfrac{x}{\sqrt{x^2+1}} + C$;　　　　　(6)$\arcsin x - \dfrac{x}{1+\sqrt{1-x^2}} + C$;

(7)$2[\sqrt{x+1} - \ln(1+\sqrt{x+1})] + C$;

(8)$-\dfrac{3}{10}(1-x)^{\frac{10}{3}} + \dfrac{6}{7}(1-x)^{\frac{7}{3}} - \dfrac{3}{4}(1-x)^{\frac{4}{3}} + C$;

(9)$\dfrac{4}{3}\left[x^{\frac{3}{4}} - \ln(\sqrt[4]{x^3}+1)\right] + C$;　　(10)$\sqrt{2x-1} - \ln(1+\sqrt{2x-1}) + C$;

(11) $8\sqrt{(x-2)} + \frac{8}{3}\sqrt{(x-2)^3} + \frac{2}{5}\sqrt{(x-2)^5} + C$;

(12) $-2\sqrt{\frac{x+1}{x}} - 2\ln(\sqrt{1+x} - \sqrt{x}) + C$;

(13) $-\frac{\sqrt{(a^2-x^2)^3}}{3a^2x^3} + C$;　　　　(14) $-\frac{1}{2}\cos^2 x + \frac{1}{2}\ln(1+\cos^2 x) + C$.

习题 4-3

1. $x(-1+\ln x) + C$.　　　　　　　　2. $\frac{1}{4}(2x-1)e^{2x} + C$.

3. $\frac{1}{4}(-2x\cos 2x + \sin 2x) + C$.　　　4. $\frac{(1+x^2)}{2}[\ln(1+x^2) - 1] + C$.

5. $x\arcsin x + \sqrt{1-x^2} + C$.　　　　6. $\frac{1}{2}[(x^2+1)\arctan x - x] + C$.

7. $\frac{e^x}{2}(\sin x - \cos x) + C$.　　　　8. $2(\sqrt{x}-1)e^{\sqrt{x}} + C$.

9. $x\ln^2 x - 2x\ln x + 2x + C$.　　　　10. $-\frac{1}{2}x^2 + x\tan x + \ln|\cos x| + C$.

11. $-\frac{1}{x}(\ln x + 1) + C$.　　　　　12. $x(\arcsin x)^2 + 2\sqrt{1-x^2}\arcsin x - 2x + C$.

习题 4-4

1. $\frac{1}{3}x^3 - \frac{3}{2}x^2 + 9x - 27\ln|x+3| + C$.　　2. $\ln|x^2+3x-10| + C$.

3. $\ln|x| - \frac{1}{2}\ln(x^2+1) + C$.

4. $\ln|1+x| - \frac{1}{2}\ln(x^2-x+1) + \sqrt{3}\arctan\frac{2x-1}{\sqrt{3}} + C$.

5. $\frac{1}{2}\ln|x^2-1| + \frac{1}{x+1} + C$.

6. $-\frac{1}{2}\ln|x+1| + 2\ln|x+2| - \frac{3}{2}\ln|x+3| + C$.

7. $\frac{x^3}{3} + \frac{x^2}{2} + x + 8\ln|x| - 3\ln|x-1| - 4\ln|x+1| + C$.

8. $-\frac{x+1}{x^2+x+1} - \frac{4}{\sqrt{3}}\arctan\frac{2x+1}{\sqrt{3}} + C$.　　9. $-\frac{1}{2\sqrt{3}}\arctan\frac{\sqrt{3}\cot x}{2} + C$.

10. $\frac{1}{\sqrt{2}}\arctan\frac{\tan\frac{x}{2}}{\sqrt{2}} + C$.　　　11. $\ln|1 + \tan\frac{x}{2}| + C$.

12. $\frac{3}{2}\sqrt[3]{(x+1)^2} - 3\sqrt[3]{x+1} + 3\ln|1 + \sqrt[3]{x+1}| + C$.

13. $\frac{x^2}{2} - \frac{2}{3}x\sqrt{x} + x - 4\sqrt{x}4\ln(\sqrt{x}+1) + C$.

14. $2\sqrt{x} - 4\sqrt[4]{x} + 4\ln(\sqrt[4]{x}+1) + C$.

总习题四

填空题

1. $\frac{1}{6}e^{2x^3}+C$;　　2. $x+2\arctan x+C$　　3. $e^{x^2}dx$　　4. $\frac{\sin x}{x}$;　　5. $\frac{1}{4}[f(x^2)]^2+C$;

6. $x\ln x+C$;　　7. $\frac{1}{x}+C$;　　8. $f(x)=\frac{1}{3}x^3+\frac{7}{3}$;　　9. $\arctan e^x+C$;　　10. $2xe^{2x}(1+x)$;

二、选择题

1. (D)；　　2. (B)；　　3. (C)；　　4. (C)；　　5. (B)；　　6. (A)；　　7. (B)；　　8. (D)；

9. (B)；　　10. (A).

三、计算题

1. $\frac{4}{7}x^{\frac{7}{4}}+4x^{-\frac{1}{4}}+C$;　　　　　　　　2. $x-\cos x+C$;

3. $x-\frac{1}{2}\ln(1+e^{2x})+C$;　　　　　　4. $-\frac{1}{12}\cos 6x+\frac{1}{4}\cos 2x+C$;

5. $2(-\sqrt{x}\cos\sqrt{x}+\sin\sqrt{x})+C$;　　6. $\frac{1}{2}\ln\left|\frac{e^x-1}{e^x+1}\right|+C$;

7. $e^x-\frac{2}{x}e^x+c$;　　　　　　　　　8. $x-(1+e^{-x})\ln(1+e^x)+C$.

第五章

习题 5-1

1. 略.

2. (1) 2π;　　(2) $\frac{1}{2}(b^2-a^2)$.

3. (1) $\displaystyle\int_0^1 x\,dx<\int_0^1 \sqrt[3]{x}\,dx$;　　　　　(2) $\displaystyle\int_0^1 x\,dx>\int_0^1 \sin x\,dx$;

　　(3) $\displaystyle\int_1^2 \ln x\,dx>\int_1^2 (\ln x)^2\,dx$;　　　(4) $\displaystyle\int_1^e x\,dx>\int_1^e \ln(1+x)\,dx$.

4. (1) $\displaystyle\int_0^1 x\,dx$;　　　　　　　　　(2) $\displaystyle\int_0^1 \sin(\pi x)\,dx$.

5. 略. 提示：利用定积分的估值定理.

6. 略. 提示：利用定积分的中值定理.

习题 5-2

1. (1) $\frac{1}{1+x^2}$;　　(2) $-e^{2x}$;　　(3) $\sin x^2$;　　(4) $2xe^{2x^2}$.

2. (1) $\frac{1}{2}$;　　(2) $\frac{1}{3}$　　(3) -2;　　(4) 0.

3. (1) $\frac{57}{44}$;　　(2) $\frac{1}{2}(e^2+1)$;　　(3) $1-\frac{\pi}{4}$　　(4) $1-\frac{\pi}{4}$　　(5) $\frac{1}{2}$;

　　(6) $\frac{\pi}{2}$;　　(7) $2\arcsin\frac{\sqrt{6}}{3}-\frac{\pi}{2}$;　　(8) $\frac{7}{2}$;　　(9) $2\sqrt{2}-2$;　　(10) $2\sqrt{2}$.

习题 5-3

1. $2(\cos1-\cos2)$． 　　2. $\dfrac{1}{6}$． 　　3. $\dfrac{\pi^2}{32}$． 　　4. $(2\sqrt{3}-2)$． 　　5. $\dfrac{1}{2}$． 　　6. $\dfrac{51}{512}$． 　　7. $\pi-\dfrac{4}{3}$．

8. $\dfrac{\pi}{6}-\dfrac{\sqrt{3}}{8}$． 　　9. $\dfrac{\pi}{16}a^4$． 　　10. $1-\dfrac{\pi}{4}$． 　　11. $\sqrt{2}-\dfrac{2}{3}\sqrt{3}$． 　　12. $2+2\ln\dfrac{2}{3}$． 　　13. $\dfrac{1}{6}$．

14. $1-\dfrac{2}{e}$; 　　15. $1-\dfrac{2}{e}$． 　　16. $4(2\ln2-1)$． 　　17. $\dfrac{e^2+1}{4}$． 　　18. $2\left(1-\dfrac{1}{e}\right)$．

19. $\left(\dfrac{1}{4}-\dfrac{\sqrt{3}}{9}\right)\pi+\dfrac{1}{2}\ln\dfrac{3}{2}$． 　　20. $\pi-2$． 　　21. $\dfrac{\pi}{4}-\dfrac{1}{2}$． 　　22. $\dfrac{1}{5}(e^{\pi}-2)$． 　　23. $\dfrac{1}{2}$．

24. 0． 　　25. $\dfrac{\pi^3}{324}$． 　　26. $\dfrac{3\pi}{8}$．

习题 5-4

1. 3． 　　2. 发散． 　　3. $\dfrac{2}{3}\ln2$． 　　4. 发散．

5. $k\leqslant1$ 时, 发散; $k>1$ 时, 收敛, 且收敛于 $\dfrac{1}{(k-1)(\ln2)^{k-1}}$．

6. 1 　　7. $\dfrac{\pi}{2}$ 　　8. 发散．

总习题五

一、填空题

1. 0; 　　2. 0; 　　3. $\tan x$; 　　4. $b=e$; 　　5. 2;

6. 1; 　　7. $\dfrac{\pi}{4}$; 　　8. $1-\dfrac{\pi}{2}$; 　　9. 7; 　　10. $\dfrac{1}{2}$．

二、选择题

1. (B); 　　2. (C); 　　3. (D); 　　4. (D); 　　5. (D);

6. (D); 　　7. (A); 　　8. (C); 　　9. (B); 　　10. (C).

三、计算题

1. $2\left(1-\dfrac{1}{e}\right)$; 　　2. $-\dfrac{1}{2}\ln3$; 　　3. 4; 　　4. $\dfrac{\pi}{6}$; 　　5. 3; 　　6. $x=\ln2$;

7. $x^2-\dfrac{4}{3}x+\dfrac{2}{3}$; 　　8. $\dfrac{dy}{dx}=\dfrac{\sin x}{2ye^{y^4}}$; 　　9. 极小值为 $f(1)=-\dfrac{17}{12}$; 　　10. $\dfrac{\pi}{2}$．

第六章

习题 6-2

1. (1) $\dfrac{8}{3}$; 　(2) 16; 　(3) $\dfrac{32}{6}$; 　(4) $\dfrac{9}{2}$; 　(5) $\dfrac{3}{2}-\ln2$; 　(6) $2\pi+\dfrac{4}{3},6\pi-\dfrac{4}{3}$;

(7) $\dfrac{3\pi}{2}a^2$; 　(8) $\dfrac{5\pi}{4}-2,2-\dfrac{\pi}{4}$.

2. (1) $\dfrac{4}{3}\pi ab^2$; 　(2) $\dfrac{32\pi}{5},8\pi$; 　(3) $\dfrac{\pi}{2}(e^2+1)$; 　(4) $\dfrac{3}{10}\pi$.

3. $1+\dfrac{1}{2}\ln\dfrac{3}{2}$; 　　4. $\sqrt{2}(e-1)$; 　　5. $8a$; 　　6. 略.

习题 6-3

1. $\dfrac{16}{3}$.　　　2. 2.5.　　　3. $44550\rho g\pi$.　　　4. $18\rho g$.

总习题六

一、选择题

1. C;　　2. A;　　3. A;　　4. B;　　5. B.

二、计算题

1. $\left(\dfrac{\pi}{2}-1\right)$;　　2. (1) $\dfrac{1}{2}e-1$;　　(2) $\dfrac{\pi}{6}(5e^2-12e+3)$.　　　3. $4\pi+\dfrac{3}{2}\pi^2$

4. $a=-\dfrac{5}{3}, b=2, c=0.$;　　5. $(7\sqrt{7})$;　　6. $\sqrt{2}(e^\pi-1)$.

第七章

习题 7-1

1. (1) 一阶;　(2) 一阶;　(3) 二阶;　(4) 三阶;　(5) 一阶;　(6) 二阶．

2. (1) 是特解;　(2) 不是解;　(3) 是特解．

3. $y=3e^{-x}+x-1$.

4. $e^y-\dfrac{15}{16}=\left(x+\dfrac{1}{4}\right)^2$ 或 $y=\ln\left[\left(x+\dfrac{1}{4}\right)^2+\dfrac{15}{16}\right]=\ln\left(x^2+\dfrac{1}{2}x+1\right)$.

5. (1) $y'=x^2$;　　(2) $yy'+2x=0$.

习题 7-2

1. (1) $y=\dfrac{1}{2}(\arctan x)^2+C$;　　　(2) $\ln^2 x+\ln^2 y=C$;　　　(3) $2e^{3x}+3e^{-y^2}=C$;

　(4) $\dfrac{1+y^2}{1-x^2}=C$;　　　　　(5) $y=Ce^{\sqrt{1-x^2}}$　　　　(6) $(1+x^2)(1+2y)=C.$

2. (1) $\tan x\tan y=1$;　　　　　(2) $2y^3+3y^2-2x^3-3x^2=5$;

　(3) $y=x-1$;　　　　　　　(4) $\ln y=\tan\dfrac{x}{2}$.

3. (1) $\ln\dfrac{y}{x}=Cx+1$;　　　　　(2) $y^2=2x^2(\ln x+C)$.

4. (1) $y^2=2x^2(\ln x+2)$;　　　　　(2) $y^3=y^2-x^2$.

5. (1) $y=e^{x^2}(\sin x+C)$;　　　　(2) $y=\dfrac{1}{2}\sin x+\dfrac{x+C}{\cos x}$;　　　(3) $y=\dfrac{1}{2}(x+1)^4+C(x+1)^2$;

　(4) $y=\dfrac{4x^3+3C}{3(x^2+1)}$;　　　　　(5) $y=\dfrac{\sin x+C}{x^2-1}$;　　　　　(6) $x=\dfrac{1}{2}y^3+Cy$.

6. (1) $y=7e^{-\frac{x}{2}}+3$;　　　　　(2) $y=(x-\pi-1)\cos x$;

　(3) $y=x^2(e^x-e)$;　　　　　(4) $y=\dfrac{x}{\cos x}$;

7. (1) $y^{-2}=ce^{2x^2}+x^2+\dfrac{1}{2}$;　　　(2) $7y^{-\frac{1}{3}}=cx^{\frac{2}{3}}-3x^3$.

习题 7-3

1. (1) $y=\dfrac{1}{4}e^{2x}+C_1x+C_2$；　　　　(2) $y=(x-3)e^x+C_1x^2+C_2x+C_3$；

　(3) $y=C_1e^x-\dfrac{1}{2}x^2-x+C_2$；　　　(4) $y=C_1\ln x+C_2$.

2. (1) $y=\sqrt{2x-x^2}$；　　　　　　　(2) $y=\ln\sec x$；

　(3) $y=Cx^2$；　　　　　　　　　　(4) $y=\ln(e^x+e^{-x})-\ln 2$.

3. (1) $y=C_1e^x+C_2e^{-2x}$；　　　　　(2) $y=e^{2x}(C_1\cos x+C_2\sin x)$；

　(3) $y=C_1e^{3x}+C_2e^{-3x}$；　　　　(4) $x=(C_1+C_2t)e^{\frac{5}{2}t}$.

4. (1) $y=C_1e^{\frac{x}{2}}+C_2e^{-x}+e^x$；　　　(2) $y=C_1+C_2e^{-\frac{5}{2}x}+\dfrac{1}{3}x^3-\dfrac{3}{5}x^2+\dfrac{7}{25}x$；

　(3) $y=C_1e^{-x}+C_2e^{-2x}+\left(\dfrac{3}{2}x^2-3x\right)e^{-x}$；

　(4) $y=C_1\cos 2x+C_2\sin 2x+\dfrac{1}{3}x\cos x+\dfrac{2}{9}\sin x$.

5. (1) $y=4e^x+2e^{3x}$；　　　　　　　(2) $y=(2+x)e^{-\frac{x}{2}}$；

　(3) $y=e^x-e^{-x}+e^x(x^2-x)$；　　(4) $y=\dfrac{11}{16}+\dfrac{5}{16}e^{4x}-\dfrac{5}{4}x$.

总习题七

一、填空题

1. $y'=\pm\sqrt{1-y^2}$；　　　　　　　　2. $y=x\ln x-x+C$；

3. $P(x)=\dfrac{2}{x},Q(x)=-x,y=\dfrac{C}{x^2}-\dfrac{x^2}{4}$；　　4. $\dfrac{1}{x^2}$；

5. $(\ln 2)e^{2x}$　　　　　　　　　　　6. $y^2=x+1$；

7. $y=e^{-\frac{1}{2}x}\left(C_1\cos\dfrac{\sqrt{3}}{2}x+C_2\sin\dfrac{\sqrt{3}}{2}x\right)$；　　8. $(0,-1,1,2)$；

9. $B+Axe^x$；　　　　　　　　　　　10. 1.

二、单项选择题

1. (C)；　　2. (B)；　　3. (C)；　　4. (B)；　　5. (B)；

6. (B)；　　7. (D)；　　8. (C)；　　9. (A)；　　10. (A).

三、计算题

1. $y=e^{\tan\frac{x}{2}}$.　　　　　　　2. $y=e^{-\sin x}(x+C))$.　　　　　3. $x^3-2y^2=Cx$.

4. $y=\dfrac{x^3}{6}+\dfrac{x}{2}+1$.　　　　5. $f(x)=\dfrac{1}{2}e^{-x^2}(x^2-1)$.　　　6. $y=x-\dfrac{75}{124}x^2$.

7. $f(x)=\dfrac{1}{2}\cos x+\dfrac{1}{2}\sin x+\dfrac{1}{2}e^x$.　　8. $y=(C_1+C_2x)e^{2x}+x$.

9. $a=-3,b=2,c=-1,y=C_1e^{2x}+C_2e^x+xe^x$.

10. 略.

高 等 数 学

（下册）

刘桃凤　李燕丽　主编

中国农业大学出版社

·北京·

目　录

第八章　向量代数与空间解析几何

数无形时少直觉,形少数时难入微,数与形,本是相倚依,焉能分作两边飞.

——华罗庚

数学中的转折点是笛卡尔的变数,有了变数,运动进入了数学,有了变数,辩证法进入了数学,有了变数,微分和积分也就立刻成为必要的了.

——恩格斯

概述　本章介绍空间向量与空间解析几何的有关内容.空间向量是研究空间解析几何最有效的工具,它在工程技术中有着广泛的应用.空间解析几何是多元函数微积分的必要基础.本章以空间向量为基础来讨论空间的直线、平面、曲线与曲面.解析几何是数与形结合产生的一门学科,笛卡尔坐标系的建立,有效地沟通了代数与几何两门学科,数形结合思想贯穿解析几何,而且从数的概念的形成和发展,到微积分的产生及现代数学各分支学科的形成,也都是与数形的完美结合分不开的.

空间解析几何的知识系统以及数学思想方法完全类似于平面解析几何.因此我们要在类比平面解析几何知识系统与思想方法的过程中,建立空间解析几何的知识系统与思想方法,并形成知识网络.本章研究思路是

$$\boxed{\text{平面解析几何}} \xrightarrow[\text{推广}]{\text{类比}} \boxed{\text{空间解析几何}}$$

本章基本知识内容的讨论依然类似于平面解析几何,始终围绕"形→数→形"展开,点与坐标、向量与坐标、点与向径之间的对应关系使得数形互相转化.在探究空间解析几何的知识系统的建立过程中,特别要注意比较空间与平面的联系与区别,共性是必然,而区别是本质.尤其领会共性"数形结合思想",立足于数形结合思想去学习解析几何,从本质上理解并把握其思想与方法可使学习事半功倍,而且对其他学科的学习影响深远.在探究本章知识内涵的同时不仅要更加深入地探讨并领会解析几何的核心数学思想方法,而且要领悟知识所渗透的转化、化归、分类讨论、待定系数法等思想以及特殊与一般互相转化的哲学观点.

第一节　空间向量

空间直角坐标系　空间点的坐标　向量的概念　空间向量的坐标　向量模　方向余弦
向量的运算　数量积　向量积

一、空间直角坐标系

1. 空间直角坐标系的建立

过空间一点 O，作三条两两相互垂直的数轴，所形成的坐标系叫做空间直角坐标系，记作 $O-xyz$. 点 O 叫做坐标原点，数轴 Ox 简称为 x 轴（横轴），数轴 Oy 简称为 y 轴（纵轴），数轴 Oz 简称为 z 轴（竖轴），x 轴、y 轴和 z 轴统称为坐标轴.

我们规定，三个坐标轴的正向之间满足右手法则，即以右手握住 z 轴，当右手的四个手指从 x 轴的正向以 $\frac{\pi}{2}$ 角度转向 y 轴的正向时，大拇指的指向就是 z 轴的正向（如图 8-1 所示）.

三个坐标轴分别两两确定了三个平面 xOy、yOz 和 zOx，这三个平面叫做坐标面. 三个坐标面将空间分为八个部分，每一部分叫做一个卦限. 含有 x 轴、y 轴、z 轴的正半轴的卦限叫做第一卦限. 在 xOy 面的上方按逆时针方向，分别为第二、第三及第四卦限. 而位于其下方的部分依次为第五、第六、第七及第八卦限. 卦限一般采用罗马字母 Ⅰ、Ⅱ、Ⅲ、Ⅳ、Ⅴ、Ⅵ、Ⅶ、Ⅷ来表示（如图 8-2 所示）.

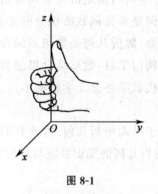

图 8-1

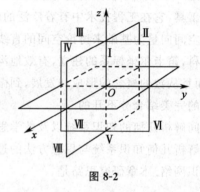

图 8-2

2. 空间点的直角坐标

设点 M 为空间的已知点，过点 M 分别作垂直于三个坐标轴的平面，与 x 轴、y 轴、z 轴分别交于 P,Q,R 三点. 设 $OP=x,OQ=y,OR=z$，则点 M 唯一确定了三个有序实数(x,y,z)；反之，一个有序实数组 (x,y,z) 也可以唯一确定空间一点 M. 于是，空间一点 M 和有序实数组 (x,y,z) 之间确定了一一对应关系. 我们把 x,y,z 叫做点 M 的坐标，记作 $M(x,y,z)$.

显然，坐标原点 O 的坐标为 $(0,0,0)$，x 轴上的点的坐标为 $(x,0,0)$；y 轴上点的坐标为 $(0,y,0)$；z 轴上点的坐标为 $(0,0,z)$. 坐标面 xOy、yOz、zOx 上点的坐标依次为 $(x,y,0)$，$(0,y,z)$，$(x,0,z)$.

设点 $M_1(x_1,y_1,z_1)$ 和点 $M_2(x_2,y_2,z_2)$，则空间这两点间的距离公式为

$$d=|M_1M_2|=\sqrt{(x_2-x_1)^2+(y_2-y_1)^2+(z_2-z_1)^2}.$$

二、空间向量的坐标表示

在高中阶段我们曾经学习过平面向量的基本概念，现简单归纳如下：

(1) 向量：既有大小，又有方向的量. 记作 $\boldsymbol{a}$ 或 $\overrightarrow{M_1M_2}$.

(2)**向量的模**:向量的大小叫做向量的模.记作 $|a|$ 或 $|\overrightarrow{M_1M_2}|$.

(3)**自由向量**:不考虑起点,只考虑大小和方向的向量(可以平移的向量).

(4)**单位向量**:模等于 1 的向量叫单位向量.

(5)**零向量**:模为 0 的向量.零向量是唯一没有确定方向的向量.

(6)**相等向量**:大小相等,方向相同的两向量相等.

(7)**向径**:以坐标原点 O 为起点,M 点为终点的向量叫做向径.记作 $\overrightarrow{OM}$ 或 r.

1.向量的坐标表示

在空间直角坐标系中,给定向量 a,将 a 平行移动,使它的起点与坐标原点重合,记 a 的终点为 M,则 $a=\overrightarrow{OM}$($\overrightarrow{OM}$ 就是前面定义的向径).设点 M 的坐标是 (a_x,a_y,a_z),则它由向量 a 唯一确定,于是向径 a 就唯一地对应着三个有序实数 (a_x,a_y,a_z).反过来,任意给定三个有顺序的实数 (a_x,a_y,a_z),在空间便唯一确定一点 $M(a_x,a_y,a_z)$,于是也就唯一确定了一个向径 $\overrightarrow{OM}=a$.这样,空间向径 a 与三元有序数组 (a_x,a_y,a_z) 之间建立了一一对应的关系,称 (a_x,a_y,a_z) 为**向径 a 的坐标**,由于我们研究的是自由向量,故无论把向径平行移动到什么地方,它的坐标仍然是 (a_x,a_y,a_z).所以把 (a_x,a_y,a_z) 叫做**向量 a 的坐标**,记作

$$a=(a_x,a_y,a_z).$$

这就是向量的坐标表示.

在各坐标轴上,分别与该轴的正方向相同的单位向量,叫做该坐标轴的**基本单位向量**,x 轴、y 轴和 z 轴的基本单位向量分别用 i,j,k 表示.因为

$$a=(a_x,a_y,a_z),$$

故由向量与数的乘法,得 $\overrightarrow{OA}=a_x i,\overrightarrow{OB}=a_y j,\overrightarrow{OC}=a_z k$(如图 8-3 所示).

由向量的加法得,$\overrightarrow{OM}=\overrightarrow{OM_1}+\overrightarrow{M_1M}=\overrightarrow{OA}+\overrightarrow{OB}+\overrightarrow{OC}$,即 $a=\overrightarrow{OM}=a_x i+a_y j+a_z k$ 叫做**向量 a 按基本单位向量的分解式**.

设 $M_1(x_1,y_1,z_1)$,$M_2(x_2,y_2,z_2)$,则以点 M_1 为起点,点 M_2 为终点的向量(如图 8-4 所示),$\overrightarrow{M_1M_2}=\overrightarrow{OM_2}-\overrightarrow{OM_1}$,

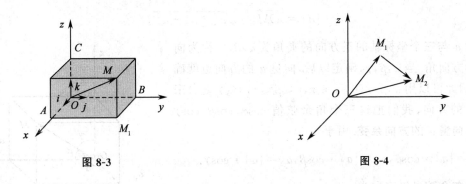

图 8-3　　　　　　　　　　　　　　　图 8-4

因为　　　　　　　$\overrightarrow{OM_1}=x_1 i+y_1 j+z_1 k,\overrightarrow{OM_2}=x_2 i+y_2 j+z_2 k,$

所以　　　　　　　$\overrightarrow{M_1M_2}=(x_2-x_1)i+(y_2-y_1)j+(z_2-z_1)k,$

即　　　　　　　　$\overrightarrow{M_1M_2}=(x_2-x_1,y_2-y_1,z_2-z_1).$

例1(两点向量坐标) 已知空间两点 $A(1,3,2)$、$B(-5,3,-2)$,求向量 $\overrightarrow{AB}$ 的坐标.

解 $\overrightarrow{AB}=(-5-1)\boldsymbol{i}+(3-3)\boldsymbol{j}+(-2-2)\boldsymbol{k}=-6\boldsymbol{i}+0\boldsymbol{j}-4\boldsymbol{k}=(-6,0,-4)$

2. 空间向量的运算

设 $\boldsymbol{a}=a_x\boldsymbol{i}+a_y\boldsymbol{j}+a_z\boldsymbol{k}=(a_x,a_y,a_z)$,$\boldsymbol{b}=b_x\boldsymbol{i}+b_y\boldsymbol{j}+b_z\boldsymbol{k}=(b_x,b_y,b_z)$

则

$$\boldsymbol{a}+\boldsymbol{b}=(a_x+b_x)\boldsymbol{i}+(a_y+b_y)\boldsymbol{j}+(a_z+b_z)\boldsymbol{k}=(a_x+b_x,a_y+b_y,a_z+b_z);$$

$$\boldsymbol{a}-\boldsymbol{b}=(a_x-b_x)\boldsymbol{i}+(a_y-b_y)\boldsymbol{j}+(a_z-b_z)\boldsymbol{k}=(a_x-b_x,a_y-b_y,a_z-b_z);$$

$$\lambda\boldsymbol{a}=\lambda a_x\boldsymbol{i}+\lambda a_y\boldsymbol{j}+\lambda a_z\boldsymbol{k}=(\lambda a_x,\lambda a_y,\lambda a_z).$$

利用向量的坐标,还可以得到两个向量平行的充要条件.

当向量 $\boldsymbol{b}\neq\boldsymbol{0}$ 时,向量 $\boldsymbol{a}/\!/\boldsymbol{b}$ 等价于 $\boldsymbol{a}=\lambda\boldsymbol{b}$,用坐标表示就是

$$(a_x,a_y,a_z)=\lambda(b_x,b_y,b_z)=(\lambda b_x,\lambda b_y,\lambda b_z),$$

由此得

空间两向量平行的充要条件是两向量对应的坐标成比例

即
$$\boldsymbol{a}/\!/\boldsymbol{b}\Leftrightarrow\frac{a_x}{b_x}=\frac{a_y}{b_y}=\frac{a_z}{b_z}.$$

例2(向量线性运算) 设 $\boldsymbol{m}=3\boldsymbol{i}+5\boldsymbol{j}+8\boldsymbol{k}$,$\boldsymbol{n}=2\boldsymbol{i}-4\boldsymbol{j}-7\boldsymbol{k}$,$\boldsymbol{p}=5\boldsymbol{i}+\boldsymbol{j}-4\boldsymbol{k}$,求 $\boldsymbol{a}=4\boldsymbol{m}+3\boldsymbol{n}-\boldsymbol{p}$ 在 y 轴上的分向量.

解 因为 $\boldsymbol{a}=4\boldsymbol{m}+3\boldsymbol{n}-\boldsymbol{p}$

$$=4(3\boldsymbol{i}+5\boldsymbol{j}+8\boldsymbol{k})+3(2\boldsymbol{i}-4\boldsymbol{j}-7\boldsymbol{k})-(5\boldsymbol{i}+\boldsymbol{j}-4\boldsymbol{k})=13\boldsymbol{i}+7\boldsymbol{j}+15\boldsymbol{k},$$

所以 $\boldsymbol{a}$ 在 y 轴上的分向量为 $7\boldsymbol{j}$.

3. 空间向量的模与方向角的坐标表示

空间向量非零向量 $\boldsymbol{a}=(a_x,a_y,a_z)$ 可以看成以点 $M(a_x,a_y,a_z)$ 为终点的向径 $\overrightarrow{OM}$(如图8-5所示),由向量的模和两点间距离公式,得

$$|\boldsymbol{a}|=|\overrightarrow{OM}|=\sqrt{a_x^2+a_y^2+a_z^2},$$

设 $\boldsymbol{a}$ 与三个坐标轴的正方向的夹角为 α,β,γ 称为向量 $\boldsymbol{a}$ 的方向角.当 α,β,γ,确定以后,向量 $\boldsymbol{a}$ 的方向也就确定了.因此可以用 $\alpha,\beta,\gamma(0\leqslant\alpha\leqslant\pi,0\leqslant\beta\leqslant\pi,0\leqslant\gamma\leqslant\pi)$ 来表示 $\boldsymbol{a}$ 的方向,我们把这三个角余弦值 $\cos\alpha,\cos\beta,\cos\gamma$ 统称为**向量 $\boldsymbol{a}$ 的方向余弦**.由于

$$a_x=|\boldsymbol{a}|\cdot\cos\alpha,a_y=|\boldsymbol{a}|\cdot\cos\beta,a_z=|\boldsymbol{a}|\cdot\cos\gamma.$$

因此**方向余弦**可以表示为:

$$\cos\alpha=\frac{a_x}{|\boldsymbol{a}|}=\frac{a_x}{\sqrt{a_x^2+a_y^2+a_z^2}};$$

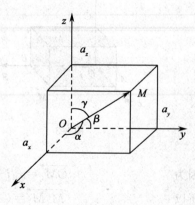

图8-5

$$\cos\beta = \frac{a_y}{|\boldsymbol{a}|} = \frac{a_y}{\sqrt{a_x^2 + a_y^2 + a_z^2}};$$

$$\cos\gamma = \frac{a_z}{|\boldsymbol{a}|} = \frac{a_z}{\sqrt{a_x^2 + a_y^2 + a_z^2}}.$$

将上面三个等式两边平方后相加得

$$\cos^2\alpha + \cos^2\beta + \cos^2\gamma = 1,$$

综上所述知

$$\boldsymbol{a} = (a_x, a_y, a_z) = (|\boldsymbol{a}| \cdot \cos\alpha, |\boldsymbol{a}| \cdot \cos\beta, |\boldsymbol{a}| \cdot \cos\gamma)$$

$$\boldsymbol{a} = |\boldsymbol{a}| \cdot (\cos\alpha, \cos\beta, \cos\gamma),$$

上式清楚地表明,向量 $\boldsymbol{a}$ 的模是 $|\boldsymbol{a}|$,方向由 $(\cos\alpha, \cos\beta, \cos\gamma)$ 确定.$(\cos\alpha, \cos\beta, \cos\gamma)$ 是与 $\boldsymbol{a}$ 同方向的单位向量.

若 $\boldsymbol{a} \neq \boldsymbol{0}$,则 $\dfrac{\boldsymbol{a}}{|\boldsymbol{a}|}$ 是一个与 $\boldsymbol{a}$ 同方向的单位向量.$\pm\dfrac{\boldsymbol{a}}{|\boldsymbol{a}|}$ 是与 $\boldsymbol{a}$ 平行的单位向量.

例 3(平行向量) 求平行于向量 $\boldsymbol{a} = 6\boldsymbol{i} + 7\boldsymbol{j} - 6\boldsymbol{k}$ 的单位向量.

解 所求向量有两个,一个与 $\boldsymbol{a}$ 同向的单位向量,一个与 $\boldsymbol{a}$ 反向的单位向量

$$|\boldsymbol{a}| = \sqrt{6^2 + 7^2 + (-6)^2} = 11,$$

与 $\boldsymbol{a}$ 平行的单位向量 $\pm\dfrac{\boldsymbol{a}}{|\boldsymbol{a}|} = \pm\left(\dfrac{6}{11}\boldsymbol{i} + \dfrac{7}{11}\boldsymbol{j} - \dfrac{6}{11}\boldsymbol{k}\right)$.

例 4(模与方向) 已知两点 $M_1(2, 2, \sqrt{2})$ 和 $M_2(1, 3, 0)$,计算向量 $\overrightarrow{M_1M_2}$ 的模、方向余弦和方向角.

解 $\overrightarrow{M_1M_2} = (1-2, 3-2, 0-\sqrt{2}) = (-1, 1, -\sqrt{2})$;

$$|\overrightarrow{M_1M_2}| = \sqrt{(-1)^2 + 1^2 + (-\sqrt{2})^2} = 2,$$

$$\cos\alpha = -\frac{1}{2}, \cos\beta = \frac{1}{2}, \cos\gamma = -\frac{\sqrt{2}}{2};$$

$$\alpha = \frac{2\pi}{3}, \beta = \frac{\pi}{3}, \gamma = \frac{3\pi}{4}.$$

三、空间向量的数量积与向量积

1. 两向量的数量积

（1）空间向量数量积定义

由力学中功的定义可知,功等于力与力的方向上的位移的乘积.可用公式表示为

$$W = |\boldsymbol{F}| \cdot |\boldsymbol{s}|\cos\theta.$$

我们知道力和位移都是向量,而功是标量.功就叫做力 $\boldsymbol{F}$ 和位移 $\boldsymbol{s}$ 的数量积.

> **定义**　设两个向量 a 和 b,它们的夹角为 $\theta(0 \leqslant \theta \leqslant \pi)$,数值 $|a\|b|\cos\theta$ 叫做向量 a 和向量 b 的**数量积**.记作 $a \cdot b$,即
>
> $$a \cdot b = |a\|b|\cos\theta.$$
>
> 数量积又叫做点积或内积.

(2)数量积的几何意义(如图 8-6 所示)

向量 a 和向量 b 的起点重合,从向量 a 的终点向向量 b 作垂线 MN,则 $ON = |a|\cos\theta$,ON 叫做向量 a 在向量 b 的方向上的**投影**,记作 $\mathrm{Prj}_b a$.它是一个数值.由于 $\mathrm{Prj}_b a = |a|\cos\theta$,$\mathrm{Prj}_a b = |b|\cos\theta$,

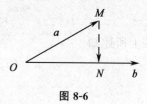

图 8-6

故　　　　　　　　$a \cdot b = |b|\mathrm{Prj}_b a,$ 或 $a \cdot b = |a|\mathrm{Prj}_a b.$

两向量的数量积的几何意义是:一个向量的模和另一个向量在该向量的方向上的投影的乘积.

(3)数量积的性质(证明略)

交换律　　　　$a \cdot b = b \cdot a.$

结合律　　　　$(\lambda a) \cdot b = \lambda(a \cdot b)$($\lambda$ 为常数).

分配律　　　　$a \cdot (b+c) = a \cdot b + a \cdot c.$

非零向量 a 与 b 垂直的充要条件是　$a \cdot b = 0.$

由于零向量的方向是任意的,故可以认为零向量与任何向量都垂直.

(4)数量积的坐标表示

设 $a = (a_x, a_y, a_z)$,$b = (b_x, b_y, b_z)$,则

$$a \cdot b = (a_x i + a_y j + a_z k) \cdot (b_x i + b_y j + b_z k),$$

又　　$i \cdot i = j \cdot j = k \cdot k = 1, i \cdot j = i \cdot k = j \cdot i = j \cdot k = k \cdot i = k \cdot j = 0$

所以　　　　　　a 和 b 的数量积是数 $a \cdot b = a_x b_x + a_y b_y + a_z b_z.$

(5)两个向量的夹角

两个非零向量 $a = (a_x, a_y, a_z)$ 与 $b = (b_x, b_y, b_z)$ 夹角余弦

$$\cos\theta = \frac{a \cdot b}{|a\|b|} = \frac{a_x b_x + a_y b_y + a_z b_z}{\sqrt{a_x^2 + a_y^2 + a_z^2}\sqrt{b_x^2 + b_y^2 + b_z^2}}.$$

由此得到

> 向量 $a = (a_x, a_y, a_z)$ 和向量 $b = (b_x, b_y, b_z)$ 垂直的充要条件是
>
> $$a_x b_x + a_y b_y + a_z b_z = 0.$$

例 5(数量积)　计算 $a = (2, 0, -3)$,$b = (-4, 1, 1)$ 的数量积.

解　$a \cdot b = 2 \times (-4) + 0 \times 1 + (-3) \times 1 = -11.$

例 6(两向量的夹角)　求以 $A(0, 2, 2)$,$B(1, 2, 1)$,$C(1, 1, 2)$ 为顶点的三角形的 $\angle A$.

解　$\overrightarrow{AB} = (1, 0, -1), \overrightarrow{AC} = (1, -1, 0).$

所以　　　$\cos\angle A=\dfrac{\overrightarrow{AB}\cdot\overrightarrow{AC}}{|\overrightarrow{AB}||\overrightarrow{AC}|}=\dfrac{1\times1+0\times(-1)+(-1)\times0}{\sqrt{1^2+0^2+(-1)^2}\sqrt{1^2+(-1)^2+0^2}}=\dfrac{1}{2}$,

故　　　　　　　　　　　　　$\angle A=\dfrac{\pi}{3}$.

2.两向量的向量积

(1)两个向量的向量积

定义　如果有两个向量 a 和 b,它们的夹角为 $\theta(0\leqslant\theta\leqslant\pi)$那么,由 a 和 b 可确定一个向量 c,它的模 $|c|=|a||b|\sin\theta$,它的方向垂直于 a 和 b 所确定的平面,且按右手规则从 a 转向 b 来确定(如图 8-7).向量 c 叫做向量 a 与 b 的**向量积**,记作 $c=a\times b$.

两个向量的向量积仍是一个向量,而两个向量的数量积则是一个数量.这是数量积和向量积在本质上的区别.

注　以 a,b 为相邻两边的平行四边形(如图 8-7 所示),其面积等于 $|a||b|\sin\theta$,是向量 $a\times b$ 的模.因此可以利用 $|a\times b|$ 来计算平行四边形的面积.

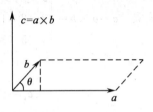

图 8-7

(2)向量积的性质

①$a\times a=\mathbf{0}$.事实上,由于向量 a 与 a 的夹角 $\theta=0$,故有

$$|a\times a|=|a||a|\sin0=0.$$

②$a\times b=-b\times a$.事实上,由于

$$|a\times b|=|a||b|\sin\theta=|b||a|\sin\theta=|b\times a|,$$

即它们的模相等.但是按右手规则,由于 a 和 b 交换了顺序,从 b 转向 a 定出的方向恰好与 a 转向 b 定出的方向相反,因此 $a\times b=-b\times a$.这说明两个向量的向量积不满足交换律.

③结合律　$(\lambda a)\times b=\lambda(a\times b)$.

④分配律　$a\times(b+c)=a\times b+a\times c$.

⑤向量 $a\parallel b$ 的充分必要条件是 $a\times b=\mathbf{0}$.

由于零向量的方向是任意的,故可以认为零向量与任何向量都平行.

(3)向量积的坐标表示

设 $a=a_xi+a_yj+a_zk,b=b_xi+b_yj+b_zk$,

则　　　　　　　　$a\times b=(a_xi+a_yj+a_zk)\times(b_xi+b_yj+b_zk)$.

因为 i,j,k 互相垂直,所以由右手法则有

$$i\times j=k,j\times k=i,k\times i=j,j\times i=-k,k\times j=-i,i\times k=-j,$$

又由于 $i\times j=j\times j=k\times k=\mathbf{0}$,

故 a 和 b 的向量积是向量

$$a\times b=(a_yb_z-a_zb_y)i+(a_zb_x-a_xb_z)j+(a_xb_y-a_yb_x)k.$$

这就是向量积的坐标表示.

为了帮助记忆,便于计算,常把上式写做三阶行列式的形式:

$$a \times b = \begin{vmatrix} i & j & k \\ a_x & a_y & a_z \\ b_x & b_y & b_z \end{vmatrix} = \begin{vmatrix} a_y & a_z \\ b_y & b_z \end{vmatrix} i - \begin{vmatrix} a_x & a_z \\ b_x & b_z \end{vmatrix} j + \begin{vmatrix} a_x & a_y \\ b_x & b_y \end{vmatrix} k.$$

例 7(向量积) 设向量 $a = 3i - k$，$b = 2i - 3j + 2k$，求 $a \times b$.

解 $a \times b = \begin{vmatrix} i & j & k \\ 3 & 0 & -1 \\ 2 & -3 & 2 \end{vmatrix} = \begin{vmatrix} 0 & -1 \\ -3 & 2 \end{vmatrix} i - \begin{vmatrix} 3 & -1 \\ 2 & 2 \end{vmatrix} j + \begin{vmatrix} 3 & 0 \\ 2 & -3 \end{vmatrix} k = -3i - 8j - 9k.$

例 8(向量积的方向应用) 求垂直于向量 $a = (2,2,1)$ 与 $b = (4,5,3)$ 的单位向量.

解 由向量积的定义，$(a \times b) \perp a$，$(a \times b) \perp b$.

故取 $c = a \times b = \begin{vmatrix} i & j & k \\ 2 & 2 & 1 \\ 4 & 5 & 3 \end{vmatrix} = \begin{vmatrix} 2 & 1 \\ 5 & 3 \end{vmatrix} i - \begin{vmatrix} 2 & 1 \\ 4 & 3 \end{vmatrix} j + \begin{vmatrix} 2 & 2 \\ 4 & 5 \end{vmatrix} k = i - 2j + 2k,$

$$|c| = |a \times b| = \sqrt{1^2 + (-2)^2 + 2^2} = 3,$$

$$\pm e_c = \pm \frac{a \times b}{|a \times b|} = \pm \frac{(1, -2, 2)}{3} = \left(\pm \frac{1}{3}, \mp \frac{2}{3}, \pm \frac{2}{3} \right).$$

例 9(向量积的模的应用) 已知 $\overrightarrow{OA} = (1,0,3)$，$\overrightarrow{OB} = (0,1,3)$，求 $\triangle ABO$ 的面积.

解 由向量积的几何意义知：$S_{\triangle ABO} = \frac{1}{2} |\overrightarrow{OA} \times \overrightarrow{OB}|$，

$$\overrightarrow{OA} \times \overrightarrow{OB} = \begin{vmatrix} i & j & k \\ 1 & 0 & 3 \\ 0 & 1 & 3 \end{vmatrix} = -3i - 3j + k,$$

所以 $S_{\triangle ABO} = \frac{1}{2} |\overrightarrow{OA} \times \overrightarrow{OB}| = \frac{1}{2} \sqrt{(-3)^2 + (-3)^2 + 1^2} = \frac{\sqrt{19}}{2}.$

思考与探究

1.(1)在什么情况下，$a \cdot b = |a| \|b|$？说明理由.

(2)若 $a \cdot b < 0$，则两个向量 a 和 b 的夹角 θ 一定是钝角吗？说明理由.

(3)设两个向量 a 和 b 的夹角为 $\theta (0 \leqslant \theta \leqslant \pi)$，$a \times b = |a| \|b| \sin \theta$ 对吗？说明理由.

2.在实数乘法中，$ab = ac$，$a \neq 0$ 则有 $b = c$，在向量的数量积中，若 $a \cdot b = a \cdot c$，且 $a \neq 0$，有 $b = c$ 成立吗？对你的回答给出理由.

习题 8-1

1.在空间直角坐标系中，指出下列各点的位置：

(1)$M(3,2,1)$；　　　　　　(2)$M(-1,2,1)$；　　　　　　(3)$M(-3,-2,0)$；

(4)$M(1,0,1)$；　　　　　　(5)$M(0,2,0)$；　　　　　　(6)$M(-2,0,0)$.

2.证明以 $A(4,1,9)$，$B(10,-1,6)$，$C(2,4,3)$ 为顶点的三角形是等腰直角三角形.

3.已知向量 $a = 3i - 2j + k$，终点为 $B(-1,1,0)$，求起点坐标.

4.已知两点 $M_1(3,0,2)$，$M_2(4,\sqrt{2},1)$，计算向量 $\overrightarrow{M_1 M_2}$ 的模、方向余弦和方向角.

5.设一个向量与 x 轴、z 轴的正方向夹角分别为 $\frac{\pi}{3}$，$\frac{\pi}{4}$ 其模为 6，求该向量.

6. 求平行于向量 $a = -3i + 5j + 4k$ 的单位向量.

7. 判定下列各组向量间的关系：

(1) $a = (1, -2, 3), b = (-2, 4, -6)$；

(2) $a = (1, 1, -4), b = (2, 2, 1)$；

(3) $a = (1, -2, 3), b = (1, 3, 2)$.

8. 设 $a = 3i - j - 2k, b = i + 2j - k$，求：

(1) $a \cdot b$ 及 $a \times b$；　　　　(2) $(-2a) \cdot b$ 及 $a \times 2b$；　　　　(3) $a \cdot b$ 夹角余弦.

9. 设 $|a| = 3, |b| = 4, |c| = 5$，并且满足 $a + b + c = 0$. 计算 $|a \times b + b \times c + c \times a|$.

10. 求同时垂直于 $a = (3, 6, 8), e_1 = (0, 0, 1)$ 的单位向量.

11. 已知 $\overrightarrow{OA} = i + 3k, \overrightarrow{OB} = i - j + 2k$，求 $\triangle ABO$ 的面积.

12. 设 $a = (-1, 1, 2), b = (3, 0, 4)$，求向量 a 在向量 b 上的投影.

第二节　平面及其方程

平面点法式　　平面一般式　　平面截距式　　平面与平面位置关系　　点到平面的距离

一、平面及其方程

我们知道,过一点且与一个非零向量保持垂直的平面是唯一确定的. 由此,我们可以得到求平面方程的方法.

如果一个非零向量垂直于一个平面,那么这个向量就叫做该平面的**法线向量**(简称**法向量**). 由于任何一个与平面垂直的非零向量都是该平面的法向量,因此一个平面的法向量不唯一.

设平面 $\varPi$ 过点 $M_0(x_0, y_0, z_0)$，它的一个法向量为非零向量 $n = (A, B, C)$，任取点 $M(x, y, z) \in \pi$(如图 8-8 所示)，则 $\overrightarrow{M_0M} = \{x - x_0, y - y_0, z - z_0\}$，且有 $n \cdot \overrightarrow{M_0M} = 0$，因此

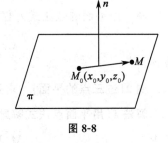

图 8-8

$$A(x - x_0) + B(y - y_0) + C(z - z_0) = 0. \qquad (2\text{-}1)$$

方程(2-1)为平面 $\varPi$ 上任意点 $M(x, y, z)$ 所满足的方程.

反过来,如果 $M(x, y, z) \notin \pi$,那么向量 $\overrightarrow{M_0M}$ 与法向量 n 不垂直,从而 $n \cdot \overrightarrow{M_0M} \neq 0$,即不在平面上的点 $M(x, y, z)$ 不满足方程(2-1),所以(2-1)就是平面 $\varPi$ 的方程,平面 $\varPi$ 是方程(2-1)的图形. 因为方程(2-1)是由平面 $\varPi$ 上的一点 $M_0(x_0, y_0, z_0)$ 和它的一个法向量确定的,所以方程(2-1)叫做**平面的点法式方程**.

由平面的点法式方程(2-1)化简得

$$Ax + By + Cz + (-Ax_0 - By_0 - Cz_0) = 0.$$

令 $D = -Ax_0 - By_0 - Cz_0$，则

$$Ax+By+Cz+D=0. \tag{2-2}$$

方程(2-2)叫做平面的**一般式方程**,任何一个平面都可以用一个三元一次方程来表示.

由平面的一般式方程(2-2)(设 $D\neq0$)得

$$Ax+By+Cz=-D,$$

又得

$$\frac{x}{-\frac{D}{A}}+\frac{y}{-\frac{D}{B}}+\frac{z}{-\frac{D}{C}}=1,令-\frac{D}{A}=a,-\frac{D}{B}=b,-\frac{D}{C}=c,$$

则有

$$\frac{x}{a}+\frac{y}{b}+\frac{z}{c}=1. \tag{2-3}$$

由方程(2-3)可知该平面过点 $(a,0,0)$,$(0,b,0)$,$(0,0,c)$. a、b、c 分别叫做平面在 x 轴、y 轴、z 轴上的截距. 故(2-3)叫做平面的**截距式方程**.

平面方程的核心是**点法式**方程,其他形式的几种方程都可以通过它变化而来.

过点 $M_0(x_0,y_0,z_0)$,垂直于 $\boldsymbol{n}=(A,B,C)$ 的平面方程:

$$\underbrace{A(x-x_0)+B(y-y_0)+C(z-z_0)=0}_{\text{点法式方程}}\Rightarrow\underbrace{Ax+By+Cz+D=0}_{\text{一般式方程}}$$

$$\Rightarrow\underbrace{\frac{x}{a}+\frac{y}{b}+\frac{z}{c}=1}_{\text{平面截距式}},其中 a,b,c 不为零. (D\neq0)$$

注 法向量 $\boldsymbol{n}=(A,B,C)$ 的坐标是一般平面方程中 x,y,z 的系数.

例 1(点法式) 已知平面过点 $(2,2,2)$ 且与向量 $\boldsymbol{n}=(1,-2,3)$ 垂直,求该平面的方程.

解 由平面的点法式方程得

$$(x-2)+(-2)(y-2)+3(z-2)=0,$$

整理得 $\qquad\qquad\qquad x-2y+3z-4=0.$

例 2(过三点的平面) 求过三点 $M_1(2,0,0)$,$M_2(0,1,0)$,$M_3(0,0,2)$ 的平面方程.

解法 1(用平面点法式解题) 设平面法向量为 $\boldsymbol{n}$,则 $\boldsymbol{n}=\overrightarrow{M_1M_2}\times\overrightarrow{M_1M_3}$,

其中 $\qquad\qquad \overrightarrow{M_1M_2}=(-2,1,0),\overrightarrow{M_1M_3}=(-2,0,2),$

故 $\qquad \boldsymbol{n}=\overrightarrow{M_1M_2}\times\overrightarrow{M_1M_3}=\begin{vmatrix} \boldsymbol{i} & \boldsymbol{j} & \boldsymbol{k} \\ -2 & 1 & 0 \\ -2 & 0 & 2 \end{vmatrix}=2\boldsymbol{i}+4\boldsymbol{j}+2\boldsymbol{k}=(2,4,2).$

由平面的点法式方程得 $\qquad 2(x-2)+4(y-0)+2(z-0)=0,$

整理得 $\qquad\qquad\qquad x+2y+z-2=0.$

解法 2(用平面的一般式方程解题)

设所求平面的方程为 $Ax+By+Cz+D=0$,由于 $M_1(2,0,0)$,$M_2(0,1,0)$,$M_3(0,0,2)$

在平面上,因此有 $\begin{cases} 2A+D=0 \\ B+D=0 \\ 2C+D=0 \end{cases}$,

解得 $$A=-\frac{D}{2}, B=-D, C=-\frac{D}{2},$$

因此 $$-\frac{D}{2}x-Dy-\frac{D}{2}z+D=0,$$

整理得 $$x+2y+z-2=0.$$

解法 3(用截距式写方程)

由于平面过 $M_1(2,0,0), M_2(0,1,0), M_3(0,0,2)$,

所以平面方程为 $$\frac{x}{2}+\frac{y}{1}+\frac{z}{2}=1,$$

整理得 $$x+2y+z-2=0.$$

二、两平面的夹角

两平面法向量的夹角(通常指锐角或直角)叫做**两平面的夹角**.

设平面 $\Pi_1:A_1x+B_1y+C_1z+D_1=0$,则法向量 $\boldsymbol{n}_1=(A_1,B_1,C_1)$,平面 $\Pi_2:A_2x+B_2y+C_2z+D_2=0$,则法向量 $\boldsymbol{n}_2=(A_2,B_2,C_2)$,(如图 8-9 所示).

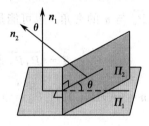

平面 Π_1 和 Π_2 夹角 θ 应是 $(\widehat{\boldsymbol{n}_1,\boldsymbol{n}_2})$ 和 $(\widehat{-\boldsymbol{n}_1,\boldsymbol{n}_2})=\pi-(\widehat{\boldsymbol{n}_1,\boldsymbol{n}_2})$ 两者中的锐角或直角,因此 $\cos\theta=|\cos(\widehat{\boldsymbol{n}_1,\boldsymbol{n}_2})|$,按两向量夹角余弦的坐标公式,平面 Π_1 和 Π_2 夹角 θ 可由

图 8-9

$$\cos\theta=\frac{|A_1A_2+B_1B_2+C_1C_2|}{\sqrt{A_1^2+B_1^2+C_1^2}\cdot\sqrt{A_2^2+B_2^2+C_2^2}} \tag{2-4}$$

来确定.

从两向量垂直和平行的充要条件,即可推出下列结论:

> (1)$\Pi_1\perp\Pi_2$ 的充要条件是 $A_1A_2+B_1B_2+C_1C_2=0$;
>
> (2)$\Pi_1//\Pi_2$ 或重合的充要条件是 $\dfrac{A_1}{A_2}=\dfrac{B_1}{B_2}=\dfrac{C_1}{C_2}$.

例 3　研究以下各组里两平面的位置关系:

(1)$\Pi_1:-x+2y-z+1=0, \Pi_2:y+3z-1=0$;

(2)$\Pi_1:2x-y+z-1=0, \Pi_2:-4x+2y-2z-1=0$.

解　(1)$\boldsymbol{n}_1=(-1,2,-1), \boldsymbol{n}_2=(0,1,3)$(平面一般式方程中 x,y,z 的系数为法向量 $\boldsymbol{n}$ 的坐标)则

$$\cos\theta=\frac{|-1\times0+2\times1-1\times3|}{\sqrt{(-1)^2+2^2+(-1)^2}\cdot\sqrt{1^2+3^2}}=\frac{\sqrt{15}}{30},$$

故两平面相交,夹角为 $\theta=\arccos\dfrac{\sqrt{15}}{30}$.

(2) $n_1=(2,-1,1)$, $n_2=(-4,2,-2)$,且 $\dfrac{2}{-4}=\dfrac{-1}{2}=\dfrac{1}{-2}$,所以 $\Pi_1/\!/\Pi_2$ 又取 $M_0(1,1,0)\in$ Π_1,(Π_1 上任取一点,令 $x=y=1$,代入 Π_1 得 $z=0$)而 $M_0(1,1,0)\notin\Pi_2$,故两平面平行但不重合.

三、点到平面的距离

平面直角坐标系中,直线 $l:ax+by+c=0$ 外一点 $P_0(x_0,y_0)$ 到直线的距离为

$$d=\frac{|ax_0+by_0+c|}{\sqrt{a^2+b^2}}.$$

在空间直角坐标系中,求平面 $\Pi:Ax+By+Cz+D=0$ 外的点 $P_0(x_0,y_0,z_0)$ 到平面 Π 的距离 d(图 8-10).

在平面上任取一点 $P_1(x_1,y_1,z_1)$,并作一法线向量,考虑到 $\overrightarrow{P_1P_0}$ 与 n 的夹角 θ 也可能是钝角,得所求的距离

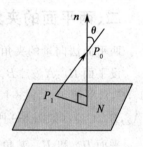

图 8-10

$$d=|\overrightarrow{P_1P_0}|\,|\cos\theta|=\frac{|\overrightarrow{P_1P_0}\cdot n|}{|n|},$$

而 $n=(A,B,C)$, $\overrightarrow{P_1P_0}=(x_0-x_1,y_0-y_1,z_0-z_1)$,
得

$$\frac{\overrightarrow{P_1P_0}\cdot n}{|n|}=\frac{A(x_0-x_1)+B(y_0-y_1)+C(z_0-z_1)}{\sqrt{A^2+B^2+C^2}}$$

$$=\frac{Ax_0+By_0+Cz_0-(Ax_1+By_1+Cz_1)}{\sqrt{A^2+B^2+C^2}}.$$

因为 $Ax_1+By_1+Cz_1+D=0$,所以

$$\frac{\overrightarrow{P_1P_0}\cdot n}{|n|}=\frac{Ax_0+By_0+Cz_0+D}{\sqrt{A^2+B^2+C^2}}.$$

由此得

点 $P_0(x_0,y_0,z_0)$ 到平面 $Ax+By+Cz+D=0$ 的距离公式

$$d=\frac{|Ax_0+By_0+Cz_0+D|}{\sqrt{A^2+B^2+C^2}}. \tag{2-5}$$

例 4 求点 $(2,1,1)$ 到平面 $x+y-z+1=0$ 的距离.

解 利用公式 $(2-5)$

$$d=\frac{|1\times2+1\times1-1\times1+1|}{\sqrt{1^2+1^2+(-1)^2}}=\frac{3}{\sqrt{3}}=\sqrt{3}.$$

例 5 求两平行平面 $\Pi_1:10x+2y-2z-5=0$ 和 $\Pi_2:5x+y-z-1=0$ 之间的距离 d.

解 两平行平面间的距离⇔平面 Π_2 上一点到平面 Π_1 的距离(转化思想)

在平面 Π_2 上取点 $(0,1,0)$ 则

$$d=\frac{|10\times0+2\times1+(-2)\times0-5|}{\sqrt{10^2+2^2+(-2)^2}}=\frac{3}{\sqrt{108}}=\frac{\sqrt{3}}{6}.$$

思考与探究

两平面的位置关系与两平面法向量之间有什么关系?

习题 8-2

1.满足下列条件的平面,其方程有何特点?

(1)过原点; (2)平行于 x 轴; (3)过 x 轴; (4)平行于 xOy 面.

2.求下列平面在各坐标轴上的截距.

(1)$2x-6y-z+12=0$; (2)$5x+3y-15z+15=0$.

3.求下列各平面的方程:

(1)过点 $(1,0,-1)$,且法向量为 $\boldsymbol{n}=(-1,2,3)$ 的平面.

(2)过点 $(1,1,1)$,且与过点 $A(2,0,-1)$ 和点 $B(1,2,-2)$ 连线垂直的平面.

(3)过 $M_0(2,1,-1)$,且与向量 $\boldsymbol{a}=(2,1,-1)$,$\boldsymbol{b}=(3,0,4)$ 平行的平面.

(4)过 Oz 轴及点 $(1,1,-1)$ 的平面.

4.求经过 $M_1(2,3,0)$,$M_2(-2,-3,4)$,$M_3(0,6,0)$ 三点的平面方程.

5.过点 $(5,-7,4)$ 且在三个坐标轴上截距都相等的平面方程.

6.写出三个坐标面的方程.

7.求两平行平面 $\Pi_1:x+2y-2z-5=0$ 和 $\Pi_2:x+2y-2z-1=0$ 之间的距离 d.

8.若平面 $x+ky-2z=0$ 与平面 $2x-3y+z=0$ 的夹角为 $\frac{\pi}{4}$,求 k.

第三节 空间直线及其方程

直线点向式 直线参数式 直线一般式 两直线的位置关系 直线与平面的位置关系 平面束

一、直线的点向式方程

由立体几何可知,过一个定点且与已知直线平行的直线是唯一确定的.同理过定点与一个已知非零向量平行的直线是唯一确定的.

如果一个非零向量平行于一条已知直线,那么这个向量就叫做该直线的**方向向量**.由于任何一个与方向向量平行的非零向量都是该直线的方向向量,因此一条直线的方向向量并不是唯一的.

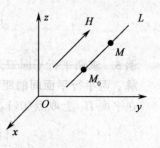

图 8-11

设直线 L 过 $M_0(x_0, y_0, z_0)$,向量 $s = (m, n, p)$ 与 L 平行,$M(x, y, z)$ 为 L 上的任意一点,作向量 $\overrightarrow{M_0M}$,则 $\overrightarrow{M_0M} /\!/ s$(如图 8-11),

因 $\quad \overrightarrow{M_0M} = (x - x_0, y - y_0, z - z_0), s = (m, n, p)$,

故
$$\frac{x - x_0}{m} = \frac{y - y_0}{n} = \frac{z - z_0}{p}. \tag{3-1}$$

上式(3-1)叫做空间直线的**点向式方程**或对称式方程.

在点向式(3-1)中,设 $\dfrac{x - x_0}{m} = \dfrac{y - y_0}{n} = \dfrac{z - z_0}{p} = t$,则

$$\begin{cases} x = x_0 + mt, \\ y = y_0 + nt, \quad (t \text{ 为参数}) \\ z = z_0 + pt. \end{cases} \tag{3-2}$$

方程(3-2)叫做空间直线的**参数式方程**.

例 1(两点式) 求过 $A(x_1, y_1, z_1), B(x_2, y_2, z_2)$ 两点的直线方程.

解 连接 A, B,则 $\overrightarrow{AB}$ 为该直线的方向向量

$$\overrightarrow{AB} = (x_2 - x_1, y_2 - y_1, z_2 - z_1)$$

代入点向式方程得

$$\frac{x - x_1}{x_2 - x_1} = \frac{y - y_1}{y_2 - y_1} = \frac{z - z_1}{z_2 - z_1}.$$

此方程叫做直线的**两点式方程**.

例 2(点向式) 写出过点 $(0, 1, 0)$ 且方向向量为 $s = (1, -1, 0)$ 的直线方程.

解 因为 $p = 0$,所以直线方程为

$$\begin{cases} \dfrac{x}{1} = \dfrac{y-1}{-1} \\ z = 0 \end{cases}, \text{即} \begin{cases} x + y - 1 = 0, \\ z = 0. \end{cases}$$

例 3(直线与平面的交点) 求直线 $L: x - 2 = y - 3 = \dfrac{z - 4}{2}$ 与平面 $3x + y + 2z - 1 = 0$ 的交点坐标.

解 化直线的对称式为参数式

$$x = t + 2, y = t + 3, z = 2t + 4,$$

将其代入平面方程得

$$3(t + 2) + (t + 3) + 2(2t + 4) - 1 = 0,$$

解得 $t=-2$.将 $t=-2$ 代入直线的参数方程中即得所求交点的坐标为 $(0,1,0)$.

二、直线的一般方程

空间直线 L 可以看成是两个平面 Π_1 和 Π_2 的交线.（如图 8-12 所示）

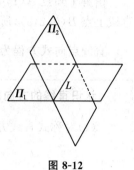

图 8-12

设平面 Π_1 和 Π_2 的方程分别为 $A_1x+B_1y+C_1z+D_1=0$ 和 $A_2x+B_2y+C_2z+D_2=0$,其中 Π_1 和 Π_2 的法向量不平行,即 A_1,B_1,C_1 和 A_2,B_2,C_2 不成比例,则方程组

$$\begin{cases} A_1x+B_1y+C_1z+D_1=0, \\ A_2x+B_2y+C_2z+D_2=0. \end{cases} \quad (3\text{-}3)$$

叫做**空间直线的一般式方程**.

通过空间一直线 L 的平面有无限个,只要在其中任意选两个,把它们的方程联立起来,所得的方程组就表示空间直线 L.因此空间直线的方程是不唯一的.

直线一般式的方向向量公式

直线方程(3-3)中,$n_1=(A_1,B_1,C_1)$,$n_2=(A_2,B_2,C_2)$,则直线的方向向量为

$$s=n_1\times n_2=\begin{vmatrix} i & j & k \\ A_1 & B_1 & C_1 \\ A_2 & B_2 & C_2 \end{vmatrix}. \quad (3\text{-}4)$$

例 4 将直线的一般方程 $\begin{cases} x-2y+z-1=0, \\ 2x+y-2=0 \end{cases}$ 化为点向式方程.

解法 1 先确定直线上一点

令 $z=0$,则 $\begin{cases} x-2y-1=0, \\ 2x+y-2=0 \end{cases}$,解得 $y=0$,$x=1$.即点 $A(1,0,0)$ 为直线上一点.

两平面的法向量分别为 $n_1=(1,-2,1)$,$n_2=(2,1,0)$.设直线方向向量为 s,则

$$s=n_1\times n_2=\begin{vmatrix} i & j & k \\ 1 & -2 & 1 \\ 2 & 1 & 0 \end{vmatrix}=-i+2j+5k=(-1,2,5),$$

因此,所给直线的点向式方程为

$$\frac{x-1}{-1}=\frac{y}{2}=\frac{z}{5}.$$

解法 2 由一般式方程 $\begin{cases} x-2y+z-1=0, \\ 2x+y-2=0 \end{cases}$ 的直线参数式方程为 $\begin{cases} x=x, \\ y=-2x+2, \\ z=-5x+5. \end{cases}$ 所以直线点向式方程为 $\dfrac{x}{1}=\dfrac{y-2}{-2}=\dfrac{z-5}{5}$.

注 过直线的任意两个平面联立都是直线方程,所以直线方程表达式不唯一.

解法 3 在直线 $\begin{cases} x-2y+z-1=0, \\ 2x+y-2=0 \end{cases}$ 上任取两点,由两点式确定直线方程.

由解 1 知点 $A(1,0,0)$ 在直线上,再另找一点 B,设 $x=0$ 代入直线方程得 $y=2,z=5$ 得直线上点 $B(0,2,5)$,所以方向向量为 $s=\overrightarrow{AB}=(-1,2,5)$.

直线点向式方程为 $\dfrac{x-1}{-1}=\dfrac{y}{2}=\dfrac{z}{5}$.

认识直线的方向向量

(1)对称式直线方程 $\dfrac{x-x_0}{m}=\dfrac{y-y_0}{n}=\dfrac{z-z_0}{p}$ 中,方向向量为 $s=(m,n,p)$;

(2)参数式直线方程 $\begin{cases} x=x_0+mt, \\ y=y_0+nt, \\ z=z_0+pt \end{cases}$ 中,方向向量 $s=(m,n,p)$;

(3)一般式直线方程 $\begin{cases} A_1x+B_1y+C_1z+D_1=0, \\ A_2x+B_2y+C_2z+D_2=0 \end{cases}$ 中,方向向量 $s=\begin{vmatrix} i & j & k \\ A_1 & B_1 & C_1 \\ A_2 & B_2 & C_2 \end{vmatrix}$.

三、两直线的夹角

两直线的方向向量的夹角(通常指锐角或直角)叫做**两直线的夹角**.

设直线 L_1,L_2 的方向向量分别是 $s_1=(m_1,n_1,p_1)$,$s_2=(m_2,n_2,p_2)$,则 L_1 与 L_2 的夹角 φ 应是 $(\widehat{s_1,s_2})$ 和 $\pi-(\widehat{s_1,s_2})$ 两者中的锐角或直角. 因此 $\cos\varphi=|\cos(\widehat{s_1,s_2})|$. 按照两向量夹角的余弦公式,直线 L_1 与直线 L_2 的夹角 φ 可由

$$\cos\varphi=\frac{|s_1\cdot s_2|}{|s_1\|s_2|}=\frac{|m_1m_2+n_1n_2+p_1p_2|}{\sqrt{m_1^2+n_1^2+p_1^2}\cdot\sqrt{m_2^2+n_2^2+p_2^2}} \tag{3-5}$$

来确定.

从两向量垂直和平行的充要条件,即可推出下列结论:

---

(1) $L_1\perp L_2\Leftrightarrow m_1m_2+n_1n_2+p_1p_2=0$;

(2) $L_1/\!/L_2$ 或重合 $\Leftrightarrow \dfrac{m_1}{m_2}=\dfrac{n_1}{n_2}=\dfrac{p_1}{p_2}$.

例 5(两直线的夹角) 求直线 $L_1:\dfrac{x-1}{1}=\dfrac{y}{-4}=\dfrac{z+3}{1}$ 与直线 $L_2:\begin{cases} x=2t, \\ y=-2t-2, \\ z=-t. \end{cases}$ 的夹角.

解 直线 L_1 的方向向量 $s_1=(1,-4,1)$,直线 L_2 的方向向量 $s_2=(2,-2,-1)$. 设直线 L_1 与直线 L_2 的夹角 φ,则由公式(3-5)

$$\cos\varphi=\frac{|1\times2+(-4)\times(-2)+1\times(-1)|}{\sqrt{1^2+(-4)^2+1^2}\sqrt{2^2+(-2)^2+(-1)^2}}=\frac{\sqrt{2}}{2},$$

所以 $\varphi=\dfrac{\pi}{4}$.

四、直线与平面的夹角

设直线 L 的方向向量为 $\boldsymbol{s}=(m,n,p)$，平面 $\varPi$ 的法向量 $\boldsymbol{n}=$ (A,B,C)，直线 L 与平面 $\varPi$ 的夹角为 φ（如图 8-13），那么 $\varphi=$ $\left|\dfrac{\pi}{2}-(\widehat{\boldsymbol{s},\boldsymbol{n}})\right|$，因此 $\sin\varphi=|\cos(\widehat{\boldsymbol{s},\boldsymbol{n}})|$，按两向量夹角余弦的坐标表达式，有

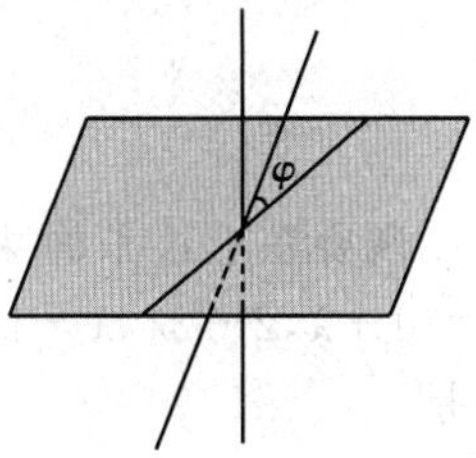

$$\sin\varphi=|\cos(\widehat{\boldsymbol{s},\boldsymbol{n}})|=\frac{|Am+Bn+Cp|}{\sqrt{A^2+B^2+C^2}\cdot\sqrt{m^2+n^2+p^2}}.$$

图 8-13

因为直线与平面垂直相当于直线的方向向量与平面的法向量平行，直线与平面平行相当于直线的方向向量与平面的法向量垂直.

根据两向量垂直和平行的充要条件，即可推出下列结论：

> (1) $L\perp\varPi\Leftrightarrow\boldsymbol{s}/\!/\boldsymbol{n}\Leftrightarrow\dfrac{A}{m}=\dfrac{B}{n}=\dfrac{C}{p}$；
>
> (2) $L/\!/\varPi$ 或直线在平面上 $\Leftrightarrow\boldsymbol{s}\perp\boldsymbol{n}\Leftrightarrow Am+Bn+Cp=0$.

例 6　确定下列各组中直线与平面间的关系

(1) $\dfrac{x+3}{-2}=\dfrac{y+4}{-7}=\dfrac{z}{3}$ 和 $4x-2y-2z=0$；

(2) $\dfrac{x}{3}=\dfrac{y}{-2}=\dfrac{z}{7}$ 和 $3x-2y+7z=8$.

解　(1) 直线的方向向量为 $\boldsymbol{s}=(-2,-7,3)$，平面的法向量为 $\boldsymbol{n}=(4,-2,-2)$，

$$\boldsymbol{s}\cdot\boldsymbol{n}=(-2)\times4+(-7)\cdot(-2)+3\times(-2)=0,$$

则 $\boldsymbol{s}\perp\boldsymbol{n}$，且直线上点 $(-3,-4,0)$ 不在平面上，所以直线与平面平行.

(2) 直线的方向向量为 $\boldsymbol{s}=(3,-2,7)$，平面的法向量为 $\boldsymbol{n}=(3,-2,7)$，显然 $\boldsymbol{s}/\!/\boldsymbol{n}$，所以直线与平面垂直.

五、平面束

通过空间一直线可作无穷多个平面，通过同一直线的所有平面构成一个**平面束**.

设空间直线的一般方程为

$$\begin{cases}A_1x+B_1y+C_1z+D_1=0,\\A_2x+B_2y+C_2z+D_2=0\end{cases}$$ 其中 A_1、B_1、C_1 与 A_2、B_2、C_2 不成比例，

则方程

$$(A_1x+B_1y+C_1z+D_1)+\lambda(A_2x+B_2y+C_2z+D_2)=0,$$

称为**过直线 L 的平面束方程**，其中 λ 为任意常数.

注　上述平面束包含了除平面 $A_2x+B_2y+C_2z+D_2=0$ 之外的过直线 L 的所有平面.

例 7 过直线 $\begin{cases} x+2y-z-6=0, \\ x-2y+z=0 \end{cases}$ 作平面 Π，使它垂直于平面 $\Pi_1: x+2y+z=0$.

解 过直线 L 的平面束的方程为

$$(x+2y-z-6)+\lambda(x-2y+z)=0,$$

即

$$(1+\lambda)x+2(1-\lambda)y+(\lambda-1)z-6=0.$$

现要在上述平面束中找出一个平面 Π，使它垂直于题设平面 Π_1，故平面 Π 的法向量 $\boldsymbol{n}=(1+\lambda,2-2\lambda,\lambda-1)$ 垂直于平面 Π_1 的法向量 $\boldsymbol{n}_1=(1,2,1)$，

于是 $\qquad 1\cdot(1+\lambda)+4(1-\lambda)+(\lambda-1)=0$，解得 $\lambda=2$，

故所求平面方程为 $\qquad 3x-2y+z-6=0$，

容易验证，平面 $x-2y+z=0$（唯一不包含在平面束的平面方程）不是所求平面.

思考与探究

1. 概括归纳空间解析几何中，平面与平面、平面与直线、直线与直线的位置关系及判定方法？求平面方程与直线方程的关键是什么？

2. 什么是平面束？写出过直线 $\begin{cases} x-2y+z-1=0, \\ 2x+y-2=0 \end{cases}$ 的两个平面方程.

习题 8-3

1. 过点 $(4,-1,3)$，且平行于直线 $\dfrac{x-3}{2}=\dfrac{y}{1}=\dfrac{z-1}{5}$ 的直线方程.

2. 过点 $(1,0,2)$，且与直线 $\begin{cases} x-2y+4z-7=0 \\ 3x+5y-2z+1=0 \end{cases}$ 平行的直线方程.

3. 过点 $(3,-4,5)$，且与平面 $3x-2y+6z-4=0$ 垂直的直线方程.

4. 证明直线 $\begin{cases} x+2y-z=7 \\ -2x+y+z=7 \end{cases}$ 与直线 $\begin{cases} 3x+6y-3z=8 \\ 2x-y-z=0 \end{cases}$ 平行.

5. 某直线过点 $(1,1,1)$ 且和直线 $\dfrac{x}{1}=\dfrac{y}{2}=\dfrac{z}{5}$ 垂直相交，求该直线方程.

第四节　空间曲面与空间曲线

一、曲面及其方程

定义　如果曲面 S 与三元方程 $F(x,y,z)=0$ 有下述关系：

如果曲面 S 上的任一点的坐标都满足方程 $F(x,y,z)=0$；不在曲面 S 上的点的坐标都不满足方程 $F(x,y,z)=0$，那么方程 $F(x,y,z)=0$ 叫做**曲面 S 的方程**，曲面 S 为方程 $F(x,y,z)=0$ 的图形.

本节我们讨论以下两个问题：

(1)已知一个曲面,如何建立该曲面的方程,即已知图形求方程;

(2)已知曲面的方程,讨论曲面的形状,即由已知方程作出图形.

针对第一个问题,首先我们讨论球面方程.

设球的半径为 R ,球心是点 $M_0(x_0,y_0,z_0)$, $M(x,y,z)$ 为球面上任一点(图 8-14),则有

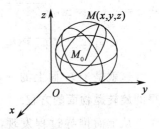

$$|M_0M|=R.$$

即

$$\sqrt{(x-x_0)^2+(y-y_0)^2+(z-z_0)^2}=R,$$

故

$$(x-x_0)^2+(y-y_0)^2+(z-z_0)^2=R^2.$$

图 8-14

上式即为球心在点 $M_0(x_0,y_0,z_0)$,半径为 R 的球面的标准方程.

例 1　讨论方程 $x^2+y^2+z^2-2x+4y+4=0$ 所表示的图形.

解　方程 $x^2+y^2+z^2-2x+4y+4=0$ 可化为

$$(x-1)^2+(y+2)^2+z^2=1,$$

该方程所表示的是,以点 $(1,-2,0)$ 为球心,1 为半径的球面.

我们把三元二次方程

$$Ax^2+Ay^2+Az^2+Dx+Ey+Fz+G=0.$$

叫做**球面的一般式方程**.

这个方程的特点是:(1) x^2,y^2,z^2 项的系数相等;(2)没有 xy,yz,zx 等交叉项.

例 2　已知点 $A(1,0,3),B(2,-1,4)$,求以线段 AB 为直径的圆的方程.

解　由于

$$|AB|=\sqrt{(2-1)^2+(-1-0)^2+(4-3)^2}=\sqrt{3},$$

故球面半径为 $R=\dfrac{\sqrt{3}}{2}$,圆心为 $x_0=\dfrac{3}{2},y_0=-\dfrac{1}{2},z_0=\dfrac{7}{2}$,

因此,所求的球面方程为 $\left(x-\dfrac{3}{2}\right)^2+\left(y+\dfrac{1}{2}\right)^2+\left(z-\dfrac{7}{2}\right)^2=\dfrac{3}{4}.$

二、常见的二次曲面及其方程

1.旋转曲面

　　定义　以一条平面曲线绕其平面上的一条定直线旋转一周所成的曲面叫做**旋转曲面**,旋转曲线叫**旋转曲面的母线**,这条定直线叫做**旋转曲面的轴**.

下面我们讨论以坐标轴为轴的旋转曲面.

(1)旋转抛物面

设在 yOz 面上有一条抛物线 $y^2=2pz$,绕 z 旋转一周,可以得到一个以 z 轴为旋转轴的旋转抛物面.

设 $M(x,y,z)$ 为旋转抛物面任意一点,则该点是由 yOz 面上的抛物线上的点 $M_0(0,y_0,z_0)$ 旋转得到的(图 8-15),由于在旋转过程中 $z=z_0$ 保持不变,而且点 M 到 z 轴的距离为

$$d = \sqrt{x^2 + y^2} = |y_0|, \text{ 即 } y_0 = \pm\sqrt{x^2 + y^2}.$$

将 $z = z_0, y_0 = \pm\sqrt{x^2 + y^2}$ 代入 $y_0^2 = 2pz_0$ 得

$$(\pm\sqrt{x^2 + y^2})^2 = 2pz, \text{ 即 } x^2 + y^2 = 2pz.$$

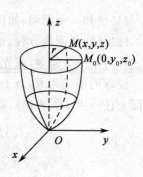

这就是 yOz 面上的一条抛物线 $y^2 = 2pz$ 绕 z 轴旋转所得的**旋转抛物面的方程**.

从上面推导过程发现,在抛物线 $y^2 = 2pz$ 中将 y 改成 $\pm\sqrt{x^2 + y^2}$,便得到抛物线绕 z 轴旋转的抛物面方程.

这个结果具有普遍意义.也就是说:

图 8-15

在 yOz 面上的平面曲线 $C: f(y,z) = 0$,绕 z 轴旋转一周,所得旋转曲面方程为:

$f(y,z) = 0$ 中的 z 不变(绕 z 轴,z 不变),将 y 改成 $\pm\sqrt{x^2 + y^2}$,

即
$$f(\pm\sqrt{x^2 + y^2}, z) = 0.$$

同理,曲线 $C: f(y,z) = 0$ 绕 y 轴旋转而成的旋转曲面的方程为:

$$f(y, \pm\sqrt{x^2 + z^2}) = 0.$$

利用上面的结论,我们得到各种旋转曲面的方程.

(2)旋转椭球面

设 yOz 面上的椭圆的方程为 $\dfrac{y^2}{a^2} + \dfrac{z^2}{b^2} = 1$,则它绕 z 轴旋转所成的曲面方程为 $\dfrac{x^2 + y^2}{a^2} + \dfrac{z^2}{b^2} = 1$.这种曲面叫做**旋转椭球面**(图 8-16).

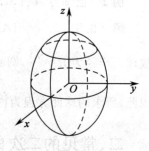

(3)旋转双曲面

①旋转单叶双曲面(图 8-17).

图 8-16

设在 yOz 坐标面上的双曲线的方程为 $\dfrac{y^2}{a^2} - \dfrac{z^2}{b^2} = 1$,它绕 z 轴(虚轴)旋转所成的曲面叫做**旋转单叶双曲面**,其方程为 $\dfrac{x^2 + y^2}{a^2} - \dfrac{z^2}{b^2} = 1$.(绕 z 轴旋转,z 保持不变,将 y 换成 $\pm\sqrt{x^2 + y^2}$)

②旋转双叶双曲面(图 8-18)

设在 xOy 面上的双曲线的方程 $\dfrac{x^2}{a^2} - \dfrac{y^2}{b^2} = 1$,它绕 x 轴(实轴)旋转所成的曲面叫做**旋转双叶双曲面**,其方程为 $\dfrac{x^2}{a^2} - \dfrac{y^2 + z^2}{b^2} = 1$.(绕 x 轴旋转,x 保持不变,将 y 换成 $\pm\sqrt{z^2 + y^2}$)

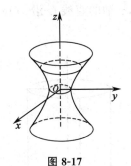

图 8-17

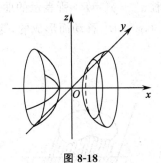

图 8-18

例 3 说明下列旋转曲面是怎样形成的?

$(1) \dfrac{x^2}{4} + \dfrac{y^2}{16} + \dfrac{z^2}{16} = 1$; $\quad\quad\quad (2) x^2 + y^2 - z^2 = 1$.

解 (1)将原方程写成 $\dfrac{x^2}{4} + \dfrac{y^2 + z^2}{16} = 1$,

即 $\quad\quad\quad\quad\quad \dfrac{x^2}{4} + \dfrac{(\pm\sqrt{y^2 + z^2})^2}{16} = 1$,(绕 x 轴旋转的旋转曲面)

所以它可看成是 xOy 面上的椭圆 $\dfrac{x^2}{4} + \dfrac{y^2}{16} = 1$ 绕 x 轴旋转一周而成的旋转椭球面,也可以

看成是 zOx 面上的椭圆 $\dfrac{x^2}{4} + \dfrac{z^2}{16} = 1$ 绕 x 轴旋转一周而成的旋转椭球面.

(2)将原方程改写成 $(x^2 + y^2) - z^2 = 1$,

即 $\quad\quad\quad\quad\quad (\pm\sqrt{x^2 + y^2})^2 - z^2 = 1$,(绕 z 轴旋转的旋转曲面)

它是 xOz 面上的等轴双曲线 $x^2 - z^2 = 1$ 绕 z 轴旋转一周而成的双叶双曲面,也可以看成

是 yOz 面上的等轴双曲线 $y^2 - z^2 = 1$ 绕 z 轴旋转一周所形成的双叶双曲线.

(3)圆锥面

设 L 为 yOz 面上的直线,其方程为 $z = ky(k \neq 0)$.则直线 L 绕 z 轴旋转一周所形成的曲

面方程为

$$z = \pm k\sqrt{x^2 + y^2},即 z^2 = k^2(x^2 + y^2).$$

此曲面是以原点为顶点的**圆锥面**.

2.柱面

> **定义** 直线 L 沿定曲线 C 平行移动形成的曲面叫做柱面.定曲线 C 叫做柱面的**准线**,
> 动直线 L 叫做柱面的**母线**(图 8-19).

我们只讨论母线与坐标轴平行的柱面.

方程 $x^2 + y^2 = R^2$ 在 xOy 面上表示一个圆.在空间直角坐标系,方程 $x^2 + y^2 = R^2$ 中不含

竖坐标 z.这意味着 z 可以取任意数.这样,对空间的一点,不论该点的竖坐标 z 怎样,只要它

的横坐标 x 和纵坐标 y 能满足方程,这个点就在该方程所表示的曲面上.也就是说,如果$(x_0,$

$y_0, 0)$满足方程,那么点(x_0, y_0, z_0)也满足方程,因而过点$(x_0, y_0, 0)$而平行于 z 轴的直线必

在方程 $x^2+y^2=R^2$ 所表示的曲面上. 实际上, 该曲面是平行于 z 轴的直线 L 沿 xOy 面内的圆 $x^2+y^2=R^2$ 移动而形成的, 这种曲面叫做圆柱面(图 8-20).

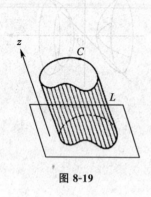

图 8-19

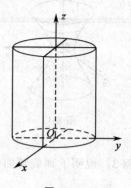

图 8-20

类似地, 我们还可以得到母线平行于 z 轴的几个柱面的方程:

方程 $x^2=2py$ 表示母线平行于 z 轴, 准线是 xOy 面上的抛物线 $x^2=2py$ 的**抛物柱面**(图 8-21).

方程 $\dfrac{x^2}{a^2}+\dfrac{y^2}{b^2}=1$ 表示母线平行于 z 轴, 准线是 xOy 坐标面上的椭圆 $\dfrac{x^2}{a^2}+\dfrac{y^2}{b^2}=1$ 的**椭圆柱面**(图 8-22).

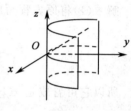

图 8-21

方程 $\dfrac{y^2}{a^2}-\dfrac{x^2}{b^2}=1$ 表示母线平行于 z 轴, 准线是 xOy 坐标面上的双曲线 $\dfrac{y^2}{a^2}-\dfrac{x^2}{b^2}=1$ 的**双曲柱面**(图 8-23).

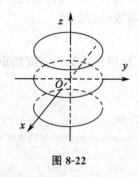

图 8-22

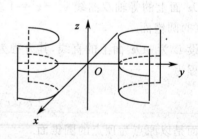

图 8-23

例 4 指出下列方程在平面解析几何中和空间解析几何中各表示什么图形.

(1) $x^2+y^2=16$；　　　　(2) $x^2-y^2=1$.

解 (1) 在平面直角坐标系中, 表示圆心在原点, 半径为 4 的圆；在空间解析几何中, 表示以 xOy 上曲线 $x^2+y^2=16$ 为准线, 母线平行于 z 轴的圆柱面.

(2) 在平面直角坐标系中, 表示等轴双曲线；在空间解析几何中, 表示以 xOy 上曲线 $x^2-y^2=1$ 为准线, 母线平行于 z 轴的双曲柱面.

认识柱面方程

一般地,在空间直角坐标系中,缺 z 的方程 $F(x,y)=0$ 表示以 xOy 面上的曲线 $F(x,y)=0$ 为准线,母线平行于 z 轴的柱面.

类似地,方程 $G(y,z)=0$(缺 x)表示以 yOz 面上的曲线 $G(y,z)=0$ 为准线,母线平行于 x 轴的柱面;

方程 $H(x,z)=0$(缺 y)表示以 xOz 面上的曲线 $H(x,z)=0$ 为准线,母线平行于 y 轴的柱面.

3.几种常用的二次曲面

在空间直角坐标系中,三元一次方程 $Ax+By+Cz+D=0$(A,B,C 不同时为零)表示一个平面,称为一次曲面.三元二次方程 $F(x,y,z)=0$ 所表示的曲面称为二次曲面.除前面介绍过的球面、旋转曲面和柱面外,下面再介绍几种常用的二次曲面.

(1)锥面方程

$$\frac{x^2}{a^2}+\frac{y^2}{b^2}-\frac{z^2}{c^2}=0,(a>0,b>0,c>0).$$

表示的曲面为**锥面**.当 $a=b$ 时,方程表示**圆锥面**(图 8-24).

(2)椭球面方程

$$\frac{x^2}{a^2}+\frac{y^2}{b^2}+\frac{z^2}{c^2}=1,(a>0,b>0,c>0).$$

表示的曲面为椭球面(图 8-25).当 $a=b=c$ 时,方程表示球面.

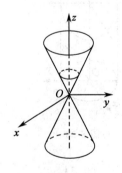

图 8-24

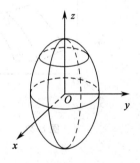

图 8-25

(3)椭圆抛物面方程

$$\frac{x^2}{a^2}+\frac{y^2}{b^2}=z,(a>0,b>0).$$

当上式有 $a=b$ 时,方程所表示的曲面为绕 z 轴的旋转抛物面(图 8-26).

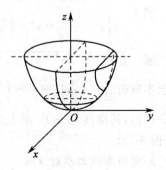

图 8-26

三、空间曲线及其方程

1. 空间曲线的一般方程

一般地,空间曲面可用一个方程 $F(x,y,z)=0$ 来表示,而空间曲线视作两个曲面的交线,用两个方程联立表示.

设 $F(x,y,z)=0$ 和 $G(x,y,z)=0$ 是两个曲面的方程,它们的交线为 C(图 8-27).

因为交线上的任何点的坐标同时满足这两个曲面的方程,故满足方程组:

$$\begin{cases} F(x,y,z)=0, \\ G(x,y,z)=0. \end{cases} \tag{4-1}$$

反过来,如果点 M 不在 C 上,则它不可能同时在两个曲面上,所以它的坐标不满足方程组(4-1),因此,曲线 C 可以用方程组(4-1)来表示.

方程组(4-1)叫做**曲线 C 的一般方程**.

例 5 $\begin{cases} x^2+y^2=1, \\ 2x+3z=6 \end{cases}$ 表示怎样的曲线?

解 $x^2+y^2=1$(缺 z)表示母线平行 z 轴的圆柱面,其准线是 xOy 面上的一个圆,$2x+3z=6$(缺 y 为柱面,三元一次为平面)表示一个母线平行于 y 轴的柱面,由于它的准线是 zOx 面上的直线,因此它是一个平面,方程组就表示它们的交线(图 8-28).

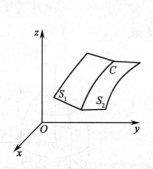

图 8-27

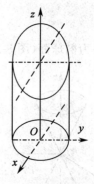

图 8-28

例 6 $\begin{cases} z=\sqrt{a^2-x^2-y^2}, \\ \left(x-\dfrac{a}{2}\right)^2+y^2=\left(\dfrac{a}{2}\right)^2 \end{cases}$ 表示怎样的曲线?

解 方程 $z=\sqrt{a^2-x^2-y^2}$ 表示以原点为球心,半径为 a 的上半球面. $\left(x-\dfrac{a}{2}\right)^2+y^2=\left(\dfrac{a}{2}\right)^2$(缺 z)表示母线平行 z 轴的圆柱面,其准线是 xOy 面上的圆.方程组就表示它们的交线(图 8-29).

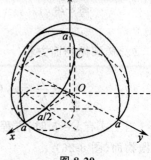

图 8-29

2. 空间曲线的参数方程

空间曲线的方程除了一般方程之外,有时用参数形式表达更简单些.方程

$$\begin{cases} x = x(t), \\ y = y(t), \\ z = z(t). \end{cases} \qquad (4\text{-}2)$$

(其中 t 为参数)称为**空间曲线的参数方程**.

3. 空间曲线在坐标面上的投影

设空间曲线的一般方程为

$$C: \begin{cases} F(x, y, z) = 0, \\ G(x, y, z) = 0. \end{cases} \qquad (4\text{-}3)$$

方程组(4-3)消去变量 z 后所得方程

$$H(x, y) = 0. \qquad (4\text{-}4)$$

方程(4-4)缺 z,表示一个母线平行于 z 轴的柱面. 因为 $H(x, y) = 0$ 是由方程(4-3)得到,故曲线 C 上点的坐标均满足 $H(x, y) = 0$,即曲线 C 在柱面 $H(x, y) = 0$ 上,所以 $H(x, y) = 0$ 是以曲线 C 为准线、母线平行于 z 轴的柱面,称这个柱面为曲线 C 关于 xOy 面的**投影柱面**,投影柱面与 xOy 面的交线叫做空间曲线 C 在 xOy 面上的**投影曲线**. 投影曲线的方程为

$$\begin{cases} H(x, y) = 0, \\ z = 0. \end{cases} \qquad (4\text{-}5)$$

求空间曲线的投影柱面与投影曲线

$$\underbrace{\begin{cases} F(x, y, z) = 0 \\ G(x, y, z) = 0 \end{cases}}_{\text{空间曲线}} \xrightarrow{\text{消去 } z} \underbrace{H(x, y) = 0}_{\text{投影柱面}} \xrightarrow{\text{与 } xOy \text{ 面相交}} \underbrace{\begin{cases} H(x, y) = 0 \\ z = 0 \end{cases}}_{xOy \text{ 面上的投影曲线}}$$

例 7　求曲线 $C: \begin{cases} z = \sqrt{x^2 + y^2}, \\ x^2 + y^2 + z^2 = 1 \end{cases}$ 在 xOy 面上的投影曲线.

解　消去 z 得: $x^2 + y^2 = \dfrac{1}{2}$,这是曲线 C 关于 xOy 面上的

投影柱面方程,故在 xOy 面上的投影方程为 $\begin{cases} x^2 + y^2 = \dfrac{1}{2}, \\ z = 0 \end{cases}$,它是

xOy 面上的一个圆.

例 8　设一几何体由上半球面 $z = \sqrt{4 - x^2 - y^2}$ 和锥面 $z = \sqrt{3(x^2 + y^2)}$ 所围成(图 8-30). 求它在 xOy 面上的投影.

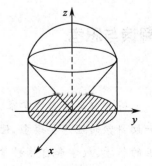

图 8-30

解 半球面和锥面的交线为

$$\begin{cases} z = \sqrt{4-x^2-y^2}, \\ z = \sqrt{3(x^2+y^2)}. \end{cases}$$

消去 z, 得到 $x^2+y^2=1$, 因此 C 在 xOy 面上的投影曲线为

$$\begin{cases} x^2+y^2=1, \\ z=0. \end{cases}$$

这是 xOy 面上的一个圆, 于是立体在 xOy 面上的投影就是该圆在 xOy 面上所围成的部分: $x^2+y^2 \leqslant 1$.

> 例 8 所求的是空间体在 xOy 上的投影, 投影是 xOy 上的一区域. 注意与例 7 区别

思考与探究

空间直角坐标系中, 旋转曲面方程有什么特征? 柱面方程有什么特征? 归纳总结.

习题 8-4

1. 一动点与两定点 $(1,-1,3)$ 和 $(2,3,-1)$ 等距离, 求这动点的轨迹方程.

2. 方程 $2x^2+2y^2+2z^2-2x+8y+4z=0$ 表示什么曲面.

3. 将 yOz 坐标面上的圆 $y^2+z^2=16$ 绕 z 轴旋转一周, 求所形成的旋转曲面的方程.

4. 将 zOx 坐标面上的抛物线 $z^2=12x$ 绕 x 轴旋转一周, 求所形成曲面的方程.

5. 分别求母线平行 x 轴及 y 轴而且通过曲线 $\begin{cases} 2x^2+y^2+z^2=16, \\ x^2-y^2+z^2=0 \end{cases}$ 的柱面方程.

6. 求球面 $x^2+y^2+z^2=9$ 与平面 $x+z=1$ 的交线在 xOy 面上的投影的方程.

7. 求螺旋线 $\begin{cases} x=a\cos\theta, \\ y=b\sin\theta, \\ z=b\theta. \end{cases}$ 在三个坐标面上的投影曲线的直角坐标方程.

8. 求锥面 $z=\sqrt{x^2+y^2}$ 与柱面 $z^2=2x$ 所围立体在三坐标面上的投影.

阅读与思考

追求新几何的笛卡尔

笛卡尔是法国哲学家、数学家、物理学家, 解析几何的奠基人之一. 他认为数学是其他一切科学的理想和模型, 他以数学为基础、以演绎法为核心创作的伟大著作《方法论》, 对后世的哲学、数学和自然科学的发展起了巨大的作用. 笛卡尔善于思考, 勤奋刻苦, 一生扑在科学上, 从事哲学、数学、天文学、物理学、化学和生理学等领域的研究, 在科学上作出巨大贡献.

1650 年 2 月笛卡尔在斯德哥尔摩病逝. 这位为科学奉献一生的学者受到广大科学家和革

命者的敬仰和怀念. 人们在他的墓碑上刻下了这样一句话:"笛卡尔, 欧洲文艺复兴以来, 第一个为人类争取并保证理性权利的人".

要计算行星运行的椭圆轨道、求出炮弹飞行所走过的抛物线, 单纯靠几何方法已无能为力. 要想反映这类运动的轨迹及其性质, 就必须从观点到方法都要有一个新的变革, 建立一种在运动观点上的几何学. 古希腊数学过于重视几何学的研究, 却忽视了代数方法. 代数方法在东方(中国、印度、阿拉伯)虽有高度发展, 但缺少论证几何学的研究. 后来, 东方高度发展的代数传入欧洲, 特别是文艺复兴运动使欧洲数学在古希腊几何和东方代数的基础上有了巨大的发展. 1619 年在多瑙河的军营里, 笛卡尔用大部分时间思考着他在数学中的新想法: 能不能用代数中的计算过程来代替几何中的证明呢? 要这样做就必须找到一座能连接(或说融合)几何与代数的桥梁——使几何图形数值化.

笛卡尔坐标系的建立, 为用代数方法研究几何架设了桥梁. 它使几何中的点 P 与一个有序实数偶(x, y)构成了一一对应关系. 笛卡尔坐标系的建立, 改变了自古希腊以来代数和几何分离的趋向, 把相互对立着的"数"与"形"统一了起来, 使几何曲线与代数方程相结合, 实现了用代数研究几何的宏伟梦想. 笛卡尔的坐标法是数形结合思想的光辉典范.

笛卡尔的这一天才创见, 更为微积分的创立奠定了基础, 从而开拓了变量数学的广阔领域. 最为可贵的是, 笛卡尔用运动的观点, 把曲线看成点的运动的轨迹, 不仅建立了点与实数的对应关系, 而且把"形"(包括点、线、面)和"数"两个对立的对象统一起来, 建立了曲线和方程的对应关系. 这种对应关系的建立, 不仅标志着函数概念的萌芽, 而且标志变数进入了数学, 使数学在思想方法上发生了伟大的转折——由常量数学进入变量数学的时期.

有了变数, 运动进入了数学, 有了变数, 辩证法进入了数学, 有了变数, 微分和积分也就立刻成为必要了. 笛卡尔的这些成就, 为后来牛顿、莱布尼兹发现微积分, 为一大批数学家的新发现开辟了道路. 笛卡尔的《几何学》提出了解析几何学的主要思想和方法, 标志着解析几何的诞生, 恩格斯把它称为数学的转折点, 此后, 人类进入变量数学阶段. 这也为后来的黎曼几何奠定了基础.

笛卡尔深信在所有的知识中, 数学最具资格被称为真正的科学. 它具有真正科学的条件和达到真理的方法, 所以他要借助数学的形式作为一切知识的形式. 同时, 数学方法也是其他科学的方法. 任何人都能应用, 并且十分方便, 只要你仔细遵守, 绝不会把假的当做真的, 随着时间的推移, 知识自然而然得到积累, 而心灵达到理智所能知道的知识最高境界.

思考

笛卡尔创建解析几何绝非朝夕之功, 是他长期孜孜以求, 深刻思虑, 并以进步哲学、科学方法引导的结果, 你从笛卡尔的事迹中受到了什么启发? 体验到了什么观点、思想和方法?

本章学习指导

一、基本知识与思想方法框架结构图

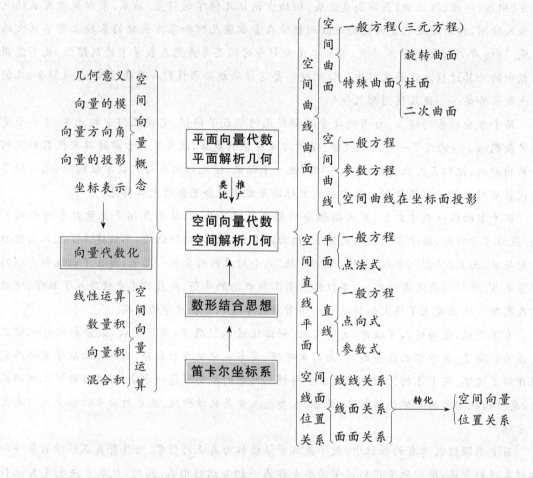

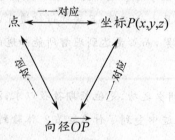

二、思想方法小结

1."数形结合"的思想方法

解析几何是数形结合法产生的新学科,数形结合在解析几何得到了完美体现,又广泛应用于数学学习中."形"与"数"几乎是毫无相干的一对矛盾.伟大的数学家笛卡儿创立了直角坐标系后,建立了数与点的一一对应关系,把数学研究的两个基本对象——数和形结合起来、统一起来,使"形"与"数"相互结合,互相转化,开辟了用代数方法研究几何问题的新途径.反过来又可以用几何方法解决代数问题.(这就是解析几何的基本内容)

数形结合思想方法是学好解析几何的一把钥匙,它可将一些看似复杂的问题变得非常简单,也常使一些难于下手的问题迎刃而解.对关系交错复杂的问题,我们常常可以借助图形的直观性分析问题关键,找到解决思路.对一些下不了手的代数问题,也常常可以研究代数式子的几何意义,新颖构思,简洁求解,巧妙地简化繁杂的计算和逻辑推理过程.轨迹问题中常常找到图形上点满足的几何条件,然后代数化求出方程.可见数形结合是一种充满美感与奇妙的思想方法.因此立足于数形结合思想去学习解析几何,从本质上理解并把握其思想与方法不仅可以学好解析几何,而且对其他学科也具有方法的指导意义.

2."类比"的思想方法

"类比"的思想方法是人们认知过程中从旧到新、从简到繁、从低到高的必由之路.是数学学习的重要思想方法,在类比相关旧知识的过程中学习新知识可事半功倍.平面解析几何是空间解析几何的基础,空间解析几何是平面解析几何的发展.学习本章内容的时候要善于和平面中相关的内容及思想方法做类比,温故知新,领会内涵.比如:

$$\text{平面点 } P \xrightleftharpoons[\text{数形结合}]{\text{一一对应}} \text{坐标}(x,y) \qquad \text{空间点 } P \xrightleftharpoons[\text{数形结合}]{\text{一一对应}} \text{坐标}(x,y,z)$$

$$\text{平面曲线} \xrightleftharpoons[\text{数形结合}]{\text{一一对应}} F(x,y)=0 \qquad \text{空间曲面} \xrightleftharpoons[\text{数形结合}]{\text{一一对应}} F(x,y,z)=0$$

3."联系与发展"的哲学观点

平面与空间联系与共性是必然,而区别是本质.比如方程 $x^2+y^2=4$ 分别在平面与空间中表示的图形是不一样的.在平面中表示圆,在空间中表示母线平行于 z 轴的圆柱面.

三、典型题型思路方法指导

例 1　已知向量 a 与 Ox 轴、Oy 轴、Oz 轴正向夹角依次为 α,β,γ,且 $\alpha=45°,\beta=60°$,求 γ.(答案 $\gamma=60°$ 或 $\gamma=120°$)

解题思路:应用 $\cos^2\alpha+\cos^2\beta+\cos^2\gamma=1$ 求解

例 2　设 $a=(-1,1,2),b=(3,0,4)$,求 $Prj_b a$.(答案 $Prj_b a=1$)

解题思路:应用 $Prj_b a=|a|\cos(\widehat{a,b})=\dfrac{|a||a\cdot b|}{|a||b|}=\dfrac{a\cdot b}{|b|}$ 求解.

例 3　已知两个平面 $\pi_1:x+y-2z=0,\pi_2:x+2y-z=0$,求过点 $M_0(0,2,4)$ 且与这两个平面都平行的直线方程.

解题思路 1:点向式

(1)所求直线方向向量为 $s=n_1\times n_2=3i-j+k$,

(2)所求直线方程为 $\dfrac{x}{3}=\dfrac{y-2}{-1}=\dfrac{z-4}{1}$,(直线点向式).

解题思路 2:(直线一般式)

(1)过点 $M_0(0,2,4)$ 与平面 π_1 平行的平面方程为 $x+y-2z+6=0$,

过点 $M_0(0,2,4)$ 与平面 π_2 平行的平面方程为 $x+2y-z=0$.

(2)所求直线方程为 $\begin{cases} x+y-2z+6=0, \\ x+2y-z=0. \end{cases}$

例 4 求点 $A(2,4,1)$ 到直线 $L:\dfrac{x+1}{2}=\dfrac{y}{2}=\dfrac{z-2}{-3}$ 的距离.

解题思路 1:

(1)求点 A 在 L 上的投影为 $M(x,y,z)$,由已知得直线 L 的参数方程为 $x=2t-1,y=2t,z=-3t+2$,则 $\overrightarrow{AM}\perp s$,其中 s 为直线 L 的方向向量,于是 $2[(2t-1)-2]+2[2t-4]-3[(-3t+2)-1]=0$ 解得 $t=1$,得 $M(1,2-1)$.

(2)求 A 到 M 点距离 $d=\sqrt{(2-1)^2+(4-2)^2+(1+1)^2}=3$.

解题思路 2:

(1)利用点法式求过点 A 垂直于已知直线 L 的平面 π 方程;

(2)求直线 L 与平面 π 的交点 M;

(3)两点距离公式求 A 到 M 点距离 d.

例 5 已知四面体顶点 $A(1,1,0)$、$B(0,1,1)$、$C(-1,0,1)$、$D(0,0,-1)$. 求 BCD 面上的高的长.

解题思路 1: 求 BCD 面上的高就是求 A 点到 BCD 平面的距离,问题转化为求平面方程以及点到平面的距离.

解题步骤:

(1)求出三点 B、C、D 所确定的平面 π 的方程 $2x-2y+z+1=0$,

(2)求点 A 到平面 π 的距离 $d=\dfrac{|2\times1-2\times1+1\times0+1|}{\sqrt{2^2+(-2)^2+1^2}}=\dfrac{1}{3}$.

解题思路 2:四面体 BCD 面上的高就是向量 $\overrightarrow{BA}$ 在面 BCD 的法向量 n 上的投影的绝对值,故

$$d=|\mathrm{Prj}_n\overrightarrow{BA}|=\dfrac{|\overrightarrow{BA}\cdot n|}{|n|}=\dfrac{|1\times2+0\times(-2)-1\times1|}{\sqrt{2^2+(-2)^2+1^2}}=\dfrac{1}{3}.$$

总 习 题 八

一、填空题

1.向量 $a=(4,-3,4)$ 在向量 $b=(2,2,1)$ 上的投影为_____;

2.已知向量 a 的终点坐标是 $(2,-1,0)$,模 $|a|=14$,其方向与向量 $\overrightarrow{m}=-2\boldsymbol{i}+3\boldsymbol{j}+6\boldsymbol{k}$ 的方向一致,则向量 a 的起点坐标是_____;

3. 已知 $|a|=13,|b|=19,|a+b|=24,$ 则 $|a-b|=$ _____;

4. 已知 $A(-1,2,3),B(1,1,1),C(0,0,5),$ 则三角形 $\triangle ABC$ 中 $\angle B=$ _____;

5. 设 $a=(2,1,2),b=(4,-1,10),c=b-\lambda a,$ 且 $a\perp c$ 则 $\lambda=$ _____;

6. 已知 $a=(1,1,1),$ 则同时垂直于 a 与 y 轴的单位向量为 _____;

7. 将曲线 $\begin{cases} x=2z^2, \\ y=0 \end{cases}$ 绕 z 轴旋转一周的曲面为 _____;

8. 过 $(1,2,3)$ 且与平面 $x-2y+z-5=0$ 平行方程为 _____;

9. 直线 $\begin{cases} y=-2x+2, \\ z=-5x+5 \end{cases}$ 的方向向量为 _____;

10. 旋转抛物面 $z=x^2+y^2(0\leqslant z\leqslant1)$ 在 xOy 面的投影为 _____;

二、选择题

1. 点 $M(2,-3,1)$ 关于坐标原点的对称点是( ).

(A)$(-2,-3,1)$ (B)$(-2,-3,-1)$ (C)$(2,-3,-1)$ (D)$(-2,3,-1)$

2. 设 a,b 为非零向量,且 $a\perp b,$ 则必有( ).

(A)$|a+b|=|a|+|b|$ (B)$|a-b|=|a|-|b|$

(C)$|a+b|=|a-b|$ (D)$a+b=a-b$

3. 在 y 轴上与 $A(1,-3,7),B(5,7,-5)$ 等距离的点为( ).

(A)$(0,-1,0)$ (B)$(0,2,0)$ (C)$(0,1,0)$ (D)$(0,-2,0)$

4. 已知 a,b,c 为单位向量,且满足关系式 $a+b+c=0,$ 则 $a\cdot b+b\cdot c+c\cdot a=($).

(A)$-\dfrac{3}{2}$ (B)1 (C)-1 (D)$\dfrac{3}{2}$

5. 设 a,b 为非零向量,并且 $(a+3b)\perp(7a-5b),(a-4b)\perp(7a-2b),$ 则 a 与 b 的夹角为( ).

(A)$\dfrac{\pi}{6}$ (B)$\dfrac{\pi}{3}$ (C)$\dfrac{\pi}{2}$ (D)$\dfrac{2\pi}{3}$

6. 直线 $L_1:\begin{cases} x+2y-z=7, \\ -2x+y+z=7 \end{cases}$ 与 $L_2:\begin{cases} 3x+6y-3z=8, \\ 2x-y-z=0 \end{cases}$ 的关系是( ).

(A)$L_1\perp L_2$ (B)L_1 与 L_2 相交但不一定垂直

(C)$L_1//L_2$ (D)L_1 与 L_2 是异面直线

7. 空间直线的方程为 $\dfrac{x}{0}=\dfrac{y}{1}=\dfrac{z}{2},$ 则该直线( ).

(A)垂直于 Oy 轴,但不平行于 Ox 轴   (B)垂直于 Ox 轴

(C)垂直于 Oz 轴,但不平行于 Ox 轴   (D)平行于 Ox 轴

8. 曲线 $l:\begin{cases} x^2+y^2+z^2=16, \\ z=2 \end{cases}$ 在 xOy 平面上的投影柱面的方程是( ).

(A)$x^2+y^2=16$ (B)$x^2+y^2=12$

(C)$\begin{cases} x^2+y^2=16 \\ z=0 \end{cases}$ (D)$\begin{cases} x^2+y^2=12 \\ z=0 \end{cases}$

9. 平行平面 $19x-4y+8z+21=0$ 与 $19x-4y+8z+42=0$ 间的距离为（　　）.

(A)21　　　　　　(B)1　　　　　　(C)2　　　　　　(D)$\dfrac{1}{2}$

10. 方程 $x^2-\dfrac{y^2}{4}+z^2=1$ 表示（　　）.

(A)旋转双曲面　　(B)双叶双曲面　　(C)双曲柱面　　(D)锥面

三、计算题和证明题

1. 已知 $A(1,1,2),B(2,1,5),C(1,2,5)$ 和 $\boldsymbol{a}=2\boldsymbol{i}+3\boldsymbol{j}-6\boldsymbol{k}$，求

(1)$\boldsymbol{a}$ 的模以及方向余弦；

(2)与 $\boldsymbol{a}$ 平行的两个单位向量；

(3)$\triangle ABC$ 的面积以及 A 与 C 两点间的距离.

2. 已知 $|\boldsymbol{a}|=10,|\boldsymbol{b}|=2,\boldsymbol{a}\cdot\boldsymbol{b}=12$，求 $|\boldsymbol{a}\times\boldsymbol{b}|$.

3. 设 $|\boldsymbol{a}|=4,|\boldsymbol{b}|=3,(\widehat{\boldsymbol{a},\boldsymbol{b}})=\dfrac{\pi}{6}$，求以 $\boldsymbol{a}+2\boldsymbol{b}$ 和 $\boldsymbol{a}-3\boldsymbol{b}$ 为边的平行四边形的面积.

4. 将 xOy 坐标面上的双曲线 $4x^2-9y^2=36$ 分别绕 x 轴及 y 轴旋转一周，求所生成的旋转曲面的方程，并指出分别是什么曲面.

5. 求曲面 $x^2+y^2+z^2=9$ 与平面 $x+z=1$ 的交线在 xOy 面上的投影方程.

6. 求母线平行于 x 轴，且通过曲线 $\begin{cases}2x^2+y^2+z^2=16,\\x^2-y^2+z^2=0\end{cases}$ 的柱面方程.

7. 按下列条件求平面方程：

(1)平行于 xOz 平面且过点 $(2,-5,3)$；

(2)平行于 x 轴且经过两点 $(4,0,-2)$ 和 $(5,1,7)$；

(3)平面过点 $(5,-7,4)$ 且在 x,y,z 三个轴上截距相等；

(4)过点 $(1,2,1)$ 且垂直于两平面 $x+y=0$ 和 $5y+z=0$.

8. 求点 $(-1,2,0)$ 在平面 $x+2y-z+1=0$ 上的投影.

9. 求过点 $M(1,0,1)$ 且平行于平面 $\pi:3x+y+3z-1=0$，又与直线 $l:\dfrac{x+1}{2}=\dfrac{y-1}{3}=z$ 垂直的直线方程.

10. 求过点 $A(1,1,1),B(2,0,1),C(1,-1,2),D(2,2,0)$ 所在的平面方程.

第九章 多元函数微分法及其应用

类比和归纳一样,是探索数学真理、发现数学真理的主要工具之一.

——拉普拉斯

类比是伟大的引路人.

——波利亚

概述 上册中我们讨论了一元函数微积分.但在自然科学很多应用中往往牵涉多方面的因素,反映到数学上,就是一个变量与另外多个变量的相互依赖关系,这就提出了多元函数以及多元函数的微分与积分问题.上一章,我们是应用类比的思想方法研究空间解析几何的相关知识系统.类比推理拓展了人们的思维空间,为人们的"自由创造"提供了广阔的天地.该思想在解决一元到多元,一维到多维,有限到无限,离散到连续的推广问题中依然是非常奏效的,它能使新旧知识自然过渡.本章将在与一元微积分知识系统及思想方法进行类比的过程中建立多元微积分的知识系统及思想方法,把一元微积分的知识及方法迁移和推广到多元微积分中.

本章知识的研究思路是

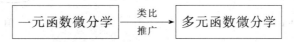

特别注意从一元函数到二元函数将会产生一些本质的差别,要善于类比,区别异同.但从二元函数到三元及三元以上的函数则可以类推,所以讨论中我们以二元函数为主.

第一节 多元函数的基本概念

邻域 平面点集 多元函数的概念 二元函数的图形 二元函数的极限 二元函数的连续性 最值定理 介值定理

一、平面点集

1.邻域

一般地,n 维空间中,点 P_0 的 δ 邻域表示为:

$$U(P_0,\delta)=\{P \mid |PP_0|<\delta\}.$$

当 $n=2$ 时,二维平面上,点 P 坐标为 (x,y),点 P_0 的坐标为 (x_0,y_0),点 P_0 的 δ 邻域为 $U(P_0,\delta)=\{P\,|\,|PP_0|<\delta\}$,即

$$U(P_0,\delta)=\{P\,|\,|PP_0|<\delta\}=\{(x,y)\,|\,\sqrt{(x-x_0)^2+(y-y_0)^2}<\delta\}.$$

二维平面邻域是**圆邻域**(图 9-1).

不含点 P_0 的邻域称为**去心邻域** $\mathring{U}(P_0,\delta)$.

2. 平面点集

下面利用邻域来描述点和点集之间的关系.

内点:如果存在点 P 的某个邻域 $U(P)$,使得 $U(P)\subset E$,那么称 P 为 E 的**内点**(图 9-2 中,P_1 为 E 的内点);

外点:如果存在点 P 的某个邻域 $U(P)$,使得 $U(P)\bigcap E=\Phi$,那么称 P 为 E 的**外点**(图 9-2 中,P_3 为 E 的外点);

边界点:如果点 P 的任一邻域内既含有属于 E 的点,又含有不属于 E 的点,那么称 P 为 E 的**边界点**(图 9-2 中,P_2 为 E 的边界点);

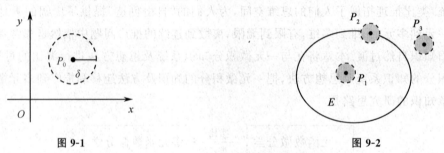

图 9-1　　　　　　　　　　　　图 9-2

根据点集 E 所属点的特征,再定义一些重要的平面点集.

开集:如果点集 E 的点都是 E 的内点,那么称 E 为**开集**.

闭集:如果点集 E 的边界 $\partial E\subset E$,那么称 E 为**闭集**.

连通集:如果点集 E 内任意两点,都可用折线联结起来,且该折线上的点都属于 E,那么称 E 为**连通集**.

区域(或开区域):连通的开集称为**区域或开区域**.

闭区域:开区域连同它的边界一起所构成的点集称为**闭区域**.

有界集:对于平面点集 E,如果存在某一正数 r,使得 $E\subset U(O,r)$,其中 O 是坐标原点,那么称 E 为**有界集**.

无界集:一个集合如果不是有界集,就称这个集合为**无界集**.

二、多元函数的概念

在许多自然现象和实际问题中,经常会遇到多个变量之间的依赖关系.举例如下:

例 1(几何模型)　圆柱体的体积 V 和它的底半径 r、高 h 之间具有关系

$$V = \pi r^2 h, (r > 0, h > 0).$$

这里,当 r, h 在集合 $\{(r, h) \mid r > 0, h > 0\}$ 内取定一对值 (r, h) 时, V 的对应值就随之确定.

例 2(物理模型)　设 R 是电阻 R_1, R_2 并联后的总电阻,由欧姆定律知道,它们之间具有关系

$$R = \frac{R_1 R_2}{R_1 + R_2}, (R_1 > 0, R_2 > 0).$$

这里,当 R_1, R_2 在集合 $\{(R_1, R_2) \mid R_1 > 0, R_2 > 0\}$ 内取定一对值 (R_1, R_2) 时, R 的对应值就随之确定.

以上两个实例的具体意义虽然不同,但它们却有共同的性质,抽出这些共性,本质上都是一个二维平面 R^2 内的非空点集 D 到 R 上的一个映射,由此就可得出二元函数的定义.

1. 二元函数的定义

> **定义**　设 D 是 R^2 的一个非空子集,则称映射 $f: D \to R$ 为定义在 D 上的**二元函数**,通常记为
>
> $$z = f(x, y), (x, y) \in D$$
>
> 或
> $$z = f(P), P \in D,$$
>
> 其中点集 D 称为该函数的**定义域**, x、y 称为**自变量**, z 称为**因变量**.
>
> $f(D) = \{z \mid z = f(x, y), (x, y) \in D\}$ 称为该函数的**值域**.

$z_0 = f(x_0, y_0)$ 为 $z = f(x, y)$ 当 $x = x_0, y = y_0$ 时的函数值.

当 D 是 x 轴上点集时, $z = f(P)$ 就表示一元函数.

二元函数与一元函数本质上都是点集 D 到 R 上的一个映射.

当 D 是三维空间 R^3 内的点集时, $z = f(P)$ 就是三元函数.二元及二元以上函数统称为**多元函数**.

2. 二元函数的定义域

类似于一元函数,二元函数的定义域是使这个算式有意义的那些 (x, y) 所构成的点集.

例 3　求二元函数 $z = \sqrt{1 - x^2 - y^2}$ 的定义域.

解　依题意 x, y 必须满足不等式 $1 - x^2 - y^2 \geqslant 0$,即 $x^2 + y^2 \leqslant 1$,故函数的定义域是以原点为圆心,半径为 1 的圆形闭区域 $D = \{(x, y) \mid x^2 + y^2 \leqslant 1\}$.

例 4　求函数 $z = \ln(y - x) + \dfrac{\sqrt{x}}{\sqrt{1 - x^2 - y^2}}$ 的定义域.

解　依题意 x, y 必须同时满足下列不等式

$$y - x > 0, x \geqslant 0, x^2 + y^2 < 1,$$

故函数的定义域为

$$D = \{(x, y) \mid y - x > 0, x \geqslant 0, x^2 + y^2 < 1\}.$$

我们知道,一元函数 $y=f(x)$ 其实质是二元方程,在平面 xOy 上表示一条曲线. 由于二元函数 $z=f(x,y)$ 的实质是三元方程,故在空间直角坐标系 $Oxyz$ 中,二元函数一般表示一张曲面,例如二元函数 $z=1-x-y$ 的图形是三个坐标轴上的截距均为 1 的平面,二元函数 $z=x^2+y^2$ 的图形是开口向上的旋转抛物面.

三、二元函数的极限

定义 设函数 $z=f(x,y)$ 在点 $P_0(x_0,y_0)$ 的某一个去心邻域 $\mathring{U}(P_0,\delta)$ 内有定义,如果动点 $P(x,y)$ 在该邻域内以任意方式趋于定点 $P_0(x_0,y_0)$ 时,函数的对应值 $f(x,y)$ 都趋近于唯一确定的常数 A,则常数 A 叫做函数 $z=f(x,y)$ 当 $x \to x_0, y \to y_0$ 时的**极限**,记作

$$\lim_{\substack{x \to x_0 \\ y \to y_0}} f(x,y)=A \quad \text{或} \quad \lim_{(x,y) \to (x_0,y_0)} f(x,y)=A.$$

注 一元函数 $y=f(x)$,如果 x 从左侧趋于 x_0 与从右侧趋于 x_0(如图 9-3 所示)的极限存在且相等,则 $\lim\limits_{x \to x_0} f(x)$ 存在,其逆也真. 而二元函数的极限要比一元函数的极限复杂,二元函数极限的存在,是指当 $P(x,y) \in \mathring{U}(P_0,\delta)$ 以任意方式趋于定点 $P_0(x_0,y_0)$(如图 9-4 所示)时,函数都无限接近于 A. 因此,当动点 $P(x,y)$ 以某些特殊路径,例如沿着一条或几条直线或曲线趋于 $P_0(x_0,y_0)$ 时,尽管函数 $z=f(x,y)$ 都无限接近于某一个定值,我们仍然不能由此断定函数的极限存在. 但是,当动点 $P(x,y)$ 以不同路径趋于 $P_0(x_0,y_0)$ 点时,如果函数趋于不同的值,那么就可以断定函数在 $P_0(x_0,y_0)$ 点的极限不存在.

极限不存在的两条路径判别法
若动点 $P(x,y)$ 沿两条不同路径趋于定点 $P_0(x_0,y_0)$ 时,函数 $z=f(x,y)$ 有不同的极限,则 $\lim\limits_{(x,y) \to (x_0,y_0)} f(x,y)$ 不存在.

图 9-3　　　　　　　　　　　　　　图 9-4

例 5(两条路径判别法) 证明二元函数

$$f(x,y)=\begin{cases} \dfrac{xy}{x^2+y^2}, & x^2+y^2 \neq 0 \\ 0, & x^2+y^2=0 \end{cases},\text{当 } P(x,y) \to O(0,0) \text{时,极限不存在.}$$

证 当 $P(x,y)$ 沿 x 轴趋于点 $O(0,0)$ 时,则 $y=0$,

$$\lim_{\substack{x \to 0 \\ y \to 0}} f(x,y) = \lim_{\substack{x \to 0 \\ y = 0}} f(x,0) = \lim_{x \to 0} \frac{x \cdot 0}{x^2 + 0} = 0,$$

当 $P(x,y)$ 沿 y 轴趋于点 $O(0,0)$ 时,则 $x=0$,

$$\lim_{\substack{x \to 0 \\ y \to 0}} f(x,y) = \lim_{\substack{x = 0 \\ y \to 0}} f(0,y) = \lim_{y \to 0} \frac{0 \cdot y}{0 + y^2} = 0,$$

当 $P(x,y)$ 沿直线 $y=x$ 趋于点 $O(0,0)$ 时,

$$\lim_{\substack{x \to 0 \\ y \to 0}} f(x,y) = \lim_{\substack{x \to 0 \\ y = x}} f(x,x) = \lim_{x \to 0} \frac{xx}{x^2 + x^2} = \lim_{\substack{x \to 0 \\ y = x}} \frac{x^2}{2x^2} = \frac{1}{2}.$$

> 两条路径下极限存在且都为零,不能确定极限是否存在.

> 在两条不同路径下,极限不同,确定极限不存在.

因此 $\lim_{\substack{x \to 0 \\ y \to 0}} f(x,y)$ 不存在.

例6 求极限 $\lim_{\substack{x \to 0 \\ y \to 0}} (x^2 + y^2) \sin \dfrac{1}{x^2 + y^2}$.

解 设 $u = x^2 + y^2$ 则

$$\underbrace{\lim_{\substack{x \to 0 \\ y \to 0}} (x^2 + y^2) \sin \frac{1}{x^2 + y^2}}_{\text{二元函数极限}} \underset{\text{换元转化}}{\overset{u = x^2 + y^2}{=\!=\!=}} \underbrace{\lim_{u \to 0} u \sin \frac{1}{u}}_{\text{一元函数极限}} = 0. \text{(有界函数与无穷小乘积)}$$

> 例5,例6两个例题都应用了数学的**转化思想方法**,把二元转化为一元,一般转化为特殊.

例7 求极限 $\lim_{\substack{x \to 0 \\ y \to 2}} \dfrac{\sin(xy)}{x}$.

解 $\lim_{\substack{x \to 0 \\ y \to 2}} \dfrac{\sin(xy)}{x} = \lim_{xy \to 0} \dfrac{\sin(xy)}{xy} \cdot \lim_{y \to 2} y$ (极限的乘法法则、第一重要极限)

$= 1 \cdot 2 = 2.$

通过例题发现多元函数的极限运算法则与一元函数的运算法则类似.

四、二元函数的连续性

1. 二元函数连续的定义

定义1 设函数 $z = f(x,y)$ 在点 $P_0(x_0, y_0)$ 的某一个邻域内有定义,如果

$$\lim_{\substack{x \to x_0 \\ y \to y_0}} f(x,y) = f(x_0, y_0),$$

则称函数 $z = f(x,y)$ 在点 $P_0(x_0, y_0)$ 处连续.

如果函数 $z = f(x,y)$ 在区域 D 内每点都连续,则称函数 $z = f(x,y)$ 在**区域 D 内连续**.
连续的二元函数 $z = f(x,y)$ 在几何上表示一张无孔无隙的曲面.

如果函数 $z=f(x,y)$ 在点 $P_0(x_0,y_0)$ 处不连续,则称点 $P_0(x_0,y_0)$ 为函数 $f(x,y)$ 的不连续点或间断点. 例如函数 $z=\dfrac{1}{x^2+y^2-1}$ 在圆周 $x^2+y^2=1$ 上的每一点都无定义,所以圆周上的点都是函数的间断点.

类似一元初等函数连续的性质有:

一切多元初等函数在其定义区域内是连续的. 所谓定义区域,是指包含在定义域内的区域或闭区域.

2. 有界闭区域上连续函数的性质

与闭区间上一元连续函数的性质相类似,在有界闭区域上连续的二元函数有如下性质:

> **定理 1** **(最大值和最小值定理)**
> 在有界闭区域上连续的二元函数在该区域上一定能取得最大值和最小值.

定理 1 也称为有界定理.

> **定理 2** **(介值定理)**
> 在有界闭区域上连续的二元函数必取得介于最大值和最小值之间的任何值.

例 8(有唯一不连续点的函数) 证明

$$f(x,y)=\begin{cases}\dfrac{xy}{x^2+y^2}, & x^2+y^2\neq 0 \\ 0, & x^2+y^2=0\end{cases}$$

在 $O(0,0)$ 以外的点连续.

证 函数在任何 $(x,y)\neq(0,0)$ 处连续.(多元初等函数的连续性)

又由本节例 5 可知 $f(x,y)=\begin{cases}\dfrac{xy}{x^2+y^2}, & x^2+y^2\neq 0 \\ 0, & x^2+y^2=0\end{cases}$ 在 $O(0,0)$ 的极限不存在,所以函数仅在原点不连续.

例 9(由连续求极限) 求 $\lim\limits_{\substack{x\to 1\\y\to 2}}\dfrac{x+y}{xy}$.

解 函数 $f(x,y)=\dfrac{x+y}{xy}$ 是初等函数,它的定义区域为

$$D=\{(x,y)\mid x\neq 0,y\neq 0\},P_0(1,2)\in D,$$

故

$$\lim\limits_{\substack{x\to 1\\y\to 2}}\dfrac{x+y}{xy}=f(1,2)=\dfrac{3}{2}.$$

例 10 求 $\lim\limits_{\substack{x\to 0\\y\to 0}}\dfrac{\sqrt{xy+1}-1}{xy}$.

解 $\lim\limits_{\substack{x\to 0\\y\to 0}}\dfrac{\sqrt{xy+1}-1}{xy}=\lim\limits_{\substack{x\to 0\\y\to 0}}\dfrac{xy+1-1}{xy(\sqrt{xy+1}+1)}$ (分子有理化、有非零公因式 xy)

$$=\lim_{\substack{x\to 0 \\ y\to 0}}\frac{1}{\sqrt{xy+1}+1}=\frac{1}{2}.$$

此极限的计算思路与方法完全类似于一元函数的情形.

思考与探究

1.若 $\lim\limits_{\substack{x\to x_0 \\ y\to y_0}}f(x,y)=A$,函数 $f(x,y)$ 一定在 (x_0,y_0) 点有定义吗? 对你的回答给出理由.

2.设 $f(x_0,y_0)=2$,若 $f(x,y)$ 在 (x_0,y_0) 连续,关于 $\lim\limits_{\substack{x\to x_0 \\ y\to y_0}}f(x,y)=A$ 你可以说些什么?

若 $f(x,y)$ 在 (x_0,y_0) 点不连续呢? 对你的回答给出理由.

习题 9-1

1.证明函数 $f(x,y)=(\ln x)(\ln y)$ 满足关系式

$$f(xy,uv)=f(x,u)+f(x,v)+f(y,u)+f(y,v).$$

2.设 $f\left(x+y,\dfrac{y}{x}\right)=x^2-y^2$,求 $f(x,y)$.

3.求下列函数的定义域:

(1)$z=\dfrac{xy}{x-y}$;　　　　　　　　(2)$z=\dfrac{\sqrt{4x-y^2}}{\ln(1-x^2-y^2)}$;

(3)$f(x,y)=\sqrt{xy}$;　　　　　　　　(4)$z=\ln(y-x)+\arcsin\dfrac{y}{x}$.

4.用定义讨论二元函数的极限:

(1)$\lim\limits_{\substack{x\to 0 \\ y\to 0}}\dfrac{x+y}{x-y}$;　　　　　　　(2)$\lim\limits_{\substack{x\to 0 \\ y\to 0}}\dfrac{xy}{\sqrt{x^2+y^2}}$.

5.用定义讨论下列函数在指定点处的连续性:

(1)讨论函数 $z=\sqrt{x^2+y^2}$ 在点 $(0,0)$ 处的连续性;

(2)设 $f(x,y)=\begin{cases}\dfrac{x}{\sqrt{x^2+y^2}}, & x^2+y^2\neq 0, \\[2mm] 0, & x^2+y^2=0\end{cases}$ 在点 $(0,0)$ 处的连续性.

6.指出下列函数在何处间断:

(1)$z=\ln(x^2+y^2)$;　　　　　　　(2)$z=\dfrac{1}{y^2-2x}$.

第二节　偏导数与全微分

偏导数的定义　偏导数的计算　偏导数与连续　偏导数的几何意义　高阶偏导数　全微分　可微的必要条件　可微的充分条件　近似计算

一、偏导数的定义

在研究一元函数时,是由讨论函数的变化率而引入导数的概念.对于多元函数同样也要讨论它的变化率.由于多元函数的自变量不止一个,多元函数与自变量的关系要比一元函数复杂得多.因此,我们首先研究多元函数关于一个自变量的变化率.以二元函数 $z=f(x,y)$ 为例,如果自变量 x 变化,自变量 y 保持不变,这时函数 z 可视为 x 的一元函数,函数对 x 求导,就称为二元函数 z 对 x 的偏导数.同样有 z 对 y 的偏导数.下面给出偏导数的定义:

定义 设函数 $z=f(x,y)$ 在点 (x_0,y_0) 的某一邻域内有定义,当 y 固定在 y_0,而 x 在 x_0 处有增量 Δx 时,相应函数有增量 $f(x_0+\Delta x,y_0)-f(x_0,y_0)$,如果极限

$$\lim_{\Delta x \to 0} \frac{f(x_0+\Delta x,y_0)-f(x_0,y_0)}{\Delta x}$$

存在,则该极限值叫做函数 $z=f(x,y)$ 在点 (x_0,y_0) 处对 x 的**偏导数**.记作 $\left.\dfrac{\partial z}{\partial x}\right|_{(x_0,y_0)}$, $\left.\dfrac{\partial f}{\partial x}\right|_{(x_0,y_0)}$, $f_x(x_0,y_0)$ 或 $z_x(x_0,y_0)$. 即

$$\left.\frac{\partial z}{\partial x}\right|_{(x_0,y_0)}=\lim_{\Delta x \to 0} \frac{f(x_0+\Delta x,y_0)-f(x_0,y_0)}{\Delta x}.$$

类似地,函数 $z=f(x,y)$ 在点 (x_0,y_0) 处对 y 的偏导数定义为

$$\lim_{\Delta y \to 0} \frac{f(x_0,y_0+\Delta y)-f(x_0,y_0)}{\Delta y}.$$

记作

$$\left.\frac{\partial z}{\partial y}\right|_{(x_0,y_0)}, \left.\frac{\partial f}{\partial y}\right|_{(x_0,y_0)}, f_y(x_0,y_0) \text{或} z_y(x_0,y_0).$$

注 $f(x,y)$ 在点 (x_0,y_0) 对 x 的偏导数 $f_x(x_0,y_0)$ 是一元函数 $f(x,y_0)$ 在点 $x=x_0$ 对 x 的导数,即 $f_x(x_0,y_0)=\dfrac{\mathrm{d}}{\mathrm{d}x}f(x,y_0)$. 同理 $f_y(x_0,y_0)=\dfrac{\mathrm{d}}{\mathrm{d}y}f(x_0,y)$.

如果函数 $z=f(x,y)$ 在区域 D 内的每一点 (x,y) 处对自变量 x 的偏导数都存在,那么这个偏导数就是 x,y 的函数,叫做函数 $z=f(x,y)$**对 x 的偏导函数**,记作

$$\frac{\partial z}{\partial x}, \frac{\partial f}{\partial x}, f_x(x,y) \text{或} z_x(x,y).$$

类似地,可以定义函数 $z=f(x,y)$**对 y 的偏导函数** $\dfrac{\partial z}{\partial y}$, $\dfrac{\partial f}{\partial y}$, $f_y(x,y)$ 或 $z_y(x,y)$.

注 偏导数 $f_x(x,y)$ 是把变量 y 暂时看作常量而对自变量 x 求导,与一元函数 $y=f(x)$ 的导数是不同的.

二元函数 $z=f(x,y)$ 在点 (x_0,y_0) 处对 x 的偏导数 $f_x(x_0,y_0)$,就是偏导函数 $f_x(x,y)$

在点(x_0,y_0)处的函数值,而$f_y(x_0,y_0)$就是偏导函数$f_y(x,y)$在点(x_0,y_0)处的函数值,一般地偏导函数也叫做**偏导数**.

在多元函数偏导数的定义中,原来的所有变量中只有一个自变量是变化的,而其他变量都保持不变,实际上这就把多元函数看成了一元函数,所谓"偏"就是指只对其中一个自变量而言.因此,一元函数的求导法则及求导公式对求多元函数的偏导数仍然适用.

二、偏导数的计算法

1．求偏导函数

求偏导函数$f_x(x,y)$,就是把$z=f(x,y)$中的y看成常数,对x求导,求偏导函数$f_y(x,y)$,就是把$z=f(x,y)$中的x看成常数,对y求导.

例1　求函数$z=x^y$的偏导数.

解　求偏导数$\dfrac{\partial z}{\partial x}$,就是把自变量$y$看做常数,$x$为变量,$z=x^y$就是关于$x$的幂函数,利用幂函数求导公式对$x$求导得

$$\frac{\partial z}{\partial x}=yx^{y-1}.$$

同理,求偏导数$\dfrac{\partial z}{\partial y}$,就是把自变量$x$看做常数,$y$为变量,$z=x^y$就是关于$y$的指数函数,利用指数函数求导公式对$y$求导得

$$\frac{\partial z}{\partial y}=x^y\ln x.$$

例2　求函数$z=e^{x^2+y^2}$的偏导数.

解　$\dfrac{\partial z}{\partial x}=e^{x^2+y^2}(x^2+y^2)'_x=2xe^{x^2+y^2}$,　$\dfrac{\partial z}{\partial y}=e^{x^2+y^2}(x^2+y^2)'_y=2ye^{x^2+y^2}$.

2．求函数在一点的偏导数

偏导数的定义提供了求函数$z=f(x,y)$在点(x_0,y_0)处的偏导数的两种方法.

已知$f_x(x,y)$存在,求$f_x(x_0,y_0)$.

方法一

第一步　求出偏导函数$f_x(x,y)$;

第二步　求$f_x(x,y)$在(x_0,y_0)处的函数值$f_x(x,y)\big|_{(x_0,y_0)}=f_x(x_0,y_0)$.

例3　求函数$f(x,y)=x^2+2xy-y^2$在点$(1,3)$处的偏导数.

解　将y看作常量,函数$f(x,y)$对x求导得

$$f_x(x,y)=2x+2y,$$

$(1,3)$代入$f_x(x,y)$得

$$f_x(1,3)=2\times1+2\times3=8,$$

将x看作常量,函数$f(x,y)$对y求导得

$$f_y(x,y)=2x-2y,$$

$(1,3)$代入$f_y(x,y)$得

$$f_y(1,3)=2\times1-2\times3=-4.$$

方法二

第一步 将 $y=y_0$ 代入 $z=f(x,y)$ 中,得一元函数 $z=f(x,y_0)$;

第二步 $z=f(x,y_0)$ 对 x 求导得 $f_x(x,y_0)$;

第三步 $x=x_0$ 代入 $f_x(x,y_0)$ 得 $f_x(x_0,y_0)$.

例 4 设 $z=f(x,y)=e^{xy}\sin\pi y+(x-1)\arctan\dfrac{x}{y}$,试求 $f_x(1,1)$ 及 $f_y(1,1)$.

解 将 $y=1$ 代入 $f(x,y)$ 得

$$f(x,1)=(x-1)\arctan x,$$

$f(x,1)$ 对 x 求导得

$$f_x(x,1)=\arctan x+\frac{x-1}{1+x^2},$$

将 $x=1$ 代入 $f_x(x,1)$ 得

$$f_x(1,1)=\arctan 1=\frac{\pi}{4},$$

同理,将 $x=1$ 代入 $f(x,y)$ 得 $f(1,y)=e^y\sin\pi y$,$f(1,y)$ 对 y 求导得 $f_y(1,y)=e^y\sin\pi y+\pi e^y\cos\pi y$,将 $y=1$ 代入 $f_y(1,y)$ 得 $f_y(1,1)=-\pi e$.

我们知道,如果一元函数在某点可导,在该点必定连续,但对于多元函数来说,即使各偏导数存在,也不能保证在该点连续.

例 5 设 $f(x,y)=\begin{cases}\dfrac{xy}{\sqrt{x^2+y^2}}, & x^2+y^2\neq 0 \\ 0, & x^2+y^2=0\end{cases}$ 讨论函数 $f(x,y)$ 在 $(0,0)$ 点的偏导数.

解 由偏导数的定义得

$$f_x(0,0)=\lim_{\Delta x\to 0}\frac{f(0+\Delta x,0)-f(0,0)}{\Delta x}=\lim_{\Delta x\to 0}0=0,$$

同样有

$$f_y(0,0)=\lim_{\Delta y\to 0}\frac{f(0,0+\Delta y)-f(0,0)}{\Delta y}=\lim_{\Delta y\to 0}0=0,$$

所以函数在 $(0,0)$ 对 x 和对 y 的偏导数都存在,由上一节例 8 我们知道该函数在 $(0,0)$ 处是不连续. 这与一元函数"可导点处一定连续"的结论是不同的.

例 6 设 $f(x,y)=\sqrt{x^2+y^2}$,讨论函数 $f(x,y)$ 在原点 $(0,0)$ 的偏导数.

解 因为 $\lim\limits_{\Delta x\to 0}\dfrac{f(0+\Delta x,0)-f(0,0)}{\Delta x}=\lim\limits_{\Delta x\to 0}\dfrac{\sqrt{(\Delta x)^2}}{\Delta x}=\lim\limits_{\Delta x\to 0}\dfrac{|\Delta x|}{\Delta x}$ 不存在,所以 $f(x,y)$ 在 $(0,0)$ 对 x 的偏导数不存在.

同理可得 $f(x,y)$ 在点 $(0,0)$ 处对 y 的偏导数也不存在.

$f(x,y)=\sqrt{x^2+y^2}$ 是初等函数,$(0,0)$ 点是定义区域内的一点,故 $f(x,y)$ 在点 $(0,0)$ 处连续. 故函数在某一点连续,并不能保证函数在该点两个偏导数都存在.

> **结论** 二元函数的连续与偏导数存在,二者之间没有因果关系. 该结论与一元函数不一致,本质上是因为二元函数偏导数是一个自变量固定,一个自变量在变化,二元函数连续是两个自变量同时在变化,函数变元的增加发生了质变.

三、偏导数的几何意义

设 $M_0(x_0,y_0,f(x_0,y_0))$ 为曲面 $z=f(x,y)$ 上的一点,过 M_0 作平面 $y=y_0$ 与曲面相交,其交线为一条曲线,此曲线在平面 $y=y_0$ 上的方程为 $z=f(x,y_0)$,则导数 $\dfrac{\mathrm{d}}{\mathrm{d}x}f(x,y_0)\big|_{x=x_0}$,即偏导数 $f_x(x_0,y_0)$ 的几何意义是该曲线在点 M_0 处的切线 M_0T_x 对 x 轴的斜率(图 9-5).同样,偏导数 $f_y(x_0,y_0)$ 的几何意义是曲面被平面 $x=x_0$ 所截得的曲线在点 M_0 处的切线 M_0T_y 对 y 轴的斜率.

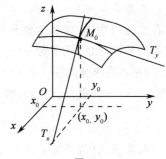

图 9-5

四、高阶偏导数

设函数 $z=f(x,y)$ 在区域 D 内具有偏导数

$$\frac{\partial z}{\partial x}=f_x(x,y),\frac{\partial z}{\partial y}=f_y(x,y).$$

那么在 D 内 $f_x(x,y),f_y(x,y)$ 都是 x,y 的函数,若这两个函数的偏导数也存在,则叫做函数 $z=f(x,y)$ 的**二阶偏导数**.按照对变量求导次序的不同,它们有四个二阶偏导数

$$\frac{\partial}{\partial x}\left(\frac{\partial z}{\partial x}\right)=\frac{\partial^2 z}{\partial x^2}=f_{xx}(x,y),\quad \frac{\partial}{\partial y}\left(\frac{\partial z}{\partial x}\right)=\frac{\partial^2 z}{\partial x\partial y}=f_{xy}(x,y),$$

$$\frac{\partial}{\partial x}\left(\frac{\partial z}{\partial y}\right)=\frac{\partial^2 z}{\partial y\partial x}=f_{yx}(x,y),\quad \frac{\partial}{\partial y}\left(\frac{\partial z}{\partial y}\right)=\frac{\partial^2 z}{\partial y^2}=f_{yy}(x,y).$$

其中第二、第三两个偏导数叫做**混合偏导数**,同样可以定义三阶、四阶、…以及 n 阶偏导数,二阶及二阶以上的偏导数叫做**高阶偏导数**.

例 7　设 $z=x^3y^2-3xy^3-xy+1$,求 $\dfrac{\partial^2 z}{\partial x^2}$、$\dfrac{\partial^2 z}{\partial x\partial y}$、$\dfrac{\partial^2 z}{\partial y\partial x}$、$\dfrac{\partial^2 z}{\partial y^2}$.

解　$\dfrac{\partial z}{\partial x}=3x^2y^2-3y^3-y,\qquad \dfrac{\partial z}{\partial y}=2x^3y-9xy^2-x,$

$\dfrac{\partial^2 z}{\partial x^2}=6xy^2,\qquad\qquad\qquad \dfrac{\partial^2 z}{\partial x\partial y}=6x^2y-9y^2-1,$

$\dfrac{\partial^2 z}{\partial y\partial x}=6x^2y-9y^2-1,\qquad \dfrac{\partial^2 z}{\partial y^2}=2x^3-18xy.$

我们看到例 7 中的两个混合偏导数相等,即 $\dfrac{\partial^2 z}{\partial x\partial y}=\dfrac{\partial^2 z}{\partial y\partial x}$.

定理 1　如果函数 $z=f(x,y)$ 的两个二阶混合偏导数 $\dfrac{\partial^2 z}{\partial y\partial x}$、$\dfrac{\partial^2 z}{\partial x\partial y}$ 在区域 D 内连续,那么在该区域内这两个二阶混合偏导数必然相等.

也就是说,二阶混合偏导数在连续的条件下与求导次序无关.

五、全微分

1. 全微分定义

在实际问题中,有时需要研究多元函数中各个自变量都取得增量时函数所取得的增量,即全增量的问题,以二元函数 $z=f(x,y)$ 为例,$z=f(x,y)$ 在点 $P(x,y)$ 邻域有定义,$P'(x+\Delta x,y+\Delta y)$ 是邻域内任一点,$f(x+\Delta x,y+\Delta y)-f(x,y)$ 为函数在点 P 对应于自变量增量 Δx 和 Δy 的**全增量**,记作 Δz,即

$$\Delta z=f(x+\Delta x,y+\Delta y)-f(x,y).$$

一般来说,计算全增量比较复杂,与一元函数的情形一样,希望用 Δx,Δy 的线性函数来近似代替全增量 Δz,为此,类似于一元函数微分的定义,我们引入二元函数全微分的定义.

> **定义** 如果函数 $z=f(x,y)$ 在点 (x,y) 某邻域内有定义,如果函数在 (x,y) 的全增量
> $$\Delta z=f(x+\Delta x,y+\Delta y)-f(x,y),$$
> 可表示为
> $$\Delta z=A\Delta x+B\Delta y+o(\rho),$$
> 其中 A 和 B 不依赖于 Δx 和 Δy 而仅与 x 和 y 有关,$\rho=\sqrt{(\Delta x)^2+(\Delta y)^2}$,则称函数 $z=f(x,y)$ 在点 (x,y) 处可微,而把 $A\Delta x+B\Delta y$ 叫做函数 $z=f(x,y)$ 在点 (x,y) 处的全微分,记作 $\mathrm{d}z$,即
> $$\mathrm{d}z=A\Delta x+B\Delta y.$$

如果函数在区域 D 内每一点都可微分,则称函数 $z=f(x,y)$ 在区域 D 内可微分.

> **定理 2** 如果函数 $z=f(x,y)$ 在 (x_0,y_0) 处可微,则 $z=f(x,y)$ 在该点处连续.

证 由函数 $z=f(x,y)$ 在 (x_0,y_0) 处可微,可得

$$\Delta z=A\Delta x+B\Delta y+o(\rho),\text{其中 } \rho=\sqrt{(\Delta x)^2+(\Delta y)^2},$$

所以
$$\lim_{\substack{\Delta x\to 0\\\Delta y\to 0}}\Delta z=\lim_{\substack{\Delta x\to 0\\\Delta y\to 0}}[A\Delta x+B\Delta y+o(\rho)]=0.$$

即函数 $z=f(x,y)$ 在点 (x_0,y_0) 处连续.

> **结论** 二元函数 $f(x,y)$ 在点 (x_0,y_0) 处可微分,则在该点一定连续.该结论与一元函数一致.

> **定理 3(可微的必要条件)** 如果函数 $z=f(x,y)$ 在点 (x,y) 处可微,则 $z=f(x,y)$ 在点 (x,y) 的偏导数必定存在,并且有 $\mathrm{d}z=\dfrac{\partial z}{\partial x}\mathrm{d}x+\dfrac{\partial z}{\partial y}\mathrm{d}y.$

证 设函数 $z=f(x,y)$ 在点 (x,y) 处可微,由可微定义

$$\Delta z = f(x+\Delta x, y+\Delta y) - f(x,y) = A\Delta x + B\Delta y + o(\sqrt{(\Delta x)^2 + (\Delta y)^2}).$$

固定 y 即 $\Delta y = 0$ 时，上式 $\Delta z = f(x+\Delta x, y) - f(x,y) = A\Delta x + o(|\Delta x|)$，

$$\frac{\partial z}{\partial x} = \lim_{\Delta x \to 0} \frac{f(x+\Delta x, y) - f(x,y)}{\Delta x} = \lim_{\Delta x \to 0} \frac{A\Delta x + o(|\Delta x|)}{\Delta x} = A,$$

同理 $\dfrac{\partial z}{\partial y} = B$，所以 $\mathrm{d}z = \dfrac{\partial z}{\partial x}\mathrm{d}x + \dfrac{\partial z}{\partial y}\mathrm{d}y$.

定理 4　设函数 $z = f(x,y)$ 在点 (x,y) 处有连续的偏导数 $f_x(x,y)$、$f_y(x,y)$，则函数在点 (x,y) 处可微，且 $\mathrm{d}z = f_x(x,y)\mathrm{d}x + f_y(x,y)\mathrm{d}y$.

类似地，如果三元函数 $u = f(x,y,z)$ 可微分，那么它的全微分就等于它的三个偏微分之和，即

$$\mathrm{d}u = \frac{\partial u}{\partial x}\mathrm{d}x + \frac{\partial u}{\partial y}\mathrm{d}y + \frac{\partial u}{\partial z}\mathrm{d}z.$$

上面三个定理说明，若偏导数连续则函数一定可微；若函数可微则偏导数一定存在；若函数可微则函数一定连续.

例 8　求 $z = x^3 y - 3x^2 y^3$ 的全微分.

解　$\dfrac{\partial z}{\partial x} = 3x^2 y - 6xy^3,\qquad \dfrac{\partial z}{\partial y} = x^3 - 9x^2 y^2,$

$$\begin{aligned}\mathrm{d}z &= \frac{\partial z}{\partial x}\mathrm{d}x + \frac{\partial z}{\partial y}\mathrm{d}y \\ &= (3x^2 y - 6xy^3)\mathrm{d}x + (x^3 - 9x^2 y^2)\mathrm{d}y.\end{aligned}$$

例 9　求 $z = \mathrm{e}^{xy}$ 在点 $(2,1)$ 处的全微分.

解　因 $\dfrac{\partial z}{\partial x} = y\mathrm{e}^{xy}, \dfrac{\partial z}{\partial y} = x\mathrm{e}^{xy}$，故 $\dfrac{\partial z}{\partial x}\Big|_{\substack{x=2\\y=1}} = \mathrm{e}^2, \dfrac{\partial z}{\partial y}\Big|_{\substack{x=2\\y=1}} = 2\mathrm{e}^2$，

所以

$$\mathrm{d}z\Big|_{\substack{x=2\\y=1}} = \mathrm{e}^2\mathrm{d}x + 2\mathrm{e}^2\mathrm{d}y.$$

例 10　计算函数 $u = x + \sin\dfrac{y}{2} + \mathrm{e}^{yz}$ 的全微分.

解　因为 $\dfrac{\partial u}{\partial x} = 1, \dfrac{\partial u}{\partial y} = \dfrac{1}{2}\cos\dfrac{y}{2} + z\mathrm{e}^{yz}, \dfrac{\partial u}{\partial z} = y\mathrm{e}^{yz}$，

所以　　$\mathrm{d}u = \dfrac{\partial u}{\partial x}\mathrm{d}x + \dfrac{\partial u}{\partial y}\mathrm{d}y + \dfrac{\partial u}{\partial z}\mathrm{d}z = \mathrm{d}x + \left(\dfrac{1}{2}\cos\dfrac{y}{2} + z\mathrm{e}^{yz}\right)\mathrm{d}y + y\mathrm{e}^{yz}\mathrm{d}z.$

* 2. 利用全微分进行近似计算

设函数 $z = f(x,y)$ 为可微函数，则它在定义域内点 $M_0(x_0, y_0)$ 处的全增量和全微分分别为

$$\Delta z = f(x_0 + \Delta x, y_0 + \Delta y) - f(x_0, y_0),$$

$$\mathrm{d}z\Big|_{\substack{x=x_0\\y=y_0}} = f_x(x_0, y_0)\Delta x + f_y(x_0, y_0)\Delta y,$$

于是，当 $|\Delta x|, |\Delta y|$ 很小时，$\Delta z \approx \mathrm{d}z\Big|_{\substack{x=x_0\\y=y_0}}$ 或

$$f(x_0+\Delta x, y_0+\Delta y) \approx f(x_0, y_0)+f_x(x_0, y_0)\Delta x+f_y(x_0, y_0)\Delta y.$$

如果函数 $z=f(x,y)$ 在点 (x_0,y_0) 处可微,则函数在 $M_0(x_0,y_0)$ 点附近的函数值可用 $M_0(x_0,y_0)$ 点的函数值与该点的微分之和来近似表示.这就是全微分在近似计算中的应用.

例 11　计算 $(1.04)^{2.02}$ 的近似值.

解　设函数 $f(x,y)=x^y$. 取 $x_0=1, y_0=2, \Delta x=0.04, \Delta y=0.02$.

$$f(1,2)=1, f_x(x,y)=yx^{y-1}, f_y(x,y)=x^y\ln x, f_x(1,2)=2, f_y(1,2)=0,$$

由二元函数全微分近似计算公式得

$$f(1.04, 2.02)=(1.04)^{2.02} \approx f(1,2)+f_x(1,2)\Delta x+f_y(1,2)\Delta y$$
$$=1+2\times0.04+0\times0.02=1.08.$$

思考与探究

1.什么次序计算 $f_{xy}(x,y)$ 更快?先对 x 还是先对 y?尝试只字不写回答问题.

(1) $f(x,y)=x\sin y+e^y$;　　　　　　(2) $f(x,y)=\dfrac{1}{y}$.

2.下面函数的五阶偏导数 $\dfrac{\partial^5 f}{\partial x^2 \partial y^3}$ 为零,为尽快验证这个结果,你将首先对哪个变量求导,尝试只字不写回答问题.

(1) $f(x,y)=y^2x^4e^x+2$;　　　　　　(2) $f(x,y)=xe^{\frac{y^2}{2}}$.

习题 9-2

1.设 $f(x,y)=x+y-\sqrt{x^2+y^2}$,求 $f_x(3,4), f_y(4,3)$.

2.求下列各函数的一阶偏导数.

(1) $z=e^{xy}$;　　　　　　　　　　(2) $z=\arctan\dfrac{y}{x}$;

(3) $z=(1+xy)^y$;　　　　　　　　(4) $u=x^{\frac{y}{z}}$.

3.求证下列各式.

(1) $z=\ln(\sqrt{x}+\sqrt{y})$,证明 $x\dfrac{\partial z}{\partial x}+y\dfrac{\partial z}{\partial y}=\dfrac{1}{2}$;

(2) $z=\dfrac{xy}{x+y}$,证明 $x\dfrac{\partial z}{\partial x}+y\dfrac{\partial z}{\partial y}=z$.

4.设 $z=x^2y+xy^2$,求 $\dfrac{\partial^2 z}{\partial x^2}\Big|_{(1,0)}, \dfrac{\partial^2 z}{\partial x\partial y}\Big|_{(1,2)}, \dfrac{\partial^2 z}{\partial y^2}\Big|_{(0,1)}$.

5.下列函数的二阶偏导数.

(1) $z=x\ln(x,y)$;　　　　(2) $z=y^{\ln x}$;　　　　(3) $z=e^x(\cos y+x\sin y)$.

6.求函数 $z=2x+3y^2$,当 $x=10, y=8, \Delta x=0.2, \Delta y=0.3$ 的全微分.

7.求函数 $z=x^2y^3$,当 $x=2, y=-1, \Delta x=0.02, \Delta y=-0.01$ 的全增量和全微分.

8.求下列函数的全微分.

(1) $z=x^y$;　　　　(2) $z=x\sin(x^2+y^2)$;　　　　(3) $z=\dfrac{x}{\sqrt{x^2+y^2}}$.

第三节　多元复合函数的求导法则

链式法则　全微分形式不变性

本节将一元复合函数的求导法则推广到多元复合函数的情形. 多元复合函数中, 中间变量与自变量都可以有一个或多个, 所以有各种复合情形, 下面分三种情形, 介绍多元复合函数的求导方法——链式法则.

一、复合函数的中间变量为一元函数的情形——链式法则一

定理 1　如果函数 $u=\varphi(t)$ 及 $v=\psi(t)$ 都在 t 可导, 函数 $z=f(u,v)$ 对于点 (u,v) 具有连续偏导数, 则复合函数 $z=f[\varphi(t),\psi(t)]$ 在点 t 可导, 且有全导数

$$\frac{\mathrm{d}z}{\mathrm{d}t}=\frac{\partial z}{\partial u}\frac{\mathrm{d}u}{\mathrm{d}t}+\frac{\partial z}{\partial v}\frac{\mathrm{d}v}{\mathrm{d}t}. \tag{3-1}$$

为记忆, 把公式(3-1)用结构图图解, 函数复合关系图如图 9-6 所示.

由函数关系结构图, 为求 $\dfrac{\mathrm{d}z}{\mathrm{d}t}$, 从因变量 z 开始, 经过中间变量 u 和 v, 沿每条路线到自变量 t, 把每条路线上用一元复合函数求导法则求导, 再把每条线路的导数相加得 $\dfrac{\mathrm{d}z}{\mathrm{d}t}=\dfrac{\partial z}{\partial u}\cdot\dfrac{\mathrm{d}u}{\mathrm{d}t}+\dfrac{\partial z}{\partial v}\cdot\dfrac{\mathrm{d}v}{\mathrm{d}t}$

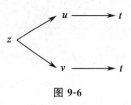

图 9-6

例 1　设 $z=uv$ 而 $u=\mathrm{e}^t$, $v=\cos t$, 求导数 $\dfrac{\mathrm{d}z}{\mathrm{d}t}$.

解　该函数的结构图如图 9-6 所示

$$\begin{aligned}
\frac{\mathrm{d}z}{\mathrm{d}t}&=\frac{\partial z}{\partial u}\cdot\frac{\mathrm{d}u}{\mathrm{d}t}+\frac{\partial z}{\partial v}\cdot\frac{\mathrm{d}v}{\mathrm{d}t}=v\mathrm{e}^t-u\sin t\\
&=\mathrm{e}^t\cos t-\mathrm{e}^t\sin t=\mathrm{e}^t(\cos t-\sin t).
\end{aligned}$$

用同样的方法, 可把定理 1 推广到中间变量多余两个的情形. 例如函数 $z=f(u,v,w)$ 有连续的偏导数, 而 $u=\varphi(t)$, $v=\psi(t)$, $w=\omega(t)$ 都有偏导数, 则复合函数 $z=f[\varphi(t),\psi(t),\omega(t)]$ 的导数

$$\frac{\mathrm{d}z}{\mathrm{d}t}=\frac{\partial z}{\partial u}\cdot\frac{\mathrm{d}u}{\mathrm{d}t}+\frac{\partial z}{\partial v}\cdot\frac{\mathrm{d}v}{\mathrm{d}t}+\frac{\partial z}{\partial w}\cdot\frac{\mathrm{d}\omega}{\mathrm{d}t}.$$

例 2(三元函数)　设 $w=xy+z$ 而 $x=\cos t$, $y=\sin t$, $z=t$ 求导数 $\dfrac{\mathrm{d}w}{\mathrm{d}t}\Big|_{t=0}$

解　该函数的结构图(图 9-7)

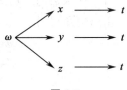

图 9-7

$$\frac{\mathrm{d}w}{\mathrm{d}t}=\frac{\partial w}{\partial x}\cdot\frac{\mathrm{d}x}{\mathrm{d}t}+\frac{\partial w}{\partial y}\cdot\frac{\mathrm{d}y}{\mathrm{d}t}+\frac{\partial w}{\partial z}\cdot\frac{\mathrm{d}z}{\mathrm{d}t}.$$

$$=y\cdot(-\sin t)+x\cdot\cos t+1=-\sin^2 t+\cos^2 t+1$$

代入 $t=0$ 得
$$\left.\frac{\mathrm{d}w}{\mathrm{d}t}\right|_{t=0}=2.$$

例 3 设 $z=u^v,u=\varphi(t),v=\psi(t)$,求全导数 $\dfrac{\mathrm{d}z}{\mathrm{d}t}$.

解 该函数的结构图(图 9-6).

$$\begin{aligned}
\frac{\mathrm{d}z}{\mathrm{d}t} &=\frac{\partial z}{\partial u}\frac{\mathrm{d}u}{\mathrm{d}t}+\frac{\partial z}{\partial v}\frac{\mathrm{d}v}{\mathrm{d}t}\\
&=vu^{v-1}\varphi'(t)+u^v\cdot\ln u\cdot\psi'(t)\\
&=\psi(t)\varphi(x)^{\psi(x)-1}\cdot\varphi'(t)+\varphi(t)^{\psi(x)}\cdot\ln\varphi(t)\cdot\psi'(t).
\end{aligned}$$

二、复合函数的中间变量为二元函数的情形——链式法则二

定理 2 如果函数 $u=\varphi(x,y),v=\psi(x,y)$ 都在点 (x,y) 具有对 x 及 y 的偏导数,而函数 $z=f(u,v)$ 在对应点 (u,v) 具有连续偏导数,则复合函数 $z=f[\varphi(x,y),\psi(x,y)]$ 在点 (x,y) 偏导数存在,且有下面的复合函数链式求导法则

$$\frac{\partial z}{\partial x}=\frac{\partial z}{\partial u}\cdot\frac{\partial u}{\partial x}+\frac{\partial z}{\partial v}\cdot\frac{\partial v}{\partial x},$$
$$\frac{\partial z}{\partial y}=\frac{\partial z}{\partial u}\cdot\frac{\partial u}{\partial y}+\frac{\partial z}{\partial v}\cdot\frac{\partial v}{\partial y}. \tag{3-2}$$

为记忆,把公式(3-2)用结构图图解,定理 2 中复合函数关系结构图如图 9-8 所示.

由函数关系结构图,为求 $\dfrac{\partial z}{\partial x}$,从因变量 z 开始,经过中间变量 u 和 v,沿每条路线到自变量 x,把每条路线上用一元复合函数求导法则,再把每条线路的导数相加得

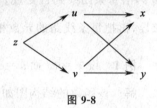

图 9-8

$$\frac{\partial z}{\partial x}=\frac{\partial z}{\partial u}\cdot\frac{\partial u}{\partial x}+\frac{\partial z}{\partial v}\cdot\frac{\partial v}{\partial x}.$$

同理得

$$\frac{\partial z}{\partial y}=\frac{\partial z}{\partial u}\cdot\frac{\partial u}{\partial y}+\frac{\partial z}{\partial v}\cdot\frac{\partial v}{\partial y}.$$

例 4 设函数 $z=\mathrm{e}^u\sin v,u=xy,v=x+y$,求 $\dfrac{\partial z}{\partial x},\dfrac{\partial z}{\partial y}$.

解 该函数的结构图如图 9-8 所示.
由结构图可得

$$\begin{aligned}
\frac{\partial z}{\partial x}&=\frac{\partial z}{\partial u}\cdot\frac{\partial u}{\partial x}+\frac{\partial z}{\partial v}\cdot\frac{\partial v}{\partial x}=\mathrm{e}^u\sin v\cdot y+\mathrm{e}^u\cos v\cdot 1\\
&=\mathrm{e}^{xy}[y\sin(x+y)+\cos(x+y)],\\
\frac{\partial z}{\partial y}&=\frac{\partial z}{\partial u}\cdot\frac{\partial u}{\partial y}+\frac{\partial z}{\partial v}\cdot\frac{\partial v}{\partial y}=\mathrm{e}^u\sin v\cdot x+\mathrm{e}^u\cos v\cdot 1\\
&=\mathrm{e}^{xy}[x\sin(x+y)+\cos(x+y)].
\end{aligned}$$

　　用同样的方法,可把定理 2 推广到中间变量多于两个的情形.例如函数 $z=f(u,v,w)$ 有连续的偏导数,而 $u=\varphi(x,y)$, $v=\psi(x,y),w=\omega(x,y)$ 都有偏导数,则复合函数 $z=f[\varphi(x,y),\psi(x,y),\omega(x,y)]$ 的函数关系结构图如图 9-9 所示.

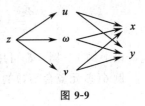

图 9-9

　　由图中看出,因变量 z 到达 x 的路径有三条.因此 $\dfrac{\partial z}{\partial x}$ 应有三项组成,而每条路径上都有两个函数(外层函数与内层函数)和一个中间变量,所以每项是函数对中间变量的偏导数及中间变量对其相应自变量的偏导数的乘积,即

$$\frac{\partial z}{\partial x}=\frac{\partial z}{\partial u}\cdot\frac{\partial u}{\partial x}+\frac{\partial z}{\partial v}\cdot\frac{\partial v}{\partial x}+\frac{\partial z}{\partial w}\cdot\frac{\partial w}{\partial x}.$$

同理可得到

$$\frac{\partial z}{\partial y}=\frac{\partial z}{\partial u}\cdot\frac{\partial u}{\partial y}+\frac{\partial z}{\partial v}\cdot\frac{\partial v}{\partial y}+\frac{\partial z}{\partial w}\cdot\frac{\partial w}{\partial y}.$$

三、复合函数的中间变量既有一元也有多元函数的情形

　　定理 3　如果函数 $u=\varphi(x,y)$ 在点 (x,y) 具有对 x 及 y 的偏导数,$v=\psi(y)$ 在点 y 可导,函数 $z=f(u,v)$ 在对应点 (u,v) 具有连续偏导数,则复合函数 $z=f[\varphi(x,y),\psi(y)]$ 在点 (x,y) 偏导数存在,且有下面的复合函数链式求导法则

$$\frac{\partial z}{\partial x}=\frac{\partial z}{\partial u}\cdot\frac{\partial u}{\partial x}\qquad\frac{\partial z}{\partial y}=\frac{\partial z}{\partial u}\cdot\frac{\partial u}{\partial y}+\frac{\partial z}{\partial v}\cdot\frac{\mathrm{d}v}{\mathrm{d}y}. \tag{3-3}$$

　　定理 3 实际是定理 2 的一种特殊情形.

　　例 5　设 $z=f(x,v)=x\sin v+2x^2+\mathrm{e}^v,v=x^2+y^2,$ 求 $\dfrac{\partial z}{\partial x}$.

　　解法 1　函数的结构图如图 9-10 所示.

$$\begin{aligned}\frac{\partial z}{\partial x}&=\frac{\partial f}{\partial x}+\frac{\partial f}{\partial v}\cdot\frac{\partial v}{\partial x}\\&=(\sin v+4x)+(x\cos v+\mathrm{e}^v)\cdot 2x\\&=[\sin(x^2+y^2)+4x]+[x\cos(x^2+y^2)+\mathrm{e}^{x^2+y^2}]\cdot 2x\\&=\sin(x^2+y^2)+2x^2\cos(x^2+y^2)+4x+2x\mathrm{e}^{x^2+y^2}.\end{aligned}$$

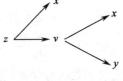

图 9-10

　　注　这里 $\dfrac{\partial z}{\partial x}$ 和 $\dfrac{\partial f}{\partial x}$ 是代表不同的含义,其中 $\dfrac{\partial z}{\partial x}$ 是将函数 $z=f[x,\varphi(x,y)]$ 中的 y 看作常量而对自变量 x 求偏导数,而 $\dfrac{\partial f}{\partial x}$ 表示将函数 $z=f(x,v)$ 中的 v 看作常量而对 x 求偏导数.

$$\frac{\partial f}{\partial x}=\sin v+4x=\sin(x^2+y^2)+4x,显然不等于\frac{\partial z}{\partial x}.$$

　　解法 2　(直接计算)将中间变量代入函数得

$$z=f(x,y)=x\sin(x^2+y^2)+2x^2+\mathrm{e}^{x^2+y^2},$$

$$\frac{\partial z}{\partial x}=\sin(x^2+y^2)+2x^2\cos(x^2+y^2)+4x+2x\,\mathrm{e}^{x^2+y^2}$$

以上例 1—例 5 都可用法 2 的直接计算,读者自己完成.

例 6(多元复合函数的抽象形式)

设 $z=f(x^2-y^2,xy)$,其中 $f(u,v)$ 为可微函数,求 $\dfrac{\partial z}{\partial x}$,$\dfrac{\partial z}{\partial y}$.

解 令 $u=x^2-y^2$,$v=xy$,则结构图如图 9-8 所示.

由函数关系结构图,可得

$$\frac{\partial z}{\partial x}=\frac{\partial z}{\partial u}\cdot\frac{\partial u}{\partial x}+\frac{\partial z}{\partial v}\cdot\frac{\partial v}{\partial x}=2x\cdot\frac{\partial z}{\partial u}+y\cdot\frac{\partial z}{\partial v},$$

$$\frac{\partial z}{\partial y}=\frac{\partial z}{\partial u}\cdot\frac{\partial u}{\partial y}+\frac{\partial z}{\partial v}\cdot\frac{\partial v}{\partial y}=-2y\cdot\frac{\partial z}{\partial u}+x\cdot\frac{\partial z}{\partial v}.$$

其中 $\dfrac{\partial z}{\partial x}$、$\dfrac{\partial z}{\partial y}$ 不能再具体计算了,这是因为外层函数 f 仅是抽象的函数记号,没有给出函数表达式.一般这类问题,为表达简便,引入以下记号:

$$f_1'(u,v)=f_u(u,v)\qquad f_{11}''(u,v)=f_{uu}(u,v)$$

这里下标 1 表示对第一个变量 u 求偏导,下标 2 表示对第二个变量 v 求偏导,同理有

$$f_2'(u,v)=f_v(u,v)\qquad f_{12}''(u,v)=f_{uv}(u,v)\quad \text{等}.$$

例 6 结果用记号表示有:

$$\frac{\partial z}{\partial x}=2x\cdot f_1'+y\cdot f_2',\qquad \frac{\partial z}{\partial y}=-2y\cdot f_1'+x\cdot f_2'.$$

例 7 设 $w=f(x+y+z,xyz)$,其中函数 f 有二阶连续偏导数,求 $\dfrac{\partial w}{\partial x}$ 和 $\dfrac{\partial^2 w}{\partial x\partial z}$.

解 令 $u=x+y+z$,$v=xyz$,则 $w=f(u,v)$,函数的结构图见图 9-11.

记 $f_1'=\dfrac{\partial f(u,v)}{\partial u}$,$f_{12}''=\dfrac{\partial^2 f(u,v)}{\partial u\partial v}$ 等.

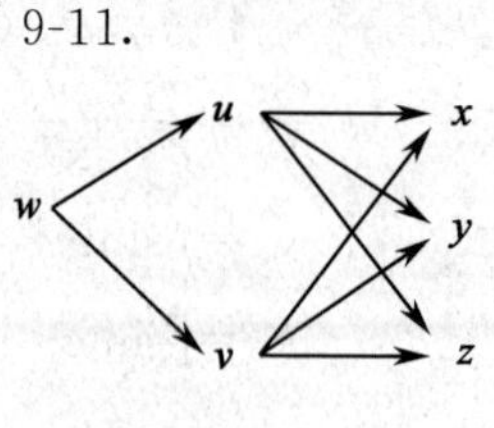

由复合函数求导法则,有

图 9-11

$$\frac{\partial w}{\partial x}=\frac{\partial f}{\partial u}\cdot\frac{\partial u}{\partial x}+\frac{\partial f}{\partial v}\cdot\frac{\partial v}{\partial x}=f_1'+yzf_2';$$

$$\frac{\partial^2 w}{\partial x\partial z}=\frac{\partial}{\partial z}(f_1'+yzf_2')=\frac{\partial f_1'}{\partial z}+yf_2'+yz\frac{\partial f_2'}{\partial z};$$

$$\frac{\partial f_1'}{\partial z}=\frac{\partial f_1'}{\partial u}\cdot\frac{\partial u}{\partial z}+\frac{\partial f_1'}{\partial v}\cdot\frac{\partial v}{\partial z}=f_{11}''+xyf_{12}'';\qquad\left(\frac{\partial f_1'}{\partial z}\text{的函数关系图与 }w\text{ 同}\right)$$

$$\frac{\partial f_2'}{\partial z}=\frac{\partial f_2'}{\partial u}\cdot\frac{\partial u}{\partial z}+\frac{\partial f_2'}{\partial v}\cdot\frac{\partial v}{\partial z}=f_{21}''+xyf_{22}'';\qquad\left(\frac{\partial f_2'}{\partial z}\text{的函数关系图与 }w\text{ 同}\right)$$

$$\frac{\partial^2 w}{\partial x\partial z}=f_{11}''+xyf_{12}''+yf_2'+yz(f_{21}''+xyf_{22}'')=f_{11}''+y(x+z)f_{12}''+xy^2zf_{22}''+yf_2'.$$

四、全微分形式不变性

设函数 $z=f(u,v)$ 具有连续偏导数,无论 u,v 是中间变量还是自变量,$z=f(u,v)$ 全微分形式都是 $\mathrm{d}z=\dfrac{\partial z}{\partial u}\mathrm{d}u+\dfrac{\partial z}{\partial v}\mathrm{d}v$,这个性质叫**全微分形式不变性**.

例 8　利用全微分形式不变性解本节的例 4.

解　$\mathrm{d}z=\mathrm{d}(\mathrm{e}^u\sin v)=\mathrm{e}^u\sin v\mathrm{d}u+\mathrm{e}^u\cos v\mathrm{d}v,$　　　　　　(3-4)

$\quad\quad \mathrm{d}u=\mathrm{d}(xy)=y\mathrm{d}x+x\mathrm{d}y,$　　　　　　　　　　　(3-5)

$\quad\quad \mathrm{d}v=\mathrm{d}(x+y)=\mathrm{d}x+\mathrm{d}y,$　　　　　　　　　　　(3-6)

将(3-5)(3-6)代入(3-4)后归并含 $\mathrm{d}x$ 及 $\mathrm{d}y$ 的项得

$\quad\quad \mathrm{d}z=(\mathrm{e}^u\sin v\cdot y+\mathrm{e}^u\cos v)\mathrm{d}x+(\mathrm{e}^u\sin v\cdot x+\mathrm{e}^u\cos v)\mathrm{d}y,$　　　(3-7)

$\quad\quad \mathrm{d}z=\dfrac{\partial z}{\partial x}\mathrm{d}x+\dfrac{\partial z}{\partial y}\mathrm{d}y.$　　　　　　　　　　　　　(3-8)

比较(3-7)(3-8)中 $\mathrm{d}x,\mathrm{d}y$ 的系数得

$$\frac{\partial z}{\partial x}=\mathrm{e}^{xy}[y\sin(x+y)+\cos(x+y)],$$

$$\frac{\partial z}{\partial y}=\mathrm{e}^{xy}[x\sin(x+y)+\cos(x+y)].$$

习题 9-3

1. 设 $u=\mathrm{e}^{x-2y},x=\sin t,y=t^3$,求 $\dfrac{\mathrm{d}u}{\mathrm{d}t}$.

2. 设 $z=xa^y,y=\ln x$,求 $\dfrac{\mathrm{d}z}{\mathrm{d}x}$.

3. 求下列函数的一阶偏导数.

(1) $z=u^2v-uv^2,u=x\cos y,v=x\sin y$,求 $\dfrac{\partial z}{\partial x}$;

(2) $z=\ln(u^2+y\sin x),u=\mathrm{e}^{x+y}$,求 $\dfrac{\partial z}{\partial x},\dfrac{\partial z}{\partial y}$;

4. $u=f(x^2-y^2,\mathrm{e}^{xy})$,求 $\dfrac{\partial u}{\partial x},\dfrac{\partial u}{\partial y}$.

5. $u=f\left(\dfrac{x}{y},\dfrac{y}{z}\right)$,求 $\dfrac{\partial u}{\partial x},\dfrac{\partial u}{\partial y},\dfrac{\partial u}{\partial z}$.

6. $u=f(x,xy,xyz)$,求 $\dfrac{\partial u}{\partial x},\dfrac{\partial u}{\partial y},\dfrac{\partial u}{\partial z}$.

7. $z=f(x^2+y^2)$,求 $\dfrac{\partial z}{\partial x},\dfrac{\partial z}{\partial y}$.

8. 设 $z=f\left(xy,\dfrac{x}{y}\right)$,其中 f 有连续的偏导数,求 $\mathrm{d}z$.

9. 设 $z=\dfrac{y}{f(x^2-y^2)}$,其中 f 是可导函数,证明 $\dfrac{1}{x}\cdot\dfrac{\partial z}{\partial x}+\dfrac{1}{y}\cdot\dfrac{\partial z}{\partial y}=\dfrac{z}{y^2}$.

第四节 隐函数求导公式

隐函数存在定理 1 隐函数存在定理 2 方程组的情形

一、一个方程的情形

在第二章第三节中，我们已经提出来隐函数的概念，并且指出了不经过显化直接由方程

$$F(x,y)=0 \tag{4-1}$$

求它所确定函数的导数的方法. 现在介绍隐函数存在定理，并根据多元复合函数的求导法来导出隐函数的求导公式.

> **隐函数存在定理 1** 设函数 $F(x,y)$ 在点 $P(x_0,y_0)$ 的某一邻域内具有连续的偏导数，且 $F_y(x_0,y_0)\neq 0, F(x_0,y_0)=0$，则方程 $F(x,y)=0$ 在点 $P(x_0,y_0)$ 的某一邻域内恒能唯一确定一个连续且具有连续导数的函数 $y=f(x)$，它满足 $y_0=f(x_0)$ 并有
>
> $$\frac{\mathrm{d}y}{\mathrm{d}x}=-\frac{F_x}{F_y}. \tag{4-2}$$

公式(4-2)就是隐函数 $F(x,y)=0$ 的求导公式.

例 1 验证方程 $x^2+y^2-1=0$ 在点 $(0,1)$ 的某邻域内能唯一确定一个有连续导数，当 $x=0$、$y=1$ 时的隐函数 $y=f(x)$，并求这函数的一阶和二阶导数在 $x=0$ 的值.

证 令 $F(x,y)=x^2+y^2-1$，则

$$F_x=2x, F_y=2y,$$

代入 $x=0$ 及 $y=1$ 得　　$F_x(0,1)=0, F_y(0,1)=2.$

依定理 1 知方程 $x^2+y^2-1=0$ 在点 $(0,1)$ 的某领域内能唯一确定一个有连续导数，当 $x=0, y=1$ 时的隐函数 $y=f(x)$. 函数 $y=f(x)$ 的一阶和二阶导数为

$$\frac{\mathrm{d}y}{\mathrm{d}x}=-\frac{F_x}{F_y}=-\frac{x}{y}, \frac{\mathrm{d}y}{\mathrm{d}x}\bigg|_{\substack{x=0\\y=1}}=0.$$

$$\frac{\mathrm{d}^2y}{\mathrm{d}x^2}=-\frac{y-xy'}{y^2}=-\frac{y-x\left(-\dfrac{x}{y}\right)}{y^2}=-\frac{1}{y^3}, \frac{\mathrm{d}^2y}{\mathrm{d}x^2}\bigg|_{\substack{x=0\\y=1}}=-1.$$

例 2 设隐函数 $y=f(x)$ 由方程 $\ln\sqrt{x^2+y^2}=\arctan\dfrac{y}{x}$ 确定，求 $\dfrac{\mathrm{d}y}{\mathrm{d}x}$.

解 设 $F(x,y)=\ln\sqrt{x^2+y^2}-\arctan\dfrac{y}{x}$，则

$$F_x=\frac{x}{x^2+y^2}-\frac{1}{1+\left(\dfrac{y}{x}\right)^2}\cdot\left(-\frac{y}{x^2}\right)=\frac{x+y}{x^2+y^2},$$

$$F_y = \frac{y}{x^2+y^2} - \frac{1}{1+\left(\frac{y}{x}\right)^2} \cdot \left(\frac{1}{x}\right) = \frac{y-x}{x^2+y^2},$$

$$\frac{\mathrm{d}y}{\mathrm{d}x} = -\frac{F_x}{F_y} = \frac{x+y}{x-y}.$$

隐函数存在定理还可以推广到多元函数.既然一个二元方程(4-1)可以确定唯一的一元隐函数,那么一个三元方程

$$F(x,y,z)=0 \tag{4-3}$$

就有可能确定一个二元隐函数.

与定理 1 一样,我们可以由三元函数 $F(x,y,z)$ 的性质来断定由 $F(x,y,z)=0$ 所确定的二元函数 $z=f(x,y)$ 的存在以及这个函数的性质.这就是下面的定理.

隐函数存在定理 2　设函数 $F(x,y,z)$ 在点 $P(x_0,y_0,z_0)$ 的某一邻域内有连续的偏导数,且 $F(x_0,y_0,z_0)=0$,$F_z(x_0,y_0,z_0)\neq 0$,则方程 $F(x,y,z)=0$ 在点 $P(x_0,y_0,z_0)$ 的某一邻域内能唯一确定一个连续且具有连续偏导数的函数 $z=f(x,y)$,它满足条件 $z_0=f(x_0,y_0)$,并有

$$\frac{\partial z}{\partial x} = -\frac{F_x}{F_z},\ \frac{\partial z}{\partial y} = -\frac{F_y}{F_z}. \tag{4-4}$$

这个定理不证,仅对公式(4-4)作如下推导.

由于 $F[x,y,f(x,y)]\equiv 0$,将上式两端分别对 x 和 y 求导得

$$F_x + F_z \cdot \frac{\partial z}{\partial x} = 0,\ F_y + F_z \cdot \frac{\partial z}{\partial y} = 0,$$

因为 F_z 连续,且 $F_z(x_0,y_0,z_0)\neq 0$ 所以存在点 $P(x_0,y_0,z_0)$ 的一个邻域内 $F_z\neq 0$.

于是有

$$\frac{\partial z}{\partial x} = -\frac{F_x}{F_z},\ \frac{\partial z}{\partial y} = -\frac{F_y}{F_z}.$$

例 3　设隐函数 $z=f(x,y)$ 由方程 $\mathrm{e}^z=xyz$ 确定,求 $\dfrac{\partial z}{\partial x}$ 和 $\dfrac{\partial z}{\partial y}$.

解法 1　设 $F(x,y,z)=\mathrm{e}^z-xyz$,

则
$$F_x=-yz,\ F_y=-xz,\ F_z=\mathrm{e}^z-xy,$$

于是

$$\frac{\partial z}{\partial x} = -\frac{F_x}{F_z} = \frac{yz}{\mathrm{e}^z-xy},\ \frac{\partial z}{\partial y} = -\frac{F_y}{F_z} = \frac{xz}{\mathrm{e}^z-xy}.$$

解法 2　原方程变形为 $\mathrm{e}^z-xyz=0$

方程两边同时对 x 求偏导得,其中 $z=f(x,y)$.

$$\mathrm{e}^z \cdot \frac{\partial z}{\partial x} - yz - xy\frac{\partial z}{\partial x} = 0,\quad 则\frac{\partial z}{\partial x} = \frac{yz}{\mathrm{e}^z-xy}.$$

同理可得
$$\frac{\partial z}{\partial y} = \frac{xy}{\mathrm{e}^z-xy}.$$

例 4(隐函数二阶偏导数) 设 $x^2+y^2+z^2-4z=0$,求 $\dfrac{\partial^2 z}{\partial x^2}$.

解 令 $F(x,y,z)=x^2+y^2+z^2-4z$,则 $F_x=2x$,$F_z=2z-4$,

当 $z\neq 2$ 时,

$$\frac{\partial z}{\partial x}=-\frac{F_x}{F_z}=\frac{x}{2-z}.$$

再一次对 x 求偏导数(其中 z 为 x 的函数),得

$$\frac{\partial^2 z}{\partial x^2}=\frac{(2-z)+x\dfrac{\partial z}{\partial x}}{(2-z)^2}=\frac{(2-z)+x\cdot\dfrac{x}{2-z}}{(2-z)^2}=\frac{(2-z)^2+x^2}{(2-z)^3}.$$

二、方程组的情形

下面我们将隐函数存在定理作另一方面的推广. 我们不仅增加方程中变量的个数,而且增加方程的个数,例如,考虑方程组

$$\begin{cases} F(x,y,u,v)=0 \\ G(x,y,u,v)=0 \end{cases} \tag{4-5}$$

这时,因为只有两个方程,在四个变量中,一般只能有两个变量独立变化,因此方程组(4-5)就有可能确定两个二元函数,在这种情况下,我们可以由函数 F、G 的性质来断定由方程组(4-5)所确定的两个二元函数的存在以及它们的性质. 我们有下面的定理.

定理 3 设 $F(x,y,u,v)$、$G(x,y,u,v)$ 在点 $P(x_0,y_0,u_0,v_0)$ 的某一邻域内有对各个变量的连续偏导数,又 $F(x_0,y_0,u_0,v_0)=0$,$G(x_0,y_0,u_0,v_0)=0$,且偏导数所组成的雅可比行列式

$$J=\frac{\partial(F,G)}{\partial(u,v)}=\begin{vmatrix} \dfrac{\partial F}{\partial u} & \dfrac{\partial F}{\partial v} \\ \dfrac{\partial G}{\partial u} & \dfrac{\partial G}{\partial v} \end{vmatrix}$$

在点 $P(x_0,y_0,u_0,v_0)$ 不等于零,则方程组

$$\begin{cases} F(x,y,u,v)=0 \\ G(x,y,u,v)=0 \end{cases}$$

在点 $P(x_0,y_0,u_0,v_0)$ 的某一邻域内恒能唯一确定一组连续且具有连续偏导数的函数

$$u=u(x,y),v=v(x,y),$$

它们满足条件 $u_0=u(x_0,y_0)$,$v_0=v(x_0,y_0)$,并有其偏导数公式

$$\frac{\partial u}{\partial x}=-\frac{1}{J}\frac{\partial(F,G)}{\partial(x,v)}=-\frac{\begin{vmatrix} F_x & F_v \\ G_x & G_v \end{vmatrix}}{\begin{vmatrix} F_u & F_v \\ G_u & G_v \end{vmatrix}},\frac{\partial v}{\partial x}=-\frac{1}{J}\frac{\partial(F,G)}{\partial(u,x)}=-\frac{\begin{vmatrix} F_u & F_x \\ G_u & G_x \end{vmatrix}}{\begin{vmatrix} F_u & F_v \\ G_u & G_v \end{vmatrix}}, \tag{4-6}$$

$$\frac{\partial u}{\partial y}=-\frac{1}{J}\frac{\partial(F,G)}{\partial(y,v)}=-\frac{\begin{vmatrix} F_y & F_v \\ G_y & G_v \end{vmatrix}}{\begin{vmatrix} F_u & F_v \\ G_u & G_v \end{vmatrix}},\frac{\partial v}{\partial y}=-\frac{1}{J}\frac{\partial(F,G)}{\partial(u,y)}=-\frac{\begin{vmatrix} F_u & F_y \\ G_u & G_y \end{vmatrix}}{\begin{vmatrix} F_u & F_v \\ G_u & G_v \end{vmatrix}}. \tag{4-7}$$

例 5 设方程组 $\begin{cases} x = -u^2 + v, \\ y = u + v^2, \end{cases}$ 求 $\dfrac{\partial u}{\partial x}, \dfrac{\partial v}{\partial x}, \dfrac{\partial u}{\partial y}, \dfrac{\partial v}{\partial y}$.

解 在题设方程组两边对 x 求导,得

$$\begin{cases} 1 = -2u \cdot \dfrac{\partial u}{\partial x} + \dfrac{\partial v}{\partial x}, \\ 0 = \dfrac{\partial u}{\partial x} + 2v \dfrac{\partial v}{\partial x}. \end{cases}$$

解以上关于 $\dfrac{\partial u}{\partial x}, \dfrac{\partial v}{\partial x}$ 的二元方程组得

$$\frac{\partial u}{\partial x} = \frac{-2v}{4uv+1}, \frac{\partial v}{\partial x} = \frac{1}{4uv+1}.$$

同理,在题设方程组两边对 y 求导,

$$\begin{cases} 0 = -2u \cdot \dfrac{\partial u}{\partial y} + \dfrac{\partial v}{\partial y}, \\ 1 = \dfrac{\partial u}{\partial y} + 2v \dfrac{\partial v}{\partial y}. \end{cases}$$

解关于 $\dfrac{\partial u}{\partial y}, \dfrac{\partial v}{\partial y}$ 的二元方程组得

$$\frac{\partial u}{\partial y} = \frac{1}{4uv+1}, \frac{\partial v}{\partial y} = \frac{2u}{4uv+1}.$$

思考与探究

阅读教材中例 4,用公式法求出了隐函数 $x^2 + y^2 + z^2 - 4z = 0$ 的二阶偏导数 $\dfrac{\partial^2 z}{\partial x^2}$. 试应用直

接求导法或应用全微分形式不变性求 $\dfrac{\partial z}{\partial x}, \dfrac{\partial z}{\partial y}$,并思考归纳你的解法所隐含的数学思想方法.

习题 9-4

1.设 $\sin y + e^x - xy^2 = 0$,求 $\dfrac{dy}{dx}$.

2.设 $\ln\sqrt{x^2 + y^2} = \arctan\dfrac{y}{x}$,求 $\dfrac{dy}{dx}$.

3.设 $x + 2y + z - 2\sqrt{xyz} = 0$,求 $\dfrac{\partial z}{\partial x}$ 及 $\dfrac{\partial z}{\partial y}$.

4.设 $\dfrac{x}{z} = \ln\dfrac{z}{y}$,求 $\dfrac{\partial z}{\partial x}$ 及 $\dfrac{\partial z}{\partial y}$.

5.设 $2\sin(x + 2y - 3z) = x + 2y - 3z$,证明 $\dfrac{\partial z}{\partial x} + \dfrac{\partial z}{\partial y} = 1$.

6.设方程 $x + y + z = e^z$ 确定了隐函数 $z = z(x,y)$,求 $\dfrac{\partial^2 z}{\partial x^2}$, $\dfrac{\partial^2 z}{\partial y^2}$.

7.求由下列方程组所确定的函数的导数.

(1) $\begin{cases} z = x^2 + y^2, \\ x^2 + 2y^2 + 3z^2 = 20, \end{cases}$ 求 $\dfrac{dy}{dx}, \dfrac{dz}{dx}$;

(2) $\begin{cases} x+y+z=0, \\ x^2+y^2+z^2=1, \end{cases}$ 求 $\dfrac{\mathrm{d}x}{\mathrm{d}z}, \dfrac{\mathrm{d}y}{\mathrm{d}z}$.

8. 设 $x=x(y,z), y=y(x,z), z=z(x,y)$ 都是由方程 $F(x,y,z)=0$ 所确定的, 其中 F 有连续的偏导数, 且非零, 证明 $\dfrac{\partial x}{\partial y} \cdot \dfrac{\partial y}{\partial z} \cdot \dfrac{\partial z}{\partial x}=-1$.

9. 设 $F(u,v)$ 为可微函数, 证明由方程 $F\left(x+\dfrac{z}{y}, y+\dfrac{z}{x}\right)=0$ 所确定的函数 $z=z(x,y)$ 满足 $x \cdot \dfrac{\partial z}{\partial x}+y \cdot \dfrac{\partial z}{\partial y}=z-xy$.

第五节　多元函数微分学的几何应用

空间曲线的切线与法平面　空间曲面的切平面与法线　方向导数　梯度

在一元函数中, 我们利用函数在一点的导数可以求出曲线在该点的切线、法线方程. 本节我们学习利用二元偏导数求空间曲线在一点的切线与法平面方程以及空间曲面在一点的切平面和法线方程.

一、空间曲线的切线和法平面

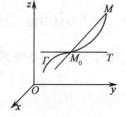

图 9-12

定义　空间曲线的切线和法平面

设 M_0 是空间曲线 Γ 上的一点, M 是 Γ 上的另一点 (如图 9-12 所示). 则当点 M 沿曲线 Γ 趋向于点 M_0 时, 割线 M_0M 的极限位置 M_0T 称为曲线 Γ 在点 M_0 处的**切线**. 过点 M_0 且与切线 M_0T 垂直的平面称为曲线 Γ 在点 M_0 处的**法平面**.

下面建立空间曲线的切线与法平面方程.

设曲线 Γ 的参数方程为 $x=x(t), y=y(t), z=z(t)$, 当 $t=t_0$ 时, 曲线 Γ 上的对应点为 $M_0(x_0,y_0,z_0)$. 假定 $x(t)$、$y(t)$、$z(t)$ 可导, 且 $x'(t_0)$、$y'(t_0)$、$z'(t_0)$ 不同时为零. 给 t_0 以增量 Δt, 对应地在曲线 Γ 上有一点 $M(x_0+\Delta x, y_0+\Delta y, z_0+\Delta z)$, 则割线 M_0M 的方程为

$$\frac{x-x_0}{\Delta x}=\frac{y-y_0}{\Delta y}=\frac{z-z_0}{\Delta z},$$

上式中各分母除以 Δt 得

$$\frac{x-x_0}{\dfrac{\Delta x}{\Delta t}}=\frac{y-y_0}{\dfrac{\Delta y}{\Delta t}}=\frac{z-z_0}{\dfrac{\Delta z}{\Delta t}},$$

当点 M 沿曲线 Γ 趋向于点 M_0 时, 有 $\Delta t \to 0$, 对上式取极限, 即得曲线 Γ 在点 M_0 处的**切线方程为**

$$\frac{x-x_0}{x'(t_0)}=\frac{y-y_0}{y'(t_0)}=\frac{z-z_0}{z'(t_0)}. \tag{5-1}$$

容易知道,曲线 Γ 在点 M_0 处的**法平面方程**为

$$x'(t_0)(x-x_0)+y'(t_0)(y-y_0)+z'(t_0)(z-z_0)=0. \tag{5-2}$$

当空间曲线 Γ 的方程不是参数形式时,则可将其化为参数形式,再利用上面的结果.

例如,设空间曲线 Γ 的方程为

$$y=\varphi(x), z=\psi(x).$$

则可取 x 为参数,这样 Γ 的方程为

$$x=x, y=\varphi(x), z=\psi(x).$$

若 $\varphi(x)$ 及 $\psi(x)$ 在 $x=x_0$ 处都可导,那么曲线 Γ 在点 $M_0(x_0,y_0,z_0)$ 的切线方程为

$$\frac{x-x_0}{1}=\frac{y-y_0}{\varphi'(t_0)}=\frac{z-z_0}{\psi'(t_0)}. \tag{5-3}$$

在点 $M_0(x_0,y_0,z_0)$ 的法平面方程为

$$(x-x_0)+\varphi'(t_0)(y-y_0)+\psi'(t_0)(z-z_0)=0. \tag{5-4}$$

例 1 求曲线 $x=t, y=t^2, z=t^3$ 在点 $(1,1,1)$ 处的切线方程和法平面方程.

解 点 $(1,1,1)$ 对应参数 $t=1$,所以

$$x'_t|_{t=1}=1, y'_t|_{t=1}=2, z'_t|_{t=1}=3,$$

于是,所求切线方程为

$$\frac{x-1}{1}=\frac{y-1}{2}=\frac{z-1}{3}.$$

法平面方程为

$$(x-1)+2(y-1)+3(z-1)=0,$$

即

$$x+2y+3z-6=0.$$

例 2 求曲线 $\begin{cases} x^2+2x-y=0, \\ x-y-z=0 \end{cases}$ 在点 $(1,3,-2)$ 处的切线方程和法平面方程.

解 取 x 为参数,曲线方程可写为

$$x=x, y=x^2+2x, z=x-y=-x^2-x,$$

因为 $y_x=2x+2, z_x=-2x-1$,在点 $(1,3,-2)$ 处,$y_x|_{x=1}=4, z_x|_{x=1}=-3$,所以曲线上点 $(1,3,-2)$ 处的切线方程为

$$\frac{x-1}{1}=\frac{y-3}{4}=\frac{z+2}{-3}.$$

法平面方程为

$$(x-1)+4(y-3)-3(z+2)=0,$$

即

$$x+4y-3z-19=0.$$

二、曲面的切平面和法线

> **定义** 曲面的切平面和法线
>
> 如果曲面 S 上过点 M 的所有曲线的切线都位于同一平面上,那么此平面叫做曲面 S 在点 M 处的切平面.过点 M 且垂直于曲面在该点的切平面的直线叫做曲面在点 M 的法线.

设曲面 S 的方程为 $F(x,y,z)=0$,$M_0(x_0,y_0,z_0)$ 是 S 上的一点,F_x、F_y、F_z 在点 M 处连续且不同时为零.则可以证明,曲面上过点 M 的任何曲线的切线都在同一个平面上,即该平面就是曲面 S 在点 M 处的切平面,且其方程为

$$F_x(x_0,y_0,z_0)(x-x_0)+F_y(x_0,y_0,z_0)(y-y_0)+F_z(x_0,y_0,z_0)(z-z_0)=0. \quad (5\text{-}5)$$

曲面 S 在点 M 处的法线方程为

$$\frac{x-x_0}{F_x(x_0,y_0,z_0)}=\frac{y-y_0}{F_y(x_0,y_0,z_0)}=\frac{z-z_0}{F_z(x_0,y_0,z_0)}. \quad (5\text{-}6)$$

特别地,若曲面方程由显函数 $z=f(x,y)$ 给出,令 $F(x,y,z)=f(x,y)-z$,于是

$$F_x=f_x(x,y),F_y=f_y(x,y),F_z=-1.$$

所以曲面 S 在点 M 处的切平面方程为

$$f_x(x_0,y_0)(x-x_0)+f_y(x_0,y_0)(y-y_0)-(z-z_0)=0,$$

而法线方程为

$$\frac{x-x_0}{f_x(x_0,y_0)}=\frac{y-y_0}{f_y(x_0,y_0)}=\frac{z-z_0}{-1}. \quad (5\text{-}7)$$

例 3 求球面 $x^2+y^2+z^2=14$ 在点 $(1,2,3)$ 处的切平面及法线方程.

解 $F(x,y,z)=x^2+y^2+z^2-14$,$F_x=2x$,$F_y=2y$,$F_z=2z$,

$$F_x(1,2,3)=2, \quad F_y(1,2,3)=4, \quad F_z(1,2,3)=6,$$

所以在点 $(1,2,3)$ 处的切平面方程为

$$2(x-1)+4(y-2)+6(z-3)=0,$$

即

$$x+2y+3z-14=0.$$

法线方程为

$$\frac{x-1}{2}=\frac{y-2}{4}=\frac{z-3}{6},$$

即

$$\frac{x-1}{1}=\frac{y-2}{2}=\frac{z-3}{3} \text{ 或 } \frac{x}{1}=\frac{y}{2}=\frac{z}{3}.$$

例 4 求锥面 $z=\sqrt{x^2+y^2}$ 在点 $(3,4,5)$ 处的切平面及法线方程.

解 设 $F(x,y,z)=\sqrt{x^2+y^2}-z$,

则

$$F_x=\frac{x}{\sqrt{x^2+y^2}}, \quad F_y=\frac{y}{\sqrt{x^2+y^2}}, \quad F_z=-1;$$

$$F_x(3,4,5)=\frac{3}{5}, \quad F_y(3,4,5)=\frac{4}{5}, \quad F_z(3,4,5)=-1.$$

因此这圆锥面在点 $(3,4,5)$ 处的切平面的法向量 $\boldsymbol{n}=(3,4,-5)$，切平面方程为
$$3(x-3)+4(y-4)-5(z-5)=0,$$
即
$$3x+4y-5z=0,$$
法线方程为
$$\frac{x-3}{3}=\frac{y-4}{4}=\frac{z-5}{-5}.$$

习题 9-5

1. 求下列曲线在已知点的切线和法平面方程：

(1) $x=\dfrac{t}{1+t}$，$y=\dfrac{1+t}{t}$，$z=t^2$，$t=1$；

(2) $y^2=2mx$，$z^2=m-x$，点 (x_0,y_0,z_0).

2. 求下列曲面在已知点的切平面和法线方程：

(1) $\mathrm{e}^x-z+xy=3$，在点 $(2,1,0)$；

(2) $z=\arctan\dfrac{y}{x}$，在点 $\left(1,1,\dfrac{\pi}{4}\right)$.

3. 曲面 $z=xy$ 上求一点，使该点处的法线垂直于平面 $x+3y+z+9=0$，并写出法线方程.

4. 求曲面 $x^2+2y^2+3z^2=21$ 的切平面，使它与平面 $x+4y-6z=0$ 平行.

5. 证明曲面 $\sqrt{x}+\sqrt{y}+\sqrt{z}=\sqrt{a}\,(a>0)$ 上任一点的切平面在各坐标轴上的截距之和等于常数.

第六节　方向导数与梯度

方向导数　梯度

一、方向导数

偏导数反映的是当其中一个变量固定，另一个变量变化时，函数沿坐标轴方向的变化率.实际中许多问题需要考虑函数沿某个方向的变化率.例如，预报某地区的风力和风向，就要知道气压在该处沿某些方向的变化率.因此，需要讨论多元函数在一点处沿指定方向的变化率.

下面给出二元函数 $z=f(x,y)$ 在某一点 $P(x_0,y_0)$ 处沿指定方向的方向导数的定义

定义　设函数 $z=f(x,y)$ 在点 $P(x_0,y_0)$ 的某个邻域 $U(P_0)$ 内有定义，过点 $P(x_0,y_0)$ 作射线 l（如图 9-13 所示），$P(x_0+\Delta x,y_0+\Delta y)$ 是 l 上另一点，且 $P\in U(P_0)$.若极限
$$\lim_{\rho\to 0}\frac{f(P)-f(P_0)}{\rho}=\lim_{\rho\to 0}\frac{f(x_0+\Delta x,y_0+\Delta y)-f(x_0,y_0)}{\rho}\ 存在,$$
其中 $\rho=\sqrt{(\Delta x)^2+(\Delta y)^2}$ 为点 P 到点 P_0 的距离，则称此极限值为函数 $z=f(x,y)$ 在点 $P(x_0,y_0)$ 处沿方向 l 的**方向导数**，记作 $\dfrac{\partial f}{\partial l}\Big|_{(x_0,y_0)}$，即

$$\frac{\partial f}{\partial l}\bigg|_{(x_0,y_0)}=\lim_{\rho\to 0}\frac{f(x_0+\Delta x,y_0+\Delta y)-f(x_0,y_0)}{\rho}$$

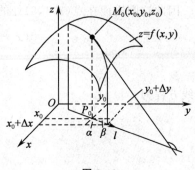

图 9-13

从方向导数的定义知,方向导数 $\dfrac{\partial f}{\partial l}\bigg|_{(x_0,y_0)}$ 就是函数 $z=f(x,y)$ 在点 $P(x_0,y_0)$ 处沿方向 l 的变化率.

如果函数 $z=f(x,y)$ 在点 $P(x_0,y_0)$ 处的偏导数存在,取 l 为 x 轴的正向,

$$\frac{\partial f}{\partial l}\bigg|_{(x_0,y_0)}=\lim_{\Delta x\to 0^+}\frac{f(x_0+\Delta x,y_0)-f(x_0,y_0)}{\Delta x}$$
$$=f_x(x_0,y_0)$$

同理,取 l 为 y 轴的正向,则

$$\frac{\partial f}{\partial l}\bigg|_{(x_0,y_0)}=\lim_{\Delta y\to 0^+}\frac{f(x_0,y_0+\Delta y)-f(x_0,y_0)}{\Delta y}=f_y(x_0,y_0)$$

如果函数 $z=f(x,y)$ 在点 $P(x_0,y_0)$ 处的偏导数存在,则沿 x 轴和 y 轴(正向或负向)的方向导数存在.反过来,当 $z=f(x,y)$ 在点 $P(x_0,y_0)$ 处的沿 x 轴和 y 轴(正向或负向)的方向导数存在时,偏导数不一定存在.

例 1 讨论函数 $z=\sqrt{x^2+y^2}$ 在 $O(0,0)$ 的偏导数以及该点处沿任意方向的方向导数.

解 由本章第二节例 6 知,函数在原点偏导数不存在.

在 $O(0,0)$ 沿任何方向 l 的方向导数

$$\frac{\partial f}{\partial l}\bigg|_{(0,0)}=\lim_{\rho\to 0}\frac{f(\Delta x,\Delta y)-f(0,0)}{\sqrt{(\Delta x)^2+(\Delta y)^2}}=\lim_{\rho\to 0}\frac{\sqrt{(\Delta x)^2+(\Delta y)^2}}{\sqrt{(\Delta x)^2+(\Delta y)^2}}=1,$$

其中 $\rho=\sqrt{(\Delta x)^2+(\Delta y)^2}$.

所以,函数在在 $O(0,0)$ 沿任何方向 l 的方向导数都等于 1,但偏导数不存在.

定理 充分条件

如果函数 $z=f(x,y)$ 在点 $P(x_0,y_0)$ 处可微,则函数在该点沿任何方向 l 的方向导数都存在,而且有

$$\frac{\partial f}{\partial l}\bigg|_{(x_0,y_0)}=f_x(x_0,y_0)\cos\alpha+f_y(x_0,y_0)\cos\beta,$$

其中 $\cos\alpha,\cos\beta$ 是方向 l 的方向余弦.(图 9-13)

方向导数的概念可以推广到三元函数的情形,且同理可证:如果三元函数 $f(x,y,z)$ 在点 $P(x_0,y_0,z_0)$ 处可微,则 $f(x,y,z)$ 在该点沿方向 $l^0=(\cos\alpha,\cos\beta,\cos\gamma)$ 的方向导数为

$$\frac{\partial f}{\partial l}\bigg|_{(x_0,y_0,z_0)}=f_x(x_0,y_0,z_0)\cos\alpha+f_y(x_0,y_0,z_0)\cos\beta+f_z(x_0,y_0,z_0)\cos\gamma.$$

例 2 求函数 $z=x\mathrm{e}^{2y}$ 在点 $P(1,0)$ 处沿点 $P(1,0)$ 到点 $Q(2,-1)$ 的方向的方向导数.

解 这里方向 l 即为 $\overrightarrow{PQ}=(1,-1)$ 的方向,与 l 同方向的单位向量为 $\boldsymbol{l}^0=\left(\dfrac{1}{\sqrt{2}},-\dfrac{1}{\sqrt{2}}\right)$,

$$\frac{\partial z}{\partial x}\bigg|_{(1,0)}=\mathrm{e}^{2y}\big|_{(1,0)}=1,\quad \frac{\partial z}{\partial y}\bigg|_{(1,0)}=2x\mathrm{e}^{2y}\big|_{(1,0)}=2,$$

所求方向导数

$$\frac{\partial z}{\partial l}\bigg|_{(1,0)}=1\times\frac{1}{\sqrt{2}}+2\times\left(-\frac{1}{\sqrt{2}}\right)=-\frac{\sqrt{2}}{2}.$$

例 3(三元函数的方向导数) 求函数 $u=\ln(x+\sqrt{y^2+z^2})$ 在点 $A(1,0,1)$ 处沿点 A 指向点 $B(3,-2,2)$ 方向的方向导数.

解 $\overrightarrow{AB}=(2,-2,1)$,向量 $\overrightarrow{AB}$ 的方向余弦为

$$\cos\alpha=\frac{2}{3},\quad \cos\beta=-\frac{2}{3},\quad \cos\gamma=\frac{1}{3},$$

又

$$\frac{\partial u}{\partial x}=\frac{1}{x+\sqrt{y^2+z^2}},\quad \frac{\partial u}{\partial y}=\frac{1}{x+\sqrt{y^2+z^2}}\cdot\frac{y}{\sqrt{y^2+z^2}},$$

$$\frac{\partial u}{\partial z}=\frac{1}{x+\sqrt{y^2+z^2}}\cdot\frac{z}{\sqrt{y^2+z^2}},$$

所以

$$\frac{\partial u}{\partial x}\bigg|_{(1,0,1)}=\frac{1}{2},\quad \frac{\partial u}{\partial y}\bigg|_{(1,0,1)}=0,\quad \frac{\partial u}{\partial z}\bigg|_{(1,0,1)}=\frac{1}{2},$$

于是

$$\frac{\partial u}{\partial l}\bigg|_{(1,0,1)}=\frac{1}{2}\times\frac{2}{3}+0\times\left(-\frac{2}{3}\right)+\frac{1}{3}\times\frac{1}{2}=\frac{1}{2}.$$

二、梯度

梯度是一个与方向导数有关联的概念.

定义 设函数 $f(x,y)$ 在平面区域 D 内具有连续偏导数,则对于每一点 $P(x_0,y_0)\in D$,有向量 $f_x(x_0,y_0)\boldsymbol{i}+f_y(x_0,y_0)\boldsymbol{j}$,这个向量称为函数 $f(x,y)$ 在点 $P(x_0,y_0)$ 处的**梯度**,记为 $\mathbf{grad}f(x_0,y_0)$ 或 $\nabla f(x_0,y_0)$,即

$$\mathbf{grad}f(x_0,y_0)=\nabla f(x_0,y_0)=f_x(x_0,y_0)\boldsymbol{i}+f_y(x_0,y_0)\boldsymbol{j}.$$

若记 $\boldsymbol{l}^0=(\cos\alpha,\cos\beta)$ 是与方向 l 同方向的单位向量,则

$$\begin{aligned}\frac{\partial f}{\partial l}\bigg|_{(x_0,y_0)}&=f_x(x_0,y_0)\cos\alpha+f_y(x_0,y_0)\cos\beta\\&=[f_x(x_0,y_0),f_y(x_0,y_0)]\cdot(\cos\alpha,\cos\beta)=\mathbf{grad}f(x_0,y_0)\cdot\boldsymbol{l}^0\\&=|\mathbf{grad}f(x_0,y_0)||\boldsymbol{l}^0|\cos\theta=|\mathbf{grad}f(x_0,y_0)|\cos\theta.\end{aligned}$$

其中 θ 是 $\mathbf{grad}f(x_0,y_0)$ 与 $\boldsymbol{l}^0$ 的夹角. 由此可知:

当 $\theta=0$ 时,方向导数取得最大,即沿梯度方向,函数的方向导数取得最大值,其最大值等

于梯度的模 $|\mathbf{grad}\,f(x_0,y_0)|$. 这就是说

> 函数在某点的梯度是这样一个向量,它的方向是函数在这点的方向导数取得最大值的方向,而它的模为方向导数的最大值.

类似可知,三元函数的梯度也是这样一个向量,它的方向是三元函数在这一点处的方向导数取得最大值的方向,它的模等于方向导数的最大值.

例 4 (1) 求 $\mathbf{grad}\dfrac{1}{x^2+y^2}$.

(2) 设 $f(x,y,z)=x^2+y^2+z^2$,求 $\mathbf{grad}\,f(1,-1,2)$.

解 (1) 因为 $\dfrac{\partial f}{\partial x}=-\dfrac{2x}{(x^2+y^2)^2},\dfrac{\partial f}{\partial y}=-\dfrac{2y}{(x^2+y^2)^2}$,

所以 $$\mathbf{grad}\,\frac{1}{x^2+y^2}=-\frac{2x}{(x^2+y^2)^2}\boldsymbol{i}-\frac{2y}{(x^2+y^2)^2}\boldsymbol{j}.$$

(2) $\mathbf{grad}\,f=(f_x,f_y,f_z)=(2x,2y,2z)$ 于是 $\mathbf{grad}\,f(1,-1,2)=(2,-2,4)$.

例 5 求函数 $u=xy^2+z^3-xyz$ 在点 $P_0(1,1,1)$ 处沿哪个方向的方向导数最大?最大值是多少?

解 由 $\dfrac{\partial u}{\partial x}=y^2-yz,\dfrac{\partial u}{\partial y}=2xy-xz,\dfrac{\partial u}{\partial z}=3z^2-xy$,得

$$\frac{\partial u}{\partial x}\Big|_{P_0}=0,\quad \frac{\partial u}{\partial y}\Big|_{P_0}=1,\quad \frac{\partial u}{\partial z}\Big|_{P_0}=2.$$

从而 $$\mathbf{grad}\,u\,|_{P_0}=(0,1,2)\qquad |\mathbf{grad}\,u\,|_{P_0}|=\sqrt{0+1+4}=\sqrt{5}.$$

于是 u 在点 P_0 处沿方向 $(0,1,2)$ 的方向导数最大,最大值是 $\sqrt{5}$.

思考与探究

函数 $z=f(x,y)$ 在点 (x_0,y_0) 梯度与函数在该点的方向导数有什么关联?

习题 9-6

1. 求函数 $z=x^2+y^2$ 在点 $(1,2)$ 处沿从点 $(1,2)$ 到点 $(2,2+\sqrt{3})$ 的方向的方向导数.

2. 求函数 $z=\ln(x+y)$ 在抛物线 $y^2=4x$ 上点 $(1,2)$ 处,沿着这抛物线在该点处偏向 x 轴的正向的切线方向的方向导数.

3. 求函数 $u=xy^2+z^3-xyz$ 在点 $(1,1,2)$ 处沿方向角为 $\alpha=\dfrac{\pi}{3},\beta=\dfrac{\pi}{4},\gamma=\dfrac{\pi}{3}$ 的方向的方向导数.

4. 求函数 $u=xyz$ 在点 $(5,1,2)$ 处沿从点 $(5,1,2)$ 到点 $(9,4,14)$ 的方向的方向导数.

5. 设 $f(x,y,z)=x^2+2y^2+3z^2+xy+3x-2y-6z$,求 $\mathbf{grad}\,f(0,0,0)$ 及 $\mathbf{grad}\,f(1,1,1)$.

第七节　多元函数的极值及其求法

极值　必要条件　第一充分条件　第二充分条件　最大值　最小值　条件极值
拉格朗日乘数法

一、多元函数的极值及最大值与最小值

在实际问题中,往往会遇到多元函数的最大值与最小值问题,与一元函数类似,多元函数的最值(最大值、最小值)与极值(极大值、极小值)有密切联系,因此我们以二元函数为例,先来讨论多元函数的极值问题.

1. 极大值、极小值

> **定义**　设函数 $z = f(x,y)$ 在点 (x_0, y_0) 的某一邻域内有定义,对于该邻域内异于 (x_0, y_0) 的点 (x,y),如果都有 $f(x,y) < f(x_0, y_0)$ 成立,则称函数 $f(x,y)$ 在点 (x_0, y_0) 有极大值 $f(x_0, y_0)$,点 (x_0, y_0) 为函数 $f(x,y)$ 的极大值点;如果都有不等式 $f(x,y) > f(x_0, y_0)$ 成立,则称函数 $f(x,y)$ 在点 (x_0, y_0) 有极小值 $f(x_0, y_0)$,点 (x_0, y_0) 为函数 $f(x,y)$ 的极小值点;函数的极大值和极小值统称为极值,使函数取得极值的点称为极值点.

如何解决函数极值问题,先看下面几个例子.

例 1（开口向上的椭圆抛物面在偏导数等于零的点处取得极值）　函数 $z = 3x^2 + 4y^2$ 对于点 $(0,0)$ 的任一邻域内异于 $(0,0)$ 的点,函数值都为正,而在点 $(0,0)$ 处的函数值为零.从而函数在点 $(0,0)$ 处有极小值,且函数在 $(0,0)$ 处偏导数为 0.

例 2（开口向下的锥面在偏导数不存在的点处取得极值）　函数 $z = -\sqrt{x^2 + y^2}$ 对于点 $(0,0)$ 的任一邻域内异于 $(0,0)$ 的点,函数值都为负,所以该函数在点 $(0,0)$ 处有极大值,且由第二节例 6 知,函数在 $(0,0)$ 点偏导数不存在.

例 3（马鞍面在偏导数等于零的点处没有取得极值）　函数 $z = xy$ 在 $(0,0)$ 处的函数值为零,而在点 $(0,0)$ 的任一邻域内,既有使函数值大于零的点,也有使函数值小于零的点.所以点 $(0,0)$ 不是该函数的极值点.而函数在点 $(0,0)$ 处偏导数为 0.

例 4（偏导数不存在的点处没有取得极值）　函数 $z = \sqrt[3]{x+y}$ 在 $(0,0)$ 处的函数值为零,而在点 $(0,0)$ 的任一邻域内,既有使函数值大于零的点,也有使函数值小于零的点,所以点 $(0,0)$ 不是该函数的极值点.而由偏导数定义知

$$\lim_{\Delta x \to 0} \frac{f(0 + \Delta x, 0) - f(0,0)}{\Delta x} = \lim_{\Delta x \to 0} \frac{\sqrt[3]{\Delta x}}{\Delta x} = \infty,$$

所以函数在 $(0,0)$ 处偏导数不存在.

类似于一元函数,我们称 $\begin{cases} f_x(x_0, y_0) = 0, \\ f_y(x_0, y_0) = 0, \end{cases}$ 同时成立的点 (x_0, y_0) 为 $z = f(x,y)$ 的**驻点**.

从以上例子中可以发现,二元函数的可能极值点是函数的驻点与偏导数不存在的点,此结论与一元函数类似.如何确定这些点是否为极值点,下面的定理解决了驻点是否为极值点的问题.

2.极值的必要条件、充分条件

定理 1(必要条件)

设函数 $z=f(x,y)$ 在点 (x_0,y_0) 处有极值,且在点 (x_0,y_0) 处存在一阶偏导数,则 $f_x(x_0,y_0)=0$,$f_y(x_0,y_0)=0$.

证 设函数 $z=f(x,y)$ 在点 (x_0,y_0) 处有极大值(极小值情形证明类似),则根据极大值定义,对于点 (x_0,y_0) 的邻域内任何异于 (x_0,y_0) 的点 (x,y),恒有不等式 $f(x,y)<f(x_0,y_0)$ 成立.特别地,在该邻域内取 $y=y_0$ 而 $x\neq x_0$ 的点也有 $f(x,y_0)<f(x_0,y_0)$ 成立.这表明一元函数 $f(x,y_0)$ 在 $x=x_0$ 处取得极大值.由一元函数极值存在的必要条件知,$f_x(x_0,y_0)=0$,类似地可证 $f_y(x_0,y_0)=0$.

由定理 1 知,具有偏导数的函数的极值点必为驻点,由例 3 知函数的驻点未必是极值点.

定理 2(充分条件)

如果函数 $z=f(x,y)$ 在点 (x_0,y_0) 的某一个邻域内有二阶连续偏导数,且 $f_x(x_0,y_0)=0$,$f_y(x_0,y_0)=0$,令

$$A=f_{xx}(x_0,y_0),\ B=f_{xy}(x_0,y_0),\ C=f_{yy}(x_0,y_0),$$

则 $f(x,y)$ 在 (x_0,y_0) 处是否取得极值的条件如下:

(1) $AC-B^2>0$ 时具有极值,且 $A<0$ 时有极大值;当 $A>0$ 时有极小值;

(2) $AC-B^2<0$ 时,没有极值;

(3) $AC-B^2=0$ 时,可能有极值,也可能没有极值,还需另做讨论.

由定理 1、定理 2 得

求具有二阶连续偏导数的函数 $z=f(x,y)$ 极值的步骤如下:

1. 求方程组 $\begin{cases} f_x(x,y)=0, \\ f_y(x,y)=0 \end{cases}$ 的一切实数解,得到所有驻点;

2. 求出二阶偏导数,$f_{xx}(x,y)$,$f_{xy}(x,y)$,$f_{yy}(x,y)$,并对每一驻点分别求出二阶偏导数的值 A、B 和 C;

3. 对每一个驻点 (x_0,y_0) 判断出 $AC-B^2$ 与 A 的符号,利用判别法给出结论.

例 5 求函数 $f(x,y)=x^3-y^3+3x^2+3y^2-9x$ 的极值.

解 由 $\begin{cases} f_x(x,y)=3x^2+6x-9=0 \\ f_y(x,y)=-3y^2+6y=0 \end{cases}$,解得驻点为 $(1,0)$、$(1,2)$、$(-3,0)$、$(-3,2)$.

二阶偏导数为 $f_{xx}(x,y)=6x+6$,$f_{xy}(x,y)=0$,$f_{yy}(x,y)=-6y+6$.

在点 $(1,0)$ 处,$AC-B^2=12\cdot6>0$,又 $A>0$,故函数在该点处有极小值 $f(1,0)=-5$;

在点 $(1,2)$ 处,$AC-B^2=12\cdot(-6)<0$,故 $(1,2)$ 不是极值点;

在点$(-3,0)$处,$AC-B^2=(-12)\cdot 6<0$,故$(-3,0)$不是极值点;

在点$(-3,2)$处,$AC-B^2=-12\cdot(-6)>0$,又$A<0$,故函数在该点处有极大值$f(-3,2)=31$.

讨论函数的极值问题时,如果函数在所讨论的区域内具有偏导数,则由定理2可知,极值只可能在驻点处取得.然而,如果函数在个别点处的偏导数不存在,这些点也可能是极值点,如例2.关于偏导数不存在点是否为极值点,应用定义讨论.

3.最大值和最小值

如果多元函数在有界闭区域D上连续,则在闭区域D上该函数一定取得最大值和最小值.显然这最大值和最小值既可能在区域内部取得,也可能在区域边界上取得.如果最大值和最小值在区域内部取得,那么最大值和最小值一定是极大值和极小值.因此求有界闭区域D上多元函数的最大值和最小值时,首先要求出函数在D内的驻点的函数值、一阶偏导数不存在的点的函数值及该函数在D的边界上的最大值和最小值,这些函数值中的最大者就是函数在D上的最大值,最小者就是最小值.但这种做法,由于要求出函数在D的边界上的最大值和最小值,所以往往相当复杂.在通常遇到的实际问题中,如果根据问题的性质,知道函数的最大值(最小值)一定在D的内部取得,而函数在D内只有一个驻点,那么可以肯定该驻点处的函数值就是函数在D上的最大值(最小值).

例6 求二元函数$z=f(x,y)=x^2y(4-x-y)$在直线$x+y=6$,x轴和y轴所围成的闭区域D上的最大值与最小值.

解 先求函数在D内的驻点,解方程组

$$\begin{cases} f_x(x,y)=2xy(4-x-y)-x^2y=0, \\ f_y(x,y)=x^2(4-x-y)-x^2y=0, \end{cases}$$

得唯一驻点$(2,1)$且$f(2,1)=4$.

在边界$x+y=6$上,即$y=6-x$,代入函数得

$$f(x,6-x)=x^2(6-x)(-2)=g(x),0\leqslant x\leqslant 6,$$

由 $g'(x)=-3x(8-2x)=0$,得 $x_1=0,x_2=4$,

则 $g(0)=0;g(4)=-64$ 以及端点函数值$g(6)=0$;

在边界x轴上 ,$y=0$,代入函数,函数值为0,同理在边界y轴上函数值为0,所以,函数闭区域D上的最大值为$f(2,1)=4$,最小值为$f(4,2)=-64$.

例7 某厂要用铁板做一个体积为常数$2m^3$的有盖的长方形水箱,问水箱各边的尺寸多大时,用料最省.

解 设水箱的长、宽、高分别为$x\,m,y\,m,z\,m$,于是体积为$2=xyz$,表面积为

$$A=2(xy+xz+yz),$$

将$z=\dfrac{2}{xy}$代入A的表达式中,得$A(x,y)=2\left(xy+\dfrac{2}{x}+\dfrac{2}{y}\right),(x>0,y>0)$.

这样,原问题转化为,当$x>0,y>0$时,求函数$A(x,y)$的最小值问题.即当表面积A最小时,所用的材料最省.

由 $\begin{cases} \dfrac{\partial A}{\partial x} = 2\left(y - \dfrac{2}{x^2}\right) = 0, \\ \dfrac{\partial A}{\partial y} = 2\left(x - \dfrac{2}{y^2}\right) = 0 \end{cases}$ 得 $\begin{cases} x = \sqrt[3]{2} \\ y = \sqrt[3]{2} \end{cases}$，即唯一驻点为 $(\sqrt[3]{2}, \sqrt[3]{2})$．

根据实际情况，函数 $A(x,y)$ 在 $D(x > 0, y > 0)$ 内一定有最小值，故唯一驻点 $(\sqrt[3]{2}, \sqrt[3]{2})$ 就是函数 $A(x,y)$ 在 D 内的最小值点，此时高为 $z = \dfrac{2}{xy} = \sqrt[3]{2}$．即水箱的长、宽、高都为 $\sqrt[3]{2}$ m（正立方体）时所用的材料最省．

二、条件极值　拉格朗日乘数法

在前面所讨论的极值问题中，对于函数的自变量，除了将自变量限制在定义域内，并无其他限制条件．这一类极值问题称为无条件极值．但在许多问题中，除了将自变量限制在定义域内，还对自变量有其他一些条件约束．这一类极值问题则称为条件极值．

例 8（成本函数）　某工厂生产两种型号的精密机床，其产量分别为 x,y 台，总成本函数为 $C(x,y) = x^2 + 2y^2 - xy$（单位：万元）．根据市场调查，这两种机床的需求量共 8 台．问应如何安排生产，才能使总成本最小？

分析　因为总成本函数中的自变量（即两种机床的生产量 x,y）受到市场需求 $x + y = 8$ 的限制，故该问题在数学上可描述为：在约束条件 $x + y = 8$ 的限制下求函数 $C(x,y) = x^2 + 2y^2 - xy$ 的极小值．即求函数 $C(x,y)$ 在条件 $x + y = 8$ 下的条件极值．

在本例中，由条件 $x + y = 8$ 解出 $y = 8 - x$，代入 $C(x,y)$，则条件极值问题可化为关于一元函数 $C(x,y) = x^2 + 2(8-x)^2 - x(8-x) = 4x^2 - 40x + 128$ 的无条件极值．

一般地，求函数 $z = f(x,y)$ 在约束条件 $\varphi(x,y) = 0$ 下的极值问题叫做**条件极值问题**．

对于简单的条件极值问题，可以把约束条件代入函数，化成无条件极值问题．对于比较复杂的条件极值问题，将条件极值化为无条件极值是很困难的，一般采用**拉格朗日乘数法**．

下面我们以二元函数为例，介绍求条件极值的拉格朗日乘数法．

设二元函数 $z = f(x,y)$ 和 $\varphi(x,y)$ 在所考虑的区域内有连续的一阶偏导数，且 $\varphi_x(x,y)$、$\varphi_y(x,y)$ 不同时为零，求函数 $z = f(x,y)$ 在约束条件 $\varphi(x,y) = 0$ 下的极值．

拉格朗日乘数法　找函数 $z = f(x,y)$ 在约束条件 $\varphi(x,y) = 0$ 下的可能极值点的步骤为（证明从略）：

（1）构造拉格朗日函数：$F(x,y) = f(x,y) + \lambda\varphi(x,y)$，其中 λ 叫做**拉格朗日乘数**．

（2）求出方程组

$$\begin{cases} F_x = f_x(x,y) + \lambda\varphi_x(x,y) = 0, \\ F_y = f_y(x,y) + \lambda\varphi_y(x,y) = 0, \\ \varphi(x,y) = 0. \end{cases}$$

的解 (x_0, y_0, λ_0)，则 (x_0, y_0) 为可能极值点．

此方程组的解 (x_0, y_0) 就是可能的极值点．最后还需要判断 (x_0, y_0) 是否为极值点．一般这类问题都可以通过问题的实际情况直接判断．

例9　设周长为 $2p$ 的矩形,绕它的一边旋转构成圆柱体,求矩形的边长各为多少时,圆柱体的体积最大.

解　设矩形的边长分别为 x 和 y,矩形绕边长为 y 的边旋转,得到的圆柱体的体积为

$$V = \pi x^2 y \quad (x > 0, y > 0),$$

约束条件是　　　　　　　　　　 $2x + 2y = 2p$,即 $x + y = p$,

故问题转化为求函数 $V = f(x, y) = \pi x^2 y$,在条件 $x + y - p = 0$ 下的最大值.

构造拉格朗日函数　　　　 $F(x, y) = \pi x^2 y + \lambda(x + y - p)$,

有

$$\begin{cases} F_x = 2\pi xy + \lambda = 0, \\ F_y = \pi x^2 + \lambda = 0, \\ x + y - p = 0. \end{cases}$$

解得　　　　　　　　　　　　　 $x = \dfrac{2}{3}p, y = \dfrac{p}{3}$.

由实际问题知道,所求的最大值一定存在.且在定义域内只有唯一的可能极值点,所以,函数的最大值必在 $\left(\dfrac{2}{3}p, \dfrac{p}{3}\right)$ 处取到. 即 矩形边长为 $x = \dfrac{2}{3}p, y = \dfrac{p}{3}$ 时,绕 y 边旋转所得的圆柱体的体积最大 $V_{\max} = \dfrac{4}{27}\pi p^3$.

思考与探究

1.已知函数 $z = f(x, y)$ 在点 (x_0, y_0) 的某一个邻域内有二阶连续偏导数,(x_0, y_0) 为该函数的驻点,且 $A = f_{xx}(x_0, y_0) > 0$,$C = f_{yy}(x_0, y_0) < 0$,则 $f(x, y)$ 在 (x_0, y_0) 处是否取得极值? 是极大值还是极小值?

2.归纳总结局部极值与整体最值的求解步骤,并思考局部极值与整体最值所隐含的辩证思想.

习题 9-7

1.求下列函数的驻点,判断是否为极值点(说明极大值点还是极小值点),并求极值.
(1) $z = x^2 + y^2$;　　　　　　　　　　(2) $z = x^3 + y^3 - 3(x^2 + y^2)$;
(3) $f(x, y) = 4(x - y) - x^2 - y^2$;　　　(4) $f(x, y) = e^{2x}(x + y^2 + 2y)$.

2.求函数 $z = xy$ 在条件 $x + y = 1$ 的极大值.

3.要造一个体积等于定数 k 的长方体无盖水池,应如何选择水池的尺寸,方可使它的表面积最小.

4.在平面 xOy 上求一点,使它到 $x = 0, y = 0, x + 2y - 16 = 0$ 三直线的距离平方之和为最小.

阅读与思考

征服黑暗的数学大师——欧拉

欧拉(Euler)不仅仅在数学各个领域都有巨大的贡献,而且在天文学、物理学、航海学、建筑学、地质学以至于医学、植物学、化学、哲学、伦理学、语言学等各门学科都留下足迹.历史学家把欧拉和阿基米德、牛顿、高斯并列为有史以来贡献最大的四位数学家.因为他们都有一个值得注意的共同点:在创建纯粹理论的同时,还应用这些数学工具去解决大量天文、物理、力学等方面的实际问题;他们的工作常常是跨学科的,他们不断地从实践摄取丰富的营养,但又不满足于具体问题的解决,而是力图探究宇宙的奥秘,揭示其内在的规律.

1707 年 4 月 15 日数学史上杰出的数学家欧拉诞生在瑞士第二名城巴塞尔的近郊.父亲保罗·欧拉是位牡师,但对数学情有独钟,是欧拉的启蒙数学教师.父亲与约翰和稚格尔两位数学教授交往甚密.于是,欧拉有机会听到有趣的数学故事和奇妙的数学游戏,使欧拉对神奇的数字组合兴趣大增.

1920 年,在约翰教授的保举下,13 岁的欧拉有幸进入巴赛尔大学少年班学习,从而奠定了欧拉驰骋数学王国的坚实基础.聪颖而勤奋的欧拉不满足课堂上的授课内容,总是利用周末时间,让约翰教授单独授课.在约翰个别指导和严格训练之下,年仅 17 岁的欧拉,以其在数学方面的卓越才能,成为巴赛尔城有史以来的最年轻的硕士生.欧拉从 18 岁起,开始将研究成果汇集成论文发表.每一次新作的出现,都在数学界引起不小的震动.特别是他发表在《数学论坛》上的论船桅的论文,荣获了巴黎科学院的奖金.望着这位初出茅庐的年轻人站在数学界最高的领奖台上,人们发出由衷的赞叹.欧拉并没有沉醉于祝捷的花海中,而是铭记恩师约翰"永远向前"的座右铭,向更高的目标奋进.1725 年,俄国建立了彼得堡科学院,在各国招聘科学家,26 岁的欧拉被委以重任,不仅成为著名的数学教授,而且成为俄科学院数学部有史以来最年轻的领导人.欧拉带领着数学精英们向更深的研究领域冲击的时候,也正是俄国统治集团内部的权力之争愈演愈烈之时.他们把大量的精力和经费都用在争权夺利上,使科学院的生存处于岌岌可危的境地.但欧拉和他的同事们一天也没有放弃科研工作.断粮,断水,断电的恶劣情况,仍没有动摇他们攀登高峰的信心,他们发表了大量高质量的论文,为俄国政府解决了很多科学难题.除此之外,欧拉还担负着大量的社会工作,如协助建筑单位进行设计结构的力学分析,为俄国学校编写教材,帮助政府测绘地图,为气象部门提供天文数据……为了制定一种定时系统,欧拉长期不停地观测太阳,导致了他视力的迅速衰退.1735 年,正值 28 岁的欧拉积劳成疾,右眼失明.58 岁时,他为了研究计算彗星执道的新方法,经过一连 3 天紧张的计算,招致眼疾恶化.白内障手术失败,使欧拉仅有的左眼亦失明,使他坠入伸手不见五指的黑暗之中.然而,失明的厄运没有使欧拉消沉."如果命运是块顽石,我就化作大铁捶,将它砸得粉碎!"这就是这位盲人数学家的钢铁誓言.1771 年彼得堡一场大火,席卷科学院,殃及欧拉的住宅.欧拉当时正在潜心计算,不知大火已逼近房门.千钧一发之际,仆人冒着生命危险从火海中救出这位 64 岁高龄的数学家.可他的藏书及部分研究成果都化为灰烬.然而天灾人祸都压不倒这位科学巨人.失去了光明的欧拉直到逝世为止,与黑暗整整搏斗了 17 年.他凭借超人的才智、渊博的知识、惊人的记忆力,用口授给子女记录的办法,从事着"前无古人,后无来者"的特殊科学研究活动.欧拉坚韧不拔的顽强意志令世人倾倒.天才的欧拉在失明的 17 年中,竟发表了专著多部、论文 400 多篇.这些几乎占了他一生著作的半数之多.

欧拉的成就最鲜明的特点是,他把数学研究的触角伸入到自然与社会的深层,他不仅是杰出的数学家,而且是理论联系实际的典范.他着眼实践,在社会与科学需要的推动下从事数学研究;反过来又用数学理论促进多门自然科学的发展.欧拉之所以业绩宏伟,当代瑞士科学院的欧拉问题研究专家埃米尔·费尔归纳出三点:"首先是他惊人的记忆力","第二,聚精会神的能力也极为少见.周围的嘈杂和吵闹从不会影响他的思维","欧拉的第三个秘诀就是镇静自若,孜孜不倦".欧拉身为世界上第一流的学者、教授,肩负着解决艰深高难课题的重任,却热心于数学教育的普及工作.他发表了大量科普文章,还编写了大量中小学教科书.

除了自身在科学界卓越的成就外,欧拉还十分重视人才,培养提携后生,这更是为人称道.法国数学家拉格朗日 19 岁开始,就和当时 48 岁的数学大师欧拉通信,讨论"等周问题"等世界性高难课题.为了解答拉格朗日的难点,欧拉依幸一只眼睛,查阅了各大图书馆的有关资料,按部就班地为拉格朗日一一作答.拉格朗日得到欧拉的精心指教,茅塞顿开,他的科研课题有了突破性进展,获得了举世瞩目的成就.欧拉压下了自己同类课题的论文,使拉格朗日的论文得以发表.这在当时世界数学界独树一帜.此后,当欧拉第二次返回彼得堡时,他推荐拉格朗日继任他的柏林科学院物理数学所所长的职位.欧拉一生四海为家,生于瑞士,在俄国工作 31 年,在德国工作 26 年,骨灰安葬在俄国.这三国都把欧拉引为本国的骄傲与荣耀.

欧拉把一生的智慧奉献给了科学和人类,他为数学与科学作出了巨大贡献,尤其他识才育人、荐贤举能、品德高尚、更是为后人所敬仰."学习欧拉吧,他是我们所有人的老师"这是有着"法兰西的牛顿"之誉的拉普拉斯的由衷赞叹."数学王子"高斯也曾经说过,"对于欧拉工作的研究,是科学中不同领域的最好学校,没有任何别的可以代替".

思考

征服黑暗的数学大师——欧拉,秉承"永远向前"的座右铭,在失去了自然界的光明的时候,他用超凡的顽强毅力又重新点燃了精神世界的灯塔,继续从事着"前无古人,后无来者"的科研活动,创造出科学界的奇迹.欧拉的伟大业绩和高贵品质深深地感动着我们.你学习了欧拉的事迹感悟到了什么精神?

本章学习指导

一、基本知识与思想方法框架结构图

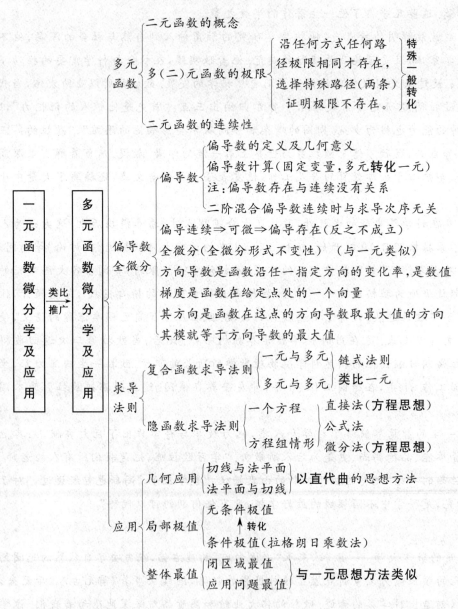

二、思想方法小结

类比的思想方法简介

类比推理方法是以比较为基础的一种科学研究方法. 通过对两个或两类研究对象进行比较,找出它们之间的相同点或相似点,并以此为依据,把对某一个或某一类对象的有关知识和结论,迁移到另一个或另一类对象(人们要研究的对象)上去,从而推论出它们的其他属性或规律也可能相同或相似的结论;或者由两个对象的规律相似,而推论出它们的属性相同或相似的结论.这种逻辑推理方法和科学研究方法,叫做类比推理方法.类比推理方法在科学研究中具有重要作用.类比推理方法可以为模拟实验提供逻辑基础;类比推理方法有助于提出科学假说;有助于启发技术发明灵感;有助于推进不同科学领域研究方法的移植或渗透.比如春秋时代的鲁班在林中砍柴时被齿形茅草割破了手,由此启发发明了锯子.瓦特从观察水蒸汽冲力顶起水壶盖的现象想到制造蒸汽机;莱特兄弟从观察蜻蜓飞行中得到启示,第一个制造出直行飞机模型;库仑在万有引力的基础上,通过类比,得出库仑定律.美国发明家富兰克林通过把天空中的闪电和地面上的电流做类比发明避雷针.英国物理学家开普勒感叹说:"我珍视类比胜于任何别的东西,它是我最可信赖的老师,它能揭示自然界的秘密."康德曾说:"每当理智缺乏可靠论证的思路时,类比这个方法往往能指引我们前进."伟大的数学教育家波利亚说"类比是伟大的引路人".可见,类比思想在知识的创新过程中,起着多么重要的作用.通过类比,可以创造新的命题,它是创造性思维的源泉之一.

　　类比的思想方法也是学习数学的重要思想方法,类比是人们在学习数学的过程中从旧知识到新知识、从简单到复杂、从一元到多元、从低次到高次,从有限到无限、从低维到高维的必经之路.类比思想不仅可以在比较中把以前学过的旧知识和思考问题的方法迁移到要学习的新知识当中去,还可以顺理成章、水到渠成地得到相应的一些结论,有利于深入地理解和把握所学新知识的内涵,没有突兀感,由此可见类比也是一种重要的学习方法.在高等数学的学习中善于运用类比的思想方法,有助于温习旧知识、准确理解新知识、拓宽思维的思路、强化自身的分析能力、提高思维能力、发展知识迁移的能力,同时体验到数学的智慧与数学相似美所带来的巨大魅力.数学类比推理可分为思想类比、方法类比、简单类比、复杂类比、概念类比、性质类比、过程性类比、结果类比、结构类比、关系类比、降维类比、简化类比、有限类比、横向类比、纵向类比等等.特别强调的是在类比的过程中不仅注意两者的内在联系也要注意两者质的区别.

　　高等数学下册的主要内容是多元微积分,是上册一元微积分的推广与延伸,两者的思想方法与知识体系非常类似,但有些知识内涵又有本质的区别,由于变量与维数增加,相比上册而言下册的知识难度增加了很多.在第八章的学习中已经初步体会到从平面到空间的类比方法.在下册多元微积分的学习过程中,仍然要有意识地应用类比的方法进行学习,时时处处与上册一元微积分相对应的知识系统及思想方法进行类比与联想,既可以深化对一元微积分的理解,又可以从一元自然过度到多元,降低学习难度.以下利用列表与图表的形式对多元微分学与一元微分学的概念、性质、关系、算法等方面进行了多角度的详尽类比,可以深化对多元微分学的理解,同时提升运用类比思想方法的主动意识,在学习多元积分学中就可以更自觉地运用类比的思想方法进行学习,从而提高学习效率与学习质量,提高思维水平,突破多元积分学这个学习的难点.

　　1.一元函数与多元函数对应概念类比

　　通过列表对一元函数与多元函数几个重要概念的类比,既要分析两者内在的联系,又要比较两者的本质区别,既体验到数学的统一性及相似美,又注意到各自的特殊性及个性美.

		一元函数 $y = f(x)$	多元函数(二元为例)$z = f(x,y)$
极限	符号语言	$\lim\limits_{x \to x_0} f(x) = A$	$\lim\limits_{\substack{x \to x_0 \\ y \to y_0}} f(x,y) = A$
	统一性	\multicolumn{2}{c}{$\lim\limits_{P \to P_0} f(p) = A$}
	特殊性	$P \to P_0$ 数轴上左右两个方向	$P \to P_0$ 平面上任意方向任意路径
	关系	\multicolumn{2}{c}{$\lim\limits_{\substack{x \to x_0 \\ y \to y_0}} f(x,y) = A$ 通过换元、恒等变形等方法转化为一元极限}
连续	符号语言	$\lim\limits_{x \to x_0} f(x) = f(x_0)$	$\lim\limits_{\substack{x \to x_0 \\ y \to y_0}} f(x,y) = f(x_0,y_0)$
	统一性	\multicolumn{2}{c}{$\lim\limits_{P \to P_0} f(x) = f(P_0)$ 初等函数在定义区域(区间)连续 连续 ⇨ 极限存在(反之不成立)}
导数 偏导数	符号语言	$\dfrac{\mathrm{d}f}{\mathrm{d}x} = \lim\limits_{\Delta x \to 0} \dfrac{f(x+\Delta x) - f(x)}{\Delta x}$	$\dfrac{\partial z}{\partial x} = \lim\limits_{\Delta x \to 0} \dfrac{f(x+\Delta x, y) - f(x,y)}{\Delta x}$
	几何意义	$f'(x)$ 表示曲线在 $[x_0, f(x_0)]$ 点的切线斜率	$\dfrac{\partial z}{\partial x}\bigg|_{\substack{x=x_0 \\ y=y_0}}$ 表示 $z = f(x,y)$ 与 $y = y_0$ 的交线上的切线对 x 轴的斜率
	统一性	\multicolumn{2}{c}{均为增量比值的极限,求导运算的运算性质类似}
	特殊性	可导 ⇒ 连续,反之不成立	偏导数存在与连续无必然关系
微分	符号语言	函数 $y = f(x)$ 在 x_0 点可微 $\Leftrightarrow \Delta y = A\Delta x + o(\rho)$, 其中 $\rho = |\Delta x|$	函数 $z = f(x,y)$ 在 (x_0,y_0) 处可微 $\Leftrightarrow \Delta z = A\Delta x + B\Delta y + o(\rho)$, 其中 $\rho = \sqrt{(\Delta x)^2 + (\Delta y)^2}$
	公式	$\mathrm{d}y = f'(x)\mathrm{d}x$	$\mathrm{d}z = f_x(x,y)\mathrm{d}x + f_y(x,y)\mathrm{d}y$
	统一性	微分形式不变性 $\mathrm{d}y = f'(u)\mathrm{d}u$	微分形式不变性 $\mathrm{d}z = \dfrac{\partial z}{\partial u}\mathrm{d}u + \dfrac{\partial z}{\partial v}\mathrm{d}v$
	思想	\multicolumn{2}{c}{函数局部线性化}
		以切线代曲线	以切平面代曲面
	特殊性	可微 ⇔ 可导 可微 ⇨ 连续(反之不成立)	偏导数连续 ⇨ 可微 ⇨ 偏导数存在 可微 ⇨ 连续(反之不成立)

2.一元函数与多元函数算法的类比

		一元函数	多元函数(以二元为例)
导数或偏导数	符号语言	求导的四则运算法则由导数定义与极限性质论证得到 $f'(x_0) = f'(x)\|_{x=x_0}$ 分段函数分段点处用定义计算	求偏导数就是固定一个变量,转化为一元函数的求导问题,求导法则类似一元的情形 $f_x(x_0,y_0) = f_x(x,y_0)\|_{x=x_0} = f_x(x,y)\|_{(x_0,y_0)}$ 分段函数分段点处用定义计算
全微分	符号语言	1.微分法则有相应导数法则得到 2.微分形式不变性 $\mathrm{d}y = f'(u)\mathrm{d}u$	1.微分法则与一元微分法则类似 2.全微分形式不变性 $\mathrm{d}z = \dfrac{\partial z}{\partial u}\mathrm{d}u + \dfrac{\partial z}{\partial v}\mathrm{d}v$
复合函数导数	符号语言	链式法则　例如 $\dfrac{\mathrm{d}y}{\mathrm{d}x} = \dfrac{\mathrm{d}y}{\mathrm{d}u} \cdot \dfrac{\mathrm{d}u}{\mathrm{d}x}$ $\dfrac{\mathrm{d}y}{\mathrm{d}x} = \dfrac{\mathrm{d}y}{\mathrm{d}u} \cdot \dfrac{\mathrm{d}u}{\mathrm{d}v} \cdot \dfrac{\mathrm{d}v}{\mathrm{d}x}$	链式法则　例如 $z = f(u,v), u = \varphi(x,y), v = \psi(x,y)$ $\dfrac{\partial z}{\partial x} = \dfrac{\partial z}{\partial u} \cdot \dfrac{\partial u}{\partial x} + \dfrac{\partial z}{\partial v} \cdot \dfrac{\partial v}{\partial x}$
	口诀	复合求导并不难,变量之间树枝连,顺着树枝来求导,单枝用d,多枝用∂ 同一树枝用乘法,不同树枝用加法(分段用乘,分叉用加,单路全导,叉路偏导)	
隐函数求导	符号语言	1.直接法(方程思想) 方程 $F(x,y) = 0$ 两边同时求导,转化为以 y' 为未知量的方程问题 2.微分法(方程思想)	1.直接法(方程思想) 方程或方程组两边同时求导,转化为以偏导数为未知量的方程或方程组问题 2.微分法(方程思想) 3.公式解(方程的思想方法推导出公式)
极值与最值求法	极值	第一步:利用必要条件在定义域内找驻点 第二步:利用充分条件判别驻点是否为极值点	1.无条件极值问题 ① 利用必要条件在定义域内找驻点 ② 利用充分条件判别驻点是否为极值点 2.条件极值问题 ① 代入法转化为无条件极值问题 ② 构造拉格朗日函数,转化为无条件极值问题
	最值	1.求闭区间或闭区域最值 ① 求驻点的函数值与边界上的最大值、最小值 ② 比较大小:最大者为最大值,最小者为最小值 2.实际应用题求最值 ① 写出目标函数 $z = f(x,y)$,确定定义域 D (及约束条件) ② 比较驻点函数值及边界点函数值(或边界的最值)的大小,根据实际意义确定最值.实际问题中常常遇到的是函数在 D 内有唯一驻点,则可确定该驻点处的函数值就是函数 $f(x,y)$ 在 D 上的最大值(最小值)	

3.多元微分学内涵的数学思想方法与哲学观点的类比(以二元函数为例横向类比)

数学思想方法与哲学观点	例子
极限思想方法,体现了矛盾双方对立统一的辩证观点	一元函数导数与多元函数偏导数都是归结为一个比值的极限,体现了量变与质变、有限与无限、精确与近似等矛盾双方对立统一的辩证观点
事物多样性与统一性、量变与质变的辩证观点	二元函数极限、连续、偏导数的概念在符号语言及形式上的统一性、计算思路方法的相似性,体现了数学的统一性及相似美,但由于变元的增多,多元与一元又有着本质的区别.学习中要善于运用多样性与统一性、量的积累会发生质变等哲学观点去分析问题与解决问题
转化的思想方法,在极限、导数、极值与最值等问题的计算中由一般转化为特殊,由多元转化为一元,由条件极值转化为无条件极值,由整体转化为局部,可以化繁为简,化难为易,体现了对立统一的哲学观点	1. $\lim\limits_{\substack{x\to 0 \\ y\to 0}}(x^2+y^2)\sin\dfrac{1}{x^2+y^2}$ 设 $u=x^2+y^2$ 则二元转化为一元函数极限 2.用两条路径法证二重极限不存在,即一般转化为特殊的思想方法 3.偏导数求导,固定一个变量则转化为一元求导
相对性与绝对性之间对立统一及否定之否定哲学观点	1.求 $f_x(x_0,y_0)$ 即求一元函数 $z=f(x,y_0),x=x_0$ 处导数,变量是绝对的,求偏导数固定一个为常量是相对的 2.求偏导 $f_x(x,y)$,经历了"变量-常量-变量"否定之否定的过程
微分思想方法即局部线性化的思想方法,体现了直与曲的辩证关系	曲线局部以切线代曲线,曲面局部以切平面代曲面
方程思想	隐函数求导,对方程两边微分(或求导)转化为方程求解问题
事物普遍联系和发展的观点及量变与质变的哲学观点	一元与多元的密切联系,二元各类概念的密切联系均体现了事物普遍联系和发展的观点,但二元的一些结论发生质变,比如二元偏导数存在与连续没有任何关系,这与一元结论不同,学习中特别注意善于类比,区别异同

4. 一元函数与二元函数方向导数知识类比

	一元函数	二元函数
方向导数	一元函数方向导数就是左导数及右导数 沿轴正方向 x 的方向导数即右导数 沿 x 轴负方向的方向导数即左导数	$\dfrac{\partial z}{\partial l} = \lim\limits_{\rho \to 0} \dfrac{f(x + \Delta x, y + \Delta y) - f(x, y)}{\rho}$. 其中 $\rho = \sqrt{(\Delta x)^2 + (\Delta y)^2}$ l 方向可以是任意的 l 为 x 轴正方向时,$\dfrac{\partial z}{\partial l} = \dfrac{\partial z}{\partial x}$ l 为 y 轴正方向时,$\dfrac{\partial z}{\partial l} = \dfrac{\partial z}{\partial y}$
	导数存在 $\Leftrightarrow$ 左导数、右导数存在且 相等	偏导数 $\dfrac{\partial z}{\partial x}$ 存在 $\Rightarrow$ 沿 x 轴正方向、负方向的方向导数 存在,反之不成立

如果函数 $z = f(x, y)$ 在点 $P(x, y)$ 是可微,则函数在该点沿任一方向 l 的方向导数都存在
$\dfrac{\partial f}{\partial l} = \dfrac{\partial f}{\partial x} \cos\alpha + \dfrac{\partial f}{\partial y} \cos\beta$,其中 $\cos\alpha$,$\cos\beta$ 为 l 的方向余弦

梯度	梯度的方向与方向导数取得最大值的方向一致 梯度的模就是方向导数的最大值

5. 多元函数各类导数的关系类比

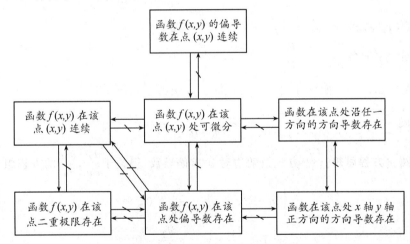

三、典型题型思路方法指导

例 1 已知 $f(x, y) = e^{\sqrt{x^2 + y^2}}$,讨论函数在 $O(0, 0)$ 的偏导数.

解题思路:类比第二节例 6(连续,但偏导数不存在)应用偏导数的定义计算

$$f_x(0, 0) = \lim_{\Delta x \to 0} \frac{f(\Delta x, 0) - f(0, 0)}{\Delta x} = \lim_{\Delta x \to 0} \frac{e^{|\Delta x|} - 1}{\Delta x} = \lim_{\Delta x \to 0} \frac{|\Delta x|}{\Delta x} \ \text{不存在},$$

所以 $f_x(0, 0)$ 不存在,同理 $f_y(0, 0)$ 不存在.

例2 设 $z = \mathrm{e}^{-x} \sin \dfrac{x}{y}$，求 $\dfrac{\partial^2 z}{\partial x \partial y}$ 在 $\left(2, \dfrac{1}{\pi}\right)$ 点处的值. (答案 $\pi^2 \mathrm{e}^{-2}$)

解题思路: 先求一阶导数 $\dfrac{\partial z}{\partial x}$，再求 $\dfrac{\partial^2 z}{\partial x \partial y} = \dfrac{\partial}{\partial y}\left(\dfrac{\partial z}{\partial x}\right)$，代入点 $\left(2, \dfrac{1}{\pi}\right)$ 解得.

例3 设 $z = xf\left(x, \dfrac{y}{x}\right)$，$f$ 具有一阶连续偏导数，求 $\dfrac{\partial z}{\partial x}, \dfrac{\partial z}{\partial y}$.

解题思路: 由乘法求导法则以及复合函数链式法则计算

$$\frac{\partial z}{\partial x} = f\left(x, \frac{y}{x}\right) + x\left[f_1' + f_2'\left(-\frac{y}{x^2}\right)\right] = f\left(x, \frac{y}{x}\right) + xf_1' - \frac{y}{x}f_2',$$

$$\frac{\partial z}{\partial y} = xf_2'\frac{1}{x} = f_2'.$$

例4 已知 $\sin(x + 2y + 3z) = x + 2y + 3z$，证明 $\dfrac{\partial z}{\partial x} + \dfrac{\partial z}{\partial y} = -1$.

解题思路: (公式法) 令 $F(x, y, z) = \sin(x + 2y + 3z) - (x + 2y + 3z)$，

计算 $\dfrac{\partial z}{\partial x} = -\dfrac{F_x}{F_z}, \dfrac{\partial z}{\partial y} = -\dfrac{F_y}{F_z}$，验证得到 $\dfrac{\partial z}{\partial x} + \dfrac{\partial z}{\partial y} = -1$.

例5 设函数 $z = z(x, y)$ 由 $xyz + \sqrt{x^2 + y^2 + z^2} = \sqrt{2}$ 确定，求在点 $(1, 0, -1)$ 的全微分.

解题思路: (公式法)(1) 写出全微分公式 $\mathrm{d}z = \dfrac{\partial z}{\partial x}\mathrm{d}x + \dfrac{\partial z}{\partial y}\mathrm{d}y$，

(2) 设 $F(x, y, z) = xyz + \sqrt{x^2 + y^2 + z^2} - \sqrt{2}$，

由隐函数公式计算 $\dfrac{\partial z}{\partial x} = -\dfrac{F_x}{F_z}, \quad \dfrac{\partial z}{\partial y} = -\dfrac{F_y}{F_z}$.

(3) 代入 $(1, 0, -1)$ 得 $\mathrm{d}z \big|_{(1,0,-1)} = \mathrm{d}x - \sqrt{2}\,\mathrm{d}y$.

例6 设 $\begin{cases} u^2 + v^2 - x^2 - y = 0, \\ -u + v - xy + 1 = 0, \end{cases}$ 求 $\dfrac{\partial x}{\partial u}, \dfrac{\partial y}{\partial u}$.

解题思路: (方程思想)(1) 方程组两边对 u 求偏导数，得关于 $\dfrac{\partial x}{\partial u}, \dfrac{\partial y}{\partial u}$ 的方程组

$$\begin{cases} 2u - 2x \cdot \dfrac{\partial x}{\partial u} - \dfrac{\partial y}{\partial u} = 0, \\ -1 - \dfrac{\partial x}{\partial u} \cdot y - x\dfrac{\partial y}{\partial u} = 0. \end{cases}$$

(2) 解得 $\dfrac{\partial x}{\partial u} = \dfrac{2xu + 1}{2x^2 - y}, \dfrac{\partial y}{\partial u} = -\dfrac{2x + 2yu}{2x^2 - y}$.

例7 求曲线 $y^2 = 2x, z^2 = 2 - x$ 在点 $M(1, \sqrt{2}, 1)$ 的切线与法平面方程.

解题思路1: (1) 取 x 为参数，曲线方程为 $x = x, y = \varphi(x), z = \psi(x)$.

切向量为 $\mathbf{s} = \left(1, y'(x_0), z'(x_0)\right) = \left(1, \dfrac{\sqrt{2}}{2}, -\dfrac{1}{2}\right)$，取 $\mathbf{s} = (2, \sqrt{2}, -1)$，

(2) 切线方程 $\dfrac{x - 1}{2} = \dfrac{y - \sqrt{2}}{\sqrt{2}} = \dfrac{z - 1}{-1}$，

(3) 法平面方程 $2x + \sqrt{2}y - z - 3 = 0$.

例 8 证明：曲面 $2x - 6z + 3y^2 - 12yz + 12z^2 = 0$ 上任意一点处的切平面与直线 $\dfrac{x}{3} = \dfrac{y}{2} = z$ 平行.

证明思路：只需证明切平面的法向量 n 与直线的方向向量 s 垂直，即 $n \cdot s = 0$

解题步骤：(1) 构造函数 $F(x, y, z) = 2x - 6z + 3y^2 - 12yz + 12z^2$,

(2) 法向量 $n = (F_x, F_y, F_z)$, $s = (3, 2, 1)$

(3) 验证 $n \cdot s = 0$.

例 9 求函数 $f(x, y) = e^{2x}(x + y^2 + 2y)$ 的极值.

解题思路：(1) 解方程组 $\begin{cases} f_x(x_0, y_0) = 0 \\ f_y(x_0, y_0) = 0 \end{cases}$，求出 $z = f(x, y)$ 的驻点 $\left(\dfrac{1}{2}, -1\right)$,

(2) 在驻点 $\left(\dfrac{1}{2}, -1\right)$ 处有 $A = 2e > 0, B = 0, C = 2e > 0, AC - B^2 > 0$,

所以函数在 $\left(\dfrac{1}{2}, -1\right)$ 处有极小值 $z\left(\dfrac{1}{2}, -1\right) = -\dfrac{e}{2}$.

例 10 求表面积为 a^2 而体积为最大的长方体的体积.（答案 $\dfrac{\sqrt{6}}{36}a^3$）

解题思路：(1) 写出目标函数及约束条件.

设长方体的长、宽、高分别为 x, y, z，目标函数 $V = xyz (x > 0, y > 0, z > 0)$，约束条件为

$$2(xy + yz + xz) = a^2.$$

(2) 构造拉格朗日函数 $L(x, y, z) = xyz + \lambda(2xy + 2yz + 2xz - a^2)$，由拉格朗日乘数法求出目标函数的最大值.

总 习 题 九

一、填空题

1. 函数 $f(x, y)$ 在点 (x, y) 可微分是函数 $f(x, y)$ 在该点连续的 _____ 条件，函数 $f(x, y)$ 在点 (x, y) 连续是函数 $f(x, y)$ 在该点可微分的 _____ 条件；

2. $z = f(x, y)$ 在点 (x, y) 的偏导数 $\dfrac{\partial z}{\partial x}$ 及 $\dfrac{\partial z}{\partial y}$ 存在是 $f(x, y)$ 在该点可微分的 _____ 条件，函数 $f(x, y)$ 在点 (x, y) 可微分是 $z = f(x, y)$ 在该点的偏导数 $\dfrac{\partial z}{\partial x}$ 及 $\dfrac{\partial z}{\partial y}$ 存在的 _____ 条件，$z = f(x, y)$ 在点 (x, y) 的偏导数 $\dfrac{\partial z}{\partial x}$ 及 $\dfrac{\partial z}{\partial y}$ 存在且连续是 $f(x, y)$ 在该点可微分的 _____ 条件；

3. 设 $z = e^{x-2y}, x = \sin t, y = t^3$，则 $\dfrac{dz}{dt} = $ _____；

4. 设 $f(x,y) = xy + \dfrac{x}{y}$，则 $df \big|_{(1,2)} = $ _____；

5. 设函数 $u = f(t,x,y)$，而 $x = \varphi(s,t), y = \psi(s,t)$ 均有一阶连续偏导数，则 $\dfrac{\partial u}{\partial t} = $

_____；

6. $f(x,y) = \dfrac{x-y}{x+y}, f_{xy}(x,y) = $ _____；

7. 设 $f(x,y) = xy e^x + (y-1)\arcsin\sqrt{\dfrac{x}{y}}$，则 $f_x(x,1) = $ _____；

8. $f(x-z, y-z) = 0$，其中 $f(u,v)$ 可微，则 $\dfrac{\partial z}{\partial x} + \dfrac{\partial z}{\partial y} = $ _____；

9. 若 $u = \left(\dfrac{x}{y}\right)^z$，则 $du \big|_{(1,1,1)} = $ _____；

10. 设函数 $f(x,y) = x^2 + 2y^2 + xy$，则在 $\mathbf{grad} f(1,2) = $ _____.

二、选择题

1 给定函数 $z_1 = \sqrt{x^2 - 2xy + y^2}$ 和 $z_2 = x - y$，则有（   ）.

(A) z_1 和 z_2 是相同的函数　　　　　　(B) 当 $x \geqslant y$ 时 z_1 和 z_2 相同

(C) 当 $x \leqslant y$ 时 z_1 和 z_2 相同　　　　(D) z_1 和 z_2 是完全不同的函数

2. 设 $f(x+y, x-y) = \dfrac{x^2 - y^2}{2xy}$，则 $f(x,y) = $（   ）.

(A) $\dfrac{2xy}{x^2 - y^2}$ 　　　(B) $\dfrac{xy}{x^2 - y^2}$ 　　　(C) $\dfrac{4xy}{x^2 - y^2}$ 　　　(D) $\dfrac{xy}{2(x^2 - y^2)}$

3. 函数 $z = \dfrac{1}{\ln(1 - x^2 - y^2)}$ 的定义域为（   ）.

(A) $\{(x,y) \mid 0 \leqslant x^2 + y^2 \leqslant 1\}$ 　　　　(B) $\{(x,y) \mid x^2 + y^2 \leqslant 1\}$

(C) $\{(x,y) \mid 0 < x^2 + y^2 \leqslant 1\}$ 　　　　(D) $\{(x,y) \mid 0 < x^2 + y^2 < 1\}$.

4. $\displaystyle\lim_{\substack{x \to 0 \\ y \to 0}} \dfrac{2 - \sqrt{4 - xy}}{xy}$（   ）.

(A) $-\dfrac{1}{4}$ 　　　(B) $\dfrac{1}{2}$ 　　　(C) $\dfrac{1}{4}$ 　　　(D) $-\dfrac{1}{2}$

5. 已知 $z = e^{\frac{y}{x}}$，则 $dz \big|_{(1,0)} = $（   ）.

(A) dx 　　　(B) dy 　　　(C) $e\,dx$ 　　　(D) $e\,dy$

6. $f(x,y) = \begin{cases} \dfrac{xy}{x^2 + y^2}, & x^2 + y^2 \neq 0 \\ 0, & x^2 + y^2 = 0 \end{cases}$，则在 $(0,0)$ 处不成立的是（   ）.

(A) $f_x(0,0)$ 存在，　　(B) $f_y(0,0)$ 存在　　(C) 不连续　　(D) 连续

7. 设 $z = \arctan[\cos(y - x)]$，则 $\dfrac{\partial z}{\partial x} = (\quad)$.

(A) $\dfrac{\sin(y - x)\sec^2(\cos(y - x))}{1 + \cos^2(y - x)}$

(B) $\dfrac{-\sin(y - x)\sec^2[\cos(y - x)]}{1 + \cos^2(y - x)}$

(C) $\dfrac{-1}{1 + \cos^2(y - x)}$

(D) $\dfrac{\sin(y - x)}{1 + \cos^2(y - x)}$

8. 设函数 $f(x, y) = \ln\left(x + \dfrac{y}{2x}\right)$，则 $f_y(1, 0) = (\quad)$.

(A) 1　　　　　　(B) $\dfrac{1}{2}$　　　　　　(C) 2　　　　　　(D) 0

9. 设 $f(x, y) = \dfrac{1}{2}(x^2 + y^2)$，在 $M_0(1, 1)$ 处最大的方向导数为 $(\quad)$.

(A) $\sqrt{2}$　　　　(B) $2\sqrt{2}$　　　　(C) $-\sqrt{2}$　　　　(D) $-2\sqrt{2}$

10. 函数 $z = 3(x + y) - x^3 - y^3$ 的极值点是 $(\quad)$.

(A) $(1, 2)$　　　(B) $(-1, 2)$　　　(C) $(-1, -1)$　　　(D) $(1, -2)$

三、计算题

1. 求函数 $z = x^y$ 的一阶和二阶导数.

2. 求函数 $z = \dfrac{xy}{x^2 - y^2}$ 当 $x = 2, y = 1, \Delta x = 0.01, \Delta y = 0.03$ 时的全增量与全微分.

3. 设 $f(x, y) = (x^2 + y^2)\mathrm{e}^{-\arctan\frac{y}{x}}$，求 $\mathrm{d}z$.

4. 设 $u = f(x^2 + y^2 + z^2)$，其中 f 具有一阶连续偏导数，求 $\dfrac{\partial u}{\partial x}, \dfrac{\partial u}{\partial y}$.

5. 设 $z = f\left(\ln x + \dfrac{1}{y}\right)$，其中 $f(u)$ 可导，求 $x\,\dfrac{\partial z}{\partial x} + y^2\,\dfrac{\partial z}{\partial y}$.

6. 设 $z = f(u, x, y), u = x\mathrm{e}^y$，其中 f 具有一阶连续偏导数，求 $\dfrac{\partial^2 z}{\partial x \partial y}$.

7. 设函数 $z = f(x, y)$ 由方程 $x^2 + y^2 + z^2 - 2x + 2y - 4z - 10 = 0$ 确定，求函数 $z = f(x, y)$ 的极值.

8. 求 $z = y + \ln \dfrac{x}{y}$ 在 $M(1, 1, 1)$ 点的切平面与法线方程.

9. 将正常数 a 分解为三个正数之和，使该三数倒数之和最小.

10. 从斜边之长为 l 的一切直角三角形中，求有最大周长的三角形.

四、证明题

1. 设 $z = f[x + \varphi(y)]$，其中 $f(x), \varphi(y)$ 具有连续的二阶导数，证明：

$$\frac{\partial z}{\partial x} \cdot \frac{\partial^2 z}{\partial x \partial y} = \frac{\partial z}{\partial y} \cdot \frac{\partial^2 z}{\partial x^2}.$$

2. 设 $xy + yz + zx = 1$，证明 $(x + y)^2\left(\dfrac{\partial^2 z}{\partial y^2} - \dfrac{\partial^2 z}{\partial x^2}\right) = 2(x - y)$.

第十章 多元函数积分学

新的数学方法和概念,常常比解决数学问题本身更重要.

——华罗庚

数学方法渗透并支配着一切自然科学的理论分支.它愈来愈成为衡量科学成就的主要标志了.

——冯纽曼

概述 本章是多元函数积分学的内容.我们在解决曲边梯形的面积、变速直线的路程、变力做功、非均匀直线段几何体的质量等实际问题中建立了定积分概念,定积分概念的建立过程完整地体现了"分割"、"近似"、"求和"、"取极限"的积分思想.一元定积分的应用问题就是求与定义在某区间上的函数有关的某种总量的数学模型,其建模思想就是"微元法"思想.本章将运用一元函数积分学的积分思想,在解决曲顶柱体的体积、非均匀平面薄片及立体的质量等问题中建立多元函数积分的概念.多元函数积分就是把被积函数从一元函数推广到多元函数,把积分范围从数轴上的某个区间,推广到平面或空间中的区域、曲线及曲面的情形.多元函数的重积分、线积分及面积分的性质与定积分完全类似.多元积分的计算问题就是转化为多次定积分的计算问题.多元积分的应用问题就是求与定义在某一范围上的函数有关的某种总量的数学模型,其建模思想依然是"微元法"思想.多元函数积分学是一元函数积分学的推广与延伸,因此我们依然要强调在类比的过程中进行学习,由旧知识理解新知识,达到学习正迁移和知识系统化的目的,并特别注意两者之间密切的联系与区别.本章的重点是研究如何把多元积分的问题转化为多次定积分的问题.本章将介绍重积分(包括二重积分和三重积分)、曲线积分及曲面积分的概念、性质、计算方法以及在几何学与物理学中的一些应用.

第一节 二重积分的概念和性质

二重积分的概念   二重积分的几何意义   二重积分的性质

一、二重积分的概念

1.引例

引例1 平面薄板的质量问题

已知平面薄板 D 的面密度 $\mu=\mu(x,y)$,$\mu(x,y)>0$ 且在 D 上连续,求 D 的质量 m(如图10-1所示).

解 应用定积分的积分思想方法解决.

(1)分割:把 D 任意分割成 n 个小块:$\Delta\sigma_1,\Delta\sigma_2,\cdots,\Delta\sigma_n$,其中 $\Delta\sigma_i$ 表示第 i 块薄板,也表示

第 i 块薄板的面积，Δm_i 表示 $\Delta\sigma_i$ 小块的质量（$i=1,2,\cdots,n$）.

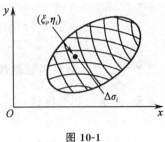

（2）近似：设 λ_i 表示 $\Delta\sigma_i$ 的直径（$\Delta\sigma_i$ 中任意两点间的距离的最大值），则当 λ_i 很小时，这些小块就可以近似地看做均匀薄片，任取一点 $(\xi_i,\eta_i)\in\Delta\sigma_i$，则 $\Delta\sigma_i$ 质量的近似值为，

$$\Delta m_i \approx \mu(\xi_i,\eta_i)\Delta\sigma_i.$$

（3）求和：所求的质量 m 的近似值为

$$m \approx \sum_{i=1}^{n}\mu(\xi_i,\eta_i)\Delta\sigma_i.$$

图 10-1

（4）取极限：令 $\lambda=\max\{\lambda_1,\lambda_2,\cdots,\lambda_n\}$，则 $m=\lim\limits_{\lambda\to0}\sum\limits_{i=1}^{n}\mu(\xi_i,\eta_i)\Delta\sigma_i.$

引例 2　曲顶柱体的体积

设有一立体，它的底是 xOy 平面上的闭区域 D，它的侧面是以 D 的边界曲线为准线，且母线平行于 z 轴的柱面，它的顶是曲面 $z=f(x,y)$，设 $f(x,y)\geqslant0$ 且在 D 上连续，这种立体叫做曲顶柱体.求这个曲顶柱体的体积 V.

解　应用定积分的积分思想方法解决.（图 10-2）.

（1）分割：用两组曲线把 D 任意分割成 n 个小闭区域：$\Delta\sigma_1,\Delta\sigma_2,$ $\cdots,\Delta\sigma_n$，其中 $\Delta\sigma_i$ 表示第 i 个小区域，也表示第 i 个小区域的面积，第 i 块 $\Delta\sigma_i$ 对应的小柱体的体积记为 $\Delta V_i(i=1,2,\cdots,n,)$.

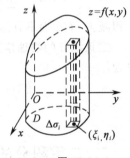

（2）近似：设 λ_i 表示 $\Delta\sigma_i$ 的直径（$\Delta\sigma_i$ 中任意两点间的距离的最大值），则当 λ_i 很小时，小曲顶柱体可近似看作平顶柱体，任取一点 $(\xi_i,\eta_i)\in\Delta\sigma_i$，以 $f(\xi_i,\eta_i)$ 为高而底为 $\Delta\sigma_i$ 的平顶柱体的体积为 $f(\xi_i,\eta_i)\Delta\sigma_i$，则 $\Delta V_i \approx f(\xi_i,\eta_i)\Delta\sigma_i$.

（3）求和：所求曲顶柱体的体积的近似值为

$$\Delta V \approx \sum_{i=1}^{n}f(\xi_i,\eta_i)\Delta\sigma_i.$$

图 10-2

（4）取极限：记 $\lambda=\max\{\lambda_1,\lambda_2,\cdots,\lambda_n\}$，则所求曲顶柱体的体积为 $V=\lim\limits_{\lambda\to0}\sum\limits_{i=1}^{n}f(\xi_i,\eta_i)\Delta\sigma_i.$

上面两个问题的实际意义虽然不同，但所求量都归结为同一形式的和的极限.在物理、力学、几何和工程技术中，有许多物理量或几何量都归结为这一形式的和的极限.因此我们要一般地研究这种和的极限，并抽象出下述二重积分的定义.

2.二重积分的概念

定义　设函数 $f(x,y)$ 在有界闭区域 D 上有定义且有界.将区域 D 任意分成 n 个小闭区域 $\Delta\sigma_1,\Delta\sigma_2,\cdots,\Delta\sigma_n$，其中 $\Delta\sigma_i$ 表示第 i 个小闭区域，也表示它的面积.在每个 $\Delta\sigma_i$ 上任取一点 (ξ_i,η_i)，作乘积 $f(\xi_i,\eta_i)\Delta\sigma_i(i=1,2,\cdots,n)$，并作和 $\sum\limits_{i=1}^{n}f(\xi_i,\eta_i)\Delta\sigma_i$.若当 $\lambda\to0$，（λ 表示各小区域的直径中的最大值），$\sum\limits_{i=1}^{n}f(\xi_i,\eta_i)\Delta\sigma_i$ 的极限总存在，且与闭区域 D 的分法及点 (ξ_i,η_i) 的取法无关，则称此极限为函数 $f(x,y)$ 在闭区域 D 上的**二重积分**，记作 $\iint\limits_{D}f(x,y)\mathrm{d}\sigma$，即

$$\iint\limits_{D} f(x,y)\mathrm{d}\sigma = \lim_{\lambda \to 0} \sum_{i=1}^{n} f(\xi_i, \eta_i)\Delta\sigma_i.$$

其中 $f(x,y)$ 叫做**被积函数**，$f(x,y)\mathrm{d}\sigma$ 叫做**被积表达式**，$\mathrm{d}\sigma$ 叫做**面积元素**，x,y 叫做**积分变量**，D 叫做**积分区域**，$\sum_{i=1}^{n} f(\xi_i, \eta_i)\Delta\sigma_i$ 叫做**积分和**.

二重积分的**几何意义**是

(1) 如果在 D 上 $f(x,y) > 0$，则 $\iint\limits_{D} f(x,y)\mathrm{d}\sigma$ 表示以区域 D 为底，以 $f(x,y)$ 为曲顶的曲顶柱体的体积.

(2) 如果在 D 上 $f(x,y) < 0$，则曲顶柱体在 xOy 面的下方，二重积分 $\iint\limits_{D} f(x,y)\mathrm{d}\sigma$ 的值为负值，其绝对值为该曲顶柱体的体积.

(3) 一般情形下，$\iint\limits_{D} f(x,y)\mathrm{d}\sigma$ 表示曲顶柱体体积的代数和，即在 xOy 面上方的曲顶柱体体积减去 xOy 面下方的曲顶柱体体积.

二重积分的**物理意义**是，面密度为 $\mu = \mu(x,y)$，$(\mu(x,y) > 0)$ 的非均匀平面薄板 D 的质量为

$$m = \iint\limits_{D} \mu(x,y)\mathrm{d}\sigma = \lim_{\lambda \to 0} \sum_{i=1}^{n} \mu(\xi_i, \eta_i)\Delta\sigma_i.$$

二、二重积分的性质

比较定积分与二重积分的定义，二重积分与定积分有完全类似的性质，叙述如下.

性质 1(线性性)

$$\iint\limits_{D} [c_1 f(x,y) + c_2 g(x,y)]\mathrm{d}\sigma = c_1 \iint\limits_{D} f(x,y)\mathrm{d}\sigma + c_2 \iint\limits_{D} g(x,y)\mathrm{d}\sigma,$$

其中 c_1, c_2 为常数.

性质 2(可加性) 将区域 D 划分为两个区域 D_1, D_2，则

$$\iint\limits_{D} f(x,y)\mathrm{d}\sigma = \iint\limits_{D_1} f(x,y)\mathrm{d}\sigma + \iint\limits_{D_2} f(x,y)\mathrm{d}\sigma.$$

性质 3 若在区域 D 上 $f(x,y) = 1$，σ 为 D 的面积，那么

$$\iint\limits_{D} 1\mathrm{d}\sigma = \sigma.$$

这个性质的几何意义很明显，因为高为 1 的平顶柱体的体积在数值上等于柱体的底面积.

性质 4(保序性) 若在 D 上处处有 $f(x,y) \leqslant g(x,y)$，则

$$\iint\limits_{D} f(x,y)\mathrm{d}\sigma \leqslant \iint\limits_{D} g(x,y)\mathrm{d}\sigma,$$

特别有

$$\left|\iint\limits_{D} f(x,y)\mathrm{d}\sigma\right| \leqslant \iint\limits_{D} |f(x,y)|\mathrm{d}\sigma.$$

性质 5(积分估值不等式)　若在 D 上处处有 $m \leqslant f(x,y) \leqslant M$,即 m,M 分别是 $f(x,y)$ 在有界闭区域 D 上的最小值,最大值,则

$$m\sigma \leqslant \iint\limits_{D} f(x,y)\mathrm{d}\sigma \leqslant M\sigma,$$

其中 σ 为 D 的面积.

性质 6(积分中值定理)　设 $f(x,y)$ 在有界闭区域 D 上连续,则在 D 上存在一点 (ξ,η),使

$$\iint\limits_{D} f(x,y)\mathrm{d}\sigma = f(\xi,\eta)\sigma.$$

思考与探究

阅读教材,类比定积分与二重积分概念的建立过程,思考回答下列问题:

(1) 两者相同的思想方法是什么?

(2) 两者表达式相同的结构是什么?

(3) 两者的积分性质的相同点与不同点?

(4) 两者的几何意义与物理意义?

在类比中体验数学的统一性及相似美.

习题 10-1

1. 根据二重积分的几何意义直接写出二重积分 $\iint\limits_{D} \sqrt{a^2 - x^2 - y^2}\,\mathrm{d}\sigma$ 的值,其中 D 为 $x^2 + y^2 \leqslant a^2$.

2. 利用二重积分的性质比较下列积分的大小.

(1) $I_1 = \iint\limits_{D}(x+y)^7\mathrm{d}\sigma$ 与 $I_2 = \iint\limits_{D}(x+y)^8\mathrm{d}\sigma$,其中 D 由 x 轴、y 轴及直线 $x+y=1$ 所围.

(2) $I_1 = \iint\limits_{D}\ln(x+y)\mathrm{d}\sigma$ 与 $I_2 = \iint\limits_{D}[\ln(x+y)]^3\mathrm{d}\sigma$,其中 D 为 $2 \leqslant x \leqslant 4, 1 \leqslant y \leqslant 2$.

3. 估计积分 $I = \iint\limits_{D}(3x^2 + y^2 + 7)\mathrm{d}\sigma$ 的值,其中 $D : x^2 + y^2 \leqslant 9$.

4. 设 $\iint\limits_{x^2+y^2\leqslant a}\mathrm{d}\sigma = 4\pi$,这里 $a > 0$,求 a 的值.

5. 设 $\iint\limits_{D}\mathrm{d}\sigma = \pi$,其中 $D : a^2 \leqslant x^2 + y^2 \leqslant b^2$,这里 $a^2 + b^2 = 1$,求 a,b 的值.

第二节　二重积分的计算

直角坐标系下二重积分的计算　交换积分次序　极坐标系下计算二重积分　利用对称性和奇偶性简化二重积分

由于二重积分和定积分相类似,是一种和式的极限,因此,按定义来计算二重积分是非常困难的.必须有一个切实可行的计算方法.本节将介绍把二重积分化为二次定积分来计算的方法.即"累次积分法".

一、利用直角坐标计算二重积分

在直角坐标系下的面积元素为 $d\sigma = dxdy$,于是二重积分可写为

$$\iint\limits_{D} f(x,y)d\sigma = \iint\limits_{D} f(x,y)dxdy.$$

下面根据二重积分的几何意义推导二重积分的计算方法.我们假定 $f(x,y) \geqslant 0$.

设 $y = y_1(x), y = y_2(x)$ 在 $[a,b]$ 上连续,积分区域 D(如图 10-3)可用不等式来表示

$$D: \begin{cases} y_1(x) \leqslant y \leqslant y_2(x), \\ a \leqslant x \leqslant b. \end{cases}$$

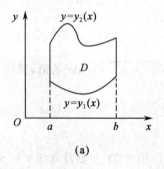

(a)

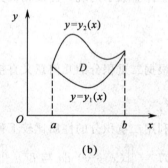

(b)

图 10-3

由二重积分的几何意义知, $\iint\limits_{D} f(x,y)d\sigma$ 表示以 D 为底,以曲面 $z = f(x,y)$ 为顶的曲顶柱体(图 10-4)的体积.下面我们用"平行截面面积为已知的立体体积"的方法来计算这个曲顶柱体的体积.

先计算截面面积.在区间 $[a,b]$ 上任意固定一点 x_0,过 x_0 作平行于平面 $x = a, x = b$ 的截面,该截面是以区间 $[y_1(x_0), y_2(x_0)]$ 为底,在平面 $x = x_0$ 上的曲线 $z = f(x_0,y)$ 为曲边的曲边梯形,由一元定积分可得这截面的面积为

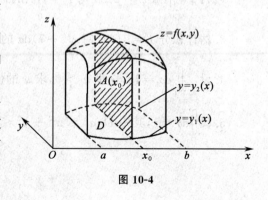

图 10-4

$$A(x_0) = \int_{y_1(x_0)}^{y_2(x_0)} f(x_0, y)\mathrm{d}y.$$

一般地,过区间 $[a,b]$ 上任意一点 x,作平行于 yOz 面的平面截曲顶柱体所得截面的面积为 $A(x) = \int_{y_1(x)}^{y_2(x)} f(x,y)\mathrm{d}y.$ 由平行截面面积为已知的立体体积公式可知,所求的曲顶柱体的体积为

$$V = \int_a^b A(x)\mathrm{d}x = \int_a^b \left[\int_{y_1(x)}^{y_2(x)} f(x,y)\mathrm{d}y \right] \mathrm{d}x,$$

故

$$\iint\limits_D f(x,y)\mathrm{d}x\,\mathrm{d}y = \int_a^b \left[\int_{y_1(x)}^{y_2(x)} f(x,y)\mathrm{d}y \right] \mathrm{d}x,$$

或写成

$$\iint\limits_D f(x,y)\mathrm{d}x\,\mathrm{d}y = \int_a^b \mathrm{d}x \int_{y_1(x)}^{y_2(x)} f(x,y)\mathrm{d}y. \tag{2-1}$$

一般地,若区域 D 是由直线 $x=a$,$x=b$,$(a<b)$ 和曲线 $y=y_1(x)$,$y=y_2(x)[y_1(x)\leqslant y_2(x)]$ 所围成(图 10-3),则区域 D 叫做——**X 型区域**,其二重积分的计算可以化为一个**先对 y 积分,后对 x 积分**的两次定积分,这种方法叫做累次积分法.

完全类似,若区域 D 是由直线 $y=c$,$y=d$,$(c<d)$ 和曲线 $x=x_1(y)$,$x=x_2(y)$,$[x_1(y)\leqslant x_2(y)]$ 所围成,则区域 D 叫做——**Y 型区域**(图 10-5),可用不等式组来表示

$$D: \begin{cases} x_1(y) \leqslant x \leqslant x_2(y), \\ c \leqslant y \leqslant d. \end{cases}$$

有

$$\iint\limits_D f(x,y)\mathrm{d}x\,\mathrm{d}y = \int_c^d \mathrm{d}y \int_{x_1(y)}^{x_2(y)} f(x,y)\mathrm{d}x. \tag{2-2}$$

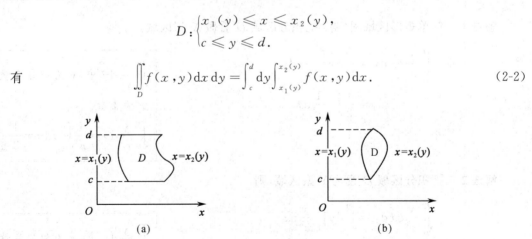

(a)　　　　　　　(b)

图 10-5

于是二重积分的计算转化为一个先对 x 后对 y 积分的两次定积分.

综上,直角坐标系下计算二重积分,要转化为先 y 后 x 或者先 x 后 y 的两次定积分,有两种积分次序,把二重积分化为累次积分的关键是选择积分次序和确定积分变量 x 和 y 的上、下限.一般地,对积分区域 D 来说,若积分区域 D 为 X 型区域,先对 y 积分,D 为 Y 型区域,先对 x 积分.

化二重积分 $\iint\limits_{D} f(x,y)\mathrm{d}\sigma$ 为累次积分的步骤:[以 D 为 X 型区域(图10-3)为例]

(1)画出积分区域 D 的图形,选择积分次序(X 型区域选择先对 y 后对 x 的积分顺序);

(2)将积分域投影到 x 轴上,得区间 $[a,b]$,则 x 的积分下限为 a,上限为 b;

(3)在 $[a,b]$ 内任意固定一点 x,作平行于 y 轴的直线,它与 D 的边界曲线相交于两点 $y_1(x),y_2(x),[y_1(x)\leqslant y_2(x)]$,得 y 的积分上、下限分别为 $y_2(x),y_1(x)$,于是

$$\iint\limits_{D} f(x,y)\mathrm{d}x\,\mathrm{d}y = \int_a^b \mathrm{d}x \int_{y_1(x)}^{y_2(x)} f(x,y)\mathrm{d}y.$$

二重积分 $\xrightarrow{\text{转化为}}$ 先对 y 后对 x 的二次积分.

类似的,如果积分区域 D 是 Y 型区域,则

二重积分 $\xrightarrow{\text{转化为}}$ 先对 x 后对 y 的二次积分

如果积分区域 D 既不是 X 型的又不是 Y 型的(如图10-6所示),那么需将 D 分成若干部分,使得每个部分区域是 X 型或 Y 型的.这样就把区域 D 上的二重积分表示成部分区域上的二重积分之和.

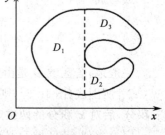

图 10-6

例1 计算积分 $\iint\limits_{D} \dfrac{y}{x^2}\mathrm{d}x\,\mathrm{d}y$,其中 D 是正方形区域:$1\leqslant x\leqslant 2$, $0\leqslant y\leqslant 1$.

解法1 简单矩形区域图(略)把积分区域 D 看做 X 型区域,

$$\iint\limits_{D} \frac{y}{x^2}\mathrm{d}x\,\mathrm{d}y = \int_1^2 \mathrm{d}x \int_0^1 \frac{y}{x^2}\mathrm{d}y$$
$$= \frac{1}{2}\int_1^2 \frac{1}{x^2}\mathrm{d}x$$
$$= \frac{1}{4}.$$

> $\int_0^1 \dfrac{y}{x^2}\mathrm{d}y$ 中,y 为积分变量,
>
> x 为常数.
>
> $\int_0^1 \dfrac{y}{x^2}\mathrm{d}y = \dfrac{1}{x^2}\int_0^1 y\mathrm{d}y = \dfrac{1}{2}\dfrac{1}{x^2}$

解法2 把积分区域 D 视为 Y 型区域,则

$$\iint\limits_{D} \frac{y}{x^2}\mathrm{d}x\,\mathrm{d}y = \int_0^1 \mathrm{d}y \int_1^2 \frac{y}{x^2}\mathrm{d}x$$
$$= \frac{1}{2}\int_0^1 y\mathrm{d}y$$
$$= \frac{1}{4}.$$

> $\int_1^2 \dfrac{y}{x^2}\mathrm{d}x$ 中,x 为积分变量,
>
> y 为常数.
>
> $\int_1^2 \dfrac{y}{x^2}\mathrm{d}x = y\int_1^2 \dfrac{1}{x^2}\mathrm{d}x = \dfrac{1}{2}y$

例 2（积分次序选择与积分区域有关） 计算积分 $I = \iint\limits_{D} \dfrac{x}{y^2} \mathrm{d}x \mathrm{d}y$，其中 D 由直线 $y = x$，$x = 2$ 及双曲线 $xy = 1$ 所围成的区域.

解法 1 画出区域 D（图 10-7），D 为 X 型区域，先对 y 后对 x 积分

$$D : \begin{cases} \dfrac{1}{x} \leqslant y \leqslant x, \\ 1 \leqslant x \leqslant 2. \end{cases} \qquad 于是$$

$$I = \int_1^2 \mathrm{d}x \int_{\frac{1}{x}}^{x} \dfrac{x}{y^2} \mathrm{d}y = \int_1^2 x \left[-\dfrac{1}{y} \right]_{\frac{1}{x}}^{x} \mathrm{d}x = \int_1^2 (x^2 - 1) \mathrm{d}x = \dfrac{4}{3}.$$

解法 2 区域 D 为 Y 型区域（图 10-8），先对 x 后对 y 积分. 则

$$D_1 : \begin{cases} \dfrac{1}{y} \leqslant x \leqslant 2, \\ \dfrac{1}{2} \leqslant y \leqslant 1. \end{cases} \qquad\qquad D_2 : \begin{cases} y \leqslant x \leqslant 2, \\ 1 \leqslant y \leqslant 2. \end{cases}$$

于是 $\qquad I = \iint\limits_{D_1} \dfrac{x}{y^2} \mathrm{d}x \mathrm{d}y + \iint\limits_{D_2} \dfrac{x}{y^2} \mathrm{d}x \mathrm{d}y = \int_{\frac{1}{2}}^{1} \mathrm{d}y \int_{\frac{1}{y}}^{2} \dfrac{x}{y^2} \mathrm{d}x + \int_1^2 \mathrm{d}y \int_{y}^{2} \dfrac{x}{y^2} \mathrm{d}x = \dfrac{4}{3}.$

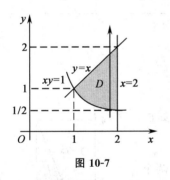

图 10-7

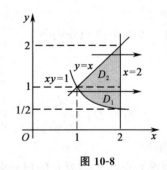

图 10-8

例 2 中，两种积分次序都可以计算，但比较起来，法 1 先 y 后 x 的积分次序计算简单. 由此可见计算二重积分时，根据区域特点适当选择积分次序可以简化计算.

> 　　二重积分转化累次积分，积分次序的选择与积分区域有关，优先选择基本型 X 型或 Y 型的积分顺序（不分块）.

例 3（积分次序选择与被积函数有关） 计算二重积分，$I = \iint\limits_{D} y \mathrm{e}^{xy} \mathrm{d}x \mathrm{d}y$，其中区域 D 是由直线 $x = 2$，$y = 2$，曲线 $xy = 1$ 所围成的闭区域.

解 D 既是 X 型区域，也是 Y 型区域. 选择将 D 表示成 Y 型区域（图 10-9）（先对 x 积分），

$$D: \begin{cases} \dfrac{1}{y} \leqslant x \leqslant 2, \\ \dfrac{1}{2} \leqslant y \leqslant 2. \end{cases}$$

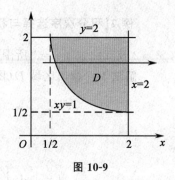

$$\begin{aligned} I &= \int_{\frac{1}{2}}^{2} \mathrm{d}y \int_{\frac{1}{y}}^{2} y\mathrm{e}^{xy} \mathrm{d}x = \int_{\frac{1}{2}}^{2} \left[\mathrm{e}^{xy} \right]_{\frac{1}{y}}^{2} \mathrm{d}y \\ &= \int_{\frac{1}{2}}^{2} \left[\mathrm{e}^{2y} - \mathrm{e} \right] \mathrm{d}y = \left[\frac{1}{2}\mathrm{e}^{2y} - \mathrm{e}y \right]_{\frac{1}{2}}^{2} = \frac{1}{2}\mathrm{e}^{4} - 2\mathrm{e}. \end{aligned}$$

图 10-9

本例中,若选择先对 x 积分,需先计算 $\int y\mathrm{e}^{xy}\mathrm{d}x$,其中 x 为积分变量,y 视为常数,被积函数是关于 x 的指数函数与常数的乘积,直接积分即可;若先对 y 积分,需先计算 $\int y\mathrm{e}^{xy}\mathrm{d}y$,其中 y 为积分变量,x 视为常数,被积函数是关于 y 的幂函数与指数函数的乘积,要用到分部积分法积分,比较起来,先对 x 积分要简单得多.

> 二重积分化累次积分,积分次序的选择与被积函数有关,优先选择 $\int f(x,y)\mathrm{d}x$ 与 $\int f(x,y)\mathrm{d}y$ 积分较简单的先积分.

例 4 交换下列积分顺序

$$\int_{1}^{2} \mathrm{d}x \int_{x}^{2x} f(x,y)\mathrm{d}y.$$

解 由题知 $D: \begin{cases} 1 \leqslant x \leqslant 2 \\ x \leqslant y \leqslant 2x \end{cases}$ 画出积分区域 D(如图 10-10 所示).

要交换为先对 x 后对 y 的积分次序,需将 D 划分为两个区域 D_1 和 D_2,

$$D_1: \begin{cases} 1 \leqslant x \leqslant y, \\ 1 \leqslant y \leqslant 2, \end{cases} \qquad D_2: \begin{cases} \dfrac{y}{2} \leqslant x \leqslant 2, \\ 2 \leqslant y \leqslant 4. \end{cases}$$

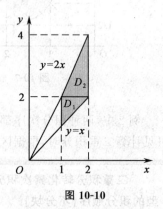

图 10-10

所以

$$\int_{1}^{2} \mathrm{d}x \int_{x}^{2x} f(x,y)\mathrm{d}y = \int_{1}^{2} \mathrm{d}y \int_{1}^{y} f(x,y)\mathrm{d}x + \int_{2}^{4} \mathrm{d}y \int_{\frac{y}{2}}^{2} f(x,y)\mathrm{d}x$$

例 5 计算 $I = \int_{0}^{1} \mathrm{d}x \int_{x}^{1} \mathrm{e}^{-y^2} \mathrm{d}y$.

解 因 $\int \mathrm{e}^{-y^2} \mathrm{d}y$ 不能用初等函数来表示,所以不能直接积分.交换积分次序

由题知 $D: \begin{cases} 0 \leqslant x \leqslant 1, \\ x \leqslant y \leqslant 1 \end{cases}$ 画出积分区域 D(图 10-11)

由 D 写出新的积分限

$$D : \begin{cases} 0 \leqslant x \leqslant y, \\ 0 \leqslant y \leqslant 1. \end{cases}$$

则

$$I = \int_0^1 dx \int_x^1 e^{-y^2} dy = \int_0^1 dy \int_0^y e^{-y^2} dx$$
$$= \int_0^1 y e^{-y^2} dy = \left[-\frac{1}{2} e^{-y^2} \right]_0^1 = \frac{1}{2}(1 - e^{-1}).$$

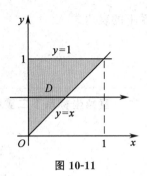

图 10-11

注 $\underbrace{\int_0^y e^{-y^2} dx = y e^{-y^2}}_{\text{对 } x \text{ 积分}, e^{-y^2} \text{ 为常数}}$

例 6 计算二重积分 $I = \iint\limits_D e^{-y^2} dx dy$,其中区域 D 是由 y 轴与直线 $y = 1, y = x$ 所围成的区域.

解 比较 $\int e^{-y^2} dy$ 与 $\int e^{-y^2} dx$,在积分 $\int e^{-y^2} dx$ 中,积分变量为 x,被积函数不含 x,相当于被积函数为常数,积分简单.而 $\int e^{-y^2} dy$ 不能用初等函数来表示,故所求二重积分选择先对 x 积分,而不能通过先对 y 后对 x 的累次积分来计算.(具体步骤见例 5)

以上各例说明,计算二重积分的难易程度与积分次序的选择有关,如果积分次序选择不当,有时会增加计算难度,有时甚至无法积出,如例 6.若按照某种给定或选取的积分顺序不易积出或根本无法积出,则需要交换积分的次序(如例 5).

特殊函数的积分顺序

形如 $\iint\limits_D f(x) dx dy$,先对 y 积分;形如 $\iint\limits_D f(y) dx dy$,先对 x 积分.(如例 6)

二、利用极坐标计算二重积分

有些二重积分,积分区域 D 的边界曲线用极坐标来表示比较方便,且被积函数用极坐标变量 ρ, θ 表达比较简单,这时,就可以考虑利用极坐标计算二重积分.

为此,分割积分区域时,用 ρ 取一系列的常数(得到一簇中心在极点的同心圆)和 θ 取一系列的常数(得到一簇过极点的射线)的两组曲线将 D 分为小区域 $\Delta\sigma$(如图 10-12 所示).

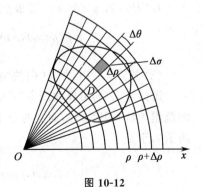

图 10-12

设 $\Delta\sigma$ 是半径 ρ 和 $\rho + \Delta\rho$ 的两个圆弧及极角 θ 和 $\theta + \Delta\theta$ 的两条射线所围成的小区域,其面积可近似地表示为 $\Delta\sigma \approx \rho\Delta\rho\Delta\theta$,因此在极坐标系下的面积元素为 $d\sigma = \rho d\rho d\theta$,用 $x = \rho\cos\theta, y = \rho\sin\theta$ 代入被积函数 $f(x,y)$ 中,得到二重积分在极坐标

系下的表达式

$$\iint_D f(x,y)\mathrm{d}\sigma = \iint_D f(\rho\cos\theta,\rho\sin\theta)\rho\mathrm{d}\rho\mathrm{d}\theta.$$

直角坐标系下二重积分转化为极坐标系下二重积分

$$\iint_D f(x,y)\mathrm{d}\sigma \xrightarrow[\substack{x=\rho\cos\theta \\ \mathrm{d}\sigma=\rho\mathrm{d}\rho\mathrm{d}\theta}]{y=\rho\sin\theta} \iint_D f(\rho\cos\theta,\rho\sin\theta)\rho\mathrm{d}\rho\mathrm{d}\theta.$$

$\underbrace{\qquad\qquad}_{\text{直角坐标系下二重积分}}$ $\underbrace{\qquad\qquad}_{\text{极坐标系下二重积分}}$

极坐标系下的二重积分化为累次积分

积分顺序: 一般先对 ρ 后对 θ 积分($\rho \to \theta$).

积分区域 D: D 的边界线用极坐标表示.

ρ 上下限: 以极点为起点做射线 L,穿过 D,穿入边界线为下限,穿出边界线为上限.

θ 的上下限: 将射线 L 在区域 D 中摆动,找出 D 的边界对应极角即 θ 的上下限.

面积元素: $\mathrm{d}\sigma = \mathrm{d}x\,\mathrm{d}y = \rho\mathrm{d}\rho\mathrm{d}\theta.$

极坐标系下的二重积分同样可以转化为二次积分来计算

(1) 极点 O 在积分区域 D 外(或边界)情况

积分区域 D 可用不等式 $\varphi_1(\theta) \leqslant \rho \leqslant \varphi_2(\theta), \alpha \leqslant \theta \leqslant \beta$,来表示,其中 $\varphi_1(\theta), \varphi_2(\theta)$ 在 $[\alpha,\beta]$ 上连续(如图 10-13),极坐标系下的二重积分化为二次积分的公式为

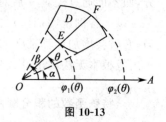

图 10-13

$$\iint_D f(\rho\cos\theta,\rho\sin\theta)\rho\mathrm{d}\rho\mathrm{d}\theta$$
$$= \int_\alpha^\beta \mathrm{d}\theta \int_{\varphi_1(\theta)}^{\varphi_2(\theta)} f(\rho\cos\theta,\rho\sin\theta)\rho\mathrm{d}\rho.$$

特别地,若 $\varphi_1(\theta)=0$ 即极点 O 在区域 D 的边界上,则

$$\iint_D f(\rho\cos\theta,\rho\sin\theta)\rho\mathrm{d}\rho\mathrm{d}\theta = \int_\alpha^\beta \mathrm{d}\theta \int_0^{\varphi_2(\theta)} f(\rho\cos\theta,\rho\sin\theta)\rho\mathrm{d}\rho.$$

(2) 极点 O 在区域 D 内的情况

设区域 D 的边界曲线方程为 $\rho = \rho(\theta)$,当固定一个 θ 时,ρ 的范围为从 0 到 $\rho(\theta)$,而 θ 的范围是由 0 变化到 2π(如图 10-14 所示),于是

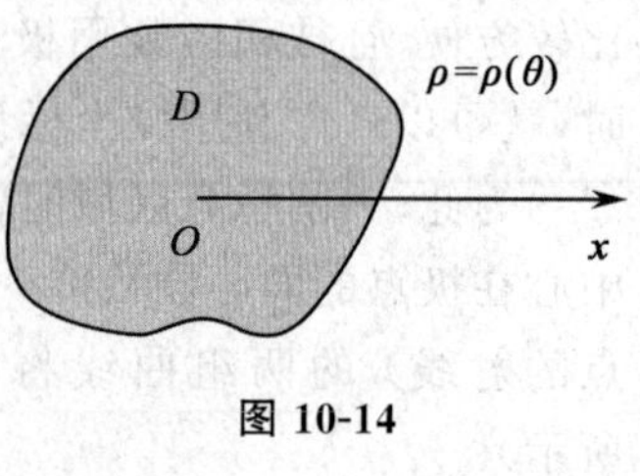

图 10-14

$$\iint_D f(\rho\cos\theta,\rho\sin\theta)\rho\mathrm{d}\rho\mathrm{d}\theta$$
$$= \int_0^{2\pi} \mathrm{d}\theta \int_0^{\rho(\theta)} f(\rho\cos\theta,\rho\sin\theta)\rho\mathrm{d}\rho.$$

例 7(利用极坐标系)　计算二重积分 $I = \iint\limits_{D} e^{-(x^2+y^2)} \mathrm{d}x\mathrm{d}y$,其中 D 为 $x^2+y^2 \leqslant R^2 (R > 0)$.

解　积分区域 D 的边界为 $\rho = R$.

积分区域 D 可表示为 $D: \begin{cases} 0 \leqslant \rho \leqslant R, \\ 0 \leqslant \theta \leqslant 2\pi. \end{cases}$ 面积元素为 $\mathrm{d}\sigma = \rho\mathrm{d}\rho\mathrm{d}\theta$,所以

$$I = \int_0^{2\pi} \mathrm{d}\theta \int_0^R e^{-\rho^2} \rho\mathrm{d}\rho = \int_0^{2\pi} \left[-\frac{1}{2} e^{-\rho^2} \right]_0^R \mathrm{d}\theta = \frac{1}{2}(1 - e^{-R^2}) \int_0^{2\pi} \mathrm{d}\theta = \pi(1 - e^{-R^2}).$$

本题如果用直角坐标计算,因为 $\int e^{-x^2} \mathrm{d}x$ 不能用初等函数表示,算不出来,所以在计算二重积分时,不仅要考虑积分次序的选择,还要注意坐标系的选择.

二重积分极坐标系的选择

一般情形下,若被积函数 $f(x,y)$ 中含有 x^2+y^2 或 $\dfrac{y}{x}$;积分区域 D 的边界含有圆弧. 考虑选择极坐标系下计算二重积分.

例 8　计算二重积分 $\iint\limits_{D} \sqrt{x^2+y^2} \mathrm{d}\sigma$,其中 D 是由圆周 $(x-a)^2 + y^2 \leqslant a^2, (a > 0)$ 及坐标轴所围成的在第一象限内的闭区域.

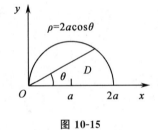

图 10-15

解　画出积分区域 D(如图 10-15 所示),面积元素为 $\mathrm{d}\sigma = \rho\mathrm{d}\rho\mathrm{d}\theta$,其边界曲线方程 $(x-a)^2 + y^2 = a^2$ 及 x 轴在极坐标系下的方程分别为 $\rho = 2a\cos\theta, \theta = 0$.

于是

$$D: \begin{cases} 0 \leqslant \rho \leqslant 2a\cos\theta, \\ 0 \leqslant \theta \leqslant \dfrac{\pi}{2}. \end{cases}$$

$$\iint\limits_{D} \sqrt{x^2+y^2} \mathrm{d}\sigma = \int_0^{\frac{\pi}{2}} \mathrm{d}\theta \int_0^{2a\cos\theta} \rho^2 \mathrm{d}\rho$$

$$= \frac{8a^3}{3} \int_0^{\frac{\pi}{2}} \cos^3\theta \mathrm{d}\theta = \frac{16}{9} a^3.$$

三、利用对称性和奇偶性化简二重积分

利用被积函数的奇偶性及积分区间 D 的对称性,可以简化二重积分的计算,结论如下:

(1) $f(x,y)$ 在有界闭区域 D 上连续,若 D 关于 y 轴对称,则有

$$\iint\limits_{D} f(x,y) \mathrm{d}x\mathrm{d}y = \begin{cases} 0 & \text{当 } f(-x,y) = -f(x,y), \\ 2\iint\limits_{D_1} f(x,y) \mathrm{d}x\mathrm{d}y & \text{当 } f(-x,y) = f(x,y). \end{cases}$$

其中 $D_1 = \{(x,y) \mid (x,y) \in D, x \geqslant 0\}$. 即 D 的右半平面的部分.

注 若 D 关于 y 轴对称,如果对任意的 $(x,y) \in D$,有 $f(-x,y) = -f(x,y)$ 成立,则称 $f(x,y)$ 关于 x 为奇函数;若有 $f(-x,y) = f(x,y)$ 成立,则称 $f(x,y)$ 关于 x 为偶函数.

(2) $f(x,y)$ 在有界闭区域 D 上连续,若 D 关于 x 轴对称,则有

$$\iint\limits_D f(x,y)\mathrm{d}x\mathrm{d}y = \begin{cases} 0 & \text{当 } f(x,-y) = -f(x,y), \\ 2\iint\limits_{D_1} f(x,y)\mathrm{d}x\mathrm{d}y & \text{当 } f(x,-y) = f(x,y). \end{cases}$$

其中 $D_1 = \{(x,y) \mid (x,y) \in D, y \geqslant 0\}$. 即 D 的上半平面的部分.

注 若 D 关于 x 轴对称,如果对任意的 $(x,y) \in D$,有 $f(x,-y) = -f(x,y)$ 成立,则称 $f(x,y)$ 关于 y 为奇函数;若有 $f(x,-y) = f(x,y)$ 成立,则称 $f(x,y)$ 关于 y 为偶函数.

例 9 已知平面区域 $D = \{(x,y) \mid x^2 + y^2 \leqslant 1\}$,计算二重积分 $\iint\limits_D (x^2-y)\mathrm{d}x\mathrm{d}y$.

解 积分区域 D 关于 x 轴、y 轴都对称

$$\iint\limits_D (x^2-y)\mathrm{d}x\mathrm{d}y = \underbrace{\iint\limits_D x^2\mathrm{d}x\mathrm{d}y}_{\text{关于 } x \text{ 与 } y \text{ 都为偶函数的积分}} - \underbrace{\iint\limits_D y\mathrm{d}x\mathrm{d}y}_{\text{关于 } y \text{ 为奇函数的积分} = 0}$$

$$= 4\iint\limits_{D_1} x^2\mathrm{d}x\mathrm{d}y = 4\int_0^{\frac{\pi}{2}}\mathrm{d}\theta\int_0^1 \rho^2\cos^2\theta\rho\mathrm{d}\rho$$

$$= \int_0^{\frac{\pi}{2}}\cos^2\theta\mathrm{d}\theta = \frac{1}{2} \cdot \frac{\pi}{2} = \frac{\pi}{4}.$$

其中 D_1 为 D 在第一象限部分.

计算 $\iint\limits_D f(x,y)\mathrm{d}x\mathrm{d}y$ 的步骤:

第一步 画出积分区域 D 图形;

第二步 如果 D 有对称性,就要考虑被积函数奇偶性,看能否简化二重积分;

第三步 适当选择坐标系;

第四步 适当选择积分顺序,确定积分限,把二重积分转化为二次积分;

第五步 计算二次积分.

思考与探究

直角坐标系下计算 $\iint\limits_D f(x,y)\mathrm{d}x\mathrm{d}y$ 时,积分次序的选择与被积函数函数有关,通过例题学习,不需动笔计算,你能确定下列积分应先对哪个变量积分吗?

(1) $\iint\limits_D \mathrm{e}^{\frac{y}{x}}\mathrm{d}x\mathrm{d}y$; (2) $\iint\limits_D \sin x^2\mathrm{d}x\mathrm{d}y$; (3) $\iint\limits_D y\cos(x+y)\mathrm{d}x\mathrm{d}y$.

其中 D 由 $x=0, y=0, x+y=1$ 所围.

习题 10-2

1.直角坐标系下计算二重积分计算：

(1)$\iint\limits_D (5x+y)\mathrm{d}x\mathrm{d}y$,其中 D 由 $y=2x$ 和 $y=x^2$ 围成；

(2)$\iint\limits_D \dfrac{x}{y}\mathrm{d}\sigma$,其中 D 由 $y=x$,$xy=1$ 和 $y=2$ 围成；

(3)$\iint\limits_D 2x^2 y\mathrm{d}\sigma$,其中 D 由 x 轴和抛物线 $y=1-x^2$ 围成；

(4)$\iint\limits_D (x+2y)\mathrm{d}x\mathrm{d}y$,其中 D 由 $y=2$,$y=x$ 和 $y=2x$ 围成；

(5)$\iint\limits_D x\sin(x+y)\mathrm{d}\sigma$,其中 D 由顶点分别为$(0,0)$,$(\pi,0)$ 及(π,π) 的三角形区域；

(6)$\iint\limits_D y\sqrt{x}\,\mathrm{d}\sigma$,其中 D 由 $y=\sqrt{x}$ 和 $y=x^2$ 围成；

(7)$\iint\limits_D |xy|\,\mathrm{d}\sigma$,其中 D 由 x 轴,$y+x=1$,$y-x=1$ 围成.

2.直角坐标系下交换积分次序：

(1)$\displaystyle\int_0^1 \mathrm{d}y\int_y^1 y^2\sqrt{1-x^4}\,\mathrm{d}x$；　(2)$\displaystyle\int_0^2 \mathrm{d}y\int_{-\sqrt{4-y^2}}^{\sqrt{4-y^2}} x^2 y\,\mathrm{d}x$；

(3)$\displaystyle\int_1^2 \mathrm{d}y\int_{-\sqrt{2-y}}^{y-2}(x+2y)\mathrm{d}x$.

3.极坐标系下计算二重积分：

(1)$\iint\limits_D \mathrm{e}^{x^2+y^2}\mathrm{d}\sigma$,其中 $D:x^2+y^2\leqslant 9$；

(2)$\iint\limits_D \dfrac{1}{x^2+y^2}\mathrm{d}\sigma$,其中 $D:4\leqslant x^2+y^2\leqslant 9$；

(3)$\iint\limits_D \ln\sqrt{x^2+y^2}\,\mathrm{d}\sigma$,其中 $D:1\leqslant x^2+y^2\leqslant 4$；

(4)$\iint\limits_D \sqrt{x^2+y^2}\,\mathrm{d}\sigma$,其中 D 由 $y=-x$,$y=\sqrt{3}x$ 和 $x=\sqrt{4-y^2}$ 围成；

(5)$\iint\limits_D \cos(x^2+y^2)\mathrm{d}\sigma$,其中 D 由 x 轴和 $y=\sqrt{\dfrac{\pi}{2}-x^2}$ 围成；

(6)$\iint\limits_D \sqrt{4-x^2-y^2}\,\mathrm{d}\sigma$,其中 D 由 x 轴及曲线 $y=\sqrt{2x-x^2}$ 围成.

4.选择适当的坐标系计算二重积分：

(1)$\iint\limits_D \sin y^2\mathrm{d}\sigma$,其中 $D:x\leqslant y\leqslant\sqrt{\pi}$,$0\leqslant x\leqslant\sqrt{\pi}$；

(2)$\iint\limits_D \mathrm{e}^{x^2}\mathrm{d}\sigma$ 其中 $D:0\leqslant y\leqslant x$,$0\leqslant x\leqslant 1$；

(3)$\iint\limits_D x\mathrm{e}^{y^3}\mathrm{d}\sigma$,其中 $D:x\leqslant y\leqslant 1$,$0\leqslant x\leqslant 1$；

(4) $\iint\limits_{D}\dfrac{x^2}{y^2}\mathrm{d}\sigma$，其中 D：由直线 $x=2,y=x$ 及曲线 $xy=1$ 所围成的区域；

(5) $\iint\limits_{D}\sin\sqrt{x^2+y^2}\,\mathrm{d}\sigma$，其中 D：$\pi^2\leqslant x^2+y^2\leqslant 4\pi^2$.

5. 将直角坐标系下的累次积分转换为极坐标系下的累次积分：

(1) $\displaystyle\int_0^2\mathrm{d}x\int_{-\sqrt{4-x^2}}^{\sqrt{4-x^2}}\ln(1+x^2+y^2)\mathrm{d}y$；

(2) $\displaystyle\int_0^2\mathrm{d}x\int_0^{\sqrt{2x-x^2}}\sqrt{x^2+y^2}\,\mathrm{d}y$；

(3) $\displaystyle\int_0^1\mathrm{d}y\int_{y^2}^{y}(x^2+y^2)\mathrm{d}x$.

第三节　二重积分的应用

平面图形的面积　　立体的体积　　曲面的面积　　质心　　转动惯量

在一元微积分中，我们曾用定积分的微元法解决具有可加性的非均匀分布整体量的计算问题. 把这种方法推广到二重积分中，就可利用二重积分的微元法解决一些实际问题.

设所求量 Q 是分布在平面区域 D 上的非均匀分布整体量. 如果量 Q 对区域 D 具有可加性，那么可以把区域 D 分成许多小区域，并在 D 内任取一个直径很小的典型区域 $\Delta\sigma$，其面积为 $\mathrm{d}\sigma$. 相应于 $\Delta\sigma$ 上部分量的近似值即所求量 Q 的微元 $\mathrm{d}Q$. 若 $\mathrm{d}Q$ 能表示为 $f(x,y)\mathrm{d}\sigma$，其中 $(x,y)\in\Delta\sigma$，则所求的整体量 Q 为

$$Q=\iint\limits_{D}f(x,y)\mathrm{d}\sigma.$$

一、二重积分的几何应用

1. 平面图形的面积

当被积函数 $f(x,y)=1$ 时，二重积分 $\iint\limits_{D}\mathrm{d}\sigma$ 表示区域 D 的面积.

例 1　求由直线 $y=x,x=2$ 及双曲线 $xy=1$ 所围平面图形 D 的面积.

解　画出区域 D（如图 10-7 所示），$D:\begin{cases}\dfrac{1}{x}\leqslant y\leqslant x \\ 1\leqslant x\leqslant 2\end{cases}$，于是所求面积为

$$A=\iint\limits_{D}\mathrm{d}x\,\mathrm{d}y=\int_1^2\mathrm{d}x\int_{\frac{1}{x}}^{x}\mathrm{d}y=\int_1^2\left(x-\frac{1}{x}\right)\mathrm{d}x=\frac{3}{2}-\ln 2.$$

2. 立体的体积

例 2　求两个半径相同,对称轴垂直相交的圆柱体的公共部分的体积.

解　如图 10-16 所示,根据图形的对称性,体积就是第一卦限部分体积得 8 倍,则

$$V = 8\iint\limits_{D} \sqrt{R^2 - x^2}\, dx\, dy = 8\int_0^R dx \int_0^{\sqrt{R^2 - x^2}} \sqrt{R^2 - x^2}\, dy$$

$$= 8\int_0^R (R^2 - x^2)\, dx = \frac{16}{3}R^3.$$

形如 $\iint\limits_{D} f(x)\, dx\, dy$,先对 y 积分简便

3. 曲面的面积

设曲面 $\Sigma: z = f(x, y)$ 在 xOy 面的投影区域为 D_{xy},函数 $f(x, y)$ 在 D_{xy} 上具有连续偏导数.求该曲面的面积 A.

在区域 D_{xy} 内任取一直径很小的典型区域 $\Delta\sigma$,其面积为 $d\sigma$,在 $\Delta\sigma$ 内任取一点 $P(x, y)$,相应地,曲面 Σ 上有一点 $M(x, y, f(x, y))$.由偏导数连续知曲面 Σ 在点 M 处具有切平面 π(如图 10-17 所示).在点 M 处取指向朝上的法线向量为 $(-f_x, -f_y, 1)$,并设它与 z 轴正向(其方向向量可取作 $(0, 0, 1)$)的夹角为 $\gamma\left(0 \leqslant \gamma \leqslant \dfrac{\pi}{2}\right)$,则

$$\cos\gamma = \frac{1}{\sqrt{1 + f_x^2 + f_y^2}}.$$

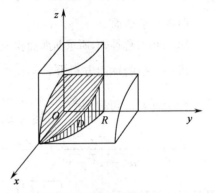

图 10-16

以区域 $\Delta\sigma$ 的边界曲线为准线作母线平行于 z 轴的柱面,这个柱面截曲面 Σ 得一小块曲面,截切平面得一小块平面(如图 10-17 所示).由于 $\Delta\sigma$ 的直径很小,因而小块曲面的面积可以用小块平面的面积来近似代替.又注意到曲面 Σ 在点 M 处的切平面与 xOy 面的夹角就是 γ,据此可得小块切平面的面积为 $\dfrac{d\sigma}{\cos\gamma}$,于是曲面 Σ 的面积微元为

$$dA = \sqrt{1 + f_x^2 + f_y^2}\, d\sigma.$$

以它为被积表达式在闭区域 D_{xy} 上积分,可得曲面 Σ 的面积计算公式

$$A = \iint\limits_{D_{xy}} dA = \iint\limits_{D_{xy}} \sqrt{1 + f_x^2 + f_y^2}\, d\sigma.$$

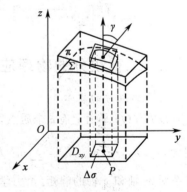

图 10-17

> **求曲面 Σ 的面积 A 的步骤：**
>
> 第一步　写出曲面 Σ 的方程：$z = f(x, y)$；
>
> 第二步　求出 Σ 在 xOy 面上的投影区域 D_{xy}；
>
> 第三步　求出面积元素 $\mathrm{d}A = \sqrt{1 + f_x^2 + f_y^2}\, \mathrm{d}\sigma$；
>
> 第四步　$A = \iint\limits_{D_{xy}} \mathrm{d}A = \iint\limits_{D_{xy}} \sqrt{1 + f_x^2 + f_y^2}\, \mathrm{d}\sigma$.

例 3　求球面 $x^2 + y^2 + z^2 = a^2$ 含于柱面 $x^2 + y^2 = ay\,(a > 0)$ 内的曲面面积.

解　由对称性知，所求曲面面积为 $A = 4A_1$，其中 A_1 是所求曲面面积在第一卦限部分的面积.

第一卦限的球面方程为 $z = \sqrt{a^2 - x^2 - y^2}$，其中面积为 A_1 对应的部分球面在 xOy 面上的投影区域 D_{xy} 可表示为：$\begin{cases} 0 \leqslant x \leqslant \sqrt{ay - y^2}, \\ 0 \leqslant y \leqslant a; \end{cases}$

由 $\dfrac{\partial z}{\partial x} = \dfrac{-x}{\sqrt{a^2 - x^2 - y^2}}$，$\dfrac{\partial z}{\partial y} = \dfrac{-y}{\sqrt{a^2 - x^2 - y^2}}$，

得球面的面积微元 $\mathrm{d}A = \sqrt{1 + \left(\dfrac{\partial z}{\partial x}\right)^2 + \left(\dfrac{\partial z}{\partial y}\right)^2}\, \mathrm{d}x\,\mathrm{d}y = \dfrac{a}{\sqrt{a^2 - x^2 - y^2}}\, \mathrm{d}x\,\mathrm{d}y$，

于是　$A = 4 \iint\limits_{D_{xy}} \dfrac{a}{\sqrt{a^2 - x^2 - y^2}}\, \mathrm{d}x\,\mathrm{d}y = 4a \int_0^{\frac{\pi}{2}} \mathrm{d}\theta \int_0^{a\sin\theta} \dfrac{\rho}{\sqrt{a^2 - \rho^2}}\, \mathrm{d}\rho$

$= 4a \int_0^{\frac{\pi}{2}} \left[-\sqrt{a^2 - \rho^2} \right]_0^{a\sin\theta} \mathrm{d}\theta = 4a^2 \int_0^{\frac{\pi}{2}} (1 - \cos\theta)\, \mathrm{d}\theta = 4a^2 \left(\dfrac{\pi}{2} - 1 \right)$.

二、二重积分的物理应用

1. 平面薄片的质心

设在 xOy 平面上有 n 个质点，它们分别位于点 (x_1, y_1)，(x_2, y_2)，$\cdots$，(x_n, y_n) 处，质量分别为 $m_1, m_2, \cdots, m_n$. $m = \sum\limits_{i=1}^{n} m_i$ 为质点系的总质量，$M_x = \sum\limits_{i=1}^{n} m_i y_i$，$M_y = \sum\limits_{i=1}^{n} m_i x_i$，分别为质点系对 x 轴和 y 轴的静矩. 由力学知道，该质点系的质心的坐标为

$$\bar{x} = \frac{M_y}{m} = \frac{\sum\limits_{i=1}^{n} m_i x_i}{\sum\limits_{i=1}^{n} m_i}, \qquad \bar{y} = \frac{M_x}{m} = \frac{\sum\limits_{i=1}^{n} m_i y_i}{\sum\limits_{i=1}^{n} m_i}.$$

设一平面薄片占有 xOy 面上的闭区域 D，其上任意一点 (x, y) 处的面密度为 $\mu(x, y)$，且 $\mu(x, y)$ 在 D 上连续. 下面用微元法来求该薄片的质心坐标.

在区域 D 上任取一个直径很小的典型区域 $\Delta\sigma$，其面积为 $\mathrm{d}\sigma$，并在 $\Delta\sigma$ 上任取一点 (x, y). 由假设知，薄片相应于 $\Delta\sigma$ 部分的质量的近似值，即薄片质量的微元为 $\mathrm{d}m = \mu(x, y)\mathrm{d}\sigma$. 设想把这部分质量集中到点 (x, y) 处，于是可得平面薄片对 x 轴和 y 轴的静力矩微元分别为

$$dM_y = x\mu(x,y)d\sigma, \quad dM_x = y\mu(x,y)d\sigma.$$

以这些微元为被积表达式,在区域 D 上作二重积分可得薄片的质量 m 及它对 x 轴和 y 轴的静矩 M_x 和 M_y:

$$m = \iint_D \mu(x,y)d\sigma, \quad M_x = \iint_D y\mu(x,y)d\sigma, \quad M_y = \iint_D x\mu(x,y)d\sigma,$$

于是,该薄片的质心坐标为:

$$\bar{x} = \frac{M_y}{m} = \frac{\displaystyle\iint_D x\mu(x,y)d\sigma}{\displaystyle\iint_D \mu(x,y)d\sigma}, \quad \bar{y} = \frac{M_x}{m} = \frac{\displaystyle\iint_D y\mu(x,y)d\sigma}{\displaystyle\iint_D \mu(x,y)d\sigma}.$$

对于质量均匀分布的平面薄片,因密度 $\mu(x,y)$ 为常数,根据积分性质易知,均匀薄片的质心坐标为

$$\bar{x} = \frac{1}{\sigma}\iint_D x d\sigma, \qquad \bar{y} = \frac{1}{\sigma}\iint_D y d\sigma,$$

其中 σ 为区域 D 的面积. 此时,薄片质心只与它的形状有关,因此把均匀薄片的质心称为**形心**.

　　注　因为形心坐标中二重积分的被积函数分别是关于 x 和关于 y 的奇函数,所以积分区域 D 关于 y 轴对称时 $\bar{x} = 0$,积分区域 D 关于 x 轴对称时 $\bar{y} = 0$.

　　例 4　设有一半径为 a 的半圆形薄片,其上任意一点处的面密度等于该点到圆心的距离,求这个薄片的质心.

　　解　半圆形薄片在 xOy 面上所占的区域 D(如图 10-18 所示). 设所求的质心坐标为 $(\bar{x}, \bar{y})$. 根据题意,薄片上点 (x,y) 处的面密度为

$$\mu(x,y) = \sqrt{x^2 + y^2}.$$

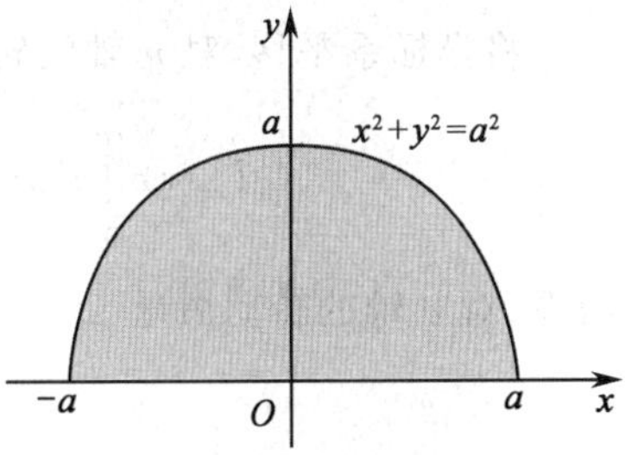

由于区域 D 关于 y 轴对称,且 $\mu(x,y)$ 是关于 x 的偶函数,因而 $x\mu(x,y)$ 是关于 x 的奇函数,于是

$$\bar{x} = 0.$$

图 10-18

由质心坐标的计算公式知

$$\bar{y} = \frac{\displaystyle\iint_D y\sqrt{x^2+y^2}d\sigma}{\displaystyle\iint_D \sqrt{x^2+y^2}d\sigma} = \frac{\displaystyle\int_0^\pi d\theta \int_0^a \rho^3 \sin\theta d\rho}{\displaystyle\int_0^\pi d\theta \int_0^a \rho^2 d\rho} = \frac{\dfrac{1}{4}a^4 \displaystyle\int_0^\pi \sin\theta d\theta}{\dfrac{1}{3}\pi a^3} = \frac{3a}{2\pi}.$$

故所求质心为 $\left(0, \dfrac{3a}{2\pi}\right)$.

　　2. 平面薄片的转动惯量

　　设有质量为 m 的质点,它到某轴的距离为 d. 在物理学中,把乘积 md^2 称为该质点到已知轴的**转动惯量**,它是质点在绕轴转动时惯性大小的量度.

设在 xOy 平面上有 n 个质点,它们分别位于点 $(x_1, y_1), (x_2, y_2), \cdots, (x_n, y_n)$ 处,质量分别为 $m_1, m_2, \cdots, m_n$,由力学知道,该质点系对 x 轴、y 轴的转动惯量分别为

$$I_x = \sum_{i=1}^{n} m_i y_i^2, \quad I_y = \sum_{i=1}^{n} m_i x_i^2.$$

应用微元法,面密度为 $\mu(x, y)$ 的平面薄片对 x 轴、y 轴的转动惯量微元分别为

$$\mathrm{d}I_x = y^2 \mu(x, y) \mathrm{d}\sigma, \quad \mathrm{d}I_y = x^2 \mu(x, y) \mathrm{d}\sigma.$$

以上述微元为被积表达式在平面薄片所占区域 D 上作二重积分,即得该薄片对 x 轴、y 轴转动惯量分别为

$$I_x = \iint_D y^2 \mu(x, y) \mathrm{d}\sigma, \quad I_y = \iint_D x^2 \mu(x, y) \mathrm{d}\sigma.$$

例 5 已知均匀矩形板(面密度为常数 ρ)的长和宽分别为 b 和 h,计算此矩形板对于通过其形心且分别与一边平行的两轴的转动惯量.

解 先求形心

$$\bar{x} = \frac{1}{A} \iint_D x \, \mathrm{d}x \, \mathrm{d}y, \quad \bar{y} = \frac{1}{A} \iint_D y \, \mathrm{d}x \, \mathrm{d}y.$$

区域面积 $A = b \cdot h$. 因为矩形板均匀,由对称性知形心坐标 $\bar{x} = \dfrac{b}{2}, \bar{y} = \dfrac{h}{2}$.

将坐标系平移,对 u 轴的转动惯量

$$I_u = \rho \iint_D v^2 \mathrm{d}u \, \mathrm{d}v = \rho \int_{-\frac{h}{2}}^{\frac{h}{2}} v^2 \mathrm{d}v \int_{-\frac{b}{2}}^{\frac{b}{2}} \mathrm{d}u = \rho b \int_{-\frac{h}{2}}^{\frac{h}{2}} v^2 \mathrm{d}v = \frac{bh^3 \rho}{12}.$$

同理,对 v 轴的转动惯量

$$I_v = \rho \iint_D u^2 \mathrm{d}u \, \mathrm{d}v = \frac{b^3 h \rho}{12}.$$

习题 10-3

1. 求由 $y = x, y = 0, x = 2$ 围成图形的面积.

2. 求由 y 轴,$y \geqslant -x, x = \sqrt{4 - y^2}$ 围成图形的面积.

3. 计算由四个平面 $x = 0, y = 0, x = 1, y = 1$ 所围成的柱体被平面 $z = 0$ 及 $z = 6 - 2x - 3y$ 截得的立体的体积.

4. 计算由平面 $x + y = 4, x = 0, y = 0, z = 0$ 及曲面 $z = x^2 + y^2$ 围成的立体的体积.

5. 求球面 $x^2 + y^2 + z^2 = 4a^2$ 含在圆柱面 $x^2 + y^2 = 2ax (a > 0)$ 内部的那部分面积.

6. 求锥面 $z = \sqrt{x^2 + y^2}$ 被柱面 $z^2 = 2x$ 所割下部分的曲面积分.

7. 设薄片所占的闭区域 D 如下,求均匀薄片的质心:

(1) D 由 $y = \sqrt{2px}, x = x_0, y = 0$ 所围;

(2) D 由半椭圆形闭区域 $\left\{ (x, y) \,\middle|\, \dfrac{x^2}{a^2} + \dfrac{y^2}{b^2} \leqslant 1, y \geqslant 0 \right\}$.

8.设平面薄片所占的闭区域 D 由抛物线 $y=x^2$ 及直线 $y=x$ 所围成,它在点 (x,y) 处的面密度 $\mu(x,y)=x^2y$,求该薄片的质心.

9.设均匀薄片(面密度为常数1)所占闭区域 D 如下,求指定的转动惯量:

(1)D 由抛物线 $y^2=\dfrac{9}{2}x$ 与直线 $x=2$ 所围成,求 I_x 和 I_y;

(2)D 为矩形闭区域 $\{(x,y)\mid 0\leqslant x\leqslant a,0\leqslant y\leqslant b\}$,求 I_x 和 I_y.

第四节　三重积分

　　三重积分的概念　　三重积分的计算　　利用直角坐标计算三重积分　　利用柱面坐标计算三重积分　　利用球面坐标计算三重积分

一、三重积分的概念

　　定积分及二重积分作为和的极限的概念,可以很自然地推广到三重积分.

> **定义**　设函数 $f(x,y,z)$ 是空间有界闭区域 Ω 上的有界函数.将 Ω 任意分成 n 个小闭区域 $\Delta v_1,\Delta v_2,\cdots,\Delta v_n$,其中 Δv_i 表示第 i 个小闭区域,也表示它的体积,在每个 Δv_i 上任取一点 (ξ_i,η_i,ζ_i),作乘积 $f(\xi_i,\eta_i,\zeta_i)\Delta v_i(i=1,2,\cdots,n)$,并作和 $\displaystyle\sum_{i=1}^{n}f(\xi_i,\eta_i,\zeta_i)\Delta v_i$.如果当各小闭区域直径中的最大值 $\lambda\to0$ 时,这和的极限总存在,且与闭区域 Ω 的分法及点 (ξ_i,η_i,ζ_i) 的取法无关,则称此极限为函数 $f(x,y,z)$ 在闭区域 Ω 上的**三重积分**.记作 $\displaystyle\iiint\limits_{\Omega}f(x,y,z)\mathrm{d}v$,即
>
> $$\iiint\limits_{\Omega}f(x,y,z)\mathrm{d}v=\lim_{\lambda\to0}\sum_{i=1}^{n}f(\xi_i,\eta_i,\zeta_i)\Delta v_i \qquad (4\text{-}1)$$
>
> 其中 $f(x,y,z)$ 叫做**被积函数**,Ω 叫做**积分区域**,$\mathrm{d}v$ 叫做**体积元素**.

　　在直角坐标系中,如果用平行于坐标面的平面来划分 Ω,那么除了包含 Ω 的边界点的一些不规则小闭区域外,得到的小闭区域 Δv_i 为长方体.设长方体小闭区域 Δv_i 的边长为 Δx_j、Δy_k、Δz_l,则 $\Delta v_i=\Delta x_j\Delta y_k\Delta z_l$.因此在直角坐标系中,有时也把体积元素 $\mathrm{d}v$ 记作 $\mathrm{d}x\mathrm{d}y\mathrm{d}z$,而把三重积分记作

$$\iiint\limits_{\Omega}f(x,y,z)\mathrm{d}x\mathrm{d}y\mathrm{d}z,$$

其中 $\mathrm{d}x\mathrm{d}y\mathrm{d}z$ 叫做直角坐标系中的体积元素.

　　当函数 $f(x,y,z)$ 在闭区域 Ω 上连续时,(4-1)式右端的和的极限必存在,也就是函数 $f(x,y,z)$ 在闭区域 Ω 上的三重积分必存在.以后我们总假定函数 $f(x,y,z)$ 在闭区域 Ω 上连续的.三重积分的性质与二重积分的性质类似,这里不再重复了.

非均匀物件的质量 M

$f(x,y,z)$ 表示某物件在点 (x,y,z) 处的密度,物件所占有的空间闭区域为 Ω,

$$M = \iiint\limits_{\Omega} f(x,y,z)\mathrm{d}x\mathrm{d}y\mathrm{d}z.$$

均匀物件的体积 V

某物件在点 (x,y,z) 处的密度 $f(x,y,z)=1$,物件所占有的空间闭区域为 Ω,

$$V = \iiint\limits_{\Omega} \mathrm{d}x\mathrm{d}y\mathrm{d}z.$$

二、三重积分的计算

二重积分计算的基本方法是化为二次积分,类似地,计算三重积分的基本方法是化三重积分为三次积分来计算.本节将介绍在不同的坐标系下,将三重积分化为三次积分的方法,且只限于叙述方法.

1. 利用直角坐标计算三重积分

假设平行于 z 轴且穿过闭区域 Ω 内部的直线与闭区域 Ω 的边界曲面 S 相交不多于两点.把闭区域 Ω 投影到 xOy 面上,得一平面闭区域 D_{xy}(如图 10-19 示).以 D_{xy} 的边界为准线作母线平行于 z 轴的柱面.这柱面与曲面 S 的交线从 S 中分出的上、下两部分,它们的方程分别为

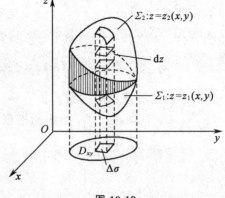

图 10-19

$$S_1 : z = z_1(x,y), \quad S_2 : z = z_2(x,y),$$

其中 $z_1(x,y)$ 与 $z_2(x,y)$ 都是 D_{xy} 上的连续函数,且 $z_1(x,y) \leqslant z_2(x,y)$.过 D_{xy} 内任一点 (x,y) 作平行于 z 轴的直线,这直线通过曲面 S_1 穿入 Ω 内,然后通过曲面 S_2 穿出 Ω 外,穿入点与穿出点的竖坐标分别为 $z_1(x,y)$ 与 $z_2(x,y)$.

在这种情形下,积分区域 Ω 可表示为

$$\Omega = \{(x,y,z) \mid z_1(x,y) \leqslant z \leqslant z_2(x,y),(x,y) \in D_{xy}\}.$$

先将 x,y 看作定值,将 $f(x,y,z)$ 只看作 z 的函数,在区间 $[z_1(x,y),z_2(x,y)]$ 上对 z 积分.积分的结果是 x,y 的函数,记为 $F(x,y)$,即

$$F(x,y) = \int_{z_1(x,y)}^{z_2(x,y)} f(x,y,z)\mathrm{d}z.$$

然后计算 $F(x,y)$ 在闭区域 D_{xy} 上的二重积分

$$\iint\limits_{D_{xy}} F(x,y)\mathrm{d}\sigma = \iint\limits_{D_{xy}} \left[\int_{z_1(x,y)}^{z_2(x,y)} f(x,y,z)\mathrm{d}z \right] \mathrm{d}\sigma.$$

假如闭区域

$$D_{xy} = \{(x,y) \mid y_1(x) \leqslant y \leqslant y_2(x), a \leqslant x \leqslant b\},$$

把这个二重积分化为二次积分,于是得到三重积分的计算公式:

$$\iiint\limits_{\Omega} f(x,y,z)\mathrm{d}v = \int_a^b \mathrm{d}x \int_{y_1(x)}^{y_2(x)} \mathrm{d}y \int_{z_1(x,y)}^{z_2(x,y)} f(x,y,z)\mathrm{d}z \qquad (4\text{-}2)$$

公式(4-2)把三重积分化为先对 z、次对 y、最后对 x 的三次积分.

如果平行于 x 轴或 y 轴且穿过闭区域 Ω 内部的直线与 Ω 的边界曲面 S 相交不多于两点,也可把闭区域 Ω 投影到 yOz 面上或 xOz 面上,这样便可把三重积分化为其他顺序的三次积分.如果平行于坐标轴且穿过闭区域 Ω 内部的直线边界曲面 S 的交点多于两个,也可像处理二重积分那样,把 Ω 分成若干部分,使 Ω 上的三重积分化为各部分闭区域上的三重积分的和.

例 1(先 z 后 x、y)　　计算三重积分 $I = \iiint\limits_{\Omega} x\,\mathrm{d}x\mathrm{d}y\mathrm{d}z$,其中 Ω 为三个坐标平面及平面 $x + 2y + z = 1$ 所围成的闭区域.

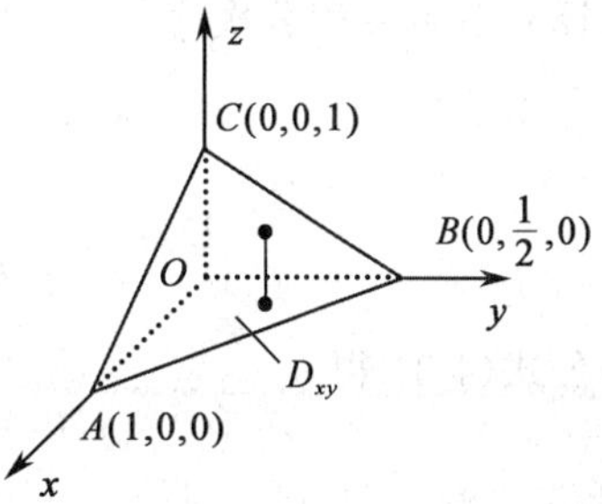

解　作闭区域 Ω(图 10-20).

将 Ω 投影到 xOy 面上,得投影区域 D_{xy} 为三角形闭区域 OAB,表示为:

$$D_{xy} = \left\{(x,y) \;\middle|\; 0 \leqslant y \leqslant \frac{1-x}{2}, 0 \leqslant x \leqslant 1\right\}.$$

图 10-20

在 D_{xy} 内任取一点 (x,y),过此点作平行于 z 轴的直线,该直线通过平面 $z=0$ 穿入 Ω 内,然后通过平面 $z = 1 - x - 2y$ 穿出 Ω 外.于是,由公式(4-2)得

$$\iiint\limits_{\Omega} x\,\mathrm{d}x\mathrm{d}y\mathrm{d}z = \int_0^1 \mathrm{d}x \int_0^{\frac{1-x}{2}} \mathrm{d}y \int_0^{1-x-2y} x\,\mathrm{d}z = \int_0^1 x\,\mathrm{d}x \int_0^{\frac{1-x}{2}} (1-x-2y)\mathrm{d}y$$

$$= \frac{1}{4} \int_0^1 (x - 2x^2 + x^3)\mathrm{d}x = \frac{1}{48}.$$

有时,我们计算一个三重积分也可以化为先计算一个二重积分、再计算一个定积分,简称先二后一,即有下述计算公式.

设空间区域

$$\Omega = \{(x,y,z) \mid (x,y) \in D_z, c_1 \leqslant z \leqslant c_2\},$$

其中 D_z 是竖标为 z 的平面截闭区域 Ω 所得到的一个平面闭区域(如图 10-21 所示),则有

$$\iiint\limits_{\Omega} f(x,y,z)\mathrm{d}v = \int_{c_1}^{c_2} \mathrm{d}z \iint\limits_{D_z} f(x,y,z)\mathrm{d}x\mathrm{d}y. \qquad (4\text{-}3)$$

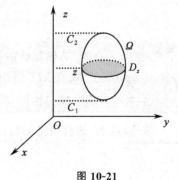

图 10-21

此方法也称为截面法.

一般地，若 ① 被积函数：$f(x,y,z)=g(z)$ 是只含 z 的表达式；

② 积分区域 Ω：平行于 xOy 面的截平面 D_z 是规则图形（面积易求）.

则 $\iiint\limits_{\Omega} f(x,y,z)\mathrm{d}x\mathrm{d}y\mathrm{d}z$ 采用先 x、y 后 z（先二后一）的积分顺序更加简便.

例 2（先 x、y 后 z）　计算三重积分 $\iiint\limits_{\Omega} z^2\mathrm{d}x\mathrm{d}y\mathrm{d}z$，其中 Ω

是由椭球面 $\dfrac{x^2}{a^2}+\dfrac{y^2}{b^2}+\dfrac{z^2}{c^2}=1$ 所围成的空间闭区域.

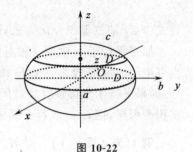

图 10-22

解　被积函数 $f(x,y,z)=z^2$，空间闭区域 Ω（图 10-22），平行于 xOy 面的截平面 D_z 是可求面积的椭圆，所以选择先二后一积分次序

$$\Omega:\begin{cases}-c\leqslant z\leqslant c,\\ D_z:\dfrac{x^2}{a^2}+\dfrac{y^2}{b^2}\leqslant 1-\dfrac{z^2}{c^2}.\end{cases}$$

由公式（4-3）得

$$\iiint\limits_{\Omega} z^2\mathrm{d}x\mathrm{d}y\mathrm{d}z=\int_{-c}^{c}\mathrm{d}z\iint\limits_{D_z}z^2\mathrm{d}x\mathrm{d}y=\int_{-c}^{c}z^2\mathrm{d}z\iint\limits_{D_z}\mathrm{d}x\mathrm{d}y$$

$$\iint\limits_{D_z}\mathrm{d}x\mathrm{d}y=\pi ab\left(1-\dfrac{z^2}{c^2}\right)=S_{D_z}$$

椭圆面积 $=\pi\cdot$（长半轴）$\times$（短半轴）

$$=\pi ab\int_{-c}^{c}\left(1-\dfrac{z^2}{c^2}\right)z^2\mathrm{d}z=\dfrac{4}{15}\pi abc^3.$$

2. 利用柱面坐标计算三重积分

设 $M(x,y,z)$ 为空间内一点，并设点 M 在 xOy 面上的投影 P 的极坐标为 ρ,θ，则这样的三个数 ρ,θ,z 就叫做点 M 的**柱面坐标**（如图 10-23 所示），这里规定 ρ,θ,z 的变化范围为：

$$0\leqslant\rho<+\infty,$$
$$0\leqslant\theta\leqslant 2\pi,$$
$$-\infty<z<+\infty.$$

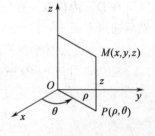

图 10-23

空间一点 M 的柱坐标由有序三元数组 (ρ,θ,z) 表示，其中

1. ρ,θ 是点 M 在 xOy 面上的投影点 P 的极坐标；

2. z 是直角坐标系中的竖坐标.

显然，点 M 的直角坐标与柱面坐标的关系为

$$\begin{cases}x=\rho\cos\theta,\\ y=\rho\sin\theta,\\ z=z.\end{cases}\tag{4-4}$$

现在要把三重积分 $\iiint\limits_{\Omega} f(x,y,z)\mathrm{d}v$ 中的变量变换为柱面坐

标. 为此,用三组坐标面 $\rho=$ 常数,$\theta=$ 常数,$z=$ 常数,把 Ω 分成许

多小闭区域,除了含 Ω 的边界点的一些不规则小闭区域外,这种

小闭区域都是柱体. 今考虑由 ρ,θ,z 各取得微小增量 $\mathrm{d}\rho,\mathrm{d}\theta,\mathrm{d}z$

所成的柱体的体积(如图 10-24 所示). 这个体积等于高与底面积

的乘积. 现在高为 $\mathrm{d}z$、底面面积在不计高阶无穷小时为 $\rho\mathrm{d}\rho\mathrm{d}\theta$(即

极坐标系中的面积元素),于是得

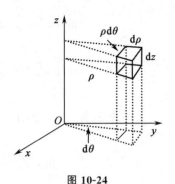

图 10-24

$$\mathrm{d}v = \rho\mathrm{d}\rho\mathrm{d}\theta\mathrm{d}z,$$

这就是**柱面坐标系中的体积元素**. 再注意到关系式(4-4),就有

$$\iiint\limits_{\Omega} f(x,y,z)\mathrm{d}x\mathrm{d}y\mathrm{d}z = \iiint\limits_{\Omega} F(\rho,\theta,z)\rho\mathrm{d}\rho\mathrm{d}\theta\mathrm{d}z, \qquad (4\text{-}5)$$

其中 $F(\rho,\theta,z)=f(\rho\cos\theta,\rho\sin\theta,z)$. (4-5) 式就是把三重积分的变量从直角坐标变换为柱面

坐标的公式. 至于变量变换为柱面坐标后的三重积分的计算,则可化为三次积分来进行. 化为

三次积分时,积分限是根据 ρ,θ 和 z 在积分区域 Ω 中的变化范围来确定的.

柱坐标系下的三重积分

$$\iiint\limits_{\Omega} f(x,y,z)\mathrm{d}x\mathrm{d}y\mathrm{d}z \xated{\substack{x=\rho\cos\theta \\ y=\rho\sin\theta \\ z=z}} \iiint\limits_{\Omega} f(\rho\cos\theta,\rho\sin\theta,z)\rho\mathrm{d}\rho\mathrm{d}\theta\mathrm{d}z$$

$\underbrace{\qquad}_{\text{直角坐标系下三重积分}}\qquad\underbrace{\qquad}_{\text{柱坐标系下三重积分}}$

ρ,θ 的上下限:先求 Ω 在 xOy 面上的投影区域 D_{xy},再用极坐标方法确定 ρ,θ 的上

下限.

z 的上下限:把 $x=\rho\cos\theta,y=\rho\sin\theta$ 代入 Ω 的上下边界曲面方程中即得 z 的上下限.

一般情形下柱坐标积分顺序:$\rho \rightarrow \theta \rightarrow z$.

例3　计算 $\iiint\limits_{\Omega} \sqrt{x^2+y^2}\,\mathrm{d}v$,其中 Ω 是由曲面 $z=x^2+y^2$ 与 $z=$

4 平面所围成(图 10-25).

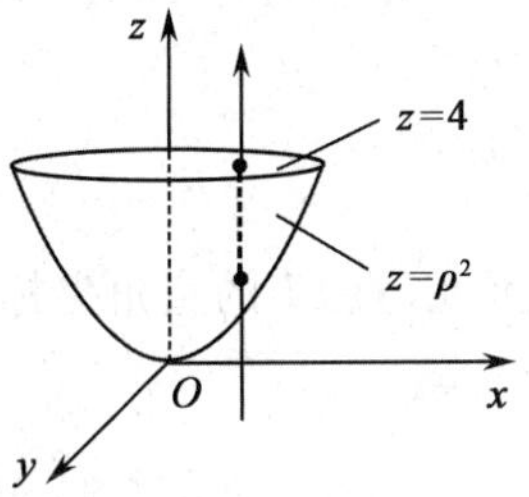

解法 1(柱坐标计算)　Ω 在 xOy 面上的投影区域 D_{xy} 是个圆

域,$D_{xy}=\left\{(x,y)\,\middle|\,x^2+y^2\leqslant 4\right\}$,选择柱坐标.

图 10-25

$$D_{xy}:\begin{cases}0\leqslant\theta\leqslant 2\pi \\ 0\leqslant\rho\leqslant 2\end{cases}\qquad \rho^2\leqslant z\leqslant 4.$$

$$\iiint\limits_{\Omega}\sqrt{x^2+y^2}\,\mathrm{d}v = \int_0^{2\pi}\mathrm{d}\theta\int_0^2\rho\mathrm{d}\rho\int_{\rho^2}^4\rho\mathrm{d}z = 2\pi\int_0^2\rho^2(4-\rho^2)\mathrm{d}\rho = \frac{128}{15}\pi.$$

解法 2(先 z 后 x、y)　积分区域 Ω 为 $\begin{cases}x^2+y^2\leqslant z\leqslant 4, \\ D_{xy}:x^2+y^2\leqslant 4.\end{cases}$

$$\iiint_{\Omega} \sqrt{x^2+y^2}\,\mathrm{d}v = \iint_{D_{xy}} \mathrm{d}x\,\mathrm{d}y \int_{x^2+y^2}^{4} \sqrt{x^2+y^2}\,\mathrm{d}z$$

$$= \iint_{D_{xy}} \sqrt{x^2+y^2}\,[4-(x^2+y^2)]\mathrm{d}x\,\mathrm{d}y = \int_{0}^{2\pi}\mathrm{d}\theta\int_{0}^{2}\rho(4-\rho^2)\rho\,\mathrm{d}\rho = \frac{128}{15}\pi.$$

解法 3（先 x、y 后 z）　积分区域 Ω 为 $\begin{cases} 0 \leqslant z \leqslant 4 \\ D_z : x^2+y^2 \leqslant z \end{cases}$

$$\iiint_{\Omega} \sqrt{x^2+y^2}\,\mathrm{d}v = \int_{0}^{4}\mathrm{d}z \iint_{D_z} \sqrt{x^2+y^2}\,\mathrm{d}x\,\mathrm{d}y$$

$$= \int_{0}^{4}\mathrm{d}z\int_{0}^{2\pi}\mathrm{d}\theta\int_{0}^{\sqrt{z}}\rho^2\,\mathrm{d}\rho = 2\pi\int_{0}^{4}\mathrm{d}z\int_{0}^{\sqrt{z}}\rho^2\,\mathrm{d}\rho = 2\pi\int_{0}^{4}\frac{1}{3}z^{\frac{3}{2}}\,\mathrm{d}z = \frac{128\pi}{15}.$$

*3. 利用球面坐标计算三重积分

设 $M(x,y,z)$ 为空间内一点，则点 M 也可用这样三个有次序的数 r,φ,θ 来确定，其中 r 为原点 O 与点 M 间的距离，φ 为有向线段 $\overrightarrow{OM}$ 与 z 轴正向所夹的角，θ 为从正 z 轴来看自 x 轴按逆时针方向转到有向线段 $\overrightarrow{OP}$ 的角，这里 P 为点 M 在 xOy 面上的投影（图 10-26）. 这样的三个数 r，φ 和 θ 叫做 M 的**球面坐标**，r,φ 和 θ 的变化范围为：

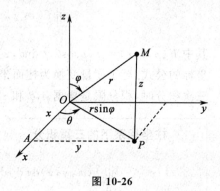

图 10-26

$$0 \leqslant r < +\infty,$$
$$0 \leqslant \varphi \leqslant \pi,$$
$$0 \leqslant \theta \leqslant 2\pi.$$

三组坐标面分别为：

$r =$ 常数，即以原点为心的球面；

$\varphi =$ 常数，即以原点顶点、z 轴为轴的圆锥面；

$\theta =$ 常数，即过 z 轴的半平面.

设点 $M(x,y,z)$ 在 xOy 面上的投影为 P，点 P 在 x 轴上的投影为 A，则 $OA = x$，$AP = y$，$PM = z$. 又

$$OP = r\sin\varphi, z = r\cos\varphi,$$

因此，点 M 的直角坐标与球面坐标的关系为

$$\begin{cases} x = OP\cos\theta = r\sin\varphi\cos\theta, \\ y = OP\sin\theta = r\sin\varphi\sin\theta, \\ z = r\cos\varphi. \end{cases} \tag{4-6}$$

为了把三重积分中的变量从直角坐标变换为球面坐标，用三组坐标面 $r =$ 常数，$\varphi =$ 常数，$\theta =$ 常数，把积分区域 Ω 分成许多小闭区域. 考虑由 r,φ,θ 各取得微小增量 $\mathrm{d}r,\mathrm{d}\varphi,\mathrm{d}\theta$ 所成的六面体的体积（如图 10-27）. 不计高阶无穷小，可把这个六面体看作长方体，其经线方向的长为 $r\mathrm{d}\varphi$，纬线方向的宽为 $r\sin\varphi\mathrm{d}\theta$，向径方向的高为 $\mathrm{d}r$，于是得

$$\mathrm{d}v = r^2\sin\varphi\,\mathrm{d}r\,\mathrm{d}\varphi\,\mathrm{d}\theta,$$

这就是**球面坐标系中的体积元素**. 再注意到关系式(4-6)，就有

$$\iiint\limits_{\Omega} f(x,y,z)\mathrm{d}x\mathrm{d}y\mathrm{d}z = \iiint\limits_{\Omega} F(r,\varphi,\theta)r^2\sin\varphi\mathrm{d}r\mathrm{d}\varphi\mathrm{d}\theta,$$

(4-7)

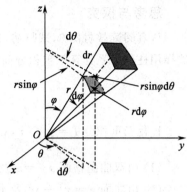

图 10-27

其中 $F(r,\varphi,\theta)=f(r\sin\varphi\cos\theta,r\sin\varphi\sin\theta,r\cos\varphi)$. (4-7)式就是把三重积分的变量从直角坐标变换为球面坐标的公式.

要计算变量变换为球面坐标后的三重积分，可把它化为对 r,对 φ 及对 θ 的三次积分.

若积分区域 Ω 的边界曲面是一个包围原点在内的闭曲面,其曲面坐标方程为 $r=r(\varphi,\theta)$,则

$$I = \iiint\limits_{\Omega} F(r,\varphi,\theta)r^2\sin\varphi\mathrm{d}r\mathrm{d}\varphi\mathrm{d}\theta$$
$$= \int_0^{2\pi}\mathrm{d}\theta\int_0^{\pi}\mathrm{d}\varphi\int_0^{r(\varphi,\theta)}F(r,\varphi,\theta)r^2\sin\varphi\mathrm{d}r.$$

当积分区域 Ω 为球面 $r=a$ 所围成时,则

$$I = \int_0^{2\pi}\mathrm{d}\theta\int_0^{\pi}\mathrm{d}\varphi\int_0^{a}F(r,\varphi,\theta)r^2\sin\varphi\mathrm{d}r.$$

特别地,当 $F(r,\varphi,\theta)=1$ 时,由上式即得球的体积

$$V = \int_0^{2\pi}\mathrm{d}\theta\int_0^{\pi}\sin\varphi\mathrm{d}\varphi\int_0^{a}r^2\mathrm{d}r = 2\pi\cdot 2\cdot\frac{a^3}{3} = \frac{4}{3}\pi a^3.$$

例 4　求半径为 a 的球面与半顶角为 α 的内接锥面所围成的立体(如图 10-28 所示)的体积.

解　设球面通过原点 O,球心在 z 轴上,又内接锥面的顶点在原点 O,其轴与 z 轴重合,则球面方程为 $r=2a\cos\varphi$,锥面方程为 $\varphi=\alpha$. 因为立体所占有的空间闭区域 Ω 可用不等式

$$0\leqslant r\leqslant 2a\cos\varphi,\ 0\leqslant\varphi\leqslant\alpha,\ 0\leqslant\theta\leqslant 2\pi.$$

来表示,所以

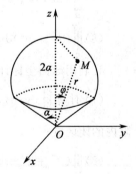

图 10-28

$$V = \iiint\limits_{\Omega} r^2\sin\varphi\mathrm{d}r\mathrm{d}\varphi\mathrm{d}\theta$$
$$= \int_0^{2\pi}\mathrm{d}\theta\int_0^{\alpha}\mathrm{d}\varphi\int_0^{2a\cos\varphi}r^2\sin\varphi\mathrm{d}r$$
$$= 2\pi\int_0^{\alpha}\sin\varphi\mathrm{d}\varphi\int_0^{2a\cos\varphi}r^2\mathrm{d}r$$
$$= \frac{16\pi a^3}{3}\int_0^{\alpha}\cos^3\varphi\sin\varphi\mathrm{d}\varphi$$
$$= \frac{4\pi a^3}{3}(1-\cos^4\alpha).$$

思考与探究

认真阅读教材例 3,试归纳,什么情形下选择"先二后一"的截面法计算简便? 什么情形下选择用柱坐标系计算三重积分简便?

习题 10-4

1.化三重积分 $I = \iiint\limits_{\Omega} f(x,y,z)\mathrm{d}x\mathrm{d}y\mathrm{d}z$ 为三次积分,其中积分区域 Ω 分别是:

(1) 由双曲抛物面 $xy = z$ 及平面 $x + y - 1 = 0$ 及 $z = 0$ 所围成的闭区域;

(2) 由曲面 $z = x^2 + y^2$ 及平面 $z = 1$ 所围成的闭区域;

(3) 由曲面 $z = x^2 + 2y^2$ 及 $z = 2 - x^2$ 所围成的闭区域;

(4) 由曲面 $cz = xy(c > 0)$, $\dfrac{x^2}{a^2} + \dfrac{y^2}{b^2} = 1$, $z = 0$ 所围成的在第一卦限内的闭区域.

2.直角坐标系下计算三重积分:

(1) 计算 $\iiint\limits_{\Omega} xy^2z^3\mathrm{d}x\mathrm{d}y\mathrm{d}z$,其中 Ω 是由曲面 $z = xy$,与平面 $y = x$,$x = 1$ 和 $z = 0$ 所围成的闭区域;

(2) 计算 $\iiint\limits_{\Omega} \dfrac{\mathrm{d}x\mathrm{d}y\mathrm{d}z}{(1 + x + y + z)^3}$,其中 Ω 为平面 $x = 0$,$y = 0$,$z = 0$,$x + y + z = 1$ 所围成的四面体.

3.利用柱面坐标计算下列三重积分:

(1) 计算 $\iiint\limits_{\Omega} z\mathrm{d}x\mathrm{d}y\mathrm{d}z$,其中 Ω 是由锥面 $z = \dfrac{h}{R}\sqrt{x^2 + y^2}$ 与平面 $z = h(R > 0, h > 0)$ 所围成的闭区域;

(2) $\iiint\limits_{\Omega} z\mathrm{d}v$,其中 Ω 是由曲面 $z = \sqrt{2 - x^2 - y^2}$ 及 $z = x^2 + y^2$ 所围成的闭区域;

(3) $\iiint\limits_{\Omega} (x^2 + y^2)\mathrm{d}v$,其中 Ω 是由曲面 $x^2 + y^2 = 2z$ 及平面 $z = 2$ 所围成的闭区域.

4.利用球面坐标计算下列三重积分:

(1) 计算 $\iiint\limits_{\Omega} xyz\mathrm{d}x\mathrm{d}y\mathrm{d}z$,其中 Ω 为球面 $x^2 + y^2 + z^2 = 1$ 及三个坐标面所围成的在第一卦限内的闭区域;

(2) $\iiint\limits_{\Omega} (x^2 + y^2 + z^2)\mathrm{d}v$,其中 Ω 是由球面 $x^2 + y^2 + z^2 = 1$ 所围成的闭区域;

(3) $\iiint\limits_{\Omega} z\mathrm{d}v$,其中闭区域 Ω 由不等式 $x^2 + y^2 + (z - a)^2 \leqslant a^2$,$x^2 + y^2 \leqslant z^2$ 所确定.

5.选用适当坐标计算下列三重积分:

(1) $\iiint\limits_{\Omega} xy\mathrm{d}v$,其中 Ω 为柱面 $x^2 + y^2 = 1$ 及平面 $x = 0$,$y = 0$,$z = 0$,$z = 1$ 所围成的在第一卦限内的闭区域;

$(2)\iiint\limits_{\Omega}\sqrt{x^2+y^2+z^2}\,\mathrm{d}v$，其中 Ω 是由球面 $x^2+y^2+z^2=1$ 所围成的闭区域；

$(3)\iiint\limits_{\Omega}(x^2+y^2)\mathrm{d}v$，其中 Ω 是由曲面 $4z^2=25(x^2+y^2)$ 及平面 $z=5$ 所围闭区域；

$(4)\iiint\limits_{\Omega}(x^2+y^2)\mathrm{d}v$，其中闭区域 Ω 由不等式 $0<a\leqslant\sqrt{x^2+y^2+z^2}\leqslant A,z\geqslant0$ 确定.

6.利用三重积分计算下列由曲面所围成的立体的体积：

$(1)z=6-x^2-y^2$ 及 $z=\sqrt{x^2+y^2}$；

$(2)x^2+y^2+z^2=2az(a>0)$ 及 $x^2+y^2=z^2$（含有 z 轴的部分）；

$(3)z=\sqrt{x^2+y^2}$ 及 $z=x^2+y^2$；

$(4)z=\sqrt{5-x^2-y^2}$ 及 $x^2+y^2=4z$.

第五节　对弧长的曲线积分

对弧长的曲线积分的概念与性质　对弧长的曲线积分的计算法

一、对弧长的曲线积分的概念与性质

曲线形构件的质量　在设计曲线形构件时，为了合理使用材料，应该根据构件各部分受力情况，把构件上各点处的粗细程度设计得不完全一样.因此，可以认为这构件的线密度（单位长度的质量）是变量.假设这构件所占的位置在 xOy 面内的一段曲线弧 L 上，它的端点是 A、B，在 L 上任一点 (x,y) 处，它的线密度为 $\mu(x,y)$.现在要计算这构件的质量 m（如图 10-29 所示）.

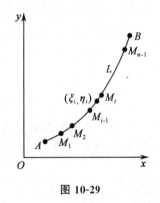

图 10-29

如果构件的线密度为常量，那么这构件的质量就等于它的线密度与长度的乘积.现在构件上各点处的线密度是变量，就不能直接用上述方法来计算.为了克服这个困难，可以用 L 上的点 M_1,M_2，$\cdots,M_{n-1}$ 把 L 分成 n 个小段，取其中一小段构件 $\overset{\frown}{M_{i-1}M_i}$ 来分析，在线密度连续变化的前提下，只要这小段很短，就可以用这小段上任一点 (ξ_i,η_i) 处的线密度代替这小段 $\overset{\frown}{M_{i-1}M_i}$ 上其他各点处的线密度，从而得到这小段构件的质量的近似值为

$$\mu(\xi_i,\eta_i)\Delta s_i.$$

其中 Δs_i 表示 $\overset{\frown}{M_{i-1}M_i}$ 的长度.于是整个曲线形构件的质量

$$m\approx\sum_{i=1}^{n}\mu(\xi_i,\eta_i)\Delta s_i.$$

用 λ 表示 n 个小弧段的最大长度. 为了计算 m 的精确值, 取上式右端之和当 $\lambda \to 0$ 时的极限, 从而得到

$$m = \lim_{\lambda \to 0} \sum_{i=1}^{n} \mu(\xi_i, \eta_i) \Delta s_i.$$

这种和的极限在研究其他问题时也会遇到. 现在引进下面的定义:

定义 设 L 为 xOy 面内的一条光滑曲线弧, 函数 $f(x, y)$ 在 L 上有界, 在 L 上任意插入一点列 $M_1, M_2, \cdots, M_{n-1}$ 把 L 分成 n 个小段. 设第 i 个小段的长度为 Δs_i. 又 (ξ_i, η_i) 为第 i 个小段上任取的一点, 作乘积 $f(\xi_i, \eta_i) \Delta s_i \ (i=1, 2, \cdots, n)$, 并作和 $\sum_{i=1}^{n} f(\xi_i, \eta_i) \Delta s_i$, 如果当各小弧段的长度的最大值 $\lambda \to 0$ 时, 这和的极限总存在, 且与曲线弧 L 的分法及点 (ξ_i, η_i) 的取法无关, 则称此极限为函数 $f(x, y)$ 在曲线弧 L 上对弧长的曲线积分或第一类曲线积分, 记作 $\int_L f(x, y) \mathrm{d}s$, 即

$$\int_L f(x, y) \mathrm{d}s = \lim_{\lambda \to 0} \sum_{i=1}^{n} f(\xi_i, \eta_i) \Delta s_i,$$

其中 $f(x, y)$ 叫做被积函数, L 叫做积分弧段.

在后面我们将看到, 当 $f(x, y)$ 在光滑曲线弧 L 上是连续时, 对弧长的曲线积分 $\int_L f(x, y) \mathrm{d}s$ 是存在的. 以后我们总假定 $f(x, y)$ 在 L 上是连续的.

根据这个定义, 前述曲线形构件的质量 m 当线密度 $\mu(x, y)$ 在 L 上连续时, 就等于 $\mu(x, y)$ 在 L 上对弧长的曲线积分, 即

$$m = \int_L \mu(x, y) \mathrm{d}s.$$

上述定义可以类似地推广到积分弧段为空间曲线弧 Γ 的情形, 即函数 $f(x, y, z)$ 在曲线弧 Γ 上对弧长的曲线积分

$$\int_\Gamma f(x, y, z) \mathrm{d}s = \lim_{\lambda \to 0} \sum_{i=1}^{n} f(\xi_i, \eta_i, \zeta_i) \Delta s_i.$$

如果 L(或 Γ) 是分段光滑的, 我们规定函数在 L(或 Γ) 上的曲线积分等于函数在光滑的各段上的曲线积分之和.

如果 L 是闭曲线, 那么函数 $f(x, y)$ 在闭曲线 L 上对弧长的曲线积分记为

$$\oint_L f(x, y) \mathrm{d}s.$$

由对弧长的曲线积分的定义可知, 它有以下性质:

性质 1 设 α、β 为常数, 则

$$\int_L [\alpha f(x, y) + \beta g(x, y)] \mathrm{d}s = \alpha \int_L f(x, y) \mathrm{d}s + \beta \int_L g(x, y) \mathrm{d}s.$$

性质 2　若积分弧段可分成两段光滑曲线弧 L_1 和 L_2,则

$$\int_L f(x,y)\mathrm{d}s = \int_{L_1} f(x,y)\mathrm{d}s + \int_{L_2} f(x,y)\mathrm{d}s.$$

性质 3　$\displaystyle\int_L \mathrm{d}s = s$,其中 s 为 L 的弧长.

性质 4　设在 L 上 $f(x,y) \leqslant g(x,y)$,则

$$\int_L f(x,y)\mathrm{d}s \leqslant \int_L g(x,y)\mathrm{d}s.$$

特别地,有

$$\left|\int_L f(x,y)\mathrm{d}s\right| \leqslant \int_L |f(x,y)|\,\mathrm{d}s.$$

二、对弧长的曲线积分的计算法

定理　设 $f(x,y)$ 在曲线弧 L 上有定义且连续,L 的参数方程为

$$\begin{cases} x = \varphi(t), \\ y = \psi(t) \end{cases} (\alpha \leqslant t \leqslant \beta),$$

其中 $\varphi(t)$、$\psi(t)$ 在 $[\alpha,\beta]$ 上具有一阶连续导数,且 $\varphi'^2(t) + \psi'^2(t) \neq 0$,则曲线积分 $\displaystyle\int_L f(x,y)\mathrm{d}s$ 存在,且

$$\int_L f(x,y)\mathrm{d}s = \int_\alpha^\beta f[\varphi(t),\psi(t)]\sqrt{\varphi'^2(t)+\psi'^2(t)}\,\mathrm{d}t \quad (\alpha < \beta) \tag{5-1}$$

公式(5-1)表明,计算对弧长的曲线积分 $\displaystyle\int_L f(x,y)\mathrm{d}s$ 时,只要把 x、y、$\mathrm{d}s$ 依次换为 $\varphi(t)$、

$\psi(t)$、$\sqrt{\varphi'^2(t)+\psi'^2(t)}\,\mathrm{d}t$,然后从 α 到 β 作定积分就行了,这里必须注意,**定积分的下限 α 一定要小于上限 β**.

如果曲线 L 由方程

$$y = \psi(x) \quad (x_0 \leqslant x \leqslant X)$$

给出,那么可以把这种情形看作是特殊的参数方程

$$x = x, y = \psi(x) \quad (x_0 \leqslant x \leqslant X)$$

的情形,从而由公式(5-1)得出

$$\int_L f(x,y)\mathrm{d}s = \int_{x_0}^X f[x,\psi(x)]\sqrt{1+\psi'^2(x)}\,\mathrm{d}x \quad (x_0 < X). \tag{5-2}$$

公式(5-1)可推广到空间曲线弧 $\varGamma$ 由参数方程

$$x = \varphi(t), y = \psi(t), z = \omega(t) \quad (\alpha \leqslant t \leqslant \beta)$$

给出的情形,这样就有

$$\int_L f(x,y,z)\mathrm{d}s = \int_\alpha^\beta f[\varphi(t),\psi(t),\omega(t)]\sqrt{\varphi'^2(t)+\psi'^2(t)+\omega'^2(t)}\,\mathrm{d}t \quad (\alpha < \beta) \quad (5\text{-}3)$$

计算对弧长的曲线积分 $\int_L f(x,y)\mathrm{d}s$ —— 转化为定积分

第一步(写 L 的方程)	第二步(求弧微分)	第三步(化为定积分)
若 L 方程为 $\begin{cases} x = \varphi(t) \\ y = \psi(t) \end{cases}$ $(\alpha \leqslant t \leqslant \beta)$	$\mathrm{d}s = \sqrt{\varphi'^2(t)+\psi'^2(t)}\,\mathrm{d}t$	$\int_L f(x,y)\mathrm{d}s$ $= \int_\alpha^\beta f[\varphi(t),\psi(t)]\sqrt{\varphi'^2(t)+\psi'^2(t)}\,\mathrm{d}t$
L 为方程为 $y = \varphi(x)$ $(x_0 \leqslant x \leqslant X)$	$\mathrm{d}s = \sqrt{1+\varphi'^2(x)}\,\mathrm{d}x$	$\int_L f(x,y)\mathrm{d}s$ $= \int_{x_0}^X f[x,\varphi(x)]\sqrt{1+\varphi'^2(x)}\,\mathrm{d}x$

特别注意　定积分的下限一定要小于上限!

例 1　计算 $\int_L \sqrt{y}\,\mathrm{d}s$,其中 L 是抛物线 $y=x^2$ 上点 $O(0,0)$ 与点 $B(1,1)$ 之间的一段弧.

解　L 由方程 $y=x^2(0 \leqslant x \leqslant 1)$ 给出,$\mathrm{d}s = \sqrt{1+4x^2}\,\mathrm{d}x$,因此

$$\int_L \sqrt{y}\,\mathrm{d}s = \int_0^1 x\sqrt{1+4x^2}\,\mathrm{d}x = \left[\frac{1}{12}(1+4x^2)^{3/2}\right]_0^1 = \frac{1}{12}(5\sqrt{5}-1).$$

例 2(空间曲线)　计算曲线积分 $\int_\Gamma (x^2+y^2+z^2)\mathrm{d}s$,其中 Γ 为螺旋线 $x=a\cos t$、$y=a\sin t$、$z=kt$ 上相应于 t 从 0 到 2π 的一段弧.

解　$\mathrm{d}s = \sqrt{x'^2(t)+y'^2(t)+z'^2(t)}\,\mathrm{d}t = \sqrt{(-a\sin t)^2+(a\cos t)^2+k^2}\,\mathrm{d}t = \sqrt{a^2+k^2}\,\mathrm{d}t$

$$\int_\Gamma (x^2+y^2+z^2)\mathrm{d}s$$
$$= \int_0^{2\pi} [(a\cos t)^2+(a\sin t)^2+(kt)^2]\cdot\sqrt{a^2+k^2}\,\mathrm{d}t$$
$$= \int_0^{2\pi} (a^2+k^2t^2)\sqrt{a^2+k^2}\,\mathrm{d}t = \sqrt{a^2+k^2}\left[a^2t+\frac{k^2}{3}t^3\right]_0^{2\pi}$$
$$= \frac{2}{3}\pi\sqrt{a^2+k^2}(3a^2+4\pi^2k^2).$$

例 3

计算 $\oint_L (x^2+y^2)\mathrm{d}s$,其中 L 为圆周 $x=R\cos t$,$y=R\sin t$,$(0 \leqslant t \leqslant 2\pi)$.

解法 1（基本方法）

$$ds = \sqrt{x'^2(t) + y'^2(t)}\, dt = R\, dt,$$

$$\oint_L (x^2 + y^2)\, ds = \int_0^{2\pi} [(R\cos t)^2 + (R\sin t)^2] R\, dt = \int_0^{2\pi} R^3\, dt = 2\pi R^3.$$

解法 2（先化简，再计算）

$$\oint_L (x^2 + y^2)\, ds = \oint_L R^2\, ds = R^2 \underbrace{\oint_L ds}_{L\ 的周长} = 2\pi R^3.$$

思考与探究

1.阅读教材,思考对弧长的曲线积分的算法隐含的数学思想是什么？对弧长的曲线积分化为定积分的关键步骤是什么？

2.设 L 为 $x^2 + y^2 = a^2$，D 为 L 所围闭区域,下列计算过程是否正确？你是如何理解的？

(1) $\oint_L (x^2 + y^2)\, ds = \oint_L a^2\, ds = a^2 \oint_L ds = 2\pi a^3$;

(2) $\iint_D (x^2 + y^2)\, dx\, dy = \iint_D a^2\, dx\, dy = a^2 \iint_D dx\, dy = \pi a^4.$

习题 10-5

计算下列对弧长的曲线积分：

1. $\oint_L (x^2 + y^2)^n\, ds$，其中 L 为圆周 $x = R\cos t$，$y = R\sin t$，$(0 \leqslant t \leqslant 2\pi)$.

2. $\oint_L (x + y)\, ds$，其中 L 为连接 $(1,0)$ 及 $(0,1)$ 两点的直线段.

3. $\oint_L x\, ds$，其中 L 为由直线 $y = x$ 及抛物线 $y = x^2$ 所围成的区域的整个边界.

4. $\oint_L e^{\sqrt{x^2+y^2}}\, ds$，其中 L 为圆周 $x^2 + y^2 = a^2$，直线 $y = x$ 及 x 轴在第一象限内所围成的扇形的整个边界.

5. $\int_\Gamma \dfrac{1}{x^2 + y^2 + z^2}\, ds$，其中 Γ 为曲线 $x = e^t\cos t$，$y = e^t\sin t$，$z = e^t$ 上相应于 t 从 0 变到 2 的这段弧.

6. $\int_\Gamma x^2 yz\, ds$，其中 Γ 为折线 $ABCD$，这里 A、B、C、D 依次为点 $(0,0,0)$、$(0,0,2)$、$(1,0,2)$、$(1,3,2)$.

7. $\int_L y^2\, ds$，其中 L 为摆线的一拱 $x = a(t - \sin t)$，$y = a(1 - \cos t)$ $(0 \leqslant t \leqslant 2\pi)$;

8. $\int_L (x^2 + y^2)\, ds$，其中 L 为曲线 $x = a(\cos t + t\sin t)$，$y = a(\sin t - t\cos t)$ $(0 \leqslant t \leqslant 2\pi)$.

第六节　对坐标的曲线积分

对坐标的曲线积分的概念与性质　对坐标的曲线积分的计算　两类曲线积分间的联系
格林公式及其应用　曲线积分与路径无关的条件　二元函数全微分求积

一、对坐标的曲线积分的概念与性质

变力沿曲线做功问题　设一个质点在 xOy 平面内从
点 A 沿光滑曲线弧 L 移动到点 B,在移动的过程中,这质点
受到力 $\boldsymbol{F}(x,y) = P(x,y)\boldsymbol{i} + Q(x,y)\boldsymbol{j}$ 的作用,其中函数
$P(x,y)$,$Q(x,y)$ 在 L 上连续,要计算在上述移动过程中
变力 $\boldsymbol{F}(x,y)$ 所做的功(图 10-30).我们知道,如果力 $\boldsymbol{F}$ 是
常力,且质点从 A 沿直线移动到 B,那么常力 $\boldsymbol{F}$ 所作的功 W
等于向量 $\boldsymbol{F}$ 与向量 $\overrightarrow{AB}$ 的数量积,即

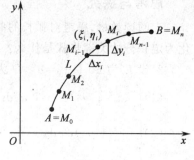

图 10-30

$$W = \boldsymbol{F} \cdot \overrightarrow{AB}.$$

现在 $\boldsymbol{F}(x,y)$ 是变力,且质点沿曲线 L 移动,功 W 不能直接
按以上公式计算.依然应用积分思想方法解决.

先用曲线弧 L 上的点 $M_1(x_1,y_1),M_2(x_2,y_2),\cdots,M_{n-1}(x_{n-1},y_{n-1})$ 把 L 分成 n 个小弧
段,取其中一个有向小弧段 $\overset{\frown}{M_{i-1}M_i}$ 来分析:由于 $\overset{\frown}{M_{i-1}M_i}$ 光滑而且很短,可以用有向线段
$\overrightarrow{M_{i-1}M_i} = (\Delta x_i)\boldsymbol{i} + (\Delta y_i)\boldsymbol{j}$ 来近似代替它,其中 $\Delta x_i = x_i - x_{i-1}$、$\Delta y_i = y_i - y_{i-1}$.又由于函数
$P(x,y)$、$Q(x,y)$ 在 L 上连续,可以用 $\overset{\frown}{M_{i-1}M_i}$ 上任意取定的一点 (ξ_i,η_i) 处的力 $\boldsymbol{F}(\xi_i,\eta_i) = $
$P(\xi_i,\eta_i)\boldsymbol{i} + Q(\xi_i,\eta_i)\boldsymbol{j}$ 来近似代替小弧段上各点处的力.这样,变力 $\boldsymbol{F}(x,y)$ 沿有向小弧段
$\overset{\frown}{M_{i-1}M_i}$ 所作的功 ΔW_i 可以认为近似地等于常力 $\boldsymbol{F}(\xi_i,\eta_i)$ 沿 $\overrightarrow{M_{i-1}M_i}$ 所作的功:

$$\Delta W_i \approx \boldsymbol{F}(\xi_i,\eta_i) \cdot \overrightarrow{M_{i-1}M_i},$$

即

$$\Delta W_i \approx P(\xi_i,\eta_i)\Delta x_i + Q(\xi_i,\eta_i)\Delta y_i.$$

于是

$$W = \sum_{i=1}^{n} \Delta W_i \approx \sum_{i=1}^{n} [P(\xi_i,\eta_i)\Delta x_i + Q(\xi_i,\eta_i)\Delta y_i].$$

用 λ 表示 n 个小弧段的最大长度,令 $\lambda \to 0$ 取上述和的极限,所得到的极限自然地被认作
变力 $\boldsymbol{F}$ 沿有向曲线弧所作的功,即

$$W = \lim_{\lambda \to 0} \sum_{i=1}^{n} [P(\xi_i,\eta_i)\Delta x_i + Q(\xi_i,\eta_i)\Delta y_i].$$

这种和的极限在研究其他问题时也会遇到.现在引进下面的定义.

定义　设 L 为 xOy 面内从点 A 到点 B 的一条有向光滑曲线弧, 函数 $P(x,y)$、$Q(x,y)$ 在 L 上有界. 在 L 上沿 L 的方向任意插入一点列 $M_1(x_1,y_1),M_2(x_2,y_2),\cdots,M_{n-1}(x_{n-1},y_{n-1})$, 把 L 分成 n 个有向小弧段 $\overparen{M_{i-1}M_i}(i=1,2,\cdots,n;M_0=A,M_n=B)$. 设 $\Delta x_i=x_i-x_{i-1}$、$\Delta y_i=y_i-y_{i-1}$, 点 (ξ_i,η_i) 为 $\overparen{M_{i-1}M_i}$ 上任意取定的点. 作乘积 $P(\xi_i,\eta_i)\Delta x_i(i=1,2,\cdots,n)$ 并作和 $\sum\limits_{i=1}^{n}P(\xi_i,\eta_i)\Delta x_i$, 如果当各小弧段的长度的最大值 $\lambda\to 0$ 时, $\sum\limits_{i=1}^{n}P(\xi_i,\eta_i)\Delta x_i$ 的极限总存在, 且与曲线弧 L 的分法及点 (ξ_i,η_i) 的取法无关, 则称此极限值为函数 $P(x,y)$ 在有向曲线弧 L 上对坐标 x 的曲线积分, 记作

$$\int_L P(x,y)\mathrm{d}x.$$

类似地, 如果 $\lim\limits_{\lambda\to 0}\sum\limits_{i=1}^{n}Q(\xi_i,\eta_i)\Delta y_i$ 存在且与曲线弧 L 的分法及点 (ξ_i,η_i) 的取法无关, 则称此极限值为函数 $Q(x,y)$ 在有向曲线弧 L 上对坐标 y 的曲线积分, 记作

$$\int_L Q(x,y)\mathrm{d}y.$$

即　　$\displaystyle\int_L P(x,y)\mathrm{d}x=\lim_{\lambda\to 0}\sum_{i=1}^{n}P(\xi_i,\eta_i)\Delta x_i,\int_L Q(x,y)\mathrm{d}y=\lim_{\lambda\to 0}\sum_{i=1}^{n}Q(\xi_i,\eta_i)\Delta y_i.$

其中 $P(x,y)$、$Q(x,y)$ 叫做**被积函数**, L 叫做**积分弧段**.

以上两个积分也称为**第二类曲线积分**。

应用上经常出现的是

$$\int_L P(x,y)\mathrm{d}x+\int_L Q(x,y)\mathrm{d}y,$$

这种合并起来的形式, 为简便起见, 把上式写成

$$\int_L P(x,y)\mathrm{d}x+Q(x,y)\mathrm{d}y.$$

根据这个定义, 前述变力沿曲线所作的功可表达成

$$W=\int_L P(x,y)\mathrm{d}x+Q(x,y)\mathrm{d}y.$$

我们指出, 当 $P(x,y)$、$Q(x,y)$ 在有向光滑曲线 L 上是连续时, 对坐标的曲线积分 $\int_L P(x,y)\mathrm{d}x+Q(x,y)\mathrm{d}y$ 总是存在的.

对坐标的曲线积分有如下性质:

性质 1(可加性)　如果把 L 分成 L_1 和 L_2(记为 $L=L_1+L_2$), 则

$$\int_L P(x,y)\mathrm{d}x+Q(x,y)\mathrm{d}y=\int_{L_1} P(x,y)\mathrm{d}x+Q(x,y)\mathrm{d}y+\int_{L_2} P(x,y)\mathrm{d}x+Q(x,y)\mathrm{d}y.$$

性质 1 可推广到 L 由 $L_1,L_2,\cdots,L_k$ 组成的情形.

性质 2(有向性) 设 L 是有向曲线弧, L^- (或 $-L$) 是与 L 方向相反的有向曲线弧, 则

$$\int_{L^-} P(x,y)\mathrm{d}x + Q(x,y)\mathrm{d}y = -\int_L P(x,y)\mathrm{d}x + Q(x,y)\mathrm{d}y.$$

证 把 L 分成 n 小段, 相应地 L^- 也分成 n 小段. 对于每一个小段弧来说, 当曲线弧的方向改变时, 有向弧段在坐标轴上的投影的绝对值不变但要改变符号, 因此性质 2 成立.

性质 2 表明, 当积分弧段的方向改变时, 对坐标的曲线积分要改变符号. **因此关于对坐标的曲线积分, 我们必须注意积分弧段的方向.**

另外, 曲线积分还有其他与定积分相类似的性质, 在此不再重述.

当 L 是一条闭曲线时, 把对坐标的曲线积分记作 $\oint_L P\mathrm{d}x + Q\mathrm{d}y$.

二、对坐标的曲线积分的计算法

1. 平面曲线情形

定理 1 设函数 $P(x,y)$、$Q(x,y)$ 在有向光滑曲线弧 L 上有定义且连续, L 的参数方程为

$$\begin{cases} x = \varphi(t), \\ y = \psi(t), \end{cases}$$

当参数 t 单调地由 α 变到 β 时, 点 $M(x,y)$ 从 L 的起点 A 沿 L 运动到终点 B, $\varphi(t)$、$\psi(t)$ 在 $[\alpha,\beta]$ 上具有一阶连续导数, 且 $\varphi'^2(t) + \psi'^2(t) \neq 0$, 则曲线积分

$$\int_L P(x,y)\mathrm{d}x + Q(x,y)\mathrm{d}y$$

存在, 且

$$\int_L P(x,y)\mathrm{d}x + Q(x,y)\mathrm{d}y = \int_\alpha^\beta \{P[\varphi(t),\psi(t)]\varphi'(t) + Q[\varphi(t),\psi(t)]\psi'(t)\}\mathrm{d}t.$$

$$(6\text{-}1)$$

公式 (6-1) 表明, 计算对坐标的曲线积分 $\int_L P(x,y)\mathrm{d}x + Q(x,y)\mathrm{d}y$ 时, 只要把 x、y、$\mathrm{d}x$、$\mathrm{d}y$ 依次换为 $\varphi(t)$、$\psi(t)$、$\varphi'(t)\mathrm{d}t$、$\psi'(t)\mathrm{d}t$, 然后从 L 的起点所对应的参数值 α 到 L 的终点所对应的参数值 β 作定积分就行了. 这里**必须注意, 下限 α 对应于 L 的起点, 上限 β 对应于 L 的终点, α 不一定小于 β.**

如果 L 由方程 $y = y(x)$ 或 $x = x(y)$ 给出, 可以把它们看作是参数方程的特殊情形, 例如, 当 L 由 $y = y(x)$ 给出时, 公式 (6-1) 成为

$$\int_L P(x,y)\mathrm{d}x + Q(x,y)\mathrm{d}y = \int_a^b \{P[x,y(x)] + Q[x,y(x)]y'(x)\}\mathrm{d}x.$$

这里下限 a 对应于 L 的起点, 上限 b 对应于 L 的终点.

例 1 计算 $\int_L xy^2\mathrm{d}y$, 其中 L 为抛物线 $y = x^2$ 上从点 $A(-1,1)$ 到点 $B(1,1)$ 的一段弧 (图

10-31).

　　解　将所给曲线积分化为对 x 的定积分来计算,现在 $y=x^2$, x 从 -1 变到 1,因此

$$\int_L xy^2\,\mathrm{d}y = \int_{-1}^1 x\cdot(x^2)^2\cdot 2x\,\mathrm{d}x = 2\int_{-1}^1 x^6\,\mathrm{d}x = \frac{4}{7}.$$

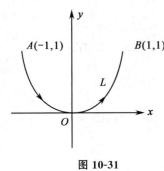

图 10-31

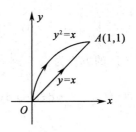

图 10-32

　　例 2　计算 $\displaystyle\int_L 2xy^2\,\mathrm{d}x + x^3\,\mathrm{d}y$,其中 L 为(如图 10-32 所示).

　　(1) 抛物线 $y^2=x$ 上从点 $O(0,0)$ 到点 $A(1,1)$ 的一段弧;

　　(2) 从点 $O(0,0)$ 到 $A(1,1)$ 的直线段.

　　解　(1) 现在 L 的方程为 $y^2=x$,把它化为对 y 的定积分来计算,y 从 0 变到 1,因此

$$\int_L 2xy^2\,\mathrm{d}x + x^3\,\mathrm{d}y = \int_0^1 (2\cdot y^2\cdot y^2\cdot 2y + y^6)\,\mathrm{d}y = \int_0^1 (4y^5+y^6)\,\mathrm{d}y = \frac{17}{21}.$$

　　(2) L 为从点 $O(0,0)$ 到 $A(1,1)$ 的直线段,所以 L 的方程为:$y=x$, x 从 0 变到 1,于是

$$\int_L 2xy^2\,\mathrm{d}x + x^3\,\mathrm{d}y = \int_0^1 (2x\cdot x^2 + x^3)\,\mathrm{d}x = \int_0^1 3x^3\,\mathrm{d}x = \frac{3}{4}.$$

　　从例 2 看出,虽然两个曲线积分的被积函数相同,起点和终点也相同,但沿不同的路径得出的值并不相等.

　　例 3　计算 $\displaystyle\int_L y\,\mathrm{d}x + x\,\mathrm{d}y$,其中 L 为(图 10-33):

　　(1) 半径为 a 圆心在原点,按逆时针方向绕行的上半圆周;

　　(2) 从点 $A(a,0)$ 沿 x 轴到点 $B(-a,0)$ 的直线段;

　　(3) 有向折线 ACB,这里 A,C,B 依次为点 $(a,0)$,$(0,a)$,$(-a,0)$.

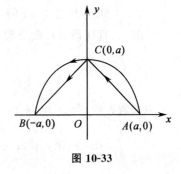

图 10-33

　　解　(1) L 的参数方程为:$x=a\cos t$, $y=a\sin t$, t 从 0 变到 π,因此

$$\int_L y\,\mathrm{d}x + x\,\mathrm{d}y = \int_0^\pi [a\sin t(-a\sin t) + a\cos t\cdot a\cos t]\,\mathrm{d}t$$

$$= a^2\int_0^\pi \cos 2t\,\mathrm{d}t = a^2\left(\frac{1}{2}\sin 2t\right)\bigg|_0^\pi = 0.$$

　　(2) L 为直线段 AB,方程为 $y=0$, x 从 a 变到 $-a$,因此

$$\int_L y\mathrm{d}x + x\mathrm{d}y = \int_a^{-a} 0 \cdot \mathrm{d}x = 0.$$

(3) $\displaystyle\int_L y\mathrm{d}x + x\mathrm{d}y = \int_{AC} y\mathrm{d}x + x\mathrm{d}y + \int_{CB} y\mathrm{d}x + x\mathrm{d}y,$

直线段 AC 的方程为: $y = a - x$, x 从 a 变到 0, 所以

$$\int_{AC} y\mathrm{d}x + x\mathrm{d}y = \int_a^0 [(a-x) + x \cdot (-1)]\mathrm{d}x = \int_a^0 [(a-2x)\mathrm{d}x = 0.$$

直线段 CB 的方程为: $y = a + x$, x 从 0 变到 $-a$, 所以

$$\int_{CB} y\mathrm{d}x + x\mathrm{d}y = \int_0^{-a} [(a+x) + x]\mathrm{d}x = \int_0^{-a} (a+2x)\mathrm{d}x = 0,$$

从而 $$\int_L y\mathrm{d}x + x\mathrm{d}y = 0.$$

从例 3 可以看出, **虽然沿不同的路径, 但曲线积分的值是相等的.**

2. 空间曲线情形

以上我们讨论了平面上对坐标的曲线积分的定义. 用完全类似的方法, 可以建立空间对坐标曲线积分的定义、性质与计算公式.

设空间有向光滑曲线 Γ 的参数方程为 $x = \varphi(t), y = \psi(t), z = \omega(t)$, 函数 $P(x, y, z)$, $Q(x, y, z), R(x, y, z)$ 是定义在其上的连续函数, 则有

$$\int_\Gamma P(x, y, z)\mathrm{d}x + Q(x, y, z)\mathrm{d}y + R(x, y, z)\mathrm{d}z$$
$$= \int_\alpha^\beta \{P[\varphi(t), \psi(t), \omega(t)]\varphi'(t) + Q[\varphi(t), \psi(t), \omega(t)]\psi'(t) + R[\varphi(t), \psi(t), \omega(t)]\omega'(t)\}\mathrm{d}t$$

$$(6\text{-}2)$$

这里下限 α 对应于 Γ 的起点, 上限 β 对应于 Γ 的终点.

例 4 (空间曲线上的曲线积分) 计算 $\displaystyle\int_L x\mathrm{d}x + y\mathrm{d}y + (x+y-1)\mathrm{d}z$, 其中 Γ 是从点 $A(1,1,1)$ 到点 $B(2,3,4)$ 的一段直线.

解 直线段 AB 的方程为

$$\frac{x-1}{2-1} = \frac{y-1}{3-1} = \frac{z-1}{4-1}.$$

化为参数方程, 得 $x = 1+t, y = 1+2t, z = 1+3t$, t 从 0 变到 1, 所以

$$\int_L x\mathrm{d}x + y\mathrm{d}y + (x+y-1)\mathrm{d}z = \int_0^1 [(1+t) + (1+2t)\cdot 2 + (1+3t)\cdot 3]\mathrm{d}t$$
$$= \int_0^1 (6 + 14t)\mathrm{d}t = [6t + 7t^2]_0^1 = 13.$$

3. 两类曲线积分间的联系

对弧长的曲线积分和对坐标的曲线积分, 从其物理意义和定义看都是不同的, 但是它们之间却存在着密切的联系. 下面导出的公式说明, 这两类曲线积分可以相互表示.

设 L 为平面有向光滑曲线弧,我们用曲线 L 的方向来规定其上每一点处的切线方向,即切线的指向与曲线的指向相同. 因此切线也成为有方向的了. 设有向切线的方向角(即切线向量与 x 轴和 y 轴正向的夹角)为 α 和 β(如图 10-34 所示),则由

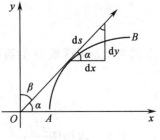

$$\frac{\mathrm{d}x}{\mathrm{d}s} = \cos\alpha, \quad \frac{\mathrm{d}y}{\mathrm{d}s} = \cos\beta.$$

得 $\mathrm{d}x = \cos\alpha\,\mathrm{d}s$, $\mathrm{d}y = \cos\beta\,\mathrm{d}s$. 所以

$$\int_L P(x,y)\mathrm{d}x + Q(x,y)\mathrm{d}y = \int_L [P(x,y)\cos\alpha + Q(x,y)\cos\beta]\mathrm{d}s. \tag{6-3}$$

图 10-34

这就是两类曲线积分之间的关系式.

类似地有空间 Γ 上的两类曲线积分之间的关系式

$$\int_\Gamma P\mathrm{d}x + Q\mathrm{d}y + R\mathrm{d}z = \int_\Gamma (P\cos\alpha + Q\cos\beta + R\cos\gamma)\mathrm{d}s.$$

其中 $\cos\alpha, \cos\beta, \cos\gamma$ 是空间有向曲线弧 Γ 在点 (x,y,z) 处的切线向量的方向余弦.

三、格林公式及其应用

1. 格林(Green)公式

在一元函数积分学中,牛顿 - 莱布尼兹公式表示在区间 $[a, b]$ 上的积分可以通过它的原函数在这个区间端点上的值来表达.

下面要介绍的格林公式告诉我们,在平面闭区域 D 上的二重积分可以通过沿闭区域 D 的边界线 L 上的曲线积分来表达.

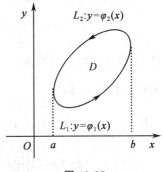

我们首先规定区域 D 的边界曲线 L 的正向:当观察者沿 L 的某个方向行走时,区域 D 总在其左边,则该方向为 L 的正向(如图 10-35). 按此规定,对于由一条封闭曲线 L 所围成的区域而言,其边界曲线 L 的正向就是逆时针方向. 又如,对于由两个同心圆所围成的区域而言,其边界为大圆周与小圆周,边界的正向为:大圆周为逆时针方向,小圆周为顺时针方向.

图 10-35

> **定理 2(格林公式)** 设闭区域 D 由分段光滑的曲线 L 围成,函数 $P(x,y)$ 及 $Q(x,y)$ 在 D 上具有一阶连续偏导数,则有
>
> $$\iint_D \left(\frac{\partial Q}{\partial x} - \frac{\partial P}{\partial y}\right)\mathrm{d}x\mathrm{d}y = \oint_L P\mathrm{d}x + Q\mathrm{d}y, \tag{6-4}$$
>
> 其中 L 是 D 的取正向的边界曲线. 公式(6-4)叫格林公式.

2. 格林公式的应用

（1）利用曲线积分求平面图形的面积

在格林公式(6-4)中取 $P(x,y) = -y$, $Q(x,y) = x$,即得

$$2\iint\limits_{D}dx\,dy=\oint_{L}x\,dy-y\,dx.$$

上式左端是闭区域 D 的面积 A 的二倍,因此有

$$A=\frac{1}{2}\oint_{L}x\,dy-y\,dx. \tag{6-5}$$

例5 求椭圆 $\dfrac{x^{2}}{a^{2}}+\dfrac{y^{2}}{b^{2}}=1$ 所围成图形的面积 A.

解 椭圆的参数方程为:$x=a\cos t$,$y=b\sin t$,根据公式(6-5)有

$$A=\frac{1}{2}\oint_{L}x\,dy-y\,dx=\frac{1}{2}\int_{0}^{2\pi}(ab\cos^{2}t+ab\sin^{2}t)dt=\frac{1}{2}ab\int_{0}^{2\pi}dt=\pi ab.$$

(2) 利用格林公式计算曲线积分

如果计算曲线积分遇到困难,而在闭曲线 L 所围成的区域 D 上的二重积分 $\iint\limits_{D}\left(\dfrac{\partial Q}{\partial x}-\dfrac{\partial P}{\partial y}\right)dx\,dy$ 却容易计算,这时可利用格林公式把曲线积分化为二重积分计算.

例6(满足格林公式条件) 计算 $\oint_{L}(3x+y-4)dx+(6x-2y+3)dy$,其中 L 是以 $O(0,0)$,$B(4,0)$,$C(4,5)$ 为顶点的三角形正向边界(如图 10-36 所示).

解(间接法) 本题 L 为闭曲线,且

$$P=3x+y-4,Q=6x-2y+3,$$

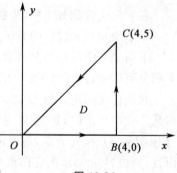

P,Q 满足格林公式的条件,又 $\dfrac{\partial Q}{\partial x}=6,\dfrac{\partial P}{\partial y}=1,\dfrac{\partial Q}{\partial x}-\dfrac{\partial P}{\partial y}=5,$

所以由格林公式得

$$\oint_{L}(3x+y-4)dx+(6x-2y+3)dy$$
$$=\iint\limits_{D}(6-1)dx\,dy=5\iint\limits_{D}dx\,dy=5\cdot S_{\triangle OBC}=5\cdot\frac{1}{2}\cdot4\cdot5=50.$$

图 10-36

本题若直接用公式(6-1)化定积分来计算,需要把 L 分成三部分 OB,BC,CO,计算量大.

例7(积分曲线非闭曲线补线法用格林公式) 计算曲线积分

$$I=\int_{L}(e^{x}\sin y-my)dx+(e^{x}\cos y-m)dy,$$

其中 L 为从起点 A 点沿圆 $x^{2}+y^{2}=ax$ $(a>0)$ 上半圆周逆时针到终点原点 $O(0,0)$ 的有向曲线弧(如图 10-37 所示).

解(间接法) 直接用公式(6-1)计算十分麻烦,由于 $P=e^{x}\sin y-my$,$Q=e^{x}\cos y-m$

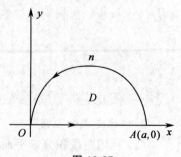

$$\frac{\partial P}{\partial y}=e^{x}\cos y-m,\quad\frac{\partial Q}{\partial x}=e^{x}\cos y,\quad\frac{\partial Q}{\partial x}-\frac{\partial P}{\partial y}=m,$$

图 10-37

　　而积分曲线 L 不是闭曲线,不满足格林公式,所以添加有向线段 OA,则 $L+OA$ 是一条正向闭曲线,由它围成的区域为 D(图 10-37),

　　由格林公式知

$$I_1 = \oint_{L+OA} (e^x \sin y - my)\mathrm{d}x + (e^x \cos y - m)\mathrm{d}y = \iint_D m\,\mathrm{d}x\,\mathrm{d}y = m\,\frac{\pi}{2}\cdot\left(\frac{a}{2}\right)^2 = \frac{ma^2\pi}{8},$$

用化为定积分的基本方法计算 OA 段的积分,OA 的方程为 $y=0$,所以 $\mathrm{d}y=0$.

$$I_2 = \int_{OA} (e^x \sin y - my)\mathrm{d}x + (e^x \cos y - m)\mathrm{d}y = 0,$$

所以 $I = I_1 - I_2 = I_1 = \dfrac{ma^2\pi}{8}$.

　　注　本例题的解法具有一定的典型意义,当一个非闭曲线积分不易计算时,可适当补充曲线使其成为闭曲线,然后应用格林公式来计算曲线积分,也称**补线法**.

　　例 8(被积函数在闭曲线所围区域有不连续点)　计算 $I = \oint_L \dfrac{x\,\mathrm{d}y - y\,\mathrm{d}x}{x^2 + y^2}$,其中

(1)L 为以原点为圆心的任一正向圆周;

(2)L 为包含原点的任一闭曲线.

　　解　(1) 因为

$$P(x,y) = -\frac{y}{x^2 + y^2},\ Q(x,y) = \frac{x}{x^2 + y^2},$$

则

$$\frac{\partial P}{\partial y} = \frac{y^2 - x^2}{(x^2 + y^2)^2},\ \frac{\partial Q}{\partial x} = \frac{y^2 - x^2}{(x^2 + y^2)^2},\ \text{所以}\ \frac{\partial P}{\partial y} = \frac{\partial Q}{\partial x}.$$

而 P,Q 以及 $\dfrac{\partial P}{\partial y}$,$\dfrac{\partial Q}{\partial x}$ 在原点都没定义,所以不连续,不能用格林公式.

直接利用曲线积分化定积分的基本公式(6-1)计算.(直接法)

设圆周为 $x = R\cos t$,$y = R\sin t$,则

$$\oint_L \frac{x\,\mathrm{d}y - y\,\mathrm{d}x}{x^2 + y^2} = \int_0^{2\pi} \frac{R^2(\cos^2 t + \sin^2 t)}{R^2}\mathrm{d}t = 2\pi.$$

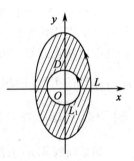

图 10-38

　　(2) 闭曲线没给出具体方程,不能用直接法,以原点为圆心,作一半径任意小的圆,挖掉不连续点(如图 10-38),间接应用格林公式(挖洞法).

　　补 L_1:$x^2 + y^2 = \varepsilon^2$,$\varepsilon$ 为充分小的正数,D 为 L 与 L_1 所围区域,边界方向为逆时针.由格林公式,

$$\oint_{L-L_1} \frac{x\,\mathrm{d}y - y\,\mathrm{d}x}{x^2 + y^2} = \iint_D 0\,\mathrm{d}x\,\mathrm{d}y = 0$$

$$I = \oint_L \frac{x\,\mathrm{d}y - y\,\mathrm{d}x}{x^2 + y^2} = \oint_{L_1} \frac{x\,\mathrm{d}y - y\,\mathrm{d}x}{x^2 + y^2}$$

转化为求 $\oint_{L_1} \dfrac{x\,dy - y\,dx}{x^2 + y^2}$,求此积分可以应用以下两种方法计算:

方法 1   同问题(1)直接用基本公式转化为定积分

$$I = \oint_{L_1} \frac{x\,dy - y\,dx}{x^2 + y^2} = \int_0^{2\pi} \frac{\varepsilon^2 \cos^2\theta + \varepsilon^2 \sin^2\theta}{\varepsilon^2}\,d\theta = \int_0^{2\pi} d\theta = 2\pi.$$

方法 2   先代入化简再计算

$$\oint_{L_1} \frac{x\,dy - y\,dx}{x^2 + y^2} = \oint_{L_1} \frac{x\,dy - y\,dx}{\varepsilon^2} = \frac{1}{\varepsilon^2} \oint_{L_1} x\,dy - y\,dx \xrightarrow{\text{格林公式}} \frac{1}{\varepsilon^2} \iint_{D_1} 2\,dx\,dy = 2\pi.$$

其中 D_1 为 L_1 所围区域.

注:应用格林公式计算曲线积分时,要注意闭曲线所围区域内是否有不连续点.

四、曲线积分与路径无关的条件

先引进一个重要概念 —— 平面单连通区域.

设 D 为平面区域,如果 D 内任一闭曲线所围的部分都属于 D,则称 D 为平面单连通区域,否则称为复连通区域.通俗地说,平面单连通区域就是不含有"洞"(包括点"洞")的区域,复连通区域是含有"洞"(包括点"洞")的区域.例如,平面上的圆形区域.$\{(x,y) \mid x^2 + y^2 < 1\}$,上半平面 $\{(x,y) \mid y > 0\}$ 都是单连通区域,圆环形区域 $\{(x,y) \mid 1 < x^2 + y^2 < 4\}$、$\{(x,y) \mid 0 < x^2 + y^2 < 2\}$ 都是复连通区域.

前面已经看到,例 2 中的曲线积分与路径有关;例 3 中的曲线积分与路径无关,仅与曲线的始点、终点有关.问题:在什么条件下曲线积分与路径无关呢?为了研究这个问题,首先要明确什么叫曲线积分 $\int_L P\,dx + Q\,dy$ 与路径无关.

设 G 是一个开区域,函数 $P(x,y)$,$Q(x,y)$ 在区域 G 内具有一阶连续偏导数,如果对于 G 内任意指定的两个点 A、B 以及 G 内从点 A 到点 B 的任意两条曲线 L_1、L_2(如图 10-39 所示),等式 $\int_{L_1} P\,dx + Q\,dy = \int_{L_2} P\,dx + Q\,dy$ 恒成立,则称曲线积分 $\int_L P\,dx + Q\,dy$ 在 D 内与**路径无关**,否则称与路径有关.

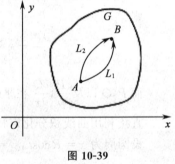

图 10-39

如果曲线积分与路径无关,那么根据上述定义有 $\int_{L_1} P\,dx + Q\,dy = \int_{L_2} P\,dx + Q\,dy$,由于

$$\int_{L_2} P\,dx + Q\,dy = -\int_{-L_2} P\,dx + Q\,dy,$$

所以

$$\int_{L_1} P\,dx + Q\,dy + \int_{-L_2} P\,dx + Q\,dy = 0,$$

即

$$\oint_{L_1 + (-L_2)} P\,dx + Q\,dy = 0.$$

这里 $L_1+(-L_2)$ 是一条有向闭曲线,因此,在区域 G 内由曲线积分与路径无关可推得在 G 内沿任意闭曲线的曲线积分为零.反过来,把上述步骤逆推便知,如果在区域 G 内沿任意闭曲线的曲线积分为零,那么在 G 内曲线积分与路径无关.由此得出结论:

曲线积分 $\int_L P\mathrm{d}x+Q\mathrm{d}y$ 在 D 内与路径无关,等价于在 G 内沿任意闭曲线 C 的曲线积分 $\int_C P\mathrm{d}x+Q\mathrm{d}y=0$.

> **定理 3**　设函数 $P(x,y),Q(x,y)$ 在单连通区域 G 内有一阶连续偏导数,则曲线积分 $\int_L P\mathrm{d}x+Q\mathrm{d}y$ 在 G 内与路径无关(或沿 G 内任意闭曲线的曲线积分为零)的充分必要条件是等式 $\dfrac{\partial P}{\partial y}=\dfrac{\partial Q}{\partial x}$ 在 G 内恒成立.

例 9　验证曲线积分 $\int_L (x^4+4xy^3-1)\mathrm{d}x+(6x^2y^2-5y^4+1)\mathrm{d}y$ 在全平面上与路径无关,并就 L 为 $x^2+y^2=9$ 在第一象限部分弧段从 $A(0,3)$ 到 $B(3,0)$ 来计算此曲线积分的值.

解　这里

$$P(x,y)=x^4+4xy^3-1,\quad Q(x,y)=6x^2y^2-5y^4+1,$$

$$\frac{\partial P}{\partial y}=12xy^2,\ \frac{\partial Q}{\partial x}=12xy^2.$$

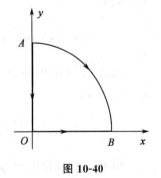

图 10-40

对于任意的 x,y 均有 $\dfrac{\partial P}{\partial y}=\dfrac{\partial Q}{\partial x}$ 成立,且 P、Q 及 $\dfrac{\partial P}{\partial y}$、$\dfrac{\partial Q}{\partial x}$ 连续,故由定理 3 可知,曲线积分

$$\int_L (x^4+4xy^3-1)\mathrm{d}x+(6x^2y^2-5y^4+1)\mathrm{d}y$$

在全平面上与路径无关.

上述曲线积分与路径无关,我们可以选取 $AO+OB$ 为积分路径(如图 10-40 所示),于是

$$\int_L (x^4+4xy^3-1)\mathrm{d}x+(6x^2y^2-5y^4+1)\mathrm{d}y$$

$$=\int_3^0 (-5y^4+1)\mathrm{d}y+\int_0^3 (x^4-1)\mathrm{d}x$$

$$=\left[-y^5+y\right]_3^0+\left[\frac{1}{5}x^5-x\right]_0^3=\frac{1\,428}{5}.$$

在定理 3 中,区域 D 是"单连通区域"的条件是很重要的,若 D 不是单连通区域,即使 P、Q 有连续偏导数,且在区域内恒有 $\dfrac{\partial P}{\partial y}=\dfrac{\partial Q}{\partial x}$,曲线积分也不一定与路径无关.

五、二元函数全微分求积

现在要讨论:函数 $P(x,y),Q(x,y)$ 满足什么条件时,表达式 $P(x,y)\mathrm{d}x+Q(x,y)\mathrm{d}y$

在 G 内为某个二元函数 $u(x,y)$ 的全微分；当这样的二元函数存在时，如何把它求出来？我们不加证明地给出如下定理：

定理 4 设区域 G 是一个单连通区域，函数 $P(x,y)$，$Q(x,y)$ 在 G 内具有一阶连续偏导数，则 $P(x,y)\mathrm{d}x + Q(x,y)\mathrm{d}y$ 在 G 内为某一函数 $u(x,y)$ 的全微分的充要条件是等式

$$\frac{\partial P}{\partial y} = \frac{\partial Q}{\partial x} \tag{6-6}$$

在 G 内恒成立.

根据上述定理，如果函数 $P(x,y)$、$Q(x,y)$ 在单连通区域 G 内有一阶连续偏导数，且满足条件(6-6)，那么 $P(x,y)\mathrm{d}x + Q(x,y)\mathrm{d}y$ 是某个函数 $u(x,y)$ 的全微分，且可以证明

$$u(x,y) = \int_{(x_0,y_0)}^{(x,y)} P(x,y)\mathrm{d}x + Q(x,y)\mathrm{d}y$$

其中 (x_0,y_0) 为 G 内任意一点.

因为这时的曲线积分与路径无关，为计算方便，选择平行于坐标轴的直线段连成的折线 M_0RM 或 M_0SM 作为积分路径(图 10-41)，当然要假定这些折线完全位于 G 内.

如沿 M_0RM 积分，M_0R 段，$y=y_0$，$\mathrm{d}y=0$，RM 段，x 不变，$\mathrm{d}x=0$ 所以

$$u(x,y) = \int_{x_0}^{x} P(x,y_0)\mathrm{d}x + \int_{y_0}^{y} Q(x,y)\mathrm{d}y \tag{6-7}$$

如沿 M_0SM 积分，M_0S 段，$x=x_0$，$\mathrm{d}x=0$，SM 段，y 不变，$\mathrm{d}y=0$，所以

$$u(x,y) = \int_{y_0}^{y} Q(x_0,y)\mathrm{d}y + \int_{x_0}^{x} P(x,y)\mathrm{d}x \tag{6-8}$$

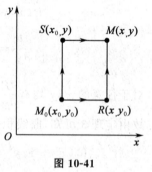

图 10-41

例 10 验证整个 xOy 面内，$xy^2\mathrm{d}x + x^2y\mathrm{d}y$ 是某个函数的全微分. 并求出这样一个函数.

解 令 $P = xy^2$ $\quad Q = x^2y$，则

$$\frac{\partial Q}{\partial x} = 2xy = \frac{\partial P}{\partial y},$$

在整个 xOy 面内恒成立. 因此，在整个 xOy 面内，$xy^2\mathrm{d}x + x^2y\mathrm{d}y$ 是某个函数的全微分. 取积分路径 $OA + AB$(如图 10-42 所示)，利用公式(6-7) 得所求的函数为

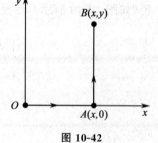

图 10-42

$$u(x,y) = \int_0^x x \cdot 0^2 \cdot \mathrm{d}x + \int_0^y x^2y\mathrm{d}y = \frac{1}{2}x^2y^2.$$

思考与探究

1.阅读教材思考回答

(1) 对弧长的曲线积分的物理意义？

(2) 对坐标的曲线积分的物理意义？

（3）两类曲线积分的基本计算思路都是转化为定积分的计算，思考对弧长与对坐标曲线积分转化为定积分的区别是什么？

（4）对弧长与对坐标的曲线积分互相转化的公式是什么？

2. 格林公式沟通了沿闭曲线的积分与二重积分的关系，给出了对坐标曲线积分的一种间接计算的方法，可以化繁为简，化难为易. 阅读教材举例说明间接法计算的常见题型与方法.

习题 10-6

1. 计算下列对坐标的曲线积分：

（1）$\int_L (x^2 - y^2)\mathrm{d}x$，其中 L 为抛物线 $y = x^2$ 上从点 $(0,0)$ 到点 $(2,4)$ 的一段弧；

（2）$\int_L xy\mathrm{d}x$，其中 L 为圆周 $(x-a)^2 + y^2 = a^2 (a > 0)$，$x$ 轴所围成的在第一象限内的区域的整个边界（按逆时针方向绕行）；

（3）$\int_L y\mathrm{d}x + x\mathrm{d}y$，其中 L 为圆周 $x = R\cos t$，$y = R\sin t$ 上对应 t 从 0 到 $\dfrac{\pi}{2}$ 的一段弧；

（4）$\int_L \dfrac{(x+y)\mathrm{d}x - (x-y)\mathrm{d}y}{x^2 + y^2}$，其中 L 为圆周 $x^2 + y^2 = a^2$（按逆时针方向绕行）；

（5）$\int_L (x^2 - 2xy)\mathrm{d}x + (y^2 - 2xy)\mathrm{d}y$，其中 L 为抛物线 $y = x^2$ 上从点 $(-1,1)$ 到点 $(1,1)$ 的一段弧.

2. 计算下列对坐标的曲线积分：

（1）$\int_\Gamma x^2\mathrm{d}x + z\mathrm{d}y - y\mathrm{d}z$，其中 Γ 为曲线 $x = k\theta$，$y = a\cos\theta$，$z = a\sin\theta$ 上对应 θ 从 0 到 π 的一段弧；

（2）$\oint_\Gamma \mathrm{d}x - \mathrm{d}y + y\mathrm{d}z$，其中 Γ 为有向闭折线 $ABCA$，这里 A、B、C 依次为点 $(1,0,0)$、$(0,1,0)$、$(0,0,1)$；

3. $\int_L (x+y)\mathrm{d}x + (y-x)\mathrm{d}y$，其中 L 是：

（1）抛物线 $x = y^2$ 上从点 $(1,1)$ 到点 $(4,2)$ 的一段弧；

（2）从点 $(1,1)$ 到点 $(4,2)$ 的直线段；

（3）先沿直线从点 $(1,1)$ 到点 $(1,2)$，然后再沿直线到点 $(4,2)$ 的折线；

（4）曲线 $x = 2t^2 + t + 1$，$y = t^2 + 1$ 上从点 $(1,1)$ 到点 $(4,2)$ 的一段弧.

4. 把对坐标的曲线积分 $\int_L P(x,y)\mathrm{d}x + Q(x,y)\mathrm{d}y$ 化成对弧长的曲线积分，其中 L 为：

（1）在 xOy 面内沿直线从点 $(0,0)$ 到点 $(1,1)$；

（2）沿抛物线 $y = x^2$ 从点 $(0,0)$ 到点 $(1,1)$；

（3）沿上半圆周 $x^2 + y^2 = 2x$ 从点 $(0,0)$ 到点 $(1,1)$.

5. 利用格林公式，计算下列曲线积分：

（1）$\oint_L (2x - y + 4)\mathrm{d}x + (5y + 3x - 6)\mathrm{d}y$，其中 L 为三顶点分别为 $(0,0)$、$(3,0)$ 和 $(3,2)$

的三角形正向边界；

(2)$\oint_L (2xy - x^2)\mathrm{d}x + (x + y^2)\mathrm{d}y$，其中 L 是由抛物线 $y = x^2$ 和 $y^2 = x$ 所围成的区域的正向边界曲线；

(3)$\oint_L (x^2 - xy^3)\mathrm{d}x + (y^2 - 2xy)\mathrm{d}y$，其中 L 是四个顶点分别为 $(0,0)$、$(2,0)$、$(2,2)$ 和 $(0,2)$ 的正方形区域的正向边界.

(4)$\oint_L (x^2 y \cos x + 2xy \sin x - y^2 e^x)\mathrm{d}x + (x^2 \sin x - 2y e^x)\mathrm{d}y$，其中 L 为正向星形线 $x^{\frac{2}{3}} + y^{\frac{2}{3}} = a^{\frac{2}{3}}(a > 0)$；

(5)$\int_L (2xy^3 - y^2 \cos x)\mathrm{d}x + (1 - 2y \sin x + 3x^2 y^2)\mathrm{d}y$，其中 L 为抛物线 $2x = \pi y^2$ 上由点 $(0,0)$ 到点 $\left(\dfrac{\pi}{2}, 1\right)$ 的一段弧；

(6)$\int_L (x^2 - y)\mathrm{d}x - (x + \sin^2 y)\mathrm{d}y$，其中 L 是在圆周 $y = \sqrt{2x - x^2}$ 上由点 $(0,0)$ 到点 $(1,1)$ 的一段弧.

6.计算曲线积分 $\oint_L \dfrac{y\,\mathrm{d}x - x\,\mathrm{d}y}{2(x^2 + y^2)}$，其中 L:圆周 $(x-1)^2 + y^2 = 2$，L 的方向为逆时针方向.

7.利用曲线积分,求下列曲线所围成的图形的面积:

(1) 星形线 $x = a\cos^3 t, y = a\sin^3 t$；

(2) 椭圆 $9x^2 + 16y^2 = 144$；

(3) 圆 $x^2 + y^2 = 2ax$.

8.证明下列曲线积分在整个 xOy 面内与路径无关,并计算积分值:

(1)$\int_{(1,1)}^{(2,3)} (x + y)\mathrm{d}x + (x - y)\mathrm{d}y$；

(2)$\int_{(1,2)}^{(3,4)} (6xy^2 - y^3)\mathrm{d}x + (6x^2 y - 3xy^2)\mathrm{d}y$；

(3)$\int_{(1,0)}^{(2,1)} (2xy - y^4 + 3)\mathrm{d}x + (x^2 - 4xy^3)\mathrm{d}y$.

9.验证下列 $P(x,y)\mathrm{d}x + Q(x,y)\mathrm{d}y$ 在整个 xOy 面内是某一函数 $u(x,y)$ 的全微分,并求这样的一个 $u(x,y)$:

(1)$(x + 2y)\mathrm{d}x + (2x + y)\mathrm{d}y$；

(2)$2xy\mathrm{d}x + x^2\mathrm{d}y$；

(3)$4\sin x \sin 3y \cos x\mathrm{d}x - 3\cos 3y \cos 2x\mathrm{d}y$；

(4)$(3x^2 y + 8xy^2)\mathrm{d}x + (x^3 + 8x^2 y + 12y e^y)\mathrm{d}y$；

(5)$(2x \cos y + y^2 \cos x)\mathrm{d}x + (2y \sin x - x^2 \sin y)\mathrm{d}y$.

第七节　对面积的曲面积分

对面积的曲面积分的概念与性质　对面积的曲面积分的计算法

一、对面积的曲面积分的概念与性质

在对弧长的曲线积分一节中,我们应用积分思想方法解决了非均匀曲线形构件的质量问题,类似的方法可以解决非均匀曲面形物件的质量问题. 我们把曲线 L 改为曲面 Σ,相应的线密度 $\mu(x,y)$ 改为面密度 $\mu(x,y,z)$,第 i 小段曲线的弧长 Δs_i 改为第 i 小块曲面的面积 ΔS_i,第 i 小段曲线上的点 (ξ_i,η_i) 改为第 i 小块曲面上的点 (ξ_i,η_i,ζ_i),那么在面密度 $\mu(x,y,z)$ 连续的情况下,所求质量 m 就是下列和的极限:

$$m = \lim_{\lambda \to 0} \sum_{i=1}^{n} \mu(\xi_i,\eta_i,\zeta_i)\Delta S_i,$$

其中 λ 表示 n 小块曲面的直径的最大值.

> **定义**　设曲面 Σ 是光滑的,函数 $f(x,y,z)$ 在 Σ 上有界,把 Σ 任意分成 n 小块 ΔS_i(ΔS_i 同时也代表第 i 小块曲面的面积),设 (ξ_i,η_i,ζ_i) 是 ΔS_i 上任意取定的一点,作乘积 $f(\xi_i,\eta_i,\zeta_i)\Delta S_i (i=1,2,\cdots,n)$,并作和 $\sum_{i=1}^{n} f(\xi_i,\eta_i,\zeta_i)\Delta S_i$,如果当各小块曲面的直径的最大值 $\lambda \to 0$ 时,这和式的极限总存在,且与曲面 Σ 的分法及点 (ξ_i,η_i,ζ_i) 的取法无关,那么称此极限为函数 $f(x,y,z)$ 在曲面 Σ 上**对面积的曲面积分**或**第一类曲面积分**,记作
>
> $$\iint_{\Sigma} f(x,y,z)\mathrm{d}S,$$
>
> 即
> $$\iint_{\Sigma} f(x,y,z)\mathrm{d}S = \lim_{\lambda \to 0} \sum_{i=1}^{n} f(\xi_i,\eta_i,\zeta_i)\Delta S_i,$$
>
> 其中 $f(x,y,z)$ 称为**被积函数**,Σ 称为**积分曲面**.

对面积的曲面积分的存在性:当 $f(x,y,z)$ 在光滑曲面 Σ 上连续时,对面积的曲面积分是存在的. 今后总假定 $f(x,y,z)$ 在 Σ 上连续.

根据上述定义,有

> 面密度为连续函数 $\mu(x,y,z)$ 的非均匀光滑曲面 Σ 的质量 m 为
> $$m = \iint_{\Sigma} \mu(x,y,z)\mathrm{d}S.$$

曲面 Σ 为闭曲面时,用符号"$\oiint_{\Sigma}$"表示.

容易验证对面积的曲面积分具有下列性质:

性质 1(线性性) 设 α, β 为常数,则

$$\iint_{\Sigma}[\alpha f(x,y,z)+\beta g(x,y,z)]\mathrm{d}S = \alpha\iint_{\Sigma}f(x,y,z)\mathrm{d}S + \beta\iint_{\Sigma}g(x,y,z)\mathrm{d}S.$$

性质 2(可加性) 若积分曲面 Σ 可分成两块光滑曲面 Σ_1 及 Σ_2

$$\iint_{\Sigma}f(x,y,z)\mathrm{d}S = \iint_{\Sigma_1}f(x,y,z)\mathrm{d}S + \iint_{\Sigma_2}f(x,y,z)\mathrm{d}S.$$

二、对面积的曲面积分的计算法

设积分曲面 Σ 由方程 $z=z(x,y)$ 给出,Σ 在 xOy 面上的投影区域为 D_{xy},$z=z(x,y)$ 在 D_{xy} 上具有连续偏导数,被积函数 $f(x,y,z)$ 在 Σ 上连续. 可以推出把对面积的曲面积分转化为二重积分的计算公式:

$$\iint_{\Sigma}f(x,y,z)\mathrm{d}S = \iint_{D_{xy}}[f(x,y,z(x,y))]\sqrt{1+z_x^2(x,y)+z_y^2(x,y)}\,\mathrm{d}x\,\mathrm{d}y.$$

计算对面积的曲面积分 $\iint_{\Sigma}f(x,y,z)\mathrm{d}S$ 的步骤:

第一步 写出曲面 Σ 的方程 $z=z(x,y)$,代入 $f(x,y,z)$ 并求出

$$\mathrm{d}S = \sqrt{1+z_x^2(x,y)+z_y^2(x,y)}\,\mathrm{d}x\,\mathrm{d}y;$$

第二步 写出 Σ 在 xOy 面上的投影区域为 D_{xy};

第三步 $\displaystyle\iint_{\Sigma}f(x,y,z)\mathrm{d}S = \iint_{D_{xy}}[f(x,y,z(x,y))]\sqrt{1+z_x^2(x,y)+z_y^2(x,y)}\,\mathrm{d}x\,\mathrm{d}y.$

类似地,如果积分曲面 Σ 由方程 $x=x(y,z)$ 或 $y=y(x,z)$ 给出,也可把对面积的曲面积分化为二重积分.

例 1 计算曲面积分 $\displaystyle\iint_{\Sigma}\frac{\mathrm{d}S}{z}$,其中 Σ 是球面 $x^2+y^2+z^2=a^2$ 被平面 $z=h(0<h<a)$ 截出的顶部(如图 10-43 所示).

解 Σ 的方程为 $z=\sqrt{a^2-x^2-y^2}$.

Σ 在 xOy 面上的投影区域 D_{xy}:

$$\{(x,y)\mid x^2+y^2\leqslant a^2-h^2\}.$$

又

$$\mathrm{d}S = \sqrt{1+z_x^2+z_y^2}\,\mathrm{d}x\,\mathrm{d}y = \frac{a}{\sqrt{a^2-x^2-y^2}}\,\mathrm{d}x\,\mathrm{d}y,$$

$$\iint_{\Sigma}\frac{\mathrm{d}S}{z} = \iint_{D_{xy}}\frac{a\,\mathrm{d}x\,\mathrm{d}y}{a^2-x^2-y^2}\quad(\text{利用极坐标计算})$$

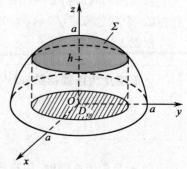

图 10-43

$$= \iint\limits_{D_{xy}} \frac{a\rho \,\mathrm{d}\rho \,\mathrm{d}\theta}{a^2 - \rho^2} = a \int_0^{2\pi} \mathrm{d}\theta \int_0^{\sqrt{a^2-h^2}} \frac{\rho \,\mathrm{d}\rho}{a^2 - \rho^2}$$

$$= 2\pi a \left[-\frac{1}{2}\ln(a^2 - \rho^2) \right]_0^{\sqrt{a^2-h^2}}$$

$$= 2\pi a \ln \frac{a}{h}.$$

例 2　计算 $\oiint\limits_{\Sigma} xyz \,\mathrm{d}S$,其中 Σ 是由平面 $x=0, y=0, z=0$ 及 $x+y+z=1$ 所围四面体的整个边界曲面.(图 10-44 所示)

解　曲面 Σ 在 $x=0, y=0, z=0, x+y+z=1$ 上的部分依次记为 $\Sigma_1, \Sigma_2, \Sigma_3, \Sigma_4$,于是

$$\oiint\limits_{\Sigma} xyz \,\mathrm{d}S = \iint\limits_{\Sigma_1} xyz \,\mathrm{d}S + \iint\limits_{\Sigma_2} xyz \,\mathrm{d}S + \iint\limits_{\Sigma_3} xyz \,\mathrm{d}S + \iint\limits_{\Sigma_4} xyz \,\mathrm{d}S.$$

注意到在 $\Sigma_1, \Sigma_2, \Sigma_3$ 上,被积函数 $f(x,y,z)=xyz=0$,故上式右端前三项积分等于零.

在 Σ_4 上,$z=1-x-y$,所以

$$\sqrt{1+z_x^2+z_y^2} = \sqrt{1+(-1)^2+(-1)^2} = \sqrt{3},$$

D_{xy} 是 Σ_4 在 xOy 面上的投影区域,从而

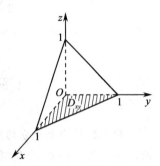

图 10-44

$$\oiint\limits_{\Sigma} xyz \,\mathrm{d}S = \oiint\limits_{\Sigma_4} xyz \,\mathrm{d}S = \iint\limits_{D_{xy}} \sqrt{3}\,xy(1-x-y)\,\mathrm{d}x\,\mathrm{d}y$$

$$= \sqrt{3} \int_0^1 x \,\mathrm{d}x \int_0^{1-x} y(1-x-y)\,\mathrm{d}y$$

$$= \sqrt{3} \int_0^1 x \left[(1-x)\frac{y^2}{2} - \frac{y^3}{3} \right]_0^{1-x} \mathrm{d}x$$

$$= \sqrt{3} \int_0^1 x \cdot \frac{(1-x)^3}{6}\,\mathrm{d}x$$

$$= \frac{\sqrt{3}}{6} \int_0^1 (x - 3x^2 + 3x^3 - x^4)\,\mathrm{d}x = \frac{\sqrt{3}}{120}.$$

思考与探究

当 Σ 是 xOy 面内的一个闭区域时,曲面积分 $\iint\limits_{\Sigma} f(x,y,z)\mathrm{d}S$ 与二重积分有什么关系?

习题 10-7

1.计算曲面积分 $\iint\limits_{\Sigma} f(x,y,z)\mathrm{d}S$,其中 Σ 为抛物面 $z=2-(x^2+y^2)$ 在 xOy 面上方的部分,$f(x,y,z)$ 分别如下:

(1) $f(x,y,z)=1$;　　　(2) $f(x,y,z)=x^2+y^2$;　　　(3) $f(x,y,z)=3z$.

2.计算 $\iint\limits_{\Sigma}(x^2+y^2)\mathrm{d}S$,其中 Σ 是

(1) 锥面 $z=\sqrt{x^2+y^2}$ 及平面 $z=1$ 所围成的区域的整个边界曲面；

(2) 锥面 $z^2=3(x^2+y^2)$ 被平面 $z=0$ 和 $z=3$ 所截得的部分.

3.计算下列对面积的曲面积分：

(1) $\iint\limits_{\Sigma}\left(z+2x+\dfrac{4}{3}y\right)\mathrm{d}S$,其中 Σ 为平面 $\dfrac{x}{2}+\dfrac{y}{3}+\dfrac{z}{4}=1$ 在第一卦限中的部分；

(2) $\iint\limits_{\Sigma}(x+y+z)\mathrm{d}S$,其中 Σ 为球面 $x^2+y^2+z^2=a^2$ 上 $z\geqslant h(0<h<a)$ 的部分；

(3) $\iint\limits_{\Sigma}(xy+yz+zx)\mathrm{d}S$,其中 Σ 为锥面 $z=\sqrt{x^2+y^2}$ 被柱面 $x^2+y^2=2ax$ 所截得的有限部分.

4.求抛物面壳 $z=\dfrac{1}{2}(x^2+y^2)(0\leqslant z\leqslant 1)$ 的质量,此壳的面密度为 $\mu=z$.

5.求面密度为 μ_0 的均匀半球壳 $x^2+y^2+z^2=a^2(z\geqslant 0)$ 对于 z 轴的转动惯量.

第八节   对坐标的曲面积分

对坐标的曲面积分的概念和性质   有向曲面   对坐标的曲面积分的计算方法   两类曲面积分之间的联系   高斯公式   通量与散度   斯托克斯公式   环流量与旋度

一、对坐标的曲面积分的概念和性质

我们对曲面作一些说明,这里假定曲面是光滑的.

1.有向曲面

通常我们遇到的曲面都是双侧的,例如由方程 $z=f(x,y)$ 表示的曲面,有上侧与下侧之分；一张包围某一空间区域的闭曲面,有内测与外侧之分,以后我们总假定所考虑的曲面是双侧的.

在讨论对坐标的曲面积分时,需要指定曲面的侧.我们可以通过曲面上法向量的指向来指定曲面的侧.我们规定：

如果曲面 Σ 由方程为 $z=z(x,y)$ 给出,其法向量为 $\boldsymbol{n}=(\cos\alpha,\cos\beta,\cos\gamma)$,则曲面分为上侧与下侧,其中在曲面的上侧 $\cos\gamma>0$ ；在曲面的下侧 $\cos\gamma<0$.

如果曲面 Σ 由方程为 $y=y(x,z)$ 给出,其法向量为 $\boldsymbol{n}=(\cos\alpha,\cos\beta,\cos\gamma)$,则曲面分为右侧与左侧,其中在曲面的右侧, $\cos\beta>0$ ；在曲面的左侧 $\cos\beta<0$.

如果曲面 Σ 由方程为 $x=x(y,z)$ 给出,其法向量为 $\boldsymbol{n}=(\cos\alpha,\cos\beta,\cos\gamma)$,则曲面分为前侧与后侧,其中在曲面的前侧, $\cos\alpha>0$ ；在曲面的后侧 $\cos\alpha<0$.

规定了侧的双侧曲面为**有向曲面**.

设 Σ 是有向曲面.在 Σ 上取一小块曲面 ΔS ,把 ΔS 投影到 xOy 面上得一投影区域,记这一投影区域的面积为 $(\Delta\sigma)_{xy}$,假定 ΔS 上各点处的法向量与 z 轴的夹角 γ 的余弦 $\cos\gamma$ 有相同的

符号(即 $\cos\gamma$ 都是正的或都是负的). 我们规定 ΔS 在 xOy 面上的投影 $(\Delta S)_{xy}$ 如下:

$$(\Delta S)_{xy} = \begin{cases} (\Delta\sigma)_{xy}, & \cos\gamma > 0, \\ -(\Delta\sigma)_{xy}, & \cos\gamma < 0, \\ 0, & \cos\gamma \equiv 0. \end{cases}$$

其中 $\cos\gamma \equiv 0$ 也就是 $(\Delta\sigma)_{xy} = 0$ 的情形. 类似地,可以规定 ΔS 在 yOz 及 zOx 面上的投影 $(\Delta S)_{yz}$ 及 $(\Delta S)_{zx}$.

2. 流向曲面一侧的流量

设稳定流动的不可压缩流体的速度场由

$$v(x,y,z) = P(x,y,z)\boldsymbol{i} + Q(x,y,z)\boldsymbol{j} + R(x,y,z)\boldsymbol{k}$$

给出,Σ 是速度场中的一片有向曲面,函数 $P(x,y,z)$、$Q(x,y,z)$、$R(x,y,z)$ 都在 Σ 上连续. 若流体的密度为 1,求在单位时间内流向 Σ 指定侧的流体的质量,即流量 Φ.

如果流体流过平面上面积为 A 的一个闭区域,且流体在这个闭区域上各点处的流速为常向量 v(如图 10-44(a) 所示),又设 $\boldsymbol{n}$ 为该平面的单位法向量,那么在单位时间内流过这个闭区域的流体构成一个底面积为 A,斜高为 $|v|$ 的斜柱体(如图 10-45(b) 所示).

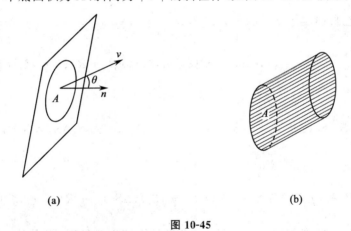

(a) (b)

图 10-45

当 $(\widehat{v,n}) = \theta < \dfrac{\pi}{2}$ 时,这个斜柱体的体积为

$$A|v|\cos\theta = Av \cdot n.$$

这也就是通过闭区域 A 流向 $\boldsymbol{n}$ 所指一侧的流量 Φ;

当 $(\widehat{v,n}) = \dfrac{\pi}{2}$ 时,显然流体通过闭区域 A 流向 $\boldsymbol{n}$ 所指一侧的流量 $\Phi = 0$,而

$$v \cdot n = A(v \cdot n) = 0,\text{所以 } \Phi = A(v \cdot n);$$

当 $(\widehat{v,n}) > \dfrac{\pi}{2}$ 时,$A(v \cdot n) < 0$,这时我们仍把 $Av \cdot n$ 称为流体通过此闭区域流向 $\boldsymbol{n}$ 所指一侧的流量,它表示流体通过此闭区域 A 实际流向 $-\boldsymbol{n}$ 所指一侧,且流向 $-\boldsymbol{n}$ 所指一侧流量为 $-A(v \cdot n)$. 因此,不论 $(\widehat{v,n})$ 为何值,流体通过此闭区域 A 流向 $\boldsymbol{n}$ 所指一侧的流量 Φ 均为 $A(v \cdot n)$.

对于一般的曲面 Σ，把曲面 Σ 分成 n 小块 ΔS_i（ΔS_i 同时也代表第 i 小块曲面的面积）.（如图 10-46 所示）在 Σ 是光滑曲面和 $\boldsymbol{v}$ 连续的前提下，只要 ΔS_i 的直径很小，就可以用 ΔS_i 上任一点 (ξ_i,η_i,ζ_i) 处的流速

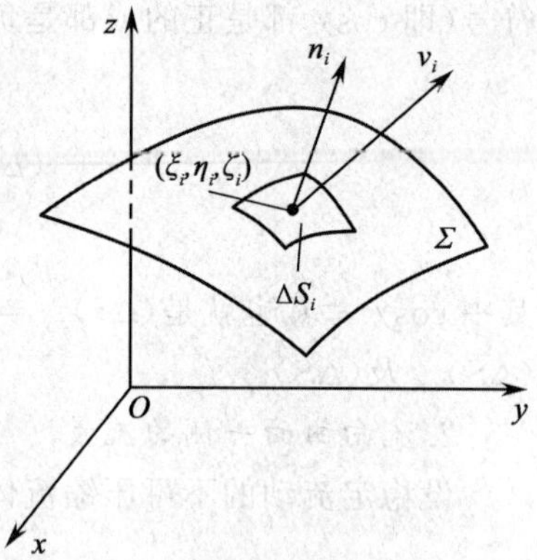

图 10-46

$$\boldsymbol{v}_i(\xi_i,\eta_i,\zeta_i)=P(\xi_i,\eta_i,\zeta_i)\boldsymbol{i}+Q(\xi_i,\eta_i,\zeta_i)\boldsymbol{j}+R(\xi_i,\eta_i,\zeta_i)\boldsymbol{k}$$

来代替 ΔS_i 上其他各点处的流速，以点 (ξ_i,η_i,ζ_i) 处曲面 Σ 的单位法向量

$$\boldsymbol{n}_i=(\cos\alpha_i,\cos\beta_i,\cos\gamma_i)$$

来代替 ΔS_i 上其他各点处的单位法向量，从而得到通过 ΔS_i 流向指定侧的流量的近似值为

$$\boldsymbol{v}_i\cdot\boldsymbol{n}_i\Delta S_i\ (i=1,2,\cdots,n).$$

于是通过 Σ 流向指定侧的流量为

$$\begin{aligned}\Phi&\approx\sum_{i=1}^{n}\boldsymbol{v}_i,\boldsymbol{n}_i\Delta S_i\\&=\sum_{i=1}^{n}[P(\xi_i,\eta_i,\zeta_i)\cos\alpha_i+Q(\xi_i,\eta_i,\zeta_i)\cos\beta_i+R(\xi_i,\eta_i,\zeta_i)\cos\gamma_i]\Delta S_i,\end{aligned}$$

由于

$$\cos\alpha_i\Delta S_i\approx(\Delta S_i)_{yz},\quad\cos\beta_i\Delta S_i\approx(\Delta S_i)_{xz},\quad\cos\gamma_i\Delta S_i\approx(\Delta S_i)_{xy}.$$

因此

$$\Phi=\lim_{\lambda\to0}\sum_{i=1}^{n}[P(\xi_i,\eta_i,\zeta_i)(\Delta S_i)_{yz}+Q(\xi_i,\eta_i,\zeta_i)(\Delta S_i)_{xz}+R(\xi_i,\eta_i,\zeta_i)(\Delta S_i)_{xy}].$$

这样的极限还会在其他问题中遇到，抽去它们的具体意义，就得到对坐标的曲面积分的概念：

3. 对坐标的曲面积分

定义　设 Σ 为光滑的有向曲面，函数 $R(x,y,z)$ 在 Σ 上有界. 把 Σ 任意分成 n 块小曲面 ΔS_i（ΔS_i 也代表第 i 块小曲面的面积），又设 ΔS_i 在 xOy 面上的投影为 $(\Delta S_i)_{xy}$，(ξ_i,η_i,ζ_i) 是 ΔS_i 上任意取定的一点. 作乘积 $R(\xi_i,\eta_i,\zeta_i)(\Delta S_i)_{xy}(i=1,2,\cdots,n)$，并作和

$$\sum_{i=1}^{n}R(\xi_i,\eta_i,\zeta_i)(\Delta S_i)_{xy}$$

如果当表示各小块曲面的直径的最大值 $\lambda\to0$ 时，这和式的极限总存在，且与曲面 Σ 的分法及点 (ξ_i,η_i,ζ_i) 的取法无关，那么称此极限为函数 $R(x,y,z)$ 在曲面 Σ 上的**对坐标 x、y 的曲面积分**，记作 $\iint\limits_{\Sigma}R(x,y,z)\mathrm{d}x\mathrm{d}y$，即

$$\iint\limits_{\Sigma} R(x,y,z)\mathrm{d}x\,\mathrm{d}y = \lim_{\lambda\to 0}\sum_{i=1}^{n} R(\xi_i,\eta_i,\zeta_i)(\Delta S_i)_{xy},$$

其中 $R(x,y,z)$ 称为**被积函数**,Σ 称为**积分曲面**.

类似地可定义函数 $P(x,y,z)$ 在有向曲面 Σ 上**对坐标 y、z 的曲面积分**为 $\iint\limits_{\Sigma} P(x,y,z)\mathrm{d}y\,\mathrm{d}z$

及函数 $Q(x,y,z)$ 在有向曲面 Σ 上**对坐标 z、x 的曲面积分** $\iint\limits_{\Sigma} Q(x,y,z)\mathrm{d}z\,\mathrm{d}x$ 分别为

$$\iint\limits_{\Sigma} P(x,y,z)\mathrm{d}y\,\mathrm{d}z = \lim_{\lambda\to 0}\sum_{i=1}^{n} P(\xi_i,\eta_i,\zeta_i)(\Delta S_i)_{yz},$$

$$\iint\limits_{\Sigma} Q(x,y,z)\mathrm{d}z\,\mathrm{d}x = \lim_{\lambda\to 0}\sum_{i=1}^{n} Q(\xi_i,\eta_i,\zeta_i)(\Delta S_i)_{zx}.$$

以上三个对坐标的曲面积分也称为**第二类曲面积分**.

我们指出,当 $P(x,y,z)$、$Q(x,y,z)$ 与 $R(x,y,z)$ 在有向光滑的曲面 Σ 上连续时,对坐标的曲面积分总是存在的,以后总假定 P、Q 与 R 在 Σ 上连续.

在应用上出现较多的是

$$\iint\limits_{\Sigma} P(x,y,z)\mathrm{d}y\,\mathrm{d}z + \iint\limits_{\Sigma} Q(x,y,z)\mathrm{d}z\,\mathrm{d}x + \iint\limits_{\Sigma} R(x,y,z)\mathrm{d}x\,\mathrm{d}y,$$

这种合并起来的形式,为方便起见,把它写成为

$$\iint\limits_{\Sigma} P(x,y,z)\mathrm{d}y\,\mathrm{d}z + Q(x,y,z)\mathrm{d}z\,\mathrm{d}x + R(x,y,z)\mathrm{d}x\,\mathrm{d}y,$$

如上述流向 Σ 指定侧的流量 Φ 可表示为

$$\Phi = \iint\limits_{\Sigma} P(x,y,z)\mathrm{d}y\,\mathrm{d}z + Q(x,y,z)\mathrm{d}z\,\mathrm{d}x + R(x,y,z)\mathrm{d}x\,\mathrm{d}y.$$

如果 Σ 是分片的有向曲面,规定函数在 Σ 上对坐标的曲面积分等于函数在各片光滑曲面上对坐标的曲面积分之和.

4. 对坐标的曲面积分的性质

对坐标的曲面积分具有与对坐标的曲线积分相类似的一些**性质**. 例如:

(1) 可加性   如果 Σ 可分成两块光滑曲面 Σ_1 及 Σ_2,那么

$$\iint\limits_{\Sigma} P\mathrm{d}y\,\mathrm{d}z + Q\mathrm{d}z\,\mathrm{d}x + R\mathrm{d}x\,\mathrm{d}y$$

$$= \iint\limits_{\Sigma_1} P\mathrm{d}y\,\mathrm{d}z + Q\mathrm{d}z\,\mathrm{d}x + R\mathrm{d}x\,\mathrm{d}y + \iint\limits_{\Sigma_1} P\mathrm{d}y\,\mathrm{d}z + Q\mathrm{d}z\,\mathrm{d}x + R\mathrm{d}x\,\mathrm{d}y.$$

(2) 有向性   设 Σ 是有向曲面,Σ^- 表示与 Σ 取向相反侧的有向曲面,则

$$\iint_{\Sigma} P(x,y,z)\mathrm{d}y\mathrm{d}z = -\iint_{\Sigma^-} P(x,y,z)\mathrm{d}y\mathrm{d}z,$$

$$\iint_{\Sigma} Q(x,y,z)\mathrm{d}z\mathrm{d}x = -\iint_{\Sigma^-} Q(x,y,z)\mathrm{d}z\mathrm{d}x,$$

$$\iint_{\Sigma} R(x,y,z)\mathrm{d}x\mathrm{d}y = -\iint_{\Sigma^-} R(x,y,z)\mathrm{d}x\mathrm{d}y.$$

上式表明,当积分曲面改变为相反侧时,对坐标的曲面积分要改变符号,因此关于对坐标的曲面积分,必须注意积分曲面所取的侧.

二、对坐标的曲面积分的计算法

同样,对坐标的曲面积分可化为二重积分来计算.

设积分曲面 Σ 由方程 $z=z(x,y)$ 给出,Σ 在 xOy 面上的投影区域为 D_{xy},函数 $z=z(x,y)$ 在 D_{xy} 上具有一阶连续偏导数,被积函数 $R(x,y,z)$ 在 Σ 上连续. 可以推出对坐标的曲面积分转化为二重积分的公式:

$$\iint_{\Sigma} R(x,y,z)\mathrm{d}x\mathrm{d}y = \pm \iint_{D_{xy}} R[x,y,z(x,y)]\mathrm{d}x\mathrm{d}y. \tag{8-1}$$

计算对坐标曲面积分 $\iint_{\Sigma} R(x,y,z)\mathrm{d}x\mathrm{d}y$ 的步骤

第一步   写出曲面 Σ 的方程 $z=z(x,y)$;

第二步   写出 Σ 在 xOy 面上的投影区域为 D_{xy};

第三步   代入得 $\iint\limits_{\Sigma} R(x,y,z)\mathrm{d}x\mathrm{d}y = \pm \iint\limits_{D_{xy}} R[x,y,z(x,y)]\mathrm{d}x\mathrm{d}y$.

其中 Σ 取上侧,即 $\cos\gamma > 0$,二重积分取"$+$"号;Σ 取下侧,二重积分取"$-$"号.

类似地,如果曲面 Σ 由方程 $x=x(y,z)$ 给出,那么有

$$\iint_{\Sigma} P(x,y,z)\mathrm{d}y\mathrm{d}z = \pm \iint_{D_{yz}} P[x(y,z),y,z]\mathrm{d}y\mathrm{d}z, \tag{8-2}$$

Σ 取前侧,二重积分取"$+$"号;Σ 取后侧,取二重积分取"$-$"号.

如果曲面 Σ 由方程 $y=y(z,x)$ 给出,那么有

$$\iint_{\Sigma} Q(x,y,z)\mathrm{d}z\mathrm{d}x = \pm \iint_{D_{zx}} Q[x,y(z,x),z]\mathrm{d}z\mathrm{d}x, \tag{8-3}$$

Σ 取右侧,二重积分取"$+$"号;Σ 取左侧,取二重积分取"$-$"号.

例 1   计算曲面积分 $I = \oiint_{\Sigma} x^2\mathrm{d}y\mathrm{d}z + y^2\mathrm{d}z\mathrm{d}x + z^2\mathrm{d}x\mathrm{d}y$,其中 Σ 是长方体 $\Omega = \{(x,y,z) \mid 0 \leqslant x \leqslant a, 0 \leqslant y \leqslant b, 0 \leqslant z \leqslant c\}$ 的整个表面的外侧.

解   把有向曲面 Σ 分成六部分. Σ_1,Σ_2 表示 Σ 的上下面,Σ_3,Σ_4 表示 Σ 的前后面,Σ_5,Σ_6

表示 Σ 的右左面.

$$\Sigma_1:z=c\,(0\leqslant x\leqslant a,0\leqslant y\leqslant b),取上侧;$$

$$\Sigma_2:z=0\,(0\leqslant x\leqslant a,0\leqslant y\leqslant b),取下侧;$$

$$\Sigma_3:x=a\,(0\leqslant y\leqslant b,0\leqslant z\leqslant c),取前侧;$$

$$\Sigma_4:x=0\,(0\leqslant y\leqslant b,0\leqslant z\leqslant c),取后侧;$$

$$\Sigma_5:y=b\,(0\leqslant x\leqslant a,0\leqslant z\leqslant c),取右侧;$$

$$\Sigma_6:y=0\,(0\leqslant x\leqslant a,0\leqslant z\leqslant c),取左侧.$$

计算 $\iint\limits_{\Sigma}z^2\mathrm{d}x\,\mathrm{d}y$,因为 Σ 的前后左右四片曲面在 xOy 面上的投影值为零,因此

$$\iint\limits_{\Sigma}z^2\mathrm{d}x\,\mathrm{d}y=\iint\limits_{\Sigma_1}z^2\mathrm{d}x\,\mathrm{d}y+\iint\limits_{\Sigma_2}z^2\mathrm{d}x\,\mathrm{d}y=\iint\limits_{D_{xy}}c^2\mathrm{d}x\,\mathrm{d}y+\iint\limits_{D_{xy}}0^2\mathrm{d}x\,\mathrm{d}y=c^2ab.$$

类似地可得

$$\iint\limits_{\Sigma}x^2\mathrm{d}y\,\mathrm{d}z=a^2bc,\qquad\iint\limits_{\Sigma}y^2\mathrm{d}z\,\mathrm{d}x=b^2ac.$$

于是

$$I=\oiint\limits_{\Sigma}x^2\mathrm{d}y\,\mathrm{d}z+y^2\mathrm{d}z\,\mathrm{d}x+z^2\mathrm{d}x\,\mathrm{d}y=abc(a+b+c).$$

例 2　计算 $\iint\limits_{\Sigma}xyz\,\mathrm{d}x\,\mathrm{d}y$,其中 Σ 是球面 $x^2+y^2+z^2=1$ 外侧在 $x\geqslant0,y\geqslant0$ 的部分.

解　(图 10-47) 把 Σ 分成 Σ_1 和 Σ_2 两部分:

$$\Sigma_1:z_1=\sqrt{1-x^2-y^2}\,,(x\geqslant0,y\geqslant0),取上侧$$

$$\Sigma_2:z_2=-\sqrt{1-x^2-y^2}\,,(x\geqslant0,y\geqslant0),取下侧$$

Σ_1 和 Σ_2 在 xOy 面的投影区域都是

$$D_{xy}:x^2+y^2\leqslant1(x\geqslant0,y\geqslant0).$$

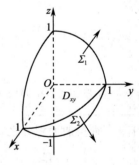

图 10-47

于是

$$\iint\limits_{\Sigma}xyz\,\mathrm{d}x\,\mathrm{d}y=\iint\limits_{\Sigma_1}xyz\,\mathrm{d}x\,\mathrm{d}y+\iint\limits_{\Sigma_2}xyz\,\mathrm{d}x\,\mathrm{d}y$$

$$=\iint\limits_{D_{xy}}xy\sqrt{1-x^2-y^2}\,\mathrm{d}x\,\mathrm{d}y-\iint\limits_{D_{xy}}xy(-\sqrt{1-x^2-y^2})\,\mathrm{d}x\,\mathrm{d}y$$

$$=2\iint\limits_{D_{xy}}xy\sqrt{1-x^2-y^2}\,\mathrm{d}x\,\mathrm{d}y(利用极坐标)$$

$$=2\iint\limits_{D_{xy}}\rho^2\sin\theta\cos\theta\sqrt{1-\rho^2}\,\rho\,\mathrm{d}\rho\,\mathrm{d}\theta$$

$$=\int_0^{\frac{\pi}{2}}\sin2\theta\,\mathrm{d}\theta\int_0^1\rho^3\sqrt{1-\rho^2}\,\mathrm{d}\rho=1\cdot\frac{2}{15}=\frac{2}{15}.$$

三、两类曲面积分之间的联系

设有向曲面 Σ 由方程 $z=z(x,y)$ 给出,Σ 在 xOy 面上的投影区域为 D_{xy},函数 $z=z(x,y)$ 在 D_{xy} 上具有一阶连续偏导数,被积函数 $R(x,y,z)$ 在 Σ 上连续. 如果 Σ 取上侧,则有

$$\iint\limits_{\Sigma} R(x,y,z)\mathrm{d}x\mathrm{d}y = \iint\limits_{D_{xy}} R[x,y,z(x,y)]\mathrm{d}x\mathrm{d}y.$$

又因有向曲面 Σ 的法向量的方向余弦为

$$\cos\alpha = \frac{-z_x}{\sqrt{1+z_x^2+z_y^2}},\ \cos\beta = \frac{-z_y}{\sqrt{1+z_x^2+z_y^2}},\ \cos\gamma = \frac{1}{\sqrt{1+z_x^2+z_y^2}}.$$

故由对面积的曲面积分计算公式有

$$\iint\limits_{\Sigma} R(x,y,z)\cos\gamma\,\mathrm{d}S = \iint\limits_{D_{xy}} R[x,y,z(x,y)]\mathrm{d}x\mathrm{d}y.$$

由此可见,

$$\iint\limits_{\Sigma} R(x,y,z)\mathrm{d}x\mathrm{d}y = \iint\limits_{\Sigma} R(x,y,z)\cos\gamma\,\mathrm{d}S. \tag{8-4}$$

如果 Σ 取下侧,(8-4)式仍成立.
类似地可推得

$$\iint\limits_{\Sigma} P(x,y,z)\mathrm{d}y\mathrm{d}z = \iint\limits_{\Sigma} P(x,y,z)\cos\alpha\,\mathrm{d}S. \tag{8-5}$$

$$\iint\limits_{\Sigma} Q(x,y,z)\mathrm{d}z\mathrm{d}x = \iint\limits_{\Sigma} Q(x,y,z)\cos\beta\,\mathrm{d}S. \tag{8-6}$$

合并(8-4)(8-5)(8-6)三式,得

两类曲面积分之间的如下关系:

$$\iint\limits_{\Sigma} P\,\mathrm{d}y\mathrm{d}z + Q\,\mathrm{d}z\mathrm{d}x + R\,\mathrm{d}x\mathrm{d}y = \iint\limits_{\Sigma}(P\cos\alpha + Q\cos\beta + R\cos\gamma)\mathrm{d}S,$$

其中 $\cos\alpha$、$\cos\beta$、$\cos\gamma$ 是有向曲面 Σ 在点 (x,y,z) 处的法向量的方向余弦.

例3 计算曲面积分 $\iint\limits_{\Sigma}(z^2+x)\mathrm{d}y\mathrm{d}z - z\,\mathrm{d}x\mathrm{d}y$,其中 Σ 是旋转抛物面 $z=\dfrac{1}{2}(x^2+y^2)$ 介于平面 $z=0$ 及 $z=2$ 之间的部分下侧.

解 由两类曲面积分之间的联系可得

$$\iint\limits_{\Sigma}(z^2+x)\mathrm{d}y\mathrm{d}z = \iint\limits_{\Sigma}(z^2+x)\cos\alpha\,\mathrm{d}S = \iint\limits_{\Sigma}(z^2+x)\frac{\cos\alpha}{\cos\gamma}\mathrm{d}x\mathrm{d}y.$$

$$\cos\alpha = \frac{x}{\sqrt{1+x^2+y^2}}, \quad \cos\gamma = \frac{-1}{\sqrt{1+x^2+y^2}}.$$

故

$$\iint\limits_{\Sigma}(z^2+x)\mathrm{d}y\mathrm{d}z - z\mathrm{d}x\mathrm{d}y = \iint\limits_{\Sigma}[(z^2+x)(-x)-z]\mathrm{d}x\mathrm{d}y$$

再按对坐标的曲面积分计算法,$D_{xy}=\{(x,y)\mid x^2+y^2\leqslant 4\}$

$$\iint\limits_{\Sigma}(z^2+x)\mathrm{d}y\mathrm{d}z - z\mathrm{d}x\mathrm{d}y$$

$$=\iint\limits_{\Sigma}[(z^2+x)(-x)-z]\mathrm{d}x\mathrm{d}y$$

$$=-\iint\limits_{D_{xy}}\left\{\left[\frac{1}{4}(x^2+y^2)^2+x\right]\cdot(-x)-\frac{1}{2}(x^2+y^2)\right\}\mathrm{d}x\mathrm{d}y$$

$$=\iint\limits_{D_{xy}}\left[x^2+\frac{1}{2}(x^2+y^2)\right]\mathrm{d}x\mathrm{d}y$$

$$=\int_0^{2\pi}\mathrm{d}\theta\int_0^2\left(\rho^2\cos^2\theta+\frac{1}{2}\rho^2\right)\rho\mathrm{d}\rho = 8\pi.$$

> 第一步:利用两类曲面积分联系转化 $\mathrm{d}y\mathrm{d}z$ 为 $\mathrm{d}x\mathrm{d}y$;
>
> 第二步:代入 $z=\frac{1}{2}(x^2+y^2)$,化为对 x、y 的曲面积分为 D_{xy} 上的二重积分;
>
> 第三步:利用对称性和极坐标计算二重积分.

四、高斯公式

1.高斯公式

格林公式表达了平面闭区域上的二重积分与其边界曲线上的曲线积分之间的关系,而高斯公式表达了空间闭区域上的三重积分与其边界曲面上的曲面积分之间的关系,这个关系叙述如下:

定理 1(高斯公式)   设空间闭区域 Ω 是由分片光滑的闭曲面 Σ 所围成的,若函数 $P(x,y,z)$、$Q(x,y,z)$ 与 $R(x,y,z)$ 在 Ω 上具有一阶连续偏导数,则有

$$\iiint\limits_{\Omega}\left(\frac{\partial P}{\partial x}+\frac{\partial Q}{\partial y}+\frac{\partial R}{\partial z}\right)\mathrm{d}x\mathrm{d}y\mathrm{d}z = \oiint\limits_{\Sigma}P\mathrm{d}y\mathrm{d}z + Q\mathrm{d}z\mathrm{d}x + R\mathrm{d}x\mathrm{d}y, \tag{8-7}$$

其中 Σ 是 Ω 的整个边界曲面的**外侧**,公式(8-7)称为**高斯公式**.

若曲面 Σ 与平行于坐标轴的直线的交点多余两个,可用光滑曲面将有界闭区域 Ω 分割成若干个小区域,使得围成每个小区域的闭曲面满足定理的条件,从而高斯公式仍是成立的.

此外,根据两类曲面积分之间的关系,高斯公式也可表为

$$\iiint\limits_{\Omega}\left(\frac{\partial P}{\partial x}+\frac{\partial Q}{\partial y}+\frac{\partial R}{\partial z}\right)\mathrm{d}v = \oiint\limits_{\Sigma}(P\cos\alpha + Q\cos\beta + R\cos\gamma)\mathrm{d}S.$$

其中 $\cos\alpha$、$\cos\beta$、$\cos\gamma$ 是有向曲面 Σ 在点 (x,y,z) 处的法向量的方向余弦.

例 4(利用高斯公式)   计算曲面积分 $I = \oiint\limits_{\Sigma}(x-y)\mathrm{d}x\mathrm{d}y + (y-z)x\mathrm{d}y\mathrm{d}z$,其中 Σ 为柱面 $x^2+y^2=1$ 及平面 $z=0,z=3$ 所围成的空间闭区域 Ω 的整个边界曲面的外侧(如图 10-48 所示).

解 记 $P=(y-z)x$, $Q=0$, $R=x-y$, 则

$$\frac{\partial P}{\partial x}=y-z, \quad \frac{\partial Q}{\partial y}=0, \quad \frac{\partial R}{\partial z}=0,$$

利用高斯公式,得

$$I=\iiint\limits_{\Omega}(y-z)\mathrm{d}x\mathrm{d}y\mathrm{d}z \text{(利用柱面坐标计算)}$$

$$=\iiint\limits_{\Omega}(\rho\sin\theta-z)\rho\mathrm{d}\rho\mathrm{d}\theta\mathrm{d}z$$

$$=\int_0^{2\pi}d\theta\int_0^1 d\rho\int_0^3(\rho\sin\theta-z)\rho\mathrm{d}z=-\frac{9\pi}{2}.$$

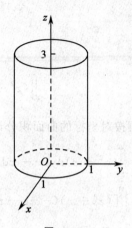

图 10-48

例5 计算 $I=\iint\limits_{\Sigma}(x^2\cos\alpha+y^2\cos\beta+z^2\cos\gamma)\mathrm{d}S$, 其中 Σ 为锥面 $x^2+y^2=z^2(0\leqslant z\leqslant h)$ 下侧, $\cos\alpha$、$\cos\beta$, $\cos\gamma$ 为此曲面外法线向量的方向余弦.

解 因为 Σ 不是闭曲面,不能直接应用高斯公式,补充平面 $\Sigma_1:z=h(x^2+y^2\leqslant h^2)$ 上侧, $\Sigma+\Sigma_1$ 构成封闭曲面,取外侧. 设其所围成空间区域为 Ω. 于是 $P=x^2$, $Q=y^2$, $R=z^2$, 利用高斯公式,得

$$I_1=\iint\limits_{\Sigma+\Sigma_1}(x^2\cos\alpha+y^2\cos\beta+z^2\cos\gamma)\mathrm{d}S$$

$$=2\iiint\limits_{\Omega}(x+y+z)\mathrm{d}v$$

$$=2\iiint\limits_{\Omega}z\mathrm{d}v$$

$$=2\iint\limits_{D_{xy}}\mathrm{d}x\mathrm{d}y\int_{\sqrt{x^2+y^2}}^h z\mathrm{d}z$$

$$=\iint\limits_{D_{xy}}(h^2-x^2-y^2)\mathrm{d}x\mathrm{d}y \quad \text{(极坐标计算二重积分)}$$

$$=\int_0^{2\pi}d\theta\int_0^h(h^2-\rho^2)\rho\mathrm{d}\rho=\frac{1}{2}\pi h^4.$$

> 积分区域 Ω 关于坐标面 yOz, xOz 对称,被积函数关于 x 为奇函数,则 $\iiint\limits_{\Omega}x\mathrm{d}v$ $=0$;同理 $\iiint\limits_{\Omega}y\mathrm{d}v=0$.

而 $\Sigma_1:z=h(x^2+y^2\leqslant h^2)$, 所以 $\cos\alpha=\cos\beta=0$ 或 $\mathrm{d}z=0$.

$$I_2=\iint\limits_{\Sigma_1}(x^2\cos\alpha+y^2\cos\beta+z^2\cos\gamma)\mathrm{d}S=\iint\limits_{\Sigma_1}z^2\mathrm{d}x\mathrm{d}y=\iint\limits_{D_{xy}}h^2\mathrm{d}x\mathrm{d}y=\pi h^4,$$

故 $\quad I=\iint\limits_{\Sigma}(x^2\cos\alpha+y^2\cos\beta+z^2\cos\gamma)\mathrm{d}S=I_1-I_2=\frac{1}{2}\pi h^4-\pi h^4=-\frac{1}{2}\pi h^4.$

另外本例中 $2\iiint\limits_{\Omega}z\mathrm{d}v$ 的计算,利用先对 x、y 后 z 的积分次序(截面法)更方便, $2\iiint\limits_{\Omega}z\mathrm{d}v=$

$$2\int_0^h\mathrm{d}z\iint\limits_{x^2+y^2\leqslant z^2}z\mathrm{d}x\mathrm{d}y=2\pi\int_0^h z^3\mathrm{d}z=\frac{1}{2}\pi h^4.$$

例 6　用高斯公式解例 3(曲面非闭曲面).

解　因为 Σ 不是闭曲面,不能直接应用高斯公式,补充平面 $\Sigma_1: z = 2(x^2 + y^2 \leqslant 4)$,取上侧,则 $\Sigma + \Sigma_1$ 构成封闭曲面,取外侧.

由高斯公式得

$$I_1 = \oiint\limits_{\Sigma + \Sigma_1} (z^2 + x)\,\mathrm{d}y\,\mathrm{d}z - z\,\mathrm{d}x\,\mathrm{d}y = \iiint\limits_{\Omega} 0\,\mathrm{d}x\,\mathrm{d}y\,\mathrm{d}z = 0,$$

由 $\Sigma_1: z = 2(x^2 + y^2 \leqslant 4)$,上侧,则 $\mathrm{d}y\,\mathrm{d}z = 0$,由基本方法得

$$I_2 = \iint\limits_{\Sigma_1} (z^2 + x)\,\mathrm{d}y\,\mathrm{d}z - z\,\mathrm{d}x\,\mathrm{d}y = \iint\limits_{x^2 + y^2 \leqslant 4} (-2)\,\mathrm{d}x\,\mathrm{d}y = -8\pi,$$

所以　$\displaystyle\iint\limits_{\Sigma} (z^2 + x)\,\mathrm{d}y\,\mathrm{d}z - z\,\mathrm{d}x\,\mathrm{d}y = 0 - (-8\pi) = 8\pi.$

对照例 3 的解法,例 6 的解法更好.

*2. 通量与散度

一般地,设有向量场

$$\boldsymbol{A}(x,y,z) = P(x,y,z)\boldsymbol{i} + Q(x,y,z)\boldsymbol{j} + R(x,y,z)\boldsymbol{k},$$

其中函数 P、Q、R 均具有一阶连续偏导数,Σ 是场内的一片有向曲面,$\boldsymbol{n}$ 是曲面 Σ 在点 (x,y,z) 处的单位法向量. 则积分

$$\Phi = \iint\limits_{\Sigma} \boldsymbol{A} \cdot \boldsymbol{n}\,\mathrm{d}S$$

称为向量场 $\boldsymbol{A}$ 通过曲面 Σ 流向指定侧的**通量**(或**流量**).

由两类曲面积分的关系,通量又可表示为

$$\Phi = \iint\limits_{\Sigma} \boldsymbol{A} \cdot \boldsymbol{n}\,\mathrm{d}S = \iint\limits_{\Sigma} P\,\mathrm{d}y\,\mathrm{d}z + Q\,\mathrm{d}z\,\mathrm{d}x + R\,\mathrm{d}x\,\mathrm{d}y.$$

$\dfrac{\partial P}{\partial x} + \dfrac{\partial Q}{\partial y} + \dfrac{\partial R}{\partial z}$ 称为向量场 $\boldsymbol{A}$ 的散度,记为 $div\boldsymbol{A}$,即

$$\mathrm{d}iv\boldsymbol{A} = \frac{\partial P}{\partial x} + \frac{\partial Q}{\partial y} + \frac{\partial R}{\partial z}. \tag{8-8}$$

例 7　求向量场 $\boldsymbol{A}(x,y,z) = x\boldsymbol{i} + y\boldsymbol{j} + z\boldsymbol{k}$ 穿过圆锥 $x^2 + y^2 \leqslant z^2 (0 \leqslant z \leqslant h)$ 全表面外侧的流量,并求该向量场的散度.

解　设 Σ 为此圆锥全表面,取外侧,其所围成空间区域为 Ω.,则穿过全表面向外的流量

$$Q = \oiint\limits_{\Sigma} x\,\mathrm{d}y\,\mathrm{d}z + y\,\mathrm{d}z\,\mathrm{d}x + z\,\mathrm{d}x\,\mathrm{d}y = 3\iiint\limits_{\Omega} \mathrm{d}v = \pi h^3.$$

向量场的散度

$$\mathrm{d}iv\boldsymbol{A} = \frac{\partial P}{\partial x} + \frac{\partial Q}{\partial y} + \frac{\partial R}{\partial z} = 3.$$

五、斯托克斯公式

1. 斯托克斯公式

斯托克斯(Stokes)公式是格林公式的推广. 格林公式表达了平面区域上的二重积分与其边界曲线上的曲线积分之间的关系,斯托克斯公式则是把曲面 Σ 上的曲面积分与沿着 Σ 的边界曲线的曲线积分联系起来. 这个关系叙述如下:

定理 2(斯托克斯公式)　设 Γ 为分段光滑的空间有向闭曲线,Σ 是以 Γ 为边界的分片光滑的有向曲面,Γ 的正向与 Σ 的侧符合右手规则,若函数 $P(x,y,z)$,$Q(x,y,z)$,$R(x,y,z)$ 在包含曲面 Σ 在内的一个空间区域内具有一阶连续偏导数, 则有公式

$$\iint\limits_{\Sigma}\left(\frac{\partial R}{\partial y}-\frac{\partial Q}{\partial z}\right)\mathrm{d}y\mathrm{d}z+\left(\frac{\partial P}{\partial z}-\frac{\partial R}{\partial x}\right)\mathrm{d}z\mathrm{d}x+\left(\frac{\partial Q}{\partial x}-\frac{\partial P}{\partial y}\right)\mathrm{d}x\mathrm{d}y=\oint_{\Gamma}P\mathrm{d}x+Q\mathrm{d}y+R\mathrm{d}z. \quad (8\text{-}9)$$

公式(8-9)称为**斯托克斯公式**.

为了便于记忆,斯托克斯公式常写成如下形式:

$$\iint\limits_{\Sigma}\begin{vmatrix}\mathrm{d}y\mathrm{d}z & \mathrm{d}z\mathrm{d}x & \mathrm{d}x\mathrm{d}y \\ \dfrac{\partial}{\partial x} & \dfrac{\partial}{\partial y} & \dfrac{\partial}{\partial z} \\ P & Q & R\end{vmatrix}=\oint_{\Gamma}P\mathrm{d}x+Q\mathrm{d}y+R\mathrm{d}z,$$

把上式中的行列式按第一行展开,并把 $\dfrac{\partial}{\partial x}$ 与 Q 的乘"积"理解为 $\dfrac{\partial Q}{\partial x}$,其他类似,于是,这个行列式就"等于"

$$\left(\frac{\partial R}{\partial y}-\frac{\partial Q}{\partial z}\right)\mathrm{d}y\mathrm{d}z+\left(\frac{\partial P}{\partial z}-\frac{\partial R}{\partial x}\right)\mathrm{d}z\mathrm{d}x+\left(\frac{\partial Q}{\partial x}-\frac{\partial P}{\partial y}\right)\mathrm{d}x\mathrm{d}y.$$

正好是公式(8-9)左端的被积表达式.

利用两类曲面积分之间的关系,斯托克斯公式也可写成

$$\iint\limits_{\Sigma}\begin{vmatrix}\cos\alpha & \cos\beta & \cos\gamma \\ \dfrac{\partial}{\partial x} & \dfrac{\partial}{\partial y} & \dfrac{\partial}{\partial z} \\ P & Q & R\end{vmatrix}\mathrm{d}S=\oint_{\Gamma}P\mathrm{d}x+Q\mathrm{d}y+R\mathrm{d}z,$$

其中 $\cos\alpha$、$\cos\beta$、$\cos\gamma$ 是有向曲面 Σ 在点 (x,y,z) 处的法向量的方向余弦.

例 8(利用斯托克斯公式)　计算曲线积分 $\oint_{\Gamma}z\mathrm{d}x+x\mathrm{d}y+y\mathrm{d}z$,其中 Γ 是平面 $x+y+z=1$ 被三坐标面所截成的三角形的整个边界,它的正向与这个三角形上侧的法向量之间符合右手规则 (图 10-49 所示).

解 按斯托克斯公式,有

$$\oint_\Gamma z\,dx + x\,dy + y\,dz = \iint_\Sigma dy\,dz + dz\,dx + dx\,dy,$$

由于 Σ 的法向量的三个方向余弦都为正,再由对称性知:

$$\iint_\Sigma dy\,dz + dz\,dx + dx\,dy = 3\iint_{D_{xy}} d\sigma,$$

其中 D_{xy} 为 xOy 面上由直线 $x+y=1$ 以及两坐标轴围成的三角形闭区域.

所以

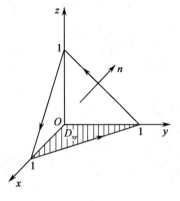

图 10-49

$$\oint_\Gamma z\,dx + x\,dy + y\,dz = \frac{3}{2}.$$

例 9(利用斯托克斯公式) 计算曲线积分 $\oint_\Gamma (y^2 - z^2)\,dx + (z^2 - x^2)\,dy + (x^2 - y^2)\,dz$,

其中 Γ 是用平面 $x + y + z = \frac{3}{2}$ 截立方体:$0 \leqslant x \leqslant 1, 0 \leqslant y \leqslant 1, 0 \leqslant z \leqslant 1$ 的表面所得的截痕,从 x 轴的正向看法,取逆时针方向(如图 10-50(a)所示).

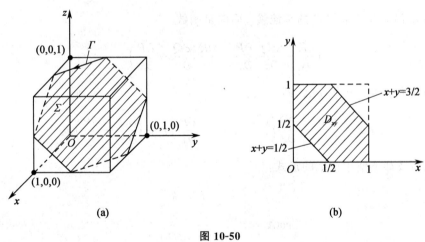

(a)   (b)

图 10-50

解 取 Σ 为平面 $x + y + z = \frac{3}{2}$ 的上侧被 Γ 所围成部分,投影如图 10-50(b)所示,该平面的法向量 $\boldsymbol{n} = \frac{1}{\sqrt{3}}(1,1,1)$ 即

$$\cos\alpha = \cos\beta = \cos\gamma = \frac{1}{\sqrt{3}}.$$

按照斯托克斯公式,有

$$I = \iint\limits_{\Sigma} \begin{vmatrix} \dfrac{1}{\sqrt{3}} & \dfrac{1}{\sqrt{3}} & \dfrac{1}{\sqrt{3}} \\ \dfrac{\partial}{\partial x} & \dfrac{\partial}{\partial y} & \dfrac{\partial}{\partial z} \\ y^2 - z^2 & z^2 - x^2 & x^2 - y^2 \end{vmatrix} \mathrm{d}S$$

$$\boxed{\begin{aligned} \cos\alpha\,\mathrm{d}S &= \mathrm{d}x\,\mathrm{d}y \Rightarrow \mathrm{d}S = \sqrt{3}\,\mathrm{d}x\,\mathrm{d}y \\ x + y + z &= \frac{3}{2}. \end{aligned}}$$

$$= -\frac{4}{\sqrt{3}} \iint\limits_{\Sigma} (x + y + z)\,\mathrm{d}S$$

$$= -\frac{4}{\sqrt{3}} \cdot \frac{3}{2} \iint\limits_{\Sigma} \mathrm{d}S = -2\sqrt{3} \iint\limits_{D_{xy}} \sqrt{3}\,\mathrm{d}x\,\mathrm{d}y = -\frac{9}{2}.$$

* 2. 环流量与旋度

一般地,设有向量场

$$\boldsymbol{A}(x,y,z) = P(x,y,z)\boldsymbol{i} + Q(x,y,z)\boldsymbol{j} + R(x,y,z)\boldsymbol{k},$$

其中函数 P、Q、R 有一阶连续偏导数,Γ 是场内的一条分段光滑的有向闭曲线,则沿场 $\boldsymbol{A}$ 中闭曲线 Γ 上的曲线积分

$$\oint_{\Gamma} P\,\mathrm{d}x + Q\,\mathrm{d}y + R\,\mathrm{d}z.$$

称为向量场 $\boldsymbol{A}$ 沿有向闭曲线 Γ 的**环流量**. 而向量函数

$$\left(\frac{\partial R}{\partial y} - \frac{\partial Q}{\partial z}, \frac{\partial P}{\partial z} - \frac{\partial R}{\partial x}, \frac{\partial Q}{\partial x} - \frac{\partial P}{\partial y} \right).$$

称为向量场 $\boldsymbol{A}$ 的**旋度**,记为 **rotA**,即

$$\mathbf{rotA} = \left(\frac{\partial R}{\partial y} - \frac{\partial Q}{\partial z} \right)\boldsymbol{i} + \left(\frac{\partial P}{\partial z} - \frac{\partial R}{\partial x} \right)\boldsymbol{j} + \left(\frac{\partial Q}{\partial x} - \frac{\partial P}{\partial y} \right)\boldsymbol{k}.$$

旋度也可以写成如下便于记忆的形式:

$$\mathbf{rotA} = \begin{vmatrix} \boldsymbol{i} & \boldsymbol{j} & \boldsymbol{k} \\ \dfrac{\partial}{\partial x} & \dfrac{\partial}{\partial y} & \dfrac{\partial}{\partial z} \\ P & Q & R \end{vmatrix}.$$

例 10 求矢量场 $\boldsymbol{A} = x^2\boldsymbol{i} - 2xy\boldsymbol{j} + z^2\boldsymbol{k}$ 在点 $M_0(1,1,2)$ 处的散度及旋度.

解 记 $P = x^2$,$Q = -2xy$,$R = z^2$,则

$$\mathrm{div}\boldsymbol{A} = \frac{\partial P}{\partial x} + \frac{\partial Q}{\partial y} + \frac{\partial R}{\partial z} = 2x - 2x + 2z = 2z.$$

故

$$\mathrm{div}\boldsymbol{A}\big|_{M_0} = 4.$$

$$\mathbf{rotA} = \left(\frac{\partial R}{\partial y} - \frac{\partial Q}{\partial z}\right)\mathbf{i} + \left(\frac{\partial P}{\partial z} - \frac{\partial R}{\partial x}\right)\mathbf{j} + \left(\frac{\partial Q}{\partial x} - \frac{\partial P}{\partial y}\right)\mathbf{k}$$

$$= (0-0)\mathbf{i} + (0-0)\mathbf{j} + (-2y-0)\mathbf{k} = -2y\mathbf{k}.$$

故

$$\mathbf{rotA}_{M_0} = -2\mathbf{k}.$$

思考与探究

对照牛顿-莱布尼茨公式、格林公式、高斯公式,你能发现三个公式所揭示的共同点是什么吗?

习题 10-8

1.计算下列对坐标的曲面积分:

(1)$\iint\limits_{\Sigma} x^2 y^2 z \, \mathrm{d}x \, \mathrm{d}y$,其中 Σ 是球面 $x^2 + y^2 + z^2 = R^2$ 的下半部分的下侧;

(2)$\iint\limits_{\Sigma} [f(x,y,z)+x] \, \mathrm{d}y \, \mathrm{d}z + [2f(x,y,z)+y] \, \mathrm{d}z \, \mathrm{d}x + [f(x,y,z)+z] \, \mathrm{d}x \, \mathrm{d}y$,其中 $f(x,y,z)$ 为连续函数,Σ 是平面 $x-y+z=1$ 在第四卦限部分的上侧.

2.把对坐标的曲面积分:

$$\iint\limits_{\Sigma} P(x,y,z) \, \mathrm{d}y \, \mathrm{d}z + Q(x,y,z) \, \mathrm{d}z \, \mathrm{d}x + R(x,y,z) \, \mathrm{d}x \, \mathrm{d}y \text{ 化成对面积的曲面积分,其中}$$

(1)Σ 是平面 $3x + 2y + 2\sqrt{3}z = 6$ 在第一卦限的部分的上侧;

(2)Σ 是抛物面 $z = 8 - (x^2 + y^2)$ 在 xOy 面上方的部分的上侧.

3.计算下列曲面积分:

(1)$\oiint\limits_{\Sigma} x^2 \, \mathrm{d}y \, \mathrm{d}z + y^2 \, \mathrm{d}z \, \mathrm{d}x + z^2 \, \mathrm{d}x \, \mathrm{d}y$,其中 Σ 为平面 $x=0, y=0, z=0, x=a, y=a, z=a$ 所围成的立体的表面的外侧;

(2)$\oiint\limits_{\Sigma} x^3 \, \mathrm{d}y \, \mathrm{d}z + y^3 \, \mathrm{d}z \, \mathrm{d}x + z^3 \, \mathrm{d}x \, \mathrm{d}y$,其中 Σ 为球面 $x^2 + y^2 + z^2 = a^2$ 的外侧;

(3)$\oiint\limits_{\Sigma} xz^2 \, \mathrm{d}y \, \mathrm{d}z + (x^2 y - z^3) \, \mathrm{d}z \, \mathrm{d}x + (2xy + y^2 z) \, \mathrm{d}x \, \mathrm{d}y$,其中 Σ 为上半球体 $0 \leqslant z \leqslant \sqrt{a^2 - x^2 - y^2}, x^2 + y^2 \leqslant a^2$ 的表面的外侧;

(4)$\oiint\limits_{\Sigma} x \, \mathrm{d}y \, \mathrm{d}z + y \, \mathrm{d}z \, \mathrm{d}x + z \, \mathrm{d}x \, \mathrm{d}y$,其中 Σ 是界于 $z=0$ 和 $z=3$ 之间的圆柱体 $x^2 + y^2 \leqslant 9$ 的整个表面的外侧.

4.求下列向量 A 穿过曲面 Σ 流向指定侧的通量:

(1)$A = (2x - z)\mathbf{i} + x^2 y\mathbf{j} - xz^2 \mathbf{k}$,$\Sigma$ 为立方体 $0 \leqslant x \leqslant a, 0 \leqslant y \leqslant a, 0 \leqslant z \leqslant a$ 的全表面,流向外侧;

(2)$A = (2x + 3z)\mathbf{i} - (xz + y)\mathbf{j} + (y^2 + 2z)\mathbf{k}$,其中 Σ 是以点 $(3, -1, 2)$ 为球心,半径 $R=3$ 的球面,流向外侧.

5.求下列向量场 A 的散度:

(1)$A = (x^2 + yz)i + (y^2 + xz)j + (z^2 + xy)k$;

(2)$A = e^{xy}i + \cos(xy)j + \cos(xz^2)k$.

6.利用斯托克斯公式,计算下列曲线积分:

(1)$\oint_\Gamma y\mathrm{d}x + z\mathrm{d}y + x\mathrm{d}z$,其中 Γ 为圆周 $x^2 + y^2 + z^2 = a^2$,$x + y + z = 0$,若从 x 轴正向看去,这圆周是取逆时针方向;

(2)$\oint_\Gamma (y - z)\mathrm{d}x + (z - x)\mathrm{d}y + (x - y)\mathrm{d}z$,其中 Γ 为椭圆 $x^2 + y^2 = a^2$,$\frac{x}{a} + \frac{z}{b} = 1(a > 0, b > 0)$,若从 x 轴正向看去,这圆周是取逆时针方向;

(3)$\oint_\Gamma 3y\mathrm{d}x - xz\mathrm{d}y + yz^2\mathrm{d}z$,其中 Γ 是圆周 $x^2 + y^2 = 2z$,$z = 2$,若从 z 轴正向看去,这圆周是取逆时针方向;

(4)$\oint_\Gamma 2y\mathrm{d}x + 3x\mathrm{d}y - z^2\mathrm{d}z$,其中 Γ 是圆周 $x^2 + y^2 + z^2 = 9$,$z = 0$,若从 z 轴正向看去,这圆周是取逆时针方向.

7.求下列向量场 A 的旋度:

(1)$A = (2z - 3y)i + (3x - z)j + (y - 2x)k$;

(2)$A = (z + \sin y)i - (z - x\cos y)j$.

8.求下列向量场 A 沿闭曲线 Γ(从 z 轴正向看 Γ 依逆时针方向)的环流量:

(1)$A = -yi + xj + ck(c$ 为常量$)$,Γ 为圆周 $x^2 + y^2 = 1$,$z = 0$;

(2)$A = (x - z)i + (x^3 + yz)j - 3xy^2k$,其中 Γ 为圆周 $z = 2 - \sqrt{x^2 + y^2}$,$z = 0$.

阅读与思考

数学王子——高斯

高斯(Carl Friedrich Gauss,1777—1855),德国著名的数学家、物理学家、天文学家、几何学家,大地测量学家.高斯是一位卓越的古典数学家,同时也是近代数学的奠基者之一,他在古典数学与现代数学中起到了继往开来的作用,与阿基米德、牛顿并列为历史上最伟大的三位数学家,被誉为"数学家之王".

小学期间,他用很短的时间计算出自然数从 1 到 100 的和.他所用的方法是:50 对 101 结果 5050.不满 15 岁的高斯进入卡罗琳学院,并在最小二乘法和数论中的二次互反律的研究上取得重要成果,这是高斯一生数学创作的开始.19 岁时,他解决了一个数学难题—仅用尺规作出正 17 边形,当时轰动了整个数学界.22 岁的高斯证明了当时许多数学家想证而不会证明的代数基本定理.1807 年高斯开始在哥廷根大学任数学和天文学教授,并任该校天文台台长.

高斯在许多领域都有卓越的建树.如果说微分几何是他将数学应用于实际的产物,那么非欧几何则是他的纯粹数学思维的结晶.他在数论,超几何级数,复变函数论,统计数学,向量分析等方面也都取得了辉煌的成就.高斯关于数论的研究贡献殊多.他认为"数学是科学之王,数论是数学之王".除了纯数学研究之外,高斯亦十分重视数学的应用.特别值得一提的是谷神星的发现.19 世纪的第一个凌晨,天文学家皮亚齐似乎发现了一颗"没有尾巴的慧星",他一连追踪观察 41 天, 终因疲劳过度而累倒了. 当他把测量结果告诉其他天文学家时, 这颗星却已稍纵即逝了. 24 岁的高斯得知后, 经过几个星期苦心钻研, 创立了行星椭圆法. 根据这种方法计算, 终于重找到了这颗小行星. 这一事实, 充分显示了数学科学的威力. 高斯在电磁学和光学方面亦有杰出的贡献. 磁通量密度单位就是以"高斯"来命名的. 高斯还与韦伯共享电磁电波发明者的殊荣. 高斯是一位严肃的科学家, 工作刻苦踏实, 精益求精, 思维敏健, 对待科学的态度极端谨慎. 他遵循的三条原则: "宁肯少些, 但要好些"; "不留下进一步做的事情"; "极度严格的要求". 他的著作都是精心构思, 反复推敲过的以最精炼的形式发表出来. 他生前只公开发表过 155 篇论文, 还有大量著作没有发表. 直到后来, 人们发现许多数学成果早在半个世纪以前高斯就已经知道了. 有的学者认为, 如果高斯及早发表他的真知灼见, 对后辈会有更大的启发, 会更快地促进数学的发展.

高斯的一生是不平凡的一生, 后人常用他的事迹和格言鞭策自己. 一百多年来, 不少有才华的青年在高斯的影响下成长为杰出的数学家, 并为人类的文化作出了巨大的贡献. 高斯于 1855 年 2 月 23 日逝世, 终年 78 岁. 他的墓碑朴实无华, 仅镌刻"高斯"二字, 平淡里深藏着隽永意蕴, 无言中饱含着千秋业绩. 出于对故人的眷恋与怀念, 他的故乡布伦瑞克改名为高斯堡, 哥廷根大学为他建立了一个以正十七棱柱为底座的纪念像. 在慕尼黑博物馆悬挂的高斯画像上, 永久地铭刻着这样一首题诗:

> 他的思想深入数学、空间、大自然的奥秘,
>
> 他测量了星星的路径、地球的形状和自然力.
>
> 他推动了数学的进展,
>
> 直到下个世纪.

思考

高斯是一位严肃的科学家, 一生刻苦踏实, 专注执着, 勤奋好学, 精益求精, 被誉为"数学王子", 后人常用他的事迹和格言鞭策自己. 你读了高斯的故事, 有何感悟? 学到了什么?

青年人正处于学习的黄金时期, 你如何把学习作为一种责任、一种精神追求、一种生活方式, 树立梦想从学习开始, 事业靠本领成就的观念, 让勤奋学习成为青春远航的动力, 让增长本领成为青春搏击的能量.

本章学习指导

一、基本知识与思想方法框架结构图

(一)重积分知识内容与思想方法结构图

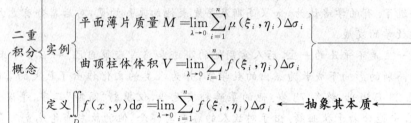

$$\begin{aligned}
&\text{二重积分概念}\begin{cases}
\text{积分思想:分割、近似、求和、取极限(类同定积分)}\\[4pt]
\text{实例}\begin{cases}
\text{平面薄片质量 } M=\lim\limits_{\lambda\to 0}\sum\limits_{i=1}^{n}\mu(\xi_i,\eta_i)\Delta\sigma_i\\[6pt]
\text{曲顶柱体体积 } V=\lim\limits_{\lambda\to 0}\sum\limits_{i=1}^{n}f(\xi_i,\eta_i)\Delta\sigma_i
\end{cases}\\[10pt]
\text{定义}\iint\limits_{D}f(x,y)\mathrm{d}\sigma=\lim\limits_{\lambda\to 0}\sum\limits_{i=1}^{n}f(\xi_i,\eta_i)\Delta\sigma_i \quad\longleftarrow\ \textbf{抽象其本质}\longleftarrow\\[8pt]
\text{几何意义:表示以区域 } D \text{ 为底,以 } f(x,y) \text{ 为曲顶的曲顶柱体的体积}
\end{cases}
\end{aligned}$$

$$\begin{aligned}
&\text{三重积分概念}\begin{cases}
\text{积分思想:分割、近似、求和、取极限(类同定积分)}\\[4pt]
\text{实例}\quad\text{空间非均匀物件质量 } M=\iiint\limits_{\Omega}f(x,y,z)\mathrm{d}x\mathrm{d}y\mathrm{d}z\\[8pt]
\text{定义}\iiint\limits_{\Omega}f(x,y,z)\mathrm{d}v=\lim\limits_{\lambda\to 0}\sum\limits_{i=1}^{n}f(\xi_i,\eta_i,\zeta_i)\Delta v_i \qquad\textbf{抽象其本质}\longleftarrow
\end{cases}
\end{aligned}$$

注:重积分存在两个无关:与区域分法无关、与小区域中点取法无关

$$\text{重积分的性质}\begin{cases}
\text{二重积分、三重积分与定积分一样都是归结为特定和式的极限}\\
\text{二重积分、三重积分与定积分有类似性质,注意类比区别异同}\\
\text{重积分物理意义:均表示非均匀几何物件的质量}
\end{cases}$$

左侧纵向:定积分 —推广/转化— 二重积分 —推广/转化— 三重积分

$$\text{重积分的计算方法以及应用}\begin{cases}
\text{思路}\begin{cases}
\text{定积分}\xrightarrow[\text{推广}]{\text{类比}}\text{二重积分}\xrightarrow[\text{推广}]{\text{类比}}\text{三重积分}\\[4pt]
\text{三重积分}\xrightarrow{\text{转化}}\text{二重积分}\xrightarrow{\text{转化}}\text{累次定积分}
\end{cases}\\[14pt]
\text{二重积分}\begin{cases}
\text{一般方法}\begin{cases}
\text{直角坐标系:先 } x \text{ 后 } y \text{ 或先 } y \text{ 后 } x\\
\text{极坐标系(区域与圆有关)}
\end{cases}\ \text{转化为二次定积分}\\[8pt]
\text{特殊方法利用对称性简化计算}
\end{cases}\\[16pt]
\text{三重积分}\begin{cases}
\text{一般方法}\begin{cases}
\text{直角坐标系}\begin{cases}\text{先二后一(投影法)}\\\text{先一后二(截面法)}\end{cases}\ \text{转化为三次定积分}\\[6pt]
\text{柱坐标系(投影法)}\\
\text{球坐标系}
\end{cases}\\[8pt]
\text{特殊方法利用对称性简化计算}
\end{cases}
\end{cases}$$

注:根据区域特点适当选择坐标系及积分次序简化积分计算
注:注意利用区域的对称性与被积函数的奇偶性简化积分计算
重积分的应用:面积、体积、质量、质心、形心、转动惯量等

(二)曲线积分与曲面积分知识内容思想方法结构图

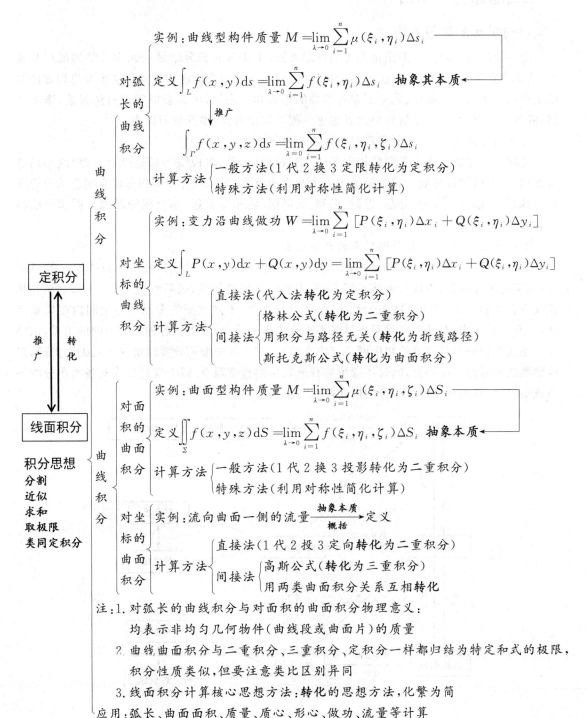

实例:曲线型构件质量 $M = \lim\limits_{\lambda \to 0} \sum\limits_{i=1}^{n} \mu(\xi_i, \eta_i) \Delta s_i$

对弧长的曲线积分　定义 $\int_L f(x,y)\mathrm{d}s = \lim\limits_{\lambda \to 0} \sum\limits_{i=1}^{n} f(\xi_i, \eta_i) \Delta s_i$　抽象其本质

推广

$\int_\Gamma f(x,y,z)\mathrm{d}s = \lim\limits_{\lambda = 0} \sum\limits_{i=1}^{n} f(\xi_i, \eta_i, \zeta_i) \Delta s_i$

计算方法 一般方法(1代2换3定限转化为定积分)
特殊方法(利用对称性简化计算)

对坐标的曲线积分

实例:变力沿曲线做功 $W = \lim\limits_{\lambda \to 0} \sum\limits_{i=1}^{n} \left[P(\xi_i, \eta_i) \Delta x_i + Q(\xi_i, \eta_i) \Delta y_i \right]$

定义 $\int_L P(x,y)\mathrm{d}x + Q(x,y)\mathrm{d}y = \lim\limits_{\lambda \to 0} \sum\limits_{i=1}^{n} \left[P(\xi_i, \eta_i) \Delta x_i + Q(\xi_i, \eta_i) \Delta y_i \right]$

计算方法
直接法(代入法转化为定积分)
间接法
格林公式(转化为二重积分)
用积分与路径无关(转化为折线路径)
斯托克斯公式(转化为曲面积分)

对面积的曲面积分

实例:曲面型构件质量 $M = \lim\limits_{\lambda \to 0} \sum\limits_{i=1}^{n} \mu(\xi_i, \eta_i, \zeta_i) \Delta S_i$

定义 $\iint_\Sigma f(x,y,z)\mathrm{d}S = \lim\limits_{\lambda \to 0} \sum\limits_{i=1}^{n} f(\xi_i, \eta_i, \zeta_i) \Delta S_i$　抽象本质

计算方法 一般方法(1代2换3投影转化为二重积分)
特殊方法(利用对称性简化计算)

对坐标的曲面积分

实例:流向曲面一侧的流量 $\xrightarrow[概括]{抽象本质}$ 定义

计算方法
直接法(1代2投3定向转化为二重积分)
间接法
高斯公式(转化为三重积分)
用两类曲面积分关系互相转化

曲线积分
曲面积分

定积分
线面积分
推广　转化

积分思想
分割
近似
求和
取极限
类同定积分

注:1.对弧长的曲线积分与对面积的曲面积分物理意义:
　　均表示非均匀几何物件(曲线段或曲面片)的质量
　2.曲线曲面积分与二重积分、三重积分、定积分一样都归结为特定和式的极限,
　　积分性质类似,但要注意类比区别异同
　3.线面积分计算核心思想方法:转化的思想方法,化繁为简
应用:弧长、曲面面积、质量、质心、形心、做功、流量等计算

二、思想方法小结

(一)类比的思想方法

上一章的研究思路和方法是类比的思想方法.由于多元积分学是一元积分学的推广和发展,因此本章的研究思路与方法依然是类比的思想方法.在类比定积分知识系统及思想方法基础上进行猜想、归纳、推广、建立了多元积分的相关知识系统,可以新旧知识自然过渡,事半功倍,降低学习难度,进一步培养类比思想这一创新思维习惯,提升创新能力.

1.思想方法类比,体会积分思想是微积分的核心思想

定积分概念的建立过程完整体现了"分割、近似、求和、取极限"的积分思想.即"微小局部求近似,利用极限得精确",其结果是求一个和式的极限.多元积分与定积分建立概念的思想方法一脉相承,依然是应用"分割、近似、求和、取极限"的积分思想,体会**积分思想**是微积分的核心思想.

2.关系类比,体会事物普遍联系的哲学观点

多元积分与定积分思想方法类似,性质类似,但各类多元积分的被积函数的变元数量不同,相应的积分范围、维数及形状不同,多元积分计算复杂繁琐,技巧性更强,与一元定积分相比又有很大的差异,具有独特的个性美,是学习的难点.不同类型的多元积分之间内在联系密切,又有质的区别,有必要复习时探讨各类积分之间的关系,并类比各种积分之间的关系,从整体与系统上把握各类积分的知识网络与内在联系,对不同类型积分要理解深入且融会贯通,提高解题的灵活性与技巧性,同时体验事物普遍联系的哲学观点.以下通过图表对各类积分的关系进行类比,直观刻画各类积分的内在联系与区别.

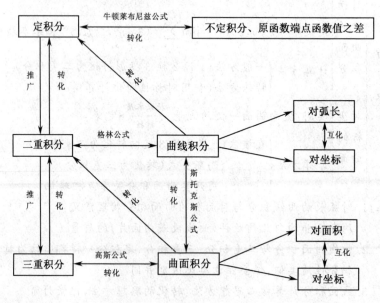

3.概念类比与性质类比,体验数学统一性、相似美

本章是应用定积分的思想方法把曲顶柱体的体积、非均匀几何体的质量等实际问题都归结为一个特定和式的极限问题,应用数学抽象的方法建立了各类多元积分的概念.他们与定积

分具有相同的结构与类似的表达形式,因此性质类似,其证明方法类似.以下通过列表对各类积分概念与性质进行类比,深刻地体验数学统一性、相似美的魅力.

定积分、重积分、第一类线面积分定义及性质的统一性

	积分范围	函数	积分定义
积分统一定义	非均匀几何体 Ω	$f(P)$ 在 Ω 上有界	$\int_{\Omega} f(P)\mathrm{d}\Omega = \lim_{\lambda \to 0} \sum_{i=1}^{n} f(P_i)\Delta\Omega_i$
定积分	$\Omega = [a,b]$	$f(x)$ 在 $[a,b]$ 上有界	$\int_a^b f(x)\mathrm{d}x = \lim_{\lambda \to 0} \sum_{i=1}^{n} f(x_i)\Delta x_i$
二重积分	$\Omega = D \subset R^2$	$f(x,y)$ 在 D 上有界	$\iint_D f(x,y)\mathrm{d}\sigma = \lim_{\lambda \to 0} \sum_{i=1}^{n} f(\xi_i,\eta_i)\Delta\sigma_i$
三重积分	$\Omega \subset R^3$	$f(x,y,z)$ 在 Ω 上有界	$\iiint_{\Omega} f(x,y,z)\mathrm{d}v$ $= \lim_{\lambda \to 0} \sum_{i=1}^{n} f(\xi_i,\eta_i,\zeta_i)\Delta v_i$
对弧长的曲线积分	平面曲线 $L \subset R^2$	$f(x,y)$ 在 Ω 上有界	$\int_L f(x,y)\mathrm{d}s = \lim_{\lambda \to 0} \sum_{i=1}^{n} f(\xi_i,\eta_i)\Delta s_i$
	空间曲线 $\Gamma \subset R^3$	$f(x,y,z)$ 在 Ω 上有界	$\int_{\Gamma} f(x,y,z)\mathrm{d}s = \lim_{\lambda \to 0} \sum_{i=1}^{n} f(\xi_i,\eta_i,\zeta_i)\Delta s_i$
对面积的曲面积分	空间曲面片 $\Sigma \subset R^3$	$f(x,y,z)$ 在 Σ 上有界	$\iint_{\Sigma} f(x,y,z)\mathrm{d}S = \lim_{\lambda \to 0} \sum_{i=1}^{n} f(\xi_i,\eta_i,\zeta_i)\Delta s_i$
物理意义	当函数 $f(P)$ 表示 Ω 上点 P 处的密度时,积分均表示几何体的质量		
性质	性质1— 性质7均与定积分的性质类似,注意联系与区别		
当 $f(P)=1$ 时	$\int_{\Omega} \mathrm{d}\Omega = \tau(\Omega)$ $\tau(\Omega)$ 表示 Ω 的度量 $\int_a^b 1\mathrm{d}x = b-a$ $\iint_D 1\mathrm{d}\sigma = \sigma$ $\iiint 1\mathrm{d}v = V$ $\int_L 1\mathrm{d}s = s$ $\int_{\Gamma} 1\mathrm{d}s = s$ $\iint_{\Sigma} 1\mathrm{d}S = S$		
可积意义	两个无关:与 Ω 分法无关,与点 P_i 取法无关,和式的极限总存在		
思想方法	积分思想"分割、近似、求和、取极限"是微积分的核心思想.前三步还是初等方法的体现,只有第四步取极限才使的近似达到精确,量变达到质变,才使得初等数学无法解决的问题柳暗花明、别开洞天!		

4.算法类比,体会积分计算中互相转化的思想方法

不定积分与定积分计算的核心思想方法是转化或化归的思想方法,多元积分计算的核心思想依然是转化或化归的思想方法.主要转化方法有①降维转化,将高维的积分计算问题转化为低维积分计算问题,最终转化为累次定积分的计算问题.②不同类型积分之间互相转化.通过各类积分之间的关系互相转化,化复杂为简单,化难为易.③通过"补线或补面"以及"挖洞"的方法,创造条件应用格林公式和高斯公式间接把复杂的积分问题转化为简单的积分问题.以下通过图表对各类积分的算法进行直观类比,体会在各类积分计算中转化的思想方法.

(1)定积分与不定积分

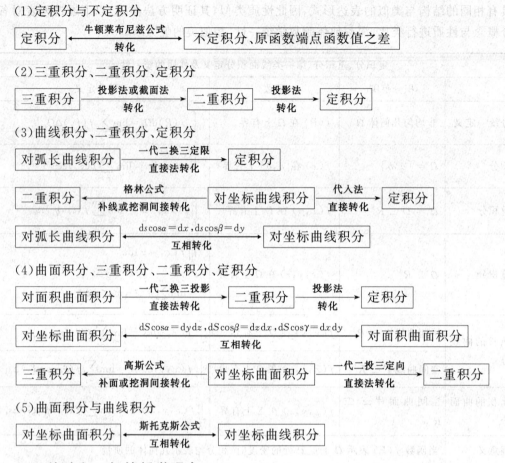

定积分 — 牛顿莱布尼兹公式 转化 → 不定积分、原函数端点函数值之差

(2)三重积分、二重积分、定积分

三重积分 — 投影法或截面法 转化 → 二重积分 — 投影法 转化 → 定积分

(3)曲线积分、二重积分、定积分

对弧长曲线积分 — 一代二换三定限 直接法转化 → 定积分

二重积分 ← 格林公式 补线或挖洞间接转化 — 对坐标曲线积分 — 代入法 直接转化 → 定积分

对弧长曲线积分 ← $ds\cos\alpha=dx,ds\cos\beta=dy$ 互相转化 → 对坐标曲线积分

(4)曲面积分、三重积分、二重积分、定积分

对面积曲面积分 — 一代二换三投影 直接法转化 → 二重积分 — 投影法 转化 → 定积分

对坐标曲面积分 ← $dS\cos\alpha=dydz,dS\cos\beta=dzdx,dS\cos\gamma=dxdy$ 互相转化 → 对面积曲面积分

三重积分 ← 高斯公式 补面或挖洞间接转化 — 对坐标曲面积分 — 一代二投三定向 直接法转化 → 二重积分

(5)曲面积分与曲线积分

对坐标曲面积分 ← 斯托克斯公式 互相转化 → 对坐标曲线积分

(二)特殊和一般的哲学观点

在计算多元积分时考虑其对称性可以大大减少计算的繁琐性,简化计算过程.因此在对各类积分进行求解计算的过程中,需要持有对称性意识,善于将被积函数与积分区域进行变换处理(例如总习题十第二大题第 4 小题),灵活运用函数的奇偶性与区域的对称性来进行解题,一题巧解,一题妙解,训练思维的灵活性,提升对学习数学的学习兴趣.

(三)建模思想及实践的哲学观点

多元积分的应用问题就是求与定义在某一范围上的函数有关的某种总量的数学模型,其建模思想依然是"微元法"思想.重点领会数学概念蕴含的微积分的基本思想——**微元思想**.在解决初等方法不能解决的曲顶柱体、非均匀几何体质量等问题中,将总量进行无限细分,局部量近似地看作均匀量,以直代曲,以平代曲,用解决均匀量问题的方法求得局部量的近似值,得到积分元素(弧长元素、面积元素、体积元素、功元素、质量元素等等),由此写出所求量积分表达式,把实际问题转化为积分的计算问题.在解决实际问题的过程中提升用数学的意识,体会实践的哲学观点,培养分析问题解决问题的能力.

三、典型题型思路方法指导

例 1 利用二重积分的性质,估计积分值 $I=\iint\limits_{D}(x+y+1)d\sigma$,其中 D 是矩形域 $0\leqslant x\leqslant 1$,

$0 \leqslant y \leqslant 2$.（答案 $2 \leqslant I \leqslant 8$）

解题思路：应用积分估值不等式性质计算.

例 2 交换积分次序

$$\int_0^1 \mathrm{d}x \int_0^x f(x,y)\mathrm{d}y + \int_1^2 \mathrm{d}x \int_0^{2-x} f(x,y)\mathrm{d}y$$

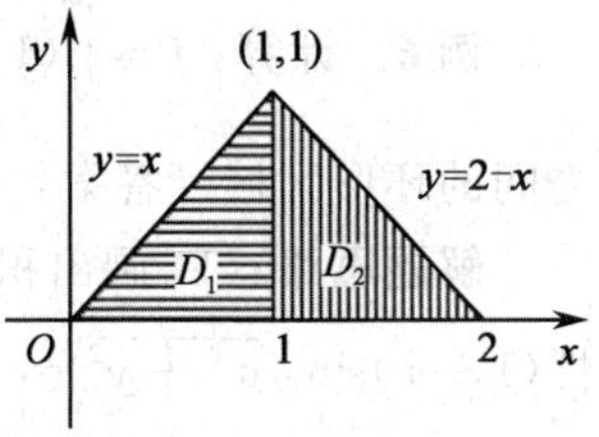

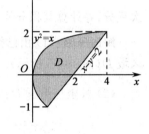

图 10-51

解题思路：（1）区域 $D = D_1 + D_2$ 写出 D_1，D_2 对应的不等式组；

（2）画出积分区域 D（如图 10-51）并用投影法写出

$$D:\begin{cases}0 \leqslant y \leqslant 1, \\ y \leqslant x \leqslant 2-y.\end{cases}$$

（3）交换积分次序得

$$\int_0^1 \mathrm{d}x \int_0^x f(x,y)\mathrm{d}y + \int_1^2 \mathrm{d}x \int_0^{2-x} f(x,y)\mathrm{d}y = \int_0^1 \mathrm{d}y \int_y^{2-y} f(x,y)\mathrm{d}x.$$

例 3 计算积分 $\iint\limits_D xy\mathrm{d}x\mathrm{d}y$，其中 D 是由抛物线 $y^2 = x$ 及直线 $y = x-2$ 所围成的闭区域.

解题思路：（1）画出图形，如图 10-52 所示.

（2）选择直角坐标系，把区域 D 看做 Y 型区域，选择先 x 后 y 的积分次序（不需分块）并确定上下限.

（3）把二重积分转化为两次定积分计算得

$$\iint\limits_D xy\mathrm{d}x\mathrm{d}y = \int_{-1}^2 \mathrm{d}y \int_{y^2}^{y+2} xy\mathrm{d}x = \frac{45}{8}.$$

图 10-52

如果选择先 y 后 x 呢？你试一试，有何体会？

例 4 求 $\int_0^1 \mathrm{d}y \int_y^1 \frac{\sin x}{x}\mathrm{d}x$.（答案 $1 - \cos 1$）

解题思路：由于 $\frac{\sin x}{x}$ 的原函数不能用初等函数表示，故按题中所给积分次序无法计算，对此类问题常考虑采用交换积分次序的方法解决，类似题型第九章第二节例 5. 你试一试，是否体会到适当选择积分次序可以简化计算.

例 5 计算 $\iint\limits_D y\mathrm{d}\sigma$，其中 D 是不等式 $x^2+y^2 \leqslant 4$，$x^2+y^2 \geqslant 2x$ 及 $y \geqslant 0$，$x \geqslant 0$ 所确定的区域.

解题思路：（1）如图 10-53 所示，积分区域边界为圆弧，选择极坐标计算.

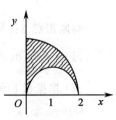

（2）把 D 用极坐标表示出来 $0 \leqslant \theta \leqslant \frac{\pi}{2}$，$2\cos\theta \leqslant \rho \leqslant 2$.

（3）把直角坐标的积分转化为极坐标下积分，再化为两次定积分

图 10-53

$$\iint\limits_D y\,\mathrm{d}\sigma = \int_0^{\frac{\pi}{2}}\mathrm{d}\theta\int_{2\cos\theta}^2 \rho^2\sin\theta\,\mathrm{d}\rho = \frac{8}{3}\int_0^{\frac{\pi}{2}}\sin\theta(1-\cos^3\theta)\,\mathrm{d}\theta = 2.$$

例 6 计算，$I = \iint\limits_D (1+x)\sin\sqrt{x^2+y^2}\,\mathrm{d}x\,\mathrm{d}y$，其中 D 是圆 $x^2+y^2=\pi^2$ 和 $x^2+y^2=4\pi^2$ 之间的环形区域.（答案：$-6\pi^2$）

解题思路：（1）画出积分区域（图 10-54 所示），D 有对称性，考虑被积函数关于 x,y 的奇偶性

$$(1+x)\sin\sqrt{x^2+y^2} = \underbrace{\sin\sqrt{x^2+y^2}}_{\text{偶函数}} + \underbrace{x\sin\sqrt{x^2+y^2}}_{\text{关于 }x\text{ 为奇函数}}$$

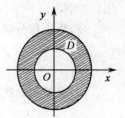

图 10-54

所以 $I = \iint\limits_D \sin\sqrt{x^2+y^2}\,\mathrm{d}x\,\mathrm{d}y = 4\iint\limits_{D_1}\sin\sqrt{x^2+y^2}\,\mathrm{d}x\,\mathrm{d}y$，其中 D_1 为 D 在第一象限的部分.

（2）根据被积函数与积分区域的特征，选择极坐标计算.

例 7 将二次积分 $\int_0^a \mathrm{d}x\int_0^{\sqrt{a^2-x^2}}(x^2+y^2)\,\mathrm{d}y$ 化为极坐标系下的二次积分，并计算其积分值（$a\geqslant 0$）.

解题思路：（1）由已知 $0\leqslant x\leqslant a$，$0\leqslant y\leqslant\sqrt{a^2-x^2}$，画出积分区域 D（图 10-55 所示）.

（2）极坐标系下 $D:0\leqslant\theta\leqslant\dfrac{\pi}{2}$，$0\leqslant\rho\leqslant a$，

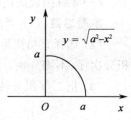

图 10-55

故 $$\int_0^a \mathrm{d}x\int_0^{\sqrt{a^2-x^2}}(x^2+y^2)\,\mathrm{d}y = \int_0^{\frac{\pi}{2}}\mathrm{d}\theta\int_0^a \rho^3\,\mathrm{d}\rho = \frac{\pi}{8}a^4.$$

例 8 计算由 $z=1-x^2-y^2$ 及 $z=0$ 所围成立体的体积 V（图 10-56 所示）.

解题思路 1：（利用二重积分计算体积）

（1）由二重积分几何意义得 $V = \iint\limits_D (1-x^2-y^2)\,\mathrm{d}x\,\mathrm{d}y$，所求立体在 xOy 平面上的投影区域为 $D:x^2+y^2\leqslant 1$.

（2）选择极坐标系，$D\begin{cases}0\leqslant\theta\leqslant 2\pi,\\ 0\leqslant r\leqslant 1.\end{cases}$

$$V = \int_0^{2\pi}\mathrm{d}\theta\int_0^1 (1-\rho^2)\rho\,\mathrm{d}\rho = \frac{\pi}{2}.$$

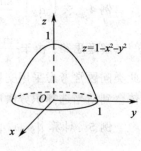

图 10-56

解题思路 2：（利用三重积分计算体积）

（1）$V = \iiint\limits_\Omega \mathrm{d}x\,\mathrm{d}y\,\mathrm{d}z$ 其中 Ω 由 $z=1-x^2-y^2$ 及 $z=0$ 所围成空间区域.

（2）根据被积函数及积分区域，适合选择先 x,y 后 z 的截面法计算三重积分.

$\Omega:0\leqslant z\leqslant 1$，$D_z:x^2+y^2\leqslant 1-z$.

$$\iiint_{\Omega} dx\,dy\,dz = \int_0^1 dz \iint_{D_z} dx\,dy = \int_0^1 dz \boxed{\iint_{D_z} dx\,dy} \quad \boxed{\iint_{D_z} dx\,dy = \pi(1-z) = S_{D_z}}$$

$$= \int_0^1 \pi(1-z)\,dz = \frac{1}{2}\pi.$$

解题思路 3:当空间区域 Ω 为旋转体,如圆柱体、圆锥体或旋转抛物面所围区域,或被积函数含 x^2+y^2,采用柱坐标计算方便,你试一试,体会这三种解法的联系与区别.

例 9 设 $f(x)$ 为区间 $[a,b]$ 上的连续函数,证明:对于任意 $x \in (a,b)$ 总有

$$\int_a^b dx \int_a^x f(y)\,dy = \int_a^b f(x)(b-x)\,dx.$$

证明思路:画出积分区域 D 为:$a \leqslant x \leqslant b, a \leqslant y \leqslant x$,交换积分次序即证.

$$\int_a^b dx \int_a^x f(y)\,dy = \int_a^b dy \int_y^b f(y)\,dx = \int_a^b f(y)x \,\big|_y^b\,dy = \int_a^b f(y)(b-y)\,dy = \int_a^b f(x)(b-x)\,dx.$$

例 10 计算三重积分 $\iiint_{\Omega} z\,dx\,dy\,dz$,其中 Ω 是由曲面 $z = \sqrt{x^2+y^2}$ 与平面 $z=1$ 所围成的闭区域,如图 10-57 所示.

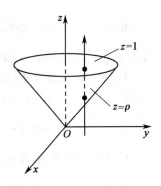

图 10-57

解题思路 1:选择柱面坐标 (ρ,θ,z) 计算

(1) 闭区域 Ω 在 xOy 面上投影区域为 D_{xy}

$$D_{xy} = \{(\rho,\theta) \mid 0 \leqslant \rho \leqslant 1, 0 \leqslant \theta \leqslant 2\pi\}.$$

(2) 把三重积分转化为累次积分,计算求值

在 D_{xy} 内任取一点 (ρ,θ),过此点作平行于 z 轴的直线,此直线通过曲面 $z=\sqrt{x^2+y^2}$ 即 $z=\rho$ 穿入 Ω 内,然后通过平面 $z=1$ 穿出 Ω 外.Ω:$0 \leqslant \theta \leqslant 2\pi, 0 \leqslant \rho \leqslant 1, \rho \leqslant z \leqslant 1$.

$$\iiint_{\Omega} z\,dx\,dy\,dz = \iiint_{\Omega} z\rho\,d\rho\,d\theta\,dz = \int_0^{2\pi} d\theta \int_0^1 \rho\,d\rho \int_\rho^1 z\,dz$$

$$= \frac{1}{2}\int_0^{2\pi} d\theta \int_0^1 \rho(1-\rho^2)\,d\rho = \frac{1}{2} \cdot 2\pi \left[\frac{1}{2}\rho^2 - \frac{1}{4}\rho^4\right]_0^1 = \frac{1}{4}\pi.$$

解题思路 2:当三重积分的被积函数只含 z,用平行于 xOy 面的平面截 Ω 所得截面 D_z:$x^2+y^2 \leqslant z^2$ 的面积易求,则选择先二后一积分顺序计算方便. $\boxed{\iint_{D_z} dx\,dy = \pi z^2 = S_{D_z}}$

$$\iiint_{\Omega} z\,dx\,dy\,dz = \int_0^1 dz \iint_{D_z} z\,dx\,dy = \int_0^1 z\,dz \boxed{\iint_{D_z} dx\,dy}$$

$$= \int_0^1 z(\pi z^2)\,dz = \frac{1}{4}\pi.$$

例 11 (习题 10-5,4 题) 计算 $\int_L e^{\sqrt{x^2+y^2}}\,ds$,其中 L:由圆周 $x^2+y^2=a^2$,直线 $y=x$ 及 x 轴在第一象限内所围成的图形的边界(如图 10-58 所示).

解题思路:L 由三段组成,用积分可加性,转化为三段曲线积分之和.

（1）在线段 OA 上，（直接法）方程为 $y=0,0 \leqslant x \leqslant a,\mathrm{d}s=\mathrm{d}x$，则

$$\int_{OA} \mathrm{e}^{\sqrt{x^2+y^2}} \mathrm{d}s = \int_0^a \mathrm{e}^x \mathrm{d}x = \mathrm{e}^a - 1.$$

（2）在圆弧 $\overset{\frown}{AB}$ 上，$x^2+y^2=a^2$ 直接代入化简积分

$$\int_{\overset{\frown}{AB}} \mathrm{e}^{\sqrt{x^2+y^2}} \mathrm{d}s = \int_{\overset{\frown}{AB}} \mathrm{e}^a \mathrm{d}s = \mathrm{e}^a \cdot \frac{1}{8} \cdot 2\pi a = \frac{1}{4}\pi a \mathrm{e}^a.$$

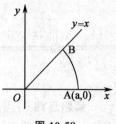

图 10-58

（3）在线段 OB 上，（直接法）OB 方程为 $y=x,\mathrm{d}s=\sqrt{2}\,\mathrm{d}x,0 \leqslant x \leqslant \frac{\sqrt{2}\,a}{2}$ 则

$$\int_{OB} \mathrm{e}^{\sqrt{x^2+y^2}} \mathrm{d}s = \int_0^{\frac{\sqrt{2}\,a}{2}} \mathrm{e}^{\sqrt{2}\,x} \sqrt{2}\,\mathrm{d}x = \mathrm{e}^a - 1.$$

所以 $$\int_L \mathrm{e}^{\sqrt{x^2+y^2}} \mathrm{d}s = 2(\mathrm{e}^a - 1) + \frac{\pi}{4} a \mathrm{e}^a.$$

例 12 计算第二类曲线积分 $\int_L x\mathrm{d}x + xy\mathrm{d}y$，其中 L：上半圆周 $x^2+y^2=2x$ 的正向（如图 10-59 所示）.

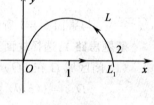

解题思路 1：直接法（选择圆参数方代入转化为定积分）

$L:x=1+\cos\theta,y=\sin\theta,0 \leqslant \theta \leqslant \pi.$

$I = \int_0^{\pi} \{(1+\cos\theta)(-\sin\theta) + (1+\cos\theta)\sin\theta\cos\theta\} \mathrm{d}\theta = -\frac{4}{3}.$

图 10-59

解题思路 2：直接法（选择 x 为参数，代入转化为定积分）

半圆周 L 方程为：$y=\sqrt{2x-x^2}$，x 由起点 $x=2$ 变化到 $x=0$（**注意，不是 0 到 2，对坐标曲线积分，积分曲线是有向曲线**）.

原式 $= \int_2^0 \left(x + x\sqrt{2x-x^2} \cdot \frac{1-x}{\sqrt{2x-x^2}} \right) \mathrm{d}x = -\frac{4}{3}.$

解题思路 3：间接法（非封闭曲线通过**补线法**应用格林公式）

补 $L_1:y=0,x$：由 $0 \leqslant x \leqslant 2,\int_{L_1} x\mathrm{d}x + xy\mathrm{d}y = \int_0^2 x\mathrm{d}x = 2,$

L_1+L 为闭曲线，逆时针方向，由格林公式，得

$$\int_{L+L_1} x\mathrm{d}x + xy\mathrm{d}y = \iint_D y\mathrm{d}x\mathrm{d}y = \int_0^{\frac{\pi}{2}} \mathrm{d}\theta \int_0^{2\cos\theta} \rho^2\sin\theta\mathrm{d}\rho = \frac{2}{3},$$

所以 $$\int_L x\mathrm{d}x + xy\mathrm{d}y = \frac{2}{3} - 2 = -\frac{4}{3}.$$

例 13 计算 $I = \iint_\Sigma (z^2-y)\mathrm{d}z\mathrm{d}x + (x^2-z)\mathrm{d}x\mathrm{d}y$，其中 Σ 为旋转抛物面 $z=1-x^2-y^2$ 在 $0 \leqslant z \leqslant 1$ 部分的外侧.

解题思路：间接法（非封闭曲面通过**补面法**应用高斯公式）

（1）作辅助平面 $\Sigma_1 : z = 0, (x^2 + y^2 \leqslant 1)$ 取下侧，则平面 Σ_1 与曲面 Σ 围成闭曲面外侧，围成空间有界闭区域 Ω，由高斯公式得

$$I_1 = \iint\limits_{\Sigma + \Sigma_1} (z^2 - y) \mathrm{d}z\mathrm{d}x + (x^2 - z)\mathrm{d}x\mathrm{d}y = \iiint\limits_{\Omega} (-2)\mathrm{d}v$$

$$= -2 \int_0^{2\pi} \mathrm{d}\theta \int_0^1 \mathrm{d}\rho \int_0^{1-r^2} \rho\, \mathrm{d}z = -4\pi \int_0^1 \rho(1 - \rho^2)\mathrm{d}\rho = -\pi.$$

（2）用化为二重积分的基本方法计算 $\Sigma_1 : z = 0 (x^2 + y^2 \leqslant 1)$ 下侧，

$$I_2 = \iint\limits_{\Sigma_1} (z^2 - y)\mathrm{d}z\mathrm{d}x + (x^2 - z)\mathrm{d}x\mathrm{d}y$$

$$\xlongequal{z = 0} \iint\limits_{\Sigma_1} x^2 \mathrm{d}x\mathrm{d}y \xlongequal[\text{下侧为负}]{\text{化二重积分}} - \iint\limits_{x^2 + y^2 \leqslant 1} x^2 \mathrm{d}\sigma \xlongequal[\text{对称性}]{\text{极坐标计算}} -4 \int_0^{\frac{\pi}{2}} \mathrm{d}\theta \int_0^1 \rho^2 \cos^2\theta \rho\, \mathrm{d}\rho = -\frac{\pi}{4}.$$

（3）$I = \iint\limits_{\Sigma} (z^2 - y)\mathrm{d}z\mathrm{d}x + (x^2 - z)\mathrm{d}x\mathrm{d}y = I_1 - I_2 = -\pi + \frac{\pi}{4} = -\frac{3}{4}\pi.$

总习题十

一、填空题

1. 线密度为 $\rho(x, y) = x^2 + xy$ 的平面圆环 $x^2 + y^2 = 4$ 的质量为_____；

2. 设 L 是从点 $O(0,0,0)$ 经点 $A(1,1,1)$ 到点 $B(1,1,-1)$ 的折线段，则曲线积分 $\int_L \mathrm{d}s =$ _____；

3. 若 L 为逆时针方向的简单闭曲线，且 $\oint_L y\mathrm{d}x + 2x\mathrm{d}y = 2$，则 L 所围区域 D 的面积为 _____；

4. 若 D 为圆域 $x^2 + y^2 \leqslant a^2 (a > 0)$，则二重积分 $\iint\limits_D (x^2 + y^2)\mathrm{d}\sigma =$ _____；

*5. $\iiint\limits_{\Omega} r^2 \sin\varphi\, \mathrm{d}\theta\mathrm{d}\varphi\mathrm{d}r =$ _____，其中 $\Omega : 0 \leqslant r \leqslant 1, 0 \leqslant \theta \leqslant 2\pi, 0 \leqslant \varphi \leqslant \frac{\pi}{2}$；

6. 化二重积分 $I = \iint\limits_D f(x,y)\mathrm{d}\sigma$ 为二次积分，其中 D 由 x 轴及直线 $x = e$ 及曲线 $y = \ln x$ 围成，$I =$ _____；

7. 设 $\iint\limits_D \mathrm{d}\sigma = 8$，其中 D 为 $0 \leqslant x \leqslant a, 0 \leqslant y \leqslant ax$，这里 $a > 0$，则 $a =$ _____；

8. 交换换序 $\int_0^{\pi} \mathrm{d}y \int_{\sqrt{y}}^{\sqrt{\pi}} \frac{\sin x^2}{x}\mathrm{d}x =$ _____；

9. 计算 $\iint\limits_D xy\mathrm{d}\sigma =$ _____，其中 $D : x^2 + y^2 \leqslant a^2$；

10. $\iint\limits_{\Sigma} dS = $ _____ ,其中 $\Sigma : x^2 + y^2 + z^2 = 4$；

二、选择题

1. 化二重积分 $\iint\limits_{D} f(x,y)d\sigma$ 为二次积分,其中 D 由直线 $y=x$ 及 $y^2 = 9x$ 围成,以下正确的是( ).

(A) $\int_0^9 dx \int_{3\sqrt{x}}^x f(x,y)dy$

(B) $\int_0^9 dx \int_x^{3\sqrt{x}} f(x,y)dy$

(C) $\int_0^9 dy \int_y^{\frac{y^2}{9}} f(x,y)dx$

(D) $\int_0^9 dy \int_x^{3\sqrt{x}} f(x,y)dx$

2. 设 $f(x,y)$ 连续,且 $f(x,y) = xy + \iint\limits_{D} f(x,y)dxdy$,其中 D 由 $y=0,y=x^2,x=1$ 所围成,则 $f(x,y)$ 等于( ).

(A) $xy + \dfrac{1}{8}$ 　　(B) $xy + 8$ 　　(C) $2xy$ 　　(D) xy

3. 化二重积分 $\iint\limits_{D} f(x,y)dxdy$ 为极坐标系的二次积分,其中 D 由直线 $y=x^2$ 及 $y=x$ 围成,以下正确的是( ).

(A) $\int_0^{\frac{\pi}{4}} d\theta \int_0^{\tan\theta} f(r\cos\theta, r\sin\theta) r dr$

(B) $\int_0^{\frac{\pi}{4}} d\theta \int_0^{\tan\theta\sec\theta} f(r\cos\theta, r\sin\theta) dr$

(C) $\int_0^{\frac{\pi}{4}} d\theta \int_0^{\tan\theta\sec\theta} f(r\cos\theta, r\sin\theta) r dr$

(D) $\int_0^{\frac{\pi}{4}} d\theta \int_0^{\tan\theta\csc\theta} f(r\cos\theta, r\sin\theta) r dr$

4. 设有平面闭区域 $D = \{(x,y) \mid -a \leqslant x \leqslant a, x \leqslant y \leqslant a\}$, $D_1 = \{(x,y) \mid 0 \leqslant x \leqslant a, x \leqslant y \leqslant a\}$,则 $\iint\limits_{D} (xy + \cos x \sin y) dx dy = ($).

(A) $2\iint\limits_{D_1} \cos x \sin y dx dy$

(B) $2\iint\limits_{D_1} xy dx dy$

(C) $4\iint\limits_{D_1} (xy + \cos x \sin y) dx dy$

(D) 0

5. 设 $f(x)$ 为连续函数, $F(x) = \int_1^t dy \int_y^t f(x)dx$,则 $F'(2) = ($).

(A) $2f(2)$ 　　　(B) $f(2)$ 　　　(C) $-f(2)$ 　　　(D) 0

6. 设 L 是曲线 $y=x^2$ 上从 $A(1,1)$ 到 $B(0,0)$ 的一段弧,则 $\int_L x dy = ($).

(A) $\int_0^1 2x^2 dx$

(B) $\int_0^1 \sqrt{y} dy$

(C) $\int_1^0 2x^2 dx$

(D) $\int_1^0 x dy$

7. 以 $(5x^4 + 3xy^2 - y^3)dx + (3x^2y - 3xy^2 + y^2)dy$ 为全微分的函数是( ).

(A) $x^5 + \dfrac{5}{2}x^2y^2 - xy^3 + \dfrac{1}{3}y^3 + C$

(B) $x^5 + \dfrac{3}{2}x^2y^2 - xy^3 + \dfrac{1}{3}y^3 + C$

(C) $x^5 + \dfrac{3}{2}x^2y^2 - x^3y^3 + \dfrac{1}{3}y^3 + C$　　　(D) $x^5 + \dfrac{3}{2}x^2y^2 - x^2y^3 + \dfrac{1}{3}y^3 + C$

8. 设 G 为一个平面单连通区域,P,Q 在 G 上具有一阶连续偏导数,则积分 $\displaystyle\int_L P\,\mathrm{d}x - Q\,\mathrm{d}y$ 与路径无关的充分必要条件是(　　).

(A) $\dfrac{\partial P}{\partial y} = \dfrac{\partial Q}{\partial x}$　　　　　　　　(B) $\dfrac{\partial P}{\partial x} = \dfrac{\partial Q}{\partial y}$

(C) $\dfrac{\partial P}{\partial x} = -\dfrac{\partial Q}{\partial y}$　　　　　　　(D) $\dfrac{\partial P}{\partial y} = -\dfrac{\partial Q}{\partial x}$

9. 设曲线 L 取 $4x^2 + y^2 = 4$ 顺时针方向一周,$\displaystyle\oint_L y\,\mathrm{d}x - x\,\mathrm{d}y = ($　　$)$.

(A)4π　　　　　(B)2π　　　　　(C)-2π　　　　　(D)-4π

10. 已知 $\dfrac{(x+ay)\,\mathrm{d}x + y\,\mathrm{d}y}{(x+y)^2}$ 为某函数的全微分,则 a 等于(　　).

(A)-1　　　　(B)0　　　　(C)1　　　　(D)2

三、计算题

1. 计算 $\displaystyle\iint_D e^{-y^2}\,\mathrm{d}x\,\mathrm{d}y$,$D$:是$(0,0),(1,1),(0,1)$ 为顶点的三角形区域.

2. 计算 $\displaystyle\iint_D \arctan\dfrac{y}{x}\,\mathrm{d}\sigma$,$D$:$1 \leqslant x^2 + y^2 \leqslant 4, y \leqslant x, y \geqslant 0$.

3. 计算 $\displaystyle\iint_D x\,\mathrm{d}x\,\mathrm{d}y$,其中 D 是直线 $y=2,y=x$ 及 $xy=1$ 所围成的区域.

4. 求曲线 $z = x^2 + y^2$ 与 $z = 2 - x^2 - y^2$ 所围成的立体的体积.

5. 计算二重积分 $\displaystyle\iint_D y^2\sin xy\,\mathrm{d}x\,\mathrm{d}y$,其中 D 由 $x=0,y=1,y=x$ 围成.

6. 计算二重积分 $\displaystyle\iint_D xy\mathrm{e}^{x^2+y^2}\,\mathrm{d}x\,\mathrm{d}y$,其中 D:$a \leqslant x \leqslant b, c \leqslant y \leqslant d$.

7. 计算三重积分 $\displaystyle\iiint_\Omega (x+z)\,\mathrm{d}x\,\mathrm{d}y\,\mathrm{d}z$,其中 Ω 是由曲面 $z = \sqrt{x^2+y^2}$ 与 $z = \sqrt{1-x^2-y^2}$ 所围的区域.

8. 计算曲线积分 $\displaystyle\oint_L \sqrt{x^2+y^2}\,\mathrm{d}s$ 其中 L 为圆周 $x^2+y^2 = ax$.

9. 计算曲线积分 $\displaystyle\int_L \dfrac{x\,\mathrm{d}y - y\,\mathrm{d}x}{x^2+y^2}$,其中 L 为从 $A(0,1)$ 沿曲线 $y = 1+x^2$ 到 $B(1,2)$ 的一段弧.

10. 计算曲线积分 $I = \displaystyle\int_L (\mathrm{e}^x\sin y - bx - by)\,\mathrm{d}x + (\mathrm{e}^x\cos y - ax)\,\mathrm{d}y$,其中 L 为沿曲线 $y = \sqrt{2ax - x^2}$ 从 $A(2a,0)$ 到 $O(0,0)$ 的弧.

11. $\displaystyle\iint_\Sigma (2xy - 2x^2 - x + z)\,\mathrm{d}S$,其中 Σ 为平面 $2x + 2y + z = 6$ 在第一卦限中的部分;

12. $\iint\limits_{\Sigma} z\,dx\,dy + x\,dy\,dz + y\,dz\,dx$，其中 Σ 是柱面 $x^2 + y^2 = 1$ 被平面 $z = 0$ 及 $z = 3$ 所截得的在第一卦限内的部分的前侧.

13. $\oiint\limits_{\Sigma} 4xz\,dy\,dz - y^2\,dz\,dx + yz\,dx\,dy$，其中 Σ 为平面 $x = 0, y = 0, z = 0, x = 1, y = 1, z = 1$ 所围成的立方体的全表面的外侧.

第十一章 无穷级数

无限级数啊,即使想把你看作是无限的东西,你却仍是有限之和,在界限面前躬下了身躯,在贪婪的万物之中,印下无限之神的身影.虽然身受限制,却又无限增加,我多么欣喜,在无法度量的细物之中,在那微小又微小之中,我看到了无限之神.

——雅可比·伯努利

没有任何问题可以像无穷那样深深的触动人的情感,很少有别的观念能像无穷那样激励理智产生富有成果的思想,然而也没有任何其他的概念能向无穷那样需要加以阐明.

——希尔伯特 D. Hilbert

概述 一个中学常见的有趣问题:比较无限循环小数 $0.\dot{9}$ 与 1 的大小? 我们直观上感觉是 $0.\dot{9} < 1$. 事实上 $0.\dot{9} = 0.9 + 0.09 + 0.009 + \cdots + \underbrace{0.00\cdots09}_{n\,\text{个}} + \cdots = 9 \sum\limits_{n=1}^{\infty} \left(\dfrac{1}{10}\right)^n$ 的和的问题,

通过计算会发现 $0.\dot{9}$ 与 1 的关系是相等而不是小于. 这个问题实质上就是无穷数列的无穷和问题,通过计算可见无限和发生了质变,反映了量的积累会达到质的飞跃.

无穷数列的无穷和 $\sum\limits_{n=1}^{\infty} u_n$ 就是常数项级数,无穷函数列(均在 I 上有定义)的无穷和 $\sum\limits_{n=1}^{\infty} u_n(x)$ 是函数项级数. 这就是本章研究的级数概念. 级数是一个无限求和的过程,它与有限和有着根本的不同,无限求和的过程就是极限的运算过程,把极限及其运算性质迁移和推广到级数中去,就形成了级数的一些独特性质.

级数还是产生新函数的重要方法,同时又是对已知函数表示、逼近的有效方法,在近似计算中发挥着重要作用. 我们在建立定积分概念的同时,引入变上限积分定义出了一类新函数,使我们认识到除了初等函数之外的函数类;有了级数理论后,使我们的眼界会更进一步的开阔,进而认识更广泛的非初等函数类型.

级数理论的功能并不仅仅在于引进非初等函数,更重要的是给出了研究这些函数的有效方法,而且即使是初等函数,给出了它们的级数形式,有时会更便于研究它们的性质. 我们知道,泰勒公式是用有限项的多项式近似表示函数,它对于研究函数的局部逼近和整体逼近有着重要意义,在此基础上和一定的条件下,我们可以用无穷多项的多项式来准确地表示一个函数,这就是幂级数. 利用函数的幂级数展开式,对研究函数的性质和计算都有着非常重要的作用. 无穷级数的理论能使我们将更广泛的具有第一类间断点的函数表示成正弦函数项和余弦函数项的无穷级数,称为傅里叶级数,这种表达形式在科学和工程技术领域中具有非常重要的应用.

　　本章在介绍无穷级数基本概念和性质的基础上,着重讨论如何将函数展成幂级数和三角级数.级数理论是建立在极限理论的基础上.函数展开成幂级数的主要依据是微分学中的泰勒定理,幂级数的运算主要应用导数与积分的计算,由此可见,无穷级数与微积分的内容紧密联系,级数是高等数学的重要组成部分,在科学领域中有广泛的应用.它是研究函数的性质,进行数值计算的重要工具.本章在介绍无穷级数基本概念和性质的基础上,着重讨论如何将函数展成幂级数和三角级数.

第一节　常数项级数的概念和性质

无穷级数　级数收敛　收敛级数的性质　级数收敛的必要条件　几何级数

一、常数项级数的概念

　　公元前 4 世纪,道家的代表人物庄子在《天下篇·庄子》中记载:"一尺之棰,日取其半,万世不竭."如果把每日所截得的木杆的长度逐日列出,可以得到数列 $\frac{1}{2}, \frac{1}{2^2}, \frac{1}{2^3}, \cdots, \frac{1}{2^n}\cdots$,逐项相加得到式子

$$\frac{1}{2} + \frac{1}{2^2} + \frac{1}{2^3} + \cdots + \frac{1}{2^n} + \cdots.$$

这是无穷多个常数相加,我们把这个式子就叫做**无穷级数**.

> **定义**　设给定一个无穷数列 $\{u_n\}: u_1, u_2, u_3, \cdots, u_n \cdots$,则表达式
>
> $$u_1 + u_2 + u_3 + \cdots + u_n + \cdots$$
>
> 叫做**无穷级数**,简称**级数**.记作 $\sum\limits_{n=1}^{\infty} u_n$. 即
>
> $$\sum_{n=1}^{\infty} u_n = u_1 + u_2 + u_3 + \cdots + u_n + \cdots.$$
>
> 其中第 n 项 u_n 叫做级数的**一般项**或**通项**. 如果 u_n 是常数,则级数 $\sum\limits_{n=1}^{\infty} u_n$ 叫做**常数项级数**. 如果 u_n 是函数,则级数 $\sum\limits_{n=1}^{\infty} u_n$ 叫做**函数项级数**.

　　例如

$$\sum_{n=1}^{\infty} \frac{3}{10^n} = \frac{3}{10} + \frac{3}{10^2} + \frac{3}{10^3} + \cdots + \frac{3}{10^n} + \cdots,$$

$$\sum_{n=1}^{\infty} (-1)^{n-1} \frac{1}{n} = 1 - \frac{1}{2} + \frac{1}{3} - \frac{1}{4} + \cdots + (-1)^{n-1} \frac{1}{n} + \cdots,$$

都是**常数项函数**.

又如
$$\sum_{n=1}^{\infty}(-1)^{n-1}x^{n-1}=1-x+x^2-x^3+\cdots+(-1)^{n-1}x^{n-1}+\cdots,$$

$$\sum_{n=1}^{\infty}\sin nx=\sin x+\sin 2x+\sin 3x+\cdots+\sin nx+\cdots$$

都是**函数项级数**.

本节先讨论常数项级数.有限个数相加其和是确定的,而无穷多个数相加就不一定有意义了.为此,我们先求有限项的和,然后运用极限的方法来讨论无穷多项的累加问题.

对于无穷级数 $\sum_{n=1}^{\infty}u_n$,它的前 n 项和 $s_n=u_1+u_2+u_3+\cdots u_n$ 叫做**级数的部分和**.

如果当 $n\to\infty$ 时,部分和数列 $\{s_n\}$ 有极限 s,即 $\lim\limits_{n\to\infty}s_n=s$,则称级数 $\sum_{n=1}^{\infty}u_n$ 是**收敛**的,并把 s 叫做该级数的和.即

$$s=u_1+u_2+u_3+\cdots+u_n+\cdots$$

如果当 $n\to\infty$ 时,s_n 的极限不存在,则称这个级数是发散的.

当级数收敛时,级数的和 s 与它的部分和 s_n 之差 $r_n=s-s_n=u_{n+1}+u_{n+2}+\cdots\cdots$ 叫做**级数的余项**,以部分和 s_n 作为和 s 的近似值所产生的误差,就是这个余项的绝对值 $|r_n|$.

无穷级数	$\sum_{n=1}^{\infty}u_n=u_1+u_2+u_3+\cdots+u_n+\cdots$
部分和	$s_n=u_1+u_2+u_3+\cdots u_n$
级数收敛	$\lim\limits_{n\to\infty}s_n=s$
级数发散	$\lim\limits_{n\to\infty}s_n$ 不存在

例 1(利用级数收敛定义) 判定级数

$$\sum_{n=1}^{\infty}\frac{1}{n(n+1)}=\frac{1}{1\times 2}+\frac{1}{2\times 3}+\frac{1}{3\times 4}+\cdots+\frac{1}{n(n+1)}+\cdots \text{ 是收敛还是发散.}$$

解 级数的前 n 项和是

$$s_n=\frac{1}{1\times 2}+\frac{1}{2\times 3}+\frac{1}{3\times 4}+\cdots+\frac{1}{n(n+1)}$$

$$=1-\frac{1}{2}+\frac{1}{2}-\frac{1}{3}+\frac{1}{3}-\frac{1}{4}+\cdots+\frac{1}{n}-\frac{1}{n+1}=1-\frac{1}{n+1},$$

$$\boxed{\frac{1}{n(n+1)}=\frac{1}{n}-\frac{1}{n+1}}$$

则 $\lim\limits_{n\to\infty}s_n=\lim\limits_{n\to\infty}\left(1-\frac{1}{n+1}\right)=1$,所以这个级数收敛,且 $\sum_{n=1}^{\infty}\frac{1}{n(n+1)}=1$.

例 2(利用级数收敛定义) 判定级数

$$\sum_{n=1}^{\infty}\ln\left(1+\frac{1}{n}\right)=\ln(1+1)+\ln\left(1+\frac{1}{2}\right)+\cdots+\ln\left(1+\frac{1}{n}\right)+\cdots$$

的敛散性.

解 已知级数的前 n 项和为

$$s_n = \ln(1+1) + \ln\left(1 + \frac{1}{2}\right) + \cdots \ln\left(1 + \frac{1}{n}\right)$$

$$= \ln 2 - \ln 1 + \ln 3 - \ln 2 + \cdots + \ln(1+n) - \ln n = \ln(1+n),$$

而 $\lim\limits_{n \to \infty} s_n = \lim\limits_{n \to \infty} \ln(1+n) = +\infty$，所以这个级数发散.

例 3(几何级数即等比级数) 讨论等比级数 $\sum\limits_{n=1}^{\infty} aq^{n-1} = a + aq + \cdots + aq^{n-1} + \cdots$ 的敛散性.

解 (1)当 $|q| \neq 1$ 时，前 n 项和为

$$s_n = a + aq + aq^2 + \cdots aq^{n-1} = \frac{a(1-q^n)}{1-q}.$$

当 $|q| < 1$ 时，$\lim\limits_{n \to \infty} q^n = 0$，于是 $\lim\limits_{n \to \infty} s_n = \frac{a}{1-q}$，所以级数 $\sum\limits_{n=1}^{\infty} aq^{n-1}$ 收敛. 其和 $s = \frac{a}{1-q}$.

当 $|q| > 1$ 时，$\lim\limits_{n \to \infty} q^n = \infty$，于是 $\lim\limits_{n \to \infty} s_n = \infty$，所以级数 $\sum\limits_{n=1}^{\infty} aq^{n-1}$ 发散.

(2) 当 $q = 1$ 时，$s_n = na$，于是 $\lim\limits_{n \to \infty} s_n = \lim\limits_{n \to \infty} na = \infty$，所以此时级数 $\sum\limits_{n=1}^{\infty} aq^{n-1}$ 发散.

当 $q = -1$ 时，$s_n = \begin{cases} a, & \text{当 } n \text{ 为奇数时} \\ 0, & \text{当 } n \text{ 为偶数时} \end{cases}$，$\lim\limits_{n \to \infty} s_n$ 不存在，级数 $\sum\limits_{n=1}^{\infty} aq^{n-1}$ 发散.

综上所述，有

几何级数 $\sum\limits_{n=1}^{\infty} aq^{n-1} = a + aq + \cdots + aq^{n-1} + \cdots$

当公比的绝对值 $|q| < 1$ 时收敛，且和 $\sum\limits_{n=1}^{\infty} aq^{n-1} = \frac{a}{1-q}$；当 $|q| \geqslant 1$ 时，$\sum\limits_{n=1}^{\infty} aq^{n-1}$ 发散.

例 4(几何级数的敛散性) 下列级数是收敛还是发散,如果收敛,和是多少?

(1) $1 - \frac{1}{2} + \frac{1}{4} - \frac{1}{8} + \cdots \left(-\frac{1}{2}\right)^n + \cdots$;   (2) $\frac{\pi}{2} + \frac{\pi^2}{4} + \frac{\pi^3}{8} + \cdots + \frac{\pi^n}{2^n} + \cdots$.

解 (1)$a = 1$, $|q| = \left|-\frac{1}{2}\right| = \frac{1}{2} < 1$，级数收敛，且 $s = \frac{1}{1 - \left(-\frac{1}{2}\right)} = \frac{2}{3}$;

(2)$a = \frac{\pi}{2}$, $q = \frac{\pi}{2} > 1$，级数发散.

二、收敛级数的基本性质

性质 1 若级数 $\sum\limits_{n=1}^{\infty} u_n$ 收敛，其和为 s，则对任意常数 c，级数 $\sum\limits_{n=1}^{\infty} cu_n$ 也收敛，其和为 cs；若 $\sum\limits_{n=1}^{\infty} u_n$ 发散，当 $c \neq 0$ 时，级数 $\sum\limits_{n=1}^{\infty} cu_n$ 也发散.

注　若 $c=0$，对任意级数 $\sum\limits_{n=1}^{\infty}u_n$，$\sum\limits_{n=1}^{\infty}cu_n=0$，级数收敛.

性质 2　若级数 $\sum\limits_{n=1}^{\infty}u_n$ 和级数 $\sum\limits_{n=1}^{\infty}v_n$ 都收敛，其和分别为 s_1 和 s_2，则级数 $\sum\limits_{n=1}^{\infty}(u_n\pm v_n)$ 也收敛.且其和为 $s_1\pm s_2$.

注　若级数 $\sum\limits_{n=1}^{\infty}u_n$、$\sum\limits_{n=1}^{\infty}v_n$ 都发散，级数 $\sum\limits_{n=1}^{\infty}(u_n\pm v_n)$ 不一定发散.

性质 3　在级数中增加、去掉或改变有限项，不改变级数的敛散性.但是，当级数收敛时，其和一般要改变.

例如 $q=\dfrac{1}{2}$ 的几何级数 $\sum\limits_{n=1}^{\infty}\left(\dfrac{1}{2}\right)^{n-1}=2$，$\sum\limits_{n=3}^{\infty}\left(\dfrac{1}{2}\right)^{n-1}=2-1-\dfrac{1}{2}=\dfrac{1}{2}$.

性质 4　若级数 $\sum\limits_{n=1}^{\infty}u_n$ 收敛，则对其各项间任意加括号所得的级数仍收敛，且其和不变.

应当注意，性质 4 的结论反过来并不成立，即如果加括号后级数收敛，原级数未必收敛，例如级数 $(1-1)+(1-1)+\cdots+(1-1)+\cdots$ 显然收敛于 0，但级数 $1-1+1-1+\cdots+1-1+\cdots$ 却是发散的.

例 5　判别级数 $\sum\limits_{n=1}^{\infty}\dfrac{2+(-1)^{n-1}}{3^n}$ 是否收敛？若收敛，求其和.

解　因为 $\sum\limits_{n=1}^{\infty}\dfrac{2}{3^n}$ 是公比 $q=\dfrac{1}{3}$ 的等比级数，所以收敛，且其和为 $\dfrac{\frac{2}{3}}{1-\frac{1}{3}}=1$，

级数 $\sum\limits_{n=1}^{\infty}\dfrac{(-1)^{n-1}}{3^n}$ 是公比 $q=-\dfrac{1}{3}$ 的等比级数，所以收敛，其和为 $\dfrac{\frac{1}{3}}{1+\frac{1}{3}}=\dfrac{1}{4}$.所以根据性质 2 可知级数 $\sum\limits_{n=1}^{\infty}\dfrac{2+(-1)^{n-1}}{3^n}$ 收敛，其和为 $\dfrac{5}{4}$.

性质 5(级数收敛的必要条件)　如果级数 $\sum\limits_{n=1}^{\infty}u_n$ 收敛，那么 $\lim\limits_{n\to\infty}u_n=0$.

证　级数 $\sum\limits_{n=1}^{\infty}u_n$ 的一般项可表示为 $u_n=s_n-s_{n-1}$，如果级数 $\sum\limits_{n=1}^{\infty}u_n$ 收敛，显然 s_n 和 s_{n-1} 有相同的极限.因此，$\lim\limits_{n\to\infty}u_n=\lim\limits_{n\to\infty}(s_n-s_{n-1})=0$.

若 $\lim\limits_{n\to\infty}u_n\neq 0$，则级数 $\sum\limits_{n=1}^{\infty}u_n$ 一定发散；但若 $\lim\limits_{n\to\infty}u_n=0$，级数 $\sum\limits_{n=1}^{\infty}u_n$ 不一定收敛.

> **发散级数第 n 项判别法**　$\lim\limits_{n\to\infty}u_n\neq 0$(或不存在)$\Rightarrow\sum\limits_{n=1}^{\infty}u_n$ 发散.

例 6(应用第 n 项判别法)　判别级数的敛散性.

(1) $\dfrac{1}{3}+\dfrac{2}{5}+\dfrac{3}{7}+\cdots+\dfrac{n}{2n+1}+\cdots$；
(2) $\sum\limits_{n=1}^{\infty}(-1)^n$；
(3) $\sum\limits_{n=1}^{\infty}\dfrac{e^n}{1+2^n}$.

解 (1) 因为 $\lim\limits_{n\to\infty}u_n=\lim\limits_{n\to\infty}\dfrac{n}{2n+1}=\dfrac{1}{2}\neq 0$. 所以级数发散.

(2) 因为 $\lim\limits_{n\to\infty}u_n=\lim\limits_{n\to\infty}(-1)^n$ 不存在,所以级数发散.

(3) $\lim\limits_{n\to\infty}u_n=\lim\limits_{n\to\infty}\dfrac{\mathrm{e}^n}{1+2^n}=\infty$,所以级数发散.

思考与探究

1.你能构造一个无穷级数(非零项),使其和为

(1)1;   (2)-4;   (3)0.

2.下列级数与级数 $\sum\limits_{n=1}^{\infty}u_n$ 有什么关系?如果 $\sum\limits_{n=1}^{\infty}u_n$ 收敛,它们之间的敛散性有什么关系?

(1)$0.01+\sum\limits_{n=1}^{\infty}u_n$;   (2)$\sum\limits_{n=1}^{\infty}(u_n+0.01)$;   (3)$\sum\limits_{n=1}^{\infty}0.01u_n$.

习题 11-1

1.判断下列级数的敛散性:

(1) $\dfrac{1}{1\cdot 6}+\dfrac{1}{6\cdot 11}+\cdots+\dfrac{1}{(5n-4)(5n+1)}+\cdots$;   (2) $\sum\limits_{n=1}^{\infty}\dfrac{1}{\sqrt{n}+\sqrt{n-1}}$.

2.判断下列级数的敛散性:

(1)$\sum\limits_{n=1}^{\infty}(-1)^{n-1}\mathrm{e}^n$;   (2)$\sum\limits_{n=1}^{\infty}\left(\dfrac{2}{3}\right)^{n-1}$;   (3)$\sum\limits_{n=1}^{\infty}\dfrac{2+(-1)^n}{2^n}$.

3.判断下列级数的敛散性:

(1)$\sum\limits_{n=1}^{\infty}(-1)^{n-1}\dfrac{n}{n+1}$;   (2)$\sum\limits_{n=1}^{\infty}\left(\dfrac{1}{2^n}+\dfrac{1}{3^n}\right)$;   (3)$\sum\limits_{n=1}^{\infty}\left[(-1)^n+\dfrac{1}{2^n}\right]$.

第二节　常数项级数的审敛法

*正项级数　调和级数　p 级数　比较审敛法　比较审敛法极限形式　比值审敛法
交错级数　莱布尼茨判别法　绝对收敛　条件收敛*

一、正项级数及其审敛法

利用级数收敛与发散的定义和性质判断一个级数的敛散性,通常是很困难的.因此,需要建立判断级数敛散性的一般方法.首先研究一类级数,各项都是正数或零的级数,这种级数叫做**正项级数**.

在正项级数 $\sum\limits_{n=1}^{\infty}u_n$ 中,由于 $u_n\geqslant 0$,所以 $s_{n+1}=s_n+u_{n+1}\geqslant s_n$,即正项级数 $\sum\limits_{n=1}^{\infty}u_n$ 的部分和数列 $\{s_n\}$ 为单调增加的数列.我们知道,单调有界数列收敛,所以若 $\{s_n\}$ 有界,则 $\lim\limits_{n\to\infty}s_n$ 存在,由此知正项级数 $\sum\limits_{n=1}^{\infty}u_n$ 必收敛.反之,若正项级数 $\sum\limits_{n=1}^{\infty}u_n$ 收敛于 s,即 $\lim\limits_{n\to\infty}s_n=s$,则数列 $\{s_n\}$ 有

界. 从而得到下述定理.

> **定理 1** 正项级数收敛的充分必要条件是它的部分和数列 $\{s_n\}$ 有界.

定理 1 是建立正项级数收敛判别法的基础.

1. 正项级数的比较审敛法

> **定理 2** 设两个正项级数 $\sum_{n=1}^{\infty} u_n$ 与 $\sum_{n=1}^{\infty} v_n$, 且 $u_n \leqslant v_n (n > N, N$ 是一个确定的正整数$)$,
>
> ① 如果级数 $\sum_{n=1}^{\infty} v_n$ 收敛, 则级数 $\sum_{n=1}^{\infty} u_n$ 也收敛;
>
> ② 如果级数 $\sum_{n=1}^{\infty} u_n$ 发散, 则级数 $\sum_{n=1}^{\infty} v_n$ 也发散.

例 1(比较判别法) 判别级数 $1 + \dfrac{1}{2^2} + \dfrac{1}{3^2} + \cdots + \dfrac{1}{n^2} + \dfrac{1}{(n+1)^2} + \cdots$ 敛散性.

解 因为 $\dfrac{1}{(n+1)^2} \leqslant \dfrac{1}{n(n+1)}$, 由第一节例 1 知级数 $\sum_{n=1}^{\infty} \dfrac{1}{n(n+1)}$ 是收敛的, 所以由比较

审敛法知, 级数 $\sum_{n=1}^{\infty} \dfrac{1}{(n+1)^2}$ 也是收敛的. 再由性质 3 知, 级数 $\sum_{n=1}^{\infty} \dfrac{1}{n^2}$ 也是收敛的.

例 2(比较判别法) 判别 $\sum_{n=1}^{\infty} \dfrac{1}{n!}$ 的敛散性

解 $\sum_{n=1}^{\infty} \dfrac{1}{n!} = \dfrac{1}{1} + \dfrac{1}{1 \cdot 2} + \dfrac{1}{1 \cdot 2 \cdot 3} + \cdots + \dfrac{1}{1 \cdot 2 \cdots n} + \cdots \leqslant 1 + \dfrac{1}{2} + \dfrac{1}{2^2} + \cdots + \dfrac{1}{2^n} + \cdots$

$= \sum_{n=1}^{\infty} \left(\dfrac{1}{2}\right)^{n-1}$ 是公比小于 1 的等比级数, 所以收敛, 由比较判别法得 $\sum_{n=1}^{\infty} \dfrac{1}{n!}$ 收敛.

例 3(比较判别法) 判别级数 $\sum_{n=1}^{\infty} 2^n \sin \dfrac{\alpha}{3^n} (0 < \alpha < \pi)$ 的敛散性.

解 因为 $0 < \sin \dfrac{\alpha}{3^n} < \dfrac{\alpha}{3^n}$, 所以有 $2^n \sin \dfrac{\alpha}{3^n} < \dfrac{2^n}{3^n}\alpha$.

因为级数 $\sum_{n=1}^{\infty} \left(\dfrac{2}{3}\right)^n \alpha$ 是 $q = \dfrac{2}{3}$ 的等比级数, 它是收敛

的, 所以 $\sum_{n=1}^{\infty} 2^n \sin \dfrac{\alpha}{3^n}$ 也收敛.

> **常用不等式**
>
> 1. 当 $0 < x < \dfrac{\pi}{2}$ 有 $\sin x < x$
>
> 2. 当 $x > 0$ 有 $\ln(1+x) < x$

例 4 判别(调和级数) $\sum_{n=1}^{\infty} \dfrac{1}{n} = 1 + \dfrac{1}{2} + \dfrac{1}{3} + \cdots + \dfrac{1}{n} + \cdots$ 的敛散性.

解 因为 $\ln\left(1 + \dfrac{1}{n}\right) < \dfrac{1}{n}$, 由第一节例 2 知级数 $\sum_{n=1}^{\infty} \ln\left(1 + \dfrac{1}{n}\right)$ 发散,

所以由比较判别法得 $\sum_{n=1}^{\infty} \dfrac{1}{n} = 1 + \dfrac{1}{2} + \dfrac{1}{3} + \cdots + \dfrac{1}{n} + \cdots$ 发散.

例 5(p 级数) 讨论 p 级数 $\sum_{n=1}^{\infty} \dfrac{1}{n^p} = \dfrac{1}{1^p} + \dfrac{1}{2^p} + \cdots + \dfrac{1}{n^p} + \cdots (p > 0)$ 的敛散性.

解 (1) 当 $p=1$ 时,

p 级数 $1+\dfrac{1}{2}+\dfrac{1}{3}+\cdots+\dfrac{1}{n}+\cdots$ 就是调和级数,由例 4 知,级数发散.

(2) 当 $p<1$ 时,将 $\dfrac{1}{n^p}$ 与 $\dfrac{1}{n}$ 比较,这时 $n>n^p$,所以 $\dfrac{1}{n}<\dfrac{1}{n^p}$,由于 $\sum\limits_{n=1}^{\infty}\dfrac{1}{n}$ 发散,所以 $\sum\limits_{n=1}^{\infty}\dfrac{1}{n^p}$ 在 $p<1$ 时发散.

(3) 当 $p>1$ 时,比较级数 $\dfrac{1}{1^p}+\dfrac{1}{2^p}+\cdots+\dfrac{1}{n^p}+\cdots$

与 $\qquad 1+\dfrac{1}{2^p}+\dfrac{1}{2^p}+\dfrac{1}{4^p}+\dfrac{1}{4^p}+\dfrac{1}{4^p}+\dfrac{1}{4^p}+\cdots \qquad$ (2-1)

前者的每一项都不大于后者的相应的项. 即

$$1=1,\quad \frac{1}{2^p}=\frac{1}{2^p},\ \frac{1}{3^p}<\frac{1}{2^p},\ \frac{1}{4^p}=\frac{1}{4^p},\ \frac{1}{5^p}<\frac{1}{4^p}\cdots,$$

级数(2-1)的部分和可以写成

$$1+\left(\frac{1}{2^p}+\frac{1}{2^p}\right)+\left(\frac{1}{4^p}+\frac{1}{4^p}+\frac{1}{4^p}+\frac{1}{4^p}\right)+\cdots=1+\frac{1}{2^{p-1}}+\left(\frac{1}{2^{p-1}}\right)^2+\left(\frac{1}{2^{p-1}}\right)^3+\cdots,$$

上式是一个公比 $q=\dfrac{1}{2^{p-1}}<1$ 的等比收敛级数,又因为正项级数任意添加括弧后得到的新级数敛散性不变,因此,当 $p>1$ 时,p 级数是收敛的.

综合上述讨论得到

---

p 级数 $\sum\limits_{n=1}^{\infty}\dfrac{1}{n^p}$ $(p>0)$ 当 $p>1$ 时,收敛;当 $p\leqslant 1$ 时,发散.

这个结论以后常用到,应给予足够重视.

例如,因为级数 $\sum\limits_{n=1}^{\infty}\dfrac{1}{\sqrt{n}}$ 是 $p=\dfrac{1}{2}<1$ 的 p 级数,所以级数 $\sum\limits_{n=1}^{\infty}\dfrac{1}{\sqrt{n}}$ 是发散的.

级数 $\sum\limits_{n=1}^{\infty}\dfrac{1}{n\sqrt{n}}$ 是一个 $p=\dfrac{3}{2}>1$ 的 p 级数,所以级数 $\sum\limits_{n=1}^{\infty}\dfrac{1}{n\sqrt{n}}$ 是收敛的.

例 6(利用 p 级数) 判别级数 $\sum\limits_{n=1}^{\infty}\dfrac{1}{\sqrt{n^3+n}}$ 的敛散性.

解 因为 $u_n=\dfrac{1}{\sqrt{n^3+n}}<\dfrac{1}{n^{\frac{3}{2}}}$,而级数 $\sum\limits_{n=1}^{\infty}\dfrac{1}{n^{\frac{3}{2}}}$ 是 $p=\dfrac{3}{2}>1$ 的 p 级数,它是收敛的,所以由比较判别法级数 $\sum\limits_{n=1}^{\infty}\dfrac{1}{\sqrt{n^3+n}}$ 也收敛.

比较判别法是判断正项级数收敛性的一个重要方法. 对一给定的正项级数,若用比较判别法来判别其收敛性,则需要找到另一个已知级数与其进行比较,并应用定理 2 进行判断. 只有掌握一些重要级数的收敛性,才能熟练应用比较判别法. 至今为止,我们熟悉的重要的级数有等比级数、调和级数以及 p 级数等.

为应用比较判别法,我们需要掌握一些已知收敛和发散的级数.

收敛级数	发散级数
公比 $|q|<1$ 的等比级数	公比 $|q|\geqslant 1$ 的等比级数
当 $p>1$ 时,p 级数收敛	$p\leqslant 1$ 时 p 级数发散
级数 $\displaystyle\sum_{n=1}^{\infty}\frac{1}{n!}$	$\displaystyle\lim_{n\to\infty}u_n\neq 0$ 或不存在 $\Rightarrow\displaystyle\sum_{i=1}^{\infty}u_n$ 发散

要应用比较判别法来判别给定级数的收敛性,就必须建立给定级数的一般项与某一已知级数的一般项之间的不等式.但有时直接建立这样的不等式相当困难,为应用方便,我们给出比较判别法的极限形式.

定理3 设级数 $\displaystyle\sum_{n=1}^{\infty}u_n$ 和 $\displaystyle\sum_{n=1}^{\infty}v_n$ 都是正项级数,且 $\displaystyle\lim_{n\to\infty}\frac{u_n}{v_n}=l$

(1) 如果 $0<l<+\infty$,则 $\displaystyle\sum_{n=1}^{\infty}u_n$ 和 $\displaystyle\sum_{n=1}^{\infty}v_n$ 有相同的敛散性;

(2) 如果 $l=0$ 且 $\displaystyle\sum_{n=1}^{\infty}v_n$ 收敛,那么 $\displaystyle\sum_{n=1}^{\infty}u_n$ 收敛;

(3) 如果 $l=\infty$ 且 $\displaystyle\sum_{n=1}^{\infty}v_n$ 发散,那么 $\displaystyle\sum_{n=1}^{\infty}u_n$ 发散.

例7(比较判别法的极限形式) 判断下列级数的敛散性.

(1) $\displaystyle\sum_{n=1}^{\infty}\ln\left(1+\frac{1}{n^2}\right)$;　　(2) $\displaystyle\sum_{n=1}^{\infty}\sin\frac{1}{n}$;

解 (1)因 $\ln\left(1+\frac{1}{n^2}\right)\sim\frac{1}{n^2}(n\to\infty)$,故取收敛级数 $\displaystyle\sum_{n=1}^{\infty}\frac{1}{n^2}$ 为比较级数.

又
$$\lim_{n\to\infty}\frac{\ln\left(1+\frac{1}{n^2}\right)}{\frac{1}{n^2}}=1$$

根据极限判别法知,所求级数收敛.

(2)$n\to\infty$ 时,$\sin\frac{1}{n}\sim\frac{1}{n}$,故取发散的调和级数 $\displaystyle\sum_{n=1}^{\infty}\frac{1}{n}$ 为已知级数

又
$$\lim_{n\to\infty}\frac{\sin\frac{1}{n}}{\frac{1}{n}}=1,$$

所以根据极限判别法知,所求级数发散.

注 从以上解答过程中可以看到极限中的某些等价无穷小在级数审敛讨论时是十分有

用,事实上级数的收敛性取决于通项 u_n 趋向于零的"快慢"程度.

下面在比较审敛法的基础上,还可以得到一个较方便的审敛法.

2.正项级数的比值审敛法

设正项级数

$$u_1 + u_2 + \cdots + u_n + u_{n+1} + \cdots \tag{2-2}$$

如果存在一个小于 1 的正数 q,使得 $\dfrac{u_{n+1}}{u_n} \leqslant q < 1 (n \in N^*)$ 成立. 即

$$u_2 \leqslant qu_1, \quad u_3 \leqslant u_2 q \leqslant u_1 q^2, \quad \cdots\cdots, \quad u_n \leqslant u_{n-1}q \leqslant u_1 q^{n-1} \cdots.$$

也就是说,正项级数(2-2)的每一项,都不超过一个收敛的等比级数的对应项.因此由比较审敛法知,级数(2-2)是收敛的.类似地还可得到,如果正项级数中有 $\dfrac{u_{n+1}}{u_n} \geqslant q > 1 (n \in N^*)$ 成立,那么,这个正项级数是发散的.

根据以上分析,可以得到下面的定理.

定理 4 正项级数 $\displaystyle\sum_{n=1}^{\infty} u_n$,如果

$$\lim_{n \to \infty} \frac{u_{n+1}}{u_n} = \rho$$

则(1)当 $\rho < 1$ 时,级数 $\displaystyle\sum_{n=1}^{\infty} u_n$ 收敛;

(2)当 $\rho > 1$ 时,级数 $\displaystyle\sum_{n=1}^{\infty} u_n$ 发散;

(3)当 $\rho = 1$ 时,级数可能收敛也可能发散.

例 8(比值判别法) 判别级数 $\displaystyle\sum_{n=1}^{\infty} \frac{n}{2^{n-1}}$ 的敛散性.

解 因为 $\displaystyle\lim_{n \to \infty} \frac{u_{n+1}}{u_n} = \lim_{n \to \infty} \frac{n+1}{2^n} \cdot \frac{2^{n-1}}{n} = \frac{1}{2} < 1$,由比值判别法知级数 $\displaystyle\sum_{n=1}^{\infty} \frac{n}{2^{n-1}}$ 收敛.

例 9(比值判别法) 判别级数 $\displaystyle\sum_{n=1}^{\infty} \frac{n^n}{n!}$ 的敛散性.

解 $\displaystyle\lim_{n \to \infty} \frac{u_{n+1}}{u_n} = \lim_{n \to \infty} \frac{(n+1)^{n+1}}{(n+1)!} \cdot \frac{n!}{n^n} = \lim_{n \to \infty} \left(\frac{n+1}{n}\right)^n = e > 1$. 由比值判别法知级数 $\displaystyle\sum_{n=1}^{\infty} \frac{n^n}{n!}$ 发散.

注 (1)由例 8、例 9 知,当级数一般项中有 $n!$ 或 a^n 时,用比值判别法通常有效.

(2)当 $\displaystyle\lim_{n \to \infty} \frac{u_{n+1}}{u_n} = 1$ 时,比值审敛法失效.例如,在 p 级数中,

$$\lim_{n \to \infty} \frac{u_{n+1}}{u_n} = \lim_{n \to \infty} \left(\frac{n}{n+1}\right)^p = 1,$$

但是,当 $p \leqslant 1$ 时,p 级数发散;当 $p > 1$ 时,p 级数收敛.

二、交错级数及其审敛法

定义 形如 $u_1 - u_2 + u_3 - \cdots + (-1)^{n-1} u_n + \cdots (u_n > 0)$ 的级数叫做**交错级数**.

例如 $1 - 2 + 2^2 - 2^3 + \cdots + (-1)^{n-1} 2^{n-1} + \cdots$ 是一个公比为 -2 的交错级数,级数发散. $1 - \dfrac{1}{2} + \dfrac{1}{3} - \dfrac{1}{4} + \cdots + (-1)^{n-1} \dfrac{1}{n} + \cdots$ 称为**交错的调和级数**.

关于交错级数有下面的定理:

定理 5(莱布尼茨定理) 如果交错级数 $\sum\limits_{n=1}^{\infty} (-1)^{n-1} u_n (u_n > 0)$ 满足条件:

(1) $\lim\limits_{n\to\infty} u_n = 0$, (2) $u_n \geqslant u_{n+1} (n = 1, 2, \cdots, n)$;

则级数 $\sum\limits_{n=1}^{\infty} (-1)^{n-1} u_n$ 收敛. 其和 $s \leqslant u_1$,且余项 r_n 的绝对值 $|r_n| \leqslant u_{n+1}$.

例 10(交错的 p 级数) 判别级数 $\sum\limits_{n=1}^{\infty} (-1)^{n-1} \dfrac{1}{n^p} = 1 - \dfrac{1}{2^p} + \dfrac{1}{3^p} - \cdots + (-1)^{n-1} \dfrac{1}{n^p} + \cdots$ $(p > 0)$ 的敛散性.

解 因为(1) $\lim\limits_{n\to\infty} u_n = \lim\limits_{n\to\infty} \dfrac{1}{n^p} = 0, (p > 0)$

$$(2) u_{n+1} = \frac{1}{(n+1)^p} < \frac{1}{n^p} = u_n, (n = 1, 2, \cdots).$$

由莱布尼茨判别法知 $\sum\limits_{n=1}^{\infty} (-1)^{n-1} \dfrac{1}{n^p}$ $(p > 0)$ 收敛.

交错的 p 级数 $\sum\limits_{n=1}^{\infty} (-1)^{n-1} \dfrac{1}{n^p} = 1 - \dfrac{1}{2^p} + \dfrac{1}{3^p} - \cdots + (-1)^{n-1} \dfrac{1}{n^p} + \cdots (p > 0)$ **收敛**

三、绝对收敛与条件收敛

以上我们讨论了正项级数与交错级数的敛散性,下面我们讨论任意项级数的敛散性.

任意项级数 $u_1 + u_2 + \cdots + u_n + \cdots (u_n \in R)$ 各项的绝对值组成一个正项级数

$$\sum_{n=1}^{\infty} |u_n| = |u_1| + |u_2| + \cdots + |u_n| + \cdots.$$

定义 如果级数 $\sum\limits_{n=1}^{\infty} |u_n|$ 收敛,则称级数 $\sum\limits_{n=1}^{\infty} u_n$ **绝对收敛**;如果级数 $\sum\limits_{n=1}^{\infty} u_n$ 收敛,而级数 $\sum\limits_{n=1}^{\infty} |u_n|$ 发散,则称级数 $\sum\limits_{n=1}^{\infty} u_n$ **条件收敛**.

定理 6 如果级数 $\sum\limits_{n=1}^{\infty} |u_n|$ 收敛,则级数 $\sum\limits_{n=1}^{\infty} u_n$ 收敛.

例 11 证明级数 $\sum\limits_{n=1}^{\infty} \dfrac{\sin n\alpha}{n^4}$ 绝对收敛.

解 因为 $\left| \dfrac{\sin n\alpha}{n^4} \right| \leqslant \dfrac{1}{n^4}$,而级数 $\sum\limits_{n=1}^{\infty} \dfrac{1}{n^4}$ 是 $p=4>1$ 的 p 级数,它是收敛的. 所以由比较判别法知,级数 $\sum\limits_{n=1}^{\infty} \left| \dfrac{\sin n\alpha}{n^4} \right|$ 也收敛. 因此级数 $\sum\limits_{n=1}^{\infty} \dfrac{\sin n\alpha}{n^4}$ 绝对收敛.

例 12(交错的 p 级数) 判定级数 $\sum\limits_{n=1}^{\infty} (-1)^{n-1} \dfrac{1}{n^p} = 1 - \dfrac{1}{2^p} + \dfrac{1}{3^p} - \cdots + (-1)^{n-1} \dfrac{1}{n^p} + \cdots$ $(p>0)$ 是否收敛? 如果是收敛的,是绝对收敛还是条件收敛?

解 因为 $\sum\limits_{n=1}^{\infty} \left| (-1)^{n-1} \dfrac{1}{n^p} \right| = \sum\limits_{n=1}^{\infty} \dfrac{1}{n^p}$ 是 p 级数,当 $p>1$ 时收敛,当 $p \leqslant 1$ 时发散.

又由例 10 知 $\sum\limits_{n=1}^{\infty} (-1)^{n-1} \dfrac{1}{n^p}$ 当 $p>0$ 时收敛,

所以 $\sum\limits_{n=1}^{\infty} (-1)^{n-1} \dfrac{1}{n^p}$ 当 $p>1$ 时,绝对收敛. 当 $0<p \leqslant 1$ 时,条件收敛.

交错 p 级数 $\sum\limits_{n=1}^{\infty} (-1)^{n-1} \dfrac{1}{n^p}$,当 $p>1$ 时绝对收敛,$0<p \leqslant 1$ 时条件收敛.

一般地,如果级数 $\sum\limits_{n=1}^{\infty} |u_n|$ 发散,我们不能确定 $\sum\limits_{n=1}^{\infty} u_n$ 也发散. 但是,如果我们是使用比值判别法,由 $\lim\limits_{n \to \infty} \left| \dfrac{u_{n+1}}{u_n} \right| = \rho > 1$ 判定级数 $\sum\limits_{n=1}^{\infty} |u_n|$ 发散,那么我们可以确定 $\sum\limits_{n=1}^{\infty} u_n$ 发散. 这是因为从 $\rho > 1$ 可推知 $|u_n| \nrightarrow 0 (n \to \infty)$,从而 $u_n \nrightarrow 0 (n \to \infty)$,满足级数收敛的必要条件,因此 $\sum\limits_{n=1}^{\infty} u_n$ 发散.

思考与探究

(1) 设正项级数 $\sum\limits_{n=1}^{\infty} u_n$ 收敛,能否推得 $\sum\limits_{n=1}^{\infty} u_n^2$ 收敛?

(2) 设级数 $\sum\limits_{n=1}^{\infty} u_n$ 收敛,能否推得 $\sum\limits_{n=1}^{\infty} u_n^2$ 收敛?

习题 11-2

1. 判别下列级数的敛散性:

(1) $\sum\limits_{n=1}^{\infty} \dfrac{1}{2n-1}$;　　　　(2) $\sum\limits_{n=1}^{\infty} \dfrac{1}{(n+1)(n+4)}$;　　　　(3) $\sum\limits_{n=0}^{\infty} \dfrac{n+1}{n^2+1}$;

(4) $\sum_{n=1}^{\infty} \sin \dfrac{\pi}{2^n}$;　　　　(5) $\sum_{n=1}^{\infty} \dfrac{1}{\sqrt{2n(2n+1)}}$;　　　　(6) $\sum_{n=1}^{\infty} \dfrac{1}{(n+1)\sqrt{n}}$.

2. 判别下列级数的敛散性：

(1) $\sum_{n=1}^{\infty} \dfrac{3^n}{n2^n}$;　　　　(2) $\sum_{n=1}^{\infty} \dfrac{n+2}{2^n}$;　　　　(3) $\sum_{n=1}^{\infty} \dfrac{n!}{n^n}$;

(4) $\sum_{n=1}^{\infty} \dfrac{2^n \cdot n}{n^n}$;　　　　(5) $\sum_{n=1}^{\infty} \dfrac{3^n \cdot n!}{n^n}$;　　　　(6) $\sum_{n=1}^{\infty} \dfrac{1}{3^n}\left(\dfrac{e}{2}\right)^n$.

3. 判别下列级数的敛散性：

(1) $\left(\dfrac{3}{4}\right) + 2\left(\dfrac{3}{4}\right)^2 + 3\left(\dfrac{3}{4}\right)^3 + \cdots$;　　　　(2) $1 + \dfrac{2^4}{2!} + \dfrac{3^4}{3!} + \dfrac{4^4}{4!} + \cdots$;

(3) $\sum_{n=1}^{\infty} \sqrt{\dfrac{n-1}{n+1}}$;　　　　(4) $\sum_{n=1}^{\infty} n \sin \dfrac{\pi}{3^n}$.

4. 判别下列级数的敛散性，如果收敛，指出是条件收敛？绝对收敛？

(1) $\sum_{n=1}^{\infty} (-1)^{n-1} \dfrac{2}{\sqrt{n}}$;　　　　(2) $\sum_{n=1}^{\infty} (-1)^{n-1} \dfrac{n}{3^n}$;　　　　(3) $\sum_{n=1}^{\infty} (-1)^{n-1} \dfrac{1}{\ln(n+1)}$;

(4) $\sum_{n=1}^{\infty} \dfrac{(-1)^{n-1}}{\pi^n} \sin \dfrac{\pi}{n+1}$;　　　　(5) $\sum_{n=1}^{\infty} (-1)^{n-1} \dfrac{3^n}{(n+1)^2}$;　　　　(6) $\sum_{n=1}^{\infty} (-1)^{n-1} \dfrac{1}{\sqrt{4n-1}}$.

第三节　幂　级　数

幂级数　和函数　函数展开成幂级数　泰勒级数　麦克劳林级数

本节开始，我们研究一般项为 x 的函数的无穷级数.

$$\sum_{n=1}^{\infty} u_n(x) = u_1(x) + u_2(x) + \cdots + u_n(x) + \cdots$$

我们注意到，对于函数项级数 $\sum_{n=1}^{\infty} u_n(x)$，当 x 取某个特定值 x_0 时，级数 $\sum_{n=1}^{\infty} u_n(x_0)$ 就成为一个常数项级数. 若这个常数项级数收敛，我们把点 x_0 叫做级数 $\sum_{n=1}^{\infty} u_n(x)$ 的**收敛点**. 若这个级数发散，把点 x_0 叫做这个级数的**发散点**. 一个函数项级数全体收敛点的集合，叫做这个级数的**收敛域**. 对于收敛域内任意的数 x，函数项级数成为一个收敛的常数项级数，因此有一个确定的和 s，这样，在收敛域上函数项级数的和是 x 的函数 $s(x)$，通常称 $s(x)$ 为函数项级数的**和函数**. 即

$$s(x) = \sum_{n=1}^{\infty} u_n(x) = u_1(x) + u_2(x) + \cdots + u_n(x) + \cdots,$$

其中 x 是收敛域内的任一点.

记函数项级数的前 n 项和为 $s_n(x)$，则在收敛域上有 $\lim\limits_{n \to \infty} s_n(x) = s(x)$.

一、幂级数的概念

> **定义**　形如
> $$\sum_{n=0}^{\infty} a_n x^n = a_0 + a_1 x + a_2 x^2 + \cdots + a_n x^n + \cdots \tag{3-1}$$
> 的函数项级数称为 x 的**幂级数**；
> 　或更一般地
> $$\sum_{n=0}^{\infty} a_n (x-x_0)^n = a_0 + a_1(x-x_0) + a_2(x-x_0)^2 + \cdots + a_n(x-x_0)^n + \cdots \tag{3-2}$$
> 的函数项级数称为 $(x-x_0)$ 的**幂级数**.
> 　（其中 $a_0, a_1, a_2, \cdots a_n \cdots$，都是常数，$x_0$ 是固定的数值）.

如果我们在幂级数(3-2)中令 $t = x - x_0$，那么，它就成为幂级数(3-1)形式.因此，我们着重研究幂级数(3-1).

研究幂级数，首先要解决的问题是 x 取哪些值时，幂级数收敛.容易看出，幂级数(3-1)在点 $x=0$ 处显然收敛.下面要进一步寻求其收敛和发散的范围.为此考察级数(3-1)各项绝对值级数所对应的级数

$$|a_0| + |a_1 x| + |a_2 x^2| + \cdots + |a_n x^n| + \cdots = \sum_{n=0}^{\infty} |a_n x^n|. \tag{3-3}$$

对于任意给定的 x，这都是一个正项级数.我们可以用比值审敛法来判断它的敛散性.由于

$$\lim_{n\to\infty} \frac{|a_{n+1} x^{n+1}|}{|a_n x^n|} = \lim_{n\to\infty} \left|\frac{a_{n+1}}{a_n}\right| |x|, \tag{3-4}$$

记 $\lim\limits_{n\to\infty} \left|\dfrac{a_{n+1}}{a_n}\right| = \rho$，则由比值审敛法知，当 $0 < \rho < +\infty$，有下列两种情况.

① 若 $\rho|x| < 1$，即 $|x| < \dfrac{1}{\rho} = R$，则级数(3-1)绝对收敛；

② 若 $\rho|x| > 1$，即 $|x| > \dfrac{1}{\rho} = R$，则级数(3-1)发散.

这个结果表明，只要 ρ 是一个不为零的正数，就会有一个以原点为中心的对称区间 $\left(-\dfrac{1}{\rho},\right.$ $\left.\dfrac{1}{\rho}\right)$，该区间的半径为 $\dfrac{1}{\rho}$，在这个区间内幂级数(3-1)绝对收敛；在这个区间外幂级数(3-1)发散；当 $x = \pm\dfrac{1}{\rho}$ 时该幂级数可能收敛也可能发散.

把 $R = \dfrac{1}{\rho}$ 叫做幂级数(3-1)的**收敛半径**，区间 $\left(-\dfrac{1}{\rho}, \dfrac{1}{\rho}\right)$ 叫做幂级数(3-1)的**收敛区间**.

当 $\rho=0$ 时,级数(3-1)对于一切实数 x 都绝对收敛,这时规定收敛半径 $R=+\infty$,收敛区间为 $(-\infty,+\infty)$.

当 $\rho=+\infty$ 时,只要 $x\neq 0$,则式(3-4)的极限就是 $+\infty$,从而级数(3-1)只要 $x\neq 0$ 均发散,即此时级数(3-1)仅在 $x=0$ 收敛,这时规定收敛半径 $R=0$.

对于幂级数 $\displaystyle\sum_{n=0}^{\infty}a_nx^n$ 有下面的定理:

定理 1(阿贝尔定理) 如果幂级数 $\displaystyle\sum_{n=0}^{\infty}a_nx^n$ 在 $x=x_0(x_0\neq 0)$ 时收敛,那么适合不等式 $|x|<|x_0|$ 的一切 x 使这幂级数绝对收敛.反之,如果幂级数 $\displaystyle\sum_{n=0}^{\infty}a_nx^n$ 在 $x=x_0(x_0\neq 0)$ 时发散,那么适合不等式 $|x|>|x_0|$ 的一切 x 使这幂级数发散.

例 1 已知级数 $\displaystyle\sum_{n=0}^{\infty}a_nx^n$ 在 $x=1$ 处收敛,回答下列问题:

(1) $\displaystyle\sum_{n=0}^{\infty}a_nx^n$ 在 $x=-\dfrac{1}{2}$ 处的敛散性;

(2) $\displaystyle\sum_{n=0}^{\infty}a_n(x-1)^n$ 在 $x=\dfrac{3}{2}$ 处的敛散性;

(3) $\displaystyle\sum_{n=0}^{\infty}a_nx^n$ 在 $x=2$ 处的敛散性.

解 (1) 因为 $\displaystyle\sum_{n=0}^{\infty}a_nx^n$ 在 $x=1$ 处收敛,由阿贝尔定理知该级数在 $|x|<1$ 的点处都绝对收敛,所以级数在 $x=-\dfrac{1}{2}$ 处绝对收敛;

(2) 设 $x-1=t$,则 $\displaystyle\sum_{n=0}^{\infty}a_n(x-1)^n$ 在 $x=\dfrac{3}{2}$ 处的敛散性 $\Leftrightarrow \displaystyle\sum_{n=0}^{\infty}a_nt^n$ 在 $t=\dfrac{1}{2}$ 处的敛散性,由已知条件及阿贝尔定理知 $\displaystyle\sum_{n=0}^{\infty}a_nt^n$ 在 $t=\dfrac{1}{2}$ 处绝对收敛,得出 $\displaystyle\sum_{n=0}^{\infty}a_n(x-1)^n$ 在 $x=\dfrac{3}{2}$ 处绝对收敛;

(3) 因为 $\displaystyle\sum_{n=0}^{\infty}a_nx^n$ 在 $x=1$ 处收敛,由阿贝尔定理知该级数在 $|x|<1$ 的点处都绝对收敛,但对 $|x|\geqslant 1$ 的点处无法确定敛散性.所以 $\displaystyle\sum_{n=0}^{\infty}a_nx^n$ 在 $x=2$ 处的敛散性不确定.

定理 2 设幂级数 $\displaystyle\sum_{n=0}^{\infty}a_nx^n$,如果 $\displaystyle\lim_{n\to\infty}\left|\dfrac{a_{n+1}}{a_n}\right|=\rho$,那么该幂级数的收敛半径

$$R=\begin{cases}\dfrac{1}{\rho}, & \rho\neq 0,\\ +\infty, & \rho=0,\\ 0, & \rho=+\infty.\end{cases}$$

由定理 1 及定理 2 可得求幂级数收敛域的方法步骤.

求幂级数 $\sum\limits_{n=0}^{\infty} a_n x^n$ 收敛域的基本步骤：

(1) 由定理 2 求出收敛半径 R，则收敛区间为 $(-R,R)$；

(2) 判别常数项级数 $\sum\limits_{n=0}^{\infty} a_n R^n$，$\sum\limits_{n=0}^{\infty} a_n (-R)^n$ 的收敛性；

(3) 写出幂级数的收敛域.

例 2(x 的幂级数) 求幂级数 $\sum\limits_{n=1}^{\infty} n x^{n-1}$ 的收敛半径和收敛域.

解 因为 $a_n = n$ 且 $\rho = \lim\limits_{n\to\infty} \left| \dfrac{a_{n+1}}{a_n} \right| = \lim\limits_{n\to\infty} \dfrac{n+1}{n} = 1$，所以收敛半径 $R = 1$；

当 $x = \pm 1$ 时，级数 $\sum\limits_{n=1}^{\infty} n$ 与 $\sum\limits_{n=1}^{\infty} n(-1)^{n-1}$ 是发散的，所以收敛域为 $(-1,1)$.

例 3(x 的幂级数) 求幂级数 $\sum\limits_{n=1}^{\infty} (-1)^{n-1} \dfrac{(2x)^n}{n!}$ 的收敛半径和收敛域.

解 因为 $a_n = (-1)^{n-1} \dfrac{2^n}{n!}$，且 $\rho = \lim\limits_{n\to\infty} \left| \dfrac{a_{n+1}}{a_n} \right| = \lim\limits_{n\to\infty} \dfrac{\frac{2^{n+1}}{(n+1)!}}{\frac{2^n}{n!}} = \lim\limits_{n\to\infty} \dfrac{2}{n+1} = 0$，所以收敛半

径 $R = +\infty$，收敛域是 $(-\infty, +\infty)$.

例 4[$(x-x_0)$ 的幂级数] 求幂级数 $\sum\limits_{n=1}^{\infty} \dfrac{(-1)^{n-1}}{n \cdot 2^n} (x-1)^n$ 的收敛域.

解 令 $x - 1 = t$，所给的级数化为 t 的幂级数 $\sum\limits_{n=1}^{\infty} \dfrac{(-1)^{n-1}}{n \cdot 2^n} t^n$，

因为 $\rho = \lim\limits_{n\to\infty} \left| \dfrac{a_{n+1}}{a_n} \right| = \lim\limits_{n\to\infty} \dfrac{\frac{1}{(n+1) \cdot 2^{n+1}}}{\frac{1}{n \cdot 2^n}} = \lim\limits_{n\to\infty} \dfrac{n}{2(n+1)} = \dfrac{1}{2}$，

所以收敛半径 $R = 2$，收敛区间为 $-1 < x < 3$.

当 $x = -1$ 时，级数成为 $\sum\limits_{n=1}^{\infty} \left(-\dfrac{1}{n} \right)$，这级数发散；当 $x = 3$ 时，级数成为 $\sum\limits_{n=1}^{\infty} \dfrac{(-1)^{n-1}}{n}$，这级

数收敛. 所以原级数的收敛域为 $(-1,3]$.

$(x-x_0)$ 的**幂级数** $\xrightarrow{\text{转化为}}$ x 的**幂级数**

通过例 2、例 3、例 4 掌握求幂级数收敛半径、收敛域的基本方法. 下面看例 5.

例 5(缺奇次幂的幂级数) 求幂级数 $\sum\limits_{n=1}^{\infty} \dfrac{1}{2^n} x^{2n}$ 的收敛域.

解法 1 直接利用比值判别法

$$\lim_{n \to \infty} \left| \frac{u_{n+1}(x)}{u_n(x)} \right| = \lim_{n \to \infty} \left| \frac{x^{2(n+1)}}{2^{n+1}} \cdot \frac{2^n}{x^{2n}} \right| = \frac{1}{2} \mid x \mid^2.$$

当 $\frac{1}{2} \mid x^2 \mid < 1$ 即 $\mid x \mid < \sqrt{2}$ 时,级数收敛;当 $\frac{1}{2} \mid x \mid^2 > 1$ 即 $\mid x \mid > \sqrt{2}$ 时,级数发散,所以收敛半径 $R = \sqrt{2}$.

当 $x = \pm \sqrt{2}$ 时,级数成为 $\sum_{n=1}^{\infty} 1$,该级数发散;故所求收敛域为 $(-\sqrt{2}, \sqrt{2})$.

解法 2 $\sum_{n=1}^{\infty} \frac{1}{2^n} x^{2n} = \sum_{n=1}^{\infty} \left(\frac{x^2}{2} \right)^n$,注意到这是一个等比级数,所以当 $\left| \frac{x^2}{2} \right| < 1$,即 $-\sqrt{2} < x < \sqrt{2}$ 时级数收敛,所以收敛域为 $(-\sqrt{2}, \sqrt{2})$.

本例中,解法 1 是直接用比值判别法,这个方法对任何幂级数都适用,应该掌握,解法 2 灵活应用等比级数的结论.

二、幂级数的运算

1.幂级数的加法、减法、乘法运算

设幂级数 $\sum_{n=0}^{\infty} a_n x^n$ 和 $\sum_{n=0}^{\infty} b_n x^n$ 的收敛半径分别为 R_1, R_2,且

$$\sum_{n=0}^{\infty} a_n x^n = f(x) \quad x \in (-R_1, R_1), \quad \sum_{n=0}^{\infty} b_n x^n = g(x) \quad x \in (-R_2, R_2).$$

记 $R = \min\{R_1, R_2\}$,则在 $x \in (-R, R)$

$(1) \left(\sum_{n=0}^{\infty} a_n x^n \pm \sum_{n=0}^{\infty} b_n x^n \right) = \sum_{n=0}^{\infty} (a_n \pm b_n) x^n = f(x) \pm g(x),$

$(2) \left(\sum_{n=0}^{\infty} a_n x^n \right) \left(\sum_{n=0}^{\infty} b_n x^n \right) = f(x) \cdot g(x).$

2.幂级数的和函数的重要性质

连续性质　幂级数 $\sum_{n=0}^{\infty} a_n x^n$ 的和函数 $s(x)$ 在其收敛域 I 上是连续的.

逐项积分性质　幂级数 $\sum_{n=0}^{\infty} a_n x^n$ 的和函数 $s(x)$ 在其收敛域 I 上是可积的,且有逐项积分公式

$$\int_0^x s(x) \mathrm{d}x = \int_0^x \left[\sum_{n=0}^{\infty} a_n x^n \right] \mathrm{d}x = \sum_{n=0}^{\infty} \int_0^x a_n x^n \mathrm{d}x = \sum_{n=0}^{\infty} \frac{a_n}{n+1} x^{n+1} \quad (x \in I)$$

逐项积分后所得幂级数和原级数有相同的收敛半径.

逐项求导性质　幂级数 $\sum_{n=0}^{\infty} a_n x^n$ 的和函数 $s(x)$ 在收敛区间 $(-R, R)$ 内可导,且有**逐项求导公式**

$$s'(x) = \left(\sum_{n=0}^{\infty} a_n x^n\right)' = \sum_{n=0}^{\infty} (a_n x^n)' = \sum_{n=1}^{\infty} n a_n x^{n-1} \quad x \in (-R, R)$$

逐项求导后所得幂级数和原级数有相同的收敛半径.

由以上性质知,幂级数在其收敛区间内就像多项式一样,可以进行加减运算,也可以逐项求导、逐项积分. 这些性质在求幂级数的和函数以及讨论把函数展成幂级数时都有着重要的应用.

例 6(等比级数的和函数) 求 $\sum\limits_{n=1}^{\infty} x^{n+1}$ 的和函数.

解 幂级数 $\sum\limits_{n=1}^{\infty} x^{n+1} = x^2 + x^3 + \cdots + x^{n+1} + \cdots$ 为公比为 x 的等比级数,所以

当 $x \in (-1, 1)$ 时,

$$\sum_{n=1}^{\infty} x^{n+1} = x^2 + x^3 + \cdots x^{n+1} + \cdots = \frac{x^2}{1-x} \quad x \in (-1, 1).$$

求幂级数的和函数,常常通过逐项求导、逐项积分化为如同例 6 的等比级数.

例 7 (利用逐项求导) 求幂级数 $\sum\limits_{n=1}^{\infty} \dfrac{x^n}{n}$ 的和函数.

解 先求收敛域. 由

$$\lim_{n \to \infty} \left| \frac{a_{n+1}}{a_n} \right| = \lim_{n \to \infty} \frac{n}{n+1} = 1, \text{得收敛半径 } R = 1.$$

在端点 $x = -1$ 处,幂级数成为 $\sum\limits_{n=1}^{\infty} \dfrac{(-1)^n}{n}$,是收敛的交错级数;在端点 $x = 1$ 处,幂级数成为 $\sum\limits_{n=1}^{\infty} \dfrac{1}{n}$,是发散的. 因此收敛域为 $I = [-1, 1)$.

设和函数为 $s(x)$,即 $s(x) = \sum\limits_{n=1}^{\infty} \dfrac{x^n}{n}, \quad x \in [-1, 1).$

利用逐项求导,并由 $\dfrac{1}{1-x} = 1 + x + x^2 + \cdots + x^n + \cdots (-1 < x < 1)$,得

$$[s(x)]' = \sum_{n=1}^{\infty} \left(\frac{x^n}{n}\right)' = \sum_{n=1}^{\infty} x^{n-1} = \frac{1}{1-x}(|x| < 1).$$

对上式从 0 到 x 积分,得

$$s(x) - s(0) = \int_0^x \frac{1}{1-t} dt = -\ln(1-x) \quad (-1 \leqslant x < 1).$$

又 $s(0) = 0$,所以 $s(x) = -\ln(1-x)(-1 \leqslant x < 1)$

注 例 7 中,通过逐项求导将求幂级数 $\sum\limits_{n=1}^{\infty} \dfrac{x^n}{n}$ 的和函数问题转化为求等比级数 $\sum\limits_{n=1}^{\infty} x^{n-1}$ 的和函数问题. 我们把幂级数 $\sum\limits_{n=1}^{\infty} \dfrac{x^n}{n}$ 作为一个基本形式,其他类似形式的幂级数可以凑为形如 $\sum\limits_{n=1}^{\infty} \dfrac{x^n}{n}$(可以少或多几项)的幂级数. 如例 8.

例 8　求幂级数 $\sum\limits_{n=0}^{\infty} \dfrac{x^n}{n+1}$ 的和函数.

解　先求收敛域. 由 $\lim\limits_{n\to\infty}\left|\dfrac{a_{n+1}}{a_n}\right|=\lim\limits_{n\to\infty}\dfrac{n+1}{n+2}=1$，得收敛半径 $R=1$.

在端点 $x=-1$ 处，幂级数成为 $\sum\limits_{n=0}^{\infty}\dfrac{(-1)^n}{n+1}$，是收敛的交错级数；在端点 $x=1$ 处，幂级数成为 $\sum\limits_{n=0}^{\infty}\dfrac{1}{n+1}$ 是发散的. 因此收敛域为 $I=[-1,1)$.

设和函数为 $s(x)$，即 $s(x)=\sum\limits_{n=0}^{\infty}\dfrac{x^n}{n+1}$，　$x\in[-1,1)$.

于是两边同乘 x 得　　$xs(x)=\boxed{\sum\limits_{n=0}^{\infty}\dfrac{x^{n+1}}{n+1}}$（同例 7，属于逐项求导型）

利用逐项求导得　　$[xs(x)]'=\sum\limits_{n=0}^{\infty}\left(\dfrac{x^{n+1}}{n+1}\right)'=\sum\limits_{n=0}^{\infty}x^n=\dfrac{1}{1-x}$　$(|x|<1)$.

对上式从 0 到 x 积分，得

$$xs(x)=\int_0^x\dfrac{1}{1-t}\mathrm{d}t=-\ln(1-x)\quad(-1\leqslant x<1).$$

当 $x\neq 0$ 时，$s(x)=-\dfrac{1}{x}\ln(1-x)$. 由 $s(x)=\sum\limits_{n=0}^{\infty}\dfrac{x^n}{n+1}$ 得 $s(0)=1$，

故　　　　$s(x)=\begin{cases}-\dfrac{1}{x}\ln(1-x),&x\in[-1,0)\bigcup(0,1),\\[2mm]1,&x=0.\end{cases}$

例 9(利用逐项积分)　求幂级数 $\sum\limits_{n=0}^{\infty}(n+1)x^n$ 的和函数.

解　先求收敛域. 由

$$\lim\limits_{n\to\infty}\left|\dfrac{a_{n+1}}{a_n}\right|=\lim\limits_{n\to\infty}\dfrac{n+2}{n+1}=1，所以收敛半径 R=1.$$

在端点 $x=-1$ 处，幂级数成为 $\sum\limits_{n=0}^{\infty}(n+1)(-1)^n$，是发散级数；在端点 $x=1$ 处，幂级数成为 $\sum\limits_{n=0}^{\infty}(n+1)$，是发散的. 因此收敛域为 $I=(-1,1)$.

设和函数为 $s(x)$，即 $s(x)=\sum\limits_{n=0}^{\infty}(n+1)x^n$，　$x\in(-1,1)$.

两边积分　　$\int_0^x s(x)\mathrm{d}x=\int_0^x\sum\limits_{n=0}^{\infty}(n+1)x^n\mathrm{d}x=\sum\limits_{n=0}^{\infty}x^{n+1}=\dfrac{x}{1-x}$　$(|x|<1)$，

两端求导　　　　　　$s(x)=\dfrac{1}{(1-x)^2}$，　$x\in(-1,1)$.

注 例 9 中,通过逐项积分将求幂级数 $\sum\limits_{n=0}^{\infty}(n+1)x^n$ 的和函数,转化为求等比级数 $\sum\limits_{n=0}^{\infty}x^{n+1}$ 的和函数问题.把 $\sum\limits_{n=0}^{\infty}(n+1)x^n$ 作为基本形式,其他类似形式的幂级数可以凑为形如 $\sum\limits_{n=0}^{\infty}(n+1)x^n$ 的幂级数(可以少或多几项)如例 10.

例 10 求幂级数 $\sum\limits_{n=0}^{\infty}nx^n$ 的和函数.

解法 1(转化为例 9 的形式) $\sum\limits_{n=0}^{\infty}nx^n=x\sum\limits_{n=0}^{\infty}nx^{n-1}=xs_1(x)$,其中 $s_1(x)=\sum\limits_{n=0}^{\infty}nx^{n-1}$ 与例 9 是相同的级数.用例 9 的方法求得

$$s_1(x)=\sum_{n=0}^{\infty}nx^{n-1}=\sum_{n=1}^{\infty}nx^{n-1}=\frac{1}{(1-x)^2}, \quad x\in(-1,1)$$

$$s(x)=xs_1(x)=\sum_{n=0}^{\infty}nx^n=\frac{x}{(1-x)^2} \quad x\in(-1,1)$$

解法 2 $\sum\limits_{n=0}^{\infty}nx^n=\sum\limits_{n=0}^{\infty}(n+1)x^n-\sum\limits_{n=0}^{\infty}x^n$ | 第一部分为例 9,第二部分为等比级数

$$=\frac{1}{(1-x)^2}-\frac{1}{1-x}=\frac{x}{(1-x)^2} \quad (|x|<1).$$

三、函数展开成幂级数

1.泰勒级数

前面讨论了幂级数的收敛域及其和函数的性质,但在许多应用中我们遇到的都是相反的问题:给定一个函数 $f(x)$,是否存在一个幂级数,它在某区间内收敛,且和函数就是给定的函数 $f(x)$,如果能找到这样的幂级数,我们就说,**函数 $f(x)$ 在该区间内能展开为幂级数**.

在第三章第三节中,我们已经看到,若函数 $f(x)$ 在点 x_0 的某邻域内具有直到 $n+1$ 阶的导数,则在该邻域内 $f(x)$ 的 n 阶泰勒公式

$$f(x)=f(x_0)+f'(x_0)(x-x_0)+\frac{f''(x_0)}{2!}(x-x_0)^2+\cdots+\frac{f^{(n)}(x_0)}{n!}(x-x_0)^n+R_n(x) \quad (3\text{-}5)$$

成立,其中 $R_n(x)$ 为拉格朗日余项:

$$R_n(x)=\frac{f^{n+1}(\xi)}{(n+1)!}(x-x_0)^{n+1} \quad (\xi \text{ 在 } x_0 \text{ 与 } x \text{ 之间})$$

这时,在该邻域内 $f(x)$ 可以用 n 次多项式

$$p_n(x)=f(x_0)+f'(x_0)(x-x_0)+\frac{f''(x_0)}{2!}(x-x_0)^2+\cdots+\frac{f^{(n)}(x_0)}{n!}(x-x_0)^n \quad (3\text{-}6)$$

来近似表达,并且误差等于余项的绝对值 $|R_n(x)|$,显然,如果 $|R_n(x)|$ 随着 n 的增大而减

小,那么我们就可以用增加多项式(3-6)的项数来提高精确度.这时我们可以设想多项式(3-6)的项数趋向无穷,这就是泰勒级数研究的问题.

定义　设 $f(x)$ 在点 x_0 的某邻域内具有任意阶导数 $f'(x),f''(x),\cdots,f^{(n)}(x),\cdots$,则有幂级数

$$f(x_0)+f'(x_0)(x-x_0)+\frac{f''(x_0)}{2!}(x-x_0)^2+\cdots+\frac{f^{(n)}(x_0)}{n!}(x-x_0)^n+\cdots \qquad (3\text{-}7)$$

称幂级数(3-7)为函数 $f(x)$ 在 $x=x_0$ 的**泰勒级数**.

如果幂级数(3-7)在点 x_0 的某邻域内收敛于 $f(x)$,则

$$f(x)=f(x_0)+f'(x_0)(x-x_0)+\frac{f''(x_0)}{2!}(x-x_0)^2+\cdots+\frac{f^{(n)}(x_0)}{n!}(x-x_0)^n+\cdots \qquad (3\text{-}8)$$

为函数 $f(x)$ 在 $x=x_0$ 的**泰勒级数展开式**.

在(3-7)式中取 $x_0=0$ 得

$$f(0)+f'(0)x+\frac{f''(0)}{2!}x^2+\cdots+\frac{f^{(n)}(0)}{n!}x^n+\cdots \qquad (3\text{-}9)$$

称级数(3-9)为 $f(x)$ 的**麦克劳林级数**.

定理　设 $f(x)$ 在点 x_0 的某邻域内具有各阶导数,则 $f(x)$ 在该邻域内能展开成泰勒级数的充分必要条件是 $f(x)$ 的泰勒公式的余项 $R_n(x)$ 当 $n\rightarrow\infty$ 时的极限为零,即

$$\lim_{n\to\infty}R_n(x)=0.$$

2.函数展开成幂级数

函数展开成幂级数,通常有两种方法:直接展开法和间接展开法.

(1)直接展开法

这是最基本的方法,把函数 $f(x)$ 展开成 x 的幂级数,可按下列步骤进行:

第一步　求出函数 $f(x)$ 的各阶导数 $f'(x),f''(x),\cdots f^{(n)}(x)\cdots$,若在 $x=0$ 处某阶导数不存在,则该函数不能展开为 x 的幂级数.

第二步　求出函数 $f(x)$ 及各阶导数在 $x=0$ 处的值:

$$f(0),f'(0),f''(0),\cdots f^{(n)}(0)\cdots;$$

第三步　写出幂级数 $f(0)+f'(0)x+\dfrac{f''(0)}{2!}x^2+\cdots\dfrac{f^{(n)}(0)}{n!}x^n+\cdots$,并求出它的收敛区间;

第四步　考察当 x 在收敛区间内时,余项 $R_n(x)$ 的极限是否为零,如果为零,则由上式所求得的幂级数就是函数 $f(x)$ 的展开式.

例 11(直接展开法)　将函数 $f(x)=e^x$ 展开成 x 的幂级数.

解　因为 $f^{(n)}(x)=e^x(n\in N^*)$,故 $f^{(n)}(0)=1,(n\in N^*)$,又 $f(0)=1$,因此得级数

$$1+x+\frac{x^2}{2!}+\frac{x^3}{3!}+\cdots+\frac{x^n}{n!}+\cdots,\quad(n\in N^*)$$

容易算出它的收敛区间为 $(-\infty,+\infty)$.

对于任何有限实数 x 与 ξ(ξ 在 0 与 x 之间),余项的绝对值有

$$|R_n(x)| = \left| \frac{e^{\xi}}{(n+1)!} x^{n+1} \right| < \frac{e^{|x|}}{(n+1)!} |x|^{n+1}.$$

$\dfrac{|x|^{n+1}}{(n+1)!}$ 是收敛级数 $\displaystyle\sum_{n=0}^{\infty} \dfrac{|x|^{n+1}}{(n+1)!}$ 的通项,所以,$\displaystyle\lim_{n \to \infty} \dfrac{|x|^{n+1}}{(n+1)!} = 0$. 而 $e^{|x|}$ 是与 n 无关的有限正实数,因此 $\displaystyle\lim_{n \to \infty} \dfrac{e^{|x|}}{(n+1)!} |x|^{n+1} = 0$,即 $\displaystyle\lim_{n \to \infty} R_n(x) = 0$,从而得到 e^x 的 x 幂级数展开式

$$e^x = \sum_{n=0}^{\infty} \frac{x^n}{n!} = 1 + x + \frac{x^2}{2!} + \frac{x^3}{3!} + \cdots + \frac{x^n}{n!} + \cdots \quad (-\infty < x < +\infty).$$

例 12(直接展开法) 将函数 $f(x) = \sin x$ 展开成 x 的幂级数.

解 $f^{(n)}(x) = \sin\left(x + \frac{n\pi}{2}\right) \quad (n = 0, 1, 2, \cdots)$

$f^{(n)}(0)$ 顺序循环地取 $0, 1, 0, -1, \cdots (n = 0, 1, 2, \cdots)$,于是得级数

$$x - \frac{1}{3!} x^3 + \frac{1}{5} x^5 - \cdots + (-1)^n \frac{x^{2n+1}}{(2n+1)!} + \cdots$$

该级数的收敛半径为 $R = +\infty$,对于任何有限的数 x 与 ξ(ξ 介于 0 与 x 之间),有

$$|R_n(x)| = \left| \frac{\sin\left[\xi + \frac{(n+1)\pi}{2}\right]}{(n+1)!} x^{n+1} \right| \leqslant \frac{|x|^{n+1}}{(n+1)!}$$

有 $$|R_n(x)| \leqslant \frac{|x|^{n+1}}{(n+1)!} \to 0 (n \to \infty),$$

于是 $$\sin x = x - \frac{1}{3!} x^3 + \cdots + (-1)^n \frac{x^{2n+1}}{(2n+1)!} + \cdots, x \in (-\infty, +\infty).$$

(2)间接展开法

一般说来,在直接展开法中求 $f(x)$ 的任意阶导数 $f^{(n)}(x)$ 是比较麻烦的,而研究余项 $\displaystyle\lim_{n \to \infty} R_n(x) = 0$ 则更是困难. 因此,在可能的情况下,通常采用间接展开法. **间接展开法**是以一些已知的函数幂级数展开式为基础,利用幂级数的性质,以及变量替换等方法,求函数的幂级数展开式.

几个常用的函数幂级数展开式:

$$(1) e^x = 1 + x + \frac{x^2}{2!} + \frac{x^3}{3!} + \cdots + \frac{x^n}{n!} + \cdots, (-\infty < x < +\infty);$$

$$(2) \sin x = x - \frac{x^3}{3!} + \cdots + (-1)^n \frac{x^{2n+1}}{(2n+1)!} + \cdots, (-\infty < x < +\infty);$$

$$(3) \frac{1}{1-x} = 1 + x + x^2 + \cdots + x^n + \cdots, (-1 < x < 1).$$

$(4)\ln(1+x)=x-\dfrac{x^2}{2}+\cdots+(-1)^n\dfrac{x^{n+1}}{n+1}+\cdots,(-1<x\leqslant1);$

$(5)(1+x)^a=1+ax+\dfrac{\alpha(\alpha-1)}{2!}x^2+\cdots+\dfrac{\alpha(\alpha-1)\cdots(\alpha-n+1)}{n!}x^n+\cdots,(-1<x<1).$

利用这五个公式可以求某些较复杂的函数的幂级数展开式,读者需熟记这五个展开式.

例 13(逐项求导) 将函数 $f(x)=\cos x$ 展成 x 的幂级数.

解 已知 $\sin x=x-\dfrac{x^3}{3!}+\cdots+(-1)^n\dfrac{x^{2n+1}}{(2n+1)!}+\cdots(-\infty<x<+\infty).$ 而 $\cos x=$

$(\sin x)'$,利用逐项求导性质,得

$$\cos x=1-\dfrac{x^2}{2!}+\dfrac{x^4}{4!}-\cdots+(-1)^n\dfrac{x^{2n}}{(2n)!}+\cdots \qquad (-\infty<x<+\infty).$$

例 14(变量代换) 将函数 $\dfrac{1}{1+x^2}$ 展开成 x 的幂级数.

解 因为 $\dfrac{1}{1-x}=1+x+x^2+\cdots+x^n+\cdots(-1<x<1),$把 x 换成 $-x^2$,得

$$\dfrac{1}{1+x^2}=\dfrac{1}{1-(-x^2)}=1-x^2+x^4-\cdots+(-1)^nx^{2n}+\cdots \quad (-1<x<1)$$

例 15(逐项积分) 将函数 $f(x)=\arctan x$ 展开成 x 的幂级数.

解 因为

$$(\arctan x)'=\dfrac{1}{1+x^2}=\dfrac{1}{1-(-x^2)}=1-x^2+x^4-\cdots+(-1)^nx^{2n}+\cdots \quad (-1<x<1)$$

两边积分 $\displaystyle\int_0^x\dfrac{1}{1+x^2}\mathrm{d}x=\int_0^x[1-x^2+x^4-\cdots+(-1)^nx^{2n}+\cdots]\mathrm{d}x$ 得

$$\arctan x=x-\dfrac{1}{3}x^3+\dfrac{1}{5}x^5-\cdots+(-1)^n\dfrac{x^{2n+1}}{2n+1}+\cdots, \quad x\in(-1,1).$$

当 $x=1$ 时,级数 $\displaystyle\sum_{n=0}^{\infty}\dfrac{(-1)^n}{2n+1}$ 收敛;当 $x=-1$ 时,级数 $\displaystyle\sum_{n=0}^{\infty}\dfrac{(-1)^{n+1}}{2n+1}$ 收敛.且当 $x=\pm1$ 时,

函数 $\arctan x$ 连续,所以

$$\arctan x=x-\dfrac{1}{3}x^3+\dfrac{1}{5}x^5-\cdots+(-1)^n\dfrac{x^{2n+1}}{2n+1}+\cdots, \quad x\in[-1,1].$$

例 16 将函数 $f(x)=\dfrac{1}{x^2+4x+3}$ 展开成 $(x-1)$ 的幂级数.

解 $f(x)=\dfrac{1}{x^2+4x+3}=\dfrac{1}{(x+1)(x+3)}=\dfrac{1}{2(1+x)}-\dfrac{1}{2(3+x)}$

$=\dfrac{1}{2}\left(\dfrac{1}{2+x-1}-\dfrac{1}{4+x-1}\right)=\dfrac{1}{4\left(1+\dfrac{x-1}{2}\right)}-\dfrac{1}{8\left(1+\dfrac{x-1}{4}\right)},$

而
$$\frac{1}{4\left(1+\dfrac{x-1}{2}\right)}=\frac{1}{4}\sum_{n=0}^{\infty}\frac{(-1)^n}{2^n}(x-1)^n \quad (-1<x<3),$$

$$\frac{1}{8\left(1+\dfrac{x-1}{4}\right)}=\frac{1}{8}\sum_{n=0}^{\infty}\frac{(-1)^n}{4^n}(x-1)^n \quad (-3<x<5),$$

故
$$\frac{1}{x^2+4x+3}=\sum_{n=0}^{\infty}(-1)^n\left(\frac{1}{2^{n+2}}-\frac{1}{2^{2n+3}}\right)(x-1)^n \quad (-1<x<3).$$

思考与探究

幂级数求和函数的问题与函数展开为幂级数的问题是互为逆向的思维问题,解决这两个问题共同的思想方法是什么? 举例说明.

习题 11-3

1.求下列幂级数的收敛半径和收敛域.

(1) $x+\dfrac{x^2}{3}+\dfrac{x^3}{5}+\cdots+\dfrac{x^n}{2n-1}+\cdots$;

(2) $1+3x+\dfrac{3^2}{2!}x^2+\cdots+\dfrac{3^n}{n!}x^n+\cdots$;

(3) $\dfrac{x}{2}+2\cdot\left(\dfrac{x}{2}\right)^2+3\cdot\left(\dfrac{x}{2}\right)^3+\cdots+n\cdot\left(\dfrac{x}{2}\right)^n+\cdots$;

(4) $\displaystyle\sum_{n=0}^{\infty}n!(x-1)^n$.

2.利用幂级数的性质求下列幂级数的和函数.

(1) $\displaystyle\sum_{n=1}^{\infty}(-1)^{n-1}\frac{x^n}{n}$;　　　　(2) $\displaystyle\sum_{n=0}^{\infty}(n+1)^2 x^n$.

3.将下列函数展开成 x 的幂级数:

(1) $f(x)=\mathrm{e}^{-x}$;　　　　　　　　(2) $f(x)=\cos 2x$;

(3) $f(x)=a^x(a>0,a\neq1)$;　　　　(4) $f(x)=\sin^2 x$;

(5) $f(x)=\ln\dfrac{1+x}{1-x}$;　　　　　　(6) $f(x)=\dfrac{x}{2-x}$.

* 第四节　傅里叶级数

三角级数　正交性　傅里叶系数　傅里叶级数　正弦级数　余弦级数　周期延拓

一、三角级数

在物理学及其他一些学科中,如讨论弹簧振动;交流电的电流与电压的变化等周期运动的现象时,都曾利用了周期函数.在周期函数中正弦函数 $y=A\sin(\omega t+\varphi)$ 是较为简单的一种.

这里我们讨论:一个周期为 $T = \dfrac{2\pi}{\omega}$ 的周期函数 $f(t)$,用一系列正弦函数 $y = A_n \sin(n\omega t + \varphi_n)$ $(n = 1, 2, 3, \cdots)$ 之和来表示,记作

$$f(t) = A_0 + \sum_{n=1}^{\infty} A_n \sin(n\omega t + \varphi_n) \tag{4-1}$$

其中 $A_0, A_n, \varphi_n (n = 1, 2, 3, \cdots)$ 都是常数.

为了讨论方便,设 $f(t)$ 是以 2π 为周期的函数,角频率 $\omega = 1$. 这时

$$A_n \sin(nt + \varphi_n) = A_n \sin\varphi_n \cos nt + A_n \cos\varphi_n \sin nt$$

令 $A_n \sin\varphi_n = a_n, A_n \cos\varphi_n = b_n, A_0 = \dfrac{a_0}{2}$,那么(4-1)式右端可以写成

$$\frac{a_0}{2} + \sum_{n=1}^{\infty} (a_n \cos nt + b_n \sin nt) \tag{4-2}$$

(4-1)式叫做**三角级数**.

对于周期函数 $f(t)(T = 2\pi)$,只要能求得 $a_0, a_n, b_n (n = 1, 2, 3, \cdots)$,则 $A_0, A_n, \varphi_n (n = 1, 2, 3, \cdots)$ 也就随之确定. 这时,级数(4-2)叫做**周期函数 $f(t)$ 的三角级数展开式**.

在三角级数(4-2)中出现的函数 $1, \cos x, \sin x, \cos 2x, \sin 2x, \cdots \cos nx, \sin nx, \cdots$ 构成了一个**三角函数系**,这个三角函数系有一个特性:在这些函数中任意两个不同的函数的乘积的积分必为零,即

$$\int_{-\pi}^{\pi} 1 \cdot \cos nx \, dx = 0 \quad (n = 1, 2, 3, \cdots),$$

$$\int_{-\pi}^{\pi} 1 \cdot \sin nx \, dx = 0 \quad (n = 1, 2, 3, \cdots),$$

$$\int_{-\pi}^{\pi} \sin kx \cdot \cos nx \, dx = 0 \quad (k, n = 1, 2, 3, \cdots),$$

$$\int_{-\pi}^{\pi} \cos kx \cdot \cos nx \, dx = 0 \quad (k, n = 1, 2, 3, \cdots, k \neq n),$$

$$\int_{-\pi}^{\pi} \sin kx \cdot \sin nx \, dx = 0 \quad (k, n = 1, 2, 3, \cdots, k \neq n).$$

上述三角函数系的这一特性,叫做三角函数系的**正交性**. 通过积分可以验证.

在求 a_n, b_n 的过程中还要用到积分 $\int_{-\pi}^{\pi} \sin^2 nx \, dx = \pi$ 和 $\int_{-\pi}^{\pi} \cos^2 nx \, dx = \pi$,它们同样直接通过积分来验证.

二、周期为 2π 的周期函数的傅里叶级数

设 $f(x)$ 是一个以 2π 为周期的函数,且能展开成三角级数,即

$$f(x) = \frac{a_0}{2} + \sum_{k=1}^{\infty} (a_k \cos kx + b_k \sin kx) \tag{4-3}$$

我们要研究的问题是这个三角级数中的系数 $a_0, a_1, b_1, \cdots$ 与函数 $f(x)$ 有什么关系? 为

了解决这个问题,我们假设三角级数(4-3)是可以逐项积分的.

先求 a_0,对(4-3)式两边从 $-\pi$ 到 π 逐项积分,得

$$\int_{-\pi}^{\pi} f(x)\mathrm{d}x = \int_{-\pi}^{\pi} \frac{a_0}{2}\mathrm{d}x + \sum_{k=1}^{\infty}\left(a_k\int_{-\pi}^{\pi}\cos kx\,\mathrm{d}x + b_k\int_{-\pi}^{\pi}\sin kx\,\mathrm{d}x\right).$$

根据三角函数系的正交性,上式右端除第一项外,其余各项均为零,所以有

$$\int_{-\pi}^{\pi} f(x)\mathrm{d}x = \pi a_0, \text{即 } a_0 = \frac{1}{\pi}\int_{-\pi}^{\pi} f(x)\mathrm{d}x.$$

再求 a_n. 用 $\cos nx$ 乘(4-3)式两边,再从 $-\pi$ 到 π 逐项积分,得

$$\int_{-\pi}^{\pi} f(x)\cos nx\,\mathrm{d}x = \frac{a_0}{2}\int_{-\pi}^{\pi}\cos nx\,\mathrm{d}x + \sum_{k=1}^{\infty}\left(a_k\int_{-\pi}^{\pi}\cos kx\cos nx\,\mathrm{d}x + b_k\int_{-\pi}^{\pi}\sin kx\cos nx\,\mathrm{d}x\right)$$

根据三角函数系的正交性,上式右端除 $k=n$ 的项外,其余各项均为零,所以有

$$\int_{-\pi}^{\pi} f(x)\cos nx\,\mathrm{d}x = a_n\int_{-\pi}^{\pi}\cos nx\cos nx\,\mathrm{d}x$$

得
$$\int_{-\pi}^{\pi} f(x)\cos nx\,\mathrm{d}x = a_n\pi,$$

即
$$a_n = \frac{1}{\pi}\int_{-\pi}^{\pi} f(x)\cos nx\,\mathrm{d}x \quad (n=1,2,3,\cdots).$$

类似地,用 $\sin nx$ 乘(4-3)式两边,再从 $-\pi$ 到 π 逐项积分,得

$$b_n = \frac{1}{\pi}\int_{-\pi}^{\pi} f(x)\sin nx\,\mathrm{d}x \quad (n=1,2,3,\cdots).$$

把上面讨论的结果汇总如下:设 $f(x) = \frac{a_0}{2} + \sum_{n=1}^{\infty}(a_n\cos nx + b_n\sin nx)$,则

$$
\begin{aligned}
&a_0 = \frac{1}{\pi}\int_{-\pi}^{\pi} f(x)\mathrm{d}x \\
&a_n = \frac{1}{\pi}\int_{-\pi}^{\pi} f(x)\cos nx\,\mathrm{d}x \ (n=1,2,3,\cdots) \\
&b_n = \frac{1}{\pi}\int_{-\pi}^{\pi} f(x)\sin nx\,\mathrm{d}x \ (n=1,2,3,\cdots)
\end{aligned}
\tag{4-4}
$$

公式(4-4)叫做**欧拉—傅里叶公式**,由公式(4-4)算出的系数 $a_0, a_n, b_n (n=1,2,3,\cdots)$ 叫做函数 $f(x)$ 的**傅里叶系数**. 以 $a_0, a_n, b_n (n=1,2,3,\cdots)$ 为系数作出的三角级数

$$\frac{a_0}{2} + \sum_{n=1}^{\infty}(a_n\cos nx + b_n\sin nx)$$

叫做函数 $f(x)$ 的**傅里叶级数**.

我们需要知道,一个周期函数 $f(x)$ 具备什么样的条件,它的傅里叶级数能收敛到 $f(x)$?下面的收敛定理给出了这个问题的结论.

定理(收敛定理,狄里克雷充分条件) 设 $f(x)$ 是以 2π 为周期的函数,如果它满足条件:在一个周期内连续或只有有限个第一类间断点,并且至多只有有限个极值点,则函数 $f(x)$ 的傅里叶级数收敛,并且

(1) x 是 $f(x)$ 的连续点时,级数收敛于 $f(x)$.

(2) x 是 $f(x)$ 的间断点时,级数收敛于 $\frac{1}{2}[f(x+0)+f(x-0)]$.

根据上述收敛定理,对于一个周期为 2π 的函数 $f(x)$,如果可以将区间 $[-\pi,\pi]$ 分成有限个小区间,使 $f(x)$ 在每一个小区间内都是有界、单调、连续的,那么它的傅里叶级数在函数 $f(x)$ 的连续点处,收敛到该点的函数值;在函数 $f(x)$ 的间断点处,收敛到函数 $f(x)$ 在该点处的左极限与右极限的平均值. 通常在实际应用中,所遇到的周期函数都能满足上述条件,因而它的傅里叶级数除 $f(x)$ 的间断点外都能收敛到 $f(x)$,这时也称函数 $f(x)$ **可以展成傅里叶级数**.

例 1 设 $f(x)$ 是以 2π 为周期的函数,它在 $[-\pi,\pi)$ 上的表示式为

$$f(x)=\begin{cases} 0 & -\pi\leqslant x<0, \\ x & 0\leqslant x<\pi. \end{cases}$$

将 $f(x)$ 展开为傅里叶级数.

解 因为函数 $f(x)$ 满足收敛定理的条件,在函数的间断点 $x=(2k-1)\pi(k\in Z)$ 处,它的傅里叶级数收敛到

$$\frac{f(\pi-0)+f(\pi+0)}{2}=\frac{\pi+0}{2}=\frac{\pi}{2}$$

$f(x)$ 在连续点 $x\neq(2k-1)\pi(k\in Z)$ 处,它的傅里叶级数收敛到 $f(x)$.

按公式(4-4)计算傅里叶系数

$$a_0=\frac{1}{\pi}\int_{-\pi}^{\pi}f(x)\mathrm{d}x=\frac{1}{\pi}\int_0^{\pi}x\mathrm{d}x=\frac{1}{\pi}\left[\frac{x^2}{2}\right]_0^{\pi}=\frac{\pi}{2};$$

$$a_n=\frac{1}{\pi}\int_{-\pi}^{\pi}f(x)\cos nx\,\mathrm{d}x=\frac{1}{\pi}\int_0^{\pi}x\cos nx\,\mathrm{d}x=\frac{1}{\pi}\left[\frac{x}{n}\sin nx+\frac{1}{n^2}\cos nx\right]_0^{\pi}$$

$$=\frac{1}{n^2\pi}(\cos n\pi-1)=\begin{cases} 0, & \text{当 }n\text{ 为偶数} \\ -\dfrac{2}{n^2\pi}, & \text{当 }n\text{ 为奇数} \end{cases}$$

$$b_n=\frac{1}{\pi}\int_{-\pi}^{\pi}f(x)\sin nx\,\mathrm{d}x=\frac{1}{\pi}\int_0^{\pi}x\sin nx\,\mathrm{d}x=\frac{1}{\pi}\left[-\frac{x}{n}\cos nx+\frac{1}{n^2}\sin nx\right]_0^{\pi}$$

$$=\frac{1}{\pi}\left(-\frac{\pi}{n}\cos n\pi\right)=\frac{(-1)^{n+1}}{n} \qquad (n=1,2,3,\cdots)$$

因此得到 $f(x)$ 的傅里叶级数为

$$f(x)=\frac{\pi}{4}+\sum_{n=1}^{\infty}\left[\frac{-2}{\pi(2n-1)^2}\cos(2n-1)x+(-1)^{n-1}\frac{1}{n}\sin nx\right]$$

$$(-\infty<x<+\infty, x\neq(2k-1)\pi, k\in Z)$$

三、正弦级数与余弦级数

在一个三角级数中,若只含有正弦项,则该级数叫做**正弦级数**;若只含有余弦项,则该级数叫做**余弦级数**.

一般地,有下述定理:

(1) 设 $f(x)$ 是以 2π 为周期的奇函数,则 $f(x)$ 的傅里叶系数为

$$a_0 = 0, \quad a_n = 0, \quad b_n = \frac{2}{\pi}\int_0^\pi f(x)\sin nx\, dx \qquad (n=1,2,3,\cdots).$$

(2) $f(x)$ 是以 2π 为周期的偶函数,则 $f(x)$ 的傅里叶系数为

$$b_n = 0, \quad a_0 = \frac{2}{\pi}\int_0^\pi f(x)\, dx, \quad a_n = \frac{2}{\pi}\int_0^\pi f(x)\cos nx\, dx \qquad (n=1,2,3,\cdots)$$

证 (1) 因为 $f(x)$ 是奇函数,所以 $a_0 = \frac{1}{\pi}\int_{-\pi}^\pi f(x)\, dx = 0$.

因为 $\cos nx$ 是偶函数,它与奇函数 $f(x)$ 的乘积 $f(x)\cos nx$ 是奇函数,所以

$$a_n = \frac{1}{\pi}\int_{-\pi}^\pi f(x)\cos nx\, dx = 0 \qquad (n=1,2,3,\cdots),$$

因 $\sin nx$ 是奇函数,它与奇函数 $f(x)$ 的乘积 $f(x)\cos nx$ 是偶函数,所以有

$$b_n = \frac{1}{\pi}\int_{-\pi}^\pi f(x)\sin nx\, dx = \frac{2}{\pi}\int_0^\pi f(x)\sin nx\, dx \qquad (n=1,2,3,\cdots).$$

(2) 证明同(1).

根据上述定理可以看出,以 2π 为周期的奇函数,它的傅里叶级数是正弦级数;以 2π 为周期的偶函数,它的傅里叶级数是余弦级数.

例 2 设 $f(x)$ 是以 2π 为周期的函数,它在 $[-\pi,\pi)$ 上的表示式为

$$f(x) = x \qquad (-\pi \leqslant x < \pi)$$

将 $f(x)$ 展开为傅里叶级数.

解 函数满足收敛定理条件,在点 $x=(2k+1)\pi(k=0,\pm 1,\pm 2\cdots)$ 不连续,收敛于 $\frac{f(\pi-0)+(-\pi+0)}{2}=0$,在连续点 $x \neq (2k+1)\pi$ 处收敛于 $f(x)$.

因为 $f(x)$ 是奇函数,所以它的傅里叶级数是正弦级数. 因此

$$a_0 = 0; \qquad a_n = 0 \qquad (n=1,2,3,\cdots)$$

$$b_n = \frac{2}{\pi}\int_0^\pi x\sin nx\, dx = \frac{2}{\pi}\left[-\frac{x}{n}\cos nx + \frac{1}{n^2}\sin nx\right]_0^\pi$$

$$= -\frac{2}{n}\cos n\pi = (-1)^{n+1}\frac{2}{n} \qquad (n=1,2,3,\cdots)$$

根据收敛定理,得 $f(x)$ 的傅里叶级数为

$$f(x) = 2\left(\sin x - \frac{1}{2}\sin 2x + \frac{1}{3}\sin 3x - \cdots + \frac{(-1)^{n+1}}{n}\sin nx + \cdots\right)$$

$$= 2\sum_{n=1}^{\infty}\frac{(-1)^{n+1}}{n}\sin nx \quad (-\infty < x < +\infty, x \neq (2k-1)\pi, k \in Z)$$

四、周期为 $2l$ 的周期函数的傅里叶级数

前面我们讨论的都是周期为 2π 的周期函数,但在实际问题中所遇到的周期函数,它的周期往往不一定是 2π.下面将讨论周期为 $2l$ 的函数展开为傅里叶级数.

设以 $2l$ 为周期的函数 $f(x)$ 满足收敛定理的条件.为了将周期 $2l$ 转换为 2π,作变量代换 $x = \frac{l}{\pi}t$.可以看出,当 x 在区间 $[-l, l]$ 上取值时,t 就在 $[-\pi, \pi]$ 上取值.设

$$f(x) = f\left(\frac{l}{\pi}t\right) = \varphi(t),$$

则 $\varphi(t)$ 是以 2π 为周期的函数,并且也满足收敛定理的条件.将 $\varphi(t)$ 展开为傅里叶级数

$$\varphi(t) = \frac{a_0}{2} + \sum_{n=1}^{\infty}(a_n\cos nt + b_n\sin nt),$$

其 $\quad a_0 = \frac{1}{\pi}\int_{-\pi}^{\pi}\varphi(t)\mathrm{d}t; \quad a_n = \frac{1}{\pi}\int_{-\pi}^{\pi}\varphi(t)\cos nt\,\mathrm{d}t \quad (n = 1, 2, 3, \cdots);$

$$b_n = \frac{1}{\pi}\int_{-\pi}^{\pi}\varphi(t)\sin nt\,\mathrm{d}t \quad (n = 1, 2, 3, \cdots);$$

在以上各式中,把变量 t 换回 x 并注意到 $f(x) = \varphi(t)$,于是得到 $f(x)$ 的**傅里叶级数**展开式为

$$f(x) = \frac{a_0}{2} + \sum_{n=1}^{\infty}\left(a_n\cos\frac{n\pi x}{l} + b_n\sin\frac{n\pi x}{l}\right) \quad (x \in C),$$

其中 $\quad a_0 = \frac{1}{l}\int_{-l}^{l}f(x)\mathrm{d}x; \quad a_n = \frac{1}{l}\int_{-l}^{l}f(x)\cos\frac{n\pi x}{l}\mathrm{d}x,$

$$b_n = \frac{1}{l}\int_{-l}^{l}f(x)\sin\frac{n\pi x}{l}\mathrm{d}x \quad (n = 1, 2, 3, \cdots)$$

$$C = \left\{x \mid f(x) = \frac{1}{2}[f(x-0) + f(x+0)]\right\}$$

如果 $f(x)$ 是奇函数,则它的傅里叶级数是**正弦级数**

$$f(x) = \sum_{n=1}^{\infty}b_n\sin\frac{n\pi x}{l} \quad (x \in C),$$

其中 $\quad b_n = \frac{2}{l}\int_0^l f(x)\sin\frac{n\pi x}{l}\mathrm{d}x \quad (n = 1, 2, 3, \cdots)$

如果 $f(x)$ 是偶函数,则它的傅里叶级数是**余弦级数**

$$f(x) = \frac{a_0}{2} + \sum_{n=1}^{\infty}a_n\cos\frac{n\pi x}{l} \quad (x \in C),$$

其中
$$a_0 = \frac{2}{l} \int_0^l f(x) \mathrm{d}x$$

$$a_n = \frac{2}{l} \int_0^l f(x) \cos \frac{n\pi x}{l} \mathrm{d}x \qquad (n=1,2,3,\cdots).$$

注:如果 x 是函数 $f(x)$ 的间断点,根据收敛定理,$f(x)$ 的傅里叶级数在 x 处收敛到 $\frac{1}{2}[f(x+0)+f(x-0)]$.

例 3 设 $f(x)$ 是周期为 1 的函数,它在 $\left[-\frac{1}{2}, \frac{1}{2}\right]$ 上的表示式为

$$f(x) = -x^2 + 1 \qquad \left(-\frac{1}{2} \leqslant x \leqslant \frac{1}{2}\right)$$

将 $f(x)$ 展开为傅里叶级数.

解 函数 $f(x)$ 满足收敛定理的条件,且处处连续,它的傅里叶级数处处收敛到函数 $f(x)$,因为 $f(x)$ 是偶数,所以有

$$b_n = 0 \qquad (n=1,2,3,\cdots)$$

$$a_0 = \frac{2}{\frac{1}{2}} \int_0^{\frac{1}{2}} (1-x^2) \mathrm{d}x = 4 \left[x - \frac{1}{3}x^3 \right]_0^{\frac{1}{2}} = \frac{11}{6}$$

$$a_n = \frac{2}{\frac{1}{2}} \int_0^{\frac{1}{2}} (1-x^2) \cos 2n\pi x \, \mathrm{d}x \qquad (n=1,2,3,\cdots)$$

$$= 4 \left[\frac{1}{2n\pi} \sin 2n\pi x - \frac{x^2}{2n\pi} \sin 2n\pi x - \frac{x}{2n^2\pi^2} \cos 2n\pi x + \frac{1}{4n^3\pi^3} \sin 2n\pi x \right]_0^{\frac{1}{2}}$$

$$= (-1)^{n+1} \frac{1}{n^2\pi^2} \qquad (n=1,2,3,\cdots)$$

于是得到 $f(x)$ 的傅里叶级数为

$$f(x) = \frac{11}{12} + \frac{1}{\pi^2} \left(\frac{1}{1^2} \cos 2\pi x - \frac{1}{2^2} \cos 4\pi x + \frac{1}{3^2} \cos 6\pi x - \cdots \right) \quad (-\infty < x < +\infty).$$

五、周期延拓

我们已经讨论了将周期函数展开为傅里叶级数的问题.而实际问题中会遇到大量的非周期函数,有时需要把它们展开成傅里叶级数.下面我们讨论如何把定义在 $[-\pi, \pi]$ 或 $[0, \pi]$ 上的函数展开为傅里叶级数.

如果函数只在 $[-\pi, \pi]$ 上有定义,并且满足收敛定理的条件,那么我们在区间 $[-\pi, \pi]$ 外补充函数 $f(x)$ 的定义,使 $f(x)$ 拓广为周期是 2π 的周期函数 $F(x)$,然后再将 $F(x)$ 展开为傅里叶级数,最后限制 x 在 $[-\pi, \pi]$ 内,此时 $F(x) \equiv f(x)$,这种定义 $F(x)$ 的方法叫做**周期延拓**,按前面的方法将 $F(x)$ 展开成傅里叶级数,从而得到 $f(x)$ 的傅里叶级数.在区间端点

$x = \pm\pi$ 处,如果 $F(x)$ 连续,则 $F(x) \equiv f(x)$;如果 $F(x)$ 不连续,则级数收敛于 $\dfrac{1}{2}[f(-\pi+0) + f(\pi-0)]$.

对于定义在区间 $(0,\pi)$ 内满足收敛定理条件的函数 $f(x)$,我们可以补充定义 $f(x)$ 在 $(-\pi,0)$ 内的值,使补充定义后的函数 $F(x)$ 成 $[-\pi,\pi]$ 内的奇函数,这个过程叫做**奇延拓**;若补充定义后的函数 $F(x)$ 成 $[-\pi,\pi]$ 内的偶函数则叫做**偶延拓**.然后,将延拓后的函数展开成正弦函数或余弦函数,从而将 $f(x)$ 在 $(0,\pi)$ 内展开成正弦函数或余弦函数.

例 4 将函数 $f(x) = x + 1$, $0 < x < \pi$ 分别展开为正弦级数和余弦级数.

解 先将 $f(x)$ 展开为正弦级数.为此,先对 $f(x)$ 进行奇延拓,再延拓为周期是 2π 的函数.延拓后的函数如图 11-1 所示.

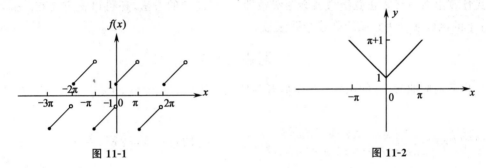

图 11-1 图 11-2

由于延拓后的函数是奇函数,且延拓后的函数在点 $x=0$ 和 $x=\pi$ 处不连续,所以 $f(x)$ 在区间 $(0,\pi)$ 内可展开为正弦级数.傅里叶系数为

$$a_0 = 0, \quad a_n = 0,$$

$$
\begin{aligned}
b_n &= \frac{2}{\pi}\int_0^\pi f(x)\sin nx\,\mathrm{d}x = \frac{2}{\pi}\int_0^\pi (x+1)\sin nx\,\mathrm{d}x \\
&= \frac{2}{\pi}\left\{\left[-\frac{x\cos nx}{n}\right]_0^\pi + \left[\frac{\sin nx}{n^2}\right]_0^\pi - \left[\frac{\cos nx}{n}\right]_0^\pi\right\} \\
&= \frac{2}{n\pi}(1 - \pi\cos n\pi - \cos n\pi) = \begin{cases} \dfrac{2}{\pi}\cdot\dfrac{\pi+2}{n}, & n = 1,3,5,\cdots, \\[2mm] -\dfrac{2}{n}, & n = 2,4,6,\cdots. \end{cases}
\end{aligned}
$$

于是

$$x + 1 = \frac{2}{\pi}\left[(\pi+2)\sin x - \frac{\pi}{2}\sin 2x + \frac{1}{3}(\pi+2)\sin 3x - \frac{\pi}{4}\sin 4x + \cdots\right] \quad (0 < x < \pi)$$

再将 $f(x)$ 展开为余弦级数,对 $f(x)$ 进行偶延拓后是处处连续的,如图 11-2 所示

$$b_n = 0 \quad (n = 1,2,3,\cdots)$$

$$a_0 = \frac{2}{\pi}\int_0^\pi f(x)\mathrm{d}x = \frac{2}{\pi}\int_0^\pi (x+1)\mathrm{d}x = \frac{2}{\pi}\left\{\left[\frac{x^2}{2}\right]_0^\pi + [x]_0^\pi\right\} = \pi + 2$$

$$a_n = \frac{2}{\pi}\int_0^\pi f(x)\cos nx\,\mathrm{d}x = \frac{2}{\pi}\int_0^\pi (x+1)\cos nx\,\mathrm{d}x$$

$$= \frac{2}{\pi} \left\{ \left[\frac{(x+1)\sin nx}{n} \right]_0^\pi + \left[\frac{\cos nx}{n^2} \right]_0^\pi \right\}$$

$$= \frac{2}{n^2\pi}(\cos n\pi - 1) = \begin{cases} -\dfrac{4}{n^2\pi}, & n=1,3,5,\cdots, \\ 0, & n=2,4,6,\cdots. \end{cases}$$

所以 $f(x)$ 展开为余弦级数是

$$x+1 = \left(\frac{\pi}{2}+1 \right) - \frac{4}{\pi} \left(\cos x + \frac{1}{3^2}\cos 3x + \frac{1}{5^2}\cos 5x + \cdots \right) \qquad (0 < x < \pi)$$

定义在 $[0,\pi]$ 上的函数展开为正弦级数或余弦级数时，一般不必写出延拓后的函数，只要按公式计算出系数代入正弦级数或余弦级数即可. 用同样的方法，还可以将定义在 $[-l,l]$ 或 $[0,l]$ 上的函数展开为正弦级数或余弦级数.

* 习题 11-4

1. 将下列周期为 2π 的函数 $f(x)$ 展开为傅里叶级数，已知 $f(x)$ 在 $[-\pi,\pi]$ 上的表示式为：

(1) $f(x) = \begin{cases} \pi+x & -\pi \leqslant x < 0 \\ \pi-x & 0 \leqslant x < \pi \end{cases}$；

(2) $f(x) = 2x^2, \ -\pi \leqslant x < \pi$；

(3) $f(x) = 2\sin \dfrac{x}{3}, \ -\pi \leqslant x < \pi$；

(4) $f(x) = \cos \dfrac{x}{2}, \ -\pi \leqslant x < \pi$.

2. 将下列周期函数，展开为傅里叶级数，各函数在一个周期上的表示式为：

(1) $f(x) = \begin{cases} 2x+1, & -3 \leqslant x < 0 \\ 1, & 0 \leqslant x < 3 \end{cases}$；

(2) $f(x) = \begin{cases} x, & -1 \leqslant x < 0 \\ 1, & 0 \leqslant x < \dfrac{1}{2} \\ -1, & \dfrac{1}{2} \leqslant x < 1 \end{cases}$.

3. 将 $f(x) = \dfrac{\pi-x}{2}, \ (0 \leqslant x \leqslant \pi)$ 展开为正弦级数.

4. 将 $f(x) = 2x+3, \ (0 \leqslant x \leqslant \pi)$ 展开为余弦级数.

阅读与思考

业绩永存的数学大师——柯西

柯西（Augustin Louis Cauchy，1789—1857）是法国数学家、物理学家、天文学家. 1789 年 8 月 21 日生于巴黎，1857 年 5 月 23 日卒于附近的索镇. 他父亲是一位精通古典文学的律师，与当时法国的大数学家拉格朗日、拉普拉斯交往密切，培养了柯西对数学浓厚的学习兴趣. 他于 1805 年考入综合工科学校，在那里主要学习数学和力学；1807 年考入桥梁公路学校，1810 年以优异成绩毕业，前往瑟堡参加海港建设工程. 1813 年回到巴黎，任教于巴黎综合工科学校. 由于他在数学和数学物理方面的杰出成就，1816 年取得教授职位，同年，被任命为法国科学院院士. 此外，他还拥有巴黎大学理学院和法兰西学院的教授席位.

　　柯西对数学的最大贡献是在微积分中引进了清晰和严格的表述与证明方法. 正如著名数学家冯·诺伊曼所说:"严密性的统治地位基本上是由柯西重新建立起来的."在这方面他写下了三部专著:《分析教程》(1821 年)、《无穷小计算教程》(1823 年)、《微分计算教程》(1826—1828 年). 他的这些著作, 摆脱了微积分单纯的对几何、运动的直观理解和物理解释, 引入了严格的分析上的叙述和论证, 从而形成了微积分的现代体系. 在数学分析中, 可以说柯西比任何人的贡献都大, 微积分的现代概念就是柯西建立起来的. 有鉴于此, 人们通常将柯西看作是近代微积分学的奠基者. 阿贝尔称颂柯西"是当今懂得应该怎样对待数学的人". 并指出:"每一个在数学研究中喜欢严密性的人, 都应该读柯西的杰出著作《分析教程》."柯西虽然也利用无穷小的概念, 但他改变了以前数学家所说的无穷小是固定数. 而把无穷小或无穷小量简单地定义为一个以零为极限的变量. 他以精确的极限概念定义了函数的连续性、无穷级数的收敛性、函数的导数、微分和积分以及有关理论. 柯西对微积分的论述, 使数学界大为震惊. 1821 年柯西提出极限定义的 ε 方法, 把极限过程用不等式来刻画, 后经维尔斯特拉斯改进, 成为现在所说的柯西极限定义或叫 ε—δ 定义. 当今所有微积分的教科书都还沿用着柯西等人关于极限、连续、导数、收敛等概念的定义. 他对微积分的解释被后人普遍采用. 柯西对定积分作了最系统的开创性工作. 他把定积分定义为和的"极限". 在定积分运算之前, 强调必须确立积分的存在性. 他利用中值定理首先严格证明了微积分基本定理. 通过柯西以及后来维尔斯特拉斯的艰苦工作, 使数学分析的基本概念得到严格的论述. 从而结束微积分二百年来思想上的混乱局面, 把微积分及其推广从对几何概念, 运动和直觉了解的完全依赖中解放出来, 并使微积分发展成现代数学最基础最庞大的数学学科.

　　柯西在其他方面的研究成果也很丰富. 柯西的数学成就不仅辉煌, 而且数量惊人. 柯西全集有 27 卷, 其论著有 800 多篇. 在数学史上是仅次于欧拉的多产数学家. 他的光辉名字与许多定理、准则一起铭记在当今许多教材中. 数学中以他的姓名命名的有:柯西积分、柯西公式、柯西不等式、柯西定理、柯西函数、柯西准则等等. 他的数学成就影响广泛, 意义深远. 1857 年 5 月 23 日柯西在巴黎病逝. 他临终的一句名言"人总是要死的, 但是, 他们的业绩永存"长久地叩击着一代又一代学子的心扉.

思考

　　业绩永存的数学大师——柯西, 他对科学事业执着、勤奋、严谨、敬业, 他的光辉名字与许多定理、准则一起铭记在当今许多教材中, 他的敬业精神更是值得后人传承. 你从柯西的故事中得到什么启示? 你学到了什么? 反思你的大一学习过程, 想一想你将如何度过你的大学生活, 才能不负韶华, 创造更大的人生价值.

本章学习指导

一、基本知识与思想方法框架结构图

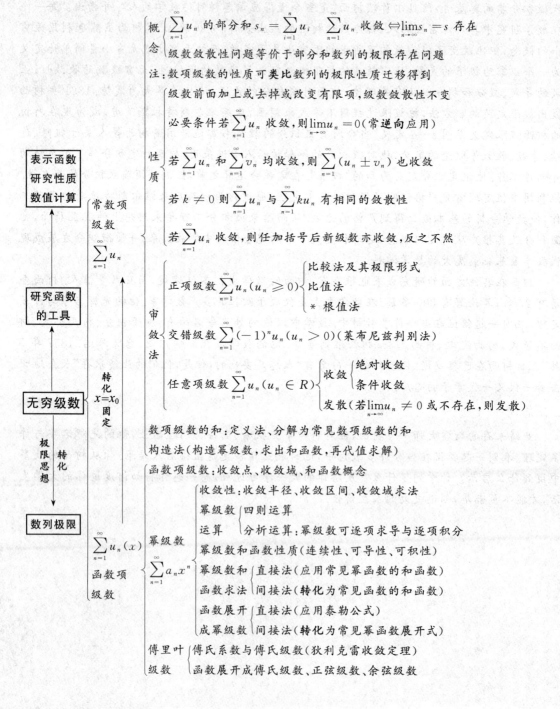

二、思想方法小结

(一)极限的思想方法及类比的思想方法

本章级数的收敛与发散及其重要理论都是建立在极限的基础之上的,级数是一个无限求和的过程,它与有限求和有着根本的不同,由于极限思想方法的运用,才使得有限与无限、量变与质变对立矛盾的双方互相转化.从而把极限及其运算性质迁移到级数中去,利用极限性质顺理成章得到级数的系列性质.级数理论充分体现了极限的思想方法.

级数的敛散性问题归结为一个部分和数列的敛散性问题,学习过程中注意复习数列极限性质,注意在两者的类比过程中学习,不仅温故而知新,而且可以把极限的思想方法迁移到级数的学习当中.函数项级数是常数项级数的推广与延伸,研究函数项级数在某一点处的敛散性问题就是一个常数项级数的敛散性问题,因此学习函数项级数时也要类比常数项级数的相关知识,注意它们的联系与区别.本章的知识内涵了类比的思想方法.

1.级数收敛的定义体现了极限的思想方法

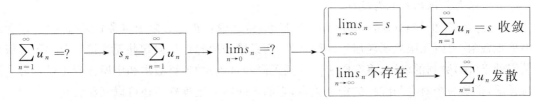

2.数项级数的性质可类比数列的极限性质迁移得到

比如 $\{x_n\}$ 收敛 $\Leftrightarrow \{cx_n\}(c \neq 0)$ 收敛 $\xrightarrow[\text{迁移}]{\text{类比}} \sum_{n=1}^{\infty} u_n$ 收敛 $\Leftrightarrow \sum_{n=1}^{\infty} cu_n(c \neq 0)$ 收敛

3.函数项级数与数项级数类比

因为函数项级数中的自变量一旦取定,就转变成了常数项级数.可见数项级数的许多性质都可以相应地迁移到函数项级数中去.

(二)转化的思想方法

我们从数学的学习中充分体会到转化的思想方法在为我们开辟思路,在化难为易的过程中起到了积极的作用.在本章的学习中注意领会知识蕴含的转化思想方法,并培养灵活应用转化思想方法的能力.例如:

(1)级数 $\sum_{n=1}^{\infty} u_n$ 的敛散性 $\xrightarrow[\text{转化}]{\text{定义}}$ 数列 $\{s_n\}$ 的敛散性 (级数**转化**为数列)

(2)在幂级数求和函数的问题在中,等比(或几何)级数是幂级数求和的最基础类型,逐项求导型与逐项积分型两类题是可通过逐项积分和逐项求导的方法**转化**为等比级数求和问题的基本型题型,(比如本章第三节**例** 7 逐项求导型,**例** 9 逐项积分型).而其他较难的幂级数求和函数问题都可以通过拆项、变量替换、三角恒等变形转化为逐项求导型、逐项积分型或等比级数等基本型题型.(如本章第三节**例** 8 可变形为逐项求导型,**例** 10 可变形为逐项积分型)用好转化的思想,幂级数求和化难变易.

(3)函数展开为幂级数是求幂级数和函数的逆向问题.已知基础函数 e^x,$\sin x$,$\dfrac{1}{1-x}$,

$\ln(1+x)$，$(1+x)^a$ 的幂级数展开式，由此得到 e^u，$\sin u$，$\dfrac{1}{1-u}$，$\ln(1+u)$，$(1+u)^a$ 型函数的展开公式，其中 u 可以表示 x 也可表示一个 x 的函数，这里实质上是换元的思想. 而其他复杂函数展开问题都是通过裂项、三角恒等变形、求导、积分或者换元法等方法和手段把问题**转化**为这几个类型的函数展开问题.

(三) 级数中蕴含着对立统一辩证观点

级数的教学内容中蕴含着丰富的哲学思想，蕴含着常量与变量、有限与无限、微分与积分以及过程与结果等对立与统一辩证观点.

1. 常量与变量的对立与统一

级数主要包括数项级数和函数项级数，二者既对立，又统一. 对于数项级数来说，其一般项是一个常数，而函数项级数的一般项是一个变量，这体现了二者之间的对立关系；当对函数项级数中自变量赋予一个值时，函数项级数就变成了数项级数，也就是说，数项级数是函数项级数的特例，可见，二者又是统一的.

2. 有限与无限的对立与统一

瑞士数学家伯努利(Bernoulli，1654—1705)曾经说："正如有限中包含着无穷级数，而无限中呈现极限一样；无限之灵魂居于细微之处，而最紧密地趋近极限却并无止境".(函)数项级数是借助于(函)数列的极限，将有限和推广到无限和，(函)数项级数求和中所体现出的这种有限与无限，也是一个对立与统一的辩证关系，它们之间在一定条件下还可以互相转化.

3. 微分与积分的对立与统一

微分与积分是一对相互矛盾的关系，在级数中，这一对相互对立的关系却又表现出了统一性. 第三节例 7 与例 9 依次采用了先求导再积分和先积分再求导的求解顺序，二者的共同之处则是各利用了一次逐项积分和逐项求导，最终求出了其和函数.

4. 过程与结果的对立与统一

$\displaystyle\sum_{n=1}^{\infty}\dfrac{1}{2^n}$ 和的问题，当 n 取任何一个具体的数时，无论多么大，有限和 $\displaystyle\sum_{k=1}^{n}\dfrac{1}{2^k}$ 都不等于其真值，永远是无限和 s 的近似值，反映了过程与结果的对立关系，当 $n\to\infty$ 时，其结果又转化为级数和的真值，过程与结果达到相互转化，也反映了量变与质变的对立与统一的关系.

(四) 逆向思维方法

(1) 注意定理及性质的逆命题的讨论

本章级数的性质多、判定定理多，对性质及判定定理的准确理解才能准确与灵活应用. 例如性质 5(**级数收敛的必要条件**)其逆否命题，就使用率很高. 实际上级数的许多性质的逆否命题更有广泛的应用价值. 要有意识从反面或逆向去探讨命题，可以加深对性质的理解，提高应用的准确性与灵活性，同时训练思维的全面性、深刻性与灵活性.

(2) 函数展开为幂级数与幂级数求和函数是互为逆向的问题，内涵了逆向的思维方法.

三、典型题型思路方法指导

例 1 如何判定正项级数 $\displaystyle\sum_{n=1}^{\infty}u_n$ 的敛散性？

解题思路如下:

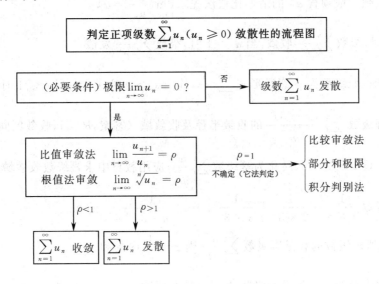

例 2　如何判定任意项级数 $\displaystyle\sum_{n=1}^{\infty} u_n$ 的敛散性?

解题思路如下:

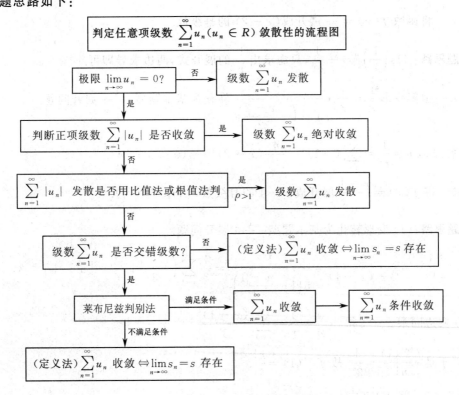

例 3　设 $a>0, s>0$,讨论级数 $\displaystyle\sum_{n=1}^{\infty} \dfrac{a^n}{n^s}$ 的敛散性.

解题思路:正项级数应用上面流程图,通项是无穷小.

(1) 正项级数一般项含 a^n 的情形比值法先求 $\lim\limits_{n\to\infty}\dfrac{u_{n+1}}{u_n}=a$,

当 $a<1$ 时,级数 $\sum\limits_{n=1}^{\infty}\dfrac{a^n}{n^s}$ 收敛;当 $a>1$ 时,级数 $\sum\limits_{n=1}^{\infty}\dfrac{a^n}{n^s}$ 发散.

(2) $a=1$ 时,原级数为 p 级数形式 $\sum\limits_{n=1}^{\infty}\dfrac{1}{n^s}$,故当 $s>1$ 时,收敛;当 $s\leqslant 1$ 时,发散.

例 4 求幂级数 $\sum\limits_{n=1}^{\infty}\dfrac{(x-5)^n}{\sqrt{n}}$ 的收敛半径及收敛域.(答案,$R=1$,收敛区间为 $[4,6)$)

解题思路: 设 $u=x-5$,转化为幂级数 $\sum\limits_{n=1}^{\infty}\dfrac{u^n}{\sqrt{n}}$,应用教材中求幂级数收敛域的方法.

例 5 求级数 $\dfrac{1}{1\times 3}+\dfrac{1}{2\times 3^2}+\dfrac{1}{3\times 3^3}+\cdots+\dfrac{1}{n\cdot 3^n}+\cdots$ 的和.

解题思路: 所求级数的和是幂级数 $\sum\limits_{n=1}^{\infty}\dfrac{x^n}{n}$ 当 $x=\dfrac{1}{3}$ 时的和.

(1) 用逐项求导的方法先求幂级数 $\sum\limits_{n=1}^{\infty}\dfrac{x^n}{n}$ 的和函数 $s(x)=-\ln(1-x)$,$x\in[-1,1)$,

(2) 把 $x=\dfrac{1}{3}$ 代入得,所求原级数的和为 $s\left(\dfrac{1}{3}\right)=-\ln\left(1-\dfrac{1}{3}\right)=\ln\dfrac{3}{2}$.

例 6 将函数 $f(x)=\dfrac{1}{x^2}$ 展开成 $(x-2)$ 的幂级数.

解题思路: (1) $\left(\dfrac{1}{x}\right)'=-\dfrac{1}{x^2}$,只需求出 $\dfrac{1}{x}$ 的展开式,两边求导即可.

(2) $\dfrac{1}{x}$ 恒等变形 $\dfrac{1}{x}=\dfrac{1}{2}\cdot\dfrac{1}{1-\left(-\dfrac{x-2}{2}\right)}$ 转化为基本题型 $\dfrac{1}{1-u}$ 展开问题.

答案:$f(x)=\dfrac{1}{x^2}=\sum\limits_{n=1}^{\infty}(-1)^{n+1}\dfrac{n}{2^{n+1}}(x-2)^{n-1}\quad(0<x<4)$.

例 7 将 $f(x)=\dfrac{x-1}{4-x}$ 展开成 $x-1$ 的幂级数,并求 $f^{(n)}(1)$.

解题思路: (1) 变形转化为基本题型 $\dfrac{1}{1-u}$ 展开问题.

$$\dfrac{1}{4-x}=\dfrac{1}{3-(x-1)}=\dfrac{1}{3\left(1-\dfrac{x-1}{3}\right)}=\dfrac{1}{3}\sum\limits_{n=1}^{\infty}\left(\dfrac{x-1}{3}\right)^{n-1}\quad |x-1|<3,$$

(2) 两边同乘 $x-1$ 得 $\dfrac{x-1}{4-x}=\sum\limits_{n=1}^{\infty}\dfrac{(x-1)^n}{3^n}\quad |x-1|<3.$

(3) 于是 $\dfrac{f^{(n)}(1)}{n!}=\dfrac{1}{3^n}$,故 $f^{(n)}(1)=\dfrac{n!}{3^n}$.

例 8 求级数 $\sum\limits_{n=1}^{\infty}\dfrac{n+1}{n!}x^n$ 的和函数 $s(x)$.

解题思路: 拆项转化为基本公式 $e^x=\sum\limits_{n=0}^{\infty}\dfrac{x^n}{n!}(-\infty<x<+\infty)$

$$s(x) = \sum_{n=0}^{\infty} \frac{n+1}{n!} x^n = \sum_{n=0}^{\infty} \frac{n}{n!} x^n + \sum_{n=0}^{\infty} \frac{1}{n!} x^n = \sum_{n=1}^{\infty} \frac{1}{(n-1)!} x^n + \mathrm{e}^x$$

$$= x \sum_{n=1}^{\infty} \frac{1}{(n-1)!} x^{n-1} + \mathrm{e}^x = x \mathrm{e}^x + \mathrm{e}^x.$$

例 9 易错题

典型错误 1 由级数 $\sum_{n=1}^{\infty} u_n$ 与 $\sum_{n=1}^{\infty} v_n$ 都发散,推断 $\sum_{n=1}^{\infty} (u_n \pm v_n)$ 发散.

例如若 $u_n = 1, v_n = -1, \sum_{n=1}^{\infty} u_n, \sum_{n=1}^{\infty} v_n$ 发散,但

$$\sum_{n=1}^{\infty} (u_n + v_n) = \sum_{n=1}^{\infty} [(1 + (-1)] = 0 \text{ 收敛.}$$

典型错误 2 由 $\lim_{n \to \infty} \left| \frac{a_{n+1}}{a_n} \right| = \lim_{n \to \infty} \frac{2^n}{2^{n+1}} = \frac{1}{2}$,推出幂级数 $\sum_{n=1}^{\infty} \frac{1}{2^n} x^{2n}$ 收敛半径为 2.

正确解法见第三节例 5.

典型错误 3 求幂级数 $\sum_{n=1}^{\infty} \frac{(-1)^{n-1}}{n \cdot 2^n} (x-1)^n$ 的收敛区间

错解:因为 $\rho = \lim_{n \to \infty} \left| \frac{a_{n+1}}{a_n} \right| = \lim_{n \to \infty} \frac{\dfrac{1}{(n+1) \cdot 2^{n+1}}}{\dfrac{1}{n \cdot 2^n}} = \lim_{n \to \infty} \frac{n}{2(n+1)} = \frac{1}{2}$,

级数 $\sum_{n=1}^{\infty} \frac{(-1)^{n-1}}{n \cdot 2^n} (x-1)^n$ 的收敛半径 $R = 2$,收敛区间为 $(-2, 2)$.

解法错误,因为 $\sum_{n=1}^{\infty} \frac{(-1)^{n-1}}{n \cdot 2^n} (x-1)^n$ 不是标准型 $\sum_{n=0}^{\infty} a_n x^n$,收敛区间应为以 1 为中心,以 2 为半径的区间 $(-1, 3)$.(具体步骤参考第三节例 4)

总习题十一

一、填空题

1.级数 $\sum_{n=1}^{\infty} \left[\frac{1}{(n-1)(n+1)} + \frac{1}{3^n} \right] = $ _____;

2.级数 $\sum_{n=1}^{\infty} a_n$ 收敛的充要条件是_____;

3.若 $\sum_{k=1}^{n} |a_k| \leqslant \frac{1}{n}, n = 1, 2, \cdots,$ 则级数 $\sum_{k=1}^{\infty} a_k$ 收敛于_____;

4.设 s_n 为级数 $\sum_{n=1}^{\infty} a_n$ 的部分和,如果 $\sum_{n=1}^{\infty} s_n$ 收敛,那么 $\sum_{n=1}^{\infty} a_n = $ _____;

5.已知 $\lim\limits_{n\to\infty}nu_n=k\neq0$,则正项级数 $\sum\limits_{n=1}^{\infty}u_n$ 的敛散性是_____;

6.若 $\lim\limits_{n\to\infty}\left|\dfrac{a_{n+1}}{a_n}\right|=2$,则级数 $\sum\limits_{n=0}^{\infty}a_nx^{2n+1}$ 的收敛半径 R 为_____;

7.级数 $\sum\limits_{n=1}^{\infty}\dfrac{x^{2n+1}}{n}$ 在收敛域内的和函数 $s(x)=$_____;

8.函数 $\dfrac{1}{x}$ 展开为 $(x-4)$ 的幂级数是_____;

9.设级数 $\sum\limits_{n=1}^{\infty}a_nx^n$ 的收敛半径为3,则 $\sum\limits_{n=1}^{\infty}na_n(x-1)^{n+1}$ 的收敛区间为_____;

10.函数 $f(x)=\arctan x$ 的麦克劳林级数为_____.

二、单项选择题

1.若 $\sum\limits_{n=1}^{\infty}a_n^2$、$\sum\limits_{n=1}^{\infty}b_n^2$ 收敛,则 $\sum\limits_{n=1}^{\infty}a_nb_n$(   ).

(A)发散　　　　(B)条件收敛　　　　(C)绝对收敛　　　　(D)收敛性不定

2.设 a 为常数,则级数 $\sum\limits_{n=1}^{\infty}(-1)^n\left(1-\cos\dfrac{a}{n}\right)$(   ).

(A)发散　　　　(B)条件收敛　　　　(C)绝对收敛　　　　(D)敛散性与 a 有关

3.级数 $\sum\limits_{n=1}^{\infty}\dfrac{(-1)^{n+1}}{n^p}(p>0)$ 敛散性为(   )

(A) $p>1$ 时,绝对收敛;$p\leqslant1$ 时,条件收敛

(B) $p<1$ 时,绝对收敛;$p\geqslant1$ 时,条件收敛

(C) $p\leqslant1$ 时,发散;$p>1$ 时,收敛

(D) 对任何 $p>0$ 时,均绝对收敛

4.设 b 是大于零的常数,则级数 $\sum\limits_{n=1}^{\infty}\dfrac{(-1)^n}{1+bn}$(   ).

(A)发散　　　　　　　　　　(B) 当 $b\geqslant1$ 时,发散,$b<1$ 时,收敛

(C)收敛　　　　　　　　　　(D) 当 $b\geqslant1$ 时,收敛,$b<1$ 时,发散

5.给定以下命题:

① 若 $\sum\limits_{n=1}^{\infty}(u_{2n-1}+u_{2n})$ 收敛,则 $\sum\limits_{n=1}^{\infty}u_n$ 收敛

② 若 $\sum\limits_{n=1}^{\infty}u_n$ 收敛,则 $\sum\limits_{n=1}^{\infty}u_{n+100}$ 收敛

③ 若 $\lim\limits_{n\to\infty}\dfrac{u_{n+1}}{u_n}>1$,则 $\sum\limits_{n=1}^{\infty}u_n$ 发散

④ 若 $\sum\limits_{n=1}^{\infty}(u_n+v_n)$ 收敛,则 $\sum\limits_{n=1}^{\infty}u_n$、$\sum\limits_{n=1}^{\infty}v_n$ 都收敛

则以上命题正确的是(   ).

(A)①②　　　　　　(B)②③　　　　　　(C)③④　　　　　　(D)①④

6.级数 $\sum\limits_{n=1}^{\infty} n x^{n-1}$ 的收敛区间为( ).

(A)$(-1,1)$ (B)$[-1,1)$ (C)$(-1,1]$ (D)$[-1,1]$

7.下列级数中,收敛的是( ).

(A) $\sum\limits_{n=1}^{\infty} \dfrac{1}{n}$ (B) $\sum\limits_{n=1}^{\infty} \dfrac{1}{n\sqrt{n}}$ (C) $\sum\limits_{n=1}^{\infty} \dfrac{1}{\sqrt[3]{n^2}}$ (D) $\sum\limits_{n=1}^{\infty} (-1)^n$

8.设 a 为非零常数,则当( )时级数 $\sum\limits_{n=1}^{\infty} \dfrac{a}{r^n}$ 收敛.

(A)$r<1$ (B)$|r|<1$ (C)$|r|\leqslant 1$ (D)$|r|>1$

9.级数 $\sum\limits_{n=1}^{\infty} \dfrac{n+1}{n!} x^n$ 的和函数 $s(x)$ 是( ).

(A) $x e^x$ (B)e^x+1 (C)$2e^x$ (D)$x e^x + e^x$

*10.设 $f(x)=\begin{cases} -1, & -\pi < x \leqslant 0 \\ 1+x^2, & 0 < x \leqslant \pi \end{cases}$,是以 2π 为周期的函数,其傅里叶级数在点 $x=\pi$ 收敛于( ).

(A)-1 (B)$1+\pi^2$ (C)$\dfrac{\pi^2}{2}$ (D)$-\dfrac{\pi^2}{2}$

三、计算题与证明题

1.求下列级数的和:

(1) $\sum\limits_{n=1}^{\infty} \dfrac{n}{(n+1)!}$;

(2) $\sum\limits_{n=1}^{\infty} \dfrac{1}{(2n-1)(2n+1)}$.

2.判别下列正项级数的敛散性:

(1) $\sum\limits_{n=1}^{\infty} \dfrac{1}{1+a^n}(a>0)$;

(2) $\sum\limits_{n=1}^{\infty} \ln\left(1+\dfrac{1}{n^2}\right)$;

(3) $\sum\limits_{n=1}^{\infty} \dfrac{2n-1}{(n+1)^2(n+2)^2}$;

(4) $\sum\limits_{n=1}^{\infty} \dfrac{n\cos^n \frac{n\pi}{3}}{2^n}$.

3.判别下列级数是否收敛?如果是收敛的,是绝对收敛,还是条件收敛?

(1) $\sum\limits_{n=2}^{\infty} \dfrac{(-1)^{n-1}}{\ln n}$;

(2) $\sum\limits_{n=1}^{\infty} \dfrac{(-1)^n+2}{(-1)^{n-1}2^n}$.

4.求下列级数的收敛域及和函数:

(1) $\sum\limits_{n=1}^{\infty} n(x-1)^n$;

(2)$x+\dfrac{x^3}{3}+\dfrac{x^5}{5}+\cdots$,并求 $\sum\limits_{n=1}^{\infty} \dfrac{1}{(2n-1)2^n}$ 的和.

5.将下列函数展开成指定形式的幂级数:

(1) $f(x)=\dfrac{x-1}{5-x}$ 在 $x_0=1$ 处展开为幂级数;

(2) $f(x)=e^x$ 展开为 $x-2$ 的幂级数.

习题答案与提示

第八章

习题 8-1

1.(1)第一卦限；   (2)第二卦限；   (3)xOy 面上；

(4)xOz 面上；   (5)Oy 轴上；   (6)Ox 轴上.

2.提示:利用两点距离公式证明.

3.起点坐标为$(-4,3,-1)$.

4. $|\overrightarrow{M_1M_2}|=2$；$\cos\alpha=\dfrac{1}{2}$, $\cos\beta=\dfrac{\sqrt{2}}{2}$, $\cos\gamma=-\dfrac{1}{2}$；$\alpha=\dfrac{\pi}{3}$, $\beta=\dfrac{\pi}{4}$, $\gamma=\dfrac{2\pi}{3}$.

5. $\boldsymbol{a}=\{3,3,3\sqrt{2}\}$ 或 $\boldsymbol{a}=\{3,-3,3\sqrt{2}\}$.

6. $\boldsymbol{e}_a=\left\{\mp\dfrac{3}{10}\sqrt{2},\pm\dfrac{\sqrt{2}}{2},\pm\dfrac{2\sqrt{2}}{5}\right\}$.

7.(1) $\boldsymbol{a}\parallel\boldsymbol{b}$；   (2)$\boldsymbol{a}\perp\boldsymbol{b}$；   (3)$\boldsymbol{a},\boldsymbol{b}$ 斜交.

8.(1)$\boldsymbol{a}\cdot\boldsymbol{b}=3$, $\boldsymbol{a}\times\boldsymbol{b}=\{5,1,7\}$；

(2)$\boldsymbol{a}\times2\boldsymbol{b}=\{10,2,14\}$, $(-2\boldsymbol{a})\cdot(3\boldsymbol{b})=-18$；   (3)$\cos(\widehat{\boldsymbol{a}\cdot\boldsymbol{b}})=\dfrac{\sqrt{21}}{14}$.

9.36   10. $\boldsymbol{e}=\left\{\pm\dfrac{2\sqrt{5}}{5},\mp\dfrac{\sqrt{5}}{5},0\right\}$.

11.$S_\Delta=\dfrac{\sqrt{11}}{2}$.   12.$\boldsymbol{P}_{rjb}\boldsymbol{a}=1$.

习题 8-2

1.(1) $Ax+By+Cz=0$；   (2)$By+Cz+D=0$；

(3)$By+Cz=0$；   (4)$Cz+D=0$.

2.(1)-6, 2, 12；   (2)-3, -5, 1.

3.(1)$x-2y-3z-4=0$;；   (2)$x-2y+z=0$；

(3)$4x-11y-3z=0$；   (4)$x-y=0$.

4.$3x+2y+6z-12=0$.   5.$x+y+z=2$.

6.(1)xOy 面:$z=0$；   (2)yOz 面:$x=0$；   (3)zOx 面:$y=0$.

7.$\dfrac{4}{3}$.   8.$\pm\dfrac{\sqrt{70}}{2}$.

习题 **8-3**

1. $\dfrac{x-4}{2}=\dfrac{y+1}{1}=\dfrac{z-3}{5}$.　　　　2. $\dfrac{x-1}{-16}=\dfrac{y-0}{14}=\dfrac{z-2}{11}$.

3. $\dfrac{x-3}{3}=\dfrac{y+4}{-2}=\dfrac{z-5}{6}$.　　　　4. 提示：证明两直线的方向向量平行.

5. $\dfrac{x-1}{11}=\dfrac{y-1}{7}=\dfrac{z-1}{-5}$.

习题 **8-4**

1. $2x+8y-8z-3=0$.　　　　2. $\left(x-\dfrac{1}{2}\right)^2+(y+2)^2+(z+1)^2=\dfrac{21}{4}$ 球面.

3. $x^2+y^2+z^2=16$.　　　　4. $y^2+z^2=12x$.

5. 母线平行于 x 轴的柱面方程：$3y^2-z^2=16$；

　　母线平行于 y 轴的柱面方程：$3x^2+2z^2=16$.

6. $\begin{cases}x^2+y^2+(1-x)^2=9\\ z=0\end{cases}$.

7. $\begin{cases}x^2+y^2=a^2\\ z=0\end{cases}$；　$\begin{cases}y=a\sin\dfrac{z}{b}\\ x=0\end{cases}$；　$\begin{cases}x=a\cos\dfrac{z}{b}\\ y=0\end{cases}$.

8. 在 xOy 面上 $\begin{cases}(x-1)^2+y^2\leqslant 1\\ z=0\end{cases}$；在 yOz 面上 $\begin{cases}\left(\dfrac{z^2}{2}-1\right)^2+y^2\leqslant 1\\ x=0\text{ 且 }z\geqslant 0\end{cases}$；

　　在 zOx 面上 $\begin{cases}x\leqslant z\leqslant\sqrt{2x}\\ y=0\end{cases}$.

总习题八

一、填空题

1. 2；　　　2. $(6,-7,-12)$；　　　3. 22；　　　4. $\dfrac{1}{4}\pi$；　　　5. 3；

6. $\pm\dfrac{\sqrt{2}}{2}(-i+k)$；　7. $x^2+y^2-4z^4=0$；　　　8. $x-2y+z=0$；

9. 方向向量为 $s=(1,-2,-5)$；　　　10. $\begin{cases}x^2+y^2\leqslant 1\\ z=0\end{cases}$.

二、单项选择题

1. D；　　　2. C；　　　3. B；　　　4. A；　　　5. B；

6. C；　　　7. B；　　　8. D；　　　9. B；　　　10. A.

三、计算题

1.（1）7，　$\cos\alpha=\dfrac{2}{7}$，$\cos\beta=\dfrac{3}{7}$，$\cos\gamma=-\dfrac{6}{7}$；　　　（2）$\left(\pm\dfrac{2}{7},\pm\dfrac{3}{7};\mp\dfrac{6}{7}\right)$；

$(3) S_{\triangle ABC} = \dfrac{\sqrt{19}}{2}, \ d_{AC} = \sqrt{10}.$

2. 16.   3. 30.

4. 绕 x 轴 $\dfrac{x^2}{9} - \dfrac{y^2 + z^2}{4} = 1$ 旋转双叶双曲面；

 绕 y 轴 $\dfrac{x^2 + z^2}{9} - \dfrac{y^2}{4} = 1$ 旋转单叶双曲面.

5. $\begin{cases} 2x^2 - 2x + y^2 - 8 = 0 \\ z = 0 \end{cases}$.   6. $3y^2 - z^2 = 16.$

7. $(1) y + 5 = 0;$ $(2) 9y - z - 2 = 0;$

 $(3) x + y + z = 2;$ $(4) x - y + 5z - 4 = 0.$

8. 1.   9. $\left(-\dfrac{5}{3}, \dfrac{2}{3}, \dfrac{2}{3} \right).$

10. $\dfrac{x-1}{-8} = \dfrac{y}{3} = \dfrac{z-1}{7}.$ 11. $x + y + 2z - 4 = 0.$

第九章

习题 9-1

1. 证明略.

2. $x^2 \dfrac{1-y}{1+y};$

3. $(1) D = \{(x,y) \mid x - y \neq 0\};$ $(2) D = \{(x,y) \mid y^2 \leqslant 4x \ \text{且} \ 0 < x^2 + y^2 < 1\};$

 $(3) D = \{(x,y) \mid xy \geqslant 0\};$ $(4) D = \{(x,y) \mid x < 0 \ \text{且} \ x < y \leqslant -x\}.$

4. (1) 不存在；   (2) 0.

5. (1) 连续；   (2) 不连续.

6. $(1) (0,0);$ $(2) y^2 = 2x.$

习题 9-2

1. $\dfrac{2}{5}, \quad \dfrac{2}{5}.$

2. $(1) \dfrac{\partial z}{\partial x} = y \mathrm{e}^{xy}, \quad \dfrac{\partial z}{\partial y} = x \mathrm{e}^{xy};$ $(2) \dfrac{\partial z}{\partial x} = y + \dfrac{1}{y}, \quad \dfrac{\partial z}{\partial y} = x - \dfrac{x}{y^2};$

 $(3) \dfrac{\partial z}{\partial x} = y^2 (1 + xy)^{y-1}, \quad \dfrac{\partial z}{\partial y} = (1 + xy)^y \left[\ln(1 + xy) + \dfrac{xy}{1 + xy} \right];$

 $(4) \dfrac{\partial u}{\partial x} = \dfrac{y}{z} x^{\frac{y}{z} - 1}, \quad \dfrac{\partial u}{\partial y} = \dfrac{1}{z} \cdot x^{\frac{y}{z}} \ln x, \quad \dfrac{\partial u}{\partial z} = -\dfrac{y}{z^2} x^{\frac{y}{z}} \ln x.$

3. 提示：求出 $\dfrac{\partial z}{\partial x}, \dfrac{\partial z}{\partial y}$ 代入验证.

4. $\dfrac{\partial^2 z}{\partial x^2}\bigg|(1,0)=0$, 　$\dfrac{\partial^2 z}{\partial x\partial y}\bigg|(1,2)=6$, 　$\dfrac{\partial^2 z}{\partial y^2}\bigg|(0,1)=0$.

5. (1) $\dfrac{\partial^2 z}{\partial x^2}=\dfrac{1}{x}$, 　$\dfrac{\partial^2 z}{\partial x\partial y}=\dfrac{\partial^2 z}{\partial y\partial x}=\dfrac{1}{y}$, 　$\dfrac{\partial^2 z}{\partial y^2}=-\dfrac{x}{y^2}$;

   (2) $\dfrac{\partial^2 z}{\partial x^2}=\dfrac{(\ln y-1)\ln y}{x^2}\cdot y^{\ln x}$, 　$\dfrac{\partial^2 z}{\partial x\partial y}=\dfrac{\partial^2 z}{\partial y\partial x}=\dfrac{(\ln x)(\ln y)+1}{x y}\cdot y^{\ln x}$,

     $\dfrac{\partial^2 z}{\partial y^2}=(\ln x-1)\ln x\cdot y^{\ln x-2}$;

   (3) $\dfrac{\partial^2 z}{\partial x^2}=\mathrm{e}^x[\cos y+(x+2)\sin y]$, 　$\dfrac{\partial^2 z}{\partial x\partial y}=\dfrac{\partial^2 z}{\partial y\partial x}=\mathrm{e}^x[(x+1)\cos y-\sin y]$.

     $\dfrac{\partial^2 z}{\partial y^2}=\mathrm{e}^x(-\cos y-x\sin y)$

6. 14.8.　　　　　7. $\Delta z=-0.20404$, 　$\mathrm{d}z=-0.20$.

8. (1) $\mathrm{d}z=yx^{y-1}\mathrm{d}x+x^y\ln x\,\mathrm{d}y$;

   (2) $\mathrm{d}z=[\sin(x^2+y^2)+2x^2\cos(x^2+y^2)]\mathrm{d}x+2xy\cos(x^2+y^2)\mathrm{d}y$;

   (3) $\mathrm{d}z=\dfrac{y^2}{\sqrt{(x^2+y^2)^3}}\mathrm{d}x-\dfrac{2xy}{\sqrt{(x^2+y^2)^3}}\mathrm{d}y$.

习题 9-3

1. $\dfrac{\mathrm{d}u}{\mathrm{d}t}=\mathrm{e}^{\sin t-2t^3}(\cos t-6t^2)$. 　　　　2. $\dfrac{\mathrm{d}z}{\mathrm{d}x}=a^{\ln x}(1+\ln a)$.

3. (1) $\dfrac{\partial z}{\partial x}=3x^2\sin y\cos y(\cos y-\sin y)$;

   (2) $\dfrac{\partial z}{\partial x}=\dfrac{2u\mathrm{e}^{x+y}+y\cos x}{u^2+y\sin x}$, 　　$\dfrac{\partial z}{\partial y}=\dfrac{2u\mathrm{e}^{x+y}+\sin x}{u^2+y\sin x}$.

4. $\dfrac{\partial z}{\partial x}=2xf_1'+y\mathrm{e}^{xy}f_2'$, 　$\dfrac{\partial z}{\partial y}=-2yf_1'+x\mathrm{e}^{xy}f_2'$

5. $\dfrac{\partial u}{\partial x}=\dfrac{1}{y}f_1'$, 　　$\dfrac{\partial u}{\partial y}=-\dfrac{x}{y^2}f_1'+\dfrac{1}{z}f_2'$, 　　$\dfrac{\partial u}{\partial z}=-\dfrac{y}{z^2}f_2'$.

6. $\dfrac{\partial u}{\partial x}=f_1'+yf_2'+yzf_3'$, 　　$\dfrac{\partial u}{\partial y}=xf_2'+xzf_3'$, 　　$\dfrac{\partial u}{\partial z}=xyf_3'$.

7. $\dfrac{\partial z}{\partial x}=2xf_1'$, 　　$\dfrac{\partial z}{\partial y}=2yf_2'$. 　　　　8. $\mathrm{d}z=\left(yf_1'+\dfrac{1}{y}f_2'\right)\mathrm{d}x+\left(xf_1'-\dfrac{x}{y^2}f_2'\right)\mathrm{d}y$.

习题 9-4

1. $\dfrac{\mathrm{d}y}{\mathrm{d}x}=\dfrac{y^2-\mathrm{e}^x}{\cos y-2xy}$; 　　　　2. $\dfrac{\mathrm{d}y}{\mathrm{d}x}=\dfrac{x+y}{x-y}$;

3. $\dfrac{\partial z}{\partial x}=\dfrac{yz-\sqrt{xyz}}{\sqrt{xyz}-xy}$, 　　$\dfrac{\partial z}{\partial y}=\dfrac{xz-2\sqrt{xyz}}{\sqrt{xyz}-xy}$;

4. $\dfrac{\partial z}{\partial x}=\dfrac{z}{x+z}$, 　　$\dfrac{\partial z}{\partial y}=\dfrac{z^2}{y(x+z)}$; 　　　　5. 略

6. $\dfrac{\partial^2 z}{\partial x^2} = -\dfrac{e^z}{(e^z-1)^3}$ ， $\dfrac{\partial^2 z}{\partial y^2} = -\dfrac{e^z}{(e^z-1)^3}$.

7(1) $\dfrac{dy}{dx} = \dfrac{-x(6z+1)}{2y(3z+1)}$ ， $\dfrac{dz}{dx} - \dfrac{x}{3z+1}$ ； (2) $\dfrac{dx}{dz} = \dfrac{y-z}{x-y}$ ， $\dfrac{dy}{dz} = \dfrac{z-x}{x-y}$.

8. ,9.（略）.

习题 9-5

1.（1）切线方程： $\dfrac{x-\dfrac{1}{2}}{1} = \dfrac{y-2}{-4} = \dfrac{z-1}{8}$ ，法平面方程： $2x - 8y + 16z - 1 = 0$ ；

（2）切线方程： $\dfrac{x-x_0}{1} = \dfrac{y-y_0}{\dfrac{m}{y_0}} = \dfrac{z-z_0}{-\dfrac{1}{2z_0}}$ ，

法平面方程： $(x-x_0) + \dfrac{m}{y_0}(y-y_0) - \dfrac{1}{2z_0}(z-z_0) = 0$.

2.（1）切平面方程： $x + 2y - 4 = 0$ ， 法线方程： $\begin{cases} \dfrac{x-2}{1} = \dfrac{y-1}{2} \\ z = 0 \end{cases}$ ；

（2）切平面方程： $2x - 2y + 4z - \pi = 0$ ， 法线方程： $\dfrac{x-1}{1} = \dfrac{y-2}{-1} = \dfrac{z-\dfrac{\pi}{4}}{2}$ ；

3. $(-3, -1, 3)$ ； $x + 3 = \dfrac{y+1}{3} = z - 3$.

4. $x + 4y + 6z = \pm 21$. 5.略.

习题 9-6

1. $1 + 2\sqrt{3}$ ； 2. $\dfrac{\sqrt{2}}{3}$ ； 3. 5 ； 4. $\dfrac{98}{13}$ ；

5. $\mathbf{grad} f(0,0,0) = 3\mathbf{i} - 2\mathbf{j} - 6\mathbf{k}$ ， $\mathbf{grad} f(0,0,0) = 6\mathbf{i} + 3\mathbf{j}$.

习题 9-7

1.（1）驻点为 $(0,0)$ ， $(0,0)$ 是极值点，极小值 $Z_{极小}(0,0) = 0$ ；

（2）驻点 $(0,0)$ 与 $(2,2)$ ， $(0,0)$ 、 $(2,2)$ 是极值点，
极大值 $Z(0,0) = 0$ ，极小值 $Z(2,2) = -8$ ；

（3）极值点 $(2,-2)$ ，极大值 $f(2,-2) = 8$ ；

（4）极值点 $\left(\dfrac{1}{2}, -1\right)$ ，极小值 $f\left(\dfrac{1}{2}, -1\right) = -\dfrac{e}{2}$.

2. $Z_{极大值}\left(\dfrac{1}{2}, \dfrac{1}{2}\right) = \dfrac{1}{4}$. 3. 当长、宽都是 $\sqrt[3]{2k}$ ，而高为 $\dfrac{1}{2}\sqrt[3]{2k}$ 时，水池的表面积最小.

4. $\left(\dfrac{8}{5}, \dfrac{16}{5}\right)$.

总习题九

一、填空题

1. 充分、必要；

2. 必要、充分、充分；

3. $e^{\sin t - 2t^3}(\cos t - 6t^2)$ ；

4. $\dfrac{5}{2}dx + \dfrac{3}{4}dy$ ；

5. $\dfrac{\partial f}{\partial t} + \dfrac{\partial f}{\partial x} \cdot \dfrac{\partial x}{\partial t} + \dfrac{\partial f}{\partial y} \cdot \dfrac{\partial y}{\partial t}$.

6. $\dfrac{2(x-y)}{(x+y)^3}$.

7. $(x+1)e^x$.

8. 1；

9. $dx - dy$ ；

10. $\mathbf{grad} f(1,2) = 4\mathbf{i} + 9\mathbf{j}$.

二、选择题

1. (B)；　　2. (A)；　　3. (D)；　　4 (C)；　　5. (B)；

6. (D)；　　7. (D)；　　8. (B)；　　9. (A)；　　10. (C)；

三、计算题

1. $\dfrac{\partial z}{\partial x} = yx^{y-1}$, 　　$\dfrac{\partial z}{\partial y} = x^y \ln x$, 　　$\dfrac{\partial^2 z}{\partial y^2} = y(y-1)x^{y-2}$ ；

$\dfrac{\partial^2 z}{\partial x \partial y} = x^{y-1}(1 + y \ln x)$, 　　$\dfrac{\partial^2 z}{\partial y^2} = x^y (\ln x)^2$.

2. $\Delta z = 0.02$, 　$dz = 0.03$.

3. $dz = e^{-\arctan \frac{y}{x}} \big[(2x+y)dx + (2y-x)dy \big]$.

4. $\dfrac{\partial u}{\partial x} = 2xf'$, 　　$\dfrac{\partial u}{\partial y} = 2yf'$ ；

5. 0.

6. $\dfrac{\partial^2 z}{\partial x \partial y} = xe^{2y}f''_{uu} + e^y f''_{uy} + xe^y f''_{xu} + f''_{xy} + f'_u$ ；

7. 极小值 -2 ，极大值 6；

8. $x - z = 0, \dfrac{x-1}{1} = \dfrac{y-1}{0} = \dfrac{z+1}{-1}$.

9. 当正常数 a 分解的三个正数都等于 $\dfrac{a}{3}$ 时，该三数倒数之和最小.

10. 当两直角边都是 $\dfrac{l}{\sqrt{2}}$ 时，可得最大的周界.

四、证明题略.

第十章

习题 10-1

1. $\dfrac{2}{3}\pi a^3$.　　　　2. (1) $I_1 > I_2$, 　(2) $I_1 < I_2$.

3. $63\pi \leqslant I \leqslant 306\pi$.　　4. $a = 4$ 　　5. $a = 0, b = \pm 1$.

习题 10-2

1. (1) $\dfrac{44}{5}$;　　(2) $\dfrac{9}{16}$;　　(3) $\dfrac{16}{105}$;　　(4) $\dfrac{11}{3}$;　　(5) -2;　　(6) $\dfrac{6}{55}$;　　(7) $\dfrac{1}{12}$.

2. (1) $\displaystyle\int_0^1 \mathrm{d}x \int_0^x y^2 \sqrt{1-x^4}\,\mathrm{d}y$;　　(2) $\displaystyle\int_{-2}^2 \mathrm{d}x \int_0^{\sqrt{4-x^2}} x^2 y\,\mathrm{d}y$;

(3) $\displaystyle\int_{-1}^0 \mathrm{d}x \int_{2+x}^{2-x^2} (x+2y)\,\mathrm{d}y$.

3. (1) $\pi(\mathrm{e}^9 - 1)$;　　(2) $2\pi\ln\dfrac{3}{2}$;　　(3) $\pi\left(4\ln2 - \dfrac{3}{2}\right)$;　　(4) $\dfrac{10}{9}\pi$;

(5) $\dfrac{\pi}{2}$;　　(6) $\dfrac{4}{3}\pi - \dfrac{16}{9}$.

4. (1) 1;　　(2) $\dfrac{1}{2}(\mathrm{e}-1)$;　　(3) $\dfrac{1}{6}(\mathrm{e}-1)$;　　(4) $\dfrac{9}{4}$;　　(5) $-6\pi^2$.

5. (1) $\displaystyle\int_{-\frac{\pi}{2}}^{\frac{\pi}{2}} \mathrm{d}\theta \int_0^\rho \rho\ln(1+\rho^2)\,\mathrm{d}\rho$;　　(2) $\displaystyle\int_0^{\frac{\pi}{2}} \mathrm{d}\theta \int_0^{2\cos\theta} \rho^2\,\mathrm{d}\rho$;　　(3) $\displaystyle\int_{\frac{\pi}{4}}^{\frac{\pi}{2}} \mathrm{d}\theta \int_0^{2\cos\theta\csc^2\theta} \rho^3\,\mathrm{d}\rho$.

习题 10-3

1. 2.　　　2. $\dfrac{3}{2}\pi$.　　　3. $\dfrac{7}{2}$.　　　4. $\dfrac{128}{3}$.　　　5. $\dfrac{32}{3}a^3\left(\dfrac{\pi}{2} - \dfrac{2}{3}\right)$.　　　6. $\sqrt{2}\,\pi$.

7. (1) $\dfrac{px_0^2}{2}$;　　(2) $\dfrac{3}{8}y_0$;　　　8. $\left(\dfrac{35}{48}, \dfrac{35}{54}\right)$.

9. (1) $I_x = \dfrac{72}{5}$,　$I_y = \dfrac{96}{7}$;　　(2) $I_x = \dfrac{ab^3}{3}$,　$I_y = \dfrac{a^3 b}{3}$.

习题 10-4

1. (1) $\displaystyle\int_0^1 \mathrm{d}x \int_0^{1-x} \mathrm{d}y \int_0^{xy} f(x,y,z)\,\mathrm{d}z$;　　(2) $\displaystyle\int_{-1}^1 \mathrm{d}x \int_{-\sqrt{1-x^2}}^{\sqrt{1-x^2}} \mathrm{d}y \int_{x^2+y^2}^1 f(x,y,z)\,\mathrm{d}z$;

(3) $\displaystyle\int_{-1}^1 \mathrm{d}x \int_{-\sqrt{1-x^2}}^{\sqrt{1-x^2}} \mathrm{d}y \int_{x^2+2y^2}^{2-x^2} f(x,y,z)\,\mathrm{d}z$;　　(4) $\displaystyle\int_0^a \mathrm{d}x \int_0^{b\sqrt{1-x^2/a^2}} \mathrm{d}y \int_0^{xy/c} f(x,y,z)\,\mathrm{d}z$.

2. (1) $\dfrac{1}{364}$;　　(2) $\dfrac{1}{2}\left(\ln2 - \dfrac{5}{8}\right)$.　　　3. (1) $\dfrac{\pi}{4}h^2 R^2$;　　(2) $\dfrac{7\pi}{12}$;　　(3) $\dfrac{16\pi}{3}$.

4. (1) $\dfrac{1}{48}$;　　(2) $\dfrac{4\pi}{5}$;　　(3) $\dfrac{7}{6}\pi a^4$.

5 (1) $\dfrac{1}{8}$;　　(2) π;　　(3) 8π;　　(4) $\dfrac{4\pi}{15}(A^5 - a^5)$.

6. (1) $\dfrac{32}{3}\pi$;　　(2) πa^3;　　(3) $\dfrac{\pi}{6}$;　　(4) $\dfrac{2\pi}{3}(5\sqrt{5} - 4)$.

习题 10-5

1. $2\pi a^{2n+1}$.　　　　　2. $\sqrt{2}$.　　　　　3. $\dfrac{1}{12}(5\sqrt{5} + 6\sqrt{2} - 1)$.

4. $\mathrm{e}^a\left(2 + \dfrac{\pi}{4}a\right) - 2$.　　　5. $\dfrac{\sqrt{3}}{2}(1 - \mathrm{e}^{-2})$.　　　6. 9.

7. $\dfrac{256}{15}a^3$.　　　　　　　　　8. $2\pi^2 a^3(1+2\pi^2)$.

习题 10-6

1. (1) $-\dfrac{56}{15}$;　　　　(2) $-\dfrac{\pi}{2}a^3$;　　　(3) 0;　　　(4) -2π;　　　(5) $-\dfrac{14}{15}$.

2. (1) $\dfrac{k^3\pi^3}{3}-a^2\pi$;　　　　(2) $\dfrac{1}{2}$.

3. (1) $\dfrac{34}{3}$;　　　　　(2) 11;　　　　(3) 14;　　　　(4) $\dfrac{32}{3}$.

4. (1) $\displaystyle\int_L \dfrac{P(x,y)+Q(x,y)}{\sqrt{2}}\,\mathrm{d}s$;　　　　(2) $\displaystyle\int_L \dfrac{P(x,y)+2xQ(x,y)}{\sqrt{1+4x^2}}\,\mathrm{d}s$;

　　(3) $\displaystyle\int_L \left\lfloor \sqrt{(2x-x^2)}\,P(x,y)+(1-x)Q(x,y)\right\rfloor \mathrm{d}s$.

5. (1) 12;　　(2) $\dfrac{1}{30}$;　　(3) 8;　　(4) 0;　　(5) $\dfrac{\pi^2}{4}$;　　(6) $\dfrac{\sin 2}{4}-\dfrac{7}{6}$.

6. $-\pi$.

7. (1) $\dfrac{3}{8}\pi a^2$;　　　　(2) 12π;　　　(3) πa^2.

8. (1) $\dfrac{5}{2}$;　　　　(2) 236;　　　(3) 5.

9. (1) $\dfrac{1}{2}x^2+2xy+\dfrac{1}{2}y^2$;　　　　(2) $x^2 y$;　　　　(3) $-\cos 2x \cdot \sin 3y$;

(4) $x^3 y+4x^2 y^2-12\mathrm{e}^y+12y\mathrm{e}^y$;　　　(5) $y^2\sin x+x^2\cos y$.

习题 10-7

1. (1) $\dfrac{13}{3}\pi$;　　　　(2) $\dfrac{149}{30}\pi$;　　　　(3) $\dfrac{111}{10}\pi$.

2. (1) $\dfrac{1+\sqrt{2}}{2}\pi$;　　　(2) 9π.

3. (1) $4\sqrt{61}$;　　　(2) $a\pi(a^2-h^2)$;　　　(3) $\dfrac{64}{15}\sqrt{2}a^4$.

4. $\dfrac{2\pi}{15}(6\sqrt{3}+1)$.　　　　5. $\dfrac{4}{3}\pi a^4\mu_0$.

习题 10-8

1. (1) $\dfrac{2}{105}\pi R^7$;　　　(2) $\dfrac{1}{2}$.

2. (1) $\displaystyle\iint_\Sigma \left(\dfrac{3}{5}P+\dfrac{2}{5}Q+\dfrac{2\sqrt{3}}{5}R\right)\mathrm{d}S$;　　　(2) $\displaystyle\iint_\Sigma \dfrac{2xP+2yQ+R}{\sqrt{1+4x^2+4y^2}}\,\mathrm{d}S$.

3. (1) $3a^4$;　　　(2) $\dfrac{12}{5}\pi a^5$;　　　(3) $\dfrac{2}{5}\pi a^5$;　　　(4) 81π.

4. (1) $a^3 \left(2 - \dfrac{a^2}{6}\right)$；　　　　(2) 108π.

5. (1) $\mathrm{div}\boldsymbol{A} = 2x + 2y + 2z$；　　　　(2) $\mathrm{div}\boldsymbol{A} = y\mathrm{e}^{xy} - x\sin(xy) - 2xz\sin(xz^2)$.

6. (1) $-\sqrt{3}\,\pi a^2$；　　　　(2) $-2\pi a(a+b)$；　　　　(3) -20π；　　　　(4) 9π.

7. (1) $\boldsymbol{rotA} = 2\boldsymbol{i} + 4\boldsymbol{j} + 6\boldsymbol{k}$；　　　　(2) $\boldsymbol{rotA} = \boldsymbol{i} + \boldsymbol{j}$.

8. (1) 2π；　　　　(2) 12π.

总习题十

一、填空题

1. 8π.　　　　2. $2 + \sqrt{3}$.　　　　3. 2.　　　　4. $\dfrac{\pi}{2}a^4$.

5. $\dfrac{2}{3}\pi$.　　　　6. $\displaystyle\int_1^{\mathrm{e}} \mathrm{d}x \int_0^{\ln x} f(x,y)\,\mathrm{d}y$. 或 $\displaystyle\int_0^1 \mathrm{d}y \int_{\mathrm{e}^y}^{\mathrm{e}} f(x,y)\,\mathrm{d}x$　　　　7. $2\sqrt[3]{2}$.

8. $\displaystyle\int_0^{\sqrt{\pi}} \mathrm{d}x \int_0^{x^2} \dfrac{\sin x^2}{x}\,\mathrm{d}y$；　　　　9. 0；　　　　10. 16π；

二、选择题

1. (B).　　　　2. (A).　　　　3. (C).　　　　4. (A).　　　　5. (B).

6. (C).　　　　7. (B).　　　　8. (D).　　　　9. (A).　　　　10. (D)

三、解答题

1. $\dfrac{1}{2}\left(1 - \dfrac{1}{\mathrm{e}}\right)$.　　　　2. $\dfrac{3}{64}\pi^2$.　　　　3. $\dfrac{11}{12}$.　　　　4. π.

5. $\dfrac{1}{2}(1 - \sin 1)$.　　　　6. $\dfrac{1}{4}(\mathrm{e}^{b^2} - \mathrm{e}^{a^2})(\mathrm{e}^{d^2} - \mathrm{e}^{c^2})$.　　　　7. $\dfrac{\pi}{8}$.

8. $2a^2$.　　　　9. $\arctan 2 - \dfrac{\pi}{2}$.　　　　10. $\dfrac{\pi}{2}a^2(b-a) + 2a^2 b$

11. $-\dfrac{27}{4}$.　　　　12. $\dfrac{3}{2}\pi$.　　　　13. $\dfrac{3}{2}$.

第十一章

习题 11-1

1. (1) 收敛；　　　　(2) 发散.

2. (1) 发散；　　　　(2) 收敛；　　　　(3) 收敛.

3. (1) 发散；　　　　(2) 收敛；　　　　(3) 发散.

习题 11-2

1. (1) 发散；　　(2) 收敛；　　(3) 发散；　　(4) 收敛；　　(5) 发散；　　(6) 收敛.

2. (1) 发散；　　(2) 收敛；　　(3) 收敛；　　(4) 收敛；　　(5) 发散；　　(6) 收敛.

3.(1)收敛；　　　(2)收敛；　　　(3)发散；　　　(4)收敛.

4.(1)条件收敛；　　(2)绝对收敛；　　(3)条件收敛；　　(4)绝对收敛；

(5)发散；　　　(6)条件收敛.

习题 11-3

1.(1)$R=1$,收敛域为$[-1,+1)$；　　　　(2)$R=+\infty$,收敛域为$(-\infty,+\infty)$；

(3)$R=2$,收敛域为$(-2,2)$；　　　　(4)$R=0$,仅在$x=1$处收敛.

2.(1)$\displaystyle\sum_{n=1}^{\infty}(-1)^{n-1}\frac{x^n}{n}=\ln(1+x)(-1<x\leqslant1)$；　　　　(2)$s(x)=\dfrac{1+x}{(1-x)^3}(-1,+1)$.

3.(1)$\mathrm{e}^{-x}=\displaystyle\sum_{n=0}^{\infty}\frac{(-1)^n}{n!}x^n,(-\infty,+\infty)$；　　　(2)$\cos2x=\displaystyle\sum_{n=0}^{\infty}\frac{(-1)^n4^n}{(2n)!}x^{2n},(-\infty,+\infty)$；

(3)$a^x=\displaystyle\sum_{n=0}^{\infty}\frac{x^n\ln^na}{n!},(-\infty,+\infty)$；　　　(4)$\sin^2x=\displaystyle\sum_{n=0}^{\infty}\frac{(-1)^{n-1}}{2(2n)!}(2x)^{2n},(-\infty,+\infty)$；

(5)$\ln\dfrac{1+x}{1-x}=2\displaystyle\sum_{n=1}^{\infty}\frac{x^{2n-1}}{2n-1},(-1,1)$；　　　(6)$\dfrac{x}{2-x}=\displaystyle\sum_{n=0}^{\infty}\frac{1}{2^{n+1}}x^{n+1},(-2,2)$.

习题 11-4

1.(1)$f(x)=\dfrac{\pi}{2}+\dfrac{4}{\pi}\left(\cos x+\dfrac{1}{3^2}\cos3x+\dfrac{1}{5^2}\cos5x+\cdots\right),(-\infty<x<+\infty)$；

(2)$f(x)=\dfrac{2\pi^2}{3}+8\left(-\cos x+\dfrac{1}{2^2}\cos2x-\dfrac{1}{3^2}\cos3x+\cdots\right),(-\infty<x<+\infty)$；

(3)$f(x)=\displaystyle\sum_{n=1}^{\infty}\frac{(-1)^n18\sqrt{3}\,n}{(1-9n^2)\pi}\sin nx\,[x\neq(2k+1)\pi,k\in Z]$；

(4)$f(x)=\dfrac{4}{\pi}\left(\dfrac{1}{2}+\displaystyle\sum_{n=1}^{\infty}\frac{(-1)^n}{1-4n^2}\cos nx\right)(-\infty<x<+\infty)$.

2.(1)$f(x)=-\dfrac{1}{2}+\dfrac{6}{\pi^2}\displaystyle\sum_{n=1}^{\infty}\left\{\dfrac{1}{n^2}[1-(-1)^n]\cos\dfrac{n\pi}{3}x+\dfrac{\pi}{n}(-1)^{n+1}\sin\dfrac{n\pi}{3}x\right\}$

$(x\neq3(2k+1),k\in Z)$；

(2)$f(x)=-\dfrac{1}{4}+\displaystyle\sum_{n=1}^{\infty}\left[\left(\dfrac{1+(-1)^n}{n^2\pi^2}+\dfrac{2}{n\pi}\sin\dfrac{n\pi}{2}\right)\cos n\pi x+\dfrac{1}{n\pi}\left(1-2\cos\dfrac{n\pi}{2}\right)\sin n\pi x\right]$,

$\left(x\neq k,x\neq2k+\dfrac{1}{2},k\in Z\right)$.

3.$f(x)=\dfrac{\pi^2}{3}-4\left(\cos x-\dfrac{\cos2x}{2^2}+\dfrac{\cos3x}{3^2}-\cdots\right),(-\pi<x\leqslant\pi)$.

4.$f(x)=\displaystyle\sum_{n=1}^{\infty}\frac{\sin nx}{n}(0<x\leqslant\pi)$.

总习题十一

一、填空题

1.1；　　　　2.部分和数列$\{s_n\}$收敛；　　　　3.0；　　　　4.0；

5. 发散；   6. $\dfrac{\sqrt{2}}{2}$；   7. $x\ln(1-x^2)$ $x\in(-1,1)$.

8. $\displaystyle\sum_{n=0}^{\infty}(-1)^n\dfrac{(x-4)^n}{4^{n+1}}$ $(-4\leqslant x\leqslant 4)$.

9. $(-2,4)$.   10. $\displaystyle\sum_{n=0}^{\infty}(-1)^n\dfrac{x^{2n+1}}{2n+1}$ $(-1\leqslant x\leqslant 1)$.

二、单项选择题

1. (C)；   2. (C)；   3. (A)；   4. (C)；   5. (B)；

6. (A)；   7. (B)；   8. (D)；   9. (D)；   10. (C).

三、计算题与证明题

1. (1) 1；   (2) $\dfrac{1}{2}$.

2. (1) $\begin{cases}0<a\leqslant 1,&\text{发散}\\ a>1,&\text{收敛}\end{cases}$；   (2) 收敛；   (3) 收敛；   (4) 收敛；

3. (1) 条件收敛；   (2) 绝对收敛.

4. (1) $x\in(0,2)$，$s(x)=\dfrac{x-1}{(2-x)^2}$；

(2) $x\in(-1,1)$，$s(x)=\dfrac{1}{2}\ln\dfrac{1-x}{1+x}$，$\dfrac{1}{\sqrt{2}}\ln(1+\sqrt{2})$；

5. (1) $\displaystyle\sum_{n=0}^{\infty}\dfrac{(x-1)^{n+1}}{4^{n+1}}$ $x\in(-3,5)$；(2) $\displaystyle\sum_{n=0}^{\infty}\dfrac{e^2}{n!}(x-2)^n$ $(-\infty<x<+\infty)$.

参 考 文 献

[1] 同济大学数学系. 高等数学. 7 版. 北京:高等教育出版社,2014.

[2] 张国楚,徐本顺. 文科高等数学教程. 北京:教育科学出版社,1996.

[3] 李文林. 高等数学. 北京:高等教育出版社,2003.

[4] 李文林. 数学史概论. 3 版. 北京:高等教育出版社,2000.

[5] 张顺燕. 数学的美与理. 北京:北京大学出版社,2004.

[6] 张顺燕. 数学的思想、方法和应用. 北京:北京大学出版社,1997.